“互联网+地球科学”教材系列

桩基础工程

ZHUANG JICHU GONGCHENG

段新胜　顾　湘　魏光琼　主编

图书在版编目(CIP)数据

桩基础工程/段新胜,顾湘,魏光琼主编. —武汉:中国地质大学出版社,2022.12
ISBN 978-7-5625-5476-9

Ⅰ. ①桩… Ⅱ. ①段… ②顾… ③魏… Ⅲ. ①桩基础 Ⅳ. ①TU473.1

中国版本图书馆CIP数据核字(2022)第241759号

桩基础工程 段新胜 顾 湘 魏光琼 **主编**

责任编辑:王 敏 选题策划:毕克成 责任校对:何澍语

出版发行:中国地质大学出版社(武汉市洪山区鲁磨路388号) 邮政编码:430074
电 话:(027)67883511 传 真:(027)67883580 E-mail:cbb @ cug.edu.cn
经 销:全国新华书店 http://cugp.cug.edu.cn

开本:787毫米×1 092毫米 1/16 字数:681千字 印张:28
版次:2022年12月第1版 印次:2022年12月第1次印刷
印刷:武汉市籍缘印刷厂

ISBN 978-7-5625-5476-9 定价:78.00元

前　言

随着我国工程建设事业的蓬勃发展，在高层建筑、重型厂房、桥梁、港口码头、铁路、公路、电站、陆上和海上风电、海上油气钻采平台等工程中大量采用桩基础，桩基础已成为最重要的一种基础形式。由于桩基础工程（常简称为“桩基工程”）的工期及造价占整个土建工程的比例很高，缩短工期和降低造价成为建设单位与施工单位的迫切要求，从而促进了桩基础工程的设计理论、施工技术和质量检测方法的不断发展与完善。笔者根据多年从事桩基础工程的教学、科研及生产成果，在参阅大量文献资料的基础上，结合现行与桩基础工程有关的设计、施工、检测等规范，系统地介绍了桩基础工程的基本理论、施工工艺、检测技术和工程预算。本教材包括 4 部分内容：一是桩基础的设计计算，主要介绍桩基础设计要求和选型，竖向受荷桩的承载力及沉降计算，水平受荷桩的水平承载力及位移计算，单桩、群桩及桩基础承台的结构计算；二是桩基础施工，这是桩基础工程的主要内容，介绍了灌注桩（含泥浆护壁回转钻成孔、旋挖钻成孔、螺旋钻成孔、人工挖孔、沉管及夯扩灌注桩）、预制桩、碎石桩、高压旋喷桩、深层搅拌桩的施工方法，还系统地介绍了灌注桩混凝土的配制技术及导管法灌注水下混凝土的施工工艺；三是桩基础工程检测，主要介绍桩的静载荷试验、预留混凝土试件检验、抽芯验桩、超声波验桩、低应变法验桩和高应变法验桩等内容；四是桩基础工程预算，这是从事桩基础工程施工与管理人员必须掌握的主要内容之一。

随着网络技术和多媒体技术的发展，为便于读者更好、更形象地理解本教材内容，笔者提供了与教材中有关内容配套的 16 段多媒体视频，具体包括：①泥浆正循环钻进原理；②泥浆反循环钻进原理；③大直径钻杆结构、加接及拆卸方法；④泥浆护壁（循环）成孔全过程；⑤常见的桩孔施工钻头；⑥伸缩钻杆结构及工作原理；⑦钻斗型旋挖钻头工作原理；⑧伸缩钻杆及旋挖钻头吊装方法；⑨旋挖钻机及其场地移位方式；⑩旋挖成孔过程；⑪钢筋笼结构及制作方法；⑫钢筋笼的吊装和连接；⑬导管法灌注水下混凝土；⑭管桩、送桩及压桩设备；⑮管桩的静压过程（上）；⑯管桩的静压过程（下）。

本教材的第一章—第六章和第八章内容及全部视频解说词由段新胜负责编写，第七章内容由顾湘负责编写，第九章内容由魏光琼负责编写。本教材现场施工视频由段新胜和黄志杨录制，视频的后期编辑、多媒体动画制作及配音解说由顾湘和胡晓丽完成，插图由郑雨绘制。

本教材编写过程中参考了大量现有文献，在此对文献的作者表示衷心感谢，对可能遗漏未列出的参考文献的作者表示歉意。对在现场施工视频录制中给予大力支持和帮助的施工单位一并表示感谢。

本教材可作为相关专业工程技术人员的参考书，也可作为高等院校相关专业的教材或教学参考书。由于笔者水平有限，虽然花了不少时间和精力，力求使本教材满足广大读者的阅读要求，但难免会存在缺点及不足之处，敬请读者批评指正。

笔　者

2022年1月于湖北武汉

目　录

第一章　桩基设计基本要求与选型

第一节　桩基设计基本要求

一、桩基发展简史

确定建筑物地基基础方案时，在充分满足整个建筑物结构安全的前提下，从经济角度出发，应优先选用天然地基上的浅基础。当浅层土质软弱，选择天然地基上浅基础无法满足建筑物或构筑物对地基基础的变形和强度要求时，或是人工加固处理地基不经济时，就要考虑利用下部坚硬土层或岩层作为持力层，采用深基础方案。一般把基础埋深大于基础宽度且埋深超过 5m 的基础称为深基础，主要包括桩基础、沉井基础和地下连续墙等几种类型，其中桩基础应用最广。

桩基础的发展包括两个方面，即成桩材料和成桩工艺方法。当然这两个方面又是相互联系的，因为不同的成桩材料要有相应的成桩工艺方法。

最早的桩体材料是木材。作为一种古老的处理不良地基的有效方法，早在新石器时代就有使用木桩的记录，那时人类在湖泊和沼泽地里栽木桩搭台作为水上住所，汉朝时人们已使用木桩修桥，到宋朝木桩使用技术已经比较成熟。

19 世纪 20 年代，人们开始使用铸铁板桩修筑围堰和码头。到 20 世纪初，美国出现了各种形式的型钢钢桩，“H”形的钢桩尤其受到营造商的重视。美国密西西比河上的钢桥大量采用钢桩基础。到 20 世纪 30 年代，钢桩在欧洲也被广泛采用。第二次世界大战后，随着冶炼技术的发展，各种直径的无缝钢管也被作为桩材用于基础工程。

20 世纪初，钢筋混凝土预制构件问世后，才出现工厂预制和现场预制钢筋混凝土桩，我国在 20 世纪 50 年代开始生产预制钢筋混凝土桩，多为方桩。我国铁路系统于 20 世纪 50 年代末开始生产和使用预应力钢筋混凝土桩。

以混凝土或钢筋混凝土为材料的另一种类型的桩是就地灌注混凝土桩。20 世纪 20—30 年代已出现沉管灌注混凝土桩。20 世纪 50 年代，随着大型钻孔机械的发展，出现了钻孔灌注混凝土桩或钢筋混凝土桩（简称钻孔灌注桩）。在 20 世纪 50—60 年代，我国的铁路和公路桥梁曾大量采用钻孔灌注桩和人工挖孔灌注桩。

从成桩工艺的发展过程看，最早采用的预制桩的施工方法是打入法，从手锤到自由落锤，然后发展到以蒸汽驱动、柴油驱动和压缩空气为动力的各种打桩机。另外还出现了电动振动打桩机、钢丝绳加压和液压的静力压桩机。为适应海上风电建设，出现了用振动沉桩机群施工超大直径（直径达 4000～5000mm）钢管桩技术。

为了在提高承载力的同时降低工程成本，出现了水泥土搅拌桩(或高压旋喷桩)与预制桩相结合的组合桩技术。

随着就地灌注桩特别是钻孔灌注桩的出现，钻孔机械不断改进，如适用于地下水水位以上的长、短螺旋钻孔机，适用于绝大多数土层的各种正、反循环钻孔机，施工效率高、排浆量小、对环境污染小的旋挖钻机等。为提高灌注桩的承载力，出现了扩大桩端直径的各种扩孔机和桩端或桩侧后压浆工艺。

随着桩的用途的不断拓宽以及根据用桩场地工程地质与环境条件的不同，桩基施工技术与施工设备不断得以改进和发展；随着人们对桩的承载性能、设计方法、检测技术等的不断探索与研究，新的桩型和新的设计、施工方法又不断涌现，因此，目前无论在我国还是在国外，桩基础工程均已成为令人瞩目的科技热点之一。

二、桩基础的组成和作用

桩基础简称桩基，如图 1－1－1 所示，一般位于建筑上部结构受力柱的底部，是由一根或数根桩(其中任意一根桩又称基桩)和承台所组成。当承台底面以下基桩数量较少时，承台与承台之间常常用联系梁相连接，以增强桩基的整体刚度，满足结构受力分析时将柱底简化为固定端的条件。在图 1－1－1a 中，桩身全部埋入土中，承台底面与土体接触，这种桩基称为低承台桩基；在图 1－1－1b 中，桩身上部露出地面，而承台底面不与土体接触，这种桩基称为高承台桩基。一般房屋建筑桩基多为低承台桩基，而桥梁桩基在水深较小时可通过构筑围堰的方法施工低承台桩基，水深太大不便于用围堰法施工时可用高承台桩基。若承台下面只用一根桩来支撑上部结构荷载(通常为柱荷载)时，则称为单桩基础；承台下面基桩数量大于或等于两根的桩基础称为群桩基础。

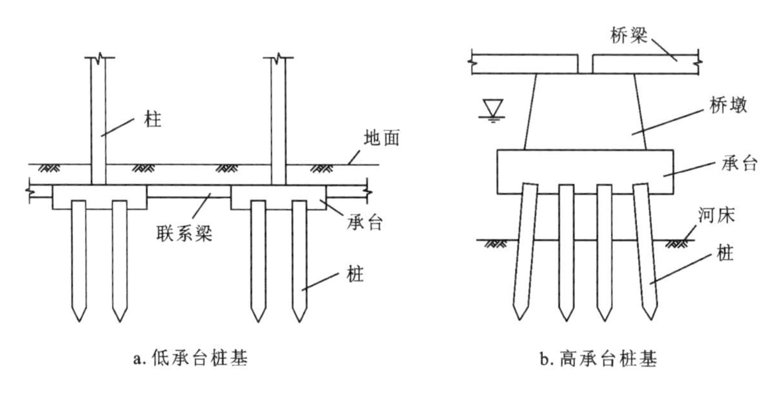

图 1－1－1 桩基础的组成

桩基础的一般修筑方法：先将基桩设置于地基中，然后在基桩顶面以上浇筑承台(通常基桩顶面嵌入承台底面 50～100mm)，将若干根基桩连接成一个整体结构，构成桩基础。桩基础修筑完成后在其上修建上部结构，如房屋建筑中的柱、墙或桥梁中的墩、台等。

承台顶面以上结构传来的荷载，通过承台传至桩顶，再由桩身传递到较深的地基土中。承台不仅将外力传至桩顶，而且还嵌固桩顶，使群桩作为整体共同承受外力作用；桩身的作用是将所承受的荷载通过桩侧和桩端，传至桩周和桩端岩土层。

在房屋建筑工程中，桩基础主要承受竖向荷载，水平荷载相对较小。在桥梁、港口等工程中，桩基不仅要承受竖向荷载，有时还要承受较大的水平荷载、动力荷载等，此时除由竖直桩的侧向水平阻力和承台侧土阻力来支承水平荷载外，有时还需设置斜桩以抵抗更大的水平荷载，如图 1-1-1b 所示（目前更趋向于直接用较大直径的直桩而不是斜桩承受竖直荷载和水平荷载的共同作用）。

三、桩基础的应用场所

当地基上部软弱而在技术和经济条件可达到的桩深范围内埋藏有较坚实的岩土层时，最适宜用桩基础。如果设计正确且施工得当，桩基础具有承载力高、稳定性好、沉降量小且均匀、适用性强等特点。因此，桩基础在土木工程以下领域得到了广泛应用。

（1）高层建筑、重要和有纪念意义的大型建筑，这类建筑不允许地基有过大的沉降和不均匀沉降。

（2）重型工业厂房，如设有大吨位重级工作制吊车的车间，荷载过大的仓库、料库等。

（3）高耸结构物，如烟囱、水塔、输电铁塔等不允许出现较大倾斜的构筑物。

（4）精密或大型设备基础，需控制设备基础的振幅，减弱振动对建筑物的影响以及控制基础的沉降量和沉降速率的场所。

（5）地基不均匀或上部结构荷载分布不均匀的建筑物。

（6）软弱地基或某些特殊土（膨胀土、湿陷性黄土等）地基上的各类永久性建筑物。

（7）过于靠近既有建筑施工新建筑物或构筑物。

（8）特殊环境，如上覆土层有可能被冲蚀且冲刷较深，施工水位或地下水水位较高等。

除了作为建（构）筑物的下部结构向地基深处传递荷载外，桩还常用来支挡土体而成为岸坡、基槽、基坑或土体开挖时的围护结构。此时，桩被称为“围护桩”“支护桩”或“挡土桩”，此类桩常成排布置或连成壁状，如图 1-1-2 所示。

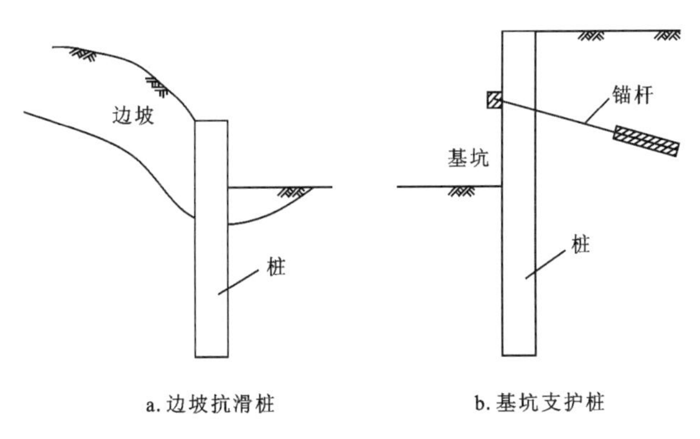

图 1-1-2　支护挡土桩

四、桩基的极限状态及设计等级

1. 桩基础的两类极限状态

（1）承载能力极限状态：桩基达到最大承载力（最大承载力包括两个方面：岩（土）体对桩

的支承力不足；桩身材料强度不足，达到受拉、受压、受弯、受剪极限承载力状态）、整体失稳或发生不适于继续承载的变形状态。

(2)正常使用极限状态：桩基达到建筑物正常使用所规定的变形限值或达到耐久性要求的某项限值。

2. 建筑桩基设计等级

根据建筑规模、建筑功能特征、建筑对差异变形的适应性、场地地基和建筑物体型的复杂性以及由桩基问题可能造成建筑破坏或影响正常使用的程度，《建筑桩基技术规范》(JGJ 94—2008)将桩基分为表1-1-1所列的3个设计等级。设计等级越高，设计计算内容越多，所需安全储备越大。

表1-1-1 建筑桩基设计等级

设计等级	建筑类型
甲级	①重要的建筑； ②30层以上或高度超过100m的高层建筑； ③体型复杂且层数相差超过10层的高低层(含纯地下室)连体建筑； ④20层以上框架-核心筒结构及其他对差异沉降有特殊要求的建筑； ⑤场地和地基条件复杂的7层以上的一般建筑及坡地、岸边建筑； ⑥对相邻既有工程影响较大的建筑
乙级	除甲级、丙级以外的建筑
丙级	场地和地基条件简单、荷载分布均匀的7层及7层以下的一般建筑

五、作用在桩基上的荷载及荷载组合

1. 荷载效应与荷载分类

要进行桩基设计计算，首先需要分析作用在桩基础上的荷载，以及在荷载作用下桩基础所产生的荷载效应。

按《建筑结构荷载规范》(GB 50009—2012)，荷载效应是指由荷载引起结构或结构构件的反应，如内力(拉力、压力、弯矩、扭矩及剪力)、变形和裂缝等。

由于在进行上部结构受力分析时把桩基承台顶面看作固定端，在上部结构荷载作用下，固定端对上部结构会产生固定端反力。根据牛顿第三定律，上部结构对桩基的作用就是固定端反力的反作用力，这些作用在承台顶面的力一般为水平剪力、竖向压力和弯矩。

结构荷载按荷载值随时间的变化特征可分为下列3类。

(1)永久荷载：在结构使用期间，其值不随时间变化，或其变化量与平均值相比可以忽略不计，或其变化是单调的并能趋于限值的荷载，包括结构自重、土压力、预应力等。

(2)可变荷载：在结构使用期间，其值随时间变化，且其变化量与平均值相比不可忽略不计的荷载，包括楼面活荷载、屋面活荷载和积灰荷载、吊车荷载、风荷载、雪荷载、温度作用等。

(3)偶然荷载：在结构设计使用年限内不一定出现，而一旦出现，其量值很大且持续时间很短的荷载,包括爆炸力、撞击力等。

等效均布荷载:结构设计时楼面上不连续分布的实际荷载,一般采用均布荷载代替;等效均布荷载是指在结构上所得的荷载效应能与实际的荷载效应保持一致的均布荷载。

2. 荷载代表值

在设计时除了采用能便于设计者使用的设计表达式外,对荷载仍应赋予一个规定的量值,即荷载代表值。荷载可根据不同的设计要求规定不同的代表值,使之能更确切地反映它在设计中的特点。《建筑结构荷载规范》(GB 50009—2012)中给出了4种荷载代表值:标准值、组合值、频遇值和准永久值。对永久荷载应该用标准值作为代表值,对可变荷载应根据设计要求用标准值、组合值、频遇值或准永久值作为代表值。荷载标准值是荷载的基本代表值,其他代表值都可以在标准值的基础上乘以相应的系数后得出。

(1)标准值:荷载标准值是荷载的基本代表值,为设计基准期内最大荷载统计分布的特征值,如均值、众值、中值或某个分位值。

(2)组合值:荷载组合是荷载效应组合的简称,指各类构件设计时不同极限状态所应取用的各种荷载及其相应的代表值的组合。应根据使用过程中可能同时出现的荷载进行统计组合,取其最不利情况进行设计。

(3)频遇值:频遇值是指设计基准期内,结构上较为频繁出现的较大荷载值,是作用期限较短的可变荷载代表值。

(4)准永久值:对可变荷载,在设计基准期内,它超越的总时间约为设计基准期一半的荷载值。

3. 荷载组合

(1)基本组合:承载能力极限状态计算时,永久荷载和可变荷载的组合。

(2)偶然组合:承载能力极限状态计算时,永久荷载、可变荷载和一个偶然荷载的组合,以及偶然事件发生后受损结构整体稳固性验算时永久荷载与可变荷载的组合。

(3)标准组合:正常使用极限状态计算时,采用标准值或组合值为荷载代表值的组合。

(4)准永久组合:正常使用极限状态计算时,对可变荷载采用准永久值为荷载代表值的组合。

4. 荷载组合效应值的计算

1)荷载基本组合效应设计值的计算

荷载基本组合效应设计值由以下两种组合值中取最不利值确定。

(1)由可变荷载效应控制的效应设计值应按式(1-1-1)进行计算。

$$S_{\mathrm{d}} = \sum_{j=1}^{m} \gamma_{G_j} S_{G_{jk}} + \gamma_{Q_1} \gamma_{\mathrm{L}_1} S_{Q_{1\mathrm{k}}} + \sum_{i=2}^{n} \gamma_{Q_i} \gamma_{\mathrm{L}_i} \psi_{\mathrm{c}_i} S_{Q_{i\mathrm{k}}} \tag{1-1-1}$$

(2)由永久荷载效应控制的效应设计值应按式(1-1-2)计算。

$$S_{\mathrm{d}} = \sum_{j=1}^{m} \gamma_{G_j} S_{G_{jk}} + \sum_{i=1}^{n} \gamma_{Q_i} \gamma_{\mathrm{L}_i} \psi_{\mathrm{c}_i} S_{Q_{i\mathrm{k}}} \tag{1-1-2}$$

式中:γ_{G_j} 为第 j 个永久荷载的分项系数;γ_{Q_i} 为第 i 个可变荷载的分项系数,其中 γ_{Q_1} 为主导可变荷载 Q_1 的分项系数;γ_{L_i} 为第 i 个可变荷载考虑设计使用年限的调整系数,其中 γ_{L_1} 为主导可变荷载考虑设计使用年限的调整系数；$S_{G_{jk}}$ 为按第 j 个永久荷载标准值 G_{jk} 计算的荷载效应值；$S_{Q_{ik}}$ 为按可变荷载标准值 Q_{ik} 计算的荷载效应值，其中 $S_{Q_{1k}}$ 为诸可变荷载效应中起控制作用者；ψ_{c_i} 为第 i 个可变荷载 Q_i 的组合值系数；m 为参与组合的永久荷载数；n 为参与组合的可变荷载数。

2）荷载偶然组合效应设计值

$$S_d = \sum_{j=1}^{m} S_{G_{jk}} + \psi_{f_1} S_{Q_{1k}} + \sum_{i=2}^{n} \psi_{q_i} S_{Q_{ik}} \tag{1-1-3}$$

式中：ψ_{f_1} 为可变荷载 Q_1 的频遇值系数；ψ_{q_i} 为可变荷载 Q_i 的准永久值系数。

3）荷载标准组合效应设计值

$$S_d = \sum_{j=1}^{m} S_{G_{jk}} + S_{Q_{1k}} + \sum_{i=2}^{n} \psi_{c_i} S_{Q_{ik}} \tag{1-1-4}$$

4）荷载准永久组合效应设计值

$$S_d = \sum_{j=1}^{m} S_{G_{jk}} + \sum_{i=1}^{n} \psi_{q_i} S_{Q_{ik}} \tag{1-1-5}$$

荷载基本组合效应设计值计算时，永久荷载分项系数取值方法：当永久荷载效应对结构不利时，对由可变荷载效应控制的组合应取 1.2，对由永久荷载效应控制的组合应取 1.35；当永久荷载效应对结构有利时，不应大于 1.0。可变荷载的分项系数应符合下列规定：①对标准值大于 $4kN/m^2$ 的工业房屋楼面结构的活荷载，应取 1.3；②其他情况，应取 1.4。楼面和屋面活荷载考虑设计使用年限的调整系数 γ_L：当结构设计使用寿命分别为 5 年、50 年、100 年时，可分别取 0.9、1.0、1.1。

不同的可变荷载有不同的标准值、组合值系数 ψ_c、频遇值系数 ψ_f 和准永久值系数 ψ_q，应按《建筑结构荷载规范》(GB 50009—2012)采用，如普通住宅楼面均布活荷载标准值为 $2kN/m^2$，组合值系数 $\psi_c=0.7$，频遇值系数 $\psi_f=0.5$，准永久值系数 $\psi_q=0.4$；永久荷载的分项系数、可变荷载考虑设计使用年限的调整系数参考《建筑结构荷载规范》(GB 50009—2012)采用。

对于承载能力极限状态，应按荷载的基本组合或偶然组合计算荷载组合效应设计值，并应采用下列设计表达式进行设计：

$$\gamma_0 S_d \leqslant R_d \tag{1-1-6}$$

式中：γ_0 为结构重要性系数，应按各有关建筑结构设计规范的规定采用；S_d 为荷载组合的效应设计值；R_d 为结构构件抗力设计值，应按各有关建筑结构设计规范的规定确定。

对于正常使用极限状态，应根据不同的设计要求，采用荷载的标准组合或准永久组合，并应按下列设计表达式进行设计：

$$S_d \leqslant C \tag{1-1-7}$$

式中，C 为结构或结构构件达到正常使用要求的规定限值，如变形、裂缝、振幅、加速度、应力等的限值，应按有关建筑结构设计规范的规定采用。

六、桩基设计时应进行的计算

1. 承载能力计算和稳定性验算

按《建筑桩基技术规范》(JGJ 94—2008)，桩基应根据具体条件分别进行下列承载能力计算和稳定性验算。

(1)应根据桩基的使用功能和受力特征分别进行桩基的竖向承载力计算、水平承载力计算。

(2)应对桩身和承台结构进行承载力计算;对桩侧土不排水抗剪强度小于10kPa且长径比大于50的桩应进行桩身压屈验算;对混凝土预制桩应按吊装、运输和锤击作用进行桩身承载力验算;对钢管桩应进行局部压屈验算。

(3)当桩端平面以下存在软弱下卧层时,应进行软弱下卧层承载力验算。

(4)对位于坡地、岸边的桩基应进行整体稳定性验算。

(5)对抗浮、抗拔桩基应进行基桩(单桩)和群桩的抗拔承载力计算。

(6)对抗震设防区的桩基应进行抗震承载力验算。

2. 桩基的沉降计算

按《建筑桩基技术规范》(JGJ 94—2008),下列桩基要进行沉降计算。

(1)设计等级为甲级的非嵌岩桩和非深厚坚硬持力层中的建筑桩基。

(2)设计等级为乙级的体型复杂、荷载分布显著不均匀或桩端平面以下存在软弱土层的建筑桩基。

(3)软土地基多层建筑减沉复合疏桩基础。

3. 桩基的其他计算

对受水平荷载较大或对水平位移有严格限制的建筑桩基,应计算其水平位移,还应根据桩基所处的环境类别和相应的裂缝控制等级,验算桩和承台正截面的抗裂强度、裂缝宽度。

4. 桩基设计时所采用的荷载效应组合与相应的抗力

(1)确定桩数和布桩时,应采用传至桩基承台底面的荷载效应标准组合;相应的抗力应采用基桩或复合基桩承载力特征值。

(2)计算荷载作用下的桩基沉降和水平位移时,应采用荷载效应准永久组合;计算水平地震作用、风载作用下的桩基水平位移时,应采用水平地震作用、风载效应标准组合。

(3)验算坡地、岸边建筑桩基的整体稳定性时,应采用荷载效应标准组合;抗震设防区,应采用地震作用、荷载效应标准组合。

(4)在计算桩基结构承载力、确定结构尺寸和配筋时,应采用传至承台顶面的荷载效应基本组合;当进行承台和桩身裂缝控制验算时,应分别采用荷载效应标准组合和荷载效应准永久组合。

七、桩基设计施工应取得的资料及勘察要求

1. 桩基设计应具备以下资料

(1)岩土工程勘察文件:①桩基按两种极限状态进行设计所需用岩土物理力学参数及原位测试成果;②对建筑场地的不良地质作用,如滑坡、崩塌、泥石流、岩溶、土洞等的评价结论和防治方案;③地下水水位埋藏条件、类型和水位变化幅度,土、水对结构的腐蚀性评价,地下水浮力计算的设计水位;④抗震设防区的设防烈度、建筑场地类别、震动液化土层资料;⑤有关地基土冻胀性、湿陷性和膨胀性评价。

(2)建筑场地与环境条件的有关资料:①建筑场地现状,包括交通设施、高压架空线、地下管线和地下构筑物的分布;②相邻建筑物安全等级、基础形式及埋置深度;③附近类似工程地质条件工程的试桩资料和单桩承载力设计参数;④周围建筑物防震、防噪声的要求;⑤泥浆排放、弃土条件。

(3)建筑物的有关资料:①建筑物的总平面布置图;②建筑物的结构类型、荷载,建筑物的使用条件和对基础竖向及水平位移的要求;③建筑结构的安全等级。

(4)施工条件的有关资料:①施工机械设备条件、制桩条件、动力条件,施工工艺对地质条件的适应性;②水、电及有关建筑材料的供应条件;③施工机械的进出场及现场运行条件。

(5)供设计比较用的有关桩型及实施的可行性资料。

2. 桩基勘察要求

桩基的详细勘察除应满足《岩土工程勘察规范》(GB 50021—2001)、《高层建筑岩土工程勘察标准》(JGJ/T 72—2017)有关要求外,尚应满足下列要求。

1)勘探点间距

(1)对于端承型桩(含嵌岩桩),主要根据桩端持力层顶面坡度决定,宜为12~24m。当相邻两个勘察点揭露出的桩端持力层层面坡度大于10%或持力层起伏较大、地层分布复杂时,应根据具体工程条件适当加密勘探点。

(2)对于摩擦型桩,宜按20~35m间距布置勘探孔,但遇到土层的性质或状态在水平方向分布变化较大或存在可能影响成桩的土层时,应适当加密勘探点。

(3)复杂地质条件下的柱下单桩基础应按柱列线布置勘探点,甚至每桩设一勘探点。

2)勘探深度

(1)宜布置1/3~1/2的勘探孔为控制性勘探孔。对于设计等级为甲级的建筑桩基,至少应布置3个控制性勘探孔,设计等级为乙级的建筑桩基至少应布置2个控制性勘探孔。控制性勘探孔应穿透桩端平面以下压缩层厚度;一般性勘探孔应深入预计桩端平面以下3~5倍桩身设计直径,且不得小于3m;对于大直径桩,不得小于5m。

(2)嵌岩桩的控制性钻孔应深入预计桩端平面以下不小于3倍桩身设计直径,一般性钻孔应深入预计桩端平面以下不小于1倍桩身设计直径。当持力层较薄时,应有部分钻孔钻穿持力岩层。在岩溶、断层破碎带地区,应查明溶洞、溶沟、溶槽、石笋等的分布情况,钻孔应钻穿溶洞或断层破碎带进入稳定地层,进入深度应满足上述控制性勘探孔和一般性勘探孔的要求。

(3)在勘探深度范围内的每一地层,均应采取不扰动试样进行室内试验或根据土质情况选用有效的原位测试方法进行原位测试,提供设计所需的设计参数。

八、桩基耐久性规定

1. 桩基应用环境分类

按《混凝土结构设计规范》(GB 50010—2010)的环境类别对桩基的应用环境分类见表1-1-2。

表 1-1-2 桩基应用环境类别

环境类别		条件
二	a	室内潮湿环境;非严寒和非寒冷地区的露天环境、与无侵蚀性的水或土壤直接接触的环境;严寒和寒冷地区的冰冻线以下与无侵蚀性的水或土壤直接接触的环境
	b	干湿交替环境;水位频繁变动环境;严寒和寒冷地区的露天环境、冷冻线以下与无侵蚀性的水或土壤直接接触的环境
三	a	严寒和寒冷地区冬季水位变动区环境;受除冰盐影响环境;海风环境
	b	盐渍土环境;受除冰盐作业环境;海岸环境
四		海水环境
五		受人为或自然的侵蚀性物质影响的环境

注:严寒和寒冷地区的划分应符合国家现行标准《民用建筑热工设计规范》(GB 50176—2016)的规定。

2. 桩基结构混凝土耐久性的基本要求

二类和三类环境中,设计使用年限为50年的桩基结构混凝土耐久性应符合表1-1-3的规定。

表 1-1-3 二类和三类环境桩基结构混凝土耐久性的基本要求

环境类别		最大水灰比	最小水泥用量/($kg \cdot m^{-3}$)	最低混凝土强度等级	最大氯离子含量/%	最大碱含量/($kg \cdot m^{-3}$)
二	a	0.60	250	C25	0.3	3.0
	b	0.55	275	C30	0.2	3.0
三		0.50	300	C30	0.1	3.0

注:①氯离子含量是指它与水泥用量的百分率;

②预应力构件混凝土中最大氯离子含量为0.06%,最小水泥用量为300kg/m^3;最低混凝土强度等级应按表中规定提高两个等级;

③当混凝土中加入活性掺和料或能提高耐久性的外加剂时,可适当降低最小水泥用量;

④当使用非碱活性骨料时,对混凝土中碱含量不作限制;

⑤当有可靠工程经验时,表中最低混凝土强度等级可降低一个等级。

3. 桩身裂缝控制等级和最大裂缝宽度

桩身裂缝控制等级及最大裂缝宽度应根据环境类别和水、土介质腐蚀性等级按表1-1-4的规定选用。

对三、四、五类环境桩基结构,受力钢筋宜采用环氧树脂涂层带肋钢筋。四类、五类环境桩基结构耐久性设计可按《港口工程混凝土结构设计规范》(JTJ 267—1998)和《工业建筑防腐蚀设计规范》(GB/T 50046—2018)等执行。

表 1-1-4 桩身的裂缝控制等级和最大裂缝宽度限值

环境类别		钢筋混凝土桩		预应力混凝土桩	
		裂缝控制等级	ω_{lim}/mm	裂缝控制等级	ω_{lim}/mm
二	a	三	0.2(0.3)	二	0
	b	三	0.2	二	0
三		三	0.2	一	0

注:①水、土为强、中腐蚀性时,抗拔桩裂缝控制等级应提高一级;

②二 a 类环境中,位于稳定地下水水位以下的基桩,其最大裂缝宽度限值可采用括弧中的数值。

第二节 桩的分类

为了对桩进行深入研究,需要根据桩的不同属性对桩进行分类。

一、按制桩材料分类

按制桩材料,桩可分为木桩、钢桩和钢筋混凝土桩。但广义而言,在地基处理技术中尚有水泥土桩、CFG 桩、石灰桩、二灰桩、灰土桩(柔性桩)以及碎石桩(散体材料桩),但水泥土桩和 CFG 桩桩身轴力有效传递深度较大,在长期荷载作用下呈现接近刚性摩擦桩的特性,故通常可被纳入桩的范畴。

1. 木桩

木桩只适合在地下水水位以下的地层中工作,在这种环境下,木桩能抵抗真菌的腐蚀而保持较好的耐久性。在地下水水位变化幅度很大的场地不宜使用木桩。

2. 钢桩

钢桩按截面形状分为钢管桩、“H”形桩和钢板桩。

常用的钢管桩是由厂家生产的螺旋焊接管,材料一般为 Q235。早在 20 世纪 30 年代,欧洲就开始大量使用钢桩,随着结构物越来越重,对沉降的要求越来越严格,要求桩进入更深的土层,而钢桩易于贯入和连接,备受工程界青睐。近年来,随着海洋石油的开发、海上巨型桥梁及深水码头的建设等,钢管桩往直径更大、深度更深的方向发展。目前欧美及日本的钢管桩长度已达 100m 以上,直径超过 2500mm。我国目前常用的钢管桩直径为 219～2220mm,超大直径的钢管桩需向厂家定制。

“H”形桩是由工厂轧制出来的,成本比钢管桩低。西欧、日本在 20 世纪 50—60 年代就开始大量使用“H”形桩,我国是从 20 世纪 80 年代开始在工业与民用建筑中使用“H”形桩,这种桩适合于南方较软的土层。广东、上海一些开发区有些急于开工的项目,只需按规格向厂方订货,桩到现场后切割、接长便可施工,十分方便。“H”形桩还可作为基坑支护的挡土桩、立柱桩和 SMW 工法中的后插筋(水泥土搅拌桩中后插入的“H”形桩),而且还可用焊接方法拼成组合桩以承受更大的荷载。我国常用的“H”形桩横截面规格为 200mm×200mm～

500mm×500mm（高×宽）。

钢板桩按断面形式分为"Z"形、"U"形（槽形）、直线形、"H"形及管形（图 1－2－1）。直线形板桩的断面模量小，作为挡土结构来承受水平力很不经济，仅用于止水帷幕。"U"形板桩的断面模量比直线形大得多，一般用于码头岸壁及基坑支护结构。"Z"形板桩也是一种较经济的板桩，但其断面不对称，单根打入时会绕垂直中心线旋转，最好将它成对拼接在一起锤击，"Z"形板桩也用于码头岸壁及基坑支护结构。"H"形板桩的断面模量很大，图 1－2－2 为"H"形板桩之间的联接。由于"H"形板桩良好的技术性能，深水水工结构或荷载较大的支护结构可采用这种板桩。管形板桩的断面模量极大，加之圆形结构受力性能好，本身能自立，一般用于永久性工程结构，但由于拔桩较困难，造价又高，一般临时性工程均不采用。图 1－2－3 为管形板桩的接头形式。

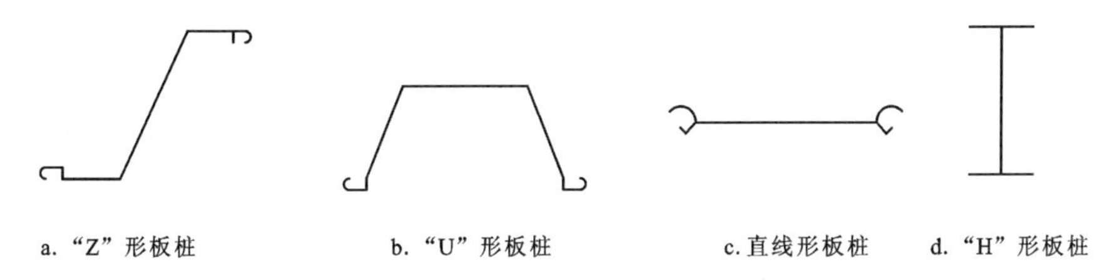

图 1－2－1　"Z"形、"U"形、直线形、"H"形板桩断面图

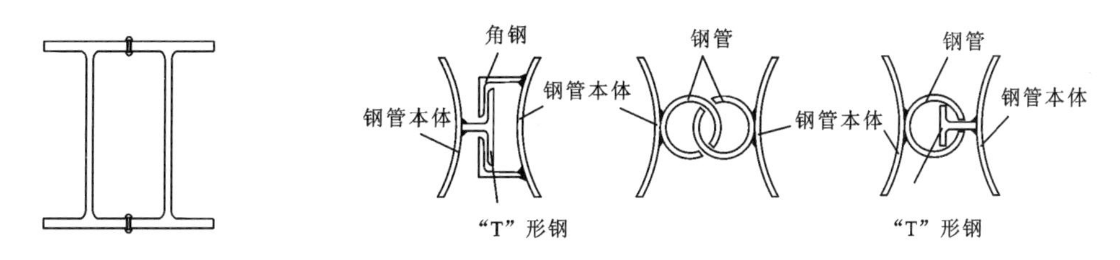

图 1－2－2　"H"形板桩的联接　　图 1－2－3　管形板桩之间的联接

3. 钢筋混凝土桩

钢筋混凝土桩的配筋率较低（除受水平荷载特别大的桩、抗拔桩和嵌岩端承桩外，一般灌注桩截面配筋率为 0.20%～0.65%，预制桩配筋率≥0.8%，静压预制桩配筋率≥0.6%）且混凝土取材方便、价格便宜、耐久性好。钢筋混凝土桩既可预制（分工厂预制与施工现场预制）又可现浇，还可以预制与现浇相结合，适用于各种地层，成桩直径和长度可调范围大。

二、按桩径大小分类

对于灌注桩，根据桩径大小不同，有小直径桩、中等直径桩和大直径桩。不同的国家（或地区）和不同的专业分类界限不尽相同，分类时主要考虑施工方法和承载性状。《建筑桩基技术规范》（JGJ 94—2008）按桩径大小将基桩划分如下。

（1）小直径桩：$d\leqslant 250$mm。

（2）中等直径桩：$250<d<800$mm。

（3）大直径桩：$d\geqslant 800$mm。

小直径桩又称微型桩，多用于地基浅层处理和旧建筑物基础托换加固；大直径钻(挖、冲)孔桩成孔过程中，孔壁的松弛变形及孔底土的扰动、回弹会导致桩侧阻力的降低和桩端阻力的减小。

三、按几何形状分类

桩按横截面几何形状分为圆形、管形、方形、空心方形、矩形、多边形、“十”字形、“H”形等，如图 1-2-4 所示。

桩按纵向剖面几何形状分为等截面桩和变截面桩，变截面桩又有扩底桩、多支盘桩、螺旋桩和楔形桩等，如图 1-2-5 所示。

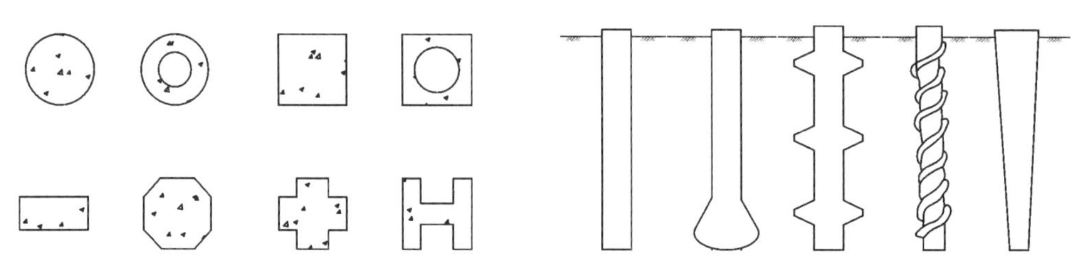

图 1-2-4 不同横截面形状的桩　　图 1-2-5 不同纵向剖面形状的桩

四、按承载性状分类

1. 竖向荷载桩

如图 1-2-6 所示，在桩顶竖向下压荷载 Q 的作用下，桩身相对于桩周土向下位移，由于桩身与桩周土之间的摩擦力以及桩周土本身的抗剪强度，桩周土就会作用于桩身侧面向上的分布阻力 q_s，称为桩身侧阻力或桩身摩阻力，单桩总侧阻力用 Q_s 表示；同样，桩底会向下压缩桩端土，桩端土也会作用于桩底面向上的分布阻力 q_p(一般简化为均匀分布)，称为端阻力，单桩总端阻力用 Q_p 表示。竖向荷载桩按承载性状又可细分如下。

(1)摩擦型桩(包括摩擦桩和端承摩擦桩)。

摩擦桩：在承载力极限状态下，桩顶竖向荷载由桩侧阻力承受，桩端阻力小到可以忽略不计。

端承摩擦桩：在承载力极限状态下，桩顶竖向荷载大部分由桩侧阻力承受。

(2)端承型桩(包括端承桩和摩擦端承桩)。

端承桩：在承载力极限状态下，桩顶竖向荷载由桩端阻力承受，桩侧阻力小到可忽略不计。

摩擦端承桩：在承载力极限状态下，桩顶竖向荷载大部分由桩端阻力承受。

2. 横向荷载桩

横向荷载桩是指土对桩的作用力垂直于桩身轴线方向的桩。横向荷载桩按桩、土之间的主、被动作用又可细分如下。

(1)横向荷载主动桩。桩顶受水平荷载或力矩作用后，桩身轴线偏离初始位置，桩身所受土压力是由桩主动变位而产生的。风力、地震、车辆制动等作用下的基桩属于主动桩，如

图1－2－7a所示，在主动桩上，外荷载是因，桩相对于土的变形和位移及桩所受的土压力是果。

(2)横向荷载被动桩。沿桩身一定范围内有侧向土压力的作用，桩身轴线由于该土压力的作用偏离初始位置。深基坑支护桩、坡体抗滑桩、堤岸支护桩等均属于被动桩，如图1－2－7b所示。

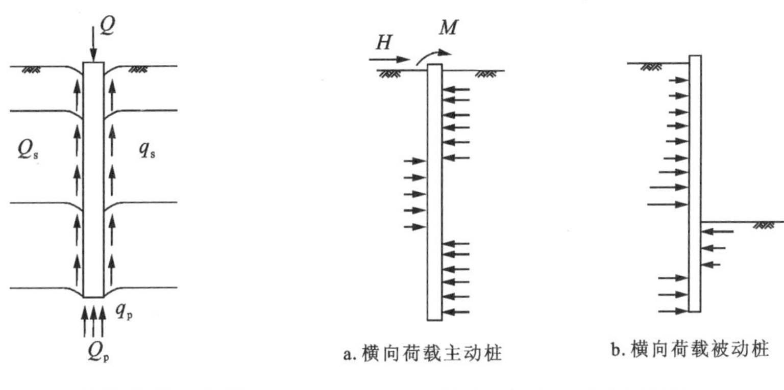

图1－2－6 基桩承载示意图

图1－2－7 横向荷载桩

五、按桩身制作方法分类

按桩身制作方法，桩可分为预制桩、灌注桩(含压注桩)和搅拌桩三大类。预制桩有木桩、钢桩及钢筋混凝土桩。预制钢筋混凝土桩既可在工厂预制又可在施工现场预制。灌注桩施工时又有很多不同的成孔方法，有沉管成孔、泥浆护壁循环回转钻成孔、旋挖成孔、冲击成孔、冲抓成孔、螺旋钻成孔和人工挖孔；搅拌桩有水泥浆搅拌桩、水泥粉体喷射搅拌桩以及旋喷桩(水力切削及搅拌)。

六、按设置桩时对地基土的影响程度分类

按设置桩时对地基土的影响，桩可分为非挤土桩、部分挤土桩、挤土桩。

1. 非挤土桩

非挤土桩在成桩过程中基本上不扰动桩周土，与桩体体积相等的土体被桩体置换出地表。干作业法钻(挖)孔灌注桩、泥浆护壁法钻(挖)孔灌注桩、套管护壁法钻(挖)孔灌注桩等属于非挤土桩。

2. 部分挤土桩

部分挤土桩在成桩过程中部分挤压桩周土，挤入桩周土的土体体积小于广义的桩身体积。长螺旋压注桩、冲击成孔灌注桩、钻孔挤扩灌注桩、加劲水泥土桩、预钻孔打入(或静压)预制桩、打入(或静压)式敞口钢管桩、打入(或静压)敞口预应力混凝土空心桩等属于部分挤土桩。

3. 挤土桩

挤土桩在成桩过程中挤入桩周土的土体体积等于广义的桩身体积。沉管灌注桩、沉管夯(挤)扩灌注桩、打入(或静压)预制实心方桩、打入(或静压)闭口预应力混凝土空心桩和闭口钢管桩等属于挤土桩。

第三节 桩的选型

一、各种桩型在我国的应用概况

常用的主要桩型在我国各类工程中的应用情况可参考表 1－3－1，随着技术的不断进步，表中的限值会被不断突破，表中数值仅供对桩使用情况的大致了解。另外，表中所列桩型也没有涵盖目前桩基领域所使用的所有桩型。

表 1－3－1 我国主要桩型应用概况

桩型	常用深度/m	常用桩径/截面(最大)/mm	应用建筑物层数/层	应用基坑深/m	高耸塔架	桥梁	水工建筑
钢管桩	＜100	219～2220	22～＞100		√	√	√
钻(挖、冲)孔桩	＜100	600～2000(4000)	12～＞100	6～18	√	√	√
人工挖孔桩	≤25	≥1000(4000)	12～54	3～14	√	√	√
混凝土方桩	≤72	200×200(600×600)	7～42	6～9	√	√	√
预应力混凝土管桩	≤60	300～600(1400)	7～42	＜6	√	√	√
沉管灌注桩	≤35	377、400(700)	4～30	4～7	√	√	
钻孔植预应力空心桩	≤50	≤600				√	
(加劲)水泥土桩	≤27	≤700		3～15	√		

二、选择桩型应考虑的主要因素

桩型与成桩工艺应根据建筑结构类型、荷载性质、桩的使用功能、桩身穿越的岩土层、桩端持力层、地下水水位、施工设备、施工环境、施工经验、制桩材料供应条件、施工工期等，按安全适用、经济合理的原则选择。

1. 工程特点、荷载性质与大小

对于重要的建筑物和对不均匀沉降敏感的建筑物，要选择成桩质量稳定性好且桩端能达到较好持力层的桩型，以减小差异沉降。

对于荷载较大的高层建筑，选择单桩承载力大的桩型，使桩间距不致过小。

对于凸堤、码头等承受循环或冲击荷载的建(构)筑物，可考虑使用具有良好吸收能量特性的钢桩。

对于承受风力和地震作用较大的高层建筑，须使用承受水平力和弯矩能力较强的桩型。

对于框架-核心筒等荷载分布很不均匀的桩筏基础，宜选择基桩尺寸和承载力可调性较大的桩型和成桩工艺。

地震设防烈度为Ⅷ度及以上地区，不宜采用预应力混凝土管桩和预应力混凝土空心方桩。

2. 工程地质与水文地质条件

(1)持力层的埋深。在坚硬持力层埋深不太大的情况下，应选大直径桩；在深厚软弱土层地区，要选用直径中等的长摩擦型桩。

(2)土层中有土洞、空穴，岩层中有溶洞、破碎带时，用泥浆护壁成孔方法施工就比较困难。土层中有障碍物时用锤击和静压预制桩就要慎重。

(3)对于软土地基特别是沿海深厚软土地区，一般坚硬地层埋藏很深，但选择低压缩性土层作为桩端持力层仍有可能且十分重要；桩周软土因自重固结、场地填土、地面大面积堆载、降低地下水水位、大面积挤土沉桩等产生的沉降大于基桩的沉降时，应视具体工程情况分析计算桩侧负摩阻力对基桩的影响，尽量避免采用沉管灌注桩；对于预制混凝土桩和钢桩的沉桩，应采取减小超静孔隙水压力和减轻挤土效应的措施，包括在软弱土层中施打塑料排水板、在钢管桩侧壁预钻超静孔隙水压力消散孔、引孔沉桩、控制沉桩速率等，减小挤土效应对成桩质量(预制桩接头被拉断、桩体侧移和上涌，沉管灌注桩发生断桩、缩颈)和邻近建筑物、道路、地下管线以及基坑边坡等产生的不利影响；先成桩后开挖基坑时，必须合理安排基坑挖土顺序和控制分层开挖深度，防止土体侧移对桩的影响。

(4)湿陷性黄土地区的桩基，由于土的自重湿陷对基桩产生负摩阻力，非自重湿陷性土由于浸水削弱桩侧阻力，承台底土抗力也随之消减，导致基桩承载力降低。为确保基桩承载力的安全可靠性，桩端持力层应选择低压缩性的黏性土、粉土、中密和密实砂土以及碎石类土层；湿陷性黄土地基中的单桩极限承载力的不确定性较大，故设计等级为甲、乙级桩基础工程的单桩极限承载力，强调采用浸水静载试验方法；自重湿陷性黄土地基中的单桩极限承载力，应视浸水可能性、桩端持力层性质、建筑桩基设计等级等因素考虑负摩阻力的影响。

(5)季节性冻土和膨胀土地基中的桩基。主要应考虑冻胀和膨胀对基桩抗拔稳定性的影响，避免冻胀或膨胀力作用下产生上拔变形，乃至因累积上拔变形而引起建筑物开裂。因此，对于荷载不大的多层建筑桩基设计，应考虑以下因素：①桩端进入冻深线或膨胀土的大气影响急剧层以下一定深度，满足抗拔稳定性验算要求；②宜采用无挤土效应的钻、挖孔桩；③对桩身受拉承载力进行验算；④对承台和桩身上部采取隔冻、隔胀处理。

(6)岩溶地区桩基。在基岩表面起伏大，溶沟、溶槽、溶洞发育，无风化岩覆盖的岩溶地区，宜采用钻、冲孔灌注桩，以利于嵌岩；还应控制嵌岩最小深度，以确保倾斜基岩上基桩的稳定；当基岩的溶蚀极为发育，溶沟、溶槽、溶洞密布，岩面起伏很大，且上覆土层厚度较大时，考虑到嵌岩桩桩长变异性过大，嵌岩施工难以实施，可采用较小桩径(ϕ500～700mm)密布非嵌岩桩，并后注浆，形成整体性和刚度很大的块体基础。

(7)坡地、岸边建筑桩基。关于坡地、岸边建筑桩基的设计，关键是确保桩基整体稳定性，桩基一旦失稳，既影响建筑物自身的安全也会波及相邻建筑物的安全。整体稳定性涉及3个方面：一是建筑场地必须是稳定的，如果存在软弱土层或岩、土界面等潜在滑移面，必须将桩支承于稳定岩土层以下足够深度，并验算桩基的整体稳定性和基桩的水平承载力；二是建筑桩基外缘与坡顶的水平距离必须符合有关规范的规定，边坡自身必须是稳定的或经整治后能确保其稳定性；三是成桩过程不得产生挤土效应。

(8)地震设防区桩基。基桩进入液化土层以下稳定土层的长度应按计算确定,且进入碎石土,砾、粗、中砂,密实粉土,坚硬黏性土等土层中不小于2倍桩身直径,进入其他非岩石土不宜小于4倍桩身直径;承台和地下室侧墙周围应采用灰土、级配砂石、压实性较好的素土回填,并分层夯实,也可采用素混凝土回填;当承台周围为可液化土或地基承载力特征值小于40kPa(或不排水抗剪强度小于15kPa)的软土,且桩基水平承载力不满足计算要求时,可将承台外每侧1/2承台边长范围内的土进行加固;对于存在液化扩展的地段,应验算桩基在土流动的侧向作用力下的稳定性。

(9)地下水水位埋深很大的,可考虑干作业法;地下水水位埋深较小时,一般采用预制桩或泥浆护壁成孔灌注桩。当有降水或止水措施时,才能考虑人工挖孔桩。

(10)当存在较厚的夹砂层时,要研究预制桩沉桩的可行性,以免发生沉桩困难的情况。

3. 施工对周围环境的影响

桩基施工可能对周围建(构)筑物及地下设施造起扰动或危害。通常打桩引起的震动会影响周围居民的正常工作和生活并危及公用设施与精密仪器仪表等设备;挤土量大的桩要求较大的桩间距,并控制沉桩速率;地下水水位以下的人工挖孔桩在施工时必须降水,而降水引起的地面沉降将会影响邻近的道路、地下设施以及建造在浅基础上的建筑物;当场地的地下水水位较高且桩间距过小时,会阻碍地下水的流动而引起地下水水位上升,在陡坡山地进行开发建设时,常可能发生这种情况,应考虑地下水水位上升对邻近的地下结构物(如地铁隧道等)引起浮力的可能;挤土桩施工将会引起地面隆起和侧移,尤其是在密实的细粒黏质粉土和黏性土的场地,从而影响邻近建筑物和先前已打设的桩,此时采用非挤土桩可减轻此类影响。由于某些特殊原因而必须采用挤土桩时,必须采取预钻孔取土等相应的措施防止土体隆起和侧移;若采用钻孔桩,必须对施工所产生的泥浆废液或污水采取措施妥善处理,以免污染环境。

4. 施工场地和设备的制约

打预制桩和钻孔灌注桩都需要采用大中型施工设备,因此若遇场地为坡地或出入道路狭窄的情况,必须先修好临时道路等设施;当施工净空受现场上空设施等条件限制时,就不能应用安装在大型吊车上的施工设备,只好采用小桩或人工挖孔桩等;钻(冲)孔桩常需采用泥浆,制备泥浆及泥浆周转循环的设施会占用较大的场地,而预制桩则需要储存或堆放场地,所以这两类桩不太适用于较小的场地。

5. 施工安全

施工安全是评价设计施工方案的一个至关重要的因素。特别是人工挖孔桩在施工过程中常会产生有毒气体或灰尘,或发生通风不良、孔底隆起、涌水、护圈失效及物件或岩土块从空中坠落等危险,因此在选用人工挖孔桩时必须特别审慎。打预制桩和钻孔灌注桩需要采用大中型机械,因此必须对可能危及人身安全的机械事故逐一采取有力的预防措施,并监督其实施。

6. 造价与工期

当一项工程有若干桩型可供选择时,桩基费用是业主和施工单位最关注的指标之一。

如工程规模较小,一般不宜采用大型设备,以免负担昂贵的大型施工设备进出场费和安装拆卸费用。但当场地附近另有若干工程可先后连续使用该设备时，那么进出场费被共同分担后将会使桩基造价有所降低。另外，桩的施工费用仅是桩基总造价的一部分，如果桩的直径小，则桩数多，而承台大，那么它的总造价也许反而会高于桩数少、承载力大的大直径桩和小承台的总造价。

国内外实践证明，桩基础工程可能引发的最严重的资金风险是由桩型选择不当造成中途改换桩型所引起的损失，它可能会远远超过预期。因此，若地质条件不良，就应把地质条件作为选择桩型的决定因素，若工程场地周围环境或地下工程设施对地下水水位变化或地面沉降特别敏感，就应避免采用人工挖孔桩等在施工时必须降低地下水水位的桩型，否则将会造成经济损失。

第四节　桩的布置

一、基桩的最小中心距

群桩基础中桩的间距是指基桩与基桩之间的中心距离。间距过小将引起桩间土应力的严重重叠，导致明显的群桩效应，影响群桩承载力的充分发挥。对挤土桩而言，布桩过密还会使得桩周土产生过高的超静孔隙水压力，造成地基土侧移和隆起、基桩偏位弯曲，并给沉桩施工带来较大的困难。

桩距也不宜太大，桩间距太大会不必要地加大承台平面尺寸和承台所受的弯矩，使承台混凝土量和配筋量增加，增加工程造价。因此最小桩间距的确定，要考虑桩的类型（非挤土桩、部分挤土桩和挤土桩），同时还要考虑桩的排列与数量等因素。《建筑桩基技术规范》(JGJ 94—2008)的规定见表 1-4-1。

表 1-4-1　基桩的最小中心距

土类与成桩工艺		排数不少于 3 排且桩数不少于 9 根的摩擦型桩基	其他情况
非挤土桩		3.0d	3.0d
部分挤土桩	非饱和土、饱和非黏性土	3.5d	3.0d
	饱和黏性土	4.0d	3.5d
挤土桩	非饱和土、饱和非黏性土	4.0d	3.5d
	饱和黏性土	4.5d	4.0d
钻、挖孔扩底桩		2D 或 D+2.0m（当 D>2m）	1.5D 或 D+1.5m（当 D>2m）
沉管夯扩、钻孔挤扩桩	非饱和土、饱和非黏性土	2.2D 和 4.0d 较大者	2.0D 和 3.5d 较大者
	饱和黏性土	2.5D 和 4.5d 较大者	2.2D 和 4.0d 较大者

注：d 为桩身直径；D 为扩大头直径。

二、基桩的排列

排列基桩时，宜使群桩承载力合力点与竖向永久荷载合力作用点重合，并使桩基受水平力和力矩较大方向有较大抗弯截面模量。对于桩箱基础、剪力墙结构桩筏（含平板式和梁板式承台）基础，宜将桩布置于墙下。对于框架-核心筒结构桩筏基础应按荷载分布考虑相互影响，将桩相对集中布置于核心筒和柱下，外围框架柱宜采用复合桩基，桩长宜小于核心筒下基桩（有合适桩端持力层时）。

三、桩的入土深度及桩端持力层的选择

应选择较硬、较密实的土层或岩层作为桩端持力层。桩端全断面进入持力层的深度，对于黏性土、粉土不宜小于 $2d$，对于砂土不宜小于 $1.5d$，对于碎石类土不宜小于 $1d$。当存在软弱下卧层时，桩端以下硬持力层厚度不宜小于 $3d$。对于嵌岩桩，嵌岩深度应综合荷载、上覆土层、基岩、桩径、桩长诸因素：嵌入倾斜的完整岩和较完整岩的深度不宜小于 $0.4d$ 且不小于 0.5m，倾斜度大于 30%的中风化岩，宜根据倾斜度及岩石完整性适当加大嵌岩深度；嵌入平整、完整的坚硬岩和较硬岩的深度不宜小于 $0.2d$ 且不应小于 0.2m（d 为桩身直径）。

软土中的桩基宜选择中、低压缩性土层作为桩端持力层。

第二章　桩基设计与计算

第一节　基桩竖向承载力

一、桩土体系的荷载传递

1. 荷载传递机理

如图 2-1-1 所示，当竖向下压荷载 Q 施加于基桩桩顶时，桩身上部就会受到压缩，桩身截面向下位移。向下位移的桩身表面靠它与桩周土之间的摩擦力、黏结力等使桩周土随着桩身一起向下位移，桩周土向下的位移量随其离桩身径向距离的增大而减小，因此离桩身径向距离不同的桩周土体沿桩身轴线方向产生了剪切变形和剪应力。桩周土反作用于桩身的侧阻力 q_s(侧阻力一般随深度变化，作用在单位面积桩身的侧阻力一般简称为单位侧阻力)，使桩身轴向压力、桩身压应变随深度递减。随着桩顶荷载的逐步增加，桩端面作用于桩端岩(土)体的压力逐步增大，桩端岩(土)体压缩变形量增大，桩端面相应地产生向下位移，桩端岩(土)体对单位面积的桩端面作用的向上反力称为桩端阻力 q_p(作用在单位面积桩端面的端阻力一般简称为单位端阻力)。桩端位移加大了桩身各截面向下的位移量，进而加大了桩周土的剪切变形，使桩侧阻力进一步发挥。一般来说，靠近桩身上部土层的桩侧阻力先于下部土层发挥出来，而桩侧阻力一般先于桩端阻力发挥(长度较短的端承桩除外)。

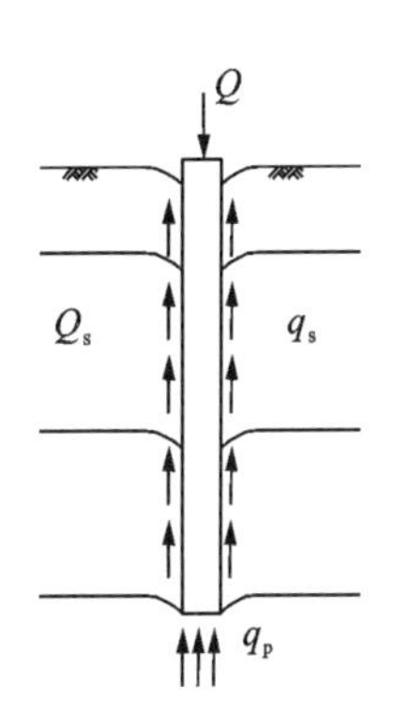

图 2-1-1　桩顶荷载传递图

1)桩侧阻力

不同深度处的桩身沉降量的大小，直接影响该深度处桩周土对桩的侧阻力的发挥程度。桩侧阻力达到极限值所需的桩、土相对位移量与土的类别有关，而与桩长、桩径大小无关，在黏性土中为 4～7mm，在砂土中为 6～10mm。

桩侧阻力由以下两种原因之一达到极限值：①桩身与桩周土在接触面上产生相对滑移；②桩周土内部沿剪力作用方向发生剪切破坏。

如图 2-1-2a 所示，在桩顶承载之前，桩身表面任一点用 A 表示，与之相接触的桩周土用 B 表示，这两点不产生位移且始终接触；随着桩顶荷载的增大，如果桩身与桩周土之间始终无相对滑移，虽然 A 点与 B 点都产生了向下的位移，但两点仍然保持接触而无相对位移。当桩顶荷载足够大时，桩周土内部就会由于抗剪强度不足，沿某一近似圆柱面产生相对滑移，如图 2－1－2b 所示，极限桩侧阻力就取决于桩周土的抗剪强度(清孔干净的灌注桩由于混凝土对邻近桩周土的加固作用有可能会是这种情况)；如果桩顶荷载达到一定值后，桩身与桩周土之间有相对滑移，即 A 点与 B 点产生了相对滑移，极限桩侧阻力就取决于桩身表面与桩周土之间的极限摩擦力(预制桩及孔壁有泥皮的钻孔灌注桩会是这种情况)，如图 2－1－2c所示。工程中，一般不去区分桩侧阻力产生于何处，常将桩侧阻力称为桩侧(周)摩阻力。

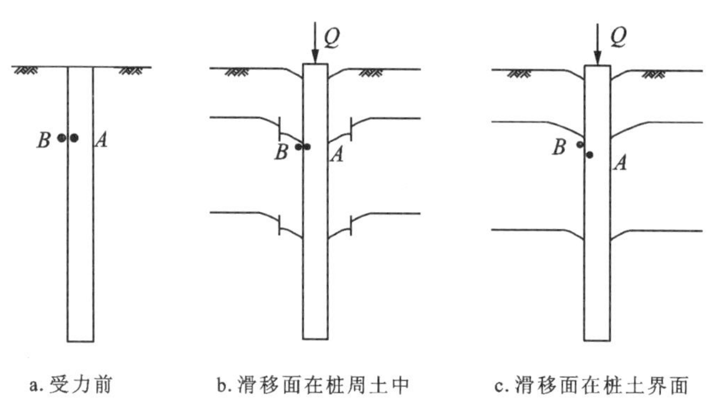

图 2－1－2 桩侧土阻力作用机理

桩侧摩阻力沿桩身轴线方向的大小分布受多种因素(如桩的类型、成桩方法、桩顶荷载大小、桩周土的种类及性质等)影响。根据试验研究，一般黏性土中的桩，其桩侧阻力沿桩身轴线方向的分布常近乎于抛物线，在桩顶处桩侧阻力为零(因为水平向土压力为零)，桩身中段处的桩侧阻力则比桩下段的大(因为桩身下段与相邻桩周土之间的相对位移量减小)；而在砂土中的桩，其桩侧阻力从地面开始的 5～20 倍桩径(打入桩为 10～20 倍桩径；灌注桩为 5～10 倍桩径)范围内随深度增加而增大(因为深度越大，水泥浆压力越大，对砂层的渗透加固效果越好)，深度更大处的桩侧阻力则接近均匀分布或逐渐减小(原因可能是虽然桩、土界面水平向正压力随深度增加而增大，但桩土之间的相对位移量随深度增加而减小)。

2)桩端阻力

桩端阻力是在荷载作用下桩与桩周土之间产生相对位移到一定程度之后，荷载传至桩端处引起桩端下面土的压缩变形而产生的。当作用于桩顶的荷载 Q 不断增大，桩侧阻力完全发挥达到极限值后，继续增加的荷载就靠增大桩端阻力来承担，直到桩端下面的土体达到极限状态，桩端阻力也达到极限值，此时桩所承受的桩顶荷载即为极限荷载，侧阻力与端阻力之和即为桩的极限承载力 Q_u。

桩端阻力是桩侧阻力发挥到一定程度之后才产生的，桩端阻力充分发挥需要有比较大的桩端沉降量。试验研究表明，充分发挥桩端阻力所需的桩端沉降量是桩径(或边长)的函数，对于一般土层，约为 0.25 倍桩径；对于坚硬黏土，约为 0.1 倍桩径；对于砂土，为 0.08～0.1 倍桩径。

2. 桩的荷载传递基本方程及其应用

对于一般摩擦桩，当顶部作用有竖向荷载 Q 时，其桩顶沉降 s_0 一般由两部分组成：一部

分为桩端下沉量 s_p，它包括由桩端与桩侧荷载引起的桩端以下土体压缩变形和桩尖刺入桩端土层而引起的桩身整体位移；另一部分则为桩身材料在桩身轴力 N 作用下产生的压缩变形 s_s（图 2-1-3e），可表示为 $s_0=s_p+s_s$。为了解桩侧阻力 q_s、桩身轴力 N 与桩身截面位移 s 的关系，可进行专门的试验研究。例如，图 2-1-3b 所示为一根试验桩，长度为 l，横截面面积为 A，横截面周长为 u，可预先沿桩身不同截面埋设应力计，测出各截面的应力，从而算出轴力 $N(z)$ 沿桩的入土深度 z 的分布曲线。显然，当侧阻力 q_s 方向向上时，$N(z)$ 将随深度的增加而减小，如图 2-1-3c 所示。现从桩身任意深度 z 处取 dz 微元段，其受力状况如图 2-1-3a 所示，根据微元段的竖向力平衡条件（忽略桩身自重），可得 $q_s(z)u\mathrm{d}z+N(z)+\mathrm{d}N(z)-N(z)=0$，化简得

$$q_s(z)=-\frac{1}{u}\frac{\mathrm{d}N(z)}{\mathrm{d}z} \tag{2-1-1}$$

式(2-1-1)表明，任意深度处单位桩身侧表面积桩侧阻力（简称单位侧阻力）q_s 的大小与该处轴力 $N(z)$ 随深度的变化率成正比，且方向相反。一般称式(2-1-1)为桩的竖向荷载传递基本方程。只要测得桩身轴力 $N(z)$ 的分布曲线，即可用此式求桩侧阻力的大小与分布。

如果在试桩时，同时测出桩顶沉降 s_0 并已知桩的弹性模量 E，则还可利用已测出的桩身轴力分布曲线 $N(z)$，根据材料力学公式，求出桩端位移 s_p 和任意深度处的桩身截面位移 $s(z)$，即

$$s_p = s_0 - \frac{1}{AE}\int_0^l N(z)\mathrm{d}z \tag{2-1-2}$$

$$s(z) = s_0 - \frac{1}{AE}\int_0^z N(z)\mathrm{d}z \tag{2-1-3}$$

需要指出的是，图 2-1-3 中的荷载传递曲线（$N-z$ 曲线）、侧阻分布曲线（q_s-z 曲线）及桩截面位移曲线（$s-z$ 曲线），都是随着桩顶荷载 Q 的增加而不断变化的。如何采用不同荷载作用下的荷载传递曲线，了解侧阻力和端阻力随荷载的变化情况、它们的发挥程度及两种阻力与桩身位移的关系等，无疑对合理地确定桩的承载力和进行桩基础设计是很有意义的。

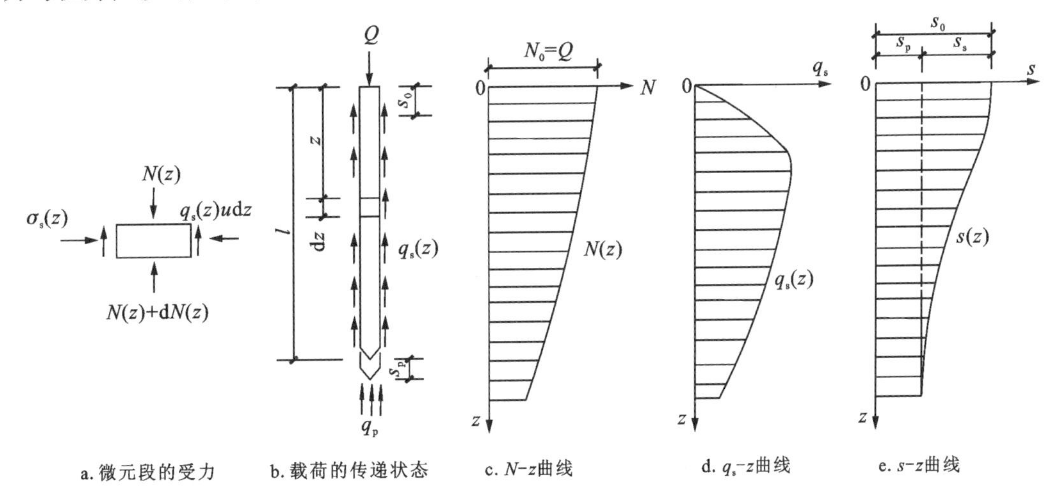

图 2-1-3 桩的轴向力、桩侧摩阻力、桩身位移分布图

二、单桩竖向受压极限状态

单桩竖向受压极限状态包括承载力极限状态和正常使用极限状态。

单桩竖向受压承载力极限状态包括地基土强度破坏和桩身结构性破坏。地基土强度破坏一般是指桩侧阻力和桩端阻力都达到了极限值;桩身结构性破坏包括桩身材料强度破坏和桩身压曲失稳破坏。一般来说,当桩的长径比或露出地面的长度较大,桩侧土为可液化土或极软弱土时,有可能出现桩身的压曲失稳破坏。

单桩竖向受压正常使用极限状态一般是指桩顶沉降量达到了影响建(构)筑物正常使用所规定的变形限值。例如,对于均质土层中的基桩,在做静载荷试验时,如果桩顶荷载一直加到桩侧阻力和桩端阻力都达到极限值,则 $Q-s$ 曲线一般有较明显的直线段 OA、曲线段 AB 和陡降段 BC,如图 2-1-4a 所示。

一般而言,当桩径较大、桩长较短,$Q-s$ 曲线陡降段明显时,陡降段起始点所对应的桩顶沉降量 s_B 就会不超过影响建筑物正常使用所规定的变形限值 s_u,桩的极限承载力就应按桩处于承载力极限状态确定,即陡降段起始点所对应的桩顶荷载为桩的极限承载力 Q_u,如图 2-1-4a 所示;当桩的长径比较大(桩径小、桩长较大)时,$Q-s$ 曲线陡降段不明显,如图 2-1-4b所示,桩的极限承载力按桩处于正常使用极限状态确定,即在 $Q-s$ 曲线上取 s_u 值(其值为不影响建筑物正常使用所允许的最大桩顶沉降量)所对应的桩顶荷载为单桩的极限承载力 Q_u。

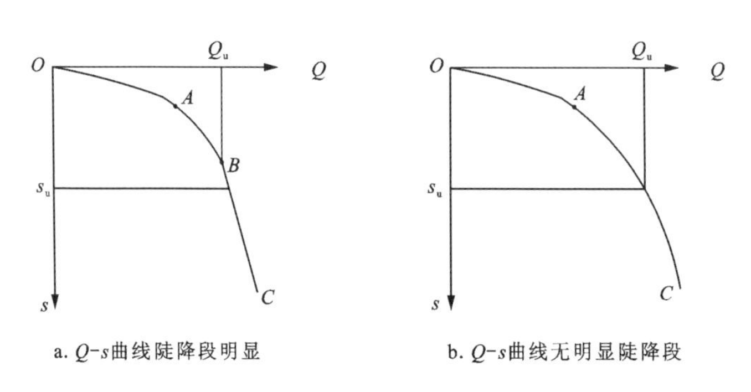

图 2-1-4 桩的静载荷试验 $Q-s$ 曲线

三、单桩竖向极限承载力标准值的确定

《建筑桩基技术规范》(JGJ 94—2008)规定,设计等级为甲级的建筑桩基,应通过单桩静载试验确定单桩竖向极限承载力标准值。对于位于同一地质单元的一个单位工程,一般对直径、桩长几乎相等,桩身材料及成桩方法相同的 3 根试验桩进行静载荷试验,取 3 根桩极限承载力平均值为单位工程单桩竖向极限承载力标准值。用单桩静载荷试验确定单桩竖向极限承载力标准值的具体方法将在第八章桩基础工程检测中加以介绍。

同时《建筑桩基技术规范》(JGJ 94—2008)还规定,设计等级为乙级的建筑桩基,当地质条件简单时,可参照地质条件相同的试桩资料,结合场地的静力触探等原位测试成果和经验参数综合确定单桩竖向极限承载力标准值,其余建筑桩基均应通过单桩静载荷试验确定;设计等级为丙级的建筑桩基，可根据场地的原位测试成果和经验参数确定单桩竖向极限承荷载力标准值。本节介绍用岩土工程勘察成果和经验参数确定单桩竖向极限承载力标准值。

1. 根据单桥探头静力触探成果确定单桩竖向极限承载力标准值

用单桥探头对地基土进行静力触探时，只能测出静力触探探头锥尖和探头侧壁所受土层总阻力之和，用该总阻力之和除以探头的锥底面积即为单桥静力触探得到的地层比贯入阻力 p_s。

根据《建筑桩基技术规范》(JGJ 94—2008)，混凝土预制桩单桩竖向极限承载力标准值可根据单桥探头静力触探成果按下式确定：

$$Q_{uk}=Q_{sk}+Q_{pk}=u\sum q_{sik}l_i+\alpha p_{sk}A_p \tag{2-1-4}$$

当 $p_{sk1}\leqslant p_{sk2}$ 时：

$$p_{sk}=\frac{1}{2}(p_{sk1}+\beta p_{sk2}) \tag{2-1-5}$$

当 $p_{sk1}>p_{sk2}$ 时：

$$p_{sk}=p_{sk2} \tag{2-1-6}$$

式中：Q_{sk}、Q_{pk} 分别为桩的总极限侧阻力标准值(kN)和总极限端阻力标准值(kN)；u 为桩身横截面周长(m)；q_{sik} 为用静力触探比贯入阻力值估算的桩周第 i 层土的极限侧阻力标准值(kPa)，参照图 2-1-5 采用；l_i 为桩周第 i 层土的厚度(m)；α 为桩端阻力修正系数，可按表 2-1-1取值；p_{sk} 为桩端附近土的静力触探比贯入阻力标准值(平均值)(kPa)；A_p 为桩端

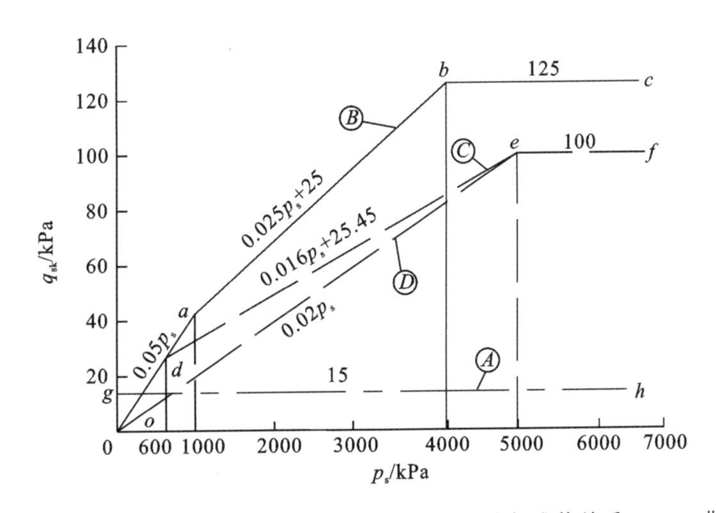

图 2-1-5 极限侧阻力标准值与桩侧土比贯入阻力标准值关系 $q_{sk}-p_s$ 曲线

注：①q_{sik} 值应结合土工试验资料，依据土的类别、埋藏深度、排列次序，按图 2-1-5 折线取值；图中，直线(A)(线段 gh)适用于地表下 6m 深范围内的土层；折线(B)(线段 $oabc$)适用于粉土及砂土土层以上(或无粉土及砂土层地区)的黏性土；折线(C)(线段 $odef$)适用于粉土及砂土土层以下的黏性土；折线(D)(线段 oef)适用于粉土、粉砂、细砂及中砂；

②采用的单桥探头，圆锥底面积为 15cm²，底部带 7cm 高的滑套，锥角为 60°；

③当桩端穿过粉土、粉砂、细砂及中砂层底面时，折线(D)估算的 q_{sik} 值需乘以表 2-1-4 中系数 η_s 值；

④p_{sk1} 为桩端穿过的中密—密实砂土、粉土的比贯入阻力平均值；p_{sl} 为砂土、粉土的下卧软土层的比贯入阻力平均值。

面积(m^2);p_{sk1}为桩端全截面以上8倍桩径范围内土的比贯入阻力平均值(kPa);p_{sk2}为桩端全截面以下4倍桩径范围内土的比贯入阻力平均值(kPa),如桩端持力层为密实的砂土层,它的比贯入阻力平均值p_s超过20MPa时,则需乘以表2-1-2中的系数C值予以折减计算p_{sk2}值;β为桩端土比贯入阻力折减系数,按表2-1-3选用。

表2-1-1 桩端阻力修正系数α值

桩长/m	$l<15$	$15\leqslant l\leqslant 30$	$30<l\leqslant 60$
α	0.75	0.75～0.90	0.90

注:桩长15m$\leqslant l\leqslant$30m,α值按l值直线内插;l为桩长(不包括桩尖高度)。

表2-1-2 系数C值

p_s/MPa	20～30	35	>40
C	5/6	2/3	1/2

注:C值可内插。

表2-1-3 桩端土比贯入阻力折减系数β值

p_{sk1}/p_{sk2}	$\leqslant 5$	7.5	12.5	$\geqslant 15$
β	1	5/6	2/3	1/2

注:β值可内插。

表2-1-4 η_s值

p_{sk}/p_{sl}	$\leqslant 5$	7.5	$\geqslant 10$
η_s	1.00	0.5	0.33

2. 根据双桥探头静力触探成果确定单桩竖向极限承载力标准值

用双桥探头对地基土进行静力触探时,能分别测出探头锥尖和探头侧壁所受土层总锥尖阻力和总侧壁摩阻力,用总锥尖阻力除以探头的锥底面积即为双桥探头静力触探得到的探头端阻力q_c;用总侧壁摩阻力除以探头侧壁表面积即为双桥探头静力触探得到的探头侧阻力f_s。

当有双桥探头静力触探成果时,根据《建筑桩基技术规范》(JGJ 94—2008),混凝土预制桩单桩竖向极限承载力标准值可按下式计算(适合黏性土、粉土和砂土地基):

$$Q_{uk}=Q_{sk}+Q_{pk}=u\sum l_i\beta_i f_{si}+\alpha q_c A_p \tag{2-1-7}$$

式中:f_{si}为第i层土的探头平均侧阻力(kPa);q_c为桩端平面上、下探头端阻力,取桩端平面以上$4d$(d为桩的直径或边长)范围内按土层厚度加权的探头端阻力加权平均值(kPa),然后再和桩端平面以下$1d$范围内的探头端阻力进行平均;α为桩端阻力修正系数,对于黏性土、粉土取2/3,对于饱和砂土取1/2;β_i为第i层土桩侧阻力综合修正系数,对于黏性土、粉土，$\beta_i = 10.04\,(f_{si})^{-0.55}$，对于砂土，$\beta_i = 5.05\,(f_{si})^{-0.45}$（注：双桥探头的圆锥底面积为 15cm^2，锥角为 60°，摩擦套筒高为 21.85cm，侧面积为 300cm^2）。

3. 按土的物理指标与承载力参数之间的经验关系确定单桩竖向极限承载力标准值

土的物理指标一般是通过对地基土的原状土样进行土工试验获得的。根据《建筑桩基技术规范》(JGJ 94—2008)，单桩竖向极限承载力标准值可按土的物理指标与承载力参数之间的经验关系用下式确定：

$$Q_{uk} = Q_{sk} + Q_{pk} = u\sum q_{sik} l_i + q_{pk} A_p \tag{2-1-8}$$

式中：q_{sik} 为桩侧第 i 层土的极限侧阻力标准值，如无当地经验时，可按表 2-1-5 取值；q_{pk} 为桩端极限端阻力标准值，如无当地经验时，可按表 2-1-6 取值。表 2-1-5 中的经验数值一般是根据全国各地大量桩的静载荷试验资料，假设同类土层在相同的状态下，相同桩型的单位侧壁表面积的极限侧阻力标准值相同，用多元统计分析方法确定的；表 2-1-6 中的经验数值是根据大量的静载荷试验资料，假设同类土层处在相同的状态及相同的埋深条件下，对单位桩端面积的极限端阻力相同，用多元统计分析方法确定的。由于我国幅员辽阔，岩土性质差异大，故实际工程应用中应尽可能取用工程项目所在地的地方经验数值。

表 2-1-5　桩侧极限侧阻力标准值 q_{sik}

土的名称	土的状态		混凝土预制桩/kPa	泥浆护壁钻(冲)孔桩/kPa	干作业钻孔桩/kPa
填土			22～30	20～28	20～28
淤泥			14～20	12～18	12～18
淤泥质土			22～30	20～28	20～28
黏性土	流塑	$I_L > 1$	24～40	21～38	21～38
	软塑	$0.75 < I_L \leqslant 1$	40～55	38～53	38～53
	可塑	$0.50 < I_L \leqslant 0.75$	55～70	53～68	53～66
	硬可塑	$0.25 < I_L \leqslant 0.50$	70～86	68～84	66～82
	硬塑	$0 < I_L \leqslant 0.25$	86～98	84～96	82～94
	坚硬	$I_L \leqslant 0$	98～105	96～102	94～104
红黏土	$0.7 < a_w \leqslant 1$		13～32	12～30	12～30
	$0.5 < a_w \leqslant 0.7$		32～74	30～70	30～70
粉土	稍密	$e > 0.9$	26～46	24～42	24～42
	中密	$0.75 \leqslant e \leqslant 0.9$	46～66	42～62	42～62
	密实	$e < 0.75$	66～88	62～82	62～82
粉细砂	稍密	$10 < N \leqslant 15$	24～48	22～46	22～46
	中密	$15 < N \leqslant 30$	48～66	46～64	46～64
	密实	$N > 30$	66～88	64～86	64～86
中砂	中密	$15 < N \leqslant 30$	54～74	53～72	53～72
	密实	$N > 30$	74～95	72～94	72～94

续表 2-1-5

土的名称	土的状态		混凝土预制桩/kPa	泥浆护壁钻(冲)孔桩/kPa	干作业钻孔桩/kPa
粗砂	中密 密实	$15<N\leqslant 30$ $N>30$	74～95 95～116	74～95 95～116	76～98 98～120
砾砂	稍密 中密(密实)	$5<N_{63.5}\leqslant 15$ $N_{63.5}>15$	70～110 116～138	50～90 116～130	60～100 112～130
圆砾、角砾	中密、密实	$N_{63.5}>10$	160～200	135～150	135～150
碎石、卵石	中密、密实	$N_{63.5}>10$	200～300	140～170	150～170
全风化软质岩		$30<N\leqslant 50$	100～120	80～100	80～100
全风化硬质岩		$30<N\leqslant 50$	140～160	120～140	120～150
强风化软质岩		$N_{63.5}>10$	160～240	140～200	140～220
强风化硬质岩		$N_{63.5}>10$	220～300	160～240	160～260

注：①对于尚未完成自重固结的填土和以生活垃圾为主的杂填土，不计算其侧阻力；

②α_w 为含水比，$\alpha_w=w/w_L$，w 为土的天然含水量，w_L 为土的液限；

③e 为孔隙比；N 为标准贯入击数；$N_{63.5}$ 为重型圆锥动力触探击数；

④全风化、强风化软质岩和全风化、强风化硬质岩是指其母岩单轴抗压强度分别为 $f_{rk}\leqslant 15$MPa、$f_{rk}>30$MPa 的岩石。

4. 大直径桩单桩极限承载力标准值

按《建筑桩基技术规范》(JGJ 94—2008)，直径大于 800mm 的桩称为大直径桩，大直径桩孔一般需采用钻孔或挖孔方法施工，桩周土会产生一定程度的应力松弛，桩端土会有一定程度的隆起。根据土的物理指标与承载力参数之间的经验关系，可用下式确定大直径桩单桩极限承载力标准值：

$$Q_{uk}=Q_{sk}+Q_{pk}=u\sum \psi_{si}q_{sik}l_i+\psi_p q_{pk}A_p \tag{2-1-9}$$

式中：q_{sik}为桩侧第 i 层土极限侧阻力标准值(kPa)，如无当地经验值时，可按表 2-1-5 取值，对于扩底桩变截面以上 $2d$ 长度范围不计侧阻力；q_{pk}为桩径为 800mm 桩的极限端阻力标准值(kPa)，对于干作业挖孔(清底干净)，可采用深层载荷板试验确定，当不能进行深层载荷板试验时，可按表 2-1-7 取值；ψ_{si}、ψ_p 分别为大直径桩侧阻、端阻尺寸效应系数，按表 2-1-8 取值；u 为桩身横截面周长(m)，当人工挖孔桩桩周护壁为振捣密实的混凝土时，桩身横截面周长可按护壁外直径计算。

5. 钢管桩单桩竖向极限承载力标准值

钢管桩一般会采用打桩或静压法施工，在施工过程中桩端土在钢管内会形成土塞，土塞情况影响桩端承载力。根据土的物理力学性质指标与承载力参数之间的经验关系，《建筑桩基技术规范》(JGJ 94—2008)按下式确定钢管桩单桩竖向极限承载力标准值：

表 2-1-6　桩端极限端阻力标准值 q_{pk}

土名称	土的状态		混凝土预制桩桩长 l/m				泥浆护壁钻(冲)孔桩桩长 l/m				干作业钻孔桩桩长 l/m		
			$l\leqslant9$	$9<l\leqslant16$	$16<l\leqslant30$	$l>30$	$5\leqslant l<10$	$10\leqslant l<15$	$15\leqslant l<30$	$l\geqslant30$	$5\leqslant l<10$	$10\leqslant l<15$	$l\geqslant15$
黏性土	软塑	$0.75<I_L\leqslant1$	210～850	650～1400	1200～1800	1300～1900	150～250	250～300	300～450	300～450	200～400	400～700	700～950
	可塑	$0.50<I_L\leqslant0.75$	850～1700	1400～2200	1900～2800	2300～3600	350～450	450～600	600～750	750～800	500～700	800～1100	1000～1600
	硬可塑	$0.25<I_L\leqslant0.50$	1500～2300	2300～3300	2700～3600	3600～4400	800～900	900～1000	1000～1200	1200～1400	850～1100	1500～1700	1700～1900
	硬塑	$0<I_L\leqslant0.25$	2500～3800	3800～5500	5500～6000	6000～6800	1100～1200	1200～1400	1400～1600	1600～1800	1600～1800	2200～2400	2600～2800
粉土	中密	$0.75\leqslant e\leqslant0.9$	950～1700	1400～2100	1900～2700	2500～3400	300～500	500～650	650～750	750～850	800～1200	1200～1400	1400～1600
	密实	$e<0.75$	1500～2600	2100～3000	2700～3600	3600～4400	650～900	750～950	900～1100	1100～1200	1200～1700	1400～1900	1600～2100
粉砂	稍密	$10<N\leqslant15$	1000～1600	1500～2300	1900～2700	2100～3000	350～500	450～600	600～700	650～750	500～950	1300～1600	1500～1700
	中密、密实	$N>15$	1400～2200	2100～3000	3000～4500	3800～5500	600～750	750～900	900～1100	1100～1200	900～1000	1700～1900	1700～1900
细砂	中密、密实	$N>15$	2500～4000	3600～5000	4400～6000	5300～7000	650～850	900～1200	1200～1500	1500～1800	1200～1600	2000～2400	2400～2700
中砂			4000～6000	5500～7000	6500～8000	7500～9000	850～1050	1100～1500	1500～1900	1900～2100	1800～2400	2800～3800	3600～4400
粗砂			5700～7500	7500～8500	8500～10 000	9500～11 000	1500～1800	2100～2400	2400～2600	2600～2800	2900～3600	4000～4600	4600～5200

续表 2-1-6

土名称	土的状态		混凝土预制桩桩长 l/m				泥浆护壁钻(冲)孔桩桩长 l/m				干作业钻孔桩桩长 l/m		
			$l\leqslant9$	$9<l\leqslant16$	$16<l\leqslant30$	$l>30$	$5\leqslant l<10$	$10\leqslant l<15$	$15\leqslant l<30$	$l\geqslant30$	$5\leqslant l<10$	$10\leqslant l<15$	$l\geqslant15$
砾砂	中密 密实	$N>15$	6000～9500		9000～10 500		1400～2000		2000～3200		3500～5000		
角砾、圆砾		$N_{63.5}>10$	7000～10 000		9500～11 500		1800～2200		2200～3600		4000～5500		
碎石、卵石		$N_{63.5}>10$	8000～11 000		10 500～13 000		2000～3000		3000～4000		4500～6500		
全风化软质岩		$30<N\leqslant50$	4000～6000				1000～1600				1200～2000		
全风化硬质岩		$30<N\leqslant50$	5000～8000				1200～2000				1400～2400		
强风化软质岩		$N_{63.5}>10$	6000～9000				1400～2200				1600～2600		
强风化硬质岩		$N_{63.5}>10$	7000～11 000				1800～2800				2000～3000		

注：①砂土和碎石类土中桩的极限端阻力取值，宜综合考虑土的密实度，桩端进入持力层的深径比 h_b/d，土愈密实，h_b/d 愈大，取值愈高；

②预制桩的岩石极限端阻力是指桩端支承于中、微风化基岩表面或进入强风化岩、软质岩一定深度条件下极限端阻力；

③全风化、强风化软质岩和全风化、强风化硬质岩是指其母岩单轴抗压强度分别为 $f_{rk}\leqslant15$MPa、$f_{rk}>30$MPa 的岩石。

表 2-1-7　干作业挖孔桩(清底干净，$d=800mm$)极限端阻力标准值 q_{pk}

土名称		状态		
黏性土		$0.25<I_L\leqslant0.75$	$0<I_L\leqslant0.25$	$I_L\leqslant0$
		800～1800	1800～2400	2400～3000
粉土			$0.75\leqslant e\leqslant0.9$	$e<0.75$
			1000～1500	1500～2000
砂土、碎石类土		稍密	中密	密实
	粉砂	500～700	800～1100	1200～2000
	细砂	700～1100	1200～1800	2000～2500
	中砂	1000～2000	2200～3200	3500～5000
	粗砂	1200～2200	2500～3500	4000～5500
	砾砂	1400～2400	2600～4000	5000～7000
	圆砾、角砾	1600～3000	3200～5000	6000～9000
	卵石、碎石	2000～3000	3300～5000	7000～11 000

注：①当桩进入持力层的深度 h_b 分别为：$h_b\leqslant d$，$d<h_b\leqslant4d$，$h_b>4d$ 时，q_{pk} 可相应取低、中、高值；

②当桩的长径比 $l/d\leqslant8$ 时，q_{pk} 宜取较低值；

③当对沉降要求不严时，q_{pk} 可取高值。

表 2-1-8　大直径灌注桩侧阻尺寸效应系数 ψ_{si}、端阻尺寸效应系数 ψ_p

土类型	黏性土、粉土	砂土、碎石类土
ψ_{si}	$(0.8/d)^{1/5}$	$(0.8/d)^{1/3}$
ψ_p	$(0.8/D)^{1/4}$	$(0.8/D)^{1/3}$

$$Q_{uk}=Q_{sk}+Q_{pk}=u\sum q_{sik}l_i+\lambda_p q_{pk}A_p \tag{2-1-10}$$

$$\text{当 } h_b/d<5 \text{ 时，} \lambda_p=0.16h_b/d \tag{2-1-11}$$

$$\text{当 } h_b/d\geqslant5 \text{ 时，} \lambda_p=0.8 \tag{2-1-12}$$

式中：q_{sik}、q_{pk} 分别按表 2-1-5、表 2-1-6 取与混凝土预制桩相同值(kPa)；λ_p 为桩端土塞效应系数，闭口钢管桩 $\lambda_p=1$，敞口钢管桩按式(2-1-11)和式(2-1-12)取值；h_b 为桩端进入持力层深度(m)；d 为管桩外径(m)；A_p 为按管桩外径计算的桩端面积(m^2)。

对于带隔板的半敞口钢管桩，应以等效直径 d_e 代替 d 确定 λ_p；$d_e=d/\sqrt{n}$；其中，n 为桩端隔板分割数(图 2-1-6)。

6. 敞口预应力混凝土空心桩单桩竖向极限承载力标准值

由于敞口预应力混凝土空心桩壁厚相对较大，其桩端面积分为两个部分：桩端净面积和桩端敞口面积，桩端敞口面积部分要考虑土塞效应。根据土的物理力学性质指标与承载力参数之间的经验关系，《建筑桩基技术规范》(JGJ 94—2008)按下式确定敞口预应力混凝土

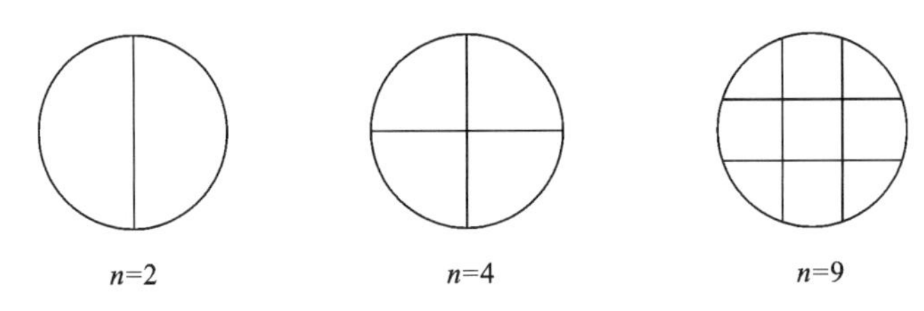

图 2-1-6 钢管桩桩端隔板分割

空心桩单桩竖向极限承载力标准值：

$$Q_{uk}=Q_{sk}+Q_{pk}=u\sum q_{sik}l_i+q_{pk}(A_j+\lambda_p A_{p1}) \quad (2-1-13)$$

$$当\ h_b/d<5\ 时，\lambda_p=0.16h_b/d \quad (2-1-14)$$

$$当\ h_b/d\geqslant 5\ 时，\lambda_p=0.8 \quad (2-1-15)$$

式中：q_{sik}、q_{pk}分别按表 2-1-5、表 2-1-6 取与混凝土预制桩相同值(kPa)；A_j 为空心桩桩端净面积(m^2)，对于管桩，$A_j=\pi/4(d^2-d_1^2)$，对于空心方桩，$A_j=b^2-\frac{\pi}{4}d_1^2$；$A_{p1}$为空心桩敞口面积($m^2$)：$\lambda_p$ 为桩端土塞效应系数；d、b 分别为空心桩外径、边长(m)；d_1 为空心桩内径(m)。

7. 嵌岩灌注桩单桩竖向极限承载力标准值

桩端置于完整、较完整基岩的嵌岩桩单桩竖向极限承载力，由桩周土总极限侧阻力和嵌岩段总极限阻力组成。当根据岩石单轴抗压强度确定单桩竖向极限承载力标准值时，可按下列公式计算：

$$Q_{uk}=Q_{sk}+Q_{rk} \quad (2-1-16)$$

$$Q_{sk}=u\sum q_{sik}l_i \quad (2-1-17)$$

$$Q_{rk}=\zeta_r f_{rk}A_p \quad (2-1-18)$$

式中：Q_{sk}、Q_{rk}分别为土的总极限侧阻力(kN)、嵌岩段总极限阻力(kPa)；q_{sik}为桩周第 i 层土的极限侧阻力(kPa)，无当地经验时，可根据成桩工艺按表 2-1-5 取值；f_{rk}为岩石饱和单轴抗压强度标准值(kPa)，黏土岩取天然湿度单轴抗压强度标准值；ζ_r 为嵌岩段侧阻和端阻综合系数，与嵌岩深径比h_r/d、岩石软硬程度和成桩工艺有关，可按表 2-1-9 采用，表中数值适用于泥浆护壁成桩，对于干作业成桩(清底干净)和泥浆护壁成桩后注浆，ζ_r 应取表列数值的 1.2 倍。

表 2-1-9 嵌岩段侧阻和端阻综合系数 ζ_r

嵌岩深径比 h_r/d	0	0.5	1.0	2.0	3.0	4.0	5.0	6.0	7.0	8.0
极软岩、软岩	0.60	0.80	0.95	1.18	1.35	1.48	1.57	1.63	1.66	1.70
较硬岩、坚硬岩	0.45	0.65	0.81	0.90	1.00	1.04				

注：①极软岩、软岩是指 $f_{rk}\leqslant 15$MPa 的岩石，较硬岩、坚硬岩是指 $f_{rk}>30$MPa 的岩石，介于二者之间可内插取值；

②h_r 为桩身嵌岩深度，当岩面倾斜时，以坡下方嵌岩深度为准；当 h_r 为非表列值时，ζ_r 可内插取值。

8. 后注浆灌注桩承载力估算

后注浆灌注桩的单桩极限承载力，应通过静载试验确定。在满足《建筑桩基技术规范》(JGJ 94—2008)实施规定的条件下，其后注浆桩单桩极限承载力标准值可按下式估算：

$$Q_{uk}=Q_{sk}+Q_{gsk}+Q_{gpk}=u\sum q_{sjk}l_j+u\sum \beta_{si}q_{sik}l_i+\beta_p q_{pk}A_p \quad (2-1-19)$$

式中：Q_{sk}为后注浆桩非竖向增强段的总极限侧阻力标准值(kN)；Q_{gsk}为后注浆桩竖向增强段的总极限侧阻力标准值(kN)；Q_{gpk}为后注浆桩总极限端阻力标准值(kN)；u为桩身横截面周长(m)；l_j为后注浆桩非竖向增强段第j层土厚度(m)；l_i为后注浆桩竖向增强段内第i层土厚度(m)：对于泥浆护壁成孔灌注桩，当为单一桩端后注浆时，竖向增强段可取为桩端以上12m，当为桩端、桩侧复式注浆时，竖向增强段为桩端以上12m及各桩侧注浆断面以上12m，重叠部分应扣除，对于干作业灌注桩，竖向增强段为桩端以上、桩侧注浆断面上下各6m；q_{sik}、q_{sjk}、q_{pk}分别为后注浆竖向增强段第i土层初始极限侧阻力标准值(kPa)、非竖向增强段第j土层初始极限侧阻力标准值(kPa)、初始极限端阻力标准值(kPa)，根据表2-1-5和表2-1-6确定；β_{si}、β_p分别为后注浆侧阻力、端阻力增强系数，无当地经验时，可按表2-1-10取值。对于桩径大于800mm的桩，应按表2-1-8进行侧阻和端阻尺寸效应修正。

表2-1-10　后注浆侧阻力增强系数β_{si}和端阻力增强系数β_p

土层名称	淤泥 淤泥质土	黏性土 粉土	粉砂 细砂	中砂	粗砂 砾砂	砾石 卵石	全风化岩 强风化岩
β_{si}	1.2～1.3	1.4～1.8	1.6～2.0	1.7～2.1	2.0～2.5	2.4～3.0	1.4～1.8
β_p	—	2.2～2.5	2.4～2.8	2.6～3.0	3.0～3.5	3.2～4.0	2.0～2.4

注：干作业钻、挖孔桩，β_p按表列值乘以小于1.0的折减系数，当桩端持力层为黏性土或粉土时，折减系数取0.6；当桩端持力层为砂土或碎石土时，取0.8。后注浆钢导管注浆后可替代等截面、等强度的纵向主筋。

9. 液化土层极限侧阻力的折减

根据《建筑桩基技术规范》(JGJ 94—2008)，对于桩身周围有液化土层的低承台桩基，当承台底面上下分别有厚度不小于1.5m、1.0m的非液化土或非软弱土层时，可将液化土层极限侧阻力乘以土层液化折减系数计算单桩极限承载力标准值。土层液化折减系数ψ_l可按表2-1-11确定。当承台底非液化土层厚度小于1m时，土层液化折减系数按表2-1-11中降低一档取值。

表2-1-11　土层液化影响折减系数ψ_l

$\lambda_N=N/N_{cr}$	自地面算起的液化土层深度d_L/m	ψ_l
$\lambda_N\leqslant0.6$	$d_L\leqslant10$ $10<d_L\leqslant20$	0 1/3
$0.6<\lambda_N\leqslant0.8$	$d_L\leqslant10$ $10<d_L\leqslant20$	1/3 2/3

续表 2-1-11

$\lambda_N=N/N_{cr}$	自地面算起的液化土层深度 d_L/m	ψ_l
$0.8<\lambda_N\leqslant1.0$	$d_L\leqslant10$	2/3
	$10<d_L\leqslant20$	1.0

注：①N 为饱和土标贯击数实测值；N_{cr}为液化判别标贯击数临界值；λ_N 为土层液化指数；

②对于挤土桩当桩距小于 $4d$，且桩的排数不少于 5 排、总桩数不少于 25 根时，土层液化系数可取 2/3～1；桩间土标贯击数达到 N_{cr}时，取 $\psi_l=1$。

四、基桩与复合基桩承载力特征值

在讨论单桩竖向极限承载力标准值时，把桩基础中的一根桩单独拿出来进行分析，类似于进行单桩静载荷试验，而实际进行桩基础设计时要考虑承台及群桩的相互作用。

1. 单桩基础中的基桩竖向承载力特征值

单桩基础中的基桩竖向承载力特征值 R_a 等于单桩竖向极限承载力标准值除以安全系数，按下式确定：

$$R_a=\frac{1}{K}Q_{uk} \tag{2-1-20}$$

式中：Q_{uk}为单桩竖向极限承载力标准值(kN)；K 为安全系数，在我国一般取 $K=2$。

2. 群桩基桩中基桩承载力特征值

对于端承型桩基、桩数少于 4 根的摩擦型柱下独立桩基，或由于地层土性、使用条件等因素不宜考虑承台效应时，群桩基础中的基桩竖向承载力特征值仍可按式(2-1-20)确定。

对于符合下列条件之一的摩擦型桩基，宜考虑承台效应确定其复合基桩的竖向承载力特征值：①上部结构整体刚度较好、体型简单的建(构)筑物；②对差异沉降适应性较强的排架结构和柔性构筑物；③按变刚度调平原则设计的桩基刚度相对弱化区；④软土地基的减沉复合疏桩基础。

考虑承台效应的复合基桩竖向承载力特征值可按式(2-1-21)～式(2-1-23)确定。

不考虑地震作用时：

$$R=R_a+\eta_c f_{ak}A_c \tag{2-1-21}$$

考虑地震作用时：

$$R=R_a+\frac{\zeta_a}{1.25}\eta_c f_{ak}A_c \tag{2-1-22}$$

$$A_c=\frac{(A-nA_p)}{n} \tag{2-1-23}$$

式中：η_c 为承台效应系数，可按表 2-1-12 取值；f_{ak}为承台下 1/2 承台宽度且不超过 5m 深度范围内各层土的地基承载力特征值按厚度加权的平均值(kPa)；A_c 为计算基桩所对应的承台底净面积(m^2)；A_p 为桩身横截面面积(m^2)；A 为承台计算域面积(m^2)，对于柱下独立桩基，A 为承台总面积，对于桩筏基础，A 为柱、墙筏板的 1/2 跨距和悬臂边 2.5 倍筏板厚度所围成的面积，桩集中布置于单片墙下的桩筏基础，取墙两边各 1/2 跨距围成的面积，按条基计算；ζ_a 为地基土抗震承载力调整系数，应按《建筑抗震设计规范》(GB 50011—2010)采用，其值见表 2-1-13。

当承台底为可液化土、湿陷性土、高灵敏度软土、欠固结土、新填土时，沉桩引起超静孔隙水压力和土体隆起时，不考虑承台效应，取 $\eta_c=0$。

表 2-1-12　承台效应系数 η_c

<table>
<tr><th rowspan="2">B_c/l</th><th colspan="5">s_a/d</th></tr>
<tr><th>3</th><th>4</th><th>5</th><th>6</th><th>>6</th></tr>
<tr><td>≤0.4</td><td>0.06～0.08</td><td>0.14～0.17</td><td>0.22～0.26</td><td>0.32～0.38</td><td rowspan="3">0.50～0.80</td></tr>
<tr><td>0.4～0.8</td><td>0.08～0.10</td><td>0.17～0.20</td><td>0.26～0.30</td><td>0.38～0.44</td></tr>
<tr><td>>0.8</td><td>0.10～0.12</td><td>0.20～0.22</td><td>0.30～0.34</td><td>0.44～0.50</td></tr>
<tr><td>单排桩条形承台</td><td>0.15～0.18</td><td>0.25～0.30</td><td>0.38～0.45</td><td>0.50～0.60</td><td></td></tr>
</table>

注：①表中 s_a/d 为桩中心距与桩径之比；B_c/l 为承台宽度与桩长之比。当计算基桩为非正方形排列时，$s_a=\sqrt{A/n}$，A 为承台计算域面积，n 为总桩数；

②对于桩布置于墙下的箱、筏承台，η_c 可按单排桩条基取值；

③对于单排桩条形承台，当承台宽度小于 1.5d 时，η_c 按非条形承台取值；

④对于采用后注浆灌注桩的承台，η_c 宜取低值；

⑤对于饱和黏性土中的挤土桩基、软土地基上的桩基承台，η_c 宜取低值的 0.8 倍。

表 2-1-13　地基土抗震承载力调整系数

岩土名称和性状	ζ_a
岩石，密实的碎石土，密实的砾、粗、中砂，$f_{ak}\geq 300$kPa 的黏性土和粉土	1.5
中密、稍密的碎石土，中密和稍密的砾、粗、中砂，密实和中密的细、粉砂，150kPa$\leq f_{ak}<$300kPa 的黏性土和粉土，坚硬黄土	1.3
稍密的细、粉砂，100kPa$\leq f_{ak}<$150kPa 的黏性土和粉土，可塑黄土	1.1
淤泥、淤泥质土、松散的砂、杂填土、新近堆积黄土及流塑黄土	1.0

五、桩顶荷载效应计算及桩基竖向承载力应满足的要求

1. 桩顶作用效应计算

对于一般建筑物和受水平力(包括力矩与水平剪力)较小的高层建筑群桩基础，应按下列公式计算柱、墙、核心筒群桩中基桩或复合基桩的桩顶作用效应(图 2-1-7)。

1)作用在桩顶的竖向力标准值

轴心竖向力作用下：

$$N_k=\frac{F_k+G_k}{n} \tag{2-1-24}$$

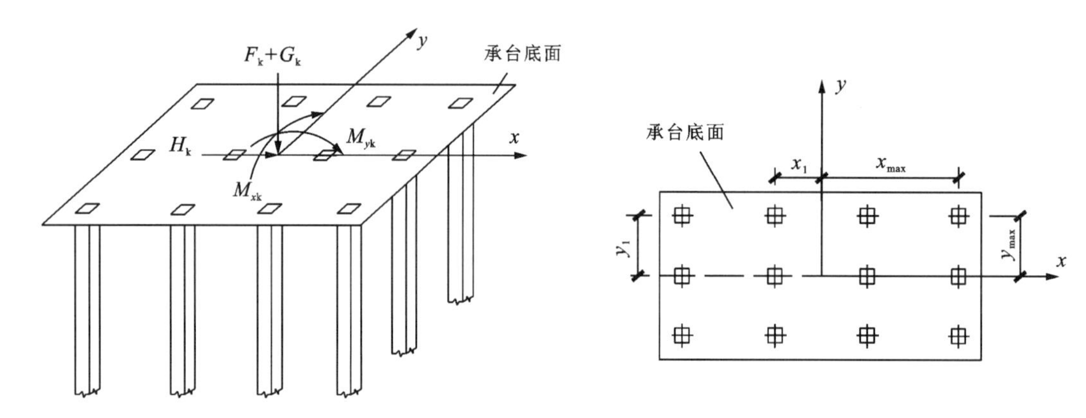

图 2-1-7 桩顶竖向荷载效应计算

偏心竖向力作用下：

$$N_{ik}=\frac{F_k+G_k}{n}\pm\frac{M_{xk}y_i}{\sum y_j^2}\pm\frac{M_{yk}x_i}{\sum x_j^2} \quad (2-1-25)$$

2)作用在桩顶的水平力标准值

$$H_{ik}=\frac{H_k}{n} \quad (2-1-26)$$

以上三式中：F_k 为荷载效应标准组合下，作用于承台顶面的竖向力(kN)；G_k 为桩基承台和承台上土自重标准值(kN)，对稳定的地下水水位以下部分应扣除水的浮力；N_k 为荷载效应标准组合轴心竖向力作用下，基桩或复合基桩的平均竖向力(kN)；N_{ik}为荷载效应标准组合偏心竖向力作用下，第 i 基桩或复合基桩的竖向力(kN)；M_{xk}、M_{yk}分别为荷载效应标准组合下，作用于承台底面，绕通过桩群形心的 x、y 主轴的力矩(kN·m)；x_i、x_j、y_i、y_j 分别为第 i、j 基桩或复合基桩中心至 y 轴、x 轴的距离(m)；H_k 为荷载效应标准组合下，作用于桩基承台底面的水平力(kN)；H_{ik}为荷载效应标准组合下，作用于第 i 基桩或复合基桩的水平力(kN)；n 为桩基中的桩数。

2. 桩基竖向承载力计算应符合的要求

1)荷载效应标准组合

轴心竖向力作用下：

$$N_k\leqslant R \quad (2-1-27)$$

偏心竖向力作用下，除满足上式外，尚应满足下式的要求：

$$N_{k,max}\leqslant 1.2R \quad (2-1-28)$$

2)地震作用效应和荷载效应标准组合

轴心竖向力作用下：

$$N_{Ek}\leqslant 1.25R \quad (2-1-29)$$

偏心竖向力作用下，除满足上式外，尚应满足下式的要求：

$$N_{Ek,max}\leqslant 1.5R \quad (2-1-30)$$

式中：N_k 为荷载效应标准组合轴心竖向力作用下，基桩或复合基桩的平均竖向力(kN)；$N_{k,max}$为荷载效应标准组合偏心竖向力作用下，桩顶最大竖向力(kN)；N_{Ek}为地震作用效应和荷载效应标准组合下，基桩或复合基桩的平均竖向力(kN)；$N_{Ek,max}$为地震作用效应和荷载效应标准组合下，基桩或复合基桩的最大竖向力(kN)；R为基桩或复合基桩竖向承载力特征值(kN)。

六、特殊条件下桩基竖向承载力验算

1. 软弱下卧层验算

对于桩距不超过$6d$的群桩基础，当桩端平面以下软弱下卧层承载力与桩端持力层的承载力相差过大(低于持力层的1/3)且荷载引起的局部压力超出其承载力过多时，将引起软弱下卧层侧向挤出，桩基偏沉，严重时还会引起整体失稳，故应按下列公式验算软弱下卧层的承载力(图2-1-8)：

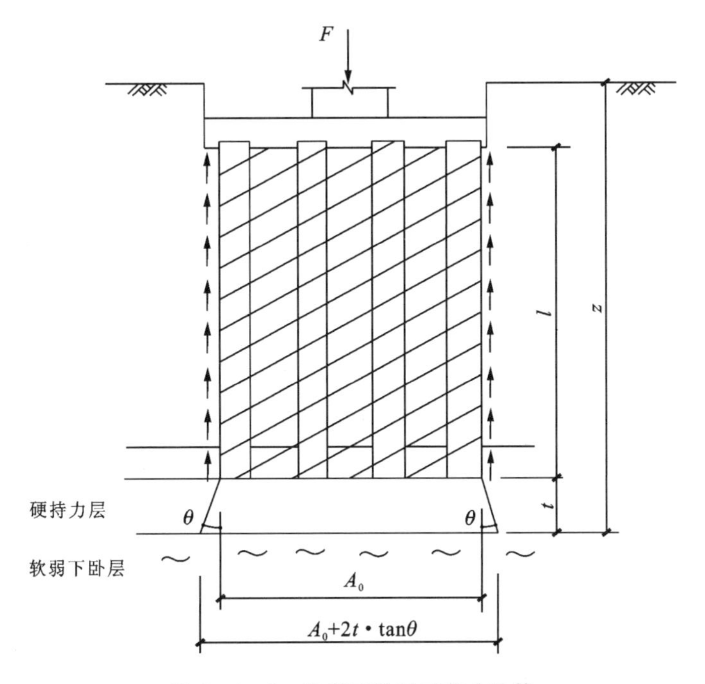

图2-1-8　软弱下卧层承载力验算

$$\sigma_z+\gamma_m z\leqslant f_{az} \tag{2-1-31}$$

$$\sigma_z=\frac{(F_k+G_k)-\frac{3}{4}\cdot 2(A_0+B_0)\cdot\sum q_{sik}l_i}{(A_0+2t\cdot\tan\theta)(B_0+2t\cdot\tan\theta)} \tag{2-1-32}$$

式中：σ_z为作用于软弱下卧层顶面的附加应力(kPa)；γ_m为软弱层顶面以上各土层重度(kN/m^2)(地下水水位以下取浮重度)的厚度加权平均值；3/4为折减系数；t为持力层厚度(m)；f_{az}为软弱下卧层经深度z修正的地基承载力特征值(kPa)；A_0、B_0分别为桩群外缘矩形底面的长、短边边长(m)；q_{sik}为桩周第i层土的极限侧阻力标准值(kPa)，无当地经验时，可根据成桩工艺按表2-1-5取值；θ为桩端硬持力层压力扩散角(°)，按表2-1-14取值。

表 2-1-14 桩端硬持力层压力扩散角 θ

E_{s1}/E_{s2}	$t=0.25B_0$	$t\geqslant 0.50B_0$
1	4°	12°
3	6°	23°
5	10°	25°
10	20°	30°

注:①E_{s1}、E_{s2}分别为硬持力层、软弱下卧层的压缩模量;

②当 $t<0.25B_0$ 时,取 $\theta=0°$,必要时,宜通过试验确定;当 $0.25B_0<t<0.5B_0$ 时,可内插取值。

2. 负摩阻力计算

前面讨论的是在正常情况下桩和周围土体之间的荷载传递情况,即在桩顶荷载作用下,桩相对于桩周土体产生向下的位移,因而土对桩侧产生向上的侧摩阻力,称为正摩阻力,它与桩端阻力共同承担桩顶荷载。但是在某些特殊情况下,桩周土层的下沉量大于相应深度处桩身的下沉量,即桩周土层相对桩身产生向下位移,土对桩的摩擦力方向向下,这种摩擦力称为负摩阻力(图 2-1-9a),负摩阻力不仅不能承担桩顶下压荷载,反而使桩身轴力随深度不断增大。

1)负摩阻力产生的原因

产生负摩阻力的原因有以下几种。

(1)桩身穿越较厚松散填土、自重湿陷性黄土、欠固结土、液化土层进入相对较硬土层时,上部土层在自重应力作用下的固结沉降量大于与它相邻的桩身沉降量。

(2)桩周存在软弱土层,邻近桩侧地面承受局部较大的长期荷载,或地面大面积堆载(包括填土)时,使桩周土体压密固结引起沉降量过大。

(3)由于降低地下水水位,桩周土有效应力增大,并产生过大的沉降。

在上述情况下,桩周土沉降后土层的自重及地表堆载等负荷通过负摩阻力传递给桩,相当于在桩身上施加了附加的下拉荷载,这不仅会降低桩的实际承载力,而且会使桩产生附加沉降。负摩阻力的存在对桩是一种不利因素,因此,有关桩侧负摩阻力的问题,近年来在国内外普遍受到重视。

2)负摩阻力分布

如图 2-1-9b 所示,在桩顶下压荷载作用下,桩身沉降曲线为曲线 cod,其中桩端沉降为 s_p;桩周土由于上述各种原因产生的沉降表示为曲线 aob。在 o 点以上,桩周土向下的沉降量大于桩身向下的沉降量,桩周土对桩身产生向下的拉力(负摩阻力);而在 o 点以下,桩周土向下的沉降量小于桩身向下的沉降量,桩周土对桩身产生向上的阻力(正摩阻力)。正、负摩阻力分界的地方,即桩周土与桩身之间相对位移为零的截面称为中性点(见图 2-1-9b 中 o 点)。在中性点以上,土层相对于桩产生向下的位移,在这部分桩长范围内出现负摩阻力;在中性点以下,桩截面相对于土层向下位移,土层对桩的摩阻力向上,为桩侧正摩阻力,正、负摩阻力的分布如图 2-1-9c 所示。在有负摩阻力的情况下,中性点处累积下拉荷载达到最大值,桩身轴力也达到最大(图 2-1-9d)。

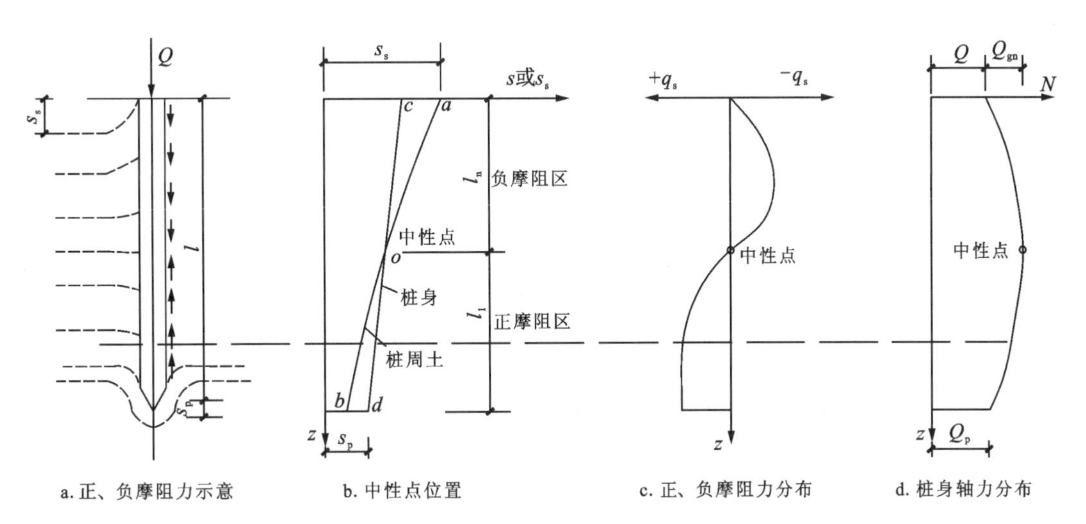

s_p.桩端沉降;s.桩身沉降;s_s.桩周土的沉降;Q_{gn}.桩周负摩阻力产生的下拉荷载。

图 2-1-9 负摩阻力的分布及中性点

3)中性点的深度

中性点的深度 l_n 与桩周土的压缩性和变形条件及桩和持力层的刚度等因素有关,理论上可根据桩的竖向位移和桩周土的竖向位移相等来确定,但实际上准确确定中性点的位置比较困难。

一般来说,中性点的位置在桩受荷初期多少是有变化的,它随着桩的沉降增加而向上移动,当沉降趋于稳定,中性点也将稳定在某一固定的深度 l_n 处。

工程实测表明,在高压缩性土层 l_0 的范围内,负摩阻力的作用长度,即中性点的稳定深度 l_n,是随桩端持力层的强度和刚度的增大而增加的,它与桩周软弱土层的下限深度的比值 l_n/l_0 的经验值列于表 2-1-15。

表 2-1-15 中性点深度与桩周软弱土层的下限深度的比值 l_n/l_0

持力层岩土类别	黏性土、粉土	中密以上砂	砾石、卵石	基岩
l_n/l_0	0.5~0.6	0.7~0.8	0.9	1.0

注:①l_n、l_0 分别为自桩顶算起的中性点的深度和桩周软弱土层的下限深度;

②桩穿过自重湿陷性黄土层时,l_n 可按表列值增大 10%(持力层为基岩除外);

③当桩周土层固结与桩基固结沉降同时完成时,取 $l_n=0$;

④当桩周土层计算沉降量小于 20mm 时,l_n 应按表列值乘以 0.4~0.8 折减。

4)负摩阻力标准值的计算

负摩阻力对基桩而言是一种主动作用。多数学者认为桩侧负摩阻力的大小与桩侧土的有效应力有关,大量试验与工程实测结果也表明,用有效应力法计算负摩阻力较接近于实际。

$$q_{si}^{n}=k\cdot\tan\varphi'\cdot\sigma_i'=\zeta_{ni}\sigma_i' \tag{2-1-33}$$

当填土、自重湿陷性黄土湿陷、欠固结土层产生固结和地下水降低时，有效应力为土层的自重应力：$\sigma_i'=\sigma_{\gamma i}'$；当地面分布大面积荷载时，有效应力等于地面均布荷载与土层有效自重应力之和：$\sigma_i'=p+\sigma_{\gamma i}'$。

$$\sigma_{\gamma i}'=\sum_{e=1}^{i-1}\gamma_e\Delta z_e+\frac{1}{2}\gamma_i\Delta z_i \tag{2-1-34}$$

以上两式中：q_{si}^{n}为第i层桩侧土负摩阻力标准值(kPa)，当按式(2-1-33)计算，其值大于正摩阻力标准值时，取正摩阻力标准值的大小进行设计；k为土的水平侧压力系数；φ'为土的有效内摩擦角(°)；ζ_{ni}为桩周第i层土负摩阻力系数，可按式(2-1-33)计算，也可按表2-1-16取值；$\sigma_{\gamma i}'$为由土自重引起的桩周第i层土平均竖向有效应力(kPa)，桩群外围桩自地面算起，桩群内部桩自承台底算起；σ_i'为桩周第i层土平均竖向有效应力(kPa)；γ_i、γ_e分别为第i计算土层和其上第e层土层的重度(kN/m^3)，地下水水位以下取浮重度；Δz_i、Δz_e分别为第i层土、第e层土的厚度(m)；p为地面均布荷载(kPa)。

表2-1-16 负摩阻力系数ζ_n

土类	ζ_n
饱和软土	0.15～0.25
黏性土、粉土	0.25～0.40
砂土	0.35～0.50
自重湿陷性黄土	0.20～0.35

注：①在同一类土中，对于挤土桩，取表中较大值，对于非挤土桩，取表中较小值；
②填土按其组成取表中同类土的较大值。

5)下拉荷载的计算

单桩基础下拉荷载为桩侧负摩阻力总和：

$$Q_g^n=u\sum_{i=1}^{n}q_{si}^{n}l_i \tag{2-1-35}$$

式中：u为桩身横截面周长(m)；l_i为中性点以上第i层土的厚度(m)；n为中性点以上土层数。

6)负摩阻力群桩效应系数的计算

对于桩距较小的群桩，其基桩的负摩阻力因群桩效应而降低，这是因为桩侧负摩阻力是由桩侧土体沉降而引起的，负摩阻力来源于桩侧土体重力，若群桩中基桩表面单位面积所分担的土体重力小于按式(2-1-33)计算的单桩负摩阻力标准值，将导致基桩负摩阻力降低，即显示群桩效应。计算群桩中基桩的下拉荷载时，应将式(2-1-35)乘以群桩效应系数η_n。

群桩效应可按等效圆法计算，基桩单位长度侧壁表面的最大负摩阻力与单位长度范围内外径为$2r_e$(r_e为等效圆半径)、内径为d(d为桩身直径)的土体重力相等，即$\pi dq_s^n=\left(\pi r_e^2-\frac{\pi d^2}{4}\right)\gamma_m$，等效圆面积$\pi r_e^2=\pi d\left(\frac{q_s^n}{\gamma_m}+\frac{d}{4}\right)$，而实际基桩作用的土体面积为$s_{ax}\cdot s_{ay}$，故负摩阻力群桩效应系数(或发挥系数)：

$$\eta_n=\frac{s_{ax}\cdot s_{ay}}{\pi r_e^2}=s_{ax}\cdot s_{ay}/\left[\pi d\left(\frac{q_s^n}{\gamma_m}+\frac{d}{4}\right)\right] \quad (2-1-36)$$

式中：s_{ax}、s_{ay}分别为纵、横两个方向桩的中心距(m)；q_s^n 为中性点以上按桩周土层厚度加权的负摩阻力标准值的平均值(kPa)；γ_m 为中性点以上按桩周土层厚度加权的平均重度(kN/m^3)(地下水水位以下取浮重度)；按式(2-1-36)计算的群桩效应系数大于1时，取 $\eta_n=1$。

7)考虑负摩阻力时基桩承载力验算

计算基桩承载力特征值时，只计算中性点以下的桩侧阻力。

对于摩擦型基桩，可取中性点以上侧阻力为零，并可按下式验算基桩承载力：

$$N_k\leqslant R_a \quad (2-1-37)$$

对于端承型基桩，除应满足上式要求外，尚应考虑负摩阻力引起基桩的下拉荷载 Q_g^n，并可按下式验算基桩承载力：

$$N_k+Q_g^n\leqslant R_a \quad (2-1-38)$$

当土层不均匀或建筑物对不均匀沉降较敏感时，尚应将负摩阻力引起的下拉荷载计入附加荷载验算桩基沉降。

3. 抗拔桩基承载力验算

1)抗拔桩的应用范围

抗拔桩的应用范围很广，有输电线塔基础，海上石油钻井平台下的桩基础，高耸建(构)筑物的桩基础，水工结构及港工的船坞基础，索道桥、悬索桥和斜拉桥中的锚桩基础，锚碇块底下的桩，桩的静载荷试验中所用的锚桩等，如图2-1-10所示。

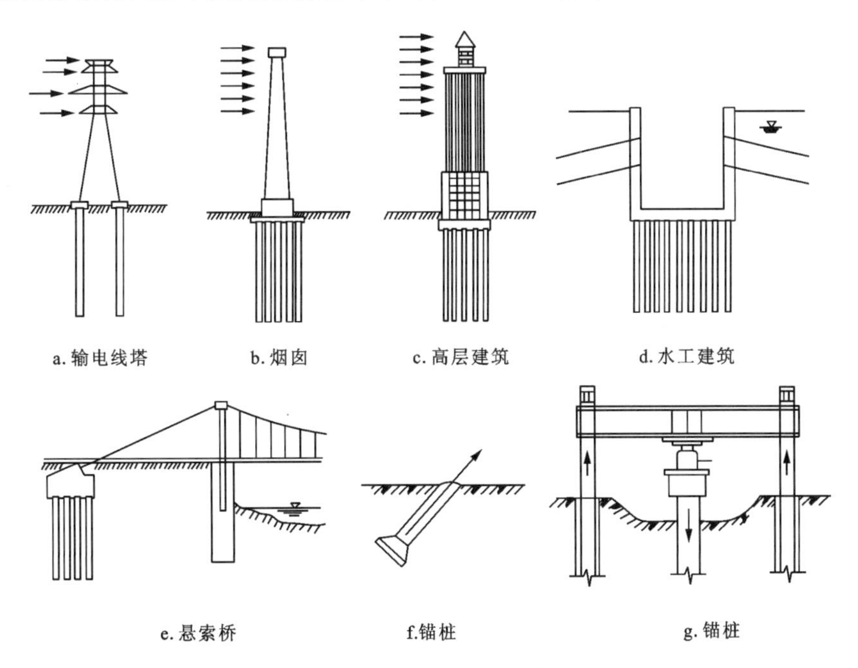

图2-1-10　抗拔桩应用实例

传统意义上的等截面抗拔竖桩抗拔能力十分有限，而且往往具有应变软化性质，即抗拔能力超过峰值后随着上拔位移的增加逐渐降低并趋于终值，因此它们并非理想形式。为了提高桩的抗拔能力，通常将抗拔桩做成扩底桩，主要目的是使桩体不仅能发挥桩-土间侧摩阻力，而且能充分发挥桩的扩大部分的扩孔阻力。此外，还有拧入式螺旋桩和钻孔桩底连接岩石锚杆等新桩型。

桩的抗拔承载力同时受3个方面因素制约：一是桩身材料的抗拉强度；二是桩周表面特性（即桩-土界面的几何特征）；三是土的物理力学特性。与桩的下压承载力相比，抗拔承载力具有不确定性，既要考虑桩的短期抗拔能力，又要注意桩的长期抗拔能力究竟会衰减多少。此外，抗拔桩所承受的拉拔荷载往往是多变的，有恒载的，也有拉-卸载的，更有拉拔与下压反复交替的（如风荷载、地震作用、工程应用所要求的交变荷载等）。限于篇幅，本教材仅介绍《建筑桩基技术规范》（JGJ 94—2008）中的抗拔承载力计算方法。

2）基桩的抗拔极限承载力

对于设计等级为甲级和乙级的建筑桩基，基桩抗拔极限承载力应通过现场单桩抗拔静载荷试验确定。

如无当地经验，对于群桩基础及设计等级为丙级的建筑桩基，基桩的抗拔极限载力可按下列规定确定。

（1）群桩呈非整体破坏时，基桩的抗拔极限承载力标准值为

$$T_{uk} = \sum \lambda_i q_{sik} u_i l_i \qquad (2-1-39)$$

式中：T_{uk}为基桩抗拔极限承载力标准值（kN）；u_i 为桩身横截面周长（m），对于等直径桩，取$u_i = \pi d$；对于扩底桩，按表2-1-17取值，D为扩底直径（m）；q_{sik}为桩侧表面第i层土的抗压极限侧阻力标准值（kPa），可按表2-1-5取值；λ_i 为抗拔系数，可按表2-1-18取值；l_i 为桩周第i层土厚度（m）。

表2-1-17　扩底桩破坏表面周长 u_i

自桩底起算的桩长 l	$\leqslant(4\sim10)d$	$>(4\sim10)d$
u_i	πD	πd

注：①l对于软土取低值，对于卵石、砾石取高值；

②l取值随内摩擦角增大而增加。

表2-1-18　抗拔系数 λ

土类	砂土	黏性土、粉土
λ值	0.5～0.7	0.7～0.8

注：桩长l与桩径d之比小于20时，λ取小值。

（2）群桩呈整体破坏时，基桩的抗拔极限承载力标准值为

$$T_{gk} = \frac{1}{n} u_l \sum \lambda_i q_{sik} l_i \qquad (2-1-40)$$

式中：n为承台下桩的根数；u_l 为桩群外围周长（m），如图2-1-11所示。

3）抗拔承载力验算

承受拔力的桩基，应按下列公式同时验算群桩基础呈整体破坏和呈非整体性破坏时基

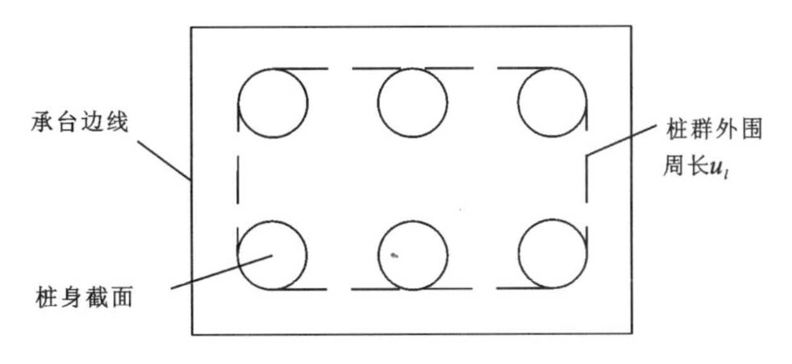

图 2-1-11 群桩整体破坏

桩的抗拔承载力：

$$N_k \leqslant T_{gk}/2+G_{gp} \tag{2-1-41}$$

$$N_k \leqslant T_{uk}/2+G_p \tag{2-1-42}$$

式中：N_k 为按荷载效应标准组合计算的基桩上拔力(kN)；T_{gk} 为群桩呈整体破坏时基桩的抗拔极限承载力标准值(kN)；T_{uk} 为群桩呈非整体破坏时基桩的抗拔极限承载力标准值(kN)；G_{gp} 为群桩基础包围体的桩土总自重除以基础下面的桩数(kN)，地下水水位以下取浮重；G_p 为基桩自重(kN)，地下水水位以下取浮重。对于扩底桩，应按表 2-1-17 确定桩、土柱体横截面周长，计算桩、土自重。

4)季节性冻土中桩的抗拔稳定性验算

季节性冻土上轻型建筑的短桩基础，应按下列公式验算其抗拔稳定性：

$$\eta_f q_f u z_0 \leqslant T_{gk}/2+N_G+G_{gp} \tag{2-1-43}$$

$$\eta_f q_f u z_0 \leqslant T_{uk}/2+N_G+G_p \tag{2-1-44}$$

式中：η_f 为冻深影响系数，按表 2-1-19 采用；q_f 为切向冻胀力(kPa)，按表 2-1-20 采用；z_0 为季节性冻土的标准冻深(m)；u 为桩身横截面周长(m)；T_{gk} 为标准冻深线以下群桩呈整体破坏时基桩抗拔极限承载力标准值(kN)；T_{uk} 为标准冻深线以下单桩抗拔极限承载力标准值(kN)；N_G 为基桩承受的桩承台底面以上建筑物自重、承台及其上土重标准值(kN)；G_p、G_{gp} 意义同式(2-1-41)和式(2-1-42)。

表 2-1-19 冻深影响系数 η_f 值

标准冻深/m	$z_0 \leqslant 2.0$	$2.0 < z_0 \leqslant 3.0$	$z_0 > 3.0$
η_f	1.0	0.9	0.8

表 2-1-20 切向冻胀力 q_f 值 单位：kPa

土类	冻胀性分类			
	弱冻胀	冻胀	强冻胀	特强冻胀
黏性土、粉土	30～60	60～80	80～120	120～150
砂土、砾(碎)石(黏、粉粒含量>15%)	<10	20～30	40～80	90～200

注：①表面粗糙的灌注桩，表中数值应乘以系数 1.1～1.3；

②本表不适用于含盐量大于 0.5%的冻土。

5)膨胀土中桩的抗拔稳定性验算

膨胀土上轻型建筑的短桩基础,应按下列公式验算群桩基础呈整体破坏和非整体破坏的抗拔稳定性:

$$u\sum q_{ei}l_{ei}\leqslant T_{gk}/2+N_G+G_{gp} \tag{2-1-45}$$

$$u\sum q_{ei}l_{ei}\leqslant T_{uk}/2+N_G+G_p \tag{2-1-46}$$

式中:T_{gk}为群桩呈整体破坏时,大气影响急剧层下稳定土层中基桩的抗拔极限承载力标准值(kN);T_{uk}为群桩呈非整体破坏时,大气影响急剧层下稳定土层中基桩的抗拔极限承载力标准值(kN);q_{ei}为大气影响急剧层中第i层土的极限胀切力(kPa),由现场浸水试验确定;l_{ei}为大气影响急剧层中第i层土的厚度(m);其他符号意义同式(2-1-43)和(2-1-44)。

第二节 桩基的沉降计算

一、单桩的沉降计算

对于一柱一桩的情况,单桩的沉降计算是一个实际的工程问题,另外,某些群桩沉降计算方法是以单桩沉降计算方法为基础,通过经验关系或叠加原理而得到的,故有必要先分析研究单桩的沉降。

在竖向工作荷载作用下的单桩沉降由以下3个部分组成:①桩身本身在桩身轴线方向的弹性压缩量s_s;②桩侧摩阻力(严格意义上是桩侧摩阻力的反作用力,作用于桩侧土)向下传递,引起桩端以下土体压缩所产生的桩端沉降s_{ps};③桩端阻力(严格意义上是桩端阻力的反作用力,作用于桩端土)引起桩端以下土体压缩所产生的桩端沉降s_{pp}。

单桩桩顶沉降可表达为

$$s_0=s_s+s_p=s_s+s_{ps}+s_{pp} \tag{2-2-1}$$

式中:s_p为桩端以下土体的压缩量,$s_p=s_{ps}+s_{pp}$。

计算桩身弹性压缩量时可把桩身视作弹性材料,用弹性理论进行计算。

桩端以下土体的压缩变形包括土的主固结变形和次固结变形。除了土体的固结变形外,有时桩端土还可能发生刺入变形(土体发生塑性变形)。固结变形可用土力学中的固结理论进行计算,固结变形产生的沉降是随时间而发展的,具有时间效应。当桩端以下土体的压缩量与荷载大小之间的关系为近似直线关系时,也可以把土体视作线弹性体,运用弹性理论进行近似计算。对刺入变形目前还研究不够,无法很好地进行预测。

在工程上可根据荷载特点、土层条件、桩的类型,选择合适的桩基沉降计算模式及相应的计算参数。沉降计算是否符合实际,在很大程度上取决于计算参数的正确选择。

目前单桩沉降的计算方法主要有以下几种:①荷载传递分析计算法;②简化的经验计算法;③分层总和法;④弹性理论计算法;⑤剪切变形传递计算法。

下面对荷载传递分析计算法、简化的经验计算法、分层总和法分别予以介绍。

1. 荷载传递分析计算法

在荷载传递分析计算法中，以佐腾悟 1965 提出的方法作为代表，分析多种桩型在均质土或非均质土(包括成层土)中的荷载传递。

1)基本假定

(1)假定传递函数 $q_s - s$ 关系为理想线弹塑性关系(图 2-2-1)，其表达式为

$$\begin{cases} q_s = C_s \cdot s, s < s_u \\ q_s = q_{su}, s \geq s_u \end{cases} \tag{2-2-2}$$

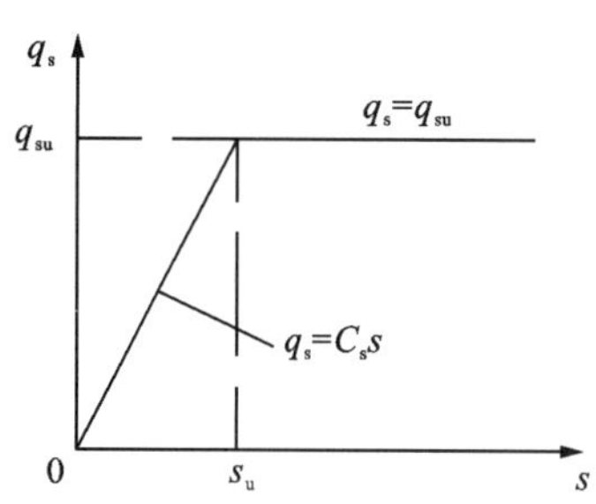

图 2-2-1　理想线弹塑性体的传递函数

式中：q_s 为桩侧摩阻力(kPa)；s 为桩身横截面位移(m)；s_u 为桩侧摩阻力达极限时桩身横截面位移(m)；q_{su} 为桩侧摩阻力极限值(kPa)；C_s 为土在弹性变形阶段时单位桩身横截面位移对应的桩侧摩阻力(kPa/m)。

(2)假定桩端持力层在到达屈服前，桩端阻力 Q_p 按下式计算：

$$Q_p = k_p A_p s_p \tag{2-2-3}$$

式中：k_p 为地基反力系数(kN/m^3)；A_p 为桩端水平投影面积(m^2)；s_p 为桩端沉降(m)。

2)基本情况

根据桩的支承条件将桩分为下述 3 种类型。

(1)端承桩：地基反力系数 $k_p \to \infty$ 时，桩端沉降 $s_p \to 0$。

(2)摩擦端承桩(或端承摩擦桩)：$s_p \neq 0$，桩侧土及桩端土共同承担桩顶荷载。

(3)摩擦桩(悬浮桩)：地基反力系数 $k_p = 0$，桩顶荷载全部由桩侧摩阻力承担。

土层极限桩侧摩阻力 q_{su} 的分布有以下 3 种形式。

(1)土层极限侧摩阻力 q_{su} 沿深度不变，为常数。

(2)q_{su} 随深度线性增加(随深度呈三角形分布)或呈梯形分布。

(3)q_{su} 随土层而变化，呈不规划分布。

根据桩侧土的受力情况分成 3 个阶段。

(1)弹性剪切阶段：桩顶荷载 Q 较小，沿桩身深度变化的 q_s 值均未超过极限值 q_{su}，这时 q_s 均可用 $C_s \cdot s$ 计算。

(2)弹塑性剪切阶段：随着桩顶荷载 Q 的增大，在深度范围 z_m 内的 q_s 已达极限值 q_{su}。在 z_m 深度以下，$q_s < q_{su}$ 仍处于弹性剪切阶段，按 $q_s = C_s \cdot s$ 计算。

(3)塑性剪切阶段：当桩顶荷载 Q 继续增大，使沿桩身全长范围 q_s 均达到 q_{su}。这时桩侧摩阻力已不能再继续增加，以后桩顶荷载的增量将全部由桩端土支承。

3)弹性剪切阶段桩的荷载传递计算

在桩身上沿桩身轴线取一微元段，由微元段的静力平衡条件可得

$$\frac{\mathrm{d}N}{\mathrm{d}z} = -u \cdot q_s \tag{2-2-4}$$

单元体产生的弹性压缩 $\mathrm{d}s$ 为

$$\mathrm{d}s = \frac{N\mathrm{d}z}{A_p E_p} \tag{2-2-5}$$

式中：u 为桩身横截面周长；A_p、E_p 分别为桩身横截面面积及桩身弹性模量。

由上述两式得

$$\frac{d^2 s}{dz^2}=-\frac{u}{A_p E_p}q_s \tag{2-2-6}$$

上式即为传递函数法的基本微分方程。

在弹性剪切阶段，$q_s=C_s \cdot s$，代入式(2-2-6)，得

$$\frac{d^2 s}{dz^2}-\alpha^2 s=0 \tag{2-2-7a}$$

式中：

$$\alpha=\sqrt{\frac{uC_s}{A_p E_p}} \tag{2-2-7b}$$

微分方程式(2-2-7)的解为

$$s=Ae^{\alpha z}+Be^{-\alpha z} \tag{2-2-8}$$

式中：A、B 为待定系数，由桩的边界条件确定。

当 $z=0$ 时，$s=s_0$（s_0 为桩顶沉降，桩顶荷载用 Q_0 表示）。

当 $z=l$ 时，$s=s_p$（s_p 为桩端沉降）。

$$A=\frac{s_p-s_0 e^{-\beta}}{2\sinh\beta},B=\frac{s_0 e^{\beta}-s_p}{2\sinh\beta}$$

其中，$\beta=\alpha l$，$\alpha z=\alpha\mu l=\mu\beta$，$\mu=z/l$，$l$ 为桩长。

将 A、B 代入式(2-2-8)，得桩身的位移表达式：

$$s=\frac{s_0\sinh[\beta(1-\mu)]+s_p\sinh(\mu\beta)}{\sinh\beta} \tag{2-2-9}$$

深度 z 处桩身轴力 Q 的表达式为

$$Q=Q_0-\int_0^z u\cdot q_s\cdot dz=Q_0-uC_s l\int_0^{\mu} s\cdot d\mu$$

将式(2-2-9)代入上式并积分，得

$$Q=Q_0-\frac{C_s ul}{\beta\sinh\beta}\{s_0\cosh\beta-\cosh[\beta(1-\mu)]+s_p[\cosh(\mu\beta)-1]\} \tag{2-2-10}$$

由于桩顶位移 s_0 等于桩端位移 s_p 及桩身弹性压缩之和，即 $s_0=s_p+\frac{1}{A_p E_p}\int_0^l Q dz$。

将式(2-2-10)代入，解得

$$s_0=\frac{Q_0 l}{A_p E_p}\cdot\frac{\tanh\beta}{\beta}+\frac{s_p}{\cosh\beta} \tag{2-2-11}$$

已知桩端阻力 $Q_p=k_p A_p s_p$（A_p 为桩底端截面积），在式(2-2-10)中令 $\mu=1$，可得

$$Q_p=Q_0-\frac{C_s ul}{\beta\sinh\beta}(\cosh\beta-1)(s_0+s_p)=k_p A_p s_p \tag{2-2-12}$$

联立式(2-2-11)和式(2-2-12)，求得 s_0、s_p 的表达式为

$$s_0=\phi_1\frac{Q_0 l}{A_p E_p} \tag{2-2-13}$$

$$s_p=\phi_2\frac{Q_0 l}{A_p E_p} \tag{2-2-14}$$

式中：$\phi_1=\frac{\gamma\tanh\beta+\beta}{\beta\tanh\beta+\gamma}\cdot\frac{1}{\beta}$；$\phi_2=\frac{1}{\gamma\cosh\beta+\beta\sinh\beta}$；$\gamma=\frac{k_p l}{E_p}$。

弹塑性剪切阶段和塑性剪切阶段桩顶沉降计算在本教材中从略。

2. 简化的经验计算法

下面仅介绍 Das(1984)提出的经验方法。

如前所述，单桩的沉降由 3 个部分组成：$s_0=s_s+s_{ps}+s_{pp}$，s 为总沉降，s_s 为桩身弹性变形，s_{pp} 为桩端荷载产生的沉降，s_{ps} 为桩侧荷载产生的沉降。

1）桩身弹性变形 s_s 的计算

假设桩材是弹性体，则桩身变形由下式计算：

$$s_s=\frac{(Q_p+\lambda Q_s)l}{A_pE_p} \tag{2-2-15}$$

式中：Q_p 为桩端荷载（kN）；Q_s 为桩侧荷载（kN）；l、A_p、E_p 分别为桩长（m）、桩身横截面面积（m^2）和桩身弹性模量（kPa）；λ 为与桩侧摩阻力 q_s 分布有关的系数，当 q_s 沿桩长均匀分布或呈抛物线分布时，$\lambda=0.5$，当 q_s 沿桩长呈直线增加（三角形分布）时，$\lambda=0.67$。

2）桩端荷载产生的桩的沉降 s_{pp} 的计算

假设桩端本身是刚性的，s_{pp} 可按弹性理论计算。

$$s_{pp}=\frac{q_pd}{E_s}(1-\upsilon_s^2)I_p \tag{2-2-16}$$

式中：q_p 为桩端分布荷载（kPa），$q_p=Q_p/A_p$；Q_p 为总桩端阻力（kN）；A_p 为桩端面积（m^2）；d、E_s 为分别为桩端直径（m）和桩底岩土压缩模量（kPa）；I_p 为影响系数，对圆形和方形桩，$I_p=0.88$；υ_s 为土的泊松比，当无试验资料时，可按表 2－2－1 取用。

表 2－2－1　土的泊松比 υ_s

土类	砂土			砂及卵石	黏土
	疏松	中密	密实		
ν_s	0.20～0.40	0.25～0.45	0.30～0.45	0.15～0.30	0.20～0.50

s_{pp} 也可用 Vesic(1977)建议的半经验方法计算，计算式如下：

$$s_{pp}=\frac{Q_pC_p}{dq_{pu}} \tag{2-2-17}$$

式中：q_{pu} 为极限端阻力（kPa）；C_p 为经验系数，可按表 2－2－2 取用；Q_p、d 符号意义同式（2－1－16）。

3）桩侧荷载产生的桩端沉降 s_{ps} 的计算

$$s_{ps}=\left(\frac{Q_s}{ul}\right)\frac{d}{E_s}(1-\upsilon_s)^2I_s \tag{2-2-18}$$

式中：$Q_s/(ul)$ 为桩身侧阻力平均值（kPa）；Q_s 为总桩侧阻力（kN）；u 为桩身横截面周长（m）；l 为桩长（m）；d、E_s 符号意义同式（2－2－16）；I_s 为影响系数，用 Vesic(1977)的经验关系确定，$I_s=2+0.35\sqrt{l/d}$。

表 2-2-2 经验系数 C_p(据 Vesic,1977)

桩的类型	土的类型		
	砂土(密实—疏松)	黏土(硬—软)	粉土(密实—疏松)
打入桩	0.02～0.04	0.02～0.03	0.03～0.05
钻孔桩	0.09～0.18	0.03～0.06	0.09～0.12

s_{ps}也可用 Vesic(1977)的简单经验关系计算:

$$s_{ps}=\frac{Q_s C_s}{l q_p} \tag{2-2-19}$$

式中:C_s 为经验系数,$C_s=(0.93+0.16\sqrt{l/d})C_p$。

3. 分层总和法

将桩的端阻力和侧阻力简化为图 2-2-2 所示的形式。

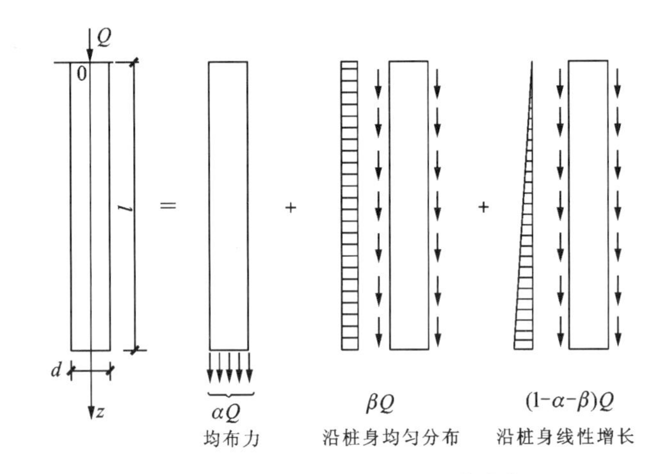

图 2-2-2 单桩荷载分担及其分布

用考虑桩径影响的 Mindlin 解,基桩引起的桩端平面以下桩端土中的附加应力按下列公式计算:

$$\sigma_z=\sigma_{zp}+\sigma_{zsr}+\sigma_{zst} \tag{2-2-20}$$

$$\sigma_{zp}=\frac{\alpha Q}{l^2}I_p \tag{2-2-21}$$

$$\sigma_{zsr}=\frac{\beta Q}{l^2}I_{sr} \tag{2-2-22}$$

$$\sigma_{zst}=\frac{(1-\alpha-\beta)Q}{l^2}I_{st} \tag{2-2-23}$$

式中:σ_{zp}为端阻力在应力计算点引起的附加应力(kPa);σ_{zsr}为均匀分布侧阻力在应力计算点引起的附加应力(kPa);σ_{zst}为三角形分布侧阻力在应力计算点引起的附加应力(kPa);α 为桩端阻力比;β 为均匀分布侧阻力比;l 为桩长(m);I_p、I_{sr}、I_{st}分别为考虑桩径影响的 Mindlin(明德林)解应力影响系数,这些系数可根据桩的长径比 l/d、附加应力计算点在桩端平面下的深度与桩长的比值 $m=z/l$、相邻桩至计算桩轴线的水平距离与桩长的比值 $n=\rho/l$，查《建筑桩基技术规范》(JGJ 94—2008)获得。

计算出桩端端平面下的附加应力后，用分层总和法即可计算出单桩的桩端沉降量，将它与桩身的压缩量相加即可获得桩顶沉降量，具体计算方法可参考下面的桩基的沉降计算。

二、桩基的沉降计算

1. 单桩、单排桩、桩中心距大于 6 倍桩径的疏桩基础

1)不考虑承台底地基土分担荷载的基桩沉降计算

对单桩、单排桩、桩中心距大于 6 倍桩径的疏桩基础不考虑承台底地基土分担荷载时，将沉降计算点(底层柱、墙中心点)水平面影响范围内(半径为 0.6l 的圆内)各基桩对应力计算点(与沉降计算点最近的桩中心点)产生的附加应力叠加，采用单向压缩分层总和法计算土层的沉降，并计入桩身压缩 s_s，如图 2-2-3 所示。桩基的最终沉降量可按下列公式计算：

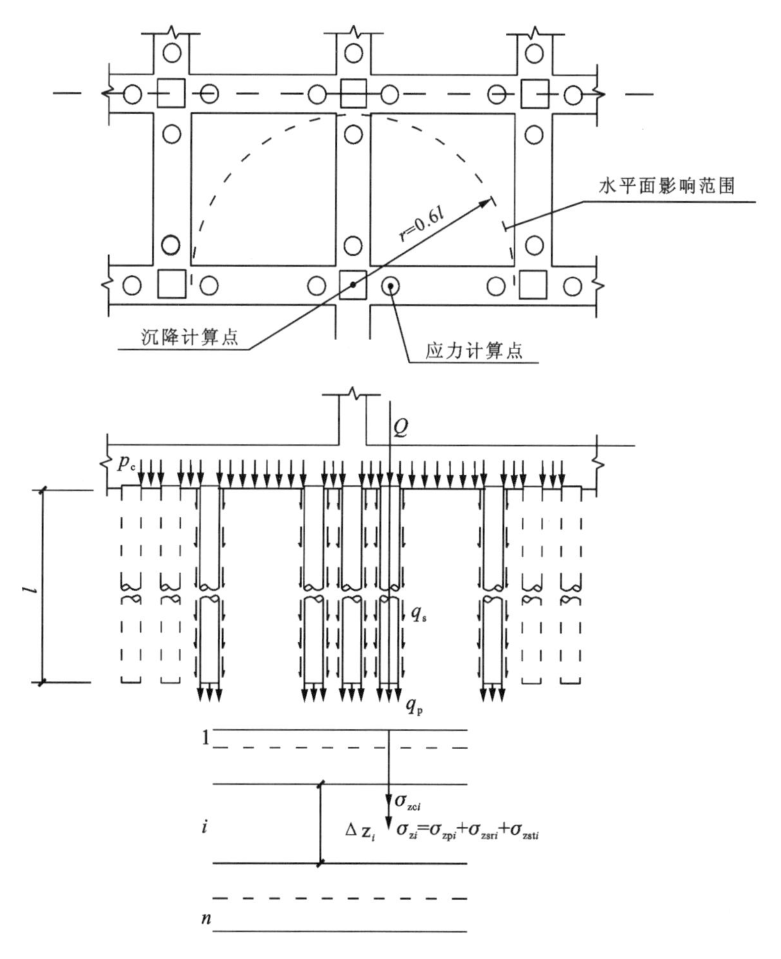

图 2-2-3　单桩、单排桩、疏桩基础沉降计算示意图

$$s = \psi \sum_{i=1}^{n} \frac{\sigma_{zi}}{E_{si}} \Delta z_i + s_s \tag{2-2-24}$$

$$\sigma_{zi} = \sum_{j=1}^{m} \frac{Q_j}{l_j^2} [\alpha_j I_{p,ij} + (1-\alpha_j) I_{s,ij}] \tag{2-2-25}$$

$$s_s = \xi_e \frac{Q_j l_j}{A_p E_p} \tag{2-2-26}$$

式中：m 为以沉降计算点为圆心，0.6 倍桩长为半径的水平面影响范围内的基桩数；n 为沉降计算深度范围内土层的计算分层数，分层数应结合土层性质及分层厚度不应超过计算深度的 0.3 倍综合确定；σ_{zi} 为水平面影响范围内各基桩对应力计算点桩端平面以下第 i 层土 1/2 厚度处产生的附加竖向应力之和(kPa)，应力计算点应取与沉降计算点最近的桩中心点；Δz_i 为第 i 计算土层厚度(m)；E_{si} 为第 i 计算土层的压缩模量(kPa)，采用土的自重压力至土的自重压力与附加压力共同作用时的压缩模量；Q_j 为第 j 桩在荷载效应准永久组合作用下，桩顶的附加荷载(kN)；当地下室埋深超过 5m 时，取荷载效应准永久组合作用下的总荷载为考虑回弹再压缩的等代附加荷载；l_j 为第 j 桩桩长(m)；A_p 为桩身横截面面积(m^2)；α_j 为第 j 桩总桩端阻力与桩顶荷载之比，近似取极限总端阻力与单桩极限承载力之比；$I_{p,ij}$、$I_{s,ij}$ 分别为第 j 桩的桩端阻力和桩侧阻力对计算桩轴线处第 i 计算土层 1/2 厚度处的应力影响系数，可根据桩的长径比 l/d、附加应力计算点在桩端平面下的深度与桩的长度的比值 $m=z/l$、相邻桩至计算桩轴线的水平距离与桩长的比值 $n=\rho/l$，查《建筑桩基技术规范》(JGJ 94—2008)附录 F 确定；E_p 为桩身材料的弹性模量(kPa)；s_s 为计算桩身压缩量(m)；ξ_e 为桩身压缩系数，端承型桩，取 $\xi_e=1.0$，摩擦型桩，当 $l/d \leqslant 30$ 时，取 $\xi_e=2/3$；$l/d \geqslant 50$ 时，取 $\xi_e=1/2$；介于两者之间可线性插值；ψ 为沉降计算经验系数，无当地经验时，可取 1.0。

2)考虑承台底地基土分担荷载的基桩沉降计算

承台底地基土分担荷载的复合桩基。将承台底土压力对地基中某点产生的附加应力按布辛奈斯克解[Boussinesq solution,《建筑桩基技术规范》(JGJ 94—2008)附录 D]计算，与基桩产生的附加应力叠加，采用单向压缩分层总和法计算土层的沉降。其基桩最终沉降量可按下列公式计算：

$$s = \psi \sum_{i=1}^{n} \frac{\sigma_{zi} + \sigma_{zci}}{E_{si}} \Delta z_i + s_s \tag{2-2-27}$$

$$\sigma_{zci} = \sum_{k=1}^{u} \alpha_{ki} p_{c,k} \tag{2-2-28}$$

式中：σ_{zci} 为承台压力对应力计算点桩端平面以下第 i 计算土层 1/2 厚度处产生的应力(kPa)；u 为承台板划分的矩形块数；$p_{c,k}$ 为第 k 块承台底均布压力(kPa)，可按 $p_{c,k}=\eta_c f_{ak}$ 取值，其中 η_c 为第 k 块承台底板的承台效应系数，按表 2-1-12 确定；f_{ak} 为承台底地基承载力特征值(kPa)；α_{ki} 为第 k 块承台底角点处，桩端平面以下第 i 计算土层 1/2 厚度处的附加应力系数，可按《建筑桩基技术规范》(JGJ 94—2008)附录 D 采用角点法计算。

对单桩、单排桩、疏桩复合桩基础的最终沉降计算深度 z_n，可按应力比法确定，即 z_n 处由桩引起的附加应力 σ_z、由承台土压力引起的附加应力 σ_{zc} 与土的自重应力 σ_c 应符合下式要求：

$$\sigma_z + \sigma_{zc} \leqslant 0.2\sigma_c \tag{2-2-29}$$

2. 桩中心距不大于6倍桩径的桩基

桩中心距不大于6倍桩径的桩基最终沉降量计算可采用等效作用分层总和法。等效作用面位于桩端平面，作用面积为桩承台投影面积，等效作用附加压力近似取承台底平均附加压力，计算模式如图2-2-4所示。等效作用面以下的应力分布采用各向同性均质直线变形体理论，桩基任一点最终沉降量可用角点法按下式计算：

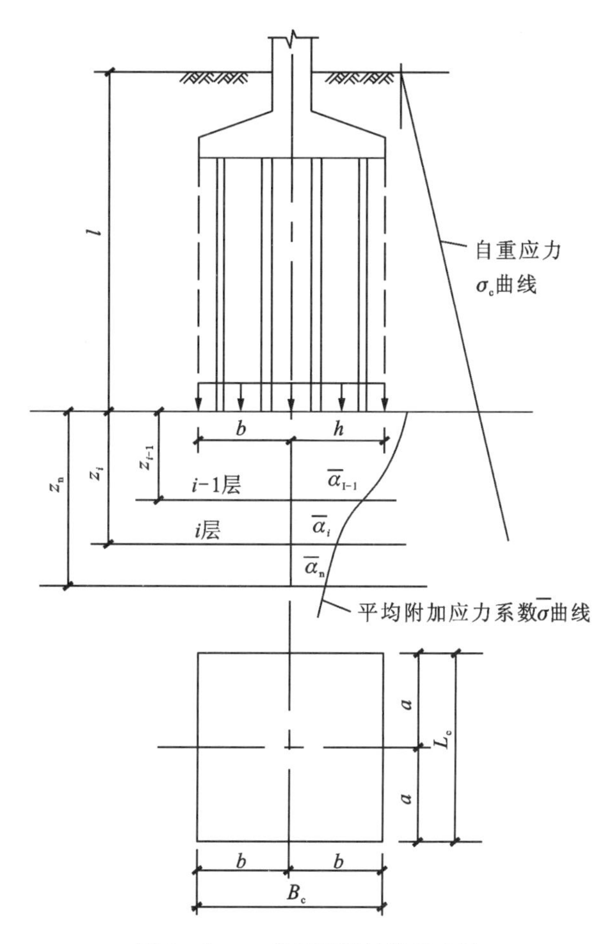

图2-2-4 桩基沉降计算示意图

$$s=\psi\psi_e s'=\psi\psi_e\sum_{j=1}^{m}p_{0j}\sum_{i=1}^{n}\frac{z_{ij}\bar{\alpha}_{ij}-z_{(i-1)j}\bar{\alpha}_{(i-1)j}}{E_{si}} \tag{2-2-30}$$

式中：s为桩基最终沉降量(m)；s'为采用布辛奈斯克解，按实体深基础分层总和法计算出的桩基沉降量(m)；ψ为桩基沉降计算经验系数，当无当地可靠经验时，可按表2-2-3确定，对于采用后注浆施工工艺的灌注桩，桩基沉降计算经验系数应根据桩端持力土层类别，乘以折减系数0.7(砂、砾、卵石)～0.8(黏性土、粉土)，饱和土中采用预制桩(不含复打、复压、引孔沉桩)时，应根据桩距、土质、沉桩速率和顺序等因素，乘以1.3～1.8挤土效应系数，土的渗透性低，桩距小，桩数多，沉降速率快时，取大值；ψ_e为桩基等效沉降系数，可按式(2-2-32)计算；m为角点法计算点对应的矩形荷载分块数；p_{0j}为第j块矩形底面在荷载效应准永久组合下的附加压力(kPa);n 为桩基沉降计算深度范围内所划分的土层数;E_{si} 为等效作用面以下第 i 层土的压缩模量(kPa),采用地基土在自重压力至自重压力与附加压力共同作用时的压缩模量;z_{ij}、$z_{(i-1)j}$ 分别为桩端平面第 j 块荷载作用面至第 i 层土、第 $i-1$ 层土底面的距离(m);$\bar{\alpha}_{ij}$、$\bar{\alpha}_{(i-1)j}$ 分别为桩端平面第 j 块荷载计算点至第 i 层土、第 $i-1$ 层土底面深度范围内平均附加应力系数,可按《建筑桩基技术规范》(JGJ 94—2008)附录 D 选用。

表 2-2-3 桩基沉降计算经验系数 ψ

$\bar{E}_s$/MPa	≤10	15	20	35	≥50
ψ	1.2	0.9	0.65	0.50	0.40

注:① $\bar{E}_s$ 为沉降计算深度范围内压缩模量的当量值,可按下式计算:$\bar{E}_s = \sum A_i / \sum \frac{A_i}{E_{si}}$,式中,$A_i$ 为第 i 层土附加应力系数沿土层厚度的积分值,可近似按分块面积计算;

②ψ 可根据 $\bar{E}_s$ 内插取值。

计算矩形桩基中点沉降时,桩基沉降量可按下式简化计算:

$$s = \psi\psi_e s' = 4\psi\psi_e p_0 \sum_{i=1}^{n} \frac{z_i \bar{\alpha}_i - z_{(i-1)} \bar{\alpha}_{(i-1)}}{E_{si}} \tag{2-2-31}$$

式中:p_0 为在荷载效应准永久组合下承台底的平均附加压力;$\bar{\alpha}_i$、$\bar{\alpha}_{(i-1)}$ 分别为 z_i 和 z_{i-1} 深度范围内的平均附加应力系数,根据矩形长宽比 a/b 及深宽比 $\frac{z_i}{b}=\frac{2z_i}{B_c}$,$\frac{z_{i-1}}{b}=\frac{2z_{i-1}}{B_c}$ 查《建筑桩基技术规范》(JGJ 94—2008)附录 D 选用。

桩基等效沉降系数 ψ_e 可按下列公式简化计算:

$$\psi_e = C_0 + \frac{n_b - 1}{C_1(n_b - 1) + C_2} \tag{2-2-32a}$$

$$n_b = \sqrt{n \cdot B_c / L_c} \tag{2-2-32b}$$

式中:n_b 为矩形布桩时的短边布桩数,当布桩不规则时,可按式(2-2-32b)近似计算,$n_b>1$;$n_b=1$ 按单排桩计算;C_0、C_1、C_2 根据群桩距径比 s_a/d、长径比 l/d 及基础长宽比 L_c/B_c,查《建筑桩基技术规范》(JGJ 94—2008)附录 E 确定;L_c、B_c、n 分别为矩形承台的长、宽及总桩数。

桩基沉降计算深度 z_n 应按应力比法确定,即计算深度处的附加应力 σ_z 与土的自重应力 σ_c 应符合下列公式要求:

$$\sigma_z \leqslant 0.2\sigma_c \tag{2-2-33a}$$

$$\sigma_z = \sum_{j=1}^{m} \alpha_j p_{0j} \tag{2-2-33b}$$

式中:α_j 为附加应力系数,可根据角点法划分的矩形长宽比及深宽比按《建筑桩基技术规范》(JGJ 94—2008)附录 D 选用。

计算桩基沉降时,应考虑相邻基础的影响,采用叠加原理计算;桩基等效沉降系数可按独立基础计算。

三、建筑桩基沉降允许值

桩基沉降变形可用下列指标表示。

(1)沉降量。

(2)沉降差。

(3)整体倾斜:建筑物桩基础倾斜方向两端点的沉降差与其距离之比值。

(4)局部倾斜:墙下条形承台沿纵向某一长度范围内桩基础两点的沉降差与其距离之比值。

计算桩基沉降变形时,桩基变形指标应按下列规定选用。

(1)由于土层厚度与性质不均匀、荷载差异、体型复杂、相互影响等因素引起的地基沉降变形,以及砌体承重结构的地基变形应由局部倾斜值控制。

(2)对于多层或高层建筑和高耸结构应由整体倾斜值控制。

(3)对于框架、框架-剪力墙、框架-核心筒结构,尚应控制柱(墙)之间的差异沉降。

建筑桩基沉降变形计算值不应大于桩基沉降变形允许值;建筑桩基沉降变形允许值按表 2-2-4 采用。

表 2-2-4 建筑桩基沉降变形允许值

变形特征		允许值
砌体承重结构基础的局部倾斜		0.002
各类建筑相邻柱(墙)基的沉降差 ①框架、框架-剪力墙、框架-核心筒结构 ②砌体墙填充的边排柱 ③当基础不均匀沉降时不产生附加应力的结构		 $0.002l_0$ $0.0007l_0$ $0.005l_0$
单层排架结构(柱距为 6m)桩基的沉降量(mm)		120
桥式吊车轨面的倾斜(按不调整轨道考虑) 纵向 横向		 0.004 0.003
多层和高层建筑的整体倾斜	$H_g \leqslant 24$	0.004
	$24 < H_g \leqslant 60$	0.003
	$60 < H_g \leqslant 100$	0.0025
	$H_g > 100$	0.002
高耸结构桩基的整体倾斜	$H_g \leqslant 20$	0.008
	$20 < H_g \leqslant 50$	0.006
	$50 < H_g \leqslant 100$	0.005
	$100 < H_g \leqslant 150$	0.004
	$150 < H_g \leqslant 200$	0.003
	$200 < H_g \leqslant 250$	0.002

续表 2-2-4

变形特征		允许值
高耸结构基础的沉降量/mm	$H_g \leqslant 100$ $100 < H_g \leqslant 200$ $200 < H_g \leqslant 250$	350 250 150
体型简单的剪力墙结构 高层建筑桩基最大沉降量/mm	—	200

注：l_0 为相邻柱（墙）两测点间距离；H_g 为自室外地面算起的建筑物高度。

第三节　桩的水平承载力与水平位移计算

一、基本概念

1. 单桩受力计算简图

随着建筑越来越高，风力和地震力等水平荷载作用已成为建筑设计中的控制因素，建筑桩基的水平承载力和位移计算已成为建筑设计的重要内容之一。事实上，只要直桩有一定的入土深度，保证地基土对桩产生一定的弹性抗力和嵌固作用，竖直桩也能承受一定的水平力。

过去港口工程高桩码头水平力一般由斜桩或叉桩承受，竖直桩只考虑用来承受垂直力。随着码头吨位的增大和向外海的发展，加上要考虑风力、地震力的作用，水平力越来越大，这就要求竖直桩也能承受较大的水平力。

对铁路部门而言，随着铁路桥梁跨度的加大，作用在桥梁桩基上的荷载也越来越大，这就要求人们采用直径较大的桩去代替过去的小直径桩。但大直径斜桩施工困难，这也迫切要求人们研究在水平荷载作用下竖直桩的工作性能。

在图 2-3-1 中，桩基中的单根桩（基桩）在桩顶受到竖向力 N、横向力 Q（剪力）和弯矩 M 的作用下发生变位，竖向力主要使桩产生竖向位移，而横向力和弯矩主要使桩身轴线产生横向位移和转角。由于作用在桩顶上的轴向压力远小于使桩产生压曲作用的临界荷载，且土对桩的压曲也有一定的阻止作用，因此，通常略去压曲作用的影响，而采用叠加原理，即将桩顶 3 个力的作用分解为竖向受力情况（图 2-3-1b）和横向受力情况（图 2-3-1c）分别计算，然后叠加。所以，我们可分两种情况来分析单桩的内力和变位：一种是竖向荷载作用下基桩的内力和变位；另一种是横向荷载作用下基桩的内力和变位。

关于桩在横向荷载作用下桩身内力与变位的计算，国内外学者曾提出了许多方法。目前最为常用的是弹性地基梁法，即将桩作为弹性地基上的梁，将地基假设为文克尔（Winkler）地基模型，通过求解桩的弹性挠曲线微分方程，并结合桩的受力平衡条件，求出桩身的内力和变位。

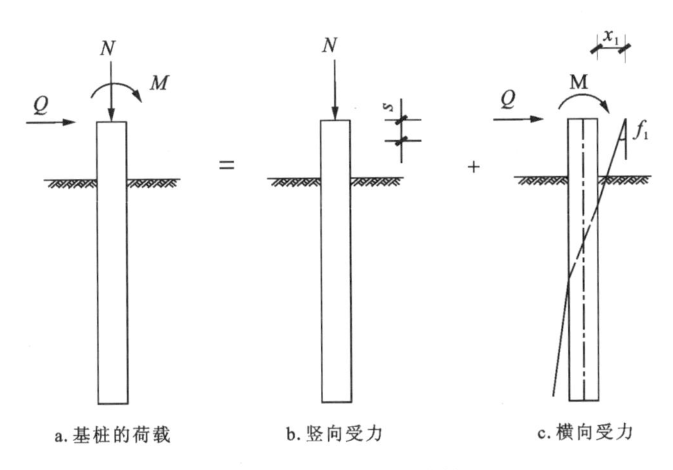

图 2-3-1　单桩受力计算图

2. 桩侧土的弹性抗力

桩基础在荷载(包括竖向荷载、横向荷载和弯矩)作用下要产生位移(包括竖向位移、水平位移和转角)。桩的竖向位移引起桩侧土的摩阻力和桩底土的端阻力;桩身的水平位移将会挤压桩侧土体,桩侧土必然对桩身产生横向抗力 σ_x(图 2-3-2)以维持桩的平衡。根据文克尔假定,桩身任一点所受的土抗力与该点的位移成正比,故土的抗力又称为土的弹性抗力。在桩身位移较小的情况下,比如桩身侧位移小于或等于 10mm 时,桩身任意一点处的土抗力与桩身侧移之间可近似考虑为线性关系。而当桩身侧移较大时,土抗力与桩身侧移应考虑为非线性关系。

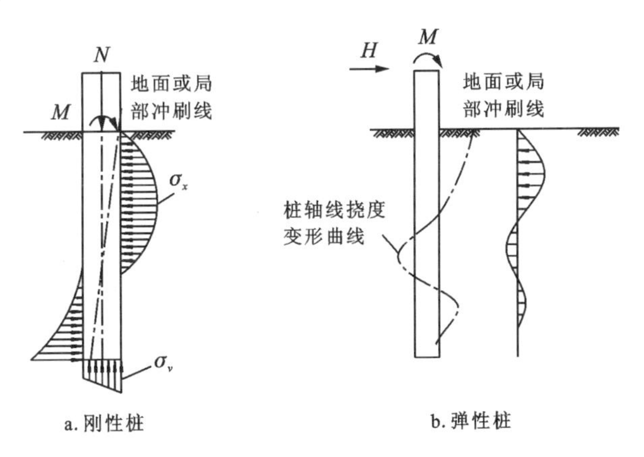

图 2-3-2　承受水平力的单桩

根据文克尔假定,土的弹性抗力与位移成正比,故弹性抗力的大小可表示为

$$\left.\begin{aligned}\sigma_x &= C \cdot x \\ \sigma_v &= C_p \cdot z_v\end{aligned}\right\} \qquad (2-3-1)$$

式中:σ_x、σ_v 分别为水平弹性抗力和竖直弹性抗力(kPa);C、C_p 分别为桩侧水平(横向)抗力系数和桩底竖向抗力系数(kN/m^3);x 为深度为 z 处桩轴线的水平位移(m);z_v 为桩底对应点的竖向位移(m)。

3. 地基抗力系数

在式(2－3－1)中，地基抗力系数 C、C_p 表示地基土产生单位横向或竖向位移时单位面积上的土抗力。至于抗力系数随深度如何变化，这是长期以来国内外学者争论和研究的课题，至今仍在不断探讨中。我国铁路、公路及房屋建筑领域在桩的设计中常用"m"法，它假定抗力系数随深度呈正比例增长，即

$$\left.\begin{aligned} C &= mz \\ C_p &= m_v h \end{aligned}\right\} \qquad (2-3-2)$$

式中：m 为桩侧土水平抗力系数的比例系数(kN/m^4)；m_v 为桩底面地基土竖向抗力系数的比例系数(kN/m^4)，近似计算取 $m_v=m$；z 为桩侧计算点埋深(m)；h 为桩的入土深度(m)，当 h 小于10m时，按10m计算。

桩侧土水平抗力系数的比例系数 m，宜通过单桩水平静载试验确定，当无静载试验资料时，可按《铁路桥涵地基基础设计规范》(TB 10093—2017)、《公路桥涵地基基础设计规范》(JTG 3363—2019)、《建筑桩基技术规范》(JGJ 94—2008)等取值。表2－3－1为《建筑桩基技术规范》(JGJ 94—2008)中常见岩土的 m 值。

表2－3－1　地基土水平抗力系数的比例系数 m 值

序号	地基土类别	预制桩、钢桩		灌注桩	
		m/($MN\cdot m^{-4}$)	相应单桩在地面处水平位移/mm	m/($MN\cdot m^{-4}$)	相应单桩在地面处水平位移/mm
1	淤泥、淤泥质土、饱和湿陷性黄土	2～4.5	10	2.5～6	6～12
2	流塑 $I_L>1$、软塑 $0.75\leqslant I_L<1$ 状黏性土；$e>0.9$ 粉土；松散粉细砂；松散、稍密填土	4.5～6.0	10	6～14	4～8
3	可塑 $0.25\leqslant I_L<0.75$ 状黏性土；湿陷性黄土；$e=0.75$～0.9 粉土；中密填土；稍密细砂	6.0～10	10	14～35	3～6
4	硬塑 $0\leqslant I_L<0.25$、坚硬 $I_L\leqslant 0$ 状黏性土、湿陷性黄土；$e<0.75$ 粉土；中密的中粗砂；密实老填土	10～22	10	35～100	2～5
5	中密、密实的砾砂、碎石类土			100～300	1.5～3

注：①当桩顶水平位移大于表列数值或灌注桩配筋率较高(≥0.65%)时，m 值应适当降低；当预制桩的水平向位移小于10mm时，m 值可适当提高；

②当水平荷载为长期或经常出现的荷载时，应将表列数值乘以0.4降低采用；

③当地基为可液化土层时，应将表列数值乘以土层液化折减系数 ψ_l，见表2－1－11。

如图2－3－3所示，当基桩侧面为几种土层组成时，对于弹性桩，应求得主要影响深度 $h_m=2(d+1)$ 范围内的 m 值作为计算值，其中 d 为桩径(m)；对于刚性桩，h_m 取桩的入土深度。

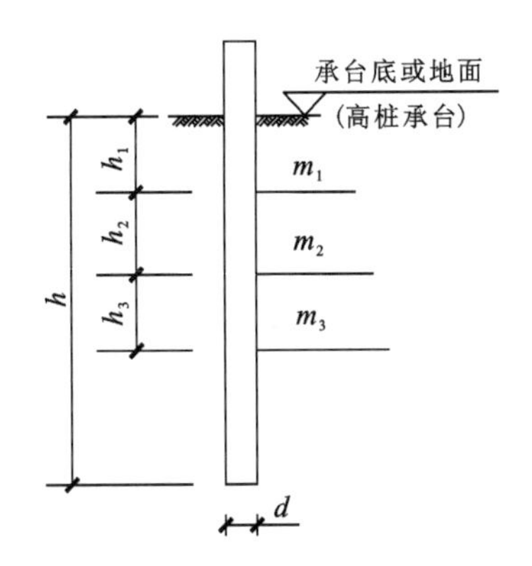

图 2-3-3　分层土 m 值计算

当 h_m 深度内存在 2 层不同土层时：

$$m=\frac{m_1h_1^2+m_2(2h_1+h_2)h_2}{h_m^2} \tag{2-3-3a}$$

当 h_m 深度内存在 3 层不同土层时：

$$m=\frac{m_1h_1^2+m_2(2h_1+h_2)h_2+m_3(2h_1+2h_2+h_3)h_3}{h_m^2} \tag{2-3-3b}$$

4. 桩的计算宽度

试验研究表明，桩在水平外力作用下，除了桩身宽度范围内的桩侧土受挤压外，在桩身宽度范围以外一定范围内的桩侧土体也受到一定程度的影响，影响的程度除了与桩的尺寸有关外，还与桩的截面形状、空间排列有关。为了将空间受力问题简化为平面问题，并综合考虑桩的截面形状和邻桩的相互影响，《公路桥涵地基基础设计规范》（JTG 3363—2019）、《铁路桥涵地基基础设计规范》（TB 10093—2017）和《建筑桩基技术规范》（JGJ 94—2008）都引入了计算宽度 b_0 的概念，并规定了计算宽度的确定方法。

圆形桩：当直径 $d\leqslant 1\text{m}$ 时，$b_0=0.9(1.5d+0.5)$　　(2-3-4a)

当直径 $d>1\text{m}$ 时，$b_0=0.9(d+1)$　　(2-3-4b)

方形桩：当边宽 $b\leqslant 1\text{m}$ 时，$b_0=1.5b+0.5$　　(2-3-5a)

当边宽 $b>1\text{m}$ 时，$b_0=b+1$　　(2-3-5b)

对每一排桩数为 n_0（与水平外力 H 作用方向垂直的平面内桩数）的桩基础计算总宽度，应满足 $n_0b_0\leqslant D'+1$，当 $n_0b_0>D'+1$ 时，取 $n_0b_0=D'+1$，D' 为桩外侧边缘的距离，单位为 m，如图 2-3-4 所示。

此外，《公路桥涵地基基础设计规范》（JTG 3363—2019）和《铁路桥涵地基基础设计规范》（TB 10093—2017）考虑到当桩基有承台连接，在横向外力作用平面内有数排桩时，前后排桩将产生相互遮挡作用，各桩间的受力将会产生影响，因而更进一步提出了各桩间的相互影响系数 K，即将以上所确定的 b_0 值乘以 K 作为基础的计算宽度。相互影响系数 K 与桩间的净距 L_1（图 2-3-4）的大小有关。

当 $L_1\geqslant 0.6h_e$ 时：

$$K=1.0 \tag{2-3-6a}$$

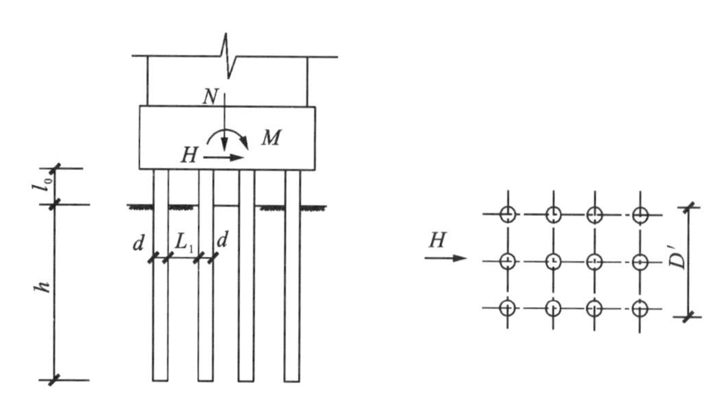

图 2-3-4 桩间的相互影响系数 K

当 $L_1<0.6h_e$ 时：

$$K=C_1+\frac{1-C_1}{0.6}\cdot\frac{L_1}{h_e} \tag{2-3-6b}$$

式中：L_1 为桩间净距(m)；h_e 为桩在地面或局部冲刷线以下的计算入土深度，可按 $h_e=3(d+1)$ 计算，但不得大于桩的入土深度 h；其中 d 为与水平外力 H 作用方向相垂直的平面上桩的实际宽度(或直径)；C_1 为与水平外力作用平面内的一列桩数 n_1 有关的系数。当 $n_1=1$ 时，$C_1=1.0$；当 $n_1=2$ 时，$C_1=0.6$；当 $n_1=3$ 时，$C_1=0.5$；当 $n_1\geqslant4$ 时，$C_1=0.45$，如图 2-3-4 中所示，$n_1=4$。

5. 刚性桩与弹性桩

当计算水平抗力 σ_x 时，由于桩长比桩径大得多，这时桩的相对刚度小，故计算桩的水平位移和内力时，其弹性变形不能忽略，人们常称这种桩为弹性桩；对某些短桩而言，桩的相对刚度较大，计算水平抗力 σ_x 时可忽略桩身的弹性变形，而将它视为刚体，这种桩常被称为刚性桩，如图 2-3-2a 所示。工程上通常按照式(2-3-7)区别弹性桩和刚性桩(式中 αh 称为换算深度)。

$$\text{弹性桩}:\alpha h>2.5 \tag{2-3-7a}$$

$$\text{刚性桩}:\alpha h\leqslant2.5 \tag{2-3-7b}$$

式中：h 为桩置于地面(无冲刷)或局部冲刷线以下的深度(m)；α 为桩的变形系数，$\alpha=\sqrt[5]{\frac{mb_0}{EI}}(\mathrm{m}^{-1})$；$b_0$ 为桩的计算宽度(m)；m 为水平抗力系数的比例系数(kN/m^4)；EI 为桩身截面抗弯刚度(kN·m^2)。对于钢筋混凝土桩，《公路桥涵地基基础设计规范》(JTG 3363—2019)和《铁路桥涵地基基础设计规范》(TB 10093—2017)采用$EI=0.8E_cI$，《建筑桩基技术规范》(JGJ 94—2008)采用 $EI=0.85E_cI$。其中，E_c 为混凝土材料的受压弹性模量(kPa)；I 为桩截面惯性矩(m^4)。

二、横向荷载作用下单桩的内力和位移计算

单桩在横向荷载(水平力和弯矩)作用下的内力和位移计算，目前普遍采用的是将桩作为弹性地基上的梁，按照文克尔(Winkler)假定，将单桩视为文克尔地基上的竖直梁，即将桩

侧土体视为相互独立的弹簧，不考虑桩土之间的黏着力和摩阻力，桩作为弹性构件，考虑桩与桩周土体之间的力学平衡和变形协调，建立桩的挠曲线微分方程，通过桩的挠曲线微分方程的解，计算桩身的弯矩和剪力。这种方法简称为弹性地基梁法。

1. 桩顶与地面平齐时的挠曲线微分方程

先讨论桩入土部分的桩身变位和内力，取图 2-3-5 所示的坐标系统，对力和位移的符号作如下规定：弯矩以桩左侧受拉时为正；横向力和横向位移沿 x 轴方向为正；转角逆时针方向为正。

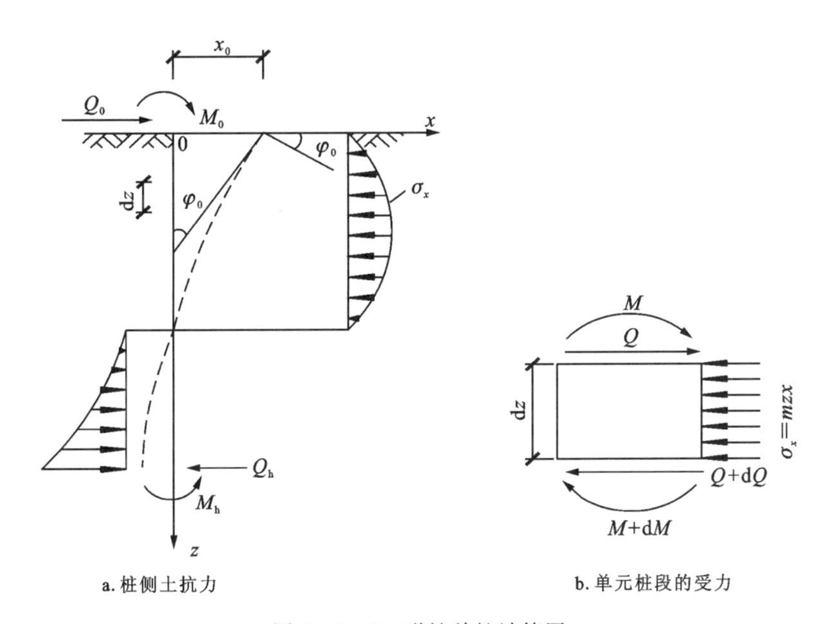

图 2-3-5　弹性单桩计算图

如图 2-3-5 所示，桩顶与地面平齐时，在桩顶水平荷载 Q_0 及弯矩 M_0 作用下发生弹性挠曲，桩侧土产生横向抗力 σ_x。在任意深度 z 处取微分段 dz，其受力如图 2-3-5b 所示。由微元段水平方向的受力平衡 $\sum X = 0$ 可得：$Q-(Q+\mathrm{d}Q+\sigma_x b_0 \cdot \mathrm{d}z)=0$。即

$$\frac{\mathrm{d}Q}{\mathrm{d}z} = -\sigma_x b_0 = -mzxb_0 \tag{2-3-8}$$

从材料力学可知，梁的挠度(x)、转角(φ)、弯矩(M)、剪力(Q)之间存在如下微分关系：

$$\frac{\mathrm{d}x}{\mathrm{d}z} = \varphi, \frac{\mathrm{d}\varphi}{\mathrm{d}z} = \frac{M}{EI}, \frac{\mathrm{d}M}{\mathrm{d}z} = Q \tag{2-3-9}$$

将式(2-3-9)代入式(2-3-8)得梁的挠曲线微分方程：

$$\frac{\mathrm{d}^4 x}{\mathrm{d}z^4} + \frac{mb_0}{EI} zx = 0 \tag{2-3-10}$$

令

$$\alpha = \sqrt[5]{\frac{mb_0}{EI}} \tag{2-3-11}$$

则式(2-3-10)变为如下的四阶线性变系数常微分方程：

$$\frac{d^4x}{dz^4}+\alpha^5 zx=0 \tag{2-3-12}$$

2. 挠曲线微分方程的解

根据桩顶的变位和外力边界条件，$z=0$ 时，$x=x_0$，$\varphi=\varphi_0$，$M=M_0$，$Q=Q_0$，就可以采用幂级数的方法近似求出桩身挠曲微分方程的解，即桩身任一截面水平位移的表达式为

$$x=x_0A_1+\frac{\varphi_0}{\alpha}B_1+\frac{M_0}{\alpha^2EI}C_1+\frac{Q_0}{\alpha^3EI}D_1 \tag{2-3-13}$$

对上式求各阶导数，参照式(2-3-9)，并通过归纳整理后，便可求得桩身任一截面 z 处的转角 $\varphi(z)$、弯矩 $M(z)$ 及剪力 $Q(z)$ 的计算公式：

$$\frac{\varphi}{\alpha}=x_0A_2+\frac{\varphi_0}{\alpha}B_2+\frac{M_0}{\alpha^2EI}C_2+\frac{Q_0}{\alpha^3EI}D_2 \tag{2-3-14}$$

$$\frac{M}{\alpha^2EI}=x_0A_3+\frac{\varphi_0}{\alpha}B_3+\frac{M_0}{\alpha^2EI}C_3+\frac{Q_0}{\alpha^3EI}D_3 \tag{2-3-15}$$

$$\frac{Q}{\alpha^3EI}=x_0A_4+\frac{\varphi_0}{\alpha}B_4+\frac{M_0}{\alpha^2EI}C_4+\frac{Q_0}{\alpha^3EI}D_4 \tag{2-3-16}$$

以上四式中 A_i、B_i、C_i、$D_i(i=1,2,3,4)$为无量纲系数，随深度 z 而变，因而也称影响函数，在相关的设计规范和手册中均可以根据 αz 查用，见表 2-3-2。

根据土抗力的基本假定 $\sigma_x=mzx$，可求得桩侧土的抗力的计算公式：

$$\sigma_x=mz\left(x_0A_1+\frac{\varphi_0}{\alpha}B_1+\frac{M_0}{\alpha^2EI}C_1+\frac{Q_0}{\alpha^3EI}D_1\right) \tag{2-3-17}$$

桩身任一深度的 $x(z)$、$\varphi(z)$、$M(z)$、$Q(z)$、$\sigma_x(z)$，可由式(2-3-13)～式(2-3-17)算出。在这 5 个计算公式中，均含有桩在地面处的挠度 x_0、转角 φ_0、弯矩 M_0 和剪力 Q_0 4 个基本参数，M_0 和 Q_0 可由桩顶的已知受力条件确定，而 x_0、φ_0 为未知数，需根据桩底的边界条件求出。

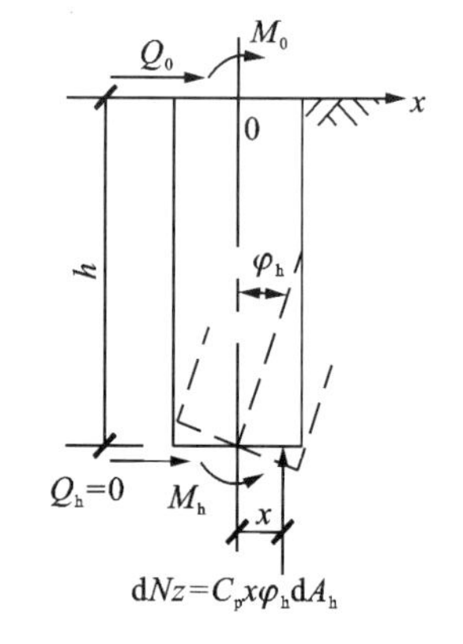

图 2-3-6 M_h 的计算

3. 由桩底条件确定桩顶横向位移 x_0 和转角 φ_0

1)桩底支承于土层或岩面上

桩顶支承于土层或岩面上时，在外荷载作用下，桩底将产生横向位移 x_h 和转角 φ_h，当桩底产生转角 φ_h 时，桩底的土抗力情况如图 2-3-6 所示，与之相应的桩底弯矩值 M_h 为

$$M_h=\int_{A_h}x\,dN_z=-\int_{A_h}xC_px\varphi_h\,dA_h=-C_p\varphi_h\int_{A_h}x^2dA_h=-C_p\varphi_hI_h \tag{2-3-18}$$

式中：A_h 为桩底面积，一般为桩身横截面积(m^2)；I_h 为桩底面对其重心轴的惯性矩(m^4)；C_p 为基底土的竖向抗力系数(kN/m^3)，$C_p=m_vh$。

式(2-3-18)即为桩底边界条件之一，有负号是因为图 2-3-6 中转角 φ_h 顺时针转动，为负值。

另一个边界条件由 x_h 和 Q_h 确定。Q_h 是当桩底位移为 x_h 时，地基与桩底间的摩阻力，一般认为该力很小，可以忽略，由此得

$$Q_h=0 \tag{2-3-19}$$

表 2-3-2　计算桩身作用效应无量纲系数表

$H=\alpha z$	A_1	B_1	C_1	D_1	A_2	B_2	C_2	D_2	A_3	B_3	C_3	D_3	A_4	B_4	C_4	D_4
0	1.000 00	0.000 00	0.000 00	0.000 00	0.000 00	1.000 00	0.000 00	0.000 00	0.000 00	0.000 00	1.000 00	0.000 00	0.000 00	0.000 00	0.000 00	1.000 00
0.1	1.000 00	0.100 00	0.005 00	0.000 17	0.000 00	1.000 00	0.100 00	0.005 00	−0.000 17	−0.000 01	1.000 00	0.100 00	−0.005 00	−0.000 33	−0.000 01	1.000 00
0.2	1.000 00	0.200 00	0.020 00	0.001 33	−0.000 17	1.000 0	0.200 00	0.020 00	−0.001 33	−0.001 33	0.999 99	0.200 00	−0.020 00	−0.002 67	−0.000 20	0.999 99
0.3	0.999 98	0.300 00	0.045 00	0.045 00	−0.000 34	0.999 96	0.300 00	0.045 00	−0.004 50	−0.000 67	0.999 94	0.300 00	−0.045 00	−0.009 00	−0.001 01	0.999 92
0.4	0.999 91	0.399 99	0.080 00	0.010 67	−0.001 07	0.999 83	0.399 98	0.080 00	−0.010 67	−0.002 13	0.999 74	0.399 98	−0.080 00	−0.021 33	−0.003 20	0.999 66
0.5	0.999 74	0.499 96	0.125 00	0.020 83	−0.002 60	0.999 48	0.499 94	0.124 99	−0.020 83	−0.005 21	0.999 22	0.499 94	−0.124 99	−0.041 67	−0.007 81	0.998 96
0.6	0.999 35	0.599 87	0.179 98	0.036 00	−0.005 40	0.998 70	0.599 81	0.179 98	−0.036 00	−0.010 80	0.998 06	0.599 74	−0.179 97	−0.071 99	−0.016 20	0.997 41
0.7	0.998 60	0.699 67	0.244 95	0.057 16	−0.010 00	0.997 20	0.699 61	0.244 94	−0.057 16	−0.020 01	0.995 80	0.699 35	−0.244 90	−0.114 33	−0.030 01	0.994 40
0.8	0.997 27	0.799 27	0.319 88	0.085 32	−0.017 07	0.994 54	0.798 91	0.319 83	−0.085 32	−0.034 12	0.991 81	0.798 54	−0.319 75	−0.170 60	−0.051 20	0.989 08
0.9	0.995 08	0.898 52	0.404 72	0.121 46	−0.027 33	0.990 16	0.897 79	0.404 62	−0.121 44	−0.054 66	0.985 24	0.897 05	−0.404 43	−0.242 84	−0.081 98	0.980 32
1.0	0.991 67	0.997 22	0.499 41	0.166 57	−0.041 67	0.983 33	0.995 83	0.499 21	−0.166 52	−0.083 29	0.975 01	0.994 45	−0.498 81	−0.332 98	−0.124 93	0.966 67
1.1	0.986 58	1.025 08	0.603 84	0.221 63	−0.060 96	0.973 17	1.092 62	0.603 46	−0.221 52	−0.121 92	0.959 75	1.090 16	−0.602 68	−0.442 92	−0.182 85	0.946 34
1.2	0.979 27	1.191 71	0.717 87	0.287 88	−0.086 32	0.958 55	1.187 56	0.717 16	−0.287 37	−0.172 60	0.937 83	1.183 42	−0.715 73	−0.574 50	−0.258 86	0.917 12
1.3	0.969 08	1.286 60	0.841 27	0.365 36	−0.118 83	0.938 17	1.279 90	0.840 02	−0.364 96	−0.237 60	0.907 27	1.273 20	−0.837 53	−0.729 50	−0.356 31	0.876 38
1.4	0.955 23	1.379 10	0.973 73	0.455 88	−0.159 73	0.910 47	1.368 65	0.971 63	−0.455 15	−0.319 33	0.865 73	1.358 21	−0.967 46	−0.907 54	−0.478 83	0.821 02
1.5	0.936 81	1.468 39	1.114 84	0.559 97	−0.210 30	0.873 65	1.452 59	1.111 45	−0.558 70	−0.420 39	0.810 54	1.436 80	−1.104 68	−1.116 09	−0.630 27	0.747 45
1.6	0.912 80	1.553 46	1.264 03	0.678 42	−0.271 94	0.825 65	1.530 30	1.258 72	−0.676 29	−0.543 48	0.738 59	1.506 95	−1.248 08	−1.350 42	−0.814 66	0.651 56
1.7	0.882 01	1.633 07	1.420 61	0.811 93	−0.346 04	0.764 13	1.599 63	1.412 47	−0.808 48	−0.691 44	0.646 37	1.566 21	−1.396 23	−1.613 40	−1.036 16	0.528 71
1.8	0.843 13	1.705 75	1.583 62	0.961 09	−0.434 12	0.686 45	1.658 67	1.571 50	−0.955 64	−0.867 15	0.529 97	1.611 62	−1.547 28	−1.905 77	−1.299 09	0.373 68
1.9	0.794 67	1.769 72	1.750 90	1.126 37	−0.537 68	0.589 67	1.704 68	1.734 22	−1.117 96	−1.073 57	0.385 03	1.639 69	−1.698 89	−2.227 45	−1.607 70	0.180 71
2.0	0.735 02	1.822 94	1.924 02	1.308 01	−0.658 22	0.470 61	1.734 57	1.898 72	−1.295 35	−1.313 61	0.206 76	1.646 28	−1.848 18	−2.577 98	−1.966 20	−0.056 52
2.2	0.574 91	1.887 09	2.272 17	1.720 42	−0.956 16	0.151 27	1.731 10	2.222 99	−1.693 34	−1.905 67	−0.270 87	1.572 38	−2.124 81	−3.359 52	−2.848 58	−0.691 58
2.4	0.346 91	1.874 50	2.608 82	2.195 35	−1.338 89	−0.302 73	1.612 86	2.518 74	−2.141 17	−2.663 29	−0.948 85	1.352 01	−2.339 01	−4.228 11	−3.973 23	−1.591 51
2.6	0.033 15	1.754 73	2.906 70	2.723 65	−1.814 79	−0.926 02	1.334 85	2.749 72	−2.621 26	−3.599 87	−1.877 34	0.916 79	−2.436 95	−5.140 23	−5.355 41	−2.821 06
2.8	−0.385 48	1.490 37	3.128 43	3.287 69	−2.387 56	−1.175 48	0.841 77	2.866 53	−3.103 41	−4.717 48	−3.107 91	0.197 29	−2.345 58	−6.022 99	−6.990 07	−4.444 91
3.0	−0.928 09	1.036 79	3.224 71	3.858 38	−3.053 19	−2.824 10	0.068 37	2.804 06	−3.540 58	−5.999 79	−4.687 88	−0.891 26	−1.969 28	−6.764 60	−8.840 29	−6.519 72
3.5	−2.927 99	−1.271 72	2.463 04	4.979 82	−4.980 62	−6.708 06	−3.586 47	1.270 18	−3.919 21	−9.543 67	−10.340 4	−5.854 02	1.074 08	−6.788 96	−13.692 4	−13.926 1
4.0	−5.853 33	−5.940 97	−0.926 77	4.547 80	−6.533 16	−12.158 1	−10.608 4	−3.766 47	−1.614 28	−11.730 7	−17.918 6	−15.075 5	9.243 68	−0.357 62	−15.610 5	−23.140 4

注：z 为地面或最大冲刷线以下的深度。

将 $M_h=-C_0\varphi_h I_h$ 及 $Q_h=0$ 分别代入式(2-3-14)~式(2-3-16)中，并令 $z=h$，得

$$\varphi_h=\alpha\left(x_0A_{2h}+\frac{\varphi_0}{\alpha}B_{2h}+\frac{M_0}{\alpha^2EI}C_{2h}+\frac{Q_0}{\alpha^3EI}D_{2h}\right) \tag{2-3-20}$$

$$M_h=\alpha^2EI\left(x_0A_{3h}+\frac{\varphi_0}{\alpha}B_{3h}+\frac{M_0}{\alpha^2EI}C_{3h}+\frac{Q_0}{\alpha^3EI}D_{3h}\right) \tag{2-3-21}$$

$$Q_h=\alpha^3EI\left(x_0A_{4h}+\frac{\varphi_0}{\alpha}B_{4h}+\frac{M_0}{\alpha^2EI}C_{4h}+\frac{Q_0}{\alpha^3EI}D_{4h}\right) \tag{2-3-22}$$

联立以上 3 个方程，并令 $\frac{C_pI_h}{\alpha EI}=K_h$，则得

$$x_0=\frac{Q_0}{\alpha^3EI}\bar{\delta}_{QQ}+\frac{M_0}{\alpha^2EI}\bar{\delta}_{QM}=Q_0\delta_{QQ}+M_0\delta_{QM} \tag{2-3-23}$$

$$\varphi_0=-\left(\frac{Q_0}{\alpha^2EI}\bar{\delta}_{MQ}+\frac{M_0}{\alpha EI}\bar{\delta}_{MM}\right)=-(Q_0\delta_{MQ}+M_0\delta_{MM}) \tag{2-3-24}$$

式中：

$$\left.\begin{aligned}
\delta_{QQ}&=\frac{1}{\alpha^3EI}\bar{\delta}_{QQ}=\frac{1}{\alpha^3EI}\frac{(B_{3h}D_{4h}-B_{4h}D_{3h})+K_h(B_{2h}D_{4h}-B_{4h}D_{2h})}{(A_{3h}B_{4h}-A_{4h}B_{3h})+K_h(A_{2h}B_{4h}-A_{4h}B_{2h})}\\
\delta_{QM}&=\frac{1}{\alpha^2EI}\bar{\delta}_{QM}=\delta_{MQ}\\
\delta_{MQ}&=\frac{1}{\alpha^2EI}\bar{\delta}_{MQ}=\frac{1}{\alpha^2EI}\frac{(A_{3h}D_{4h}-A_{4h}D_{3h})+K_h(A_{2h}D_{4h}-A_{4h}D_{2h})}{(A_{3h}B_{4h}-A_{4h}B_{3h})+K_h(A_{2h}B_{4h}-A_{4h}B_{2h})}\\
\delta_{MM}&=\frac{1}{\alpha EI}\bar{\delta}_{MM}=\frac{1}{\alpha EI}\frac{(A_{3h}C_{4h}-A_{4h}C_{3h})+K_h(A_{2h}C_{4h}-A_{4h}C_{2h})}{(A_{3h}B_{4h}-A_{4h}B_{3h})+K_h(A_{2h}B_{4h}-A_{4h}B_{2h})}
\end{aligned}\right\} \tag{2-3-25}$$

式中：δ_{QQ}、δ_{MQ}分别为地面处桩作用 $Q_0=1$ 时，该处的横向位移和转角，如图 2-3-7a 所示；δ_{QM}、δ_{MM}分别为地面处桩作用 $M_0=1$ 时，该处的横向位移和转角，如图 2-3-7b 所示。

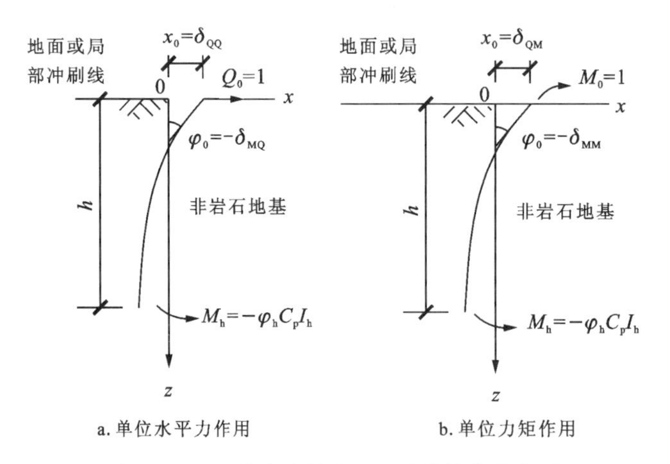

图 2-3-7 非嵌岩桩在地面处的单位力位移

这些单位力产生的位移也称为柔度系数，从结构力学中的位移互等原理可知：

$$\delta_{MQ}=\delta_{QM} \tag{2-3-26}$$

根据分析，当桩底支承于一般土层中且 $\alpha h\geqslant 2.5$，或桩底支承于岩面上且 $\alpha h\geqslant 3.5$ 时，K_h 对 δ_{QQ}、δ_{MQ}、δ_{QM}、δ_{MM}的影响极小，可以认为 $K_h=0$，则上式的 δ_{QQ}、δ_{MQ}、δ_{QM}、δ_{MM}简化为

$$\left.\begin{aligned}
\delta_{QQ}&=\frac{1}{\alpha^3 EI}\bar{\delta}_{QQ}=\frac{1}{\alpha^3 EI}\frac{(B_{3h}D_{4h}-B_{4h}D_{3h})}{(A_{3h}B_{4h}-A_{4h}B_{3h})}\\
\delta_{QM}&=\frac{1}{\alpha^2 EI}\bar{\delta}_{QM}=\frac{1}{\alpha^2 EI}\frac{(B_{3h}C_{4h}-B_{4h}C_{3h})}{(A_{3h}B_{4h}-A_{4h}B_{3h})}\\
\delta_{MQ}&=\frac{1}{\alpha^2 EI}\bar{\delta}_{MQ}=\frac{1}{\alpha^2 EI}\frac{(A_{3h}D_{4h}-A_{4h}D_{3h})}{(A_{3h}B_{4h}-A_{4h}B_{3h})}\\
\delta_{MM}&=\frac{1}{\alpha EI}\bar{\delta}_{MM}=\frac{1}{\alpha EI}\frac{(A_{3h}C_{4h}-A_{4h}C_{3h})}{(A_{3h}B_{4h}-A_{4h}B_{3h})}
\end{aligned}\right\}\quad(2-3-27)$$

2)桩端嵌固于岩层内时

如果桩底嵌固于未风化岩层内有足够的深度,如图 2-3-8 所示,可利用桩底位移和转角为零这两个边界条件,根据式(2-3-13)和式(2-3-14)可得

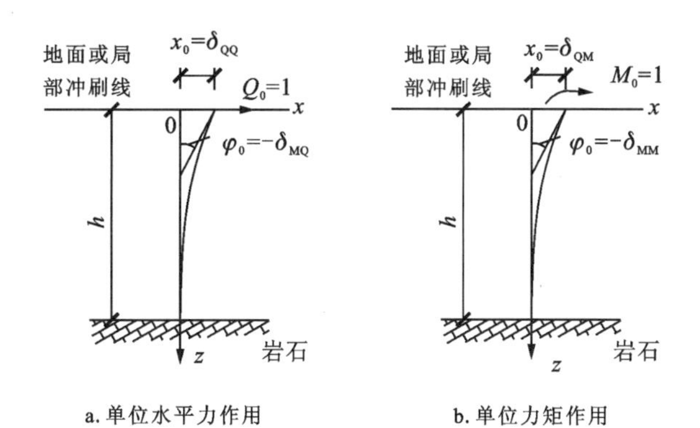

图 2-3-8 嵌岩桩在地面处的单位力位移

$$x_h=x_0A_{1h}+\frac{\varphi_0}{\alpha}B_{1h}+\frac{M_0}{\alpha^2 EI}C_{1h}+\frac{Q_0}{\alpha^3 EI}D_{1h}=0\quad(2-3-28)$$

$$\varphi_h=\alpha\left(x_0A_{2h}+\frac{\varphi_0}{\alpha}B_{2h}+\frac{M_0}{\alpha^2 EI}C_{2h}+\frac{Q_0}{\alpha^3 EI}D_{2h}\right)=0\quad(2-3-29)$$

联立解上述二式得

$$x_0=Q_0\delta_{QQ}+M_0\delta_{QM}\quad(2-3-30)$$

$$\varphi_0=-(Q_0\delta_{MQ}+M_0\delta_{MM})\quad(2-3-31)$$

式中:

$$\left.\begin{aligned}
\delta_{QQ}&=\frac{1}{\alpha^3 EI}\bar{\delta}_{QQ}=\frac{1}{\alpha^3 EI}\frac{(B_{2h}D_{1h}-B_{1h}D_{2h})}{(A_{2h}B_{1h}-A_{1h}B_{2h})}\\
\delta_{QM}&=\frac{1}{\alpha^2 EI}\bar{\delta}_{QM}=\delta_{MQ}\\
\delta_{MQ}&=\frac{1}{\alpha^2 EI}\bar{\delta}_{MQ}=\frac{1}{\alpha^2 EI}\frac{(A_{2h}D_{1h}-A_{1h}D_{2h})}{(A_{2h}B_{1h}-A_{1h}B_{2h})}\\
\delta_{MM}&=\frac{1}{\alpha EI}\bar{\delta}_{MM}=\frac{1}{\alpha EI}\frac{(A_{2h}C_{1h}-A_{1h}C_{2h})}{(A_{2h}B_{1h}-A_{1h}B_{2h})}
\end{aligned}\right\}\quad(2-3-32)$$

综上所述,在横向荷载作用下,桩在地面以下任一深度 z 处的内力、变位及桩侧土抗力的计算按照以下步骤进行。

(1)确定桩的计算宽度 b_0。

(2)求出桩的变形系数 $\alpha=\sqrt[5]{(mb_0)/(EI)}$。

(3)当桩置于非岩石地基中(包括桩支承于岩面上)时,由式(2-3-25)或式(2-3-27)求出 δ_{QQ}、δ_{MQ}、δ_{QM}、δ_{MM};当桩底嵌入岩石内时,由式(2-3-32)求出这些值。

(4)按照式(2-3-23)和式(2-3-24)或式(2-3-30)和式(2-3-31)求出地面处桩身的横向位移 x_0 和转角 φ_0。

(5)地面以下任一深度 z 处桩身的横向位移 x、转角 φ、弯矩 M 及剪力 Q 和桩侧土的横向抗力 σ_x 可按式(2-3-13)~式(2-3-17)求得。

4. 桩露出地面时桩的位移和内力计算

前面介绍的是桩顶与地面齐平时桩身的变位和内力计算,如低承台桩基就属于这一类桩。对于图2-3-9所示置于非岩石地基中的高承台桩基,其桩顶露出地面高 l_0,若桩顶点为自由端,其上作用了 Q_1 和 M_1,桩顶位移可根据叠加原理计算。设桩顶的水平位移为 x_1,它是由桩在地面处的水平位移 x_0 和地面处转角 φ_0 所引起的桩顶的位移 $\varphi_0 l_0$、桩露出地面段作为悬臂梁时桩顶在水平力 Q_1 作用下产生的水平位移 Δ_Q 及在弯矩 M_1 作用下产生的水平位移 Δ_M 组成,即

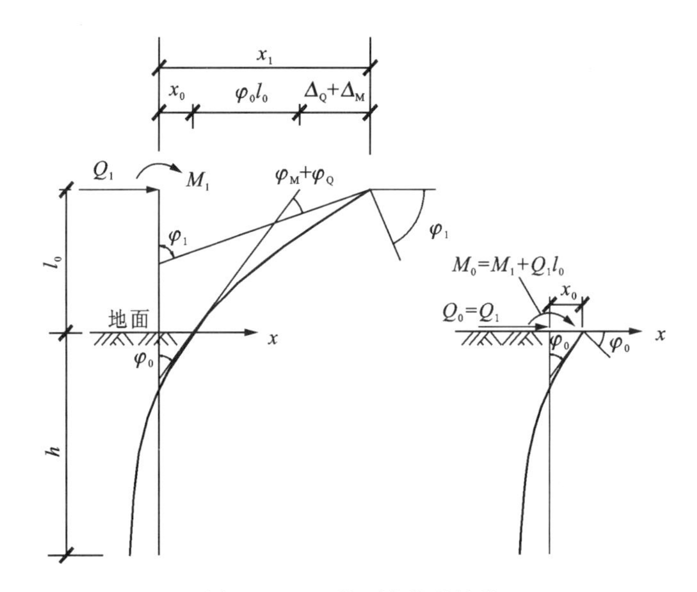

图2-3-9 桩顶的位移计算

$$x_1=x_0-\varphi_0 l_0+\Delta_Q+\Delta_M \tag{2-3-33}$$

因转角逆时针为正,故式中用负号。桩顶转角 φ_1 则由地面处的转角 φ_0 和桩顶在水平力 Q_1 作用下引起的转角 φ_Q 及弯矩 M_1 作用下引起的转角 φ_M 组成,即

$$\varphi_1=\varphi_0+\varphi_Q+\varphi_M \tag{2-3-34}$$

将计算所得的 $M_0=Q_1 l_0+M_1$ 及 $Q_0=Q_1$ 分别代入式(2-3-23)及式(2-3-24)(式中的无量纲系数均用 $z=0$ 时的数值)可求得 x_0、φ_0,即

$$x_0=\frac{Q_1}{\alpha^3 EI}\bar{\delta}_{QQ}+\frac{Q_1 l_0+M_1}{\alpha^2 EI}\bar{\delta}_{QM} \tag{2-3-35}$$

$$\varphi_0=-\left(\frac{Q_1}{\alpha^2 EI}\bar{\delta}_{MQ}+\frac{Q_1 l_0+M_1}{\alpha EI}\bar{\delta}_{MM}\right) \tag{2-3-36}$$

式(2-3-33)及式(2-3-34)中,Δ_Q、Δ_M 是将桩露出端作为下端嵌固、悬臂为 l_0 的悬臂梁在 Q_1、M_1 作用下的横向位移,而 φ_Q、φ_M 为其转角,即

$$\Delta_Q=\frac{Q_1 l_0^3}{3EI},\Delta_M=\frac{M_1 l_0^2}{2EI},\varphi_Q=\frac{Q_1 l_0^2}{2EI},\varphi_M=\frac{M_1 l_0}{EI} \tag{2-3-37}$$

三、单桩的水平承载力特征值的确定

《建筑桩基技术规范》(JGJ 94—2008)规定:对于受水平荷载较大的设计等级为甲级、乙级的建筑桩基,单桩水平承载力特征值应通过单桩水平静载试验确定;对于钢筋混凝土预制桩、钢桩、桩身正截面配筋率不小于0.65%的灌注桩,可根据静载试验结果取地面处水平位移为10mm(对于水平位移敏感的建筑物,取地面处水平位移6mm)所对应的荷载的75%为单桩水平承载力特征值;对于桩身配筋率小于0.65%的灌注桩,可取单桩水平静载试验的临界荷载的75%为单桩水平承载力特征值。

当缺少单桩水平静载试验资料时,可按下列公式估算桩身配筋率小于0.65%的灌注桩的单桩水平承载力特征值:

$$R_{ha}=\frac{0.75\alpha\gamma_m f_t W_0}{\nu_M}(1.25+22\rho_g)\left(1\pm\frac{\zeta_N\cdot N}{\gamma_m f_t A_n}\right) \tag{2-3-38}$$

式中:R_{ha}为单桩水平承载力特征值,±号根据桩顶竖向力 N 的性质确定,压力取"+",拉力取"—";α 为桩的水平变形系数;γ_m 为桩截面模量塑性系数,圆形截面 $\gamma_m=2$,矩形截面 $\gamma_m=1.75$;f_t 为桩身混凝土抗拉强度设计值;W_0 为桩身换算截面受拉边缘的截面模量,圆形截面为 $W_0=\frac{\pi d}{32}[d^2+2(\alpha_E-1)\rho_g d_0^2]$,方形截面为 $W_0=\frac{b}{6}[b^2+2(\alpha_E-1)\rho_g b_0^2]$,其中 d 为桩直径,d_0 为扣除保护层厚度的桩直径;b 为方形截面边长,b_0 为扣除保护层厚度的桩截面边长,α_E 为钢筋弹性模量与混凝土弹性模量的比值;ρ_g 为桩身配筋率;ν_M为桩身最大弯矩系数,按表2-3-3取值,当单桩基础和单排桩基纵向轴线与水平力方向相垂直时,按桩顶铰接考虑;A_n 为桩身换算截面积,圆形截面为 $A_n=\frac{\pi d^2}{4}[1+(\alpha_E-1)\rho_g]$,方形截面为 $A_n=b^2[1+(\alpha_E-1)\rho_g]$;$\zeta_N$ 为桩顶竖向力影响系数,竖向压力取0.5;竖向拉力取1.0;N 为在荷载效应标准组合下桩顶的竖向力(kN)。

当桩的水平承载力由水平位移控制,且缺少单桩水平静载试验资料时,可按下式估算预制桩、钢桩、桩身配筋率不小于0.65%的灌注桩单桩水平承载力特征值:

$$R_{ha}=0.75\frac{\alpha^3 EI}{\nu_x}x_{0a} \tag{2-3-39}$$

式中:EI 为桩身抗弯刚度($kN\cdot m^2$),对于钢筋混凝土桩,$EI=0.80E_c I_0$,其中 I_0 为桩身换算截面惯性矩(m^4),圆形截面为 $I_0=W_0 d_0/2$,矩形截面为 $I_0=W_0 b_0/2$;x_{0a}为桩顶允许水平位移(m);ν_x 为桩顶水平位移系数,按表2-3-3取值,取值方法同 ν_M。

表 2-3-3 桩顶(身)最大弯矩系数 ν_M 和桩顶水平位移系数 ν_x

桩顶约束情况	桩的换算埋深 αh	ν_M	ν_x
铰接、自由	4.0	0.768	2.441
	3.5	0.750	2.502
	3.0	0.703	2.727
	2.8	0.675	2.905
	2.6	0.639	3.163
	2.4	0.601	3.526
固接	4.0	0.926	0.940
	3.5	0.934	0.970
	3.0	0.967	1.028
	2.8	0.990	1.055
	2.6	1.018	1.079
	2.4	1.045	1.095

注:①铰接(自由)的 ν_M 系桩身的最大弯矩系数,固接的 ν_M 系桩顶的最大弯矩系数;
②当 $\alpha h>4$ 时,取 $\alpha h=4.0$。

验算永久荷载控制的桩基的水平承载力时,应将上述方法确定的单桩水平承载力特征值乘以调整系数 0.80;验算地震作用桩基的水平承载力时,宜将按上述方法确定的单桩水平承载力特征值乘以调整系数 1.25。

四、群桩基础中的基桩水平承载力特征值

群桩基础(不含水平力垂直于单排桩基纵向轴线和力矩较大的情况)的基桩水平承载力特征值应考虑由承台、桩群、土相互作用产生的群桩效应,可按下列公式确定:

$$R_h=\eta_h R_{ha} \tag{2-3-40}$$

考虑地震作用且 $s_a/d\leqslant 6$ 时:

$$\eta_h=\eta_i\eta_r+\eta_l \tag{2-3-41}$$

$$\eta_i=\frac{(s_a/d)^{0.015n_2+0.45}}{0.15n_1+0.10n_2+1.9} \tag{2-3-42}$$

$$\eta_l=\frac{m\cdot\chi_{0a}\cdot B'_c\cdot h_c^2}{2\cdot n_1\cdot n_2\cdot R_{ha}} \tag{2-3-43}$$

$$\chi_{0a}=\frac{R_{ha}\cdot\nu_x}{\alpha^3\cdot EI} \tag{2-3-44}$$

其他情况:

$$\eta_h=\eta_i\eta_r+\eta_l+\eta_b \tag{2-3-45}$$

$$\eta_b=\frac{\mu\cdot P_c}{n_1\cdot n_2\cdot R_h} \tag{2-3-46}$$

$$B'_c = B_c + 1 \quad (2-3-47)$$

$$P_c = \eta_c f_{ak}(A - nA_p) \quad (2-3-48)$$

式中：η_h 为水平承载力群桩效应综合系数；η_i 为桩的相互影响效应系数；η_r 为桩顶约束效应系数（桩顶嵌入承台长度 50～100mm 时），按表 2-3-4 取值；η_l 为承台侧向土抗力效应系数（承台侧面回填土为松散状态时取 $\eta_l=0$）；η_b 为承台底摩阻效应系数；s_a/d 为沿水平荷载方向的距径比；n_1、n_2 分别为沿水平荷载方向与垂直水平荷载方向每排桩中的桩数；m 为承台侧面土水平抗力系数的比例系数，当无试验资料时，可按表 2-3-1 取值；χ_{0a} 为桩顶（承台）的水平位移允许值，当以位移控制时，可取 $\chi_{0a}=10$mm（对水平位移敏感的结构物取 $\chi_{0a}=6$mm）；当以桩身强度控制（低配筋率灌注桩）时，可近似按式（2-3-44）确定；B'_c 为承台受侧向土抗力一边的计算宽度（m）；B_c 为承台宽度（m）；h_c 为承台高度（m）；μ 为承台底与地基土间的摩擦系数，可按表 2-3-5 取值；P_c 为承台底地基土分担的竖向总荷载标准值（kPa）；η_c 为承台效应系数，按表 2-1-12 确定；A 为承台总面积（m^2）；A_p 为桩身截面面积（m^2）。

表 2-3-4　桩顶约束效应系数 η_r

换算深度 αh	2.4	2.6	2.8	3.0	3.5	≥4.0
位移控制	2.58	2.34	2.20	2.13	2.07	2.05
强度控制	1.44	1.57	1.71	1.82	2.00	2.07

注：$\alpha=\sqrt[5]{\frac{mb_0}{EI}}$，$h$ 为桩的入土长度。

表 2-3-5　承台底与地基土间的摩擦系数 μ

土的类别		摩擦系数 μ
黏性土	可塑	0.25～0.30
	硬塑	0.30～0.35
	坚硬	0.35～0.45
粉土	密实、中密（稍湿）	0.30～0.40
中砂、粗砂、砾砂		0.40～0.50
碎石土		0.40～0.60
软岩、软质岩		0.40～0.60
表面粗糙的较硬岩、坚硬岩		0.65～0.75

五、基桩水平承载力验算

受水平荷载的一般建筑物和水平荷载较小的高大建筑物单桩基础和群桩中基桩应满足下式要求：

$$H_{ik} \leqslant R_h \quad (2-3-49)$$

式中：H_{ik}为在荷载效应标准组合下，作用于基桩 i 桩顶处的水平力(kN)；R_h 为群桩中基桩的水平承载力特征值(kN)，对于单桩基础，可取单桩的水平承载力特征值 R_{ha}。

第四节 桩身构造及桩身承载力与裂缝控制计算

一、桩身构造

1.钻孔灌注桩桩身构造

1)桩身配筋要求

配筋率：当桩身直径为300～2000mm时，正截面配筋率可取0.2%～0.65%(小直径桩取高值)；对受荷载特别大的桩、抗拔桩和嵌岩端承桩，应根据计算确定配筋率，且不小于上述规定范围。桩的正截面配筋率为纵向钢筋横截面面积之和与桩身横截面面积的比值。

配筋长度：端承型桩和位于坡地岸边的基桩应沿桩身等截面或变截面通长配筋；桩径大于600mm的摩擦型桩配筋长度不应小于2/3桩长；当受水平荷载时，配筋长度尚不宜小于$4.0/\alpha$(α为桩的水平变形系数)；对于受地震作用的基桩，桩身配筋长度应穿过可液化土层和软弱土层，进入稳定土层，进入稳定土层的深度为：对于碎石土，砾砂、粗砂、中砂，密实粉土，坚硬黏性土不小于2倍桩身直径，对其他非岩石土不小于4～5倍桩身直径；受负摩阻力的桩、因先成桩后开挖基坑而随地基土回弹的桩，其配筋长度应穿过软弱土层并进入稳定土层，进入的深度不应小于2倍桩身直径；专用抗拔桩及因地震作用、冻胀或膨胀力作用而受拔力的桩，应等截面或变截面通长配筋。

对主筋(指纵向受力钢筋)最低的要求：对于受水平荷载的桩，主筋不应小于8ϕ12；对于抗压桩和抗拔桩，主筋不应小于6ϕ10；主筋应沿桩身周边均匀布置，其净距不应小于60mm。

对箍筋的最低要求：箍筋应采用螺旋式，直径不应小于6mm，间距宜为200～300mm；受水平荷载较大的桩基、承受水平地震作用的桩基以及考虑主筋作用计算桩身受压承载力时，桩顶以下$5d$范围内的箍筋应加密，间距不应大于100mm；当桩身位于液化土层范围内时箍筋应加密；当考虑箍筋受力作用时，箍筋配置应符合《混凝土结构设计规范》(GB 50010—2010)的有关规定；当钢筋笼长度超过4m时，应每隔2m设一道直径不小于12mm的焊接加劲箍筋。

2)对桩身混凝土的要求

桩身混凝土强度等级不得低于C25，混凝土预制桩尖强度等级不得低于C30。

灌注桩主筋的混凝土保护层厚度不应小于35mm，水下灌注桩的主筋混凝土保护层厚度不得小于50mm；四类和五类环境中桩身混凝土保护层厚度应符合《港口工程混凝土结构设计规范》(JTJ 267—1998)、《工业建筑防腐蚀设计标准》(GB 50046—2018)的相关规定。

3)扩底桩构造要求

扩底桩的构造如图2-4-1所示。对于持力层承载力较高、上覆土层较差的抗压桩和桩端以上有一定厚度较好土层的抗拔桩，可采用扩底；扩底端直径与桩身直径之比 D/d 应根据承载力要求及扩底端侧面和桩端持力层土性特征以及扩底施工方法确定；挖孔桩的 D/d 不应大于 3，钻孔桩的 D/d 不应大于 2.5；扩底端侧面的斜率应根据实际成孔及土体自立条件确定，a/h_c 可取1/4～1/2，砂土可取 1/4，粉土、黏性土可取 1/3～1/2；抗压桩扩底端底面宜呈锅底形，矢高 h_b 可取(0.15～0.20)D。

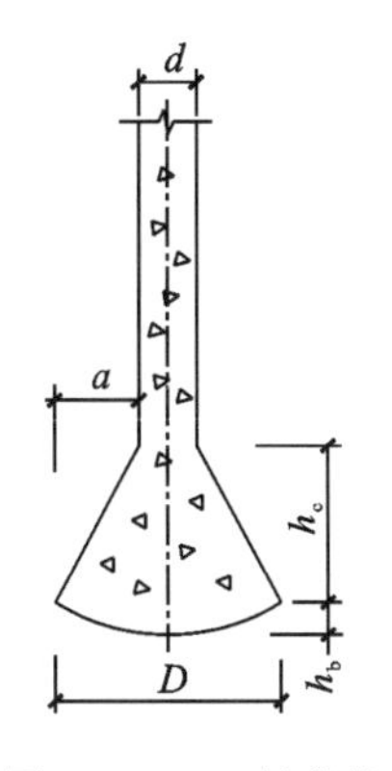

图 2-4-1　扩底桩构造

2. 混凝土实心预制桩构造要求

混凝土预制实心方桩的截面边长不应小于 200mm；预应力混凝土预制实心方桩的截面边长不宜小于 350mm。预制桩的混凝土强度等级不宜低于 C30；预应力混凝土实心方桩的混凝土强度等级不应低于 C40；预制桩纵向钢筋的混凝土保护层厚度不宜小于 30mm。预制桩的桩身配筋应按吊运、打桩及桩在使用中的受力等条件计算确定。采用锤击法沉桩时，预制桩的最小配筋率不宜小于 0.8%；静压法沉桩时，最小配筋率不宜小于 0.6%，主筋直径不宜小于 ϕ14，打入桩桩顶以下 4～5 倍桩身直径长度范围内箍筋应加密，并设置钢筋网片。预制桩的分节长度应根据施工条件及运输条件确定；每根桩的接头数量不宜超过 3 个。预制桩的桩尖可将主筋合拢焊在桩尖辅助钢筋上，在持力层为密实砂土和碎石类土时，宜在桩尖处包以钢板桩靴，加强桩尖。

3. 预应力混凝土空心桩构造要求

预应力混凝土空心桩按截面形式可分为管桩、空心方桩；按混凝土强度等级可分为预应力高强混凝土(PHC)桩、预应力混凝土(PC)桩。

离心成型的先张法预应力混凝土桩的截面尺寸、配筋、桩身极限弯矩、桩身竖向抗压承载力设计值等参数可按《建筑桩基技术规范》(JGJ 94—2008)附录 B 确定。

预应力混凝土空心桩桩尖形式宜根据地层性质选择闭口型或敞口型；闭口型分为平底十字形和锥形。预应力混凝土空心桩质量要求，尚应符合国家现行标准《先张法预应力混凝土管桩》(GB/T 13476—2009)、《先张法预应力混凝土薄壁管桩》(JC 888—2001)和《预应力混凝土空心方桩》(JG 197—2018)及其他有关标准的规定。

预应力混凝土桩的连接可采用端板焊接连接、法兰连接、机械啮合连接、螺纹连接。每根桩的接头数量不宜超过 3 个。

桩端嵌入遇水易软化的强风化岩、全风化岩和非饱和土的预应力混凝土空心桩，沉桩后，应对桩端以上 2m 范围内采取有效的防渗措施，可采用微膨胀混凝土填芯或在内壁预涂柔性防水材料。

4. 钢桩的构造要求

钢桩可采用管形、“H”形或其他异形钢材。钢桩的分段长度宜为 12～15m。钢桩焊接接头应采用等强度连接。

钢桩的端部形式应根据桩所穿越的土层、桩端持力层性质、桩的尺寸、挤土效应等因素综合考虑确定，并可按下列规定采用。

(1)钢管桩可采用下列桩端形式。

敞口:带加强箍(带内隔板、不带内隔板)和不带加强箍(带内隔板、不带内隔板)。

闭口:平底和锥底。

(2)“H”形钢桩可采用下列桩端形式。

带端板。

不带端板:锥底、平底(带扩大翼、不带扩大翼)。

钢桩的防腐处理应符合下列规定。

(1)关于钢桩的年腐蚀速率,当无实测资料时,可按表2-4-1确定。

(2)钢桩防腐处理可采用外表面涂防腐层、增加腐蚀余量及阴极保护;当钢管桩内壁同外界隔绝时,可不考虑内壁防腐。

表2-4-1　钢桩年腐蚀速率

钢桩所处环境		单面腐蚀率/($mm \cdot y^{-1}$)
地面以上	无腐蚀性气体或腐蚀性挥发介质	0.05～0.1
地面以下	水位以上	0.05
	水位以下	0.03
	水位波动区	0.1～0.3

二、桩身承载力验算

1. 受压桩的桩身承载力

钢筋混凝土轴心受压桩正截面抗压承载力应符合下列规定。

当桩顶以下5d范围的桩身螺旋式箍筋间距不大于100mm,且满足构造要求时:

$$N \leqslant \varphi(\psi_c f_c A_p + 0.9 f'_y A'_s) \tag{2-4-1}$$

当桩身配筋不符合上述要求时:

$$N \leqslant \varphi \psi_c f_c A_p \tag{2-4-2}$$

式中:N为荷载效应基本组合下的桩顶轴向压力设计值(kN);f_c为混凝土轴心抗压强度设计值(kPa);f'_y为纵向主筋抗压强度设计值(kPa);A_p为桩身横截面面积(m^2);A'_s为纵向主筋横截面面积(m^2);ψ_c为基桩成桩工艺系数,混凝土预制桩、预应力混凝土空心桩,$\psi_c=0.85$(主要考虑成桩后桩身常会出现裂缝),干作业非挤土灌注桩,$\psi_c=0.90$,泥浆护壁和套管护壁非挤土灌注桩、部分挤土灌注桩、挤土灌注桩,$\psi_c=0.7～0.8$,软土地区挤土灌注桩,$\psi_c=0.6$;φ为稳定系数,低承台桩基一般取$\varphi=1.0$,对于高承台基桩、桩身穿越可液化土或不排水抗剪强度小于10kPa的软弱土层的基桩,应考虑压屈影响,其稳定系数φ可根据桩身压屈计算长度l_c和桩的设计直径d(或矩形桩短边尺寸b)按表2-4-2确定。桩身压屈计算长度可根据桩顶的约束情况、桩身露出地面的自由长度l_0、桩的入土长度h、桩侧和桩底的土质条件按图2-4-2和表2-4-3确定。

表 2-4-2　桩身稳定系数 φ

l_c/d	≤7	8.5	10.5	12	14	15.5	17	19	21	22.5	24
l_c/b	≤8	10	12	14	16	18	20	22	24	26	28
φ	1.00	0.98	0.95	0.92	0.87	0.81	0.75	0.70	0.65	0.60	0.56
l_c/d	26	28	29.5	31	33	34.5	36.5	38	40	41.5	43
l_c/b	30	32	34	36	38	40	42	44	46	48	50
φ	0.52	0.48	0.44	0.40	0.36	0.32	0.29	0.26	0.23	0.21	0.19

注：b 为矩形截面桩短边尺寸；d 为圆形截面桩直径。

表 2-4-3　桩身压曲计算长度 l_c

桩顶铰接				桩顶固接			
桩底支于非岩石土中		桩底嵌于岩石内		桩底支于非岩石土中		桩底嵌于岩石内	
$h<4.0/\alpha$	$h\geq4.0/\alpha$	$h<4.0/\alpha$	$h\geq4.0/\alpha$	$h<4.0/\alpha$	$h\geq4.0/\alpha$	$h<4.0/\alpha$	$h\geq4.0/\alpha$
$l_c=1.0\times(l_0+h)$	$l_c=0.7\times(l_0+4.0/\alpha)$	$l_c=0.7\times(l_0+h)$	$l_c=0.7\times(l_0+4.0/\alpha)$	$l_c=0.7\times(l_0+h)$	$l_c=0.5\times(l_0+4.0/\alpha)$	$l_c=0.5\times(l_0+h)$	$l_c=0.5\times(l_0+4.0/\alpha)$

注：①表中 $\alpha=\sqrt[5]{mb_0/(EI)}$；

②l_0 为高承台基桩露出地面的长度，对于低承台桩基，$l_0=0$；

③h 为桩的入土长度，当桩侧有厚度为 d_l 的液化土层时，桩露出地面长度 l_0 和桩的入土长度 h 分别调整为 $l_0'=l_0+\psi_l d_l$ 和 $h'=h-\psi_l d_l$，ψ_l 按表 2-1-11 取值。

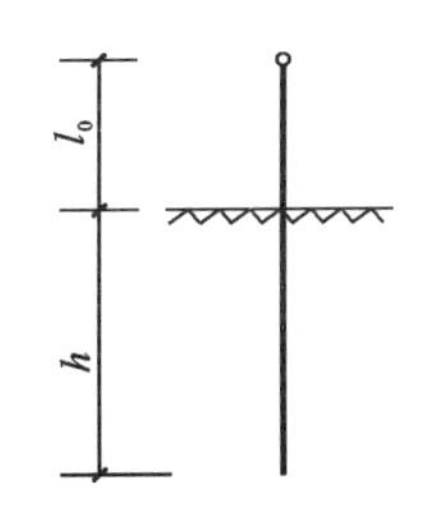

a. 桩顶铰接、桩端入土层

b. 桩顶铰接、桩端入岩层

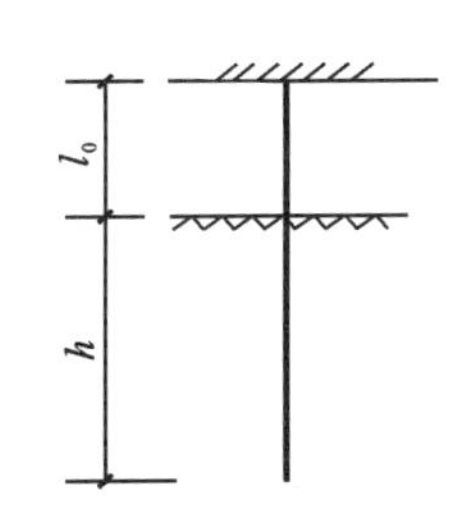

c. 桩顶固接、桩端入土层

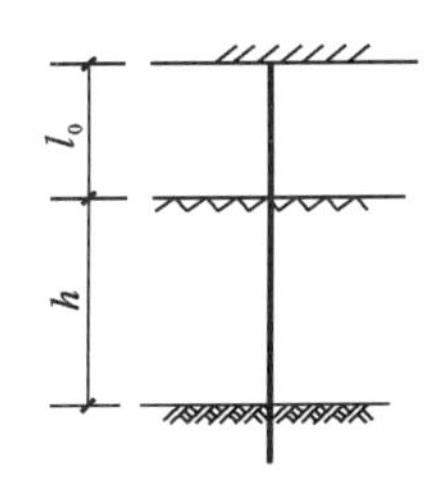

d. 桩顶固接、桩端入岩层

图 2-4-2　桩顶约束情况及桩端土条件

2. 抗拔桩承载力验算

钢筋混凝土轴心抗拔桩的正截面抗拉承载力应符合下式规定：

$$N\leqslant f_yA_s+f_{py}A_{ps} \tag{2-4-3}$$

式中：N 为荷载效应基本组合下桩顶轴向拉力设计值(kN)；f_y、f_{py} 分别为普通钢筋、预应力钢筋的抗拉强度设计值(kPa)；A_s、A_{ps} 分别为普通钢筋、预应力钢筋的截面面积(m^2)。

3. 钢管桩的局部压曲验算

对于打入式钢管桩，可按以下规定验算桩身局部压曲。

(1)当 $t/d=1/50\sim1/80$,$d\leqslant600$mm,最大锤击压应力小于钢材抗压强度设计值时,可不进行局部压屈验算。

(2)当 $d>600$mm,可按下式验算。

$$t/d\geqslant f_y'/0.388E \tag{2-4-4}$$

(3)当 $d\geqslant900$mm,除按式(2-4-4)验算外,尚应按下式验算。

$$t/d\geqslant\sqrt{f_y'/14.5E} \tag{2-4-5}$$

式中:t、d 分别为钢管桩壁厚、外径(m);E、f_y' 分别为钢材弹性模量、抗压强度设计值(kPa)。

三、桩身裂缝控制计算

对抗拔桩的裂缝控制计算应符合下列规定。

(1)对于严格要求不出现裂缝的一级裂缝控制等级预应力混凝土基桩,在荷载效应标准组合下混凝土不应产生拉应力,应符合下式要求。

$$\sigma_{ck}-\sigma_{pc}\leqslant0 \tag{2-4-6}$$

式中:σ_{ck}、σ_{pc} 分别为荷载效应标准组合下正截面法向应力、扣除全部应力损失后桩身混凝土的预应力(kPa)。

(2)对于一般要求不出现裂缝的二级裂缝控制等级预应力混凝土基桩,在荷载效应标准组合下的拉应力不应大于混凝土轴心抗拉强度标准值,应符合下列公式要求。

在荷载效应标准组合下:

$$\sigma_{ck}-\sigma_{pc}\leqslant f_{tk} \tag{2-4-7}$$

在荷载效应准永久组合下:

$$\sigma_{cq}-\sigma_{pc}\leqslant0 \tag{2-4-8}$$

式中:f_{tk} 为混凝土轴心抗拉强度标准值(kPa);σ_{cq} 为荷载效应准永久组合下正截面法向应力(kPa)。

(3)对于允许出现裂缝的三级裂缝控制等级基桩,按荷载效应标准组合计算的最大裂缝宽度应符合下列规定。

$$\omega_{max}\leqslant\omega_{lim} \tag{2-4-9}$$

式中:ω_{max} 为按荷载效应标准组合计算的最大裂缝宽度(mm),可按现行国家标准《混凝土结构设计规范》(GB 50010—2010)计算;ω_{lim} 为最大裂缝宽度限值(mm),按表 1-1-4 取用。

第五节　桩基承台的设计计算

一、桩基承台的构造

1. 承台尺寸与材料等级

(1)承台宽度。为满足承台受力钢筋的嵌固及承台抗冲切、抗剪切的要求,独立柱下桩基承台的最小宽度不应小于 500mm,边桩中心至承台边缘的距离不应小于桩的直径或边长，且桩的外边缘至承台边缘的距离不应小于150mm；对于墙下条形承台梁，由于墙体可增强承台梁的整体刚度，桩的外边缘至承台梁边缘的距离可为不小于75mm。

(2)承台的厚度。为提高承台的刚度，满足承台与桩的连接等构造要求，独立柱下桩基承台的最小厚度不应小于300mm；高层建筑平板式和梁板式筏形承台的最小厚度不应小于400mm；墙下布桩的剪力墙结构筏形承台的最小厚度不应小于200mm。

承台混凝土材料及其强度等级应符合结构混凝土耐久性的要求和抗渗要求。

根据桩基所处的环境类别(表1-1-2)，承台混凝土应满足表1-1-3的相关规定。有抗渗要求时，其混凝土的抗渗等级应符合有关标准要求。

2. 承台的钢筋配置

(1)柱下独立桩基承台纵向受力钢筋应通长配置，对四桩以上(含四桩)承台宜按双向均匀布置(图2-5-1中的钢筋①和钢筋②)，对三桩的三角形承台应按三向板带均匀布置，且最里面的3根钢筋围成的三角形应在柱截面范围内(图2-5-2中的钢筋①、②、③)。纵向钢筋锚固长度自边桩内侧(当为圆桩时，应将其直径乘以0.8等效为方桩)算起，不应小于$35d_g$(d_g为钢筋直径)；当不满足时，应将纵向钢筋向上弯折，此时水平段的长度不应小于$25d_g$，弯折段长度不应小于$10d_g$。承台纵向受力钢筋的直径不应小于12mm，间距不应大于200mm。柱下独立桩基承台的最小配筋率不应小于0.15%。

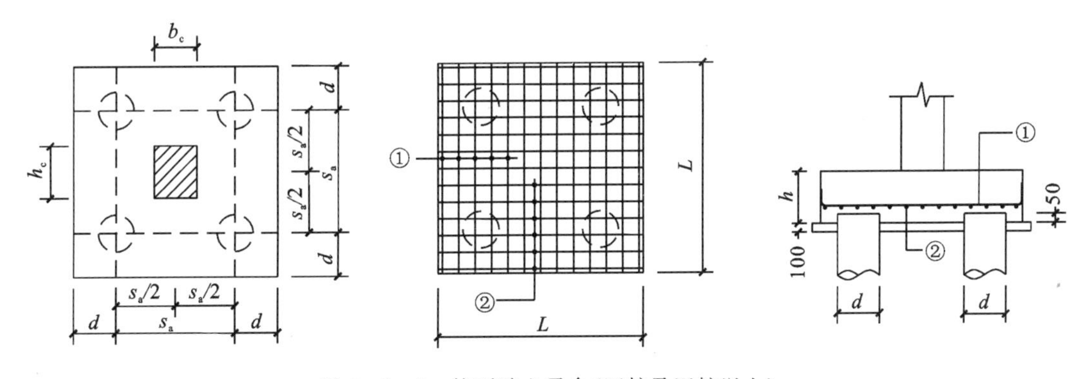

图2-5-1 柱下独立承台(四桩及四桩以上)

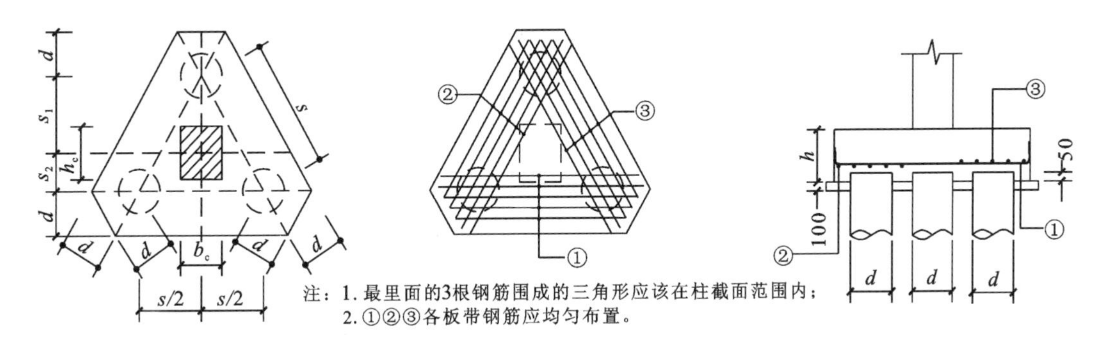

图2-5-2 三桩三角形承台

(2)对于柱下独立两桩承台，当桩距与承台有效高度之比小于5时，其受力性能属深受弯构件范畴，应按《混凝土结构设计规范》(GB 50010—2010)中的深受弯构件配置纵向受拉钢筋、水平及竖向分布钢筋(图2-5-3)。承台纵向受力钢筋端部的锚固长度及构造应与柱下多桩承台的规定相同。

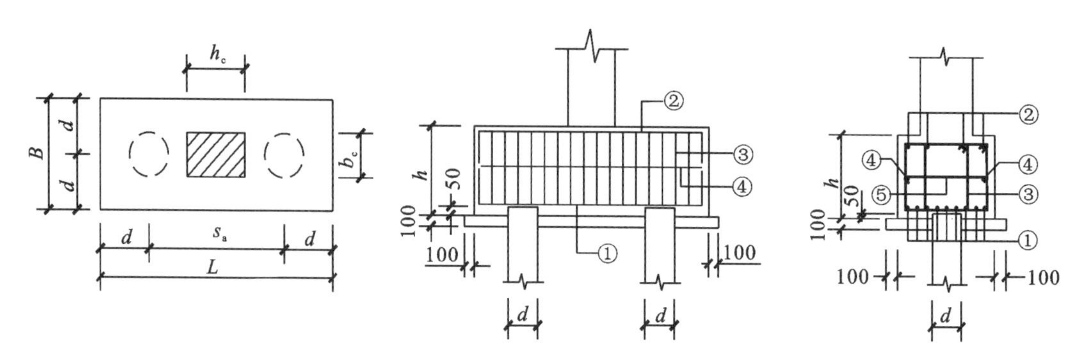

注：①纵向受拉钢筋；②架立钢筋；③箍筋；④竖向分布钢筋；⑤水平分布钢筋。

图2-5-3 柱下独立两桩承台

(3)条形承台梁的纵向主筋应符合《混凝土结构设计规范》(GB 50010—2010)关于最小配筋率0.20%的规定，以保证其具有最小抗弯能力。主筋直径不应小于12mm，架立筋直径不应小于10mm，箍筋直径不应小于6mm(图2-5-4)。承台梁端部纵向受力钢筋的锚固长度及构造应与柱下多桩承台的规定相同。

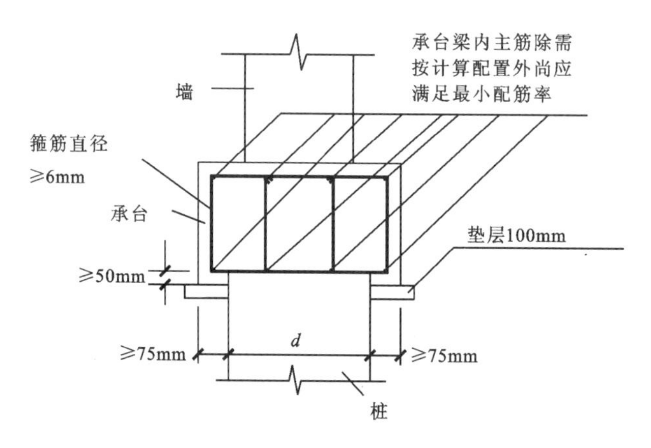

图2-5-4 墙下条形承台梁

(4)筏形承台板或箱形承台板在计算中当仅考虑局部弯矩作用时，考虑到整体弯曲的影响，在纵、横两个方向的下层钢筋配筋率不宜小于0.15%；上层钢筋应按计算配筋率全部连通。当筏板的厚度大于2000mm时，宜在板厚中间部位设置直径不小于12mm、间距不大于300mm的双向钢筋网。

(5)承台底面钢筋的混凝土保护层厚度，当有混凝土垫层时，不应小于50mm；当无垫层时，不应小于70mm。此外，尚不应小于桩头嵌入承台内的长度。

3. 桩与承台的连接构造

(1)对中等直径桩，桩嵌入承台内的长度不宜小于 50mm；对大直径桩，不宜小于 100mm。

(2)混凝土桩的桩顶纵向主筋应锚入承台内，其锚入长度不宜小于 35 倍纵向主筋直径。对于抗拔桩，桩顶纵向主筋的锚固长度应按现行国家标准《混凝土结构设计规范》(GB 50010—2010)确定。

(3)对于大直径灌注桩，当采用一柱一桩时，可设置承台或将桩与柱直接连接。

4. 柱与承台的连接构造

(1)对于一柱一桩基础，柱与桩直接连接时，柱纵向主筋锚入桩身内长度不应小于 35 倍纵向主筋直径。

(2)对于多桩承台，柱纵向主筋锚入承台不应小于 35 倍纵向主筋直径；当承台高度不满足锚固要求时，竖向锚固长度不应小于 20 倍纵向主筋直径，并向柱轴线方向呈 90°弯折。

(3)当有抗震设防要求时，对于一、二级抗震等级的柱，纵向主筋锚固长度应乘以 1.15 的系数；对于三级抗震等级的柱，纵向主筋锚固长度应乘以 1.05 的系数。

5. 承台与承台之间的连接构造

(1)一柱一桩时，应在桩顶两个主轴方向上设置联系梁，以保证桩基的整体刚度。当桩与柱的截面直径之比大于 2 时，在水平力的作用下，承台水平变位较小，可以认为满足结构内力分析时柱底为固定端的假设，可不设联系梁。

(2)两桩桩基的承台短边方向抗弯刚度较小，应在其短边方向设置联系梁。

(3)有抗震设防要求的柱下桩基承台，由于地震作用下，建筑物各桩基承台所受的地震剪力和弯矩是不确定的，故要沿两个主轴方向设置联系梁。

(4)联系梁顶面宜与承台顶面位于同一标高，这样可直接将柱底剪力、弯矩传递给承台。联系梁宽度不宜小于 250mm，其高度可取承台中心距的 1/15～1/10，且不宜小于 400mm。

(5)联系梁配筋应按计算确定，梁上下部配筋不宜小于 2 根直径 12mm 的钢筋；位于同一轴线上的联系梁纵筋宜通长配置。

承台和地下室外墙与基坑侧壁间隙应灌注素混凝土，或采用灰土、级配砂石、压实性较好的素土分层夯实，其压实系数不宜小于 0.94。

二、桩基承台的计算

桩基承台的受力十分复杂，它作为上部结构墙、柱和下部桩群之间的力的转换结构，可能因承受弯矩作用而破坏，亦可能因承受冲切或剪切作用而破坏。因此，承台计算包括受弯计算、受冲切计算和受剪计算 3 种验算。当承台混凝土强度等级低于柱或桩的混凝土强度等级时，还要验算承台的局部受压承载力。

1. 承台的受弯计算

1)承台正截面弯矩设计值的计算

(1)两桩条形承台和多桩矩形承台弯矩计算截面取在柱边和承台变阶处(图 2-5-5a 中 X—X 截面和 Y—Y 截面)，可按下式计算。

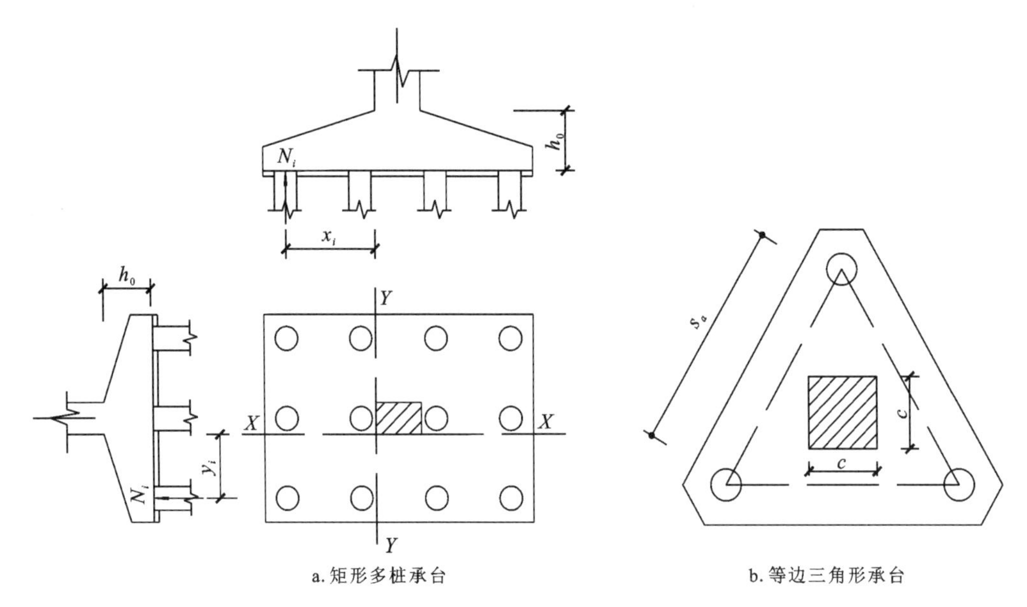

a. 矩形多桩承台

b. 等边三角形承台

图 2-5-5 承台弯矩计算示意图

$$M_x = \sum N_i y_i \tag{2-5-1}$$

$$M_y = \sum N_i x_i \tag{2-5-2}$$

式中：M_x、M_y 分别为计算截面 X—X 截面和 Y—Y 截面的弯矩设计值(kN·m)；x_i、y_i 分别为桩轴线到相应计算截面的距离(m)；N_i 为不计承台及其上土重(kN)，在荷载效应基本组合下的第 i 基桩或复合基桩竖向反力设计值。

(2)等边三角形承台(图 2-5-5b)的正截面弯矩设计值可按下式计算。

$$M=\frac{N_{\max}}{3}\left(s_a-\frac{\sqrt{3}}{4}c\right) \tag{2-5-3}$$

式中：M 为通过承台形心至各边边缘正交截面板带的弯矩设计值(kN·m)；$N_{\max}$ 为不计承台及其上土重(kN)，在荷载效应基本组合下三桩中最大基桩或复合基桩竖向反力设计值；s_a 为桩中心距(m)；c 为方柱边长(m)，圆柱时 $c=0.8d$(d 为圆柱直径)。

2)配筋计算

受弯承载力和配筋可按现行国家标准《混凝土结构设计规范》(GB 50010—2010)的规定进行。对于矩形承台(图 2-5-6)可按下式进行简化计算：

$$M \leqslant 0.9 f_y A_s h_0 \tag{2-5-4}$$

式中：M 为计算截面处的弯矩设计值(kN·m)，为各基桩对承台的净反力对计算截面的弯矩之和；f_y 为承台中纵向钢筋抗拉强度设计值(kPa)；A_s 为计算宽度范围(图 2-5-6 中的 B)内的纵向受拉钢筋截面面积(m^2)；h_0 为计算截面处承台的有效高度(m)。

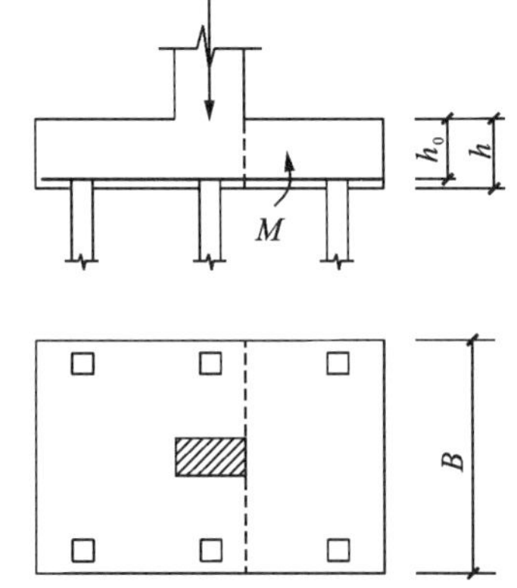

图 2-5-6 矩形承台抗弯配筋计算

2. 承台的抗冲切计算

桩基承台厚度应满足柱对承台的冲切和桩对承台的冲切承载力要求。

1)柱对承台的冲切

冲切破坏锥体应采用自柱边或承台变阶处至相应桩顶边缘连线所构成的锥体,锥体斜面与承台底面之夹角应大于或等于45°(图2-5-7)。

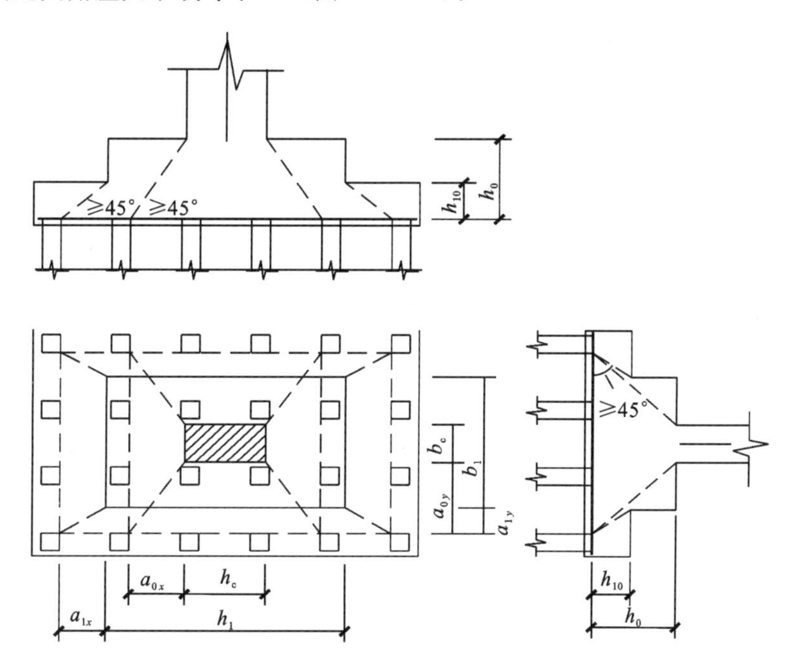

图2-5-7　柱对承台的冲切计算示意图

$$F_l \leqslant \beta_{hp}\beta_0 u_m f_t h_0 \tag{2-5-5}$$

$$F_l = F - \sum Q_i \tag{2-5-6}$$

$$\beta_0 = \frac{0.84}{\lambda + 0.2} \tag{2-5-7}$$

式中:F_l 为不计承台及其上土重(kN),在荷载效应基本组合下作用于冲切破坏锥体上的冲切力设计值(kPa);f_t 为承台混凝土抗拉强度设计值(kPa);β_{hp} 为承台受冲切承载力截面高度影响系数,当$h \leqslant 800$mm时,β_{hp}取1.0,当$h \geqslant 2000$mm时,β_{hp}取0.9,其间按线性内插法取值;u_m 为承台冲切破坏锥体一半有效高度处的周长(m);h_0 为承台冲切破坏锥体的有效高度(m);β_0 为柱(墙)冲切系数;λ 为冲跨比,$\lambda = a_0/h_0$;a_0 为柱边或承台变阶处到桩边水平距离,当$\lambda < 0.25$时,取$\lambda = 0.25$,当$\lambda > 1.0$时,取$\lambda = 1.0$;F 为不计承台及其上土重(kN),在荷载效应基本组合作用下柱底的竖向荷载设计值;$\sum Q_i$ 为不计承台及其上土重(kN),在荷载效应基本组合下冲切破坏锥体内各基桩或复合基桩的反力设计值之和。

对于柱下矩形独立承台受柱冲切的承载力可按下式计算:

$$F_l \leqslant 2[\beta_{0x}(b_c + a_{0y}) + \beta_{0y}(h_c + a_{0x})]\beta_{hp} f_t h_0 \tag{2-5-8}$$

式中：β_{0x}、β_{0y}由式(2－5－7)求得，$\lambda_{0x}=a_{0x}/h_0$，$\lambda_{0y}=a_{0y}/h_0$，λ_{0x}、λ_{0y}均应满足0.25～1.0范围的要求；h_c、b_c分别为x、y方向柱截面的边长(m)；a_{0x}、a_{0y}分别为x、y方向柱边离最近桩边的水平距离(m)。

对于柱下矩形独立阶形承台受上阶冲切的承载力可按下列公式计算：

$$F_l \leqslant 2[\beta_{1x}(b_1+a_{1y})+\beta_{1y}(h_1+a_{1x})]\beta_{hp}f_t h_{10} \tag{2-5-9}$$

式中：β_{1x}、β_{1y}由式(2－5－7)求得，$\lambda_{1x}=a_{1x}/h_{10}$，$\lambda_{1y}=a_{1y}/h_{10}$，$\lambda_{1x}$、$\lambda_{1y}$均应满足0.25～1.0范围的要求；$h_1$、$b_1$分别为$x$、$y$方向承台上阶的边长(m)；$a_{1x}$、$a_{1y}$分别为$x$、$y$方向承台上阶至最近桩边的水平距离(m)；$\beta_{hp}$为承台受冲切承载力截面高度影响系数，取值同式(2－5－7)。

对于圆柱及圆桩，计算时应将其截面换算成方柱及方桩，即取换算柱截面边长$b_c=0.8d_c$(d_c为圆柱直径)，换算桩截面边长$b_p=0.8d$(d为圆桩直径)。

对于柱下两桩承台，宜按深受弯构件($l_0/h<5.0$，$l_0=1.15l_n$，l_n为两桩净距)计算受弯、受剪承载力，不需要进行受冲切承载力计算。

2)桩对承台的冲切

(1)四桩以上(含四桩)承台受角桩冲切的承载力可按下式计算(图2－5－8)。

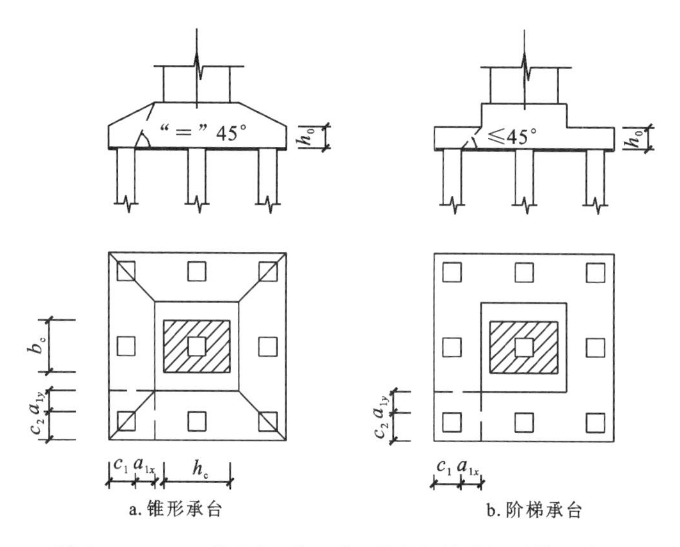

图2－5－8 四桩以上(含四桩)承台角桩冲切计算示意图

$$N_l \leqslant [\beta_{1x}(c_2+a_{1y}/2)+\beta_{1y}(c_1+a_{1x}/2)]\beta_{hp}f_t h_0 \tag{2-5-10}$$

$$\beta_{1x}=\frac{0.56}{\lambda_{1x}+0.2} \tag{2-5-11}$$

$$\beta_{1y}=\frac{0.56}{\lambda_{1y}+0.2} \tag{2-5-12}$$

式中：N_l为不计承台及其上土重(kN)，在荷载效应基本组合作用下角桩(含复合基桩)的反力设计值；β_{1x}、β_{1y}为角桩冲切系数；a_{1x}、a_{1y}为从承台底角桩顶内边缘引45°冲切线与承台顶面相交点至角桩内边缘的水平距离(m)；当柱边或承台变阶处位于该45°线以内时，则取由柱边或承台变阶处与桩内边缘连线为冲切锥体的锥线(图2－5－8)；h_0为承台外边缘的有效高度(m)；λ_{1x}、λ_{1y}为角桩冲跨比，$\lambda_{1x}=a_{1x}/h_0$，$\lambda_{1y}=a_{1y}/h_0$，其值均应满足0.25～1.0范围的要求；β_{hp}为承台受冲切承载力截面高度影响系数，取值同式(2-5-7)。

(2)对于三桩三角形承台可按下列公式计算受角桩冲切的承载力(图2-5-9)。

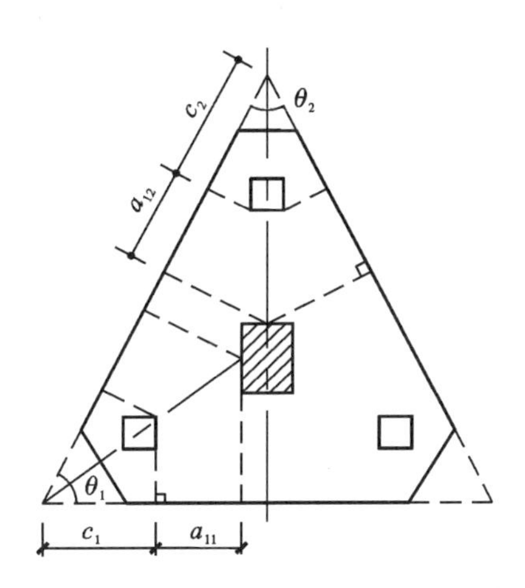

图2-5-9　三桩三角形承台角桩冲切计算示意

底部角桩：

$$N_l \leqslant \beta_{11}(2c_1 + a_{11})\beta_{hp}\tan\frac{\theta_1}{2}f_t h_0 \tag{2-5-13}$$

$$\beta_{11} = \frac{0.56}{\lambda_{11} + 0.2} \tag{2-5-14}$$

顶部角桩：

$$N_l \leqslant \beta_{12}(2c_2 + a_{12})\beta_{hp}\tan\frac{\theta_2}{2}f_t h_0 \tag{2-5-15}$$

$$\beta_{12} = \frac{0.56}{\lambda_{12} + 0.2} \tag{2-5-16}$$

式中：λ_{11}、λ_{12}为角桩冲跨比，$\lambda_{11}=a_{11}/h_0$，$\lambda_{12}=a_{12}/h_0$，其值均应满足0.25～1.0范围的要求；a_{11}、a_{12}分别为从承台底角桩、顶脚桩的顶内边缘引45°冲切线与承台顶面相交点至相应角桩内边缘的水平距离(m)；当柱边或承台变阶处位于该45°线以内时，则取由柱边或承台变阶处与桩内边缘连线为冲切锥体的锥线；β_{hp}为承台受冲切承载力截面高度影响系数，取值同式(2-5-7)。

(3)箱形、筏形承台受内部基桩的冲切承载力可按下列公式计算(图2-5-10)。

受基桩的冲切承载力：

$$N_l \leqslant 2.8(b_p + h_0)\beta_{hp}f_t h_0 \tag{2-5-17}$$

受群桩的冲切承载力：

$$\sum N_{li} \leqslant 2[\beta_{0x}(b_y + a_{0y}) + \beta_{0y}(b_x + a_{0x})]\beta_{hp}f_t h_0 \tag{2-5-18}$$

式中：β_{0x}、β_{0y}由式(2-5-7)求得，其中$\lambda_{0x}=a_{0x}/h_0$，$\lambda_{0y}=a_{0y}/h_0$均应满足0.25～1.0的要求；N_l、$\sum N_{li}$分别为不计承台和其上土重(kN)，在荷载效应基本组合下，基桩或复合基桩的净反力设计值、冲切锥体内各基桩或复合基桩反力设计值之和。

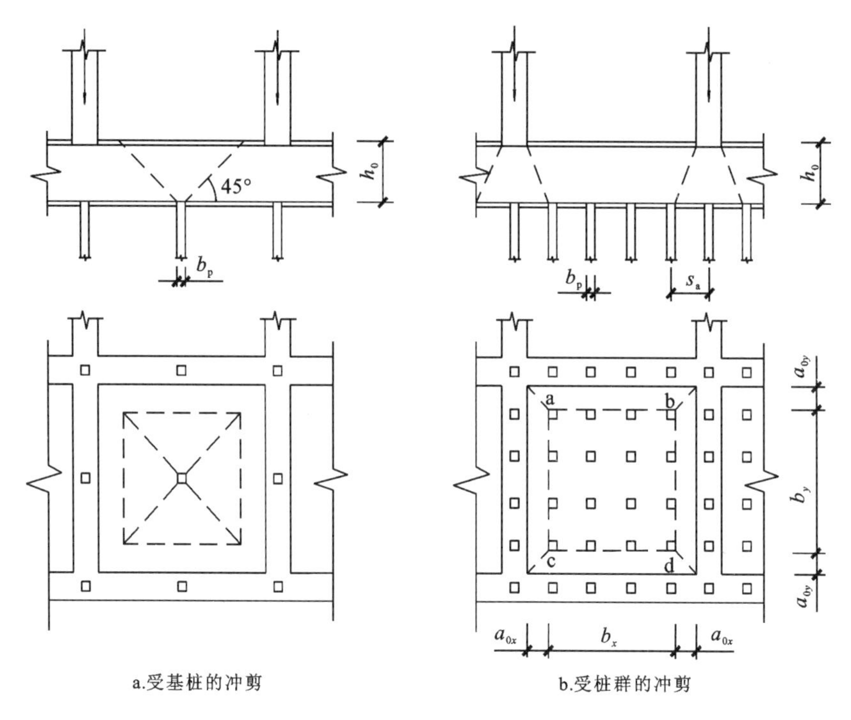

图 2-5-10　承台受内部基桩的冲切承载力

3. 承台的抗剪切计算

柱(墙)下桩基承台，应分别对柱(墙)边、变阶处和桩边连线形成的贯通承台的斜截面的受剪承载力进行验算。当承台悬挑边有多排基桩形成多个斜截面时，应对每个斜截面的受剪承载力进行验算(图 2-5-11)。

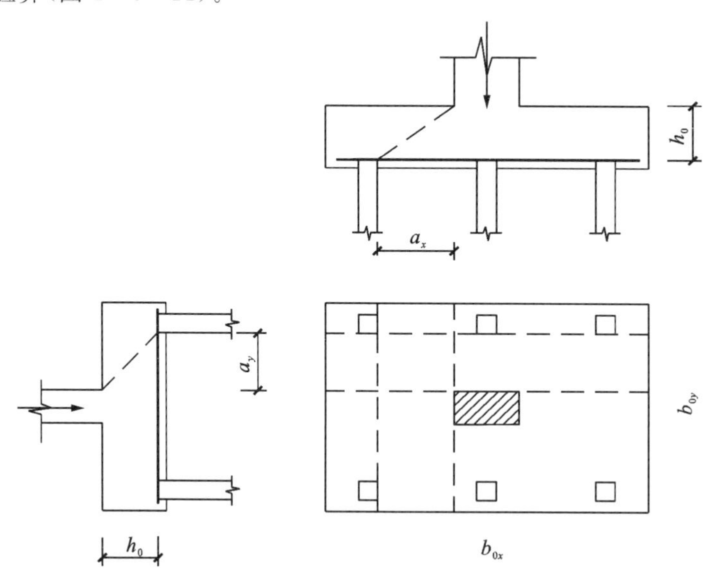

图 2-5-11　承台斜截面受剪计算示意图

$$V \leqslant \beta_{hs} \alpha f_t b_0 h_0 \tag{2-5-19}$$

$$\alpha = \frac{1.75}{\lambda + 1} \tag{2-5-20}$$

$$\beta_{hs} = \left(\frac{800}{h_0}\right)^{1/4} \tag{2-5-21}$$

式中：V 为不计承台及其上土自重（kN），在荷载效应基本组合下，斜截面的最大剪力设计值；f_t 为混凝土轴心抗拉强度设计值（kPa）；b_0 为承台计算截面处的计算宽度（m）；h_0 为承台计算截面处的有效高度（m），当 $h_0 < 800\text{mm}$ 时，取 $h_0 = 800\text{mm}$，当 $h_0 = 2000\text{mm}$ 时，取 $h_0 = 2000\text{mm}$，其间按线性内插法取值；α 为承台剪切系数；λ 为计算截面的剪跨比，$\lambda_x = a_x/h_0$，$\lambda_y = a_y/h_0$，此处，a_x、a_y 为柱边（墙边）或承台变阶处至 y、x 方向计算一排桩的桩边的水平距离（m），当 $\lambda < 0.25$ 时，取 $\lambda = 0.25$，当 $\lambda > 3$ 时，取 $\lambda = 3$；β_{hs} 为受剪切承载力截面高度影响系数。

对于阶梯形承台，应分别在变阶处（A_1—A_1，B_1—B_1）及柱边处（A_2—A_2，B_2—B_2）进行斜截面受剪承载力计算（图 2-5-12）。

计算变阶处截面（A_1—A_1，B_1—B_1）的斜截面受剪承载力时，其截面有效高度均为 h_{10}，截面计算宽度分别为 b_{y1} 和 b_{x1}。

计算柱边截面（A_2—A_2，B_2—B_2）的斜截面受剪承载力时，其截面有效高度均为 $h_{10} + h_{20}$，截面计算宽度分别为

对 A_2—A_2
$$b_{y0} = \frac{b_{y1} h_{10} + b_{y2} h_{20}}{h_{10} + h_{20}} \tag{2-5-22}$$

对 B_2—B_2
$$b_{x0} = \frac{b_{x1} h_{10} + b_{x2} h_{20}}{h_{10} + h_{20}} \tag{2-5-23}$$

对于锥形承台应对变阶处及柱边处（A—A 及 B—B）两个截面进行受剪承载力计算（图 2-5-13），截面有效高度均为 h_0，截面的计算宽度分别为

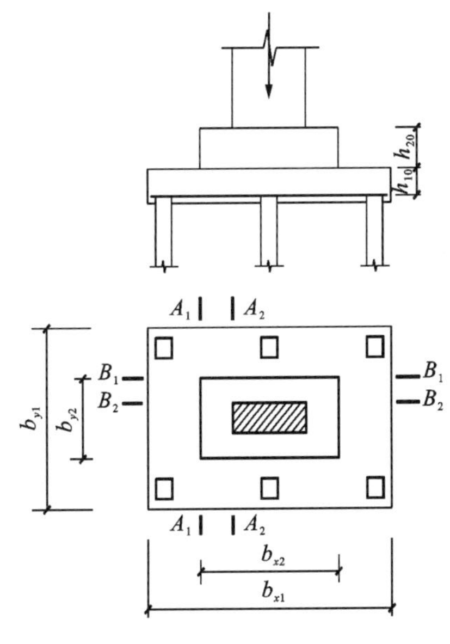

图 2-5-12 阶梯型承台斜截面受剪

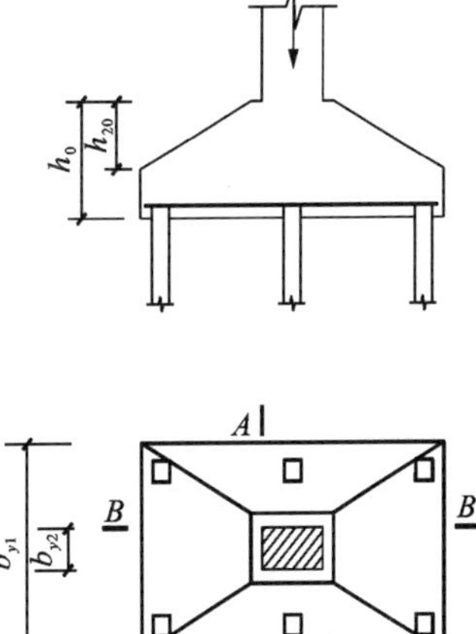

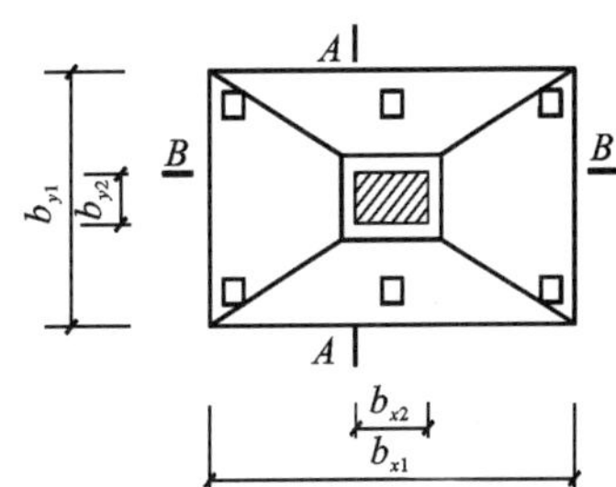

图 2-5-13 锥形承台斜截面受剪

对 A—A $b_{y0}=\left[1-0.5\frac{h_{20}}{h_0}\left(1-\frac{b_{y2}}{b_{y1}}\right)\right]b_{y1}$ (2-5-24)

对 B—B $b_{x0}=\left[1-0.5\frac{h_{20}}{h_0}\left(1-\frac{b_{x2}}{b_{x1}}\right)\right]b_{x1}$ (2-5-25)

4. 承台的局部受压承载力计算

当柱或桩的混凝土强度等级高于承台的混凝土强度等级 5MPa 以上时，应验算承台在柱下或桩上的局部受压承载力。

承台的局部受压承载力按下列公式计算：

$$F_l \leqslant 1.35\beta_c\beta_l f_c A_l \quad (2-5-26)$$

$$\beta_l=\sqrt{\frac{A_b}{A_l}} \quad (2-5-27)$$

式中：F_l 为局部受压面上作用的局部荷载或局部压力设计值(kN)；f_c 为混凝土轴心抗压强度设计值(kPa)；β_c 为混凝土强度影响系数，当混凝土强度等级不超过 C50 时，取 $\beta_c=1.0$，当混凝土强度等级为 C80 时，取 $\beta_c=0.8$，其间按线性内插法确定；β_l 为混凝土局部受压时的强度提高系数；A_l 为混凝土局部受压面积(m^2)；A_b 为局部受压的计算底面积(m^2)，按图 2-5-14 确定。

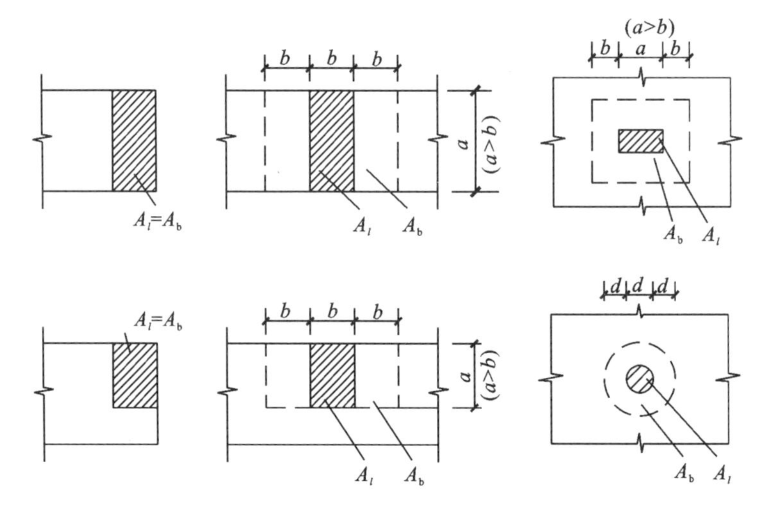

图 2-5-14 局部受压的计算底面积

(阴影部分为局部受压面积，虚线部分为局部受压的计算底面积)

第三章　泥浆护壁成孔与清孔工艺

第一节　施工准备

一、施工组织设计

泥浆护壁成孔灌注桩是一项工序多、技术要求高、工作量大且工期紧的地下(或/和水下)隐蔽工程。施工单位在投标或签订承包合同后,均应做好施工组织设计,投标前的施工组织设计称为标前施工组织设计,中标后的施工组织设计称为标后施工组织设计,后者比前者更具可操作性。编写施工组织设计的目的是以合理的工期、合理的造价、预期的质量完成施工工程。

1. 施工组织设计编写之前应取得并研究的资料

(1)建筑场地岩土工程勘察报告。研究建筑场地岩土工程勘察报告,除了确定地层的可钻性等级和自然造浆能力外,还应弄清楚是否有易缩径、易坍孔的地层,是否有会造成孔斜的不均匀、倾斜地层,是否有易产生孔底沉渣的粉细砂层,以及地下水水位高低和地层渗透性质等,以制定正确的施工措施来确保工程质量。

(2)桩基础工程施工图及图纸会审纪要。研究设计资料有两个目的:一是吃透设计意图,制定相应的技术保证措施。例如,根据桩长、桩径、混凝土强度等级、钢筋笼规格等技术要求,确定施工设备、材料、工艺和混凝土配方;二是及时发现实施设计要求存在的困难和设计中存在的问题,对设计方案需作哪些改进,在施工开始之前与设计院和业主协商。

(3)建筑场地和邻近区域内的地下管线、地下构筑物、危房、精密仪器车间等的调查资料。

(4)基桩轴线的控制点和水准点,即测量放线基准。

(5)工程合同书与超过有关规范的工程质量要求的文件。

(6)施工场地供电、供水、场地、道路和临时设施等情况资料。

(7)国内外同行当前的技术水平,以及新机具、新工艺、新方法和有关经济、技术资料。

2. 施工组织设计的主要内容

(1)明确工程概况和设计要求,如工程名称、地理位置、交通运输条件、桩的规格、工程量(含成孔工程量、灌注混凝土工程量、钢筋笼制作工程量)、工程地质和水文地质情况、持力层状况、工程质量要求、设计荷载、工期要求、设计单位、总承包单位、施工单位和监理单位等。

(2)确定施工工艺方案和设备选型配套:①在确定成孔工艺方法和灌注方案的基础上,

绘制工艺流程图；②计算成孔与灌注速度，确定工程进度、顺序和总工期，绘制工程进度表；③根据施工要求确定设备配套表，包括动力机、成孔设备、灌注设备、吊装设备、运输设备以及主要机具等。绘制现场设施平面布置图，合理摆放各类设备、循环系统、搅拌站（含是否采用商品混凝土）及各种材料，安排钢筋笼制作场地。

（3）施工力量部署。在工艺方法和设备类型确定后，提出工地人员组成与岗位分工，并列表说明各岗人数及职责范围。

（4）编制主要消耗材料和备用机件数量、规格及质量要求。

（5）工艺技术设计，包括下列几方面内容：①成孔工艺，包括设备安装、钻头选型、护筒埋设、冲洗液类型、循环方式和泥浆净化处理方法、清孔要求、成孔质量检查和成孔的主要技术措施；②钢筋笼制作，编制制作图和技术要求；③确定是使用商品混凝土还是现场配制混凝土，如果是后者，则按要求的混凝土强度等级选择砂石料、水泥及外加剂，并提出配方试验资料，并确定现场搅拌要点；④混凝土灌注，灌注导管和灌注机具配套方案及灌注时间计算，提高灌注质量的技术要求，混凝土现场取样、养护、送检要求等。

（6）验桩，包括验桩数量、检验方法与有关物资计划。

（7）安全和质量保证措施。桩基施工时，对安全、劳动保护、防火、防雨、防台风、爆破作业、文物和环境保护等方面应按有关规定执行。

（8）施工组织管理措施。

二、场地准备

1. 旱地场地准备

（1）三通一平。水通、电通、路通、平整场地，一般由建设方或总承包方完成。施工单位要同甲方认定三通一平的范围、内容和时间要求，经常检查、督促、交涉，使之尽早完成以保证施工计划顺利实施。

（2）设备、人员进场同时，施工单位测量人员根据甲方提供的规划红线，基准桩或建筑物轴线等测量基准和正式的施工图纸实地测放桩位，采用泥浆护壁成孔时还须组织护筒埋设和测量。由于各工地的条件千变万化，甲方提供的测量基准点数量有多有少，加上建筑物形状有的简单（矩形），有的复杂（圆形、三角形、扇形等），对于可能出现的放样偏差，若事先没有充分的估计和相应的措施，最终竣工验收时桩位可能会发生严重偏差，甚至导致工程失败。

（3）在建筑物旧址或杂填土地区施工时，应预先进行钎探，将桩位处的浅埋旧基础、石块、废铁等障碍物挖除，否则会反复打乱施工计划，延误工期；对于松软场地应进行夯实或换除软土、铺设混凝土地坪等处理措施。

（4）场地为陡坡时，应挖成平坡，有困难时可用木排架或枕木等搭设坚固稳定的工作平台。

2. 水域场地准备

（1）场地为浅水时，宜采用“筑岛”方法，岛面应高出水面0.5～1.0m。当水不深、流速不大，不影响附近居民利益，通过经济技术比较，采取截流或临时改变河水流向的方式，可改水中钻孔方案为旱地钻孔方案。

(2)场地为深水时,可搭水上工作平台。水上钻孔灌注桩作业平台的主要结构形式有浮动平台、钢护筒平台、钢管桩平台、钢围堰平台。

浮动平台:浮动平台由浮箱、浮筒等漂浮舱体拼装而成,其大小根据载重量、作业面尺寸、流水等情况确定。浮动平台具有构造简单、耗材少和工期短的优点,但受流速和水位影响大,锚碇设置及精确定位困难,稳定性差,因此常在河床复杂、无法插打钢管支撑桩的情况下选用,而且要求风浪小、流速不大、水位稳定。

钢护筒平台:利用钢护筒承载力大的特点,用浮吊先打入钢护筒,并用纵、横向联接系统联成整体,顶部设纵横垫梁,形成钻孔平台。钢护筒平台自身刚度大、稳定性好,不需设置钢管桩,减少了对河床的扰动。但是钢护筒体积大、质量大,定位难度大,插打困难,精度要求高。

钢管桩平台:钢管桩平台通常是梁柱组合式结构。下部由钢管桩、桩间平联、桩间斜撑组成,上部由桩顶分配梁、主梁和平台面板组成。搭设时先插打钢管桩,后由平联及斜撑等构件联成整体,吊装上部构件后形成平台(图 3-1-1)。钢管桩平台结构构件质量小、施工容易、后期钢护筒施工精度高,但整体构件多、耗材大、不经济,且刚度小、阻水面积较大、稳定性差。

钢围堰平台:利用在墩位处已下沉就位的钢围堰搭设简易平台,再沉放钢护筒,然后将围堰顶面与钢护筒间用联接系统相连形成作业平台(图 3-1-2)。钢围堰坚硬牢固,可有效抵抗流冰等漂浮物撞击,围堰内形成静水,便于桩基施工。但是钢围堰制作耗时长,定位难度大,阻水面积大,冲刷严重。

图 3-1-1　钢管桩平台

图 3-1-2　钢板围堰平台

三、护筒及其埋设

泥浆护壁成孔灌注桩成孔前一般需在孔口埋设护筒。

1. 护筒的作用和一般要求

1)护筒的作用

(1)控制桩位、导正钻具。

(2)防止孔口和孔壁坍塌:一般孔口表土都比较松软,采用泥浆护壁成孔时,孔口又会受到泥浆的浸泡和冲刷，加上设备自重和设备运转过程中的振动，需要用护筒保护孔口。通过护筒还可提高孔内的水头高度，增加对钻孔孔壁的静水压力来防止孔壁坍塌。

(3)顶面作为桩孔深度方向的测量基准：在施工中，护筒顶面还可作为钻孔深度、孔底沉渣厚度、钢筋笼下放深度、混凝土面位置和导管埋深的测量基准。

2)护筒的一般要求

(1)护筒内径：护筒内径应大于钻头直径，有钻杆导向的正、反循环回转钻宜大于200mm；无钻杆导向的正、反循环潜水电钻和冲击、冲抓钻进宜大于300mm；深水处的护筒内径宜大于400mm。

(2)护筒顶面相对高度：采用反循环回转方法(包括反循环潜水电钻)成孔时，护筒顶面应高出地下水水位2.0m以上。采用正循环回转方法(包括正循环潜水电钻)钻孔时，护筒顶端的泥浆溢出口底边，当地层不易坍孔时宜高出地下水水位1.5m以上，当地层容易坍孔时应高出地下水水位2.0m以上。采用其他方法钻孔时，护筒顶端宜高出地下水水位2.0m。当钻孔处于旱地时，除满足上述要求外，护筒顶还应高出周围地面0.2～0.4m。孔内有承压水时，护筒顶面应高于稳定后的承压水水位2.0m以上。若承压水水位不稳定，应先作试桩，鉴定在高承压水地区施工钻孔灌注桩的可行性。控制护筒顶面高度的主要目的是提高孔内泥浆液位，形成水头差(孔内泥浆液位与地下水水位或潮水位之差)，以保持孔壁稳定。

(3)护筒底面埋置深度：旱地或浅水处，在黏性土中护筒底面埋深不宜小于1.0m；对于砂土，不宜小于1.5m，且应将护筒周围及底部0.5～1.0m范围内的砂土挖除，并置换夯填黏性土。冻土地区护筒底面应埋入冻土层以下0.5m。河床为软土、淤泥、砂土时，护筒底面埋置深度应经过仔细研究决定，一般不得小于3.0m。有冲刷影响的河床，护筒底面应埋入局部冲刷线以下不小于1.0m。控制护筒底面埋置深度主要是防止护筒内泥浆液位较高时，护筒脚冒水，并保持护筒稳固。

(4)护筒位置埋设偏差：《建筑地基基础工程施工质量验收规范》(GB 50202—2018)规定了泥浆护壁钻孔灌注桩的桩位允许偏差为：$70+0.01H$(设计桩径$d<1000$mm时)或$100+0.01H$(设计桩径$d\geqslant1000$mm时)，其中H为桩的施工面至设计桩顶的距离(单位：mm)。护筒中心位于桩的施工面时，其中心偏差不应超过70mm或100mm范围，一般控制在50mm以内。泥浆护壁成孔前，一般要测放桩位，即将桩位中心标在护筒顶面，钻头对准桩位中心开钻。桩位放样允许偏差为：单排桩10mm，群桩20mm。

2. 护筒的种类

按材料的不同，护筒可分为砖砌护筒、钢护筒和钢筋混凝土护筒3种。

(1)砖砌护筒。砖砌护筒适用于旱地、岸滩、地下水水位埋深大于1.5m且易于开挖的场地。砖砌护筒一般用水泥砂浆砌筑，壁厚不小于120mm(半砖)。用砖砌护筒必须等水泥砂浆终凝且有一定强度后才能开钻，每个孔的砖砌护筒必须在开钻前几天完成。

(2)钢护筒。钢护筒坚固耐用，重复使用次数多，在旱地、河滩或深水中都能使用。钢护筒壁厚一般可根据桩径、埋深和埋设方法选定或计算确定，一般钻孔桩可为4～12mm。顶节护筒上部留有高约400mm、宽200mm左右的溢浆口(正循环)或进浆口(反循环)，并焊有2个吊环。每节护筒高2.0～3.0m，护筒之间可焊接也可插接后用特殊螺钉固定。

(3)钢筋混凝土护筒。在深水中施工时可采用钢筋混凝土护筒,它有较好的防水性能,能靠自重沉入或打(振)入土中。钢筋混凝土护筒之间的联接方法与混凝土预制桩类似,即焊接或用硫磺胶泥联接。钢筋混凝土护筒壁厚一般为 8~10cm,其长度按需要而定,每节不宜过长,以 2m 左右为宜。

3. 护筒的埋设

护筒埋设工作是泥浆护壁成孔灌注桩施工的开端,护筒位置与垂直度准确与否,护筒周围和护筒底脚是否紧密,是否透水,对成孔、成桩的质量都有重大影响。

(1)挖孔埋设。当地下水水位在地面以下超过 1m 时,可采用挖孔埋设法,如图 3-1-3 所示。在砂土中挖埋护筒时,先在桩位处挖出比护筒外径大 80~100cm、深度比护筒长度深大约 50cm 的圆坑,然后在坑底填筑厚 50cm 左右的黏土,安设护筒后再将护筒周围分层用黏土夯实。在黏性土中挖埋护筒时,坑的直径比护筒外径略大,坑底与护筒底平齐。

(2)填筑埋设。当地下水水位较高,挖孔埋设护筒比较困难时,宜用填筑法埋设护筒,如图 3-1-4 所示。宜先填筑工作台地基,然后在工作台地基上挖孔埋设护筒。填筑的土台高度应使护筒顶面比施工水位(或地下水水位)高 1.5~2.0m。土台的边坡以 1∶1.5~1∶2.0 为宜;顶面平面尺寸应满足钻孔机具布置的需要并便于施工操作。

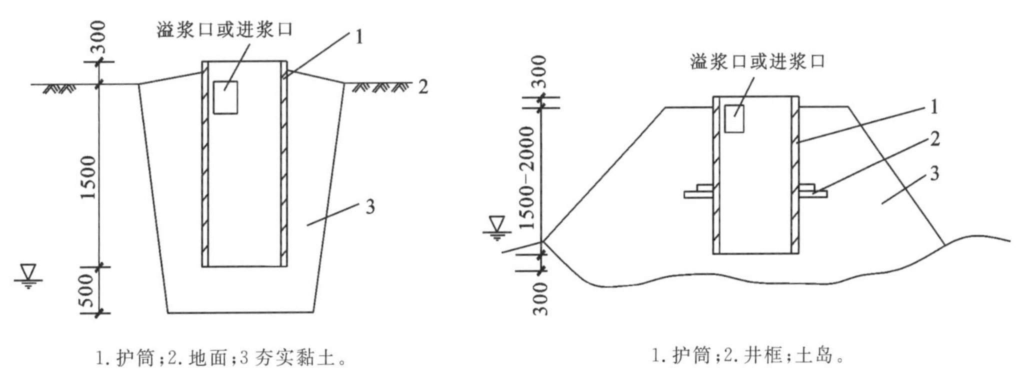

1. 护筒;2. 地面;3 夯实黏土。

图 3-1-3 挖孔埋设护筒(单位:mm)

1. 护筒;2. 井框;土岛。

图 3-1-4 填筑埋设护筒(单位:mm)

在水域中施工时,护筒沉至河床表面后,可在护筒内射高压水、吸泥、抓泥,在护筒上压重或用震动打桩机下沉护筒等方法埋设护筒。有些旋挖钻机具备旋压法埋设钢护筒功能。

四、泥浆循环系统

1. 泥浆的作用

(1)保护孔壁。通过护筒内泥浆与地下水(或地表水)的水头差,形成对孔壁的静水压力来保护孔壁。对于砂、砾、卵石层,通过泥浆对孔壁的静水压力和泥浆向周围地层渗流时在孔壁形成的泥皮,逐步降低孔内泥浆向钻孔周围地层渗流,起到保护孔壁的作用(但孔壁的泥皮对灌注桩的侧摩阻力有影响)。对于黏土层或粉质黏土层,土层的渗透性很小,应尽量用清水代替泥浆。

(2)悬浮钻渣。根据悬浮理论,泥浆悬浮钻渣的能力与泥浆上返速度及泥浆的密度成正比。但要具体问题具体分析，在冲击和正循环钻进中，泥浆悬浮钻渣的能力是关键问题，而对于旋挖钻进、反循环钻进、冲抓钻进，泥浆的护壁作用上升为关键问题。在黏性土中钻进时，不管用什么方法，泥浆密度越小越好，最好采用清水钻进。

(3)减小钻进阻力。在土层中成孔时，这一作用比较明显。在土层中用泥浆护壁法成孔，只需用较小功率的设备，就能钻出较大直径和较深的钻孔，而同样直径和深度的钻孔，用干钻法成孔时，所需的设备功率要大得多。

(4)冷却和润滑钻具。

2. 泥浆的制备

钻孔灌注桩施工与一般地质勘探孔施工的最大区别是桩孔直径大，因而泥浆量大。结合经济方面的考虑，通常情况下没有必要使用黏土或膨润土制作的泥浆来护壁，而采用清水钻进自然造浆。但如果开孔是砂性重、稳定性差的松散易塌地层，且该地层厚度又较大时，必须采用人工泥浆，其一般由黏土和水拌和而成，配制步骤及方法如下。

(1)黏土的选择。黏土以水化速度快、造浆能力强、黏度大的膨润土或接近地表经过冻融作用的黏土为佳，但应尽量就地取材。经野外鉴定，具有下列特征的黏土均可用来制备泥浆：①自然风干后，用手不易掰开捏碎；②干土破碎时，断面有坚硬的尖锐棱角；③用刀切开时，切面光滑，颜色较深；④浸湿后有黏滑感，加水和成泥膏后容易搓成直径小于1mm的细长泥条，用手指揉捻时感觉砂粒不多，浸水后能大量膨胀。

良好的制浆黏土的技术指标是：胶体率不低于95%，含砂率不高于4%，造浆能力不低于2.5L/kg。

(2)制浆黏土用量计算。在砂类土、砂砾或卵石层中钻孔，事先须备足制浆黏土，其数量可按下式和原则计算。

$$m_s=\rho_s\frac{\rho_a-\rho_w}{\rho_s-\rho_w} \tag{3-1-1}$$

式中：m_s 为每立方米泥浆所需的黏土量(t)；ρ_s 为黏土的密度(t/m^3)；ρ_a 为要求的泥浆密度(t/m^3)；ρ_w 为水的密度(取1.0t/m^3)。

假定要求的泥浆密度为1.2t/m^3，黏土的密度为2.2t/m^3，水的密度为1.0t/m^3，按上式配制1m^{3}泥浆需黏土440kg。

计算搅拌钻孔泥浆所需的总黏土量时，应考虑钻孔、泥浆沟、泥浆池的体积，还要考虑钻孔孔径扩大系数，以及孔壁、泥浆沟和泥浆池等处的渗漏情况。

(3)泥浆搅拌方法。一般用专门的泥浆搅拌机搅拌泥浆。对于冲击成孔和冲抓成孔，也可将黏土直接投入钻孔内用冲击钻头和冲抓锥(锥瓣合拢状态)冲击造浆。在黏土地层用回转方法钻进时，可先采用清水护壁，孔内的清水同钻头切削下来的黏土，在钻头回转搅拌作用下，自然就会形成泥浆。若黏土层很厚，泥浆中的黏土含量将逐渐增加，故在钻进过程中，要及时加水稀释泥浆，这样制出的多余泥浆可储存起来用于他处。

3. 泥浆的性能指标

(1)相对密度。泥浆的相对密度是泥浆密度与4℃时水的密度之比。

正循环回转钻进的泥浆相对密度。开孔时宜用相对密度1.2左右的泥浆，以防止孔壁水化而引起护筒下沉。在黏性土层中钻进时，采用原土自然造浆，随着造浆过程的不断进行，泥浆相对密度会越来越大，应不断加清水稀释将泥浆相对密度控制在 1.3 以下。用清水稀释后，泥浆总量就会增多。当无法容纳时，就必须将浓稠泥浆作为废浆予以排放，在环保要求越来越高的情况下，废浆排放条件是影响成孔速度的关键因素。在砂土层和较厚的夹砂层中成孔时，就需要有一定相对密度的泥浆来保护孔壁和悬浮钻渣，泥浆相对密度可视情况增大到 1.3 以上。

反循环钻进的泥浆相对密度。泵吸反循环及地表射流反循环，泥浆相对密度应控制在 1.1 以下，对于碎石土类地层泥浆，相对密度不应超过 1.15，否则泥浆循环不畅，此时靠适当增加护筒内的水头高度而不是增大泥浆相对密度来使孔壁稳定。气举反循环的泥浆相对密度可适当增大。

冲击、冲抓及旋挖钻成孔的泥浆相对密度。冲击成孔开孔泥浆相对密度为 1.1～1.3，黏土层用清水钻进，砂土、卵砾石及塌孔回填重新成孔时泥浆相对密度为 1.3～1.5，风化岩时为 1.2～1.4；冲抓、旋挖成孔在黏性土泥浆相对密度为 1.1～1.2，砂土及碎石土为 1.2～1.4。

(2)黏度。黏度是液体或浆液流动时，分子或颗粒之间产生的内摩擦力。泥浆的黏度大，护壁能力和悬浮钻渣能力就越强，但容易糊钻，不易被泥浆泵抽吸，也不利于钻屑的沉淀；黏度太小，钻屑容易沉淀，对防止漏浆和防埋钻不利。在一般地层中钻进泥浆的黏度以 16～22s 为宜，在松散易坍地层钻进泥浆黏度以 19～28s 为宜。

(3)含砂率。含砂率是泥浆中所含砂和黏土颗粒的体积占泥浆总体积的百分比。含砂率大，会降低黏度，增大相对密度，造成孔壁泥皮松散，增大孔内沉渣厚度，同时易磨损泥浆泵。泥浆循环偶然停止时，含砂率大的泥浆易产生埋钻事故。故对于正反循环回转钻进，要求严格控制泥浆的含砂率，新制泥浆的含砂率不宜大于 4%，循环泥浆的含砂率不得超过 8%。

(4)胶体率。泥浆中黏土颗粒分散和水化程度。胶体率高的泥浆，黏土颗粒不易沉淀，孔底沉沙少，在孔壁形成的泥皮保护孔壁的能力强。正循环回转钻进、冲击钻进、旋挖钻进泥浆胶体率需大于 90%，其他成孔方法的泥浆胶体率必须大于 95%。

(5)酸碱度。酸碱度以 pH 值表示，pH 值等于 7 时为中性泥浆，小于 7 时为酸性，大于 7 时为碱性。pH 值一般以 8～10 为宜。

泥浆的性能指标可参考表 3-1-1 选用。

表 3-1-1　泥浆性能指标选择

钻孔方法	地层情况	泥浆性能指标							
		相对密度	黏度/(Pa·s)	含砂率/%	胶体率/%	失水率/(mL/30min)	泥皮厚/(mm/30min)	静切力/Pa	酸碱度 pH
正循环	一般地层	1.05～1.20	16～22	4～8	≥96	≤25	≤2	1.0～2.25	8～10
	易坍地层	1.20～1.45	19～28	4～8	≥96	≤15	≤2	3～5	8～10
反循环	一般地层	1.02～1.06	16～20	≤4	≥95	≤20	≤3	1～2.5	8～10
	易坍地层	1.06～1.10	18～28	≤4	≥95	≤20	≤3	1～2.5	8～10
	卵石土	1.10～1.15	20～35	≤4	≥95	≤20	≤3	1～2.5	8～10

续表 3-1-1

钻孔方法	地层情况	泥浆性能指标							
		相对密度	黏度/(Pa·s)	含砂率/%	胶体率/%	失水率/(mL/30min)	泥皮厚/(mm/30min)	静切力/Pa	酸碱度pH
旋挖冲抓	一般地层	1.10～1.20	18～24	≤4	≥95	≤25	≤3	1～2.5	8～11
冲击	易坍地层	1.20～1.40	22～30	≤4	≥95	≤25	≤3	3～5	8～11

注:①地下水水位高或其流速大时,指标取高限,反之取低限;

②地质状态较好,孔径或孔深较小的取低限,反之取高限;

③在不易坍塌的黏土层中,使用旋挖、冲抓、反循环回转钻进时,可用清水提高水头(≥2m)维持孔壁稳定;

④若当地缺乏优良黏土,远运膨润土亦很困难,调制不出合格泥浆时,可掺用添加剂改善泥浆性能。

4. 泥浆的循环系统

(1)用冲击、冲抓及旋挖法成孔时,泥浆不必连续不断地循环流动。钻进一段时间后检查孔内泥浆性能,不符合要求时,根据具体情况采取不同的方法予以净化。

在砂类土层中钻进时,易产生泥浆含砂量太高及相对密度太大的情况,可采用掏渣筒将钻渣掏出,待含砂率和相对密度符合要求后,再补充性能合格的泥浆。

在黏性土层钻进时,易产生泥浆相对密度和黏度太高的情况。可通过水管加水入钻孔深处,将孔内泥浆稀释。

(2)用正、反循环回转成孔时,可设置制浆池、沉淀池和储浆池,并用泥浆沟相连接。图 3-1-5a是正循环泥浆循环系统布置图,图 3-1-5b 是反循环泥浆循环系统布置图。

开始制泥浆时,将闸门 4、5 关闭,在制浆池 1 内制浆,然后开放闸门 4、5、7,让泥浆经由沉淀池 2 流入储浆池 3,如储浆数量不够,可在制浆池中继续制浆,并经沉淀池流向储浆池。正循环时,储浆池 3 中的泥浆经泥浆泵 11、泵送管 8 和钻杆进入钻孔孔底,从钻杆与钻孔的环状空间上返到孔口,经泥浆沟 10 流到沉淀池,沉淀后流回储浆池 3,其流行路线如图 3-1-5a 中的箭头所示,如此循环。反循环时,泥浆的流行路线如图 3-1-5b 所示,孔底含有钻渣的泥浆经钻杆通孔、泵吸管 8、砂石泵 12 排入沉淀池,经沉淀后流入储浆池 3,通过截面较大的泥浆沟 10 流回钻孔,也可用泵协助泥浆沟从储浆池向钻孔内补充泥浆。

现场可设两个制浆池,一个制浆池浸泡黏土,另一个制浆池搅拌制浆,轮换使用。除采用制浆池制浆外还可用泥浆搅拌机制浆,或直接用泥浆沉淀池制浆。场地宽裕时,可设两个沉淀池,一个沉淀池进浆沉淀,另一个沉淀池关闸清渣或准备清孔用泥浆,两个沉淀池轮换使用。单个沉淀池的容积可用同时开动的泥浆泵每分钟的总排量乘以沉淀时间来决定,沉淀时间由试验决定,一般为 20min。

泥浆池(两个沉淀池和一个储浆池)的总容积不应小于同时施工的桩孔实际容积的 1.2 倍,以保证同时施工的钻孔都灌注混凝土时泥浆不致外溢。沉淀池中的沉渣可用抓斗抓入自卸车拉走。在钻进黏性土层时,也可用泥浆泵将沉淀池底部的浓稠泥浆抽入废泥浆外运车拉走。

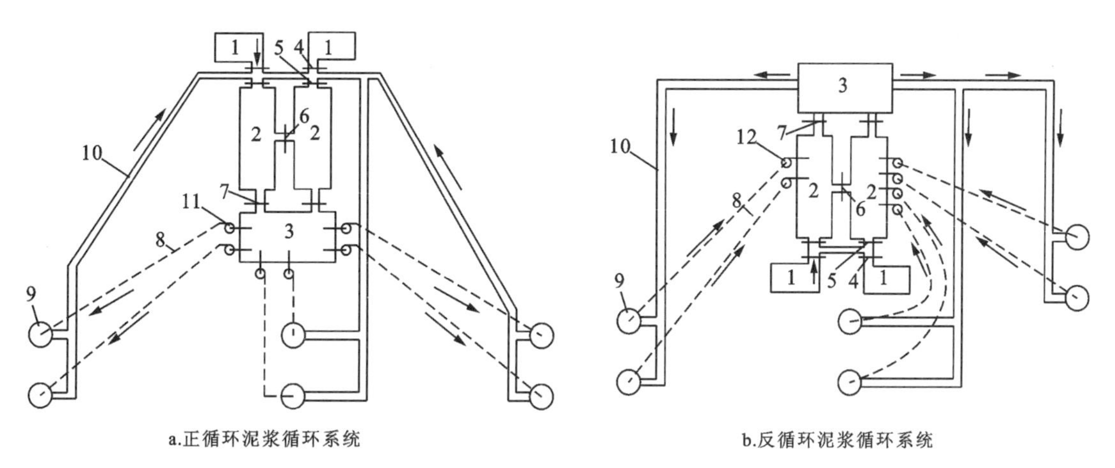

1.制浆池;2.沉淀池;3.储浆池;4～7.闸门;8.泵送管(泵吸管);9.钻孔;10.泥浆沟;11.泥浆泵;12.砂石泵。

图3-1-5　泥浆循环系统布置图

5.泥浆的机械净化方法

钻孔灌注桩具有地层适应性强,施工中无挤土或少量挤土、无噪声、振动小、环境影响小,单桩承载力高等优点,已成为铁路及公路桥梁和都市核心区高层建筑的主要桩型。泥浆起着重要的保护孔壁、排渣、清孔和减轻钻进阻力等作用,但钻孔灌注桩施工过程也是产生泥浆最多、造成污染最严重的过程,一般而言正循环法施工的桩孔,产生的泥浆量为桩孔体积的3～4倍。传统的泥浆处理方法是废弃泥浆在施工工地蓄存后,用槽罐车运到郊外使其自然沉淀干化,这种处理方式落后,效率低且费用高,在运输过程中引起的泄漏影响了城市市容。另外,废弃泥浆的排放还有可能造成土壤板结、河流阻塞及加剧水土流失等一系列严重环境问题。因此,废弃泥浆的处理已经成为施工现场亟待解决的难题,受到建筑部门、环卫及环保部门越来越多的关注,寻找一种高效率、低能耗且环保的废弃泥浆处理新方式变得刻不容缓。要解决泥浆污染问题,并节约施工用水量,就必须优选施工方案,并对泥浆进行处理。

泥浆的机械净化一般采用两种设备。

(1)高频振动泥浆筛。高频振动泥浆筛是最通用的一种泥浆净化设备,一般用它先把粒径0.5mm以上的大颗砂粒筛出,剩下混有粒径0.5mm以下砂粒的泥浆再进一步用旋流除砂器净化。

高频振动泥浆筛的结构如图3-1-6所示。其技术性能见表3-1-2。这种高频振动泥浆筛使用18号和40号不锈钢筛网,耐用、不跑泥浆、排渣块,钻渣在筛网面停留不超过10s,自行排渣,且便于同旋流除砂器配套使用。

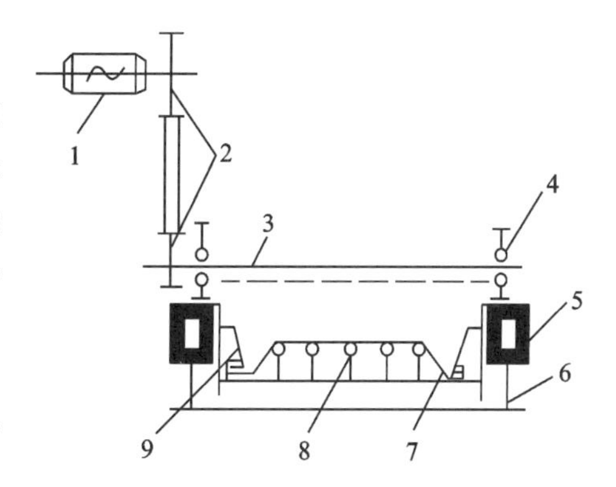

1.电动机;2.三角皮带轮;3.偏心轴;4.轴承;5.振动胶皮;6.筛座;7.筛架;8.不锈钢筛布;9.张紧异形槽铁。

图3-1-6　高频振动泥浆筛

表 3-1-2 高频振动泥浆筛技术性能

频率/(1/min)	振幅/mm	离心力/N	泥浆入筛速度/($m\cdot s^{-1}$)	净化泥浆			电动机	轴承型号
				筛布/号	泥浆量/($L\cdot s^{-1}$)	砂径/mm		
3500	2～3	20 500	1	18	100	1.2	2.25kW 2850r/min	1310
				40	80	0.5		

(2)旋流除砂器(旋流器)。旋流除砂器在选矿、选煤、化工等领域早已广泛使用,其结构如图 3-1-7 所示。要进行净化处理的泥浆通过进浆管沿圆管的切线方向进入圆管,泥浆便在圆管和锥形管中作高速度旋转流动,由于离心力的作用,固体颗粒被甩向管壁,沿锥形管下降至排砂口,将沉砂帽打开便可放出,净化后的泥浆则经上部溢浆管流出。为了能形成泥浆的高速旋转流动,进浆管处的液流压力一般要达到 0.3MPa 及以上。

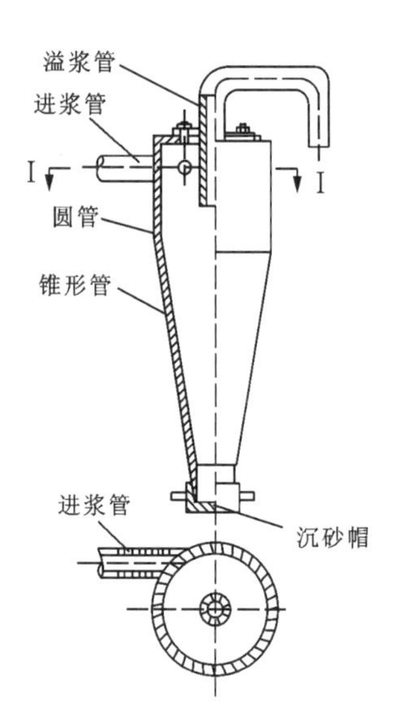

图 3-1-7 旋流除砂器

旋流器的结构比较简单,但几乎每个结构参数都对其性能有相当大的影响。其主要结构参数有旋流器直径(圆管内径)、锥形管锥角、进浆管和溢浆管内径、进浆管轴线与水平线之间的夹角、排砂口直径、圆管高度、溢浆管下延的深度等,每一个结构参数的变化都或多或少影响旋流器的处理量及净化效果。根据试验和使用经验,可得到一些合理的数据范围,但考虑到在使用时工艺条件的变化,某些结构参数还应允许能作适当的调节。

根据经验,可参考下列数值选取各结构参数:旋流器圆管内径 D 为基本尺寸,它的大小决定了旋流器单位时间的泥浆处理量;旋流器锥形管的锥角一般取 20°;溢浆管内径 $d_1=(0.2\sim0.4)D$;进浆管内径 $d_2=(0.4\sim0.8)d_1$;进浆管轴线与水平线之间的夹角不应超过 1°12′;排砂孔直径 $d_3=(0.04\sim0.1)D$;圆管高度 $H=(0.6\sim1.0)D$;溢浆管下延的深度略小于或等于 H。

泥浆处理工艺步骤分为一级分离与二级分离。泥浆经过高频振动泥浆筛进行一级分离,筛分出泥浆中的砂性大颗粒,筛分后的泥浆输入中转箱,加入一定配合比的絮凝剂,使之处于悬浮絮凝状态,再通过离心设备二次分离出泥浆中的黏性细颗粒,实现细颗粒与清水的分离。

高频振动泥浆筛+旋流器的工作原理如图 3-1-8 所示,从沉淀池抽吸来的泥浆通过进浆管输入泥浆净化装置粗筛,污浆中 1mm 以上的颗粒被筛分出来,泥浆进入储浆槽,由泥浆泵从储浆槽内抽吸泥浆沿软管从水力旋流器的进浆口切向射入,由旋流器把粒径细微的泥砂从其下端的沉砂嘴排出落入细筛,经细筛脱水筛选后,较干燥的细渣料分离出来,经过细筛的泥浆再次返回储浆槽内,而处理后的干净泥浆从旋流器溢流管进入中储箱,然后沿总出浆管输送出去。在泥浆净化装置的出口安装反冲支路与储浆槽连通,通过反冲支路可以扰动储浆槽内沉淀颗粒,使储浆槽内不会因长期使用而导致淤积。在泥浆循环过程中,由中储箱与储浆槽之间的一个液位浮标保持储浆槽内的液面高度恒定，一旦储浆槽内输出的泥浆量大于供给量，那么液位浮标将随液面的下降而下落，此时中储箱的泥浆就通过开启的补浆管转送到储浆槽内，液面因此上升而恢复原状；如果供浆量大于输出量，储浆槽将溢流以防止漫浆。当需要更高质量的泥浆时，可通过减少总进浆量，重复旋流器中的泥浆分选过程以达到目的。

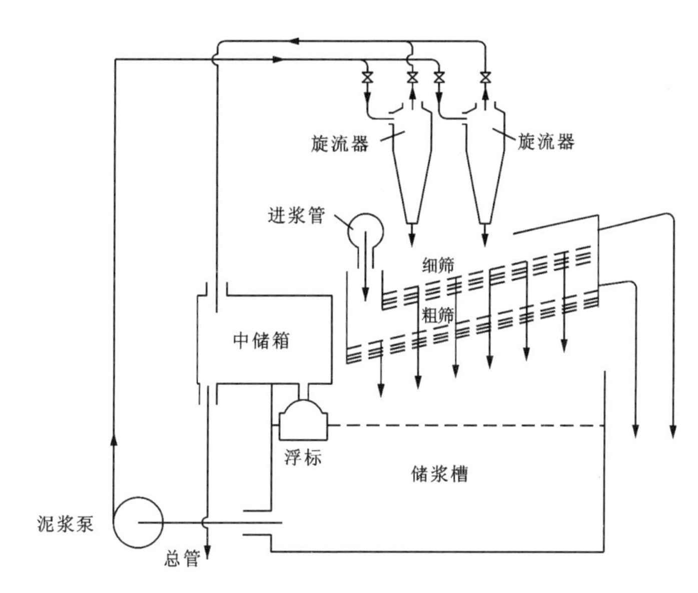

图 3-1-8 高频振动泥浆筛、旋流除砂器泥浆处理流程图

中国建筑第八工程局天津中信广场钻孔灌注桩项目，总桩数为 675 根，总钻孔方量约为 80 000m^3，采用了“旋挖钻机＋回转钻机＋除砂器”的泥浆使用及处理组合方案。基本工作原理：回转钻机钻孔回流泥浆→进入沉淀池→沉淀池内通入高压气管翻搅泥浆→翻搅后泥浆输入除砂器除砂→除砂后泥浆进入循环池→检验并调配泥浆用作旋挖钻机钻孔稳定液。在天津砂黏交互地层中，利用回转钻机成孔，形成的泥浆中含有砂粒、黏粒成分，其中含砂率大于或等于 8%时，易造成砂粒沉淀，引起桩孔底沉渣超标，不利于保证成桩质量。回转钻机回流的泥浆经翻搅输入除砂器除砂，可有效降低含砂率，形成优质黏土泥浆。该黏土泥浆通过增加清水适当调节密度，可用于旋挖钻机成孔护壁，代替了“膨润土人工造浆”这种传统泥浆，调节后的泥浆也可循环用于回转钻机钻孔使用。通过动态调整机械配置数量，按照回转钻机∶旋挖钻机＝1∶3 配置，实现了回转钻机钻孔造浆与向旋挖钻机供浆的基本平衡，多余泥浆可存于空钻的桩孔内，从而最大限度地减少泥浆排放量。

五、泥浆护壁成孔灌注桩的成孔质量要求

灌注桩桩径、平面位置和垂直度允许偏差即为钻孔的直径、平面位置和垂直度允许偏差。对于建筑桩基，根据《建筑地基基础工程质量验收规范》(GB 50202—2018)，可按表 3-1-3确定。对于铁路桥梁钻孔灌注桩基础，根据《铁路桥涵工程工程施工质量验收标准》(TB 10415—2018)，可按表 3-1-4 确定。

表 3-1-3　灌注桩桩径、平面位置和垂直度允许偏差(GB 50202—2018)

<table>
<tr><th>序号</th><th colspan="2">成孔方法</th><th>桩径允许偏差/mm</th><th>垂直度允许偏差/%</th><th>桩位允许偏差/mm</th></tr>
<tr><td rowspan="2">1</td><td rowspan="2">泥浆护壁钻、挖、冲孔桩</td><td>d<1000mm</td><td rowspan="2">≥0</td><td rowspan="2">≤1</td><td>≤70+0.01H</td></tr>
<tr><td>d≥1000mm</td><td>≤100+0.01H</td></tr>
<tr><td rowspan="2">2</td><td rowspan="2">套管成孔灌注桩</td><td>d<500mm</td><td rowspan="2">≥0</td><td rowspan="2">≤1</td><td>≤70+0.01H</td></tr>
<tr><td>d≥500mm</td><td>≤100+0.01H</td></tr>
<tr><td>3</td><td colspan="2">干成孔灌注桩</td><td>≥0</td><td>≤1</td><td>≤70+0.01H</td></tr>
<tr><td>4</td><td colspan="2">人工挖孔桩</td><td>≥0</td><td>≤0.5</td><td>≤50+0.005H</td></tr>
</table>

注:H 为施工现场地面标高与桩顶设计标高的距离;d 为设计桩径。

表 3-1-4　钻、挖孔成孔质量标准(TB 10415—2018)

<table>
<tr><th>序号</th><th colspan="2">成孔方法</th><th>沉渣厚度/mm</th><th>垂直度允许偏差</th><th>桩位允许偏差/mm</th></tr>
<tr><td>1</td><td colspan="2">钻孔桩</td><td>摩擦桩≤200;柱桩≤50</td><td>≤1%</td><td>≤50</td></tr>
<tr><td rowspan="2">2</td><td rowspan="2">沉入桩</td><td>群桩</td><td rowspan="2"></td><td rowspan="2">直桩≤1%,
斜桩 15%tanθ</td><td>中间桩 d/2 且不大于 250mm,外缘桩 d/2</td></tr>
<tr><td>单排桩</td><td>顺桥方向 100mm,横桥方向 150mm</td></tr>
<tr><td>4</td><td colspan="2">挖孔桩</td><td></td><td>≤1%</td><td>≤50mm</td></tr>
</table>

第二节　正循环回转成孔

正循环回转成孔施工法是由钻机的回转装置通过钻杆带动钻头切削破碎岩土,同时泥浆由泥浆泵从储浆池经吸浆管吸入,经泵送管、水龙头、钻杆内腔后,经钻头的出浆口射出,在孔底与钻头切削下来的钻渣混合后沿钻杆与钻孔之间的环空上升到孔口,然后从护筒顶部的溢浆口流入泥浆槽,返回沉淀池中沉淀净化后,流入储浆池再供使用。正循环回转成孔法适用于黏土、粉土、粉细砂、中砂、粗砂等各类土层,在砂砾及卵石含量小于 20%的土层中亦可使用,也可在基岩中钻进,钻孔直径一般不宜大于 1000mm(有也直径高达 1500mm、2000mm 的成功案例),钻孔深度可达 100m 以上。正循环回转钻进具有下列优点:①钻机体积小、重量轻,在狭窄工地也能施工;②设备简单,在不少场合可直接或稍加改进地应用岩芯钻探及水文水井钻探设备;③设备故障相对较少,工艺技术成熟,操作简单;④工程费用较低;⑤有的正循环钻机可打斜桩;⑥可施工直径小于 400mm 以下的桩孔,用于基础托换工程。其缺点是由于桩孔直径大,钻杆与孔壁之间的环状间隙断面积大,泥浆上返流速低,能携带的泥砂颗粒直径较小,排除钻渣能力差,岩土在孔底需重复破碎至细小颗粒才能上返。

一、钻机的选择

1. 立轴钻机

立轴钻机的导向性好，钻孔垂直度容易保证；钻孔扩孔率可减少，而且容易实现加压钻进；油压立轴钻机一般用油缸后移钻机让开孔口，让开孔口方便迅速，后移量大，便于起下粗径钻具。

立轴钻机是为矿产地质勘探而设计的，因此其最低档转速对于桩孔施工仍然偏高，扭矩偏小(对于直径大于 800mm 的桩孔，扭矩应大于 5kN·m；对于直径 1000mm 以上的桩孔，扭矩大于 12kN·m 才合适)。施工单位采用的简易改进办法是尽量用低速马达，如 8 级低速马达，并且改变传动带轮轮径的级配，或在动力机与钻机之间增设一减速器来解决这一问题。立轴钻机另外一个不足之处是立轴通孔直径偏小，机上钻杆直径小，与桩孔施工时应使用的较大直径的钻杆(直径通常为 89mm、114mm 钻杆)不匹配，机上钻杆与较大直径钻杆联接处容易断裂。张家口探矿机械厂生产的 XU1000 钻机的大通孔回转器，其立轴通孔直径达 92mm，基本上适应桩孔施工。

能改装成桩孔施工的立轴钻机主要是 600m 以上的岩芯钻机。这些钻机在进行岩芯钻探施工时，均不需要频繁移位。但在进行桩孔施时，如何使这些钻机迅速地移位则是必须要考虑的主要问题。主要方法有：①将钻机、钻塔安装在能自行移动的车辆上；②将钻机、钻塔安装在平台上，用起重吊车整体吊运移位或用滚(走)管式移位方式移位，如图 3-2-1 所示。若在平台四角位置装上调平千斤顶，可方便迅速地调平钻机平台；③平台轨道式移位。

2. 转盘钻机

用转盘钻机施工水井、石油钻井历史悠久，但用转盘钻机施工桥梁或其他建筑物的桩孔还是最近几十年的事。20 世纪 50 年代，全套管施工法开始普及后，人们便开始研究泥浆护壁成孔灌注桩施工方法，当时让人们疑虑的一个问题是在钻孔过程中是否会塌孔翻砂，破坏地质构造；另一个问题是钻孔桩的摩阻力是否可靠。当时，德国人走在前面，他们通过实践证明，只要在成孔过程中始终能保持孔内有 0.02MPa 的水头压差(即孔内液位与地下水水位的水头差 2m)，就可以保证不塌孔翻砂。大量的静载试验证明，尽管在桩身混凝土与土壤之间有一层泥皮，但对桩的承载力影响很小。直至 20 世纪 50 年代末，钻孔桩才开始普及。随之钻孔桩的成孔机械——转盘钻机开始研制与批量生产。我国于 20 世纪 60 年代开始制造第一代转盘式钻机——红星钻机，当时采用正循环方式，可制成直径 1.1m 的混凝土灌注桩，随后在 20 世纪 70 年代可以制成直径 1.5m 的桩。直至 20 世纪 80 年代，才开发出 BDM-4型转盘式钻机，地矿部门也将过去用于水井施工的转盘钻机改装为桩工机械。近几年，随着液压技术的成熟与普及，国内几家生产钻机的工厂先后研制出转矩达 200kN·m 的大型转盘钻机。

转盘钻机是目前桩孔施工的主要机型之一，这是因为转盘通孔直径大，一般都大于 500mm，除特殊情况外，转盘一般不必让开孔口就能起下粗径钻具；转盘最后一级传动的传动比大，通过最后一级传动，可获得低转速大扭矩，这正是桩孔施工所需要的，而最后一级传动之前转速高扭矩小可减小机械传动系统尺寸。

应当指出，大多数反循环转盘钻机既可用于正循环回转钻进又可反循环回转钻进，如上海金泰工程机械有限公司的GPS系列钻机，如图3-2-2所示。部分国产转盘钻机的性能参数见表3-2-1。

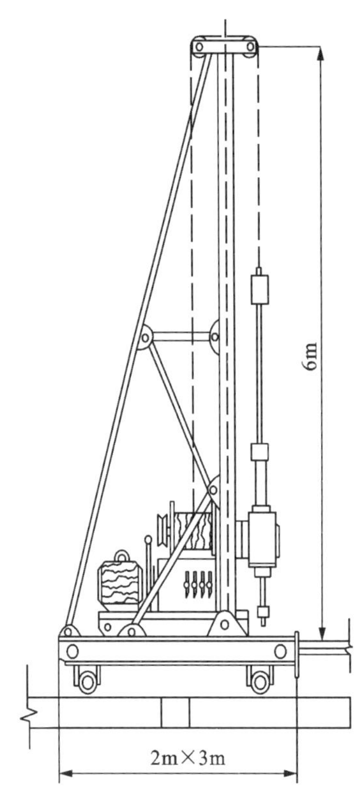

图3-2-1 走管式立轴钻机

图3-2-2 转盘钻机

3. 液压动力头钻机

液压动力头钻机是全液压钻机的一种形式。它除了具有全液压钻机的一般特点外，还采用液压马达及简单的齿轮减速箱构成动力头，直接带动钻具回转，同时采用两个长油缸控制给进和提升钻具，不仅使动力头可以随钻具上下运动，减少钻进过程中的“倒杆”次数，而且取消了由钻塔、卷扬机和钢丝绳等组成的提升机构，减轻了设备的自重。

二、泥浆泵的选择

用正循环法施工桩孔时，由于孔壁与钻杆之间的环状空间相对较大，为了上返钻屑，要求泥浆泵有较大的泵量。同时，桩孔施工时，一般是在储浆池旁设置泵站，几个桩孔可能要共用同一套泥浆池，泥浆泵离钻机有一定距离，地面泥浆管线较长，要求泥浆泵能提供一定的泵压。常用的泥浆泵有离心式泥浆泵和往复式泥浆泵。

1. 离心式泥浆泵

目前施工单位较多地采用了3PN型离心式泥浆泵(简称3PN泵)，其主要参数：流量$Q=108m^3/h$、扬程$H=21m$；电动机驱动：转速1470r/min、功率22kW。

表 3-2-1　国产转盘钻机性能参数

生产厂	钻机型号	钻孔方式	钻孔直径/mm	钻孔深度/m	转盘转矩/(kN·m)	转盘转速/(r·min^{-1})	钻杆内径/mm	加压进给方式	驱动动力功率/kW	质量/kg	外形尺寸/m		
											长度	宽	高度
郑州勘机厂	KP3500	反循环	3500	120	210	0～24		配重	120	46 700	7.1	6.4	8.7
郑州勘机厂	QJ250	正、反循环	2500	100	68.6	12.8,21,40	200	自重	95	13 000	3.0	1.6	2.7
郑州勘机厂	ZJ150-1	正、反循环	70～100	3.5,4.9, 7.2,19.6	22,59,86,120			白重	55	10 000			
郑州勘机厂	红星-400	正、反循环	650	400	2.5,3.5, 5.0,13.2	22,59,86,120		自重	40	9700			
	XI-3	正、反循环	1500	50	40.0	12		自重	40	7000			
天津探机厂	SPC-300H	正、反循环 冲击钻进	500 700	200～300		52,78,123			118	15 000	10.9	2.5	3.6
天津探机厂	GJC-40HF	正、反循环	1000～1500	40	14.0	20,30,47	150		118	15 000	10.9	2.5	3.6
天津探机厂	GJC-40H	正、反循环 冲击钻进	500～1500 700	300～40 80	98.0	正 40～123			118	15 000	10.9	2.5	3.6
乾安机械厂	ZWY-550	泵吸反循环	800			50	118			7000			
乾安机械厂	QZ-200	泵吸反循环	400～1500	200		20,40,60	147		55	9500	6.5	3.0	10.8
双城钻机厂	SZ-50	正、反循环	600～1200	50		28			17	13 000	6.7	3.5	7.4
上海探机厂	GPS-15	泵吸反循环	800～1500	50	17.7	13,23,42	150		30	15 000	4.7	2.2	8.3
上海探机厂	SPJT-300	正、反循环	500	300		40,70,128			40	11 000	11.7	2.5	3.7
无锡探机厂	G-4	正、反循环	1000	50	20.0	10,40,80			20				
武汉桥机厂	BRM-08	正、反循环	1200	40～60	4.2～8.7	15～41		配重	22	6000			
武汉桥机厂	BRM-1	正、反循环	1250	40～60	3.3～12.1	9～52	120	配重	22	9200			
武汉桥机厂	BRM-2	正、反循环	1500	40～60	7.0～28.0	5～34	156	配重	28	13 000			
武汉桥机厂	BRM-4	正、反循环	3000	40～100	15.0～80.0	6～35		配重	75	32 000			
武汉桥机厂	BRM-4A	气举反循环	1500～3000	40～80	15,20,30, 40,55,80	6,9,13,17, 25,35	241	配重	75	61 877	7.9	4.5	13 3
张家口探机厂	GJD-1500	正、反循环 冲击钻进	1500～2000 1500～2000	50 50	39.2	6.3,14.4, 30.6	150		63	20 500	5.1	2.4	6.38

离心泵的流量是随着管道阻力的增加而减小的。泥浆越浓，地面泥浆管线越长，钻孔越深，离心泵的流量就越小，最后就难以满足上返钻屑的要求。根据目前的施工实践，3PN泵对于直径1m以内、孔深50m以内、地层主要为土层的桩孔施工还是比较适用的，它具有流量大、扬程基本满足要求、结构简单、自重轻、价格便宜等优点。

3PN泵有卧式和立式两种形式。卧式泵一般安装在泥浆池的池边，但当泥浆密度大、黏度高时，抽吸会比较困难。用支架将卧式泥浆泵吊在泥浆池上，泵的吸入口浸在泥浆池液面以下，抽吸不成问题，泥浆会自行流入泵体内。但在钻进过程中，泥浆池液面是变化的，特别是钻孔灌完混凝土后，泥浆池的液面会大幅度上升，有可能淹没泥浆泵的轴，使轴承加速磨损，甚至使电动机浸水造成漏电事故。因此，建议使用立式泥浆泵。

当3PN泵不能满足要求时，还可选其他型号的泥浆泵，如4PN型泵(流量为100～200m^3/h，扬程为37～41m，动力为55kW)或往复式泥浆泵。

2. 往复式泥浆泵

目前，桩孔施工中还广泛使用BW600、SBW600、BW850、BW1200泥浆泵，它们的优点是泵量基本上不随输出管道的阻力的变化而变化，对地面泥浆管路较长、较深的桩孔施工很有利。为了充分利用现有设备，在无大流量的往复泵的情况下，也可将两台或两台以上的小流量往复泵并联使用。

三、钻头的选择

1. 鱼尾钻头

如图3-2-3所示，鱼尾钻头可用50mm厚钢板制作，钢板中部切割成宽度与圆钻杆接头直径相等、长约300mm的切口，将钻杆接头嵌入并焊成一体。为增加钻头的刚度，在钢板两侧各焊3～4根加强肋。另在钢板两侧，钻杆接头下口沿回转前翼面各焊一段90mm×90mm的角钢，形成两个出浆口，钻头翼板的切削边缘应加焊合金钢板或敷焊硬质合金粉末。

鱼尾钻头结构简单，与孔底接触面积小，以较小的钻压即能在黏土和砂层中获得较高的钻进效率。但鱼尾钻头导向性差，遇局部阻力或侧向挤压力易偏斜。因此，有的生产单位在鱼尾钻头翼板上方加焊导向笼，形成笼式鱼尾钻头。

2. 笼式刮刀钻头(双腰带笼式钻头)

笼式刮刀钻头的结构如图3-2-4所示，它适用于黏土、砂层和含少量砾石(不多于10%)的砂土层，应用最为广泛。该钻头由中心管、翼板、上下导正圈(通称“腰带”)、立柱、横支杆、斜支杆和小钻头等组成。中心管一般用直径140mm、壁厚15mm左右的无缝钢管制作，无缝钢管上端焊一个锁接头与钻杆联接。中心管下端以法兰盘联接小尺寸的四翼锥形钻头，若联接取芯小钻头，则可同时取芯。小钻头主要起定向作用，并保护出浆口不受阻塞。导正圈起导向作用可减少孔斜，上、下导正圈的距离不小于钻头直径。上导正圈顶焊斜挡板一圈(斜45°)，使钻头提升时不刮孔壁。在上、下导正圈的外圆柱面上可加焊带硬质合金片肋骨，以扩大孔径，修圆钻孔，并减小导正圈的磨损。撑杆一般用直径30mm左右的圆钢或钢管制作，在保证钻头刚度的前提下，为减少钻进阻力和糊钻，应尽量减少撑杆数量。翼板按一定角度焊接在下导正圈的内壁上，翼板上可按一定排列规则直接镶焊硬质合金切削具，也可以用螺栓将镶有硬质合金片的切削刀体固紧在翼板上，成为可拆换式切削刀具(采取后一形式，便于更换磨钝或损坏的刀具)。翼板的数量视钻头直径而定：ϕ800mm 钻头用 4 片；ϕ1000mm 钻头用 4～6 片；ϕ1200mm 以上钻头用 6 片。

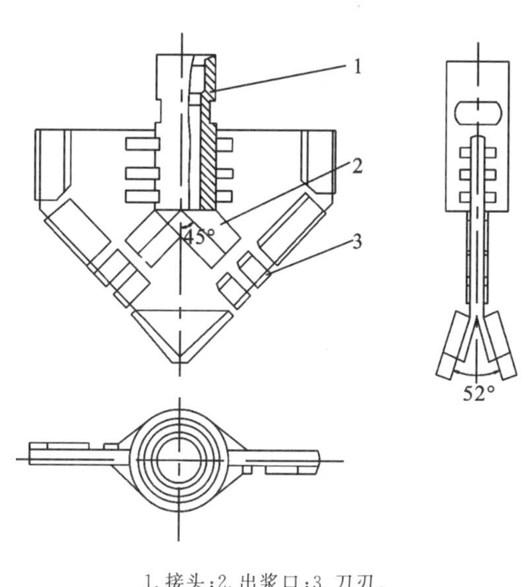

1. 接头；2. 出浆口；3. 刀刃。

图 3-2-3　鱼尾钻头

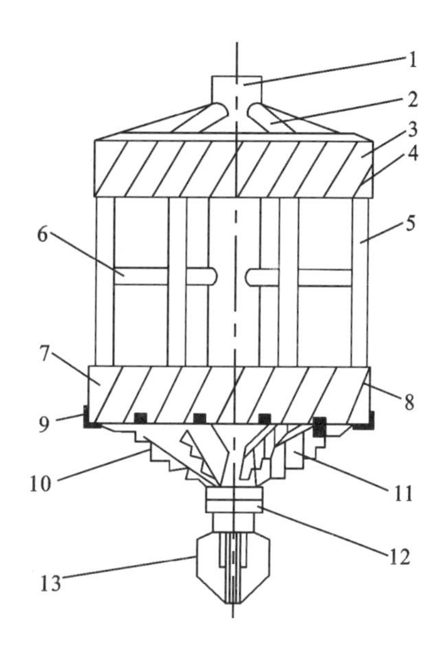

1. 中心管；2. 斜支杆；3. 上导正圈；4、8. 肋骨；5. 支柱；6. 横支杆；7. 下导正圈；9. 硬合金片；10. 翼板；11. 刀体；12. 接头；13. 小钻头。

图 3-2-4　双腰带笼式钻头

双腰带笼式钻头之所以在桩孔施工中得到广泛应用是因为它具有下列优点。

(1)由双腰带和立柱、支杆组成的具有一定高度的圆笼，对钻头具有良好的导正作用，再加上小钻头定芯导向，钻孔的垂直精度较高，钻头工作平稳，摆动小，扩孔率也小。

(2)钻头底部呈锥形、阶梯状，端部有小钻头超前钻进，故破碎自由面较大，碎岩土效率高。

(3)对砂砾层，小钻头起松动作用，少量不易破碎的卵砾石可挤进圆笼内，不妨碍继续钻进。

3. 四翼阶梯式定芯钻头

四翼阶梯式定芯钻头如图 3-2-5 所示，钻头呈阶梯形，下端为小直径的定芯钻头，超前钻进，以法兰盘与中心管联接，可整体更换；上部为锥形的翼板和导正修孔圆环。在翼板上用螺钉固定镶有硬合金切削具的切削刃板(每个翼板上固定 4～7 块刃板)。刃板上下端面上都镶硬合金片。这样，刃板便于拆装和更换，还可以调头使用，刃板上的硬合金片磨钝后也便于修磨。

这种结构大幅度提高了钻头寿命和钻进效率，适用于中等风化基岩或硬土层钻进，只是要求钻压较高，当钻压不足时，硬质合金片磨损较快。

4. 牙轮、滚刀钻头

大直径桩孔通过强风化、中风化基岩时，如果基岩强度、硬度均较大，前面所讲的各种形式的硬质合金钻头寿命短，有时甚至不进尺，在这种情况下就必须使用牙轮钻头或滚刀钻头。但用牙轮钻头和滚刀钻头钻进需要较高的钻压，且钻头成本较高。

5. 取芯钻头

在硬岩层中钻进时，为提高钻进效率，减小破岩体积，可采用图 3-2-6 所示的大口径取芯钻头。取芯钻头与孔壁的环状间隙较小，泥浆上返速度高，孔底较大尺寸的岩屑都能上返，但钻头上部钻杆与孔壁之间的环状空间大，泥浆上返速度慢，孔底上返至此的岩屑容易沉淀，故在钻头上部附带取粉管可解决这个问题。

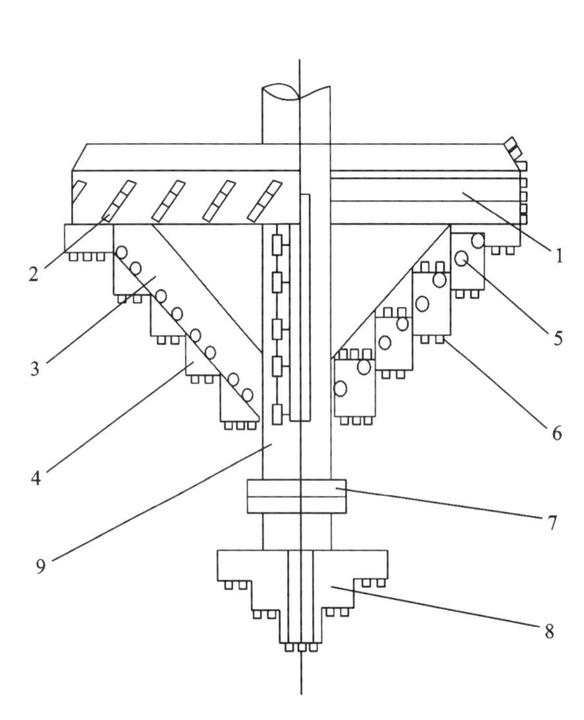

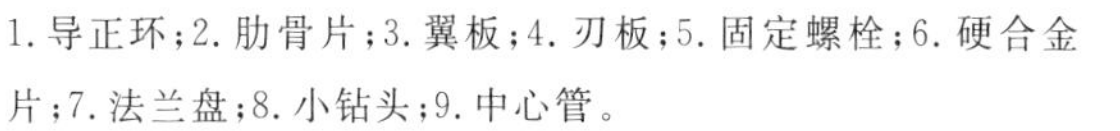
1. 导正环；2. 肋骨片；3. 翼板；4. 刃板；5. 固定螺栓；6. 硬合金片；7. 法兰盘；8. 小钻头；9. 中心管。

图 3-2-5 四翼阶梯式定芯钻头

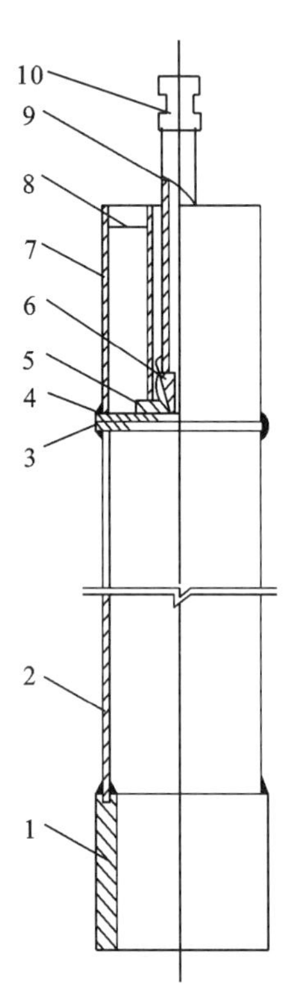

1. 钻头；2. 岩芯管；3、4. 法兰盘；5. 法兰盘接头；6. 钻杆接头；7. 取粉管；8. 幅撑；9. 钻杆；10. 钻杆接头。

图 3-2-6 取芯钻头

四、钻进规程选择

1. 冲洗液(泥浆)流量

冲洗液(泥浆)流量，简称泵量 Q(L/min)。每分钟送往孔内的泥浆量应保证泥浆在钻杆与孔壁之间的环状空间的上返流速足以及时排出孔底砂粒和岩屑，这个流速的最低值应为 0.25～0.30m/s。

已知钻孔和钻杆(或粗径钻具)的直径，可按下式计算泥浆流量：

$$Q=4.71\times10^4(D^2-d^2)v \quad (3-2-1)$$

式中：Q为泵量(L/min)；D为钻孔直径，通常按钻头直径计算(m)；d为钻杆(或粗径钻具)外径(m)；v为泥浆上返流速(m/s)。

2. 转速

一般均质地层，转速范围为40～80r/min，钻孔直径小，黏性土层取高值；钻孔直径大，砂层时取低值；较硬或非均质地层钻头转速可相应减少到20～40r/min。

3. 钻压

(1)在土层中钻进时，钻进压力应灵活加以掌握，以保证泥浆流畅，钻渣清除及时。

(2)钻进基岩时，要保证每颗(或每组)硬质合金切削具上具有足够的压力(通称单位压力)。在此压力下，硬质合金片能有效地压入并破碎岩石，同时又不会过快地磨钝、损坏，使钻头保持较大的一次进尺量(即一个新钻头使用到不修磨就不能再使用时的进尺米数)。因此，钻头总压力(C)通常是依据钻头上硬质合金片的数量(n)和每颗硬质合金片上的压力(C_0)按式(3-2-2)计算：

$$C=nC_0 \quad (3-2-2)$$

式中，C_0值参考表3-2-2。

表3-2-2 硬质合金切削具压力

岩石性质	切削具形状	C_0值/N
Ⅰ～Ⅱ级软塑性岩石	片状硬质合金	500～600
Ⅳ～Ⅵ级中硬均质岩石	柱状硬质合金	700～1200
Ⅶ～Ⅷ级硬、致密岩石	柱状硬质合金	900～1500

五、正循环钻进成孔施工要点

正循环钻进成孔施工的要点如下。

(1)钻头回转中心对准护筒中心，偏差不大于允许值。开动泥浆泵使泥浆循环2～3min，然后开动钻机，慢慢将钻头放至孔底。在护筒刃脚处应低压慢速钻进，使刃脚处地层能稳固地支撑护筒，钻至护筒刃脚下1m后，可根据土质情况以正常速度钻进。

(2)在黏土层中钻进时，由于土层本身的造浆能力强，钻屑成泥块状，易出现钻头泥包、憋泵现象，且回转阻力矩大，应选用尖底且翼片数量少的钻头。对于正循环钻进方法而言，块状黏土钻屑不可能直接上返出孔口，大口径黏土层钻进的孔底过程实际上是将孔底黏土切削成不致产生泥包的黏土块，而黏土块在孔底不断地被钻头搅成泥浆并被钻杆送到孔底的稀泥浆稀释。因此，应采用低钻压、高转速、大泵量的钻进规程，如地层中夹卵砾石，地层软硬不均时，应适当降低转速。关键是要不断稀释泥浆，因为黏土颗粒不易沉淀。

(3)在砂层钻进时，钻进速度快，回转阻力较小，但砂粒颗粒直径比黏土颗粒大，不易上返，且泥浆含砂量大，孔壁不稳定，容易坍塌；循环停止时，大量砂粒迅速沉降，易导致埋钻事故。为此，应采用较大密度、黏度和静切力的泥浆，以提高泥浆悬浮、携带砂粒的能力。要加强泥浆管理,经常清理泥浆循环槽和沉淀池内的积砂,并定期检查、清洗泥浆泵。在坍塌孔段,必要时可向孔内投入适量黏土球,以帮助形成泥壁。要控制钻具升降速度和适当降低回转速度,减轻钻头上下运动对孔壁的抽吸和钻头回转对孔壁的水力冲刷作用。

(4)在碎石土层钻进时,易引起钻具跳动、蹩车、蹩泵、钻头切削具崩刃、钻孔偏斜等问题,宜用低档转速、优质泥浆、较小的给进速度钻进。

(5)加接钻杆时,应先将钻具稍提离孔底,待泥浆循环 3~5min 后,再拧卸加接钻杆。

(6)钻进过程中,应防止扳手、管钳、垫叉等金属工具掉落孔内损坏钻头。

第三节 反循环回转成孔

一、反循环的特点及类型

反循环钻进是指泥浆从钻杆与孔壁的环状空间中进入钻孔,再从钻杆内返回孔口的一种钻进工艺。在大口径正循环钻进中,由于钻具与孔壁的环状空间断面面积太大,泥浆泵的泵量有限,泥浆上返速度很慢,因此钻屑在孔底必须充分破碎后才能被排出。这会带来 3 个问题:一是充分破碎钻屑要消耗较多的能量和时间,影响钻进效率并加快钻头磨损;二是细小钻屑很难通过振动筛、旋流器和泥浆沉淀池加以清除,泥浆处理难度大(目前在城市施工大部分是将浓浆用槽车外运,拉至郊外可排放的场地排放,在环保意识和环保要求不断提高的情况下,很难找到排放场地);三是在泥浆上返速度不大的情况下,只有增大泥浆黏度和密度才有利于上返钻屑,这也会在井壁形成厚的泥皮,增大清孔工作量,影响桩的承载力。采用反循环钻进,泥浆上返速度一般可达 2~3.5m/s,可排出粒径很大的钻屑,而且排出速度很高。在一般正循环钻进比较困难的卵砾石层,只要卵砾石能从钻杆内顺利通过,就可不经破碎而直接排出孔口。

实现反循环的方法可分为两大类:一是直接压送法;二是抽吸法。直接压送法有两种实施方案:其一,封闭孔口处钻杆与护筒之间的环状空间,从孔口向这个环状空间中压送泥浆,泥浆到达孔底后从钻杆内上返,这种方法所用设备简单,但它只适用于非漏失层或漏失量很小的地层(或用于套管有效封闭漏失层之后);其二,使用双壁钻杆,从地面沿双壁钻杆之间的环状间隙压入泥浆,泥浆到达孔底后从内管中上返。后一种方法要使用专用钻具,但对地层的适应性较强,也不需封闭孔口,故已在地质勘探工作中用于水力反循环连续取芯钻进,在砂矿勘探中用于空气反循环中心取样钻进。不过,由于大直径的双壁钻杆较笨重,因而这种方法几乎还没有应用于桩孔施工中。

抽吸法是利用离心泵、气举泵或射流泵从循环管路的终端(出口)或中间某处,形成负压和反向压差,并由此产生抽吸力,从钻杆通孔中抽吸泥浆,形成泥浆的连续反循环。按形成负压方法和设备的不同,通常把抽吸法反循环分为泵吸反循环、气举反循环和射流反循环 3 种类型。这些反循环方法工艺和设备均较简单,已在大口径桩孔施工中得到广泛应用。

二、反循环钻进的流体力学基础

要深入了解、研究反循环钻进，正确地进行参数的设计计算，掌握好钻井工艺，就必须对反循环钻进中涉及的流体力学基本问题有所了解。这个问题日益受到人们的重视，研究工作亦有不少进展。但反循环系统涉及的问题比较复杂，例如，气举反循环就是一个气、固、液三相流问题，而且因素多变，目前虽有一些理论解释与计算公式，但还不能说这一问题已得到了较好的解决，还有待于进一步的研究与探索。

1. 悬浮速度及泥浆上返流速的确定

在讨论泥浆如何携带钻屑，以及在确定泥浆流量等参数时，经常要用到悬浮速度的概念。钻屑实际上是不规则几何形体，为了由简到繁地分析问题，一般把钻屑假想为球形，首先研究球形钻屑的悬浮速度，然后用形状系数对其进行修正，表示实际钻屑的悬浮速度。

(1)球形物体的自由悬浮速度 u_0。当球体在断面无限大的静止流体中自由下沉时，作用在球体上的力有重力 W、浮力 P、流体阻力 R，如图 3-3-1a 所示。下沉开始后，下沉速度逐渐增大，由于阻力 R 与下沉速度的平方成正比，下沉速度越快，阻力越大，最后下沉速度达一定值 u_0 时，W、P、R 三力平衡，钻屑下沉的速度不变，这一恒定速度 u_0 称为该球形物体的自由下沉速度，此时力的平衡方程为

$$W=P+R \qquad (3-3-1)$$

如果流体以小于球体的自由下沉速度上升，则球体绝对运动为下沉；当流体以大于球体自由下沉速度上升时，则球体绝对运动为上升；如流体以等于球体自由下沉速度向上运动，则球体将在一水平面内呈摆动状态，既不上升，亦不下沉，此时流体的速度称为该物体的自由悬浮速度 u_0。显然，自由悬浮速度与自由下沉速度在数值上相等，方向相反，如图 3-3-1 所示。

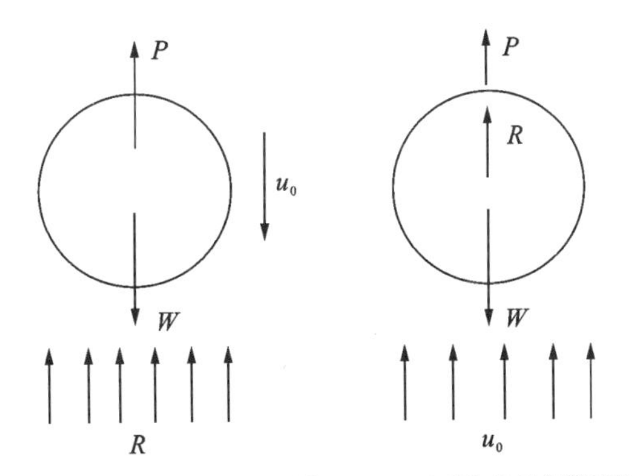

图 3-3-1　球形物体悬浮速度

对于直径为 d_s 的球形物体：$W=\frac{\pi d_s^3}{6}\gamma_s$；$P=\frac{\pi d_s^3}{6}\gamma_a$；$R=C\cdot\frac{\pi d_s^2}{4}\cdot\frac{u_0^2}{2g}\gamma_a$。代入式(3-3-1)并整理，得

$$u_0=3.62\sqrt{\frac{d_s(\gamma_s-\gamma_a)}{C\gamma_a}} \qquad (3-3-2)$$

式中：C 为阻力系数；u_0 为球形钻屑的自由悬浮速度(m/s)；d_s 为球形钻屑直径(m)；γ_s 为球形钻屑重度(kN/m³)；γ_a 为泥浆重度(kN/m³)。

式(3-3-2)为球形物体自由悬浮速度的一般表达式。式中阻力系数 C 是雷诺数 Re 的函数，在反循环中，由于钻屑直径比较大，泥浆流速比较高，Re 一般均大于 500，此时 $C=0.44$（C 的详细计算可参考"工程流体力学"相关书籍。将 $C=0.44$ 代入式(3-3-2)，得

$$u_0=5.54\sqrt{\frac{d_s(\gamma_s-\gamma_a)}{\gamma_a}} \tag{3-3-3}$$

(2)实际钻屑的悬浮速度。实际钻屑是在有限截面的管道内运动，而不是在无限大截面的流体中运动；实际钻屑形状千变万化，而不仅是球体；实际钻屑是颗粒群，而不是单个颗粒。在计算实际钻屑的悬浮速度时，要考虑以上所述因素的影响。

①管壁的影响。由于管道截面有限，悬浮颗粒要占据管道一定的截面面积，使流体流通截面减小，颗粒周围流体流速增大。因此，同一颗粒在受管壁限制条件下的悬浮速度较其在自由空间中的悬浮速度小。

前苏联科学家乌斯品斯基以一组粒径为 6.5～25.43mm 的钢球在 4 种不同管径(12.79～28.88mm)的垂直管中进行悬浮实验，结果表明管壁条件对悬浮速度的影响取决于球形颗粒直径 d_s 与管内径 d 之比，且当 $d_s/d=0.45$ 时悬浮速度最大。根据实验，悬浮速度为

$$u_g=5.54\sqrt{\frac{d_s(\gamma_s-\gamma_a)}{\gamma_a}}\left[1-\left(\frac{d_s}{d}\right)^2\right] \tag{3-3-4}$$

式中：u_g 为球形钻屑在垂直管道中的悬浮速度(m/s)；d 为管道内径(m)；其他符号意义同式(3-3-2)。

上海海运学院（现为上海海事大学）曾在实验室以一组 20 个不同直径的蜡球在管径为 74mm 的垂直管内进行实验，证明了式(3-3-4)的正确性。

②其他影响因素。物体颗粒的形状对悬浮速度有较大影响，在同类等重的物体中，以球形颗粒悬浮速度为最大，这是因为不规则形状颗粒阻力系数比球形颗粒阻力系数大。

在反循环钻井中，钻屑以颗粒群的形式存在，颗粒越多，颗粒之间的相互摩擦和局部撞击的影响也增大；同时，颗粒群的存在使流体流通的有效截面减小，液流局部流速增大。所以，颗粒群的悬浮速度比单颗的小。

综上所述，用式(3-3-4)计算出的悬浮速度值偏大，但式(3-3-4)形式简单且偏于安全，可以用它来计算反循环钻进中的实际钻屑悬浮速度。

(3)泥浆流速的确定。当求得钻屑的悬浮速度 u_g 之后，即可按下式计算出泥浆的流速 u_a(m/s)。

$$u_a=u_g+u_s \tag{3-3-5}$$

式中，u_s 为钻屑上返速度(m/s)。

u_g 一定时，u_a 大则 u_s 亦大，钻屑排出快，可以提高钻进效率，同时钻杆中滞留的钻屑数量少，可以减小钻杆内泥浆的重度，减少钻杆柱内、外泥浆柱的压力差。但 u_a 太大，则管路的沿程阻力损失增大，因此存在确定 u_a 最优值的问题。

2. 反循环时的泥浆压力损失

在正循环钻进时，泥浆泵的压力很大，泥浆循环时的压力损失计算精度要求不需要过分

严苛，对一些数值不大的压力损失，为了简化计算，往往忽略不计。但在抽吸式反循环中，由于驱动泥浆循环的压力不大，需要比较精确的计算，以利于合理选择参数。

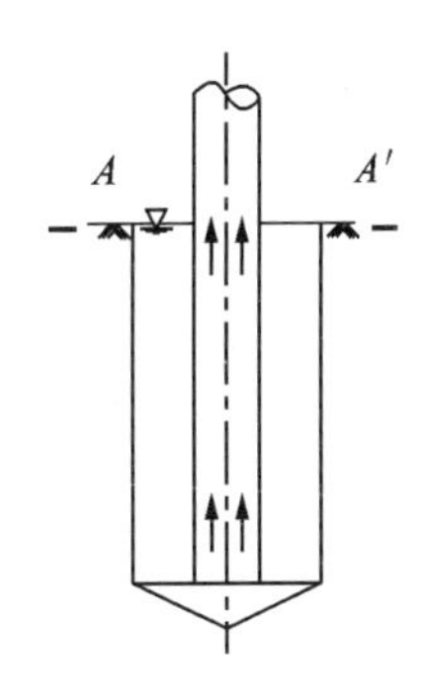

图 3-3-2　反循环泥浆压力损失

如图 3-3-2 所示，在反循环系统中，泥浆从孔口流到钻杆内的 $A—A'$ 截面这段流程中的主要压力损失有：h_1 为钻杆柱内外泥浆重度差所形成的压差；h_2 为泥浆的沿程压力损失；h_3 为钻头处吸入阻力所产生的压力损失。

(1)钻杆柱内外泥浆重度差所形成的压差 h_1。在进行反循环钻进时，钻屑在钻杆内由泥浆携带至地表，这时钻杆内的泥浆重度（泥浆与钻屑混合物的重度）大于钻杆外的泥浆重度。由于钻孔直径较大时才用反循环钻进方法，单位时间内产生的钻屑体量较大，而钻杆内孔的横截面比较小，大量钻屑从一个小通道排出；有时当泥浆流速不大而钻屑要求的悬浮速度较大时，钻屑在钻杆内上升速度较慢，钻屑滞留在钻杆内的时间较长，这些都促使钻杆内泥浆重度增大，由此引起钻杆柱内外泥浆柱的压差 h_1 增加。当孔较深时，h_1 往往可以达到一个较大数值，极大地限制了泵吸、射流反循环的钻进深度。

①钻杆柱内泥浆与钻屑混合物重度 γ_m 的计算。

设 V_s 为单位时间内钻屑的体积流量，单位为 m^3/s，则

$$V_s=\frac{\pi}{4}D^2\ \frac{v_s}{3600} \tag{3-3-6}$$

式中：v_s 为给进速度(m/h)；D 为钻孔直径(m)。

在钻杆内任一横截面中上升钻屑流所占的截面积 $S_s(m^2)$ 为

$$S_s=\frac{V_s}{u_s}=\frac{\pi}{4}D^2\ \frac{v_s}{3600}\frac{1}{u_s} \tag{3-3-7}$$

式中，u_s 为钻屑上升速度(m/s)。

在钻杆内同一横截面中泥浆流所占的截面积 $S_a(m^2)$ 为

$$S_a=\frac{\pi}{4}d^2-S_s \tag{3-3-8}$$

式中，d 为钻杆内径(m)。

对于单位长度的钻杆，可列出如下关系：

$$S_s\gamma_s+S_a\gamma_a=\frac{\pi}{4}d^2\gamma_m \tag{3-3-9}$$

式中：γ_s、γ_a、γ_m 为分别为钻屑、泥浆及混合流体重度(kN/m^3)。

将 S_s、S_a 的表达式代入上式并整理得

$$\gamma_m=\left(\frac{D}{d}\right)^2\ \frac{v_s}{3600}\frac{1}{u_s}(\gamma_s-\gamma_a)+\gamma_a \tag{3-3-10}$$

②钻杆柱内外重度差所形成的压差 h_1 的计算。

$$h_1=L(\gamma_m-\gamma_a)=\left(\frac{D}{d}\right)^2\ \frac{v_s}{3600}\frac{L}{u_s}(\gamma_s-\gamma_a) \tag{3-3-11}$$

式中：D、d 为分别为钻孔直径和钻杆内径(m)；L 为钻孔深度(m)。

由式(3-3-5)可知,钻屑上升速度 $u_s=u_a-u_g$,而钻屑的悬浮速度 u_g 随钻屑直径而变化,钻屑直径又随钻进地层、所用钻头形式而异,即使在同一情况下,由泥浆携带上来的钻屑直径亦不一样。计算 u_s 时,可取 $u_g=0.7u_{gmax}$[u_{gmax} 是式(3-3-4)中 $d=0.45$ 时的悬浮速度]。

(2)泥浆的沿程压力损失 h_2。按照二相流理论,h_2 主要由以下两项组成,即

$$h_2=h_d+h_a \tag{3-3-12}$$

式中,h_d 为把初速度近似为零的泥浆和钻屑分别加速至 u_a 和 u_s 所产生的泥浆压力损失,由于加速钻屑的压力损失与其他一些压力损失相比较数值很小,为简化计算,可略去不计,故得

$$h_d=\frac{u_a^2}{2g}\gamma_a \tag{3-3-13}$$

h_a 为泥浆和钻屑在钻杆内的沿程压力损失。在铅垂管中,钻屑的沿程压力损失较小,可略去不计,则有

$$h_a=\lambda_a\frac{L}{d}\frac{u_a^2}{2g}\gamma_a \tag{3-3-14}$$

$$h_2=\left(1+\lambda_a\frac{L}{d}\right)\frac{u_a^2}{2g}\gamma_a \tag{3-3-15}$$

式中:λ_a 为沿程阻力系数(可从相关的《工程流体力学》书籍中查得);L、d 意义同式(3-3-11);u_a 为钻杆内泥浆流速(m/s);g 为重力加速度(9.81m/s^2);γ_a 为泥浆重度(kN/m^3)。

(3)钻头处的吸入阻力所产生的压力损失 h_3。h_3 的变化范围很大,当钻进大颗粒卵石层、黏土层时,有时大块的卵石或黏土块会堵塞整个入口,造成断流。当稳定钻进时:

$$h_3=\xi\gamma_a\frac{u_a^2}{2g} \tag{3-3-16}$$

式中:ξ 为局部阻力系数,可取 2~4;其他符号意义同前。

三、泵吸反循环回转钻进

1. 泵吸反循环工作原理

如图3-3-3所示,泵吸反循环钻进的关键设备是砂石泵,砂石泵的吸入口与吸水胶管、水龙头弯管及整个钻杆柱相连,砂石泵的排出管口对着沉淀池。泵吸反循环就是利用砂石泵将钻杆柱内带有钻屑的泥浆抽到沉淀池,沉淀后的泥浆进入储浆池后经循环槽或由其他方式再流回钻孔,从而实现泥浆的反循环。

砂石泵一般为离心式泵。一般来说,离心泵叶片数目越多,泵的效率越高,但通道直径越小。砂石泵为了增大通道直径,一般为两个叶片,效率只有 50%~60%。

表示砂石泵性能的主要参数有流量 Q、全扬程 H、吸程 H_s、自由通道直径 d_0。钻孔工作对砂石泵的要求是吸程要足够大,一般要保证在 7m 以上,因为没有足够的吸程,就不能施工比较深的钻孔,同时工效也会较低。对砂石泵扬程要求不高,因为其排出口距离沉淀池很近。

2. 砂石泵的启动方式

由于砂石泵一般为离心式泵,且安装在地表,在泥浆还没有开始形成反循环之前,图3-3-3

所示的砂石泵吸入管路中的胶管、水龙头及其弯管、大部分主动钻杆内均为空气所充满，离心泵抽吸空气的能力非常低，要启动砂石泵形成反循环，就必须先排除砂石泵吸入管路中的空气。排气方法有两种：真空泵排气和灌注泵排气。

(1)真空泵启动砂石泵。我国生产的QZ-3型、QZ-200型钻机采用了真空泵启动砂石泵的方法。QZ-200型钻机泵吸反循环系统如图3-3-4所示。真空泵4的吸气管与真空包3相连，真空包3的吸气管经过一段透明塑料管6(吸气管线)后分别接到砂石泵泵壳最上端和水龙头弯管顶部。用真空泵启动砂石泵的过程：砂石泵1出口处安装一蝶形阀，关闭蝶形阀即封住砂石泵的出口；启动真空泵，打开吸气管线6上阀门A和B，将砂石泵吸入管路中的空气抽出；随着空气被抽出，砂石泵吸入管路中的真空度增大，在钻孔液面外界大气压的作用下，泥浆在主动钻杆内不断上升；当泥浆注满砂石泵泵体时，塑料透明管中就有泥浆通过，马上关闭阀门A；当塑料透明管中再次有泥浆通过时，说明泵体及整个吸入管路中的空气已全部排除，应迅速关闭阀门B，立即启动砂石泵；砂石泵转动平稳后，打开砂石泵出口蝶形阀，实现反循环，然后关闭真空泵。利用真空泵抽真空启动砂石泵，要求砂石泵及其吸入管线系统密封可靠，否则往往无法启动砂石泵。

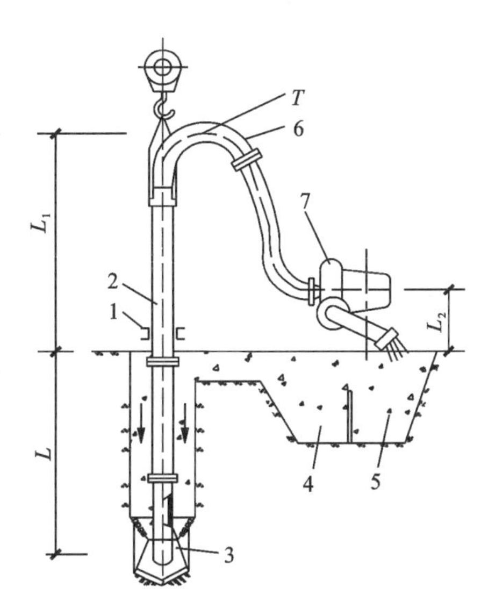

1.转盘；2.钻杆；3.钻头；4.储浆池；5.沉淀池；6.水龙头弯管；7.砂石泵。

图3-3-3　泵吸反循环钻进示意图

(2)灌注泵启动砂石泵。上海金泰工程机械有限公司生产的GPS-15型钻机的砂石泵就是利用3PN型泥浆泵作为灌注泵启动的。图3-3-5为GPS-15型钻机使用的灌注泵启动砂石泵的“三泵”反循环系统，它是目前国内广泛使用的泵吸反循环系统形式。所谓三泵，即砂石泵7[6或8英寸(1英寸＝25.4mm)]、泥浆泵6(3PN型)和清水泵5(1.5英寸BA-6型)。电动机输出动力通过传动轴3、离合器4(两个联动，一离一合)以及三角皮带分别带动上述3个泵。泥浆泵6与砂石泵7排水管之间用弯管8连接，打开弯管阀门9，两泵即互相连通。启动砂石泵之前，利用清水泵5向泥浆泵6内灌水，灌满后立即启动泥浆泵，并打开弯管阀门9，关闭排渣阀门10，泥浆泵向砂石泵及其吸水管路灌注泥浆。灌注泵的流量较大，强大的泥浆流将砂石泵吸入管路中的空气通过钻杆从孔底排出。灌注泵工作一段时间后，启动砂石泵，待它运转平稳后打开排渣阀门10，关闭弯管阀门9即可实现反循环。清水泵排出的清水除灌注泥浆泵外，还以胶管引向泥浆泵和砂石泵轴端密封盒内，起强制润滑和密封作用(利用压力清水阻止泥浆向外渗漏到泵的轴封内并防止空气进入泵体)。当只开动灌注泵且关闭排渣阀门时，系统实现正循环。由此可见该系统正、反循环的转换非常方便，若反循环管路堵塞了，可用正循环冲堵。

利用灌注泵注水启动，当孔较深时，滞留在钻杆中的空气不易排出，对砂石泵的启动有些不利，常需要增加用泥浆泵向砂石泵及其吸水管路中的灌水时间。

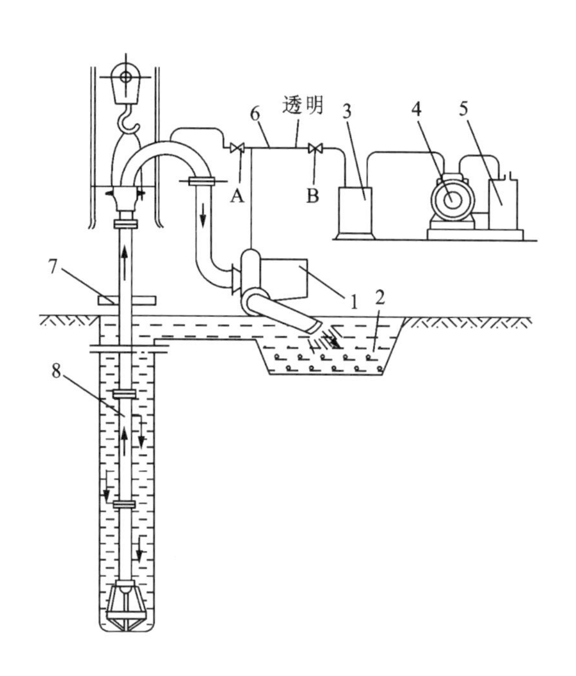

1. 砂石泵；2. 沉淀池；3. 真空包；4. 真空泵；5. 气水分离器；6. 吸气管线；7. 转盘；8. 钻具。

图 3-3-4 真空泵启动的泵吸反循环系统

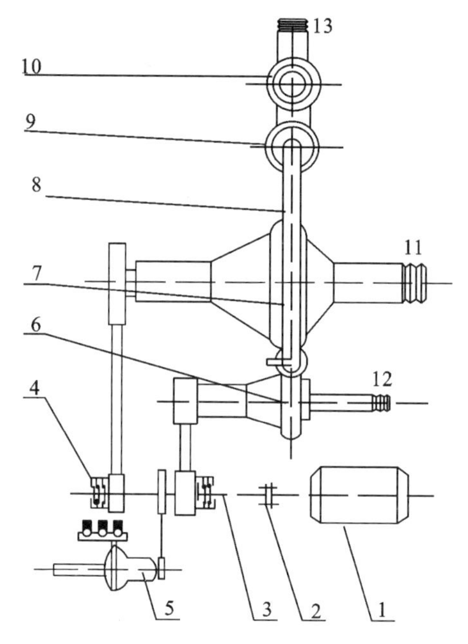

1. 电动机；2. 联轴器；3. 传动轴；4. 离合器；5. 清水泵；6. 泥浆泵；7. 砂石泵；8. 弯管；9. 弯管阀门；10. 排渣阀门；11. 吸渣管；12. 吸水管；13. 排渣管。

图 3-3-5 “三泵”反循环系统

3. 泵吸反循环正常工作条件

泵吸反循环应满足两个条件才能正常工作。

(1)水龙头弯管最高点(图 3-3-3 中的 T 点)的泥浆压力不小于泥浆的汽化压力 p_y。

(2)砂石泵吸入口处的泥浆压力应大于砂石泵的吸入压力 p_b(大气压与泵的吸入压力之差即为泵所能达到的真空度)。

根据以上两个条件，结合图 3-3-3，可列出泵吸反循环应满足的两个方程式：

$$\left.\begin{aligned} p_a-(h_1+h_2+h_3+L_1\gamma_m)\geqslant p_y \\ p_a-(h_1+h_2+h_3+L_2\gamma_m)\geqslant p_b \end{aligned}\right\} \quad (3-3-17)$$

式中：p_a 为大气压力(100kPa)；p_y 为泥浆的汽化压力，与温度有关，见表 3-3-1；p_b 为砂石泵的吸入压力，GPS-15 钻机砂石泵吸程为 7m，即 $p_b=30$kPa；L_1 为水龙头弯管最高点与钻孔液面之间的高度(m)；L_2 为砂石泵吸入口与钻孔液面之间的高度差，即砂石泵的安装高度(m)；γ_m 为钻杆内泥浆与钻屑混合物的重度(kN/m^3)，见式(3-3-10)；h_1、h_2、h_3 分别为各种压力损失(kPa)，见式(3-3-11)、式(3-3-15)、式(3-3-16)。

表 3-3-1 泥浆的汽化压力

温度/℃	10	20	30	40	50
p_y/kPa	1.8	3.2	5.5	9.0	14.6

由上式可知,泵吸反循环驱动泥浆循环的压力 $p_a - p_y$ 或 $p_a - p_b$ 小于一个大气压,这就限制了泵吸反循环的钻进能力,包括钻进深度和钻进过程中排除循环管线堵塞故障的能力。理论和实践都说明,泵吸反循环在孔深 50m 以前效率较高,孔深越过 70m 虽然也能工作,但效率较低。

4. 泵吸反循环有关参数选择

(1)钻杆长度。在泵吸反循环管路中,压力最低点在水龙头弯管顶部,为使该处的压力不小于泥浆的汽化压力,泵吸反循环一般采用较短的钻杆和主动钻杆(一般为 3m);当孔较深时,至少还要配备一节长度为 1.5m 的短钻杆。

(2)钻杆内泥浆上返流速。钻杆内泥浆上返流速必须大于钻屑在钻杆内的下沉速度。钻孔直径大,钻杆内径大,上升的钻屑颗粒亦大,则泥浆流速宜选大一些,反之则应小一点。流速越高,则钻进速度可以提高,钻杆柱内外重度差所形成的压差 h_1 减小,但沿程及局部阻力损失增大。总结国内外施工实践经验,一般认为,钻杆内泥浆上返流速以 2～4m/s 为宜,最低可采用 1.5m/s。

(3)钻杆内径。钻杆内径大,钻进过程中的各种压力损失都可减小,可增大反循环钻进所能达到的钻孔深度;同时,钻杆内径大,可上返的钻屑颗粒也大,且不易产生管道堵塞,从而钻进速度也可提高。但钻杆直径太大,当钻杆内泥浆上返流速一定时,增大了泥浆的泵量和钻杆外环隙中的泥浆流速,对孔壁冲刷作用也大,一般可选 $d \geqslant D/10$,且 $d > 100$mm(D、d 分别为钻孔直径和钻杆内径),具体选择时要保证钻杆外环隙中的泥浆流速为 0.02～0.04m/s。

(4)砂石泵流量 Q。

$$Q = 3600 u_a \frac{\pi}{4} d^2 \tag{3-3-18}$$

式中:d 为钻杆内径(m);u_a 为钻杆内泥浆上返流速(m/s)。

砂石泵出厂时标定的流量是指抽吸清水的流量。实际施工时,砂石泵抽吸的是含有大量钻屑的泥浆,故实际流量小于标定的额定流量。因此,按上式选择砂石泵时,要视泥浆类型乘以一个大于 1 的系数,其泵量才能满足实际施工需要。

5. 泵吸反循环回转钻进工艺

(1)砂石泵启动后,应待形成正常反循环,才能开动钻机慢速回转,下放钻头至孔底。开始钻进时,应先轻压慢转至钻头正常工作后,逐渐增大转速,调整钻压,以不造成钻头吸水口堵塞为限度。

(2)钻进中应认真细心观察进尺情况和砂石泵的排水出渣情况;排量减小或出水中含钻渣量太多时,应控制给进速度,防止因泥浆密度太大或管道堵塞而中断反循环。

(3)钻进参数应根据不同的地层情况、桩孔直径,并获得砂石泵的合理排量和经济钻速来加以选择和调整。钻进参数和钻速的选择可参考表 3-3-2。

(4)在砂砾、砂卵、卵砾石层中钻进时,为防止钻渣过多,卵砾石堵塞管道,可采用间断给进、间断回转的方法来控制钻速。

(5)加接钻杆时应先停止进尺,将钻具提离孔底 300mm 左右,维持泥浆循环 1～2min,以清洗孔底,并将管道内的钻渣携出排净,然后停泵加接钻杆。

表 3-3-2 泵吸反循环回转钻进推荐的钻进参数

地层	钻进参数和钻速			
	钻压/kN	转速/$(r \cdot min^{-1})$	砂石泵排量/$(m^3 \cdot h^{-1})$	钻速/$(m \cdot h^{-1})$
黏土层、硬土层	10～25	30～50	180	4～6
砂土层	5～15	20～40	160～180	6～10
砂层、砂砾层、砂卵石层	3～10	20～40	160～180	8～12
中硬以下基岩、风化基岩	20～40	10～30	140～160	0.5～1

注：①本表钻进参数以 GPS-15 型钻机为例；砂石层排量要根据孔径大小和地层情况灵活调整，要保证泥浆在钻杆内和外环空间中的流速符合规定要求；

②桩孔直径较大时，钻压宜选用上限，转速宜选用下限，获得下限钻速；桩孔直径较小时，钻压宜选用下限，转速宜选用上限，获得上限钻速。

(6)钻进时如孔内出现坍孔、涌砂等异常情况，应立即将钻具提离孔底控制泵量，保持泥浆循环，吸除坍落物和涌砂。同时，向孔内输送性能符合要求的泥浆，保持孔内水头压力以抑制继续涌砂和垮孔；恢复钻进时，控制泵排量，避免吸垮孔壁。

(7)钻孔达到要求孔深停钻后，钻具提离孔底 100mm 左右，维护泥浆正常反循环清孔，直到符合清孔标准为止。起钻时应注意操作轻稳，防止钻头拖刮孔壁，并向孔内补入适量泥浆，稳定孔内水头高度，防止坍孔。

四、射流反循环回转钻进

1.射流反循环工作原理

射流反循环是用射流泵来驱动泥浆流动的，因此在了解射流反循环之前有必要先了解射流泵的构造及其工作原理。

射流泵的构造如图 3-3-6 所示。射流泵工作时，由供水管来的高压工作流体（质量流量为 G_p，绝对压力为 p_p，比容为 υ_p）经过喷嘴 1 射入吸入室 2 后，速度增高，压力降低，形成高速射流。高速射流对其周围的介质有卷吸作用，可带着其周围的介质一起向前运动；吸入室 2 中的流体介质被高速射流带走后，吸入室中的压力减小形成一定的真空，从而使引射流体（质量流量为 G_H，绝对压力为 p_H，比容为 υ_H）通过吸入管 6 不断地被吸入吸入室，又不断地被高速射流带走，形成一个连续的抽吸过程。工作流体和引射流体在喉管 3 内进行动量和能量交换达到充分混合，混合流体经扩压管 4，速度降低，压力增大，把大部分动能转化为压力能通过排出管 7 排出。混合流体在扩压管出口处的质量流量为 G_C，绝对压力 p_C，比容为 υ_C。

在射流反循环中，射流泵的供水管 5 与泵送经净化过的泥浆或清水的工作泵相连，吸入管 6 和排出管 7 串接在钻屑和泥浆混合物流通的管路中。一般射流泵常用一个喷嘴，它和排出管安排在同一轴线上（称为中心射流泵，喷嘴位于喉管和排出管的中心线上，如图 3-3-6a 所示），吸入管道和排出管道则不在一条轴线上。在射流反循环中，为了使大颗粒钻屑能顺利通过管道，常用多个喷嘴，布置成环形，吸入管道和排出管道在同一条轴线上，称环形射流泵（图 3-3-6b）。

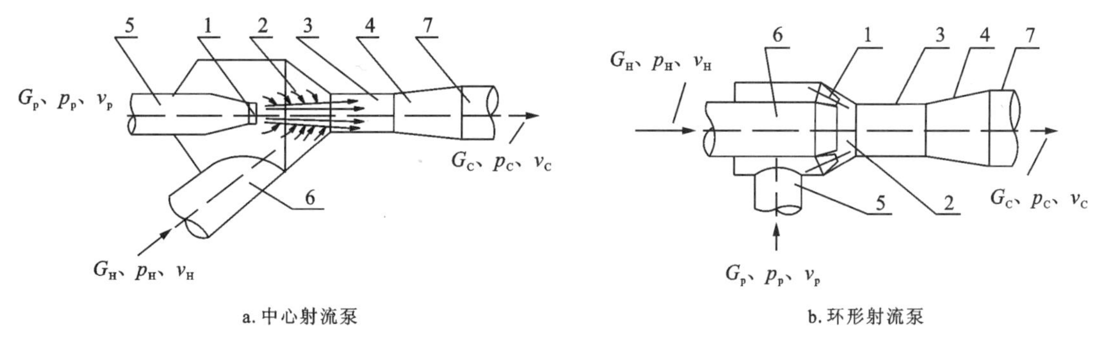

a. 中心射流泵　　b. 环形射流泵

1. 喷嘴；2. 吸入室；3. 喉管；4. 扩压管；5. 供水管；6. 吸入管；7. 排出管。

图 3-3-6　射流泵示意图

射流泵的工作流体和引射流体可以是液体也可以是气体。工作流体的任意性使得泥浆泵(包括离心泵和往复泵)和空压机都可作为射流泵的动力源。引射流体的任意性，使射流泵既能抽吸液体又能抽吸空气。射流泵的这一特性使得它在反循环钻进中的应用非常灵活。在气举反循环钻进时，可用空压机作为动力源进行射流反循环开孔；在泵吸反循环中，可用射流泵作为真空泵来启动砂石泵；当用泥浆泵作动力源进行射流反循环钻进时，射流泵能抽吸空气，不像砂石泵那样需要启动装置。

射流泵在反循环系统中，有 3 种常见的安装形式，如图 3-3-7 所示，其中：图 3-3-7a 是把射流泵放在井底钻头上部；图 3-3-7b 是把射流泵放在地表；图 3-3-7c 是把射流泵放在水龙头旁。图 3-3-7a 靠射流泵的扬程来驱动泥浆循环，驱动压力可超过一个大气压，但管路比较复杂，高压水流流程长，沿程压力损失大。图 3-3-7b 和图 3-3-7c 是靠射流泵的吸程工作，射流泵的吸程一般比砂石泵高，但不可能超过一个大气压。在同样的条件下，图 3-3-7b 中的射流泵吸入压力比图 3-3-7c 中的高，对射流泵较为有利。对于大口径工程桩孔钻进，钻孔一般不太深，3 种形式中以图 3-3-7b 形式较好。

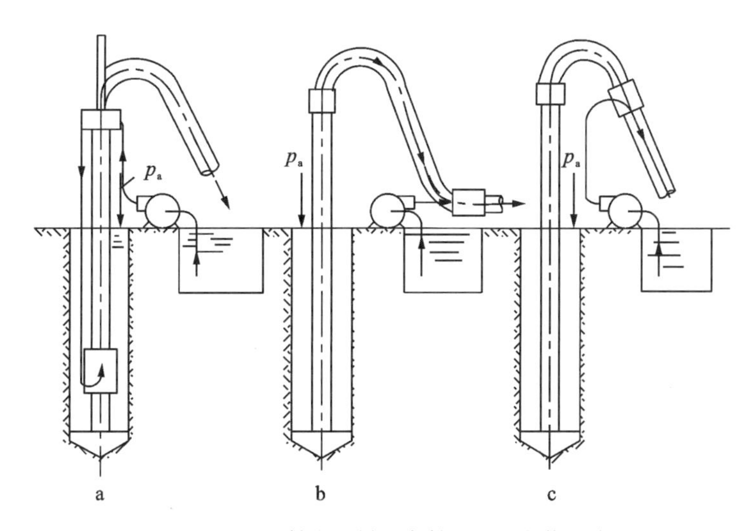

图 3-3-7　射流反循环中射流泵的安装形式

射流反循环的优点是结构简单，射流泵无运动部件，工作可靠，作业率高，机件磨损后易于更换，整个系统中钻屑所流经的管路通畅。缺点是射流泵的机械效率在25%以下，消耗功率较大。

2. 射流泵的主要参数及特性曲线方程

决定射流泵性能的基本参数如下。

(1)扬程比(亦称压力比)h。

$$h=\frac{\text{扩压管出口混合流体压力}-\text{吸入管引射流体压力}}{\text{喷嘴前工作流体压力}-\text{吸入管引射流体压力}}=\frac{p_C-p_H}{p_p-p_H}=\frac{\Delta p_C}{\Delta p_p} \qquad (3-3-19)$$

(2)面积比 m。

$$m=\frac{\text{喉管截面积}}{\text{喷嘴出口截面积}}=\frac{f_3}{f_1}=\frac{1}{n}\left(\frac{d_3}{d_1}\right)^2 \qquad (3-3-20)$$

式中：n 为喷嘴数量；f_3、d_3 分别为喉管截面积(m^2)和直径(m)；f_1、d_1 分别为喷嘴截面积(m^2)和直径(m)。

(3)流量比。

$$q=\frac{\text{引射流体的质量流量}}{\text{工作流体的质量流量}}=\frac{G_H}{G_P} \qquad (3-3-21)$$

通过动量定理并结合试验数据所得的射流泵特性曲线方程为

$$h=\frac{\varphi_1^2}{m}\left[2\varphi_2+\left(2\varphi_2-\frac{1}{\varphi_4^2}\right)\frac{\upsilon_H}{\upsilon_P}\frac{1}{m-1}q^2-(2-\varphi_3^2)\frac{\upsilon_C}{\upsilon_P}\frac{1}{m}(1+q^2)\right] \qquad (3-3-22)$$

式中：υ_P、υ_H、υ_C 分别为工作流体、引射流体、混合流体的比容；φ_1、φ_2、φ_3、φ_4 分别为喷嘴、喉管、扩压管、喉管入口的速度系数。

当结构设计合理，并抽吸清水时，根据试验，$\varphi_1=0.95\sim0.975$，$\varphi_2=0.975$，$\varphi_3=0.90$，$\varphi_4=0.92$。当抽送泥浆时，流速系数原则上应通过试验确定，无条件试验时，也可按上述数值计算。

射流泵的特性曲线方程反映了一定面积比 m 的射流泵的扬程比 h 与流量比 q 之间的关系，它是设计和应用射流泵的最基本的方程式。

射流泵的喷嘴一般采用圆锥形喷嘴，圆锥角 13°30′；喉管入口采用收缩圆锥形，收缩圆锥角 16°～40°，喉管长度为其直径的 6～7 倍；扩压管的圆锥角为 5°～8°，出口直径为喉管直径的 2～4 倍，无扩压管时，射流泵的性能会明显降低。

3. 用 6SPS 正、反循环两用射流泵进行射流反循环钻进

图 3-3-8 是中国地质大学(北京)研制的射流泵，它采用的是射流泵安装在地表的射流反循环钻进工艺。

(1)射流泵的主要特点和技术参数。6SPS 射流泵的主要特点：体积小、重量轻、抽吸力强，并集正循环、反循环和无循环 3 种功能于一身，且 3 种功能的转换只需操作两个阀门，极为方便。当闸阀 9 开启，蝶阀 8 关闭时，工作泵Ⅲ泵送过来的高压液流经喷嘴 4 高速喷出，吸入室 5 中产生负压，经引射管 2 和连接到钻杆水龙头上的吸水胶管 1 并通过钻杆抽吸孔底流体和钻渣，此时为射流反循环。当同时打开蝶阀 8 及闸阀 9，则由工作泵来的工作液流经扩压管 10 和排出管排入泥浆池或泥浆净化设备，此时孔内泥浆不循环，用于净化泥浆池内的泥浆(在配有泥浆净化设备的情况下)。如打开蝶阀8,关闭闸阀9,由工作泵来的工作流体绝大部分经蝶阀进入喉管、引射管、射流泵吸水胶管、水龙头及钻杆流至井底,然后由钻杆与井壁间环状空间返回井口,形成正循环。正循环在大口径反循环钻进中常用于排除钻杆吸入口的堵卡,或钻进一些易于坍塌不适宜用反循环钻进的地层,如流砂层。

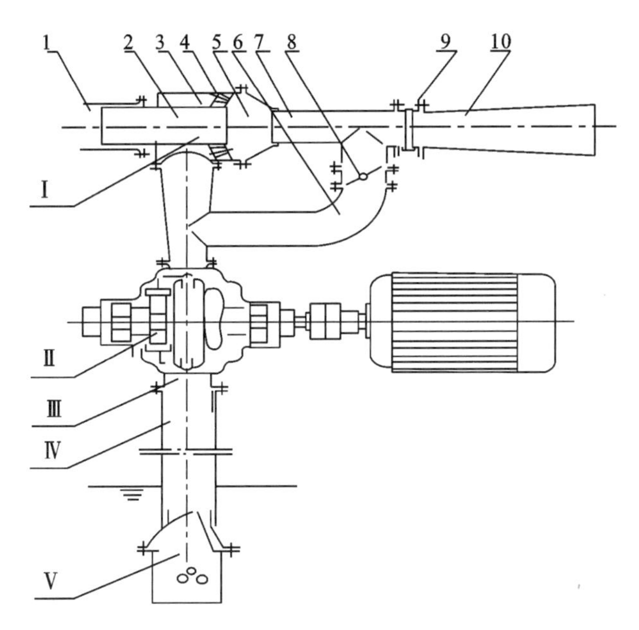

Ⅰ.射流泵;Ⅱ.工作泵轴封润滑油缸;Ⅲ.工作泵;Ⅳ.工作泵吸水胶管;Ⅴ.工作泵吸水龙头;1.射流泵吸水胶管;2.引射管;3.泵体;4.喷嘴;5.吸入室;6.旁通管;7.喉管;8.蝶阀;9.闸阀;10.扩压管。

图3-3-8 正、反循环两用射流泵示意图

6SPS射流泵主要技术参数如下。

用于反循环时:真空度9.5m水柱;引射流量225~100m^3/h;配用钻杆内径150mm。

用于正循环时:最大泵压0.6MPa(60m水柱);最大泵量180m^3/h。

外形尺寸1885mm×1332mm×860mm(长×宽×高)(不包括排出管);质量1100kg;功率37~45kW。

(2)射流反循环回转钻进工艺。射流泵安装在地表的射流反循环回转钻进的施工工艺与泵吸反循环回转钻进基本相同。因此,这里着重介绍射流泵的使用及注意事项,其他问题不再赘述。

泵的安装高度应尽可能低,泵轴线距泥浆池液面高度以不大于0.5m为宜。如射流泵组长时间不运转,工作泵(离心泵)内无水,启动前打开闸阀及蝶阀,通过排出管向泵内灌水,同时打开工作泵泵体上的小闸阀放气,待工作泵及其吸水胶管空气排净后,关闭小闸阀,启动工作泵。

如果工作泵供水不正常,原因可能是:①工作泵内滞留空气未排净;②吸水龙头被杂物堵塞或被沉淀下来的钻渣埋没;③吸水龙头沉入深度浅,吸水时产生漩涡,吸入了空气。工作泵正常供水是射流泵正常工作的必要条件。如工作泵供水正常,可先试用一下正循环:打开蝶阀,将闸阀逐步关闭,当孔口返水时,说明循环管路无堵塞或堵塞已被冲开。在循环管

路无堵塞的情况下，再打开闸阀关闭蝶阀，系统实现反循环。反循环正常后，开动钻机回转并给进。

当大量钻渣涌进钻杆内与上升的液流混合时，射流泵吸入阻力增加，出水量会减小。因此，司钻要随时注意水量变化，如发现水量明显减小，应减缓进尺速度或停止进尺，必要时稍提升钻具，等水量恢复正常后再进尺。随着孔深的增加，循环系统的各项阻力随之增加，水量会逐步减小一些，这是正常现象。

射流反循环特有的故障：一是工作泵吸水龙头被杂物堵塞；二是喷嘴被堵塞。这两个故障是密切联系的。之所以要在工作泵的吸水管端装上吸水龙头，是为了防止比喷嘴出口直径大的钻屑或杂物进入射流泵而堵塞喷嘴。而装上吸水龙头后，吸水龙头又易被杂物堵塞，影响射流泵的正常工作。因此，及时清除泥浆池里的杂物，增大沉淀池体积，吸水龙头附近及时清砂、清泥是保证射流泵正常工作的关键。

五、气举反循环

1. 工作原理

气举反循环是利用气举泵的工作原理实现泥浆反循环的。在图 3-3-9 中，压缩空气通过供气管路(可以是专门的风管，也可以是双壁钻杆的外环空间，图示为后者)送至孔内气水混合器，在这里空气膨胀、液气混合，形成一种密度小于液体的液气混合物，并在钻杆内外重度差和压气动量的联合作用下，沿钻杆内孔上升，带动钻杆内的泥浆和岩屑一起向上流动，形成空气、泥浆和岩屑混合的三相流，三相流流往地表沉淀池，空气逸散，钻渣沉淀，泥浆流回钻孔。

由上述气举反循环的原理可知，气举反循环形成的前提条件是混合器沉入钻孔内泥浆液面下一定深度，在钻杆内外形成足够大的反向压力差。如图 3-3-9 所示，设孔内泥浆面与孔口持平，混合器沉入液面下深度为 h_0，钻杆内三相流的重度为 γ_m，钻杆外液柱重度为 γ_a，作用于混合器位置的钻杆内和钻杆与孔壁环空液柱压力差 Δp 为(不考虑排渣胶管的虹吸作用)

$$\Delta p=\gamma_a h_0-\gamma_m(h_0+h_1)=(\gamma_a-\gamma_m)h_0-\gamma_m h_1 \quad (3-3-23)$$

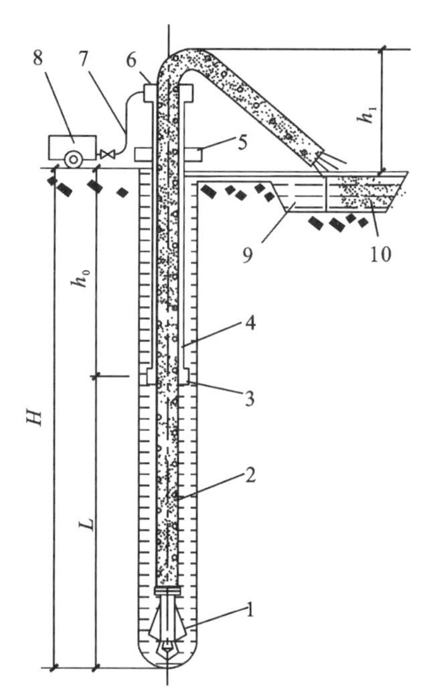

1. 钻头；2. 钻杆；3. 混合器；4. 双壁钻杆；5. 转盘；6. 气水龙头；7. 风管；8. 空压机；9. 储浆池；10. 沉淀池。

图 3-3-9 气举反循环工作原理图

正是这个压力差，再加上高速喷出并迅速膨胀的压气动量的作用，驱动钻孔内的液体沿孔壁与钻杆间的环形空间向下流动，尾管内的岩屑和泥浆、混合器以上的三相混合物沿钻杆内孔上升，并克服循环过程中的各种阻力损失，形成连续的反循环。这些阻力损失包括：①泥浆沿孔壁与钻杆间环形空间向下流动的沿程阻力损失；②两相流、三相流沿钻杆内孔向上流动的沿程阻力损失；③泥浆、钻屑流经钻头底部并进入钻头吸渣口的局部阻力损失；④尾管部分即混合器以下部分由内外重度不同引起的压差；⑤液体和混合流的动能增量。

由式(3-3-23)可以看出，在泥浆重度 γ_m 和升液高度 h_1 一定的情况下，增大混合器的沉没深度，降低三相流的重度(通过增大压风量)，将会提高驱动气举反循环的压力差。因此，混合器的沉没深度，送往孔内的空气流量和压力，是影响气举反循环钻进能力和钻进效率的重要参数。

2. 气举反循环参数的选择与计算

(1)混合器的沉没深度。通常使用沉没系数的概念，用 ε 表示：

$$\varepsilon=\frac{h_0}{h_0+h_1} \tag{3-3-24}$$

式中：h_1 为升液高度(m)；h_0 为混合器沉没深度(m)。

沉没系数范围：$0<\varepsilon<1$，沉没系数越大，则表示相对于升液高度来说，气水混合器沉入钻孔深度愈大，驱动气举反循环的压差就越大。在式(3-3-23)中的 $\Delta p>0$ 时，才有可能形成反循环，若泥浆相对密度为 1.1，气液混合物的相对密度为 0.4～0.6(吸泥机系数、气举反循环可按 0.6 计算)，要使 $\Delta p>0$，则必须 $h_0>1.2h_1$，也就是 $\varepsilon>0.55$ 时气举反循环才能工作。若水龙头弯管最高点距钻孔液面的高度为 6m，则混合器必须沉没 7.2m 以上才能开始气举反循环，因此开孔钻进必须用其他方法。

(2)空气压力。考虑到供气管道的压力损失，空气压力 p(MPa)应按下式计算：

$$p=\frac{\gamma_a h_0}{1000}+\Delta p \tag{3-3-25}$$

式中，γ_a 为孔内泥浆重度(kN/m^3)；h_0 为混合器沉没深度(m)；Δp 为供气管道压力损失，一般取 0.05～0.1MPa。

当空压机的空气压力 p 已定，也可由上式反算混合器的最大允许沉没深度。

(3)压气量。压气量是指空压机的供气能力(m^3/min)。压气量的大小影响钻杆内三相流的重度 γ_m，从而影响驱动气举反循环的压力差。压气量与泥浆上返量有关，泥浆上返速度一定时，泥浆上返量又与钻杆内径有关。因此，可根据钻杆内径按表 3-3-3 选择空压机风量。

表 3-3-3 钻杆内径与空压机风量的关系

钻杆内径/mm	80	94	120	150	200	300
空压机风量/(m^3·min^{-1})	2.5	4	5	6	10	20

(4)尾管长度 L。从混合器至钻头吸水口处的长度称为尾管长度，钻杆内外重度差引起的压力损失，以及泥浆和钻渣两相流的沿程阻力损失都与尾管长度 L 成正比。因此，尾管长度是影响气举反循环钻进的一个重要参数，尾管过长将会降低排渣效率甚至破坏气举反循环。实践经验证明，尾管长度应与混合器沉没深度保持适当关系，即

$$L=(2\sim4)h_0 \tag{3-3-26}$$

这样，空压机的额定压力确定后，混合器容许的最大沉没深度和使用该空压机所能钻进的极限孔深 H_{max} 也就可大致确定，即

$$H_{max}=h_0+4h_0=5h_0 \quad (3-3-27)$$

由此可见，要提高钻进深度，就必须增大混合器的沉没深度 h_0，空压机的压力就要相应增大。

3. 气举反循环的供气方式

气举反循环的供气方式有图 3－3－10 所示的 3 种，即并列式、环隙式和中心式。

(1)并列式(外供气式)。通过与钻杆并列的输气管供气，结构非常简单，但钻杆之间一般用法兰盘联接，装拆较费事。目前桩孔施工的气举反循环大多采用这种供风方式。

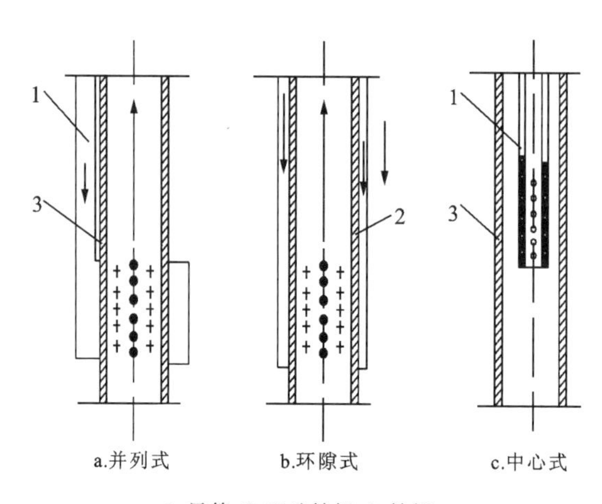

1. 风管；2. 双壁钻杆；3. 钻杆。

图 3－3－10 气举反循环的供风方式

图 3－3－11 是江苏沛县农机厂设计的一种典型的并列式气举反循环供风钻杆。钻杆为外径 φ273mm 的无缝钢管，其外壁设 1～2 根风管，风管及钻杆均焊在两端的法兰盘上。两根钻杆之间用法兰盘联接，相联接的两法兰盘中间用橡胶垫圈密封，防止漏气、漏水。橡胶垫以环氧树脂黏合在一侧有凹槽的法兰盘上，黏合后的橡胶垫凸出法兰盘端面 2～3mm，另一侧法兰盘端面为平面。

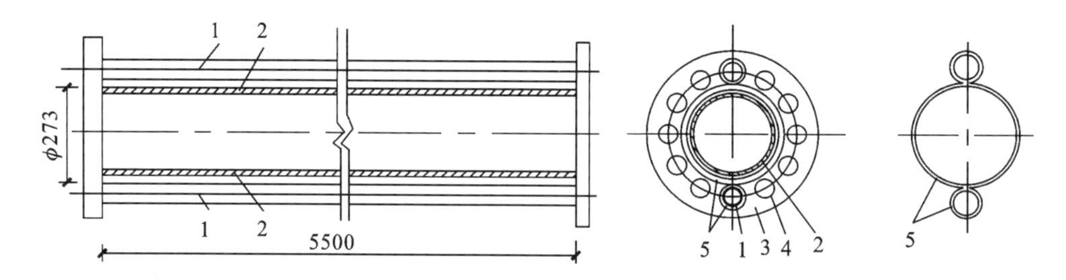

1. 外风管；2. 钻杆；3. 法兰盘；4. 螺栓孔；5. 橡胶圈。

图 3－3－11 一种并列式气举反循环供风钻杆

(2)环隙式(即双壁钻杆)。沿双壁钻杆内外管之间的环状间隙供气，钻杆使用锥形螺纹连接，拆装方便，辅助时间少。但双壁钻杆的结构较复杂，成本高，重量大。因此，为降低钻杆重量和成本，双壁钻杆直径不宜太大，限制了它在大口径桩孔施工中的应用。原地矿部勘探技术研究所设计的双壁钻杆结构件如图 3－3－12 所示，主要用于水井的气举反循环钻进。

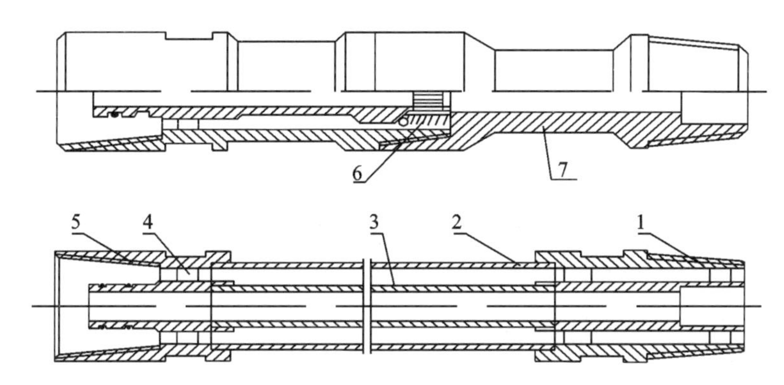

1. 公接头；2. 外钻杆；3. 内钻杆；4. 支撑环；5. 母接头；6. 气水混合器；7. 单壁钻杆。

图 3－3－12　双壁钻杆结构图

上述两种供气方式在施工深孔时的一个共同缺点：随着钻孔深度的不断延伸，混合器的沉没深度增加，空压机的压力也相应升高。当压力接近空压机的额定压力时，必须将混合器提出孔口，增加尾管长度以减小混合器的沉没深度，这一操作称为“倒风管”，为此要升降数十米钻具，增加辅助时间。倒一次风管后，没有增加混合器的沉没比，但增大了尾管长度，降低了反循环的排渣效率。但对于桩孔施工而言，由于孔深相对较浅，选用常用的空压机不用“倒风管”就能满足孔深的要求，即使要“倒风管”，工作量也很小。

(3)中心式(宜称为悬挂风管式)。供气的中心管通过水龙头悬置于钻杆中心，不随钻杆回转。这样，管路简单也便于向上提起，以保持适当的沉没深度。但带有中心风管的钻杆加接时不方便，且中心风管占据钻杆一定截面积，大直径钻渣无法排出，还容易造成堵塞故障，故目前只应用于小颗粒地层钻进。

4. 气举反循环回转钻进特点

气举反循环回转钻进工艺基本上与泵吸反循环回转钻进类似，其突出优点：只要有空压机提供高压空气，就能钻进较深的孔；气举反循环的管路平直，加上有较大的驱动压力，故管路不易堵塞，即使堵塞了，也易于排除；带有岩屑的三相流不流经任何工作机械，设备磨损小；在循环管路，特别是地面上的管路，各处压力都大于一个大气压，故不会像泵吸和射流泵安在地表的射流反循环那样，因管路局部密封不严、漏气而使泥浆循环中断或不正常，也不会发生气蚀。由于以上原因，气举反循环工作比较可靠，故障较少，纯钻时间长，而且液流上返速度高，能排出大粒径岩屑，重复破碎少，其钻进效率也较高。气举反循环的缺点：不能用它来开孔钻进，浅孔段时效率较低，因此只有较深的桩孔(如桥梁桩基施工)才用气举反循环钻进。

六、两种反循环回转钻进钻头介绍

1. 锥形三翼钻头

如图 3－3－13 所示，钻头的 3 个翼板底边呈锥形，便于钻渣向中心吸渣口运动，开有较大吸渣口的双翼超前小钻头，不仅可减小主翼片的切削阻

力，又可为孔底聚渣创造有利条件。同时，吸渣口上边高出主翼板边，使吸渣口不易被堵塞。吸渣口直径一般稍小于钻杆内径，以免大钻屑堵塞钻杆；也可将吸渣口开大一些，然后用ϕ20mm以上的钢筋焊成网格状，限制特大颗粒进入钻杆。

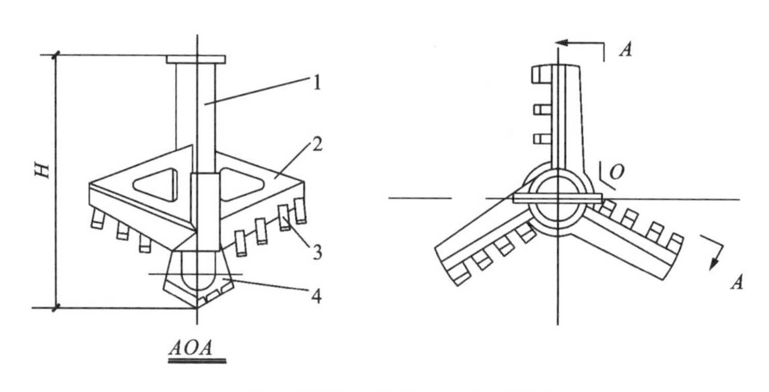

1.心管；2.翼板；3.齿板；4.超前小钻头。

图3-3-13 锥形三翼钻头

翼板上沿一定角度布置切削齿板（即刀体），不同翼板上齿板交错排列，齿板上镶焊硬质合金片为直接切削碎岩刀具。齿板可以焊接在翼板上，也可用螺栓固定在翼板上。

锥形三翼钻头结构简单、回转稳定、聚渣作用好，适用于土层、砂层、砂砾层，是大口径反循环桩孔施工中最广泛采用的一种钻头形式。国内大多数施工单位多自己设计加工钻头，其结构大致相同，仅结构参数上有区别。国内一些施工单位常在一般的三翼钻头上加焊一圈钢板环带，即为单环式锥形三翼钻头（又称单腰带式锥形三翼钻头），如图3-3-14所示。圆环的下端面及其外侧面还可以嵌焊若干组硬质合金切削具。圆环的作用有三：连接各翼板，增加钻头的整体性和刚度；起导向作用，提高钻头工作稳定性；修圆钻孔。

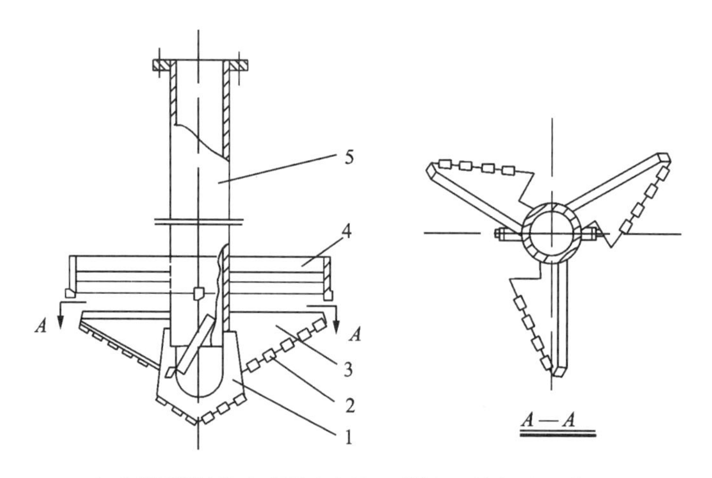

1.小型两翼钻头；2.硬质合金片；3.翼板；4.导向环；5.钻杆。

图3-3-14 单环式三翼钻头

2. 牙轮钻头

对于硬岩层及非均质地层(如卵石层),宜用牙轮钻头钻进。图 3-3-15 为某生产单位配备泵吸反循环钻进用的双吸口牙轮钻头。该钻头使用国内 HP 系列 $9\frac{5''}{8}$牙轮钻头拼装。本体 ϕ168mm×14mm 的无缝钢管,与 850mm×30mm 圆形刀盘焊成一体。刀盘中心焊接一个整体的 $9\frac{5''}{8}$三牙轮钻头,外侧焊接 6 个单牙轮(为边刀)。在中心钻头与外侧牙轮之间,对称焊接 6 个单牙轮(为正刀)。中心牙轮超前单牙轮 70~80mm。刀盘上对称地开两个直径 ϕ150mm 的吸渣口,吸渣口以 ϕ146mm 导管与 ϕ168mm 的中心管连通,并呈 45°角。

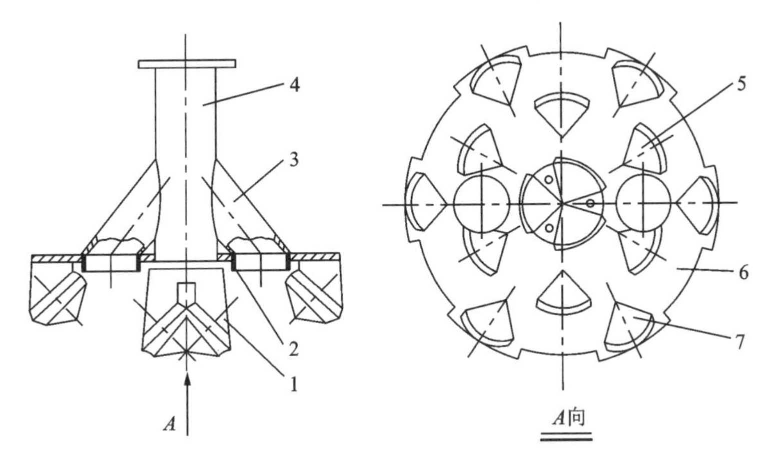

1. 超前三牙轮;2. 吸渣口;3. 导管;4. 中心管;5. 正刀;6. 刀盘;7. 边刀。

图 3-3-15 双吸口牙轮钻头

第四节 潜水钻机成孔

潜水钻机的动力装置与工作装置连成一体,潜入泥水中工作,多数情况采用反循环排渣。由于设备简单、体积小、成孔速度快、移动方便,潜水钻机近年来被广泛地应用于覆盖层中进行桩孔作业。

目前,国内生产的潜水钻机主要为河北省新河新钻机有限公司(原新河机械厂)制造的 KQ 系列潜水工程钻机。进口的潜水钻机有日本利根(TONE)公司生产的 RRC 系列、TRC 系列潜水钻机,以及 RROU 系列与 TRCU 系列潜水扩孔钻机。

一、KQ 系列潜水钻机成孔

1. KQ 系列潜水钻机的性能参数

KQ 系列潜水钻机(旧型号为 GZQ 系列)由潜水电动机、减速器、机械密封装置和配套设备(如钻架、卷扬机、配电箱、钻杆及钻头等)组成。主要型号及性能见表 3-4-1。

表 3-4-1 KQ 系列潜水钻机

性能指标		钻机型号					
		KQ-800	KQ-1250A	KQ-1500	KQ-2000	KQ-2500	KQ-3000
钻孔直径/mm		450～800	450～1250	800～1500	800～2000	1500～2500	2000～3000
钻孔深度/m	潜水钻法	80	80	80	80	80	80
	钻斗钻法	35	35	35			
主轴转速/(r·min^{-1})		200	45	38.5	21.3	8	
主轴转矩/(kN·m)		1.90	4.60	6.87	13.72	36.00	72.00
钻进速度/(m·min^{-1})		0.3～1	0.3～1	0.06～0.16	0.03～0.10		
潜水电动机功率/kW		22	22	37	44	74	111
潜水电动机转速/(r·min^{-1})		960	960	960	960	960	
钻头钻速/(r·min^{-1})		86	45	42		16	12
整机外形尺寸/mm	长度	4306	5600	6850	7500		
	宽度	3260	3100	3200	4000		
	高度	7020	8742	10 500	11 000		
主机质量/kg		550	700	1000	1900	7500	
整机质量/kg		7280	10 460	15 430	20 180	32 000	

注：①钻斗钻法是指钻斗钻成孔灌注桩工法；
②行走装置分为简易式、轨道式、步履式和车装式4种，可由用户选择。

2. KQ 潜水钻机的成孔原理

KQ-1500 型潜水钻机系统如图 3-4-1 所示。

转盘式钻机采用反循环排渣时，排渣的砂石泵安置在地面上，转盘转矩通过转盘上的补芯传给方形主动钻杆，再传到圆形钻杆到孔底钻头。而潜水钻机的动力在钻头上部，与钻头同时潜入水中，钻渣可通过安置在钻机上方离孔底很近的砂石泵迅速排出，因而钻进效率高，成孔速度快。KQ 系列钻机在传动部分没有设置转矩反平衡装置，仍采用钻杆将转矩传到地面钻架加以平衡；KQ 系列钻机一般不采用正循环作业，因为正循环往往无法迅速排渣，钻机与钻头会被泥砂包住，既增大钻进阻力，又容易损坏钻机。

3. 潜水钻机成孔时对泥浆的要求

(1)在黏土、粉质黏土层中钻孔，可注入清水自然造浆护壁；在穿越砂夹层时，应适当投入黏土，增加孔内泥浆的黏度。

(2)砂层较厚时，应专门用黏土制备护壁泥浆，注入钻孔的泥浆相对密度应为 1.1 左右，排出到泥浆池的泥浆相对密度最好不超过 1.4，对夹有卵石的地层，泥浆相对密度可增大到 1.3～1.5。

4. KQ 潜水钻机的安全操作注意事项

(1)由于潜水钻机的电动机与电缆完全潜入水中工作，因此，电动机的防渗漏是第一重要

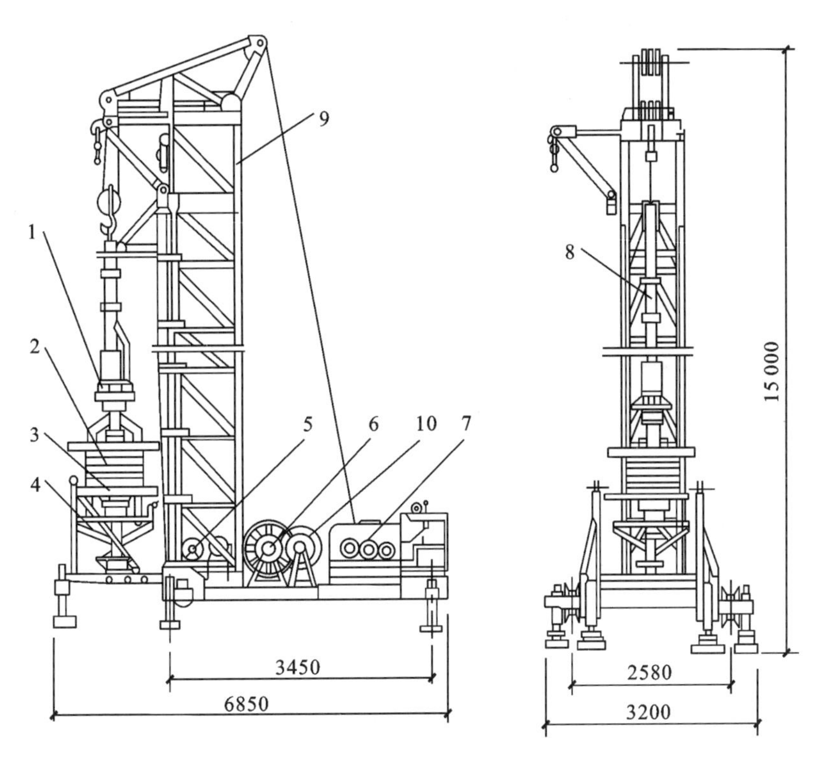

1. 潜水砂石泵；2. 配重块；3. 主机；4. 钻头；5、10. 副卷扬机；6. 电缆卷筒；7. 主卷扬机；8. 钻杆；9. 钻架。

图 3-4-1　KQ-1500 型潜水钻机系统(单位：mm)

的。应随时注意电缆及电缆卷筒是否有漏电现象。提升电缆时，应戴绝缘手套，防止触电。

(2)拆装钻杆应保证连接可靠。注意：拧紧钻杆连接螺栓时应使用专用扳手，拧到规定力矩。钻杆的脱落主要是螺栓紧固不到位所致，因此对螺栓紧固不可轻视。同时也应注意不要将扳手等工具与铁件落入孔内引起故障。

(3)每次开钻之前，应进行常规例检，如电缆、钢丝绳、卷扬机刹车等。各润滑部分应加油保养。

5. KQ 系列潜水钻机的使用与维修

(1)钻机使用前，在电动机与减速器内分别注入 DB25 号变压器油及 30 号机油，用作电动机绝缘、机械润滑与密封。在冬季当水温低于 5℃时，可改用黏度较低的油类。

(2)钻机的电缆引出线与电源电缆应连接牢靠(或者采用电缆密封接头)。

(3)根据设计孔径与地质情况，选用合适的钻头与主机可靠地连接。

(4)钻机工作初期，一般无漏油现象，但工作一段时期后，由于钻进时的冲击振动，井孔中会出现少量油花，此时钻机仍可以正常工作。每累计运转 50h 后，应将钻机提起检查密封情况，检查时可将机械密封箱的堵头松开，放出旧油。若旧油没有乳化，色泽尚可，则用轻柴油冲洗变速箱后，再添入新油；若油液已被泥水污染，则应严格检查各处密封，必要时更换密封件。

(5)拆卸机械密封时，应将密封箱体和密封零件冲洗干净，在整个拆装过程中严禁敲击，以免合金环被击坏。

(6)钻孔工作时，应随时监视电器仪表，倾听各运动机件的运转响声，如果发现不均匀和不正常现象，应立即停钻进行检查修理。应经常检查紧固件，防止松动脱扣现象发生。

(7)钻进速度应根据地层变化而变化，当发现电流过大时，说明钻进阻力加大，可适当提起潜水钻机动力头，然后再慢慢给进。钻进过程中一定要保证泥浆循环系统正常工作，一旦泥浆循环系统出现故障，立刻停钻，提起钻头。

(8)钻机运转时间达 50h 后，进行维修保养，钻进累计进尺达 5000m 时，应对整机进行大修。

(9)钻进速度与电缆下放速度应当匹配，既不可钻进速度过快拉断电缆，也不可电缆放得过松绕在钻头上被拉断。

二、日本 RRC 型潜水钻机成孔简介

RRC 型潜水钻机是一种无钻杆反循环多钻头潜水钻机。这种钻机由潜水主机和地面设备两大部分组成。

潜水主机的组成如图 3-4-2 所示。它分为上、下两部分：上部为固定结构，包括潜水电机、减速箱、反扭矩平衡机构和导向板等；下部为旋转部分，包括公转箱、公转修孔钻头和自转钻头等。主机的轴心处是反循环排渣管，它贯穿主机上、下部分，下端为吸渣口，上端连接通往孔口的排渣软管。两台潜水电动机输出的回转运动通过减速箱传到反扭矩平衡机构，并由后者的行星轮系减速后带动公转箱和修孔钻头逆时针方向公转；而反转矩平衡机构外壳上的齿轮通过减速传动装置带动 3 个钻头顺时针方向自转，以切削孔底砂土层。两组钻头(公转的修孔钻头和 3 个自转的孔底钻头)的扭矩方向相反、大小大致相等，可互相抵消。

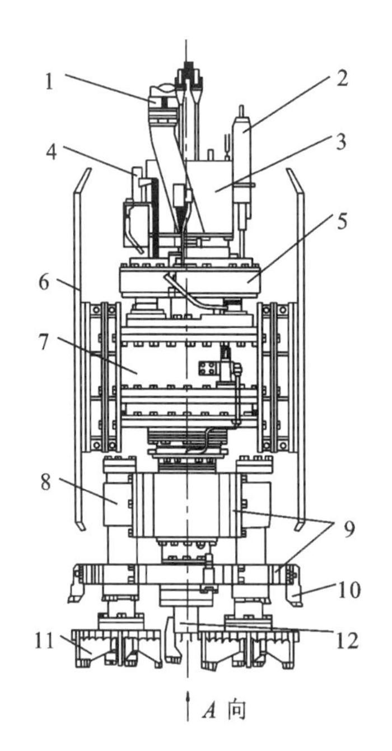

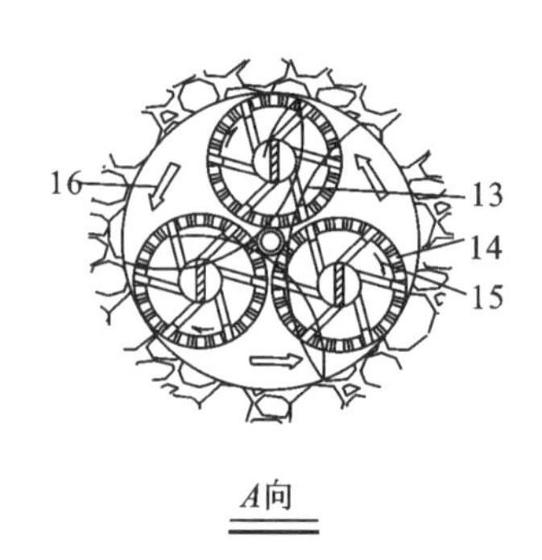

1.反循环排渣管；2.插座箱；3.潜水电机；4.压力平衡装置；5.减速箱；6.导向板；7.反扭矩平衡机构；8.公转箱；9.孔径调节板；10.公转修孔钻头；11.自转钻头；12.吸渣口；13.次摆线运动曲线；14.自转钻头；15.钻头自转方向；16.公转钻头回转方向。

图 3-4-2 RRC 型潜水钻机主机及钻头运动轨迹

RRC 型潜水钻机的3个自转钻头的回转轴构成等边三角形，钻头顺时针方向自转和钻头轴逆时针方向公转，使钻头刃尖沿次摆线轨迹运动(图3-4-3)，它将切削下来的岩屑大部分拨向吸渣口，进入排渣管排往地面，一部分岩屑被压向孔壁，对孔壁起挤实、加固作用。RRC 钻机的性能参数见表3-4-2。

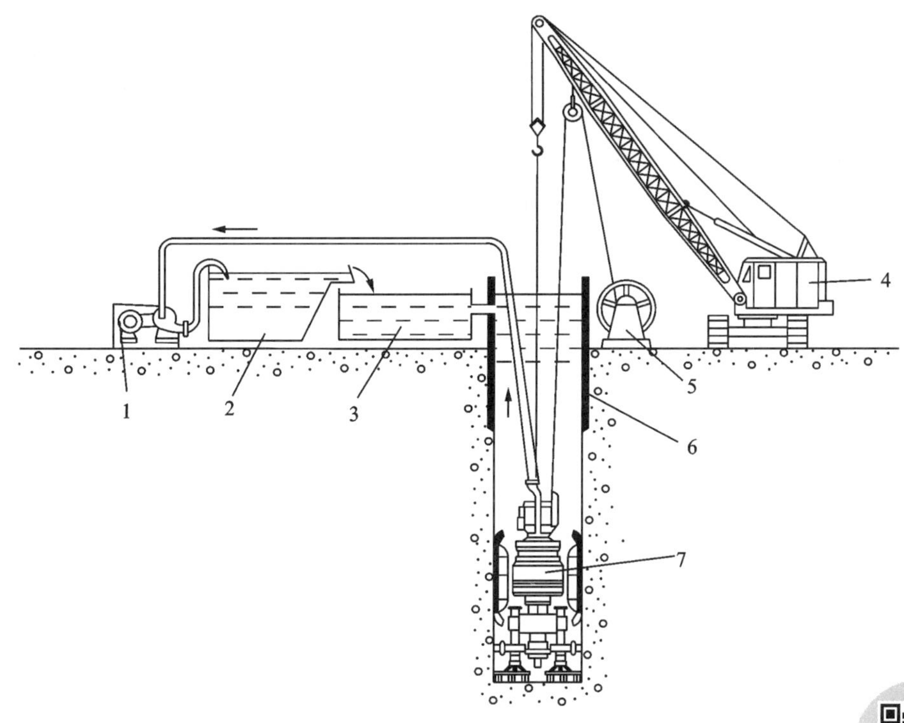

1. 砂石泵；2. 沉淀池；3. 储浆池；4. 起重机；5. 绝缘电缆绞盘；6. 护筒；7. 潜水钻机。

图3-4-3　RRC 型无钻杆反循环潜水钻机工作示意图

表3-4-2　RRC 钻机性能参数

性能指标	RRC-15	RRC-20	RRC-30
钻孔直径/mm	1000～1500	1500～2000	2300～3000
钻孔深度/m	50～80	50～80	50～80
钻杆内径/mm	150	150	200
电动机功率/台数×kW	2×11	2×14	2×22
排土方式	泵吸/气举	泵吸/气举	泵吸/气举
钻机质量/kg	9000	12 000	18 000
钻机高度/mm	3675	3675	3900
钻头转速/(r·min^{-1})	32	22	17
配套起重机起重量/kN	225	350	500
适用土层	一般土层	一般土层	一般土层

RRC 型潜水钻机还配有多种测量仪表，包括显示主机总重量（或钻头工作压力）的电子秤（或钻压指示装置）、指示钻孔深度的深度计、利用超声波反射原理测量孔壁形状的偏位指示仪和在钻进过程中自动纠正钻孔偏位的装置。

RRC 型潜水钻机能自动平衡钻进的反扭矩，不使用钻杆，节省了加接拆装钻杆的时间，实现连续不间断钻进，纯钻时间长；钻头切削轨迹为次摆线，孔底光洁平整，有利于提高桩基承载力；钻孔精度较高，即钻孔直径偏差和轴线倾斜度均较小。该钻机适于钻进松软、松散的土层、砂层，含少量小砾石的砂土层和硬度较小的岩层，但不适于钻进大粒径卵砾层和硬基岩。

钻机的地面设施由起重机、电缆绞车、控制系统和泥浆循环及处理系统等组成，配置情况见图 3-4-3 所示。

第五节　旋挖钻成孔

一、概述

旋挖钻进的本质是用伸缩钻杆带动旋挖钻斗进行钻进，旋挖钻斗底部的钻齿刨削孔底岩土，切削下来的岩土进入钻斗，钻斗装满岩土后反转关闭并提升钻斗到地表卸土，避免了泥浆护壁循环钻进方法需要使用大量泥浆和钻进效率低的问题，在钻孔灌注桩工程施工中得到了非常广泛的应用。

旋挖钻机是在“二战”以前的美国卡尔维尔特公司问世，“二战”之后在欧洲得到发展，1948 年由意大利迈特公司首先开始研制，后在意大利、德国和日本得到快速发展。在工业技术日益发达、自动化程度日益提高的环境下，涌现了一大批著名的旋挖钻机国际品牌，其中德国的宝峨，意大利的迈特、意马、土力等著名品牌以其独有的技术深受市场欢迎。

我国的旋挖钻机行业 20 世纪 80 年代开始起步，早期所用产品的大部分是由德国、意大利、日本进口，由于当时国内技术条件相对落后，国内企业更多地借鉴了德国、意大利等产品的技术和风格，通过引进、消化吸收，打开了国内自主研制生产旋挖钻机的大门。随着旋挖钻机陆续在青藏铁路、北京地铁、奥运场馆、首都机场航站楼等国家重点大型工程施工项目中的运用，旋挖钻机市场产生的高额利润吸引众多投资者纷纷角逐这一领域，许多之前从事其他机种研制的企业也转向这一新兴行业，促进了旋挖钻机市场发展，成就了三一、徐工、中联重科、南车时代、山河智能、上海金泰等一批具有竞争实力的骨干企业。目前国内旋挖钻机的市场容量累计在 1.3 万台左右，行业市场集中度很高，以上国内骨干企业主要品牌占据了国内 90%以上的市场。德国宝峨等国外品牌，虽然整机性能卓越、品质过硬、质量一流，但因其居高不下的价格，市场占有率逐年下滑。

旋挖钻机未来将朝以下几个方向发展。

(1)应用性能上向多功能化、多用途化方向发展。旋挖钻机产品采用多用途模块化设计，选择不同的工作附件，便可做到一机多用，比如除配置各种回转钻斗外，可以配置短螺旋和长螺旋钻具实现螺旋钻进，配备跟管机具实现套管护壁钻进，配备伸缩式导杆抓斗进行地下连续墙施工，配备潜孔锤进行硬岩破碎施工，更换作业装置后也可进行旋喷施工和正循环施工，大大节约了使用成本。

(2)产品技术上向数字化、智能化、网络化、自动化方向发展。在计算机自动控制和5G网络通信时代，旋挖钻机的产品创新、技术创新、商业模式创新进程加快，施工中车身的工作状态监测、故障检测和报警以及信息处理等实现人工智能化，产品附加值提高，大大方便了产品的操作和使用。

(3)行业市场上向多元化、国际化的方向发展。受新兴经济体发展中国家的市场拉动，国内企业苦练内功，不断加快技术创新、管理创新、体制创新、渠道创新和国际化步伐，积极转型升级，实施“走出去”战略，在技术、质量、海外市场份额和经济效益上全面赶超世界领先企业。

二、旋挖钻机

1. 旋挖钻机的结构组成

按照输出扭矩、发动机功率、钻深能力的不同，旋挖钻机可分为大型、中型、小型和微型旋挖钻机，大到可钻进直径3～4m、孔深100m以上的钻机，小到输出扭矩只有几十千牛·米，整机质量只有3～4t的钻机。

按结构形式可分为以欧洲产品为代表的方形桅杆加平行四边形连杆机构的独立式和以日本产品为代表的履带起重机附着式。我国生产的旋挖钻机主要为独立式，因此本书主要介绍独立式旋挖钻机，以下简称为旋挖钻机。

旋挖钻机主要由以下几部分组成：底盘、变幅机构、钻桅、动力头、主卷扬、副卷扬、加压油缸、钻杆、钻头、回转平台、发动机系统、液压系统和电气系统，其结构如图3-5-1所示。

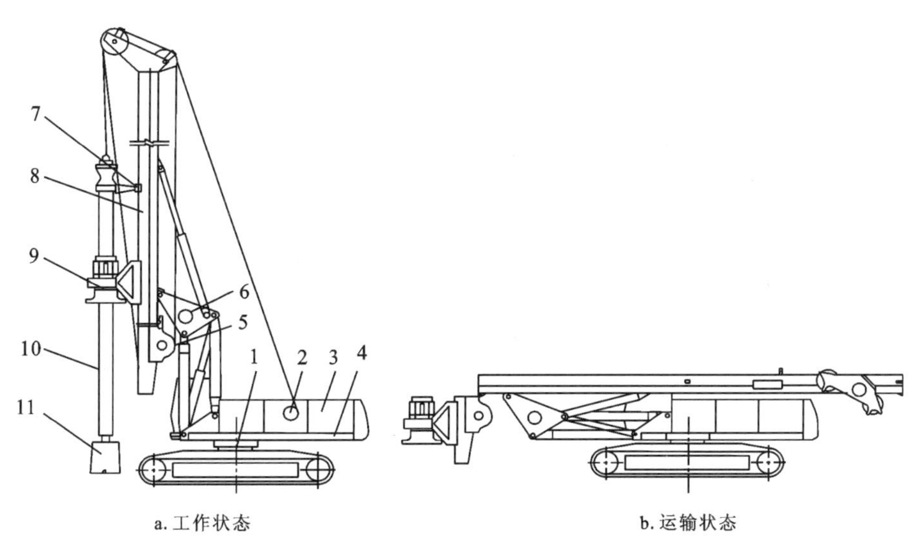

1. 底盘；2. 副卷扬；3. 发动机；4. 回转平台；5. 主卷扬；6. 变幅机构；7. 导向架；8. 钻桅；9. 动力头；10. 钻杆；11. 钻头。

图3-5-1　旋挖钻机整体结构示意图

(1)底盘:旋挖钻机的底盘分为轮式、步履式和履带式3种。其中履带式一般为液压驱动,其轨距可调。底盘主要由车架和行走装置两部分组成,行走装置主要由履带总成、履带张紧装置、驱动轮、导向轮、承重轮、托链轮及行走减速机等组成。履带宽度一般为800~1200mm。国内外旋挖钻机大多采用专用底盘,施工时可以根据施工场地的条件进行轨距调整,从而尽量增大施工时的整机稳定性,但也有少数厂家采用通用挖掘机底盘或起重机底盘。

(2)变幅机构:国内外独立式旋挖钻机的变幅机构可以分为以下3类:①以意大利土力公司为代表的平行四边形加小三角形变幅机构,其特点是变幅范围大,可整机放倒,折叠,从而降低运输高度和长度。缺点是前面重量偏重,稳定性稍差,不能承受超大扭矩。②以德国宝峨公司为代表的大三角变幅机构,其特点是结构简单,稳定性好,能承受大扭矩,缺点是运输时需拆开钻桅,而且钻桅的安装和拆卸都需要辅助起重设备,工作时对施工半径方向的调整不如平行四边形加小三角形变幅机构方便。③以西班牙拉马达、意大利安特高为代表的大三角变幅机构,由于装有辅助起架油缸,钻机能够自行放倒和折叠。兼具以上①和②两种结构的优点,结构新颖,经济实用。但在施工半径方向的调整同样不及第一种结构便利。

由于既可保证旋挖钻机在工作时整机良好的稳定性,又具有较宽裕的作业半径调整范围,平行四边形加小三角形的变幅机构在国内外旋挖钻机中的应用最为广泛。对于传递扭矩大的大型钻机则采用大三角变幅机构。

(3)钻桅:根据结构形式,钻桅主要可以分为3类:①整体式钻桅,钻桅各部分被焊接成为一个整体或采用螺栓连接成一个整体。②伸缩式钻桅,为了提高钻桅运输时的便利性,将几节钻桅套装而成。③分段式钻桅,又可以细分为可折叠式和不可折叠式两种。分段可折叠式钻桅在运输过程中可自行折叠,在保证钻桅刚度的同时可以达到和伸缩式钻桅相同的运输便利性。目前,主流的钻桅结构形式是分段可折叠式。

(4)动力头:一般为液压驱动,采用齿轮减速,可实现双向钻进和抛土作业。其组成主要包括托架和驱动器,托架用以支撑驱动器并使之在钻桅滑轨上滑行。加压油缸的活塞杆和托架相连,起到将加压油产生的加压力向动力头传递的作用。驱动器主要由液压马达、减速机、驱动齿轮及齿轮箱和套管式驱动轴等组成,套管式驱动轴和最外节钻杆通过内外键配合,从而将动力头产生的旋挖扭矩传递至钻杆上。

(5)主、副卷扬:主卷扬用于提升和下放钻杆,副卷扬用于提升钻具、安放护筒、下钢筋笼等。目前主卷扬的安装位置主要有两种:一种是安装在回转平台上;另一种是安装在钻桅下部。当主卷扬安装在钻桅下部时,受钻桅下部空间及滚筒重量限制,主卷扬卷筒只能采用小直径结构。因此,为实现钢丝绳单层缠绕,避免多层缠绕带来的钢丝绳收放时相互之间的摩擦磨损和钢丝绳跳层时发生的剧烈摩擦,延长钢丝绳的使用寿命,目前的趋势是采用大卷筒主卷扬且安装在回转平台上。

(6)钻杆和钻具:旋挖钻机所用钻杆为伸缩式钻杆,一般为4~5节。最内节钻杆上端通过回转体(又称旋转接头)和主卷扬钢丝绳相连,下端通过销轴和钻头相连。

回转体的主要作用是钻杆作上下和回转运动的同时钢丝绳只做上下的直线运动。最外节钻杆顶端通过回转支承和导向架相连,导向架可以在钻桅导轨上滑移;最外节钻杆杆身和动力头的套管式驱动轴配合。根据钻孔时加压方式的不同,钻杆可以分为三大类:摩擦加压式钻杆、机锁式加压式钻杆和组合式加压式钻杆。旋挖钻机所用的钻头主要包括短螺旋钻头、回转钻斗和岩芯筒钻。

(7)发动机系统：一般包括发动机、散热器、消音器、空滤器、燃油箱等。国内旋挖钻机大多采用的是增压中冷式水冷发动机。

(8)液压系统：现代旋挖钻机为机、电、液一体化产品，各项功能的实现均需液压系统驱动，例如整车移动行驶、履带伸缩、动臂变幅和钻桅变幅、主或副卷扬动作、动力头回转等。

(9)电气系统：旋挖钻机电气系统包括发动机、控制器、操作面板、传感器和显示仪表等单元，是一个集数据采集、可编程控制、虚拟仪表、总线传输、故障诊断为一体的智能控制系统。

2. 旋挖钻机的运动分析

旋挖钻机运动简图如图 3-5-2 所示。旋挖钻机的运动可分解为钻具回转运动、钻具升降运动、变幅运动和底盘回转运动，下面将分别对旋挖钻机进行运动分析。

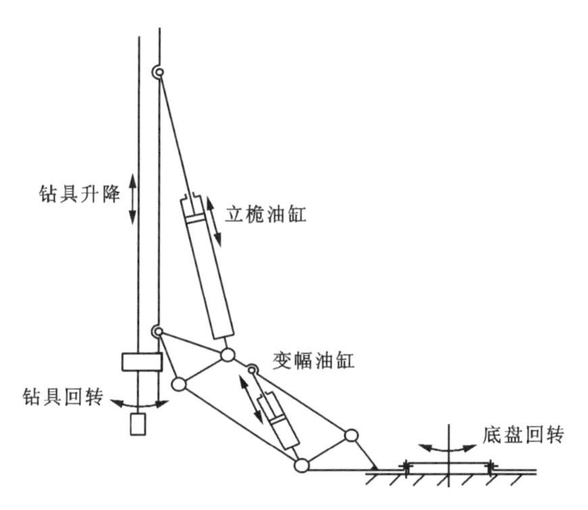

图 3-5-2　旋挖钻机运动示意图

1)钻具回转运动

钻具回转运动主要是靠液压动力头驱动伸缩钻杆带动钻头(主要是钻斗)回转的。根据扭矩与排量和压力之间的关系可知，当系统压力达到设定压力之前，液压马达的转速随排量变化，当系统压力达到设定压力后变量马达开始通过增大排量来增加扭矩。动力头采用变量马达驱动时可以通过改变马达排量来增加动力头无极调速区间，使动力头的转速能根据土层的阻力不同而自动调节，即动力头具有土层自适应能力。当设定压力或流量超出功率曲线时，恒功率控制取代电控变量控制按恒功率曲线缩小排量。

动力头采用结构紧凑的双马达驱动，以减小动力头的径向尺寸。传动原理如图 3-5-3 所示，液压马达 3 输出回转扭矩通过行星减速机 2 传给小齿轮 1，小齿轮将动力传递给大齿轮 6 及驱动轴套 4，通过驱动轴套内键将扭矩传递到钻杆 5 驱动钻具回转。动力头输出转速 n 可表示为

$$n=\frac{Q_{\mathrm{m}}}{v_{g}i_{1}i_{2}}\times1000=6\sim35(\mathrm{r/min})\qquad(3-5-1)$$

式中：Q_m 为液压马达流量（L/min）；v_g 为液压马达排量（mL/r）；i_1 为行星减速机减速比；i_2 为齿轮副减速比。

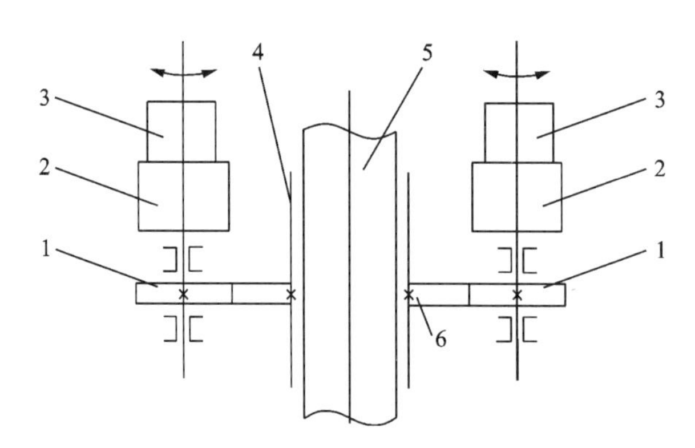

1.小齿轮；2.行星减速机；3.液压马达；4.驱动轴套；5.钻杆；6.大齿轮（回转支承）。

图 3-5-3 动力头传动原理

2）钻具升降运动

下钻和装满岩土后提钻由钻机提升系统完成。在钻机每个工作循环中旋挖钻机要经过定位、下钻、回转钻进、反转关闭钻头、提钻、卸土等工序，提升系统主要功能是控制钻杆下降和提升速度。为了避免钻杆触地后卷扬继续放绳而引起乱绳、损坏钢丝绳，卷扬机具有主动、被动两种工作模式，在提钻和下钻过程中卷扬为主动工作模式，即卷扬拖动负载运动；当钻头触地时卷扬机立即转为被动工作模式，主动放绳停止，通过负载拖动卷扬机运动。提升系统主要是由卷扬机、导向滑轮和绳锁机构构成，其传动原理如图 3-5-4 所示。提升系统的主要运动是将卷扬的回转运动通过绳索系统转换成竖直方向的移动。主要参数有提钻加速时间 t，钻杆提升速度 v，启动加速度 $a=v/t$。钻杆提升速度 v 可以表示为

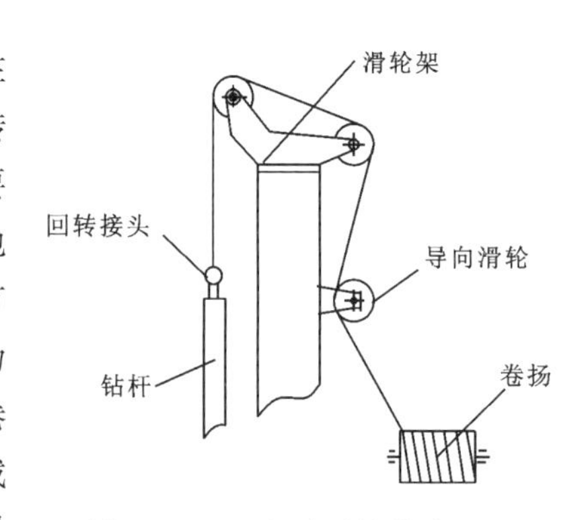

图 3-5-4 提升系统传动原理

$$v=\frac{2\pi rQ}{60v_g}\times 1000=0-1(\mathrm{m/s}) \tag{3-5-2}$$

式中：Q 为主卷扬液压马达流量（L/min）；v_g 为主卷扬液压马达排量（mL/r）；r 为滚筒半径（m）。

3）变幅运动

变幅机构由平行四边形机构和三角形机构两个部分构成，平行四边形机构通过变幅油缸的伸缩使桅杆远离机体或靠近机体，三角形机构作用是通过立桅油缸的伸缩改变桅杆的角度，以调节桅杆相对水平面的角度。变幅机构在钻孔时改变钻头位置，在下车（底盘）不移动的情况下实现对孔定位，变幅机构是旋挖钻机重要部件，可以简化为如图 3-5-5 所示。因为在变幅过程中钻具、动力头等部件固定在钻桅上，所以在机构分析中只分析钻桅运动特性。变幅机构共有 8 个活动构件，2 个移动副和 6 个转动副，自由度为 2。主运动分别有变幅油缸 BF 和立桅油缸 BC 驱动。

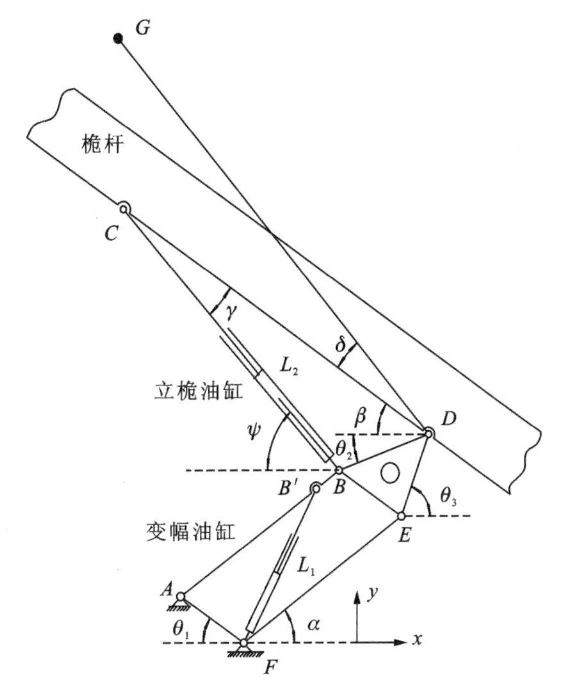

图 3-5-5 变幅机构传动原理

变幅机构随油缸伸出长度的不同，其角度和受力都会发生变化。变幅机构中铰点 A、F 为与转台固定的铰链，变幅姿态角 α 为变幅臂中心线与水平面夹角，立桅姿态角 β 为钻桅与水平面夹角，θ_1 为转台倾角，θ_2 为三角架 BD 边倾角，ψ 为立桅油缸倾角，δ 为工作装置重心与铰点 C、D 构成的三角形夹角，L_1、L_2 分别为变幅油缸、立桅油缸长度，G 表示工作装置包括钻桅总成、动力头、钻具等重心。

(1)在平行四边形 $ABEF$ 中，AF 为固定机架，四杆机构属于双摇杆机构，上臂 AB 和下臂 EF 为摇杆，当变幅油缸运动时，摇杆绕机架转动，两摇杆的运动特性相同。变幅油缸 BF 长度 L_1 与变幅姿态角 α 之间的关系可表示为

$$L_1(\alpha)=\sqrt{L_{BE}^2+L_{EF}^2-2L_{BE}L_{EF}\cos(\alpha+\theta_1)} \tag{3-5-3}$$

L_1 对时间 t 求导，变幅油缸活塞杆运动速度 v_{L1} 可表示为

$$v_{L_1}=\frac{\mathrm{d}L_1(\alpha)}{\mathrm{d}t}=\frac{L_{BE}L_{EF}\sin(\alpha+\theta_1)}{\sqrt{L_{BE}^2+L_{EF}^2-2L_{BE}L_{EF}\cos(\alpha+\theta_1)}} \tag{3-5-4}$$

三脚架与工作装置作平动，运动特性与下臂 E 点相同，其运动方程为

$$v_{Ex}=-L_{EF}\frac{\mathrm{d}\alpha}{\mathrm{d}t}/\sin\alpha,\ v_{Ey}=L_{EF}\frac{\mathrm{d}\alpha}{\mathrm{d}t}/\cos\alpha \tag{3-5-5}$$

(2)在三角形机构 BCD 中，工作装置的重心为 G，立桅杆油缸工作时，桅杆绕 D 点转动，回转半径为 ρ_{GD}，则重心的运动速度为

$$v_G=\rho_{GD}\frac{\mathrm{d}\beta}{\mathrm{d}t} \tag{3-5-6}$$

立桅油缸 BC 长度 L_2 与姿态角 β 之间的关系可表示为

$$L_2(\beta)=\sqrt{L_{BD}^2+L_{CD}^2-2L_{BD}L_{CD}\cos(\beta+\theta_2)} \tag{3-4-7}$$

L_2 对时间 t 求导，立桅油缸活塞杆运动速度 v_{L_2} 可表示为

$$v_{L_2}=\frac{\mathrm{d}L_2(\beta)}{\mathrm{d}t}=\frac{L_{BD}L_{CD}\sin(\beta+\theta_2)}{\sqrt{L_{BD}^2+L_{CD}^2-2L_{BD}L_{CD}\cos(\beta+\theta_2)}} \tag{3-5-8}$$

4)回转台回转运动

回转机构主要是驱动上车绕回转中心整周回转，回转机构起支承旋挖钻机上车的自重及提钻过程中的垂直载荷作用，由回转平台和回转驱动机构两个部分构成。在回转驱动力矩的作用下使上车绕回转中心旋转。回转机构运动频繁，且质量较大，属于大惯量系统。回转部分的主要运动参数有回转角速度 ω 和启动时间和制动时间 t。回转驱动机构由液压马达、回转减速机和回转支承组成，传动原理如图 3－5－6 所示，上车回转速度 n 为

$$n=\frac{Q}{v_g i_1 i_2}\times 1000(\mathrm{r/min}) \tag{3-5-9}$$

式中：Q 为液压马达流量(L/min)；v_g 为液压马达排量(mL/r)；i_1 为行星减速机减速比；i_2 为回转支承齿轮副减速比。

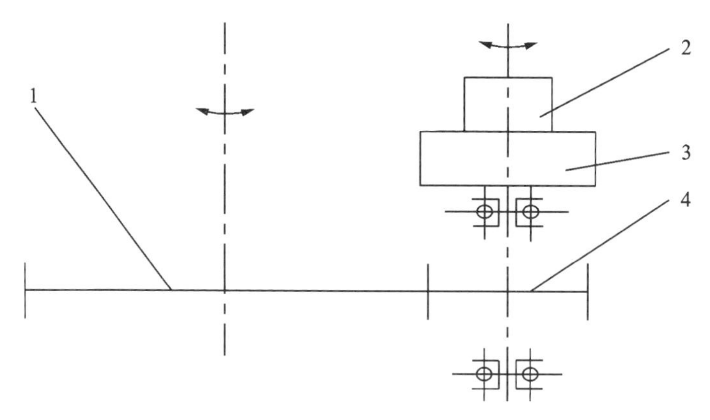

1. 回转支承(大齿轮)；2. 液压马达；3. 回转减速机；4. 小齿轮。

图 3－5－6　回转台回转运动传动原理

三、伸缩钻杆

伸缩钻杆的种类比较多，主要根据不同的工作要求和工作环境进行选择。目前，伸缩钻杆分类依据主要是它们的加压方式，常见的伸缩钻杆有摩阻式伸缩钻杆、机锁式伸缩钻杆和混合式伸缩钻杆。下面具体介绍这 3 种伸缩钻杆的结构和工作原理。

伸缩钻杆通常由直径大小不等的多节无缝圆钢管套装而成，每节钢管的外圆面通常按间隔 120°均布焊有与钻杆等长的三道外键；除最里边一节杆外，每节钢管下端 500～1000mm 长度范围的内圆弧面上都焊接(或安装)了内键，形成间隔 120°均布的 3 个内键槽，与其相邻的内杆外键配装，外键与键槽之间留有足够的间隙，使外键全长能在内键槽内自由滑动；除最外节杆(1 杆)外每节杆的上端部都焊接(或安装)有挡环，防止钻杆从与它相邻的外杆内键中滑落。

最里面一节杆上端部焊装有扁头，它与提引器相连接，通过旋挖钻机的主卷扬、钢丝绳

将钻杆吊起。最里面一节杆下端部焊装有方头，由它将动力头传来的扭矩和加压力传递给钻头。在该杆的下部还装有减振弹簧和弹簧座托盘，这两个零件托着其他各节钻杆，在提、放钻杆操作时减小其他各节钻杆的惯性冲击，对提引器、钢丝绳和主卷扬等零部件起缓冲保护作用。

第 1 节杆(最外面杆)上端部焊装有可与随动架滚动支撑连接的法兰盘，通过螺栓与随动架联接，在其上部安装有橡胶减振环，以减小钻杆对动力头的冲击。

外键的作用：传递扭矩和加压力。

内键的作用：传递扭矩和加压力；提供较小一节杆的径向定位。

挡环的作用：较大一节外杆的径向定位；有挡环杆从相邻外杆向下伸出过程中，当挡环被外杆内键上端面挡住时，可阻止其从相邻外杆下管滑落脱出。

摩擦式伸缩钻杆各节杆上的外键是焊在钢管外圆周面间隔 120°均布的 3 条(或间隔 60°均布的 6 条)通长钢条，无台阶(无加压点)，如图 3-5-7 所示。摩擦式伸缩钻杆靠动力头内

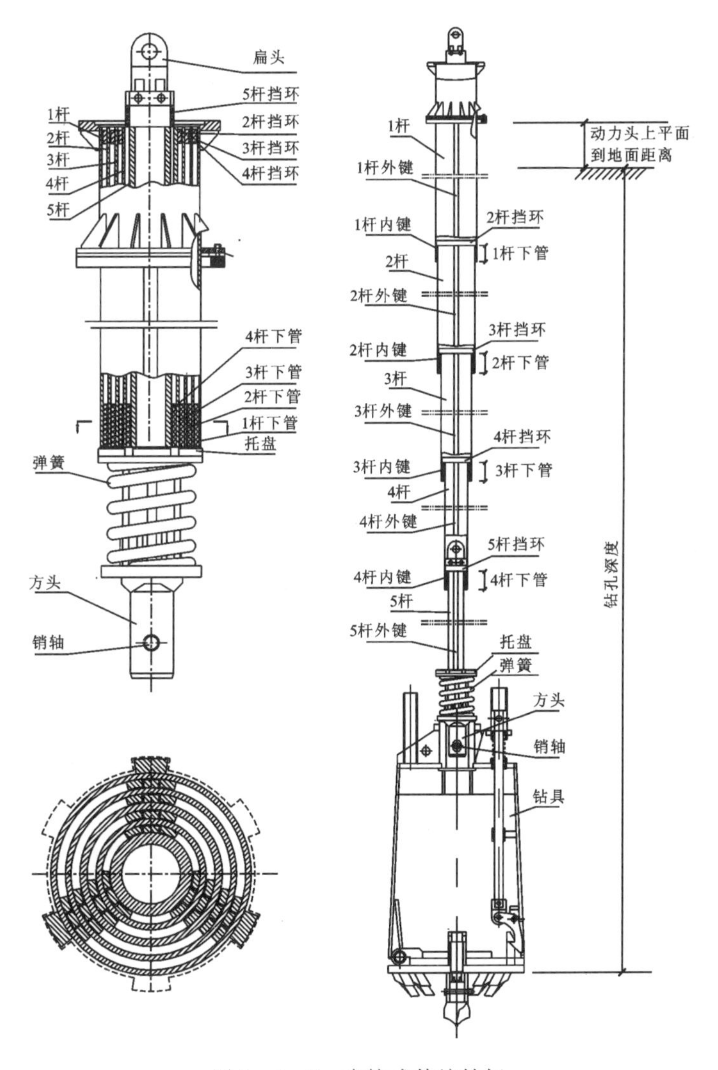

图 3-5-7　摩擦式伸缩钻杆

的短内键与 1 杆的外键(钢条侧面)的接触压力将动力头的扭矩传递给 1 杆,靠内、外键侧面的接触压力所产生的摩擦力将动力头的下压力传递给 1 杆;同样 1 杆下段的短内键将扭矩和压力传递给 2 杆的外键,以次类推,最终将扭矩和压力传递给钻头。摩擦式伸缩钻杆可钻进淤泥、淤泥质土、黏性土、粉土、粉质黏土、砂层、卵砾石层。摩擦式伸缩钻杆一般制成 5 节,1～4 节杆每节钢管长 13m,钻孔深度可达 60m。

机锁式伸缩钻杆各节杆上的外键是焊在各节杆外圆周面间隔 120°均布的 3 条(或间隔 60°均布的 6 条)钢条,沿钻杆轴线方向每间隔一定距离钢条侧面有凹槽,如图 3-5-8 所示。传递动力时,动力头内的短内键进入 1 杆的外键的凹槽内,短内键侧面与 1 杆的外键侧面接触将动力头的扭矩传递给 1 杆,通过内键下端面与凹槽底面的接触将动力头的下压力传递给 1 杆;同样的原理,1 杆又将扭矩和压力传递给 2 杆,最终将压力和扭矩传递给钻头。机锁式伸缩钻杆的加压能力比摩擦式伸缩钻杆大,不但可用于软地层,也可用于较硬地层施工。除用于钻进摩擦式伸缩钻杆所钻地层以外,还可钻进强风化岩层及中风化软质岩层。机锁式伸缩钻杆一般制成 4 节,1～3 节杆每节钢管长 13m,钻孔深度可达 50m 左右。

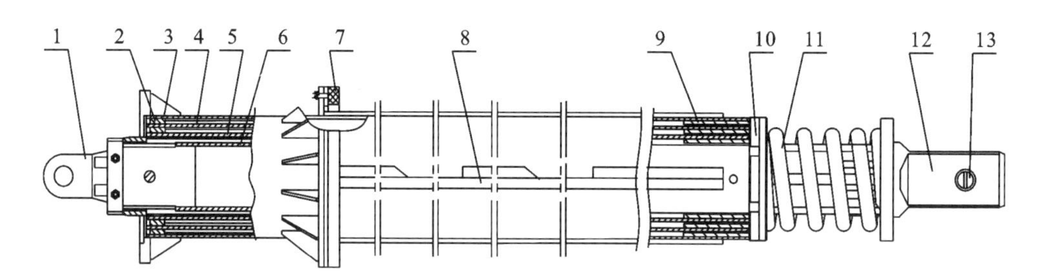

1. 扁头;2. 第 1 杆挡环;3. 第 1 节钻杆;4. 第 2 节钻杆;5. 第 3 节钻杆;6. 第 4 节钻杆;7. 减震器总成;8. 1 杆外键;9. 1 杆内键;10. 弹簧座(托盘);11. 钻杆弹簧;12. 方头;13. 销轴。

图 3-5-8 机锁式伸缩钻杆

组合式伸缩钻杆(图 3-5-9)是近年来出现的一种机锁式伸缩钻杆(如 1、2、3 节杆)和摩擦式伸缩钻杆(如 4、5 节杆)组合在一起的钻杆。该钻杆在孔深 0～30m 范围可钻较硬地层,在孔深 30～60m 范围可用于软地层。该钻杆特别适用于上硬下软较深桩孔施工。

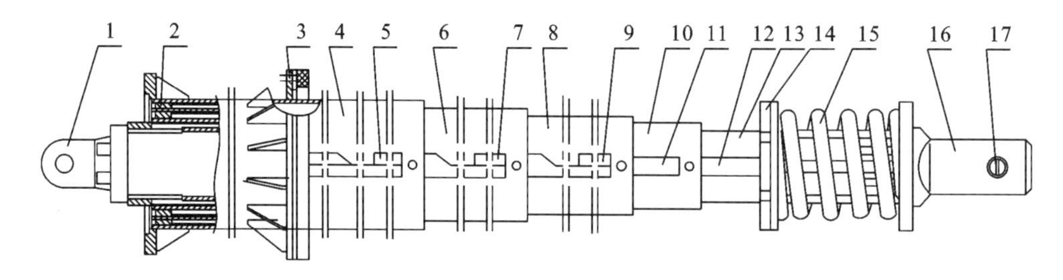

1. 扁头;2. 第 1 杆挡环;3. 减震器总成;4. 第 1 节杆(机锁);5. 第 1 节杆外键;6. 第 2 节杆(机锁);7. 第 2 节杆外键;8. 第 3 节杆(机锁);9. 第 3 节杆外键;10. 第 4 节杆(摩擦);11. 第 4 节杆外键;12. 第 5 节杆外键;13. 第 5 节杆(摩擦);14. 弹簧座(托盘);15. 钻杆弹簧;16. 方头;17. 销轴。

图 3-5-9 组合式伸缩钻杆

四、旋挖钻头

1. 钻头上的切削齿

钻头上的切削齿是影响旋挖钻进速度和钻头寿命的重要因素之一。旋挖钻头使用的切削齿一般有两种：一种为斗齿（又称为铲齿），如图 3－5－10a 所示；另一种为截齿，如图 3－5－10b 所示。

旋挖钻头采用的斗齿一般选用挖掘机或装载机使用的斗齿，其形式和种类很多。根据使用的地层不同可以选择不同类型的斗齿。斗齿，一般由斗（铲）齿体、齿座和固定销组成。斗齿一般采用低、中碳合金钢，合金元素为硅、锰、镍及少量的钼，采用整体常规热处理和尖部淬火处理工艺，使斗齿整体抗折性强，尖部耐磨，使用寿命长，使用成本低，工作效率高。在钻进各类土层、砂层时一般选用斗齿，其切削面宽，切削深度大，钻进速度快，适应地层广，更换方便。

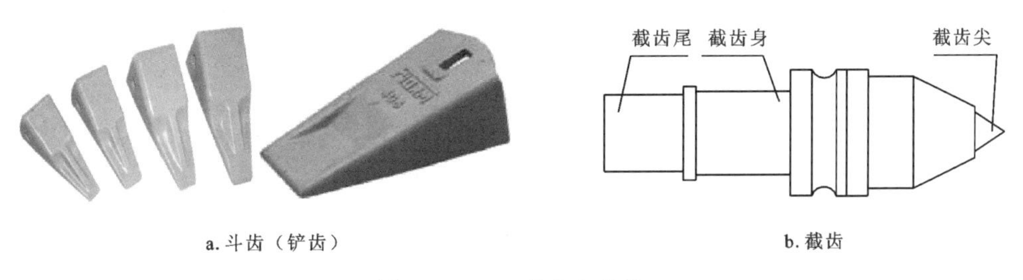

图 3－5－10　斗齿和截齿

截齿由齿尖、截齿身和齿尾三部分组成，齿尖为硬质合金。一般的硬质合金的尖部为锥形或球形，其身部为圆柱形，直径一般为 16～20mm。硬质合金通过冷压的方式镶嵌在齿身中，工作时随着截齿身和硬质合金的磨损，硬质合金会逐渐出露，当硬质合金磨损到一定程度时截齿就会报废，需要更换新的截齿。在钻进卵砾石地层、各类风化岩层时，一般选用截齿。截齿的直径较大，使用的硬质合金较粗，其耐磨性和抗冲击性较强。

目前国内生产斗（铲）齿和截齿的厂家很多，生产的斗（铲）齿和截齿的种类有数百种，但由于使用用途不同，有用于挖掘机和推土机的斗（铲）齿，也有用于煤炭行业的铲煤机截齿，因此使用效果有很大差异。作为旋挖钻进用的切削齿，有一定的特殊性，但为了方便使用、更换和采购，现在国内在旋挖钻头上使用的切削具均选用挖掘机和铲煤机上使用的斗（铲）齿和截齿。

2. 旋挖钻头分类

将切削齿安装在不同的旋挖钻头体上就有不同形式的旋挖钻头，旋挖钻头有以下几大类：短螺旋钻头、旋挖钻斗、筒式钻头、扩底钻头、冲击钻头、冲抓锥钻头、液压抓斗、滚刀钻头等，其中最常用的为短螺旋钻头、旋挖钻斗。

1）短螺旋钻头

短螺旋钻头以镶嵌在钻头底部的切削齿（又称钻齿）切削土体，并以螺旋叶片之间的间隙容纳切削下来的土体。钻进过程中，首先在钻压作用下，位于心轴管底端的中心钻齿在孔底中心“掏槽”，形成破碎自由面，然后其他钻齿跟进。钻进中钻齿形成的轨迹线在孔底的投影是一组同心圆，岩屑和土、石等沿螺旋叶片上升，充满螺旋叶片之间的间隙后，被提钻带出钻孔，或落入孔中后用捞砂钻斗捞出。

短螺旋钻头按适用地层的不同分为土层短螺旋钻头和岩层短螺旋钻头两类(图 3-5-11)。

- 土层短螺旋钻头(平头短螺旋钻头)
  - 单头单螺旋钻头
  - 双头单螺旋钻头
  - 双头双螺旋钻头
- 岩层短螺旋钻头(锥头短螺旋钻头)
  - 单头单螺旋钻头
  - 双头双螺旋钻头

图 3-5-11 短螺旋钻头分类

按其头部结构形式，短螺旋钻头又可分为锥头短螺旋钻头和平头短螺旋钻头。一般情况，岩层短螺旋钻头多为锥头形式，土层短螺旋钻头多为平头形式；土层短螺旋钻头所用切削具为耐磨合金钢斗齿，嵌岩短螺旋钻头所用切削具为头部镶焊有钨钴硬质合金的截齿(图 3-5-12)。

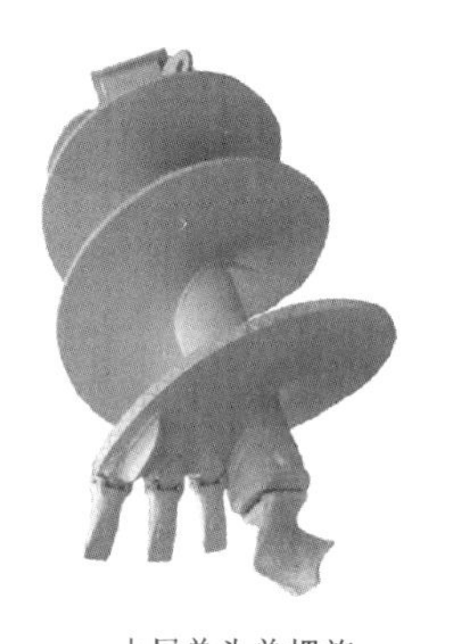

a. 土层单头单螺旋

b. 土层双头单螺旋

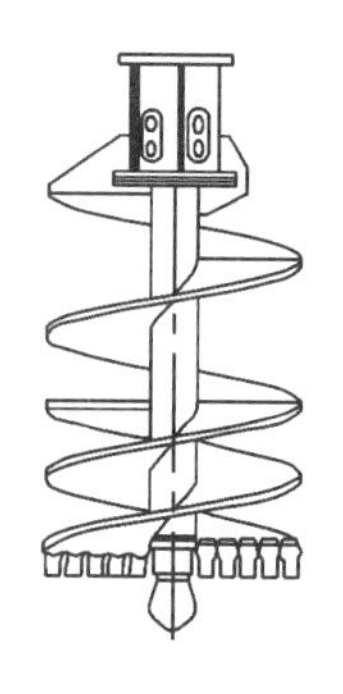

c. 土层双头双螺旋

d. 岩层单头单螺旋

e. 岩层双头单螺旋

图 3-5-12 部分土层和岩层短螺旋钻头

土层螺旋钻头主要用于地下水水位以上的土层、砂土层、含少量黏土的密实砂层以及粒径不大的砾石层，其结构有单头单螺、双头单螺、双头双螺 3 种。单螺钻头由于清渣容易、回转阻力小，适合用于卵砾石层及胶结性好的黏土层；双螺钻头携土能力强，导正性能好，适合用于钻进松散地层及软硬互层地层。

锥头短螺旋钻头根据锥头结构形式的不同和钻头导程的多少主要有单头单螺短螺旋钻头以及双头双螺短螺旋钻头两种。单头单螺短螺旋钻头布齿相对较少，一般适合钻进胶结较差的卵砾石层，特别是卵砾石较多较大的地层和风化岩层。由于单头单螺短螺旋钻头叶片间距较大，提钻过程岩屑、土块和碎石易掉落孔中，需要用捞砂钻斗进行捞砂清底，一般是螺旋钻头钻进后，紧接着用捞砂钻斗捞砂，交替进行。通常螺旋钻头起到的是破碎或搅松孔底风化层或胶结砾石层的作用。双头双螺短螺旋钻头是双锥片布齿，布齿数量是单头单螺短螺旋钻头的1.5～2倍，一般适合钻进风化岩层和砾石粒径较小的砾石层，钻进中是双钻齿同时刻划，钻进效率高，钻进较平稳。

2)旋挖钻斗

旋挖钻斗由连接座、开合机构、斗体、斗底、扩孔机构等几部分组成。旋挖钻斗主要用来钻进较软的地层以及钻孔清渣。

旋挖钻斗按所安装齿型可分为截齿钻斗和斗齿钻斗；按底板数量可分为单层底钻斗和双层底钻斗；按开门数量可分为单开门钻斗和双开门钻斗；按桶的锥度可分为锥桶钻斗和直桶钻斗；按底板形状可分为锅底钻斗和平底钻斗。以上结构形式相互组合，再加上是否带通气孔以及开门机构的变化，可以组合出几十种旋挖钻斗。一般来说，双层底钻斗适用地层范围较宽，单层底钻斗只适用于黏性较强的土层或大直径卵石。

旋挖钻斗规格参数主要有钻头直径、钻头高度、钻底层数、钻底开口数、钻齿类型及数量(表3-5-1)。其中斗齿的分布、个数及焊接角度是旋挖钻斗提高作业效率的关键，直接关系到斗齿的磨损快慢和钻进效率。斗齿的个数及分布需保证在钻孔切削面内载荷基本一致，以避免断齿现象。尤其要注意边齿的形状和焊接位置，因为该齿处于切削面的最外层，无论载荷、作业环境都比较恶劣，其焊接角度应随地质状况的不同需要及时调整。

表3-5-1 旋挖钻斗规格参数

钻头直径 D_2/mm	钻筒外径 D_1/mm	钻筒高度 H/mm	钻头结构	齿数
600	560	1200	单层底板或双层底板	3
800	760	1200	单层底板或双层底板	4
1000	970	1200	单层底板或双层底板	6
1200	1100	1200	单层底板或双层底板	8
1500	1400	1200	单层底板或双层底板	10
1800	1700	1200	单层底板或双层底板	12
2000	1900	1200	单层底板或双层底板	14

旋挖钻斗直径一般根据桩孔直径来确定。考虑到施工过程中钻斗的晃动和不同地层的遇水膨胀特性，钻斗直径一般比桩孔直径小20～50mm。如果钻孔较浅或地层遇水膨胀性小，钻头直径一般比桩孔直径小10～20mm。如果钻孔较深，地层遇水膨胀性大，钻头直径

一般比桩孔直径小 20～50mm。

除在砂土层钻进时用直筒外，在黏土层、淤泥层等大多数地层钻进时一般采用锥筒结构的旋挖钻斗，钻斗的锥角一般设计为 2°～10°，以保证进入斗体的渣土能够顺利倒出。

旋挖钻斗主要由连接方、钻斗体、底盘、开合机构、切削齿及连接轴组成。施工时将旋挖钻斗下至孔底，回转加压钻进时铲齿切削土层，被切削的土屑进入钻斗体内，直至钻斗体装满，通过钻杆带动钻头反转关闭其底部的进渣口，通过伸缩钻杆将旋挖钻斗提出钻孔并移到孔边，通过动力头的压盘下压打开开合机构，钻头底盖（底盘）靠自重打开，将钻斗体内的土屑倒出；再将旋挖钻斗放置地面，关闭钻斗底盖（底盘），再将钻斗下至孔底，如此循环往复。

连接方将钻杆同钻斗连接起来，通过连接方将钻杆的回转扭矩、提升力和加压力传递到钻斗上，连接方是旋挖钻斗的重要部分之一，其结构设计较简单，连接尺寸同钻杆上的连接方匹配即可。

钻斗体位于钻斗的中部，是旋挖钻斗的主要部件，体积较大，要承受和传递较大的压力和扭矩，斗体的材料需要有一定的厚度和刚度，上部焊接连接方套，下部要焊接销轴的外套，回转时还要将扭矩传递到底盘。斗体的材料采用 16Mn（Q345）板，这种材料的刚度、强度和焊接性能比 Q235 和 45 号钢要好，大量的试验研究证明，采用 16Mn（Q345）板的钻斗体，在施工中刚性好，变形小，耐磨性能好，能够承受较大的压力和扭矩，焊接部件的强度高，不易断裂。钻斗体一般设计成锥形体（底部直径大于上部直径），锥角一般为 2°～10°，锥形体设计主要考虑有利于快速清除钻斗内的土屑，尤其在黏性土层，当钻斗装满土屑后，会成块黏结在一起，即使底盘全部打开，也会黏结在钻斗内而难以清除。对于黏性小的土层、砂层、淤泥及流沙层，要设计小锥角；对于黏性大的黏土层，设计的锥角要大。在施工中有时遇到钻孔直径小于 1m，地层黏性特别强的黏土层，清渣非常困难，问题十分突出，清渣时间是纯钻时间的 3～5 倍。针对这种情况，可以专门设计活塞式清渣机构，利用钻机压盘轻轻下压，即可把黏性泥土推出桶外，清渣效率甚至超过了在非黏性土层中的清渣效率。对于有些特殊地层，提钻时易发生抽吸作用，若孔壁不稳定，就会造成塌孔埋钻施工事故。此时就需要用带有通气（或水）孔的钻斗。通气（或水）孔的大小，既要考虑钻孔的直径，也要考虑伸缩钻杆提升的速度、孔内护壁泥浆的黏度以及孔内地层的特性。

旋挖钻斗的底盘为切削盘，通过销轴同钻斗体连接。底盘上有开口，钻进时土屑从开口处进入钻斗体，根据钻进地层的不同，有单开口和双开口之分，钻进一般土层时采用双开口，钻进卵砾石地层时采用单开口，单开口内有活门设计，提钻时活门会自动关闭，以防止土屑或卵砾石从开口处漏失。根据地层的变化底盘有多层设计，在无水地层钻进时一般采用单层底盘；钻进流沙层或淤泥层时，由于流沙和淤泥流动性大，原有的活门密封不严，在提钻时流沙和淤泥会全部漏失，必须采用双层底盘（甚至 3 层底盘），当旋挖钻斗装满后，将钻斗反转几圈，双层底盘的上下盘错开，可以完全密封住开口，从而可以将流沙和淤泥捞出钻孔。

土层旋挖钻斗的切削齿一般为铲齿（图 3-5-13a），铲齿座焊接在底盘开口的后侧，焊接角度主要考虑 3 个因素：一是保证铲齿的切削角度，铲齿的切削角度一般为 30°～55°，根据钻进地层进行调整和变化；二是保证铲齿沿钻孔半径全面覆盖孔底，达到全面钻进的目的；三是要保证铲齿之间有一定的重合度，由于沿不同半径分布的铲齿切削的弧长不同，回转的线速度不同，回转半径大的铲齿容易磨损，因此靠外侧的铲齿重合度要大。铲齿的大小根据钻斗的直径进行选择，钻斗直径越大，使用的铲齿的规格应该越大，钻斗直径小，使用的铲齿规格也应减小。如果钻斗的直径太大，一个钻斗上可以使用两种或多种规格的铲齿，一般原则是回转半径小的部位使用小规格铲齿，回转半径大的部位使用大规格的铲齿，因为如果回转半径大而使用的铲齿规格过小，在施工时铲齿容易被快速磨损，有时会因冲击力过大而折断，造成非正常损坏。铲齿的选择除了同回转半径有关外，同钻进的地层也有关系。通常情况下，我们将土层分为硬土层、中硬土层和软土层，对于硬土层，一般选用耐磨性高及齿型略小的铲齿；对于软土层，可选用齿型较大的铲齿。

岩层旋挖钻斗的切削齿一般为截齿(图 3-5-13b)，其截齿齿型的选择同钻进地层和钻斗直径有关。对于硬土层和硬度较小的强风化岩层，可以选用直径相对较小和齿型较长的截齿；而对于硬度较大的，研磨性较强的地层，一般选用直径较大、略短的截齿。截齿在钻斗底盘上的分布主要考虑切削角和回转半径。通过大量研究分析和施工实践对比，截齿的安装角度一般为 45°较好。位于回转半径较大部位的截齿回转速度较大，所承受的冲击力和切削的弧长也较大，所以应采用较多截齿，重合度应较大，以保证每个截齿的工作量基本相同。

在卵砾石地层钻进中，由于卵砾石地层胶结性低，截齿的主要作用就是将卵砾石搅松，使其在钻斗回转时能够顺利进入钻斗体，所以选择的截齿直径要大、齿型要长，以增加它的抗冲击性。由于不需要破碎地层，截齿之间可以保留一定的间隙，但布齿要均匀，保证钻斗在回转时平稳(图 3-5-13c)。

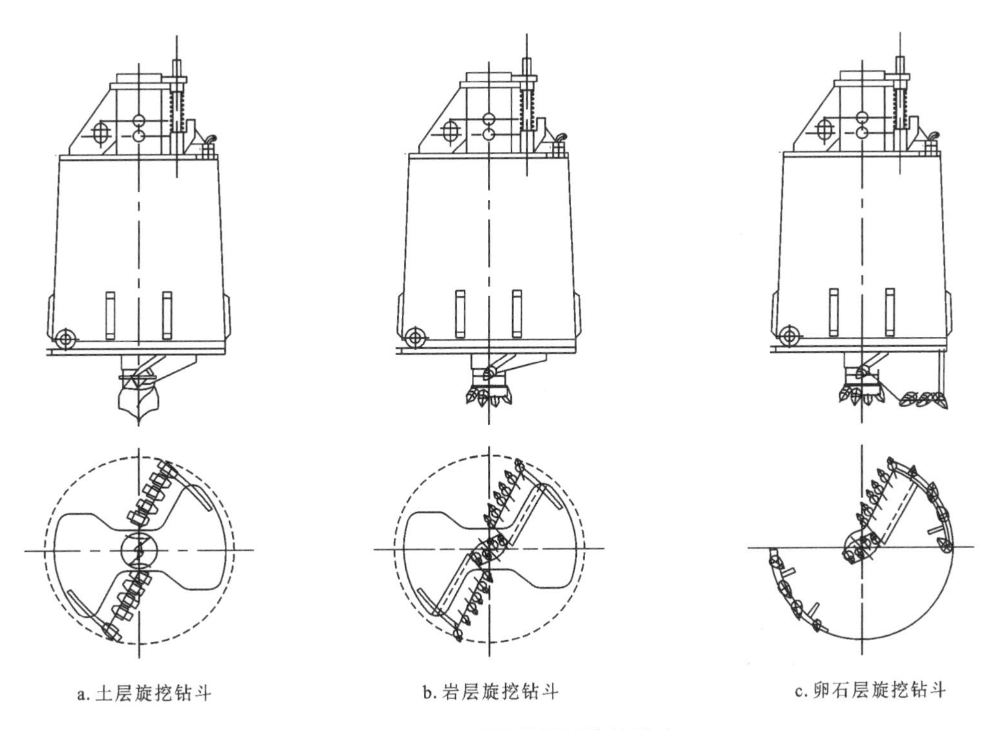

a. 土层旋挖钻斗　　b. 岩层旋挖钻斗　　c. 卵石层旋挖钻斗

图 3-5-13　不同地层的旋挖钻斗

旋挖钻斗底部开闭方式如图 3-5-14 所示，底盘分为两层：内底板和外底板，铲齿固定在外底板上，外底板通过固定在内底板上的心轴可绕钻头中心旋转，由于内底板上焊接有限位块，外底板只能绕内底板心轴作一定角度的转动，钻斗与孔底接触后，钻杆正转时，切削齿切入地层，外底板相对于内底板反转，进渣口打开，钻斗装满钻渣后，钻杆反转，外底板相对于内底板正转，关闭进渣口提钻，钻斗提离孔口后，开合机构起作用，内、外两层底板绕销轴转动，打开底盘卸土。

旋挖钻斗的开合机构如图 3－5－15 所示。上部为压杆调节套，中部为压杆体，下部为挂钩，上部的弹簧力使压杆上移，带动下部的挂钩顺时针摆动勾住钻斗底盖上的底盘钩。当旋挖钻斗装满土屑提出孔口继续上提时，压杆调节套会撞上钻机动力头上的压盘而压缩弹簧，压杆下移，带动挂钩逆时针摆动，松开底盘，此时底盘在自重和土屑重力的作用下自动打开。当底盘打开后，开合机构的压杆同钻机上的加压盘脱离，在弹簧力的作用下，压杆上移，挂钩复位。当钻斗内的土屑全部清出后需要重新关闭钻斗底盘时，底盘上的底盘钩通过斜面作用推动挂钩逆时针摆动进行挂钩，挂钩成功后钻斗底盘关闭。当钻斗在孔内时，由于有孔壁的阻挡，挂钩逆时针摆动受到限制，形成自锁状态而不能随意打开，保证了钻进和提下钻的安全性。开合机构设计的关键是弹簧的复位力必须适当，且满足挂钩摆动角度要求。弹簧力太小，挂钩容易自行打开；弹簧力太大，底盘复位比较困难。因此压杆上端有调节套，通过调节套可以调整弹簧的压缩行程从而调节弹簧复位力的大小，同时还可以保护压杆且调节套易于更换。挂钩的外移行程主要取决于自身结构，如果行程太小，底盘容易被震开；如果行程太大，底盘不易开合。通过压杆调节套调节压杆的行程，同时也可调节挂钩的外移行程。

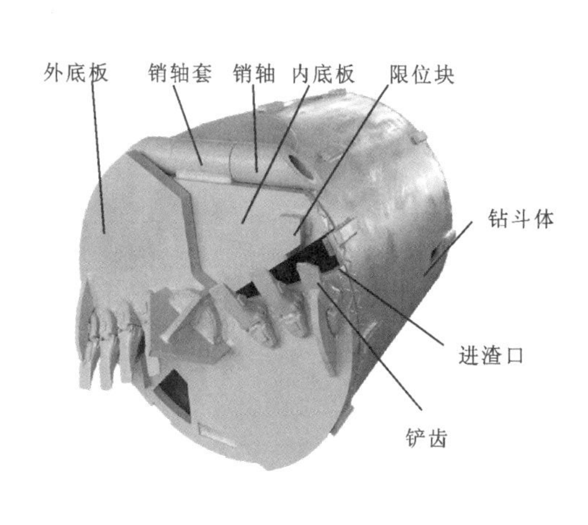

图 3－5－14　双开门斗齿旋挖钻斗

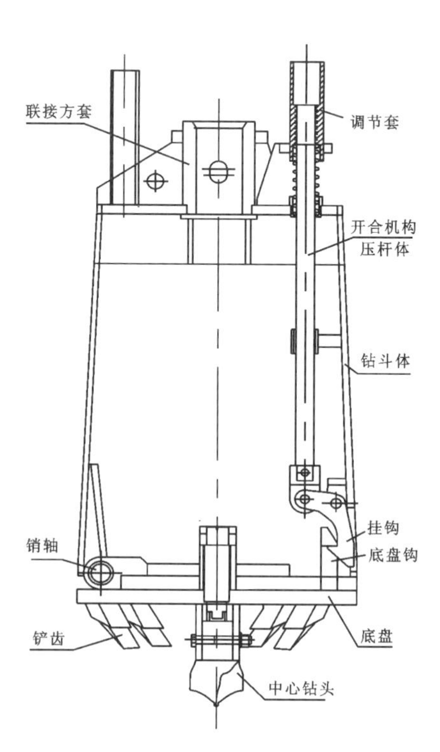

图 3－5－15　旋挖钻斗的开合机构

3)筒式钻头

相对于旋挖钻斗和短螺旋钻头,旋挖钻进施工一般较少用到筒式钻头。对于硬度较大的基岩地层、大的漂石层以及硬质永冻土层,直接用短螺旋钻头或旋挖钻斗钻进都比较困难,需要用筒式钻头配合短螺旋钻头和双底板捞砂钻斗钻进。

筒式钻头分为取芯筒式钻头和不取芯筒式钻头两种,根据底部钻齿的不同又分为截齿筒式钻头(图 3-5-16a)与牙轮筒式钻头(图 3-5-16b)。取芯筒式钻头除了筒体下端焊有子弹头形式的截齿外,筒体内壁上还装有承托岩芯的合页片;不取芯筒式钻头则没有承托岩芯的合页片,其主要作用在于对孔内岩芯的圆周进行松动掏空,为以后下入嵌岩短螺旋钻头破碎岩芯创造破碎自由面。对于层理发育且各向异性的硬岩地层,用筒式钻头配合嵌岩短螺旋钻头和双底板捞砂钻斗钻进,能有效地预防孔斜。

a.截齿筒式钻头

b.牙轮筒式钻头

图 3-5-16 筒式钻头类型

筒式钻头为直筒状结构,无底板,切削具为子弹头形截齿或牙轮(焊于筒体下缘),切削面小,用于套取岩石或形成自由面,适合于坚硬基岩或大漂石地层。在筒式钻头中,是否选用带取芯装置的钻头主要取决于取芯的难度。因为牙轮取芯钻头主要用于硬岩钻进,且钻取的环状面积大,如果有条件,还可在钻头部分加装反循环钻进,以提高钻进效率。

4)扩底钻头

在不增大桩径、不增加桩深的基础上,为了提高单桩承载力,可使用扩底桩,旋挖钻机施工扩底孔只需在施工孔底段时换用扩底钻头即可。

扩底钻头根据切削头不同可分为钎头扩底钻头、截齿扩底钻头、滚刀扩底钻头和牙轮扩底钻头,如图 3-5-17 所示。

扩底钻头张开机构的驱动形式有机械式和液压式两种,以机械式为主。张开机构一般为四连杆,通过钻杆加压可实现扩底钻头切削臂的张开。由于旋挖钻进是非泥浆循环排渣钻进,扩底钻头没有清渣机构,扩底完成后需用清渣桶清渣。钎头扩底钻头一般用于土层扩底钻进,截齿扩底钻头一般用于软岩及强风化岩石地层,牙轮扩底钻头和滚刀扩底钻头主要用于中硬岩、硬岩地层的扩底施工。扩底施工是在完成了直孔施工后进行的,其流程如图 3-5-18所示。

与旋挖钻机配套的扩底钻头本身一般不带有装渣功能,完成一次扩孔一般需要提出扩底钻头 3~4 次,下入捞渣钻头将钻渣捞出。

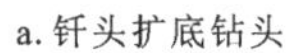

a.钎头扩底钻头

b.截齿扩底钻头

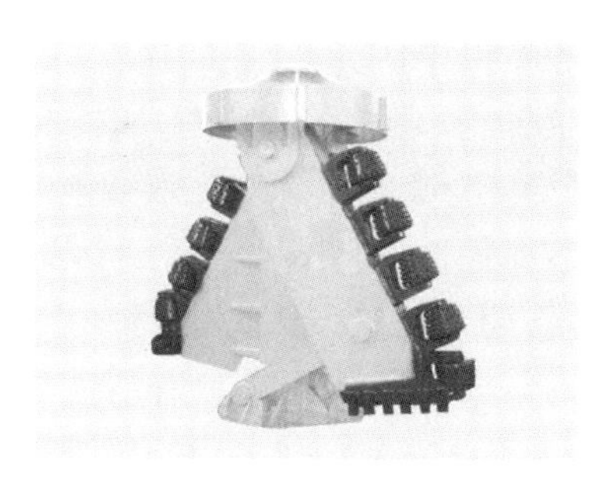

c.滚刀扩底钻头

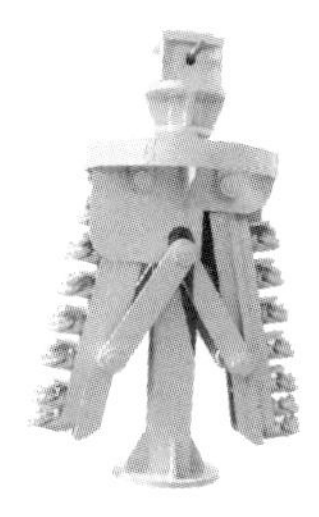

c.牙轮扩底钻头

图 3-5-17 扩底钻头类型

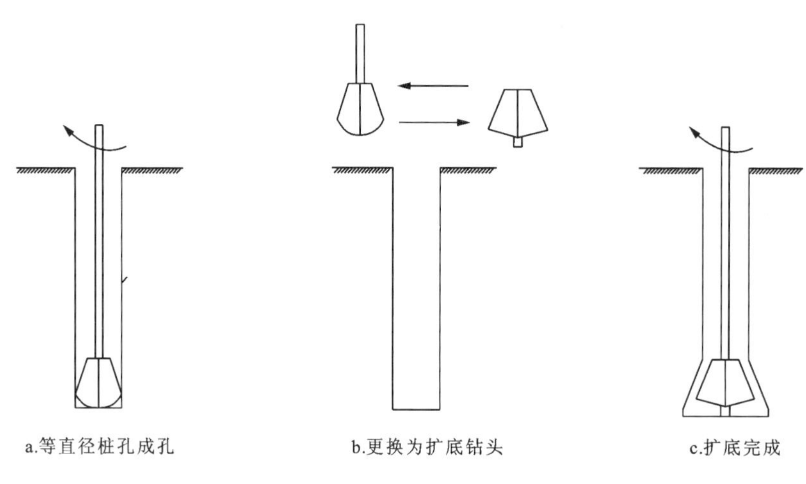

a.等直径桩孔成孔 b.更换为扩底钻头 c.扩底完成

图 3-5-18 扩底孔施工流程

5)冲击钻头、冲抓锥钻头

在钻进大直径卵石、大漂石和坚硬基岩时,使用冲击钻头、冲抓锥钻头(图 3-5-19a)配合旋挖钻进特别有效,这类钻头的使用是通过旋挖钻机副卷扬副钩吊挂来作业,因为要有冲击作用,所以副钩具有自由放绳功能效果更好。

6)液压抓斗

液压抓斗在连续墙和防渗墙的施工中日趋多见,对旋挖钻机稍作改动就可作业,液压抓斗的开闭是通过液压来驱动的,液压抓斗上只有一个油缸,所以只需进出两根油管、一个控制阀即可。

7)滚刀钻头

滚刀钻头(图 3-5-19b)是目前各类大口径桩基础工程中对付坚硬岩石地层、卵砾石地层以及孤石最为有效的工具,具有独特的性能,能够大大降低施工成本、提高经济效益。滚刀选用特制轴承,采用金属密封环密封,经过特殊热处理,承压能力大、寿命长、不易磨损。

滚刀钻头分为焊齿滚刀和镶齿滚刀,焊齿滚刀适用于硬度在 30MPa 以下的各类基岩的钻进,镶齿滚刀适用于硬度在 30MPa 以上的各类岩石的钻进。

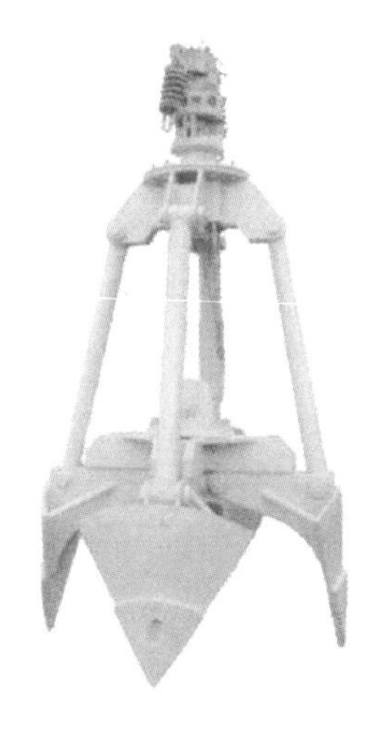
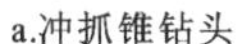
a.冲抓锥钻头

b.滚刀钻头

图 3-5-19　冲抓锥钻头与滚刀钻头

五、旋挖钻进工艺

1. 旋挖钻机的作业流程

旋挖钻机施工作业分为钻机移位对孔位与钻孔作业两个阶段，其作业流程如下。

（1）钻机移位对孔位阶段：①将钻机运输到施工现场后，将其折叠的 3 节钻桅展开至直线状态并固定；②旋挖钻机自行移动到孔位附近；③动臂变幅油缸和钻桅变幅油缸交替动作，直至将钻桅调整至垂直状态；④加压油缸伸出直至能与动力头托架连接，固定连接销轴；⑤根据施工现场情况调整履带轨距；⑥利用主卷扬安装钻杆；⑦根据钻孔垂直度要求调整钻桅至工作状态；⑧通过动臂变幅油缸动作、回转平台回转等方式对准孔位。

（2）钻孔作业阶段：①主卷扬释放钢丝绳，钻杆带着短螺旋钻头自由下落到地面，在钻杆和钻头自重的作用下以及动力头通过钻杆传递的扭矩作用下，钻头切入土层进行开孔；②安置孔口护筒；③使用回转钻斗在钻进的同时取渣；④钻渣装满后，主卷扬提升钻杆，从而将回转钻斗提升至地面；⑤回转平台回转至指定位置卸渣；⑥关闭回转钻斗底盘，收起回转钻斗，回转平台回转至孔位，钻杆、钻头下放，进入下一作业循环。

2. 松软地层钻进工艺

松软地层是相对于岩石地层而言，主要是指各种土层和砂层。土层是旋挖钻进中遇到最多的一种地层。土层定义广泛，种类繁多，施工中遇到的大多数土层主要为一般黏土、粉质黏土、粉土、砂土、黄土及黄土质砂土、泥炭土、湿陷性黄土、人工回填土、胶结性很强的硬胶泥、淤泥，在西北地区还有冻土层。砂层按胶结程度来分主要有无胶结或胶结性很差的流沙层，无胶结的粗砂、中砂、细砂层以及粉细砂层，也有胶结很强的铁板砂和含有黏性土的中粗砂层或中细砂层。

在松软地层钻进，一般分为两种情况：一种为不含地下水的松软地层钻进；另一种是含地下水的松软地层钻进。这两种情况所应采用的钻进工艺也有差异。

1）不含地下水的松软地层钻进工艺

（1）钻具的选择：对于各种土层，在不含地下水时，一般选用螺旋钻头和底部带活门的旋挖钻斗钻进；对于非常松软的土层，一般选用单头单螺旋钻头钻进；对于有一定胶结的土层，一般选用双头双螺旋钻头。

（2）钻进参数的确定：旋挖钻进属于强力钻进，主要是因为旋挖钻机的加压能力和回转扭矩大，在土层钻进中，由于土层松软，钻进压力和回转速度不宜太大。如果钻进压力和回转速度太大，一方面，由于钻杆和钻头连接原因会造成孔斜；另一方面，如果土屑在钻具上压得过紧，将不利于清除。因此，对于这类地层，压力一般为0～50kN，回转转速为20～50r/min。钻头直径较小时，钻进压力要小，但回转速度可以适当增大；钻头直径大时，钻进压力要大，但回转速度要适当减小。钻进过程中要保证钻头和钻机平稳，减小振动。

2）含地下水的松软地层钻进工艺

（1）钻头的选择：对于各种土层，在含地下水时，一般选择双底盘旋挖钻斗，对于淤泥及流沙层，可以选择两层底盘或三层底盘结构的钻头。有一定胶结的地层也可适当选择双头双螺螺旋钻头。钻斗的锥角及切削齿的安装角在这类地层可以适当加大，钻斗的锥角加大主要是保证清理钻屑的方便快捷，切削齿可以选择铲齿，安装角度可以加大，以提高钻进效率。

（2）钻进参数的确定：钻进参数的确定除考虑地层因素外，还须考虑钻头的直径和钻头的具体结构。一般旋挖钻斗钻进土层，钻进压力为0～50kN，回转速度为20～50r/min。

3. 岩石层钻进工艺

岩石层种类及其分类方法很多，按岩性分为泥岩、页岩、砂岩、灰岩、花岗岩等；按岩石成因分为岩浆岩、沉积岩、变质岩；按力学特性分为硬质岩石和软质岩石；按风化程度分为全风化、强风化、中风化、微风化及无风化岩层。由于旋挖钻进技术工艺主要为强力钻进，因此，根据岩石的力学特性和风化程度，考虑实际施工情况，我们把岩石分为两大类，即软岩和硬岩。国际岩石力学学会将软质岩石定义为单轴抗压强度在0.5～25MPa之间的一类岩石，这类岩石主要有泥岩、页岩、泥页岩、粉砂岩、泥质砂岩，以及全风化和部分强风化的砂岩、灰岩等。单轴抗压强度在25MPa以上的岩石统称为硬质岩石。这类岩石主要有中风化及微风化的砂岩、灰岩、花岗岩等。

1）软岩钻进工艺

（1）钻具的选择：对于这类地层，可以使用螺旋钻头，也可以使用旋挖钻斗。螺旋钻头钻进这类地层速度较快，但捞渣一般不太干净，在实际施工中，可以用两种钻头交替使用。钻进这类软岩，钻具的结构及切削齿的选择非常关键，一般先用锥形双头螺旋钻头钻进破碎岩石，然后用单底盘或双底盘旋挖钻斗捞取岩屑，基本将孔底捞取干净后，再换用螺旋钻头钻进，如此循环。用这样方法钻进，较单独使用螺旋钻头或单独使用旋挖钻斗的钻进速度快，钻头的使用寿命长。选用锥形螺旋钻头比平底螺旋钻头的钻进速度快，是因为锥形螺旋钻进稳定性好，根据岩石破碎理论分析，锥形螺旋钻头在钻进过程中可以形成多个自由面，能够形成体积破碎。如果单独使用旋挖钻斗，孔底在钻进过程中形成的自由面少，岩石破碎效率低。而单独使用螺旋钻头，破碎效率高，但由于岩屑不能够及时全部排出，对螺旋钻头本身也会增加其磨损。螺旋钻头和旋挖钻斗的切削齿，可以选择直径大、体形长、硬质合金硬度中等但耐磨性高的截齿，这样可以尽量发挥旋挖钻机钻进压力大回转扭矩高的特点，使岩石产生体积破碎，既可以提高钻进效率，也能提高截齿和旋挖钻头的工作寿命。

（2）钻进参数的确定：在软岩中进行钻进，以体积破碎为主，必须要有较高的钻进压力，但转速不能太高，转速太高，既增加了钻头的磨损，也不利于体积破碎的形成。一般钻进压力为 50～100kN。回转速度一般为 20～30r/min。

2）硬岩钻进工艺及参数

对于中风化及微风化的砂岩、灰岩、花岗岩等坚硬岩石，采用一种旋挖钻头钻进难以取得较理想的钻进效果。旋挖钻进不同于常规传统的钻进技术方法，其主要钻进技术特点除了压力和扭矩大以外，由于采用伸缩钻杆，起钻和下钻方便快捷，更换钻头或钻斗容易方便，要充分利用旋挖钻机和不同旋挖钻头的特点，采用组合钻进技术工艺，以获得理想的钻进效果。

（1）钻进工艺及钻头的选择：组合钻进技术工艺是将环状钻头、双头锥形螺旋钻头、旋挖钻斗 3 种旋挖钻头配合使用。首先用环状钻头钻进 0.5～1.0m，进行环状钻进切除围岩，其次提出钻头，如能够将大岩芯取出，就继续钻进，如大岩芯没有取出，就采用螺旋钻头进行破碎，将大岩芯破碎成小块后，更换旋挖钻斗将岩屑捞出。当孔底清理干净后再次下入环状钻头钻进，如此循环往复。采用这种组合钻进工艺在中硬岩石中钻进，平均时效可以达到 1.0～1.5m/h。

（2）钻进参数的确定：由于岩石较坚硬，应该采用高钻压慢回转的钻进工艺。钻进破岩需要比较大的钻进压力，才能压入岩石实现体积破碎，提高钻进效率。根据钻头直径的不同，钻进压力一般在 100～200kN 之间，回转速度为 15～20r/min。

4. 卵石层及卵砾石层的钻进工艺

在卵石层和卵砾石层中钻进，主要问题是难以成孔，孔壁容易垮塌，如果这种地层较厚，还容易发生埋钻等事故。在钻进这类地层前要采取一些技术措施：首先，针对地层特点配制泥浆，保持孔壁的稳定。泥浆要在专门的泥浆罐或泥浆池中进行配制，配制中要对泥浆进行测量，以保证配制泥浆的质量。泥浆的黏度、比重、泥皮强度、失水量等参数要能够满足稳定孔壁的要求。其次，针对卵石及卵砾石地层，要采用专门旋挖钻斗。

（1）旋挖钻具的设计与选择。由于卵砾石地层一般胶结性低，有的卵砾石地层无胶结，基本不需要破碎地层。但由于卵砾石大小不一，为保证直径较大的卵砾石能够顺利进入钻斗，必须尽可能增大钻斗底盘的开口面积，采用单开口形式虽然开口数量少，但开口的最大通径增大，有利于大的卵砾石进入钻斗。在卵砾石地层钻进中，由于卵砾石地层胶结性差，一般破碎卵砾石工作量较少，其截齿的主要作用就是将卵砾石耙松，使其在钻斗回转时能够顺利进入钻斗体。所以选择截齿的直径要大，齿型要长，以增加它的抗冲击性。由于不需要破碎，截齿之间可以保留一定的间隙，但布齿要均匀，保证钻斗回转平稳。

（2）卵砾石地层的钻进参数。卵砾石地层钻进参数的确定原则：在卵砾石地层钻进，回转速度不宜太快，钻进压力也不宜太大，以减少卵砾石对钻头的磨损。只要能够将卵砾石耙松并使其进入旋挖钻斗即可，钻进过程中要尽量减少钻机的震动，保持钻进平稳。主要钻进参数一般按下列范围选择：钻进压力为 0～50kN；回转速度为 10～20r/min。

第六节　泥浆护壁成孔灌注桩清孔工艺

一、清孔的目的及清孔质量标准

1. 清孔目的

(1)清除孔底沉渣,提高桩端承载力。

(2)清除孔壁泥皮,提高桩身摩阻力。

(3)减小孔内泥浆相对密度,便于导管法灌注水下混凝土。

2. 清孔质量标准

《建筑地基基础工程施工质量验收标准》(GB 50202—2018)规定:清孔后在距孔底 50cm 处取样泥浆相对密度应控制为 1.10～1.25,含砂率不大于 8%,漏斗黏度为 18～28s;灌注混凝土前,对于摩擦桩,孔底沉渣厚度不得大于 150mm;对于端承桩,孔底沉渣厚度不得大于 50mm。

《公路桥涵地基与基础设计规范》(JTG 3363—2019)规定:清孔后泥浆的相对密度为 1.03～1.1,黏度为 17～20Pa·s,含砂率小于 2%;胶体率大于 98%。对于摩擦桩清孔后的孔底沉渣厚度要符合设计要求,当设计无要求时,对于直径不大于 1.5m 的桩,孔底沉渣厚度不大于 300mm;对桩径大于 1.5m 或桩长大于 40m 或土质较差的桩,孔底沉渣厚度不大于 500mm;对于支承桩孔底沉渣厚度不大于设计规定。

《建筑桩基技术规范》(JGJ 94—2008)规定:浇注混凝土前,孔底 500mm 以内的泥浆相对密度应小于 1.25;含砂率不大于 8%;黏度不大于 28s。钻孔达到设计深度,灌注混凝土之前,孔底沉渣厚度指标应符合下列规定:①对端承型桩,不应大于 50mm;②对摩擦型桩,不应大于 100mm;③对抗拔、抗水平力桩,不应大于 200mm。

二、清孔方法

清孔方法应根据设计要求、钻孔方法、机具设备和土质情况决定。

1. 抽浆法

抽浆清孔比较彻底,适用于各种钻孔方法的摩擦桩、端承桩(支承桩)和嵌岩桩。但孔壁易坍塌的钻孔使用抽浆法清孔时,要注意防止坍孔。

(1)用反循环方法成孔时,泥浆相对密度一般控制在 1.1 以下,孔壁不易形成泥皮。钻孔终孔后,只需将钻头稍提离孔底空转,并维持反循环 5～15min 就可完全清除孔底沉渣。

(2)正循环成孔,空压机清孔。空压机清孔原理与气举反循环原理相同,但以灌注水下混凝土的导管作为泥浆的抽吸管,高压风管可设在导管内,图 3-6-1 是风管设在导管内的情形。

用空压机清孔的注意事项:①高压风管沉入导管内的入水深度至少应大于水面至出浆口高度的 1.5 倍(即沉没比要大于 0.6),一般入水深度不宜小于 15m,但不必沉至导管底部附近。需注意：钢筋笼先于导管之前入孔。②开始清孔前应先向孔内供水或供净化过的泥浆，然后送风清孔。停止清孔时，应先关高压空气后停止向钻孔中补水，以防钻孔中水位下降而造成坍孔。③送风量根据导管直径按表3-3-3选取，风压按式(3-3-25)选取。清孔结束，弯管拆除，内风管吊走，准备灌注水下混凝土。

(3)正循环成孔，砂石泵或射流泵清孔，如图3-6-2所示，导管作为砂石泵或射流泵的吸浆管清孔。它的好处是清孔完毕，将特制的弯管拆除，装上漏斗，即可开始灌注水下混凝土。用反循环钻机成孔时，也可等安好灌浆导管后再用反循环方法以灌浆导管作为吸浆管清孔，以清除下钢筋笼和灌浆导管过程中沉淀的钻渣。

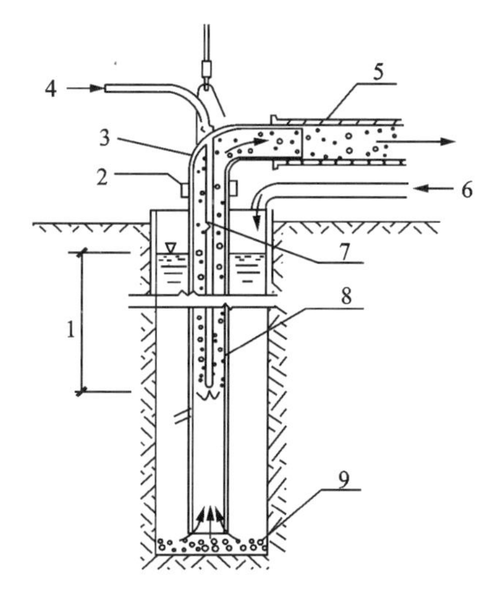

1. 风管入水深；2. 接头；3. 弯管；4. 送风管；5. 软管；6. 补水；7. 输气软管；8. 灌浆导管；9. 沉渣。

图3-6-1 内风管空压机清孔

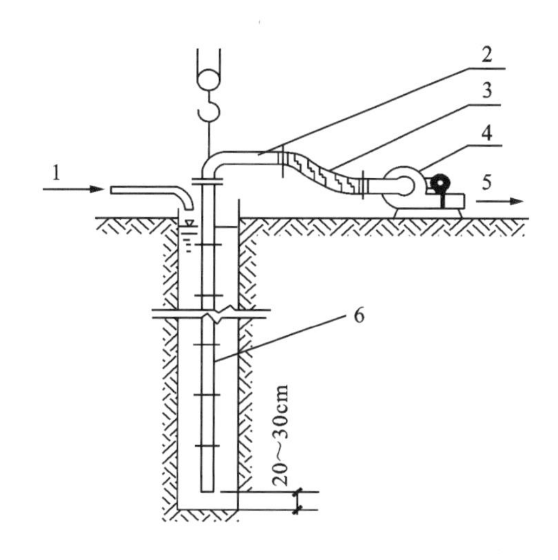

1. 补水；2. 弯管；3. 软管；4. 砂石泵；5. 排出口；6. 导管。

图3-6-2 砂石泵清孔

2. 换浆法

正循环钻进，用正循环清孔。目前施工单位一般采用两次清孔，第一次清孔是在钻孔终孔后进行，即终孔后，停止进尺，将钻头提离孔底10～20cm，以中速压入相对密度1.10左右，含砂率不大于4%的泥浆，把孔内悬浮钻渣多的泥浆换出。第一次清孔的重点是搅碎孔底较大尺寸的泥块，同时上返孔内尚未返出孔口的钻渣。第二次清孔是在安放好钢筋笼和灌浆导管后进行；导管就位后在导管上装上配套接头，以大泵量向导管内压入相对密度1.10左右的泥浆，把在下钢筋笼和灌浆导管过程中再次在孔底沉淀的钻渣和仍然悬在钻孔内的相对密度较大的泥浆换出，孔底沉渣厚度和孔内泥浆相对密度均达到清孔标准后清孔结束，立即开始灌注水下混凝土。

本法对正循环回转钻来说，不需另加机具。且孔内仍为泥浆护壁，不易坍孔，但本法缺点较多。首先，在下钢筋笼和灌浆导管过程中，难免会碰撞孔壁，若有较大泥团掉入孔底很难清除；其次，相对密度小的泥浆是从孔底流入孔中，而上部泥浆相对密度较大，当钻孔直径较大而泥浆泵的泵量又有限时，轻、重泥浆在孔内会产生对流运动，要花费很长时间才能降低孔内泥浆相对密度，清孔所花时间太长，不仅影响工效而且影响桩的承载力（泥浆对孔壁浸泡时间越短越好，钢筋笼下入到灌注混凝土的时间不得超过 4h）；当泥浆含砂率较高时，绝不能用清水清孔，以免砂粒沉淀。而抽浆法清孔，只要不会引起孔壁坍塌，就可在孔口加入清水。

3. 掏渣法

冲击、冲抓钻进过程中，冲碎的钻渣一部分被挤入孔壁，大部分则靠掏渣筒清除。要求用手摸掏渣筒中的泥浆，无 2～3mm 大的颗粒，并使泥浆相对密度降到 1.1～1.25。清除孔底沉渣时，还可先向孔底投入一些泡过的散碎黏土，通过冲击锥低冲程地反复拌浆，使孔底沉渣悬浮后掏出。降低泥浆相对密度的方法是掏渣后用水管插到孔底注水，用水流将泥浆冲稀，达到要求的标准后停止清孔。

用旋挖钻进方法成孔后，可下入专门的清孔钻斗（两层底盖没有切削齿）进行清孔。

4. 用砂浆置换钻渣清孔法

本法操作程序如图 3-6-3 所示。先用掏渣筒尽量清除钻渣，后以活底箱在孔底灌注 60cm 厚的特殊砂浆。特殊砂浆系用炉灰与水泥加水拌和，其相对密度较小，能被浮托在混凝土之上，砂浆中加入适量的缓凝剂，使初凝时间延长到 6～12h，以保证砂浆从注入孔底直到一系列作业完成后不致硬化。

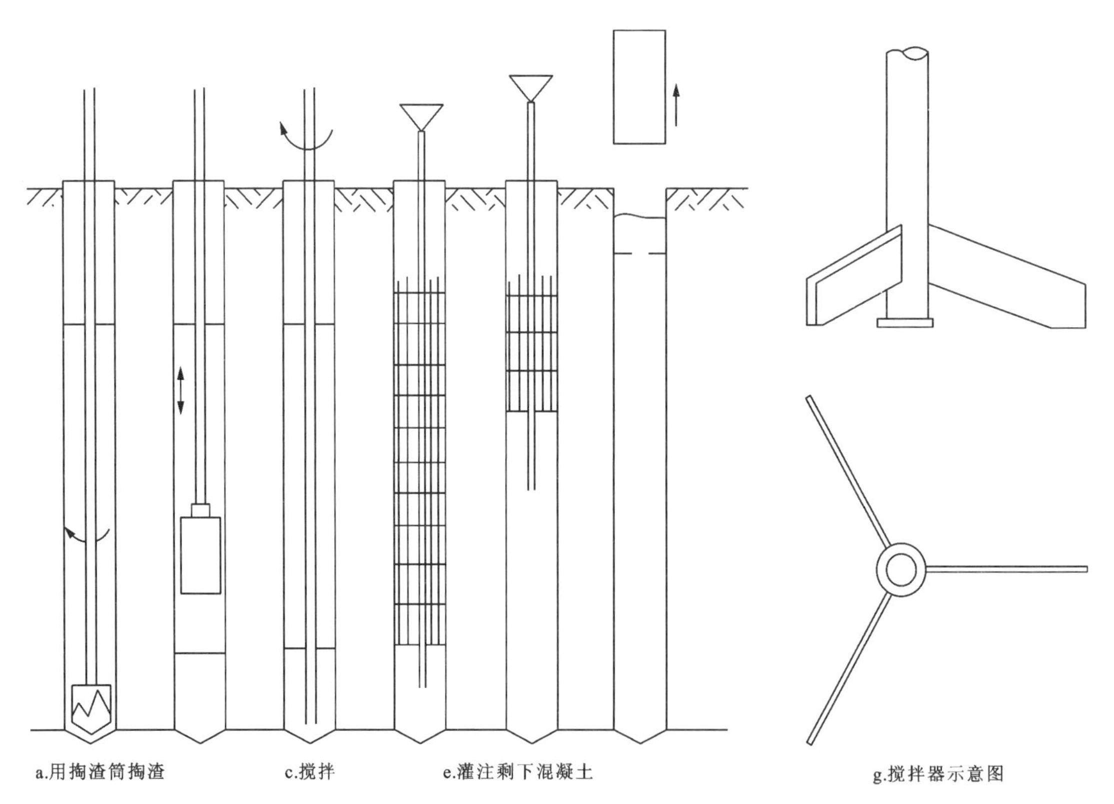

图 3-6-3 砂浆置换钻渣清孔

灌注特殊砂浆后，插入比孔径稍小的搅拌器，作 20r/min 慢速旋转。将孔底残留的钻渣拌入砂浆中，然后吊出搅拌器，插入钢筋骨架，灌注水下混凝土。混凝土从孔底置换了砂浆的位置后，砂浆大部分浮托在水下混凝土的顶面以上，一直被推到桩顶，在处理桩顶浮浆层时一起被清除掉。本法在国外有数千根成桩的经验，并做过实验，效果较好，可满足柱桩的要求。

第四章 钻孔灌注桩成桩工艺

第一节 钢筋笼的制作和吊放

一、钢筋笼的结构

图 4-1-1 为某钻孔灌注桩的桩身配筋图。钢筋笼由纵向主筋、环形加劲筋、螺旋箍筋和吊筋组成。顶部带有吊环的两根吊筋是辅助钢筋，与主筋之间焊接或螺纹连接，钢管穿入吊环并支撑在孔口机台木或孔口护筒顶部可对钢筋笼在钻孔中进行轴向定位。

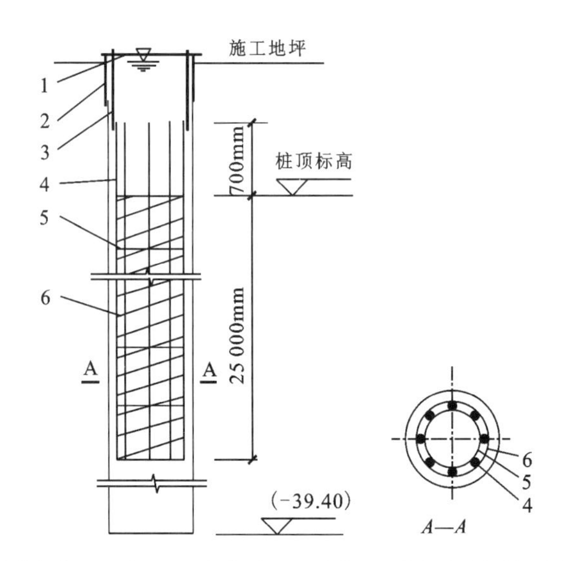

1. 支撑钢管；2. 护筒；3. 顶部带吊环的吊筋；4. 纵向受力钢筋（主筋）；5. 环形加劲筋；6. 螺旋箍筋。

图 4-1-1 桩身配筋图

纵向主筋一般用热轧Ⅰ级、Ⅱ级或Ⅲ级钢筋，桩顶标高以上的纵向主筋应锚入承台内，其锚入长度不宜小于 35 倍纵向主筋直径。对于抗拔桩，主筋的锚固长度应按现行国家标准《混凝土结构设计规范》（GB 50010—2010）确定。对于受水平荷载的桩，主筋不应少于 $8\phi 12$；对于抗压桩和抗拔桩，主筋不应少于 $6\phi 10$；纵向主筋应沿桩身周边均匀布置，为使混凝土拌和物中的骨料能进入钢筋保护层，主筋之间的净距不应小于 60mm。

当钢筋笼长度超过4m时，应每隔2m设一道直径不小于12mm的环形加劲箍筋(又称为定位筋)。螺旋箍筋直径不应小于6mm，间距宜为200～300mm；受水平荷载较大桩基、承受水平地震作用的桩基以及考虑主筋作用计算桩身受压承载力时，桩顶以下$5d$(d为桩身直径)范围内的螺旋箍筋应加密，间距不应大于100mm；当桩身位于液化土层范围内时箍筋应加密；当考虑箍筋受力作用时，箍筋配置应符合现行国家标准《混凝土结构设计规范》(GB 50010—2010)的有关规定。

桩身配筋率是指主筋横截面面积之和与桩身横截面面积的比值。当桩身直径为300～2000mm时，正截面配筋率可取0.2%～0.65%(小直径桩取高值，大直径桩取低值)；对受荷载特别大的桩(抗压桩)、抗拔桩和嵌岩端承桩应根据计算确定桩身配筋率，并不应小于上述规定值。混凝土保护层厚度是指主筋外表面到桩身外表面之间的垂直距离。灌注桩主筋的混凝土保护层厚度不应小于35mm，水下灌注桩的主筋混凝土保护层厚度不得小于50mm。

桩身配筋长度应符合下列规定：①端承型桩和位于坡地岸边的基桩应沿桩身通长等截面积或变截面积配筋；②桩径大于600mm的摩擦型桩配筋长度不应小于桩长的2/3；当受水平荷载时，配筋长度尚不宜小于$4.0/\alpha$(α为桩的水平变形系数)；③对于受地震作用的基桩，桩身配筋长度应穿过可液化土层和软弱土层进入稳定土层，进入的深度对于碎石土、砾砂、粗砂、中砂、密实粉土、坚硬黏性土不应小于2～3倍桩身直径，对其他非岩石土不宜小于4～5倍桩身直径；④受负摩阻力的桩和因先成桩后开挖基坑而随地基土回弹的桩，其配筋长度应穿过软弱土层并进入稳定土层，进入稳定土层的深度不应小于2～3倍桩身直径；⑤专用抗拔桩及因地震作用、冻胀或膨胀力作用而受拔力的桩，应按桩身通长等截面积或变截面积配筋。

二、钢筋笼的制作要求

《建筑地基基础工程施工质量验收规范》(GB 50202—2018)规定的钢筋笼质量标准及验收方法见表4-1-1。

表4-1-1 混凝土灌注桩钢筋笼质量检验标准及方法

项	序	检查项目	允许偏差或允许值	检查方法
主控项目	1	主筋间距	±10mm	用钢尺量
	2	钢筋笼长度	±100mm	用钢尺量
一般项目	1	钢筋材质检验	设计要求	抽样送检
	2	箍筋间距	±20mm	用钢尺量
	3	钢筋笼直径	±10mm	用钢尺量

主筋混凝土保护层厚度允许偏差：非水下灌注混凝土±10mm，水下灌注混凝土±20mm。钢筋笼最小处直径应比导管接头处最大外径大100mm以上。分段制作的钢筋笼，其分段长度以不大于10m为宜。分段钢筋笼之间应采用焊接或采用螺纹套筒连接。焊接时在同一截面内钢筋接头数不得超过主筋总数的50%，两相邻接头应错开一定的距离(一

般应大于400mm)。焊缝高度为钢筋直径的0.25倍，且不小于4mm；焊缝宽度为钢筋直径的0.7倍，且不小于10mm；搭接长度，单面焊缝宽度应为钢筋直径的8～10倍，双面焊缝宽度为钢筋直径的4～5倍。

三、钢筋笼的制作

1. 制作钢筋笼的有关准备工作

(1)制作钢筋笼的主要设备和工具有电焊机、钢筋调直机、钢筋切割机、定位筋(圆环形加劲箍筋)制作台、支架等。

(2)根据设计图纸及设计要求计算定位筋用料长度、主筋用料长度、吊筋长度、螺旋筋长度。将所需钢筋整直后用切割机成批切好备用。由于切断待焊的定位筋、主筋、螺旋筋及吊筋规格尺寸不尽相同，应注意分别摆放，防止用错。

(3)在定位筋制作台上制作定位筋并按要求焊好，每节钢筋笼准备5个左右圆环形加劲箍筋(定位筋)。

2. 钢筋笼制作方法

制作一段(或一节)钢筋笼时先挑选出所需要的主筋，相邻主筋端部锯齿状错开1m左右摆放在支架上。用粉笔沿主筋方向每间隔2m在主筋上做标记，标记点即为主筋与定位筋的焊接点。

挑选出5个定位筋，定位筋之间的间隔为2m，5名工人每人负责一个定位筋，用特制的量规，保证主筋间的间距，将主筋一根一根地与5个定位筋点焊起来。点焊时要保证定位筋与主筋垂直，相邻两根主筋伸出端部定位筋的长度分别是1.0m和1.5m，以保证钢筋笼连接时接头分别位于两个不同的桩身截面上。

钢筋笼基本成型后，应将主筋与定位筋点焊处全面地补焊一次，以增加连接强度。对于直径特别大的钢筋笼，为了增加其刚度，防止吊装时变形，在每段钢筋笼的顶部定位筋内还要加焊起内支撑作用的钢筋。钢筋笼吊装就位于孔口后，再拆除内支撑钢筋。

钢筋笼成型完成后，在两端部定位筋范围内的钢筋笼外圆柱面上缠绕螺旋筋，螺旋筋为光面钢筋，螺距一般为200mm，在桩顶受力较大的部位螺距也可减小为50～100mm。在钻孔灌注桩中，螺旋筋主要承受桩身剪力，在桩顶段较密的螺旋筋也能提高桩身的抗压能力。

螺旋筋两端要分别与分段制作的钢筋笼的两端的定位筋焊牢，螺旋筋与主筋之间采用间隔点焊的方法连接。

3. 保证主筋混凝土保护层厚度的措施

主筋混凝土保护层厚度以设计为准，设计没作规定时可定为35～70mm。保护层厚度的允许偏差水下灌注混凝土桩为±20mm；非水下灌注混凝土桩为±10mm。为此下放钢筋笼时，必须采取相应措施，保证钢筋笼中心与钻孔中心重合，使钢筋笼四周保护层厚度均匀一致。否则将会影响钢筋笼在桩身中的位置和作用，如横向受荷桩的桩身混凝土有可能在保护层太厚的一侧开裂；保护层太薄一侧的钢筋则可能锈蚀。

主筋混凝土保护层设置方法有以下3种。

(1)绑扎(或焊接)混凝土预制垫块。混凝土预制垫块尺寸为150mm×200mm×80mm

(图 4-1-2a),靠孔壁方向制成弧面,靠钢筋笼的一面制成平面,并有十字槽,纵向为直槽,横向为曲槽。曲槽的曲率与定位筋的曲率相同,十字槽深度和宽度以能容纳主筋和定位筋为度。在纵槽两旁对称地埋设 4 根绑扎用铅丝(或焊接用的钢筋),垫块在钢筋笼上的布置依孔壁土层性质而定,在松软土层垫块应布置密一些,一般沿钻孔竖向每隔 2m 左右设一道,每道沿圆周对称地设置 4 块。这种垫块的优点是同孔壁接触面大,制作简单,设置方便。其缺点是遇碰撞易碎落。

(2)焊接钢筋"耳朵"。钢筋"耳朵"用断头钢筋(直径不小于 10mm)弯制而成,长度不小于 150mm,高度不小于 80mm,焊接在钢筋笼主筋外侧,如图 4-1-2b 所示。这个方法克服了绑扎(或焊接)混凝土预制垫块的缺点,但与孔壁的接触面较小,易陷入孔壁土层中,故布置时宜适当加密些或在钢筋"耳朵"上面加焊扁钢或在钢筋"耳朵"上加预制混凝土滚轮。

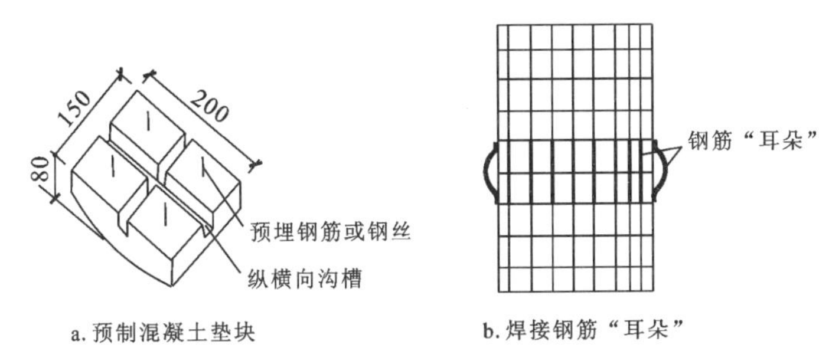

图 4-1-2　钢筋笼主筋混凝土保护层厚度的保证措施

(3)用导向钢管控制保护层厚度。钢筋笼就位前,沿钻孔轴向靠孔壁下放 4 根导向钢管来设置保护层。钢管在平面上的布置视钻孔大小决定,一般不得少于 4 根,钢管长度应与钢筋笼相同。钢管可在混凝土灌注过程中分节拔出或在灌注完毕后一次性拔出。对于长桩,可采用上部设钢管,下部设混凝土垫块,使钢筋笼全长的保护层厚度都能得到保证。

四、钢筋笼的吊放

制作好的分段钢筋笼采用吊车吊运到孔口,吊装点为主筋与定位筋的连接处,吊装到孔口的分段钢筋笼与已下入钻孔内的钢筋笼的主筋要实现连接,上、下节沿钻孔轴线方向彼此错落的主筋之间可用焊接法连接,焊接的搭接长度应满足设计要求。

主筋焊接完成以后,需要在两段钢筋笼的连接段加缠螺旋筋,加缠螺旋筋的螺距一般为 200mm 左右,加缠螺旋筋两端要与钢筋笼上的定位筋焊牢,中间间隔地与主筋点焊。

连接段加缠完螺旋筋后,用吊车将钢筋笼徐徐地下入到钻孔之中,用一节钢管从最上面的一个定位筋的下方横穿钢筋笼,通过钢管将钢筋笼支承在孔口护筒或枕木上,然后松开起吊钢丝绳与钢筋笼的连接绳卡,准备吊运和连接另一节钢筋笼。如此循环往复,直至下完全孔的钢筋笼。

钢筋笼主筋之间还可采用螺纹套筒连接,而不是焊接,这可改善主筋连接的对中性并提高连接速度,有的钢筋笼周边内侧还带有后压浆管或声测管。对于这种带后压浆管或声测管重量较大的钢筋笼,宜采用二点起吊法,其中一点为上端定位筋的两侧,另一点为下部定位筋的顶点。首先水平地将一段钢筋笼起吊一定高度，再在空中逐步使钢筋笼直立，其次吊车旋转使钢筋笼就位于孔口上方，等待连接。采用两点起吊法主要是为避免单点起吊的一端刚离地时，另一端的钢筋和后压浆管或声测管被集中作用的地面反力压弯。

吊装待连接的分段钢筋笼的同时，在已经下入孔中的钢筋笼的后压浆管或声测管中应注满清水，通过观察其中的水面是否下降，检验这些钢管及其连接的密封情况，也可平衡管外泥浆压力，保持管内清洁。

在已下入孔中的后压浆管或声测管上端焊有一定长度且直径较大的套接管，有几根后压浆管或声测管，孔口需要有几个工人，吊车吊住上节钢筋笼，每个工人各手握一根钢管对准套接管，在吊车司机的配合下，工人将上节钢筋笼上的钢管插入下节钢筋笼上的套接管，实现钢管的套接连接。

完成钢管套接后，接着要进行钢筋笼主筋的螺纹套筒连接。在上节钢筋笼主筋的下端预先加工有丝扣并拧有螺纹套筒，在下节钢筋笼主筋上端也加工有丝扣，主筋对齐后，手工旋转螺纹套筒，即可实现上下主筋之间的连接。当螺纹套筒与钢筋丝扣之间旋转阻力矩过大时，可用小管钳来拧螺纹套筒。

主筋之间用螺纹套筒连接完成后，即可将套接后压浆管或声测管的套接管与被连接管焊牢，以便达到被连接的后压浆管或声测管之间的密封连接。

当建筑物设有地下室，如有两层地下室时，建筑桩基的桩顶面通常在地面以下 7m 左右，钢筋笼主筋需伸出桩顶标高以上规定的长度，以便将来锚入承台。可通过控制与最上一节钢筋笼连接的吊筋长度来控制钢筋笼在钻孔中的轴向位置，整个钢筋笼通过钢管穿入两根吊筋上的吊环支撑在孔口机台木或孔口护筒上。

第二节　灌注桩混凝土配合比设计

一、对灌注桩混凝土的基本要求

1. 对混凝土强度等级的要求

混凝土强度等级按混凝土立方体抗压强度标准值确定。混凝土立方体抗压强度标准值是指按照标准方法制作和养护的边长为 150mm 的混凝土立方体试件，养护 28d 龄期后用标准试验方法测得的具有 95%保证率的抗压强度。

《混凝土结构设计规范》(GB 50010—2010)根据混凝土立方体抗压强度标准值的大小将混凝土强度分为 14 个等级，各强度等级混凝土的轴心抗压强度标准值 f_{ck}、轴心抗拉强度标准值 f_{tk}、轴心抗压强度设计值 f_c、轴心抗拉强度设计值 f_t 及弹性模量 E_c 见表 4-2-1。

《建筑地基基础设计规范》(GB 50007—2011)规定桩身混凝土强度应满足桩的承载力的要求，如为轴心受压桩，桩身强度应符合下式要求：

$$A_p f_c \psi_c \geqslant Q \qquad (4-2-1)$$

式中：A_p 为桩身横截面积(m^2)；f_c 为混凝土轴心抗压强度设计值(kPa)；ψ_c 为工作条件系

数，非预应力混凝土预制桩取0.75，预应力混凝土桩取0.55～0.65，混凝土灌注桩取0.6～0.8(水下灌注桩或长桩时取低值)；Q为相应于作用的基本组合时单桩竖向力设计值(kN)。

该规范同时规定设计使用年限不少于50年时，非腐蚀环境中预制桩混凝土强度等级不应低于C30，预应力桩不应低于C40，灌注桩不应低于C25。设计使用年限不少于100年的桩混凝土强度等级宜适当提高，水下灌注混凝土的桩身混凝土强度等级不宜高于C40。

表4-2-1　混凝土强度标准值、设计值(N/mm^2)及混凝土弹性模量($10^4 N/mm^2$)

强度种类	混凝土强度等级													
	C15	C20	C25	C30	C35	C40	C45	C50	C55	C60	C65	C70	C75	C80
f_{ck}	10.0	13.4	16.7	20.1	23.4	26.8	29.6	32.4	35.5	38.5	41.5	44.5	47.4	50.2
f_{tk}	1.27	1.54	1.78	2.01	2.20	2.39	2.51	2.64	2.74	2.85	2.93	2.99	3.05	3.11
f_c	7.2	9.6	11.9	14.3	16.7	19.1	21.1	23.1	25.3	27.5	29.7	31.8	33.8	35.9
f_t	0.91	1.10	1.27	1.43	1.57	1.71	1.80	1.89	1.96	2.04	2.09	2.14	2.18	2.22
E_c	2.20	2.55	2.80	3.00	3.15	3.25	3.35	3.45	3.55	3.60	3.65	3.70	3.75	3.80

2. 对混凝土拌和物流动性的要求

施工现场常用坍落度来表征混凝土的流动性。用坍落筒测混凝土坍落度，坍落筒是用铸铁或薄钢板焊成的截头圆锥体筒，筒外两侧焊两只把手，近下端两侧焊脚踏板，底部内径为200mm，顶部内径为100mm，高300mm。实验时，将坍落筒放在一块刚性、平坦、湿润且不吸水的钢板上，然后用脚踩住两个脚踏板，使坍落筒在装料时位置固定，坍落筒内装满混凝土拌和物后，小心垂直地提取坍落筒，立即测量筒高与坍落后混凝土拌和物最高点之间的高度差(一般以cm计)，即得到坍落度值。显然，坍落度越大，混凝土拌和物的流动性越好，但这并不是绝对的，如当混凝土易离析时，坍落度大的混凝土流动性并不好。混凝土拌和物的坍落度越大，搅拌单位体积混凝土拌和物的需水量就越大，在水灰比一定的情况下，单位体积混凝土的水泥用量就越大，且混凝土硬化时的体积收缩量也越大。因此在保证能获得均匀密实的桩身混凝土且便于施工的情况下，混凝土拌和物的坍落度应尽可能小。

导管法水下灌注的桩身混凝土一般没条件进行振捣密实，而是依靠拌和物自重(或压力)和自身流动性密实的(即自密)，流动性稍差就有可能在混凝土中形成蜂窝和空洞，严重影响混凝土质量。此外，由于混凝土是通过导管灌注的，流动性差就会给施工带来困难，甚至使施工无法进行。因此导管法灌注水下混凝土的坍落度要求较大，一般为18～22cm。孔深、导管直径小(如ϕ200～250mm)、气温高时取上限，孔浅、导管直径大(如ϕ300mm)、气温低时取下限值。

对于地下水水位位于桩底以下且钻孔是用干钻法施工(螺旋钻、洛阳铲、人工挖孔等)时，或钻孔内泥浆只是为了悬浮钻屑，成孔后抽除孔内泥浆后孔壁不坍塌，可直接将搅拌好的混凝土用串桶导入钻孔，并分层(分层厚度不大于1.5m)用插入式振动器捣实时，要求混凝土的坍落度为8～10cm(桩身配筋)或6～8cm(桩身为素混凝土)。若孔太深不能振捣时，混凝土坍落度宜不小于15cm。

对于振动沉管灌注桩，沉管内的混凝土在振动作用下下沉，桩孔内的混凝土在振动作用下密实，要求混凝土坍落度8～10cm(桩身配筋)或6～8cm(桩身不配筋)。对于夯扩灌注桩，扩大头部分受强大的锤击挤压力作用，混凝土坍落度要求为3～5cm，而桩身混凝土坍落度则要求为14cm。

3. 对混凝土拌和物黏聚性的要求

黏聚性是指保持混凝土中备组分始终均匀一致的能力。黏聚性差的混凝土很容易产生离析(石子和水泥砂浆分离)和泌水(水和水泥严重分离)，这种混凝土的坍落度尽管也能达到18～22cm，但在导管内流动时一遇阻力，石子、黄砂就会在受阻处逐渐滞留下来，最后造成导管堵塞事故。这种混凝土即使灌入桩孔内，也会由于各组分流动时阻力不一致而产生离析，形成局部石子堆积、局部砂浆聚集的状态。同时，由于灌注混凝土时的泌水作用，会在粗骨料底面形成泌水通道及水囊，在混凝土干硬后形成界面裂缝及孔隙。通过提高混凝土中粉状颗粒含量，如增加水泥用量和掺用粉煤灰，可改善混凝土的黏聚性。当不掺粉煤灰时，每立方米混凝土的水泥用量：水下混凝土为360～450kg，一般不得少于360kg；干作业混凝土一般为300～400kg，是为了保证混凝土有合适的黏聚性。当掺加粉煤灰时，水泥用量可相应减小，如过多地加入粉状颗粒，则可能导致混凝土的黏度增加，使混凝土的流动性受到影响。

目前，还没有简单的仪器和方法来测定混凝土拌和物的黏聚性，然而凭经验和感觉可对混凝土的黏聚性作出直观判断。当坍落筒拔出后，如石子堆在中间，砂浆从石子缝隙中渗出，这种混凝土黏聚性就较差；反之，如石子砂浆均匀地坍向四周，混凝土拌和物的黏聚性就好。停放一段时间后混凝土的表面如果泌出一层水，这种混凝土拌和物的黏聚性就差。试验表明，泌水率1.2%～1.8%的混凝土拌和物具有较好的黏聚性。水下混凝土要求2h内析出的水分不大于混凝土体积的1.5%。

4. 对混凝土拌和物初凝时间的要求

为了保证混凝土在灌注过程中始终保持较好的流动性和黏聚性，要求混凝土有较长的凝结时间和较慢的坍落度损失。我们知道，混凝土一旦搅拌完毕，流动性便逐渐减小直至初凝。实践表明，不是混凝土从搅拌结束到初凝这整个时间段都可为灌注之用，在没有任何外加剂的情况下，坍落度20cm的普通混凝土1h后其坍落度会损失50%，2h后损失70%，3h后基本无坍落度，4～5h后便达到初凝，能够真正用于灌注之用的有效时间一般仅2h左右。也就是说，用未掺缓凝剂的普通混凝土，若灌注整条桩的水下混凝土所需时间大于2h，很难相信上升到桩顶的还是第一次灌入孔底并封住导管底部的那斗混凝土。事实上，在灌注过程中那斗混凝土已逐步被新的流动性好的混凝土所取代。而这夹带泥浆及沉渣的混凝土如果被不断置换留在桩内，硬化后的灌注桩内必将出现不同程度的疏松和夹泥现象。因此，导管法灌注水下混凝土的初凝时间应不小于2倍单桩灌注时间，当桩径、桩长都较大时，就必须在混凝土中加缓凝剂延长初凝时间(同时加糖蜜减水剂和木钙，初凝时间基本上可延长到12h)或增大混凝土搅拌机容量及台数或要求商品混凝土供应商短时间内提供足够量的混凝土来缩短灌注时间。水下混凝土一般还要求搅拌完后1h或45min其坍落度还能保持在

15cm 以上。

对于可分层灌注和捣实的干孔内的混凝土，要求在下层混凝土初凝前灌上层混凝土；对于复打沉管灌注桩，要求在第一次沉管灌入的混凝土初凝之前完成复打工作。

此外，要求混凝土有一定的重度。水下混凝土靠自重灌注，靠重力和流动性密实，要求其密度大于 24kg/m^3，因此不能用轻骨料。

二、混凝土的原材料

1. 水泥

1）硅酸盐水泥生产过程

凡以适当成分的生料烧至部分熔融状态冷却后，所得以硅酸钙为主要成分的硅酸盐水泥熟料，加入适量石膏，磨细制成的水硬胶凝材料，称为硅酸盐水泥，国际上广泛称波特兰水泥，由于不掺任何混合材料，故又称纯熟料水泥。硅酸盐水泥生产工艺过程如图 4-2-1 所示。

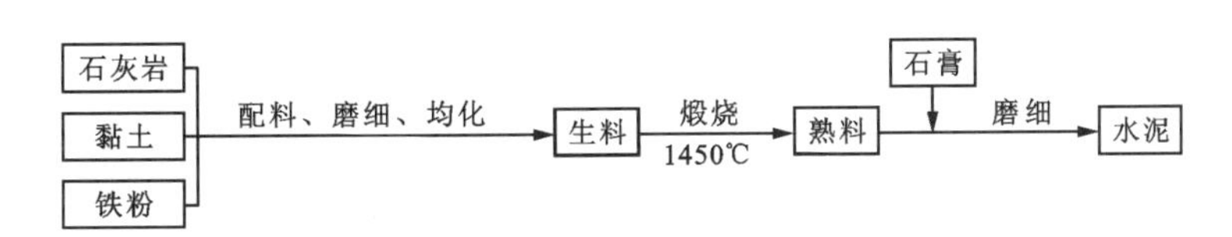

图 4-2-1 硅酸盐水泥的生产过程

2）硅酸盐水泥主要矿物成分及其特性

(1)硅酸三钙（化学式 $3CaO \cdot SiO_2$，简式 C_3S，含量 37%～60%）：水化速度快，水化时放热量较大，硬化时体积收缩较大，强度最高，且能不断增长，是决定硅酸盐水泥强度的主要成分，但对碱侵蚀的抗蚀性较差。

(2)硅酸二钙（化学式 $2CaO \cdot SiO_2$，简式 C_2S，含量 15%～37%）：水化速度最慢，水化时放热量最小，早期强度不高，但后期强度增长最快，它是保证水泥后期强度增长的主要成分，随着 C_2S 含量的增加，水泥的抗蚀性将有所提高。

(3)铝酸三钙（化学式 $3CaO \cdot Al_2O_3$，简式 C_3A，含量 7%～15%）：水化速度最快，水化时放热量最高，体积收缩也最大，早期强度增长最快，但后期强度又逐渐降低。因此，这种成分在水泥中含量过多，将对水泥的性质有不良影响，但适当的含量对促进硅酸盐矿物的硬化却具有良好的作用。

(4)铁铝酸四钙（化学式 $4CaO \cdot Al_2O_3 \cdot Fe_2O_3$，简式 C_4AFe，含量 10%～18%）：水化速度较快，水化时放热量较大。增加 C_4AFe 的含量能提高水泥对碱性和化学侵蚀的抗蚀性，但抗冻性将有所降低。

上述矿物成分在水泥熟料中所占比例不同，水泥的性质也将发生相应的变化。例如，提高硅酸三钙含量，可制得高强度水泥；降低铝酸三钙含量、提高硅酸二钙含量，可制得水化热低的水泥。

3)灌注桩常用的6种硅酸盐水泥

灌注桩常用的6种水泥列于表4-2-2,后5种水泥是由硅酸盐水泥熟料、石膏再掺入其他混合料细磨而成的。

表4-2-2 硅酸盐水泥组分(GB 175—2007)

品种	代号	组分/%				
		熟料+石膏	粒化高炉矿渣	火山灰质混合材料	粉煤灰	石灰石
硅酸盐水泥	P·I	100	—	—	—	—
	P·Ⅱ	≥95	≤5	—	—	—
		≥95	—	—	—	≤5
普通硅酸盐水泥	P·O	≥80且<95	>5且≤20[a]			—
矿渣硅酸盐水泥	P·S·A	≥50且<80	>20且≤50[b]	—	—	—
	P·S·B	≥30且<50	>50且≤70[b]	—	—	—
火山灰质硅酸盐水泥	P·P	≥60且<80	—	>20且≤40[c]	—	—
粉煤灰硅酸盐水泥	P·F	≥60且<80	—	—	>20且≤40[d]	—
复合硅酸盐水泥	P·C	≥50且<80	>20且≤50[e]			

注:表中上标a、b、c、d、e的说明详见GB 175—2007。

4)水泥强度等级

《水泥胶砂强度检验方法(ISO法)》(GB/T 17671—2021)规定:由1份水泥按质量计450g±2g、3份ISO标准砂按质量计1350g±5g,0.5的水灰比(水:225g±1g)拌制的一组塑性胶砂制成3件尺寸为40mm×40mm×160mm棱柱试体,在振实台上成型,在温度20℃±1℃、相对湿度不低于90%的养护箱或雾室中带模养护24h,脱模后在温度为20℃±1℃养护水池中养护至强度试验时,先进行抗折强度试验,折断后的每一截再进行抗压强度试验。以一组3个棱柱体抗折强度试验结果的平均值作为抗折试验结果,当3个强度值中有任1个值超出平均值±10%时,应剔除后再取平均值作为抗折强度试验结果。以1组3个棱柱体折断后的6截试样得到的6个抗压强度测定值的算术平均值为抗压试验结果,如6个测定值中有1个超出6个平均值的±10%,就应剔除这个结果,而以剩下5个的平均数为结果,如果5个测定值中再有超过它们平均数±10%的,则此组结果作废。标准砂的颗粒分布应符合表4-2-3的要求。水泥强度等级是以其28d胶砂强度划定的,各龄期抗压和抗折强度不应低于表4-2-4中的数值。

表4-2-3 ISO基准砂颗粒分布

方孔边长/mm	2.0	1.6	1.0	0.5	0.16	0.08
累计筛余/%	0	7±5	33±5	67±5	87±5	99±1

表 4-2-4 水泥各龄期胶砂强度

品种	强度等级	抗压强度/MPa		抗折强度/MPa	
		3d	28d	3d	28d
硅酸盐水泥	42.5	≥17.0	≥42.5	≥3.5	≥6.5
	42.5R	≥22.0		≥4.0	
	52.5	≥23.0	≥52.5	≥4.0	≥7.0
	52.5R	≥27.0		≥5.0	
	62.5	≥28.0	≥62.5	≥5.0	≥8.0
	62.5R	≥32.0		≥5.5	
普通硅酸盐水泥	42.5	≥17.0	≥42.5	≥3.5	≥6.5
	42.5R	≥22.0		≥4.0	
	52.5	≥23.0	≥52.5	≥4.0	≥7.0
	52.5R	≥27.0		≥5.0	
矿渣硅酸盐水泥 火山灰质硅酸盐水泥 粉煤灰硅酸盐水泥 复合硅酸盐水泥	32.5	≥10.0	≥32.5	≥2.5	≥5.5
	32.5R	≥15.0		≥3.5	
	42.5	≥15.0	≥42.5	≥3.5	≥6.5
	42.5R	≥19.0		≥4.0	
	52.5	≥21.0	≥52.5	≥4.0	≥7.0
	52.5R	≥23.0		≥4.5	

注:R 表示早强水泥。

5)水泥安定性及凝结时间检测

(1)安定性检测。安定性是指标准稠度的水泥浆在硬化过程中体积膨胀的性质。水泥中游离的氧化钙或氧化镁在水泥硬化过程中会进一步水化,体积增大,使已经硬化的混凝土产生裂纹或完全破坏,安定性不合格的水泥要禁止使用。

《水泥标准稠度用水量、凝结时间、安定性检验方法》(GB/T 1346—2011)规定用雷氏夹法测定水泥的安定性。雷氏夹的结构如图 4-2-2 所示,在内径和长度均为 30mm 带切口的圆管、两端用玻璃板封闭的空间内装满标准稠度水泥净浆,水泥净浆在凝结硬化过程中体积膨胀,就会使两根长为 150mm 指针尖端距离增大,通过测定两指针尖端距离的增大量来测定水泥的安定性。具体操作如下:将预先准备好的雷氏夹放在已稍擦油的玻璃板上,并立即将已制好的标准稠度净浆一次装满雷氏夹,装浆时一只手轻轻扶持雷氏夹,另一只手用宽约 10mm 的小刀插捣数次,抹平,盖上稍涂油的另一块玻璃板,接着立即将试件移至湿气养护箱内养护 24h±2h,将试件移至沸煮箱内用冷水淹没,30min±5min 后将沸煮箱内的水加热至沸腾。取出试件冷却后测量并记录雷氏夹指针尖端间的距离 A,精确到 0.5mm,接着将试件放入沸煮箱水中的试件架上,指针朝上,然后在 30min±5min 内加热至沸并恒沸 180min±15min,取出试件冷却后测量雷氏夹指针尖端的距离 C,准确至 0.5mm,这样的实验共做两组。当两个试件煮沸后雷氏夹指针尖端距离增量 $C-A$ 的平均值不大于 5.0mm 时，即认为该水泥安定性合格，当两个试件的 $C-A$ 值超过 5.0mm 时，应用同一样品立即重做一次试验，以复检结果为准。

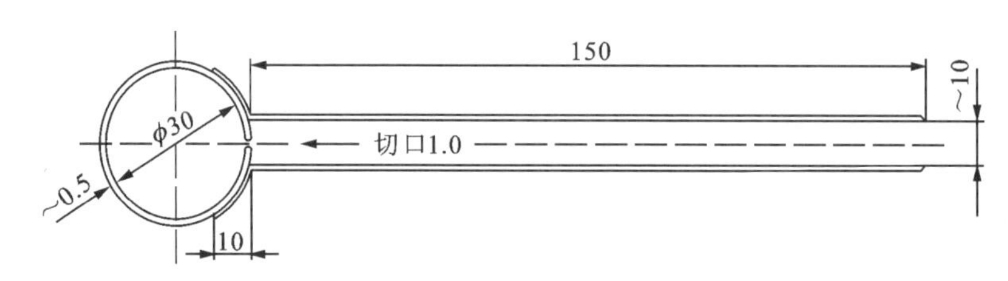

图 4－2－2　测定水泥安定性的雷氏夹(单位：mm)

(2)凝结时间检验。水泥的凝结时间对施工有重要意义。凝结时间分初凝时间和终凝时间，初凝时间为水泥加水拌和时起到水泥浆开始失去可塑性时的时间；终凝时间为水泥加水拌和时起至水泥浆完全失去可塑性时的时间。终凝以后称为硬化阶段。

GB/T 1346—2011 规定凝结时间用维卡仪测定。维卡仪结构如图 4－2－3 所示，主要由机架、滑动杆、与滑动杆连接的试针、滑移量刻度盘、试模、玻璃板等组成。试针为直径 1.13mm±0.05mm 的钢质圆柱体，有效长度初凝针为 50mm±1mm、终凝针为 30mm±1mm。滑动部分的总质量为 300g±1g。试模为深 40mm±0.2mm、顶部内径 ϕ65mm±0.5mm、底部内径 ϕ75mm±0.5mm 的截顶圆锥体。测试前调整试杆使其接触玻璃板时指针对准零点。装满试模的标准稠度净浆用宽约 25mm 直刀拍打并刮平后进入湿气养护箱中养护，养护 30min 后测定试针垂直自由地从水泥浆体表面沉入水泥净浆体中的深度。当试针沉至距底板 4mm±1mm 时，为水泥达到初凝状态，由水泥加水搅拌至初凝状态的时间为水泥的初凝时间，用“min”表示。在完成初凝时间测定后，立即将试模连同浆体以平移的方式从玻璃板取下，翻转 180°，直径大端向上，小端朝下放在玻璃板上，再放入湿气养护箱中继续养护，临近终凝时间时每隔 15min 测定一次，当试针刚好沉入试体 0.5mm 时，为水泥达到终凝状态，由水泥加水搅拌至终凝状态的时间为水泥的终凝时间，用“min”表示。

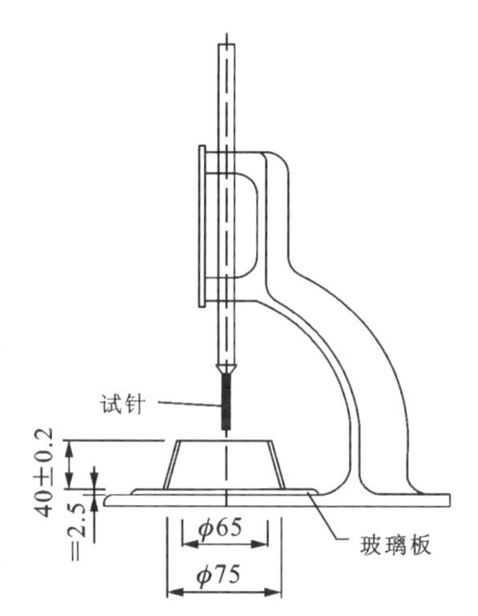

图 4－2－3　测定水泥凝结时间的维卡仪(单位：mm)

2. 粗骨料

在混凝土中凡粒径大于 5mm 的骨料称粗骨料(俗称石子)，常用的有碎石和卵石两大类。碎石是将坚硬岩石，如花岗岩、砂岩、石英岩等经人工或机械破碎而制成的粗细颗粒混合物，卵石是由多种硬质岩石经风化自然崩解形成的粗细颗粒混合物。

碎石富有棱角，表面粗糙，成分简单，杂质较少，与水泥胶结较好。卵石表面光滑少棱角，杂质相对碎石多一些，与水泥胶结较差。因此，在相同水泥用量的情况下，前者拌出的混凝土拌和物流动性较差，而后者拌出的混凝土拌和物流动性较好。高强度等级的混凝土一般要用碎石作粗骨料。

1)颗粒级配

《普通混凝土用砂、石质量及检验方法标准》(JGJ 52—2006)规定应采用方孔筛作为石筛,且混凝土用石应采用连续粒级。石的公称粒径、方孔筛筛孔边长对应关系见表4-2-5,碎石或卵石的颗粒级配范围见表4-2-6。

表4-2-5 石的公称粒径、方孔筛筛孔边长对应关系

石的公称粒径/mm	2.50	5.00	10.0	16.0	20.0	25.0	31.5	40.0	50.0	63.0	80.0	100
方孔筛筛孔边长/mm	2.36	4.75	9.5	16.0	19.0	26.5	31.5	37.5	53.0	63.0	75.0	90.0

表4-2-6 碎石或卵石的颗粒级配范围

级配情况	公称粒径/mm	累计筛余(按质量)/%											
		方孔筛筛孔边长尺寸/mm											
		2.36	4.75	9.5	16.0	19.0	26.5	31.5	37.5	53	63	75	90
连续粒级	5~10	95~100	80~100	0~15	0	—	—	—	—	—	—	—	—
	5~16	95~100	85~100	30~60	0~10	0	—	—	—	—	—	—	—
	5~20	95~100	90~100	40~80	—	0~10	0	—	—	—	—	—	—
	5~25	95~100	90~00	—	30~70	—	0~5	—	—	—	—	—	—
	5~31.5	95~100	90~100	70~90	—	15~45	—	0~5	0	—	—	—	—
	5~40		95~100	70~90	—	30~65	—	—	0~5	0	—	—	—

2)针、片状颗粒含量及含泥量、泥块含量

粗骨料中的针状(颗粒长度约大于其粒径的2.4倍)和片状(厚度约小于其粒径的40%)颗粒不仅本身容易折断,影响混凝土强度,而且还会增加骨料的空隙率,增加水泥用量,并影响混凝土拌和物的工作性。因此,JGJ 52—2006规定:当混凝土强度等级不小于C60、等于C25~C60、不大于C25时,针、片状颗粒质量含量应分别不大于8%、15%和25%。

在粗骨料中粒径<80μm的尘屑、淤泥和黏土颗粒的质量含量为含泥量。含泥量增大,会影响混凝土的强度。因此,JGJ 52—2006规定:当混凝土强度等级不小于C60、等于C25~C60、不大于C25时,其含泥量的质量含量应分别不大于0.5%、1.0%和2.0%。当含泥是非黏土质石粉时,上述含泥量限值可分别提高到1.0%、1.5%和3.0%。对于有抗冻、抗渗或其他特殊要求的混凝土,粗骨料含泥量不应大于1.0%。

泥块是指粒径≥5.0mm的泥团。JGJ 52—2006规定:当混凝土强度等级不小于C60、等于C25~C60、不大于C25时,其质量含量应分别不大于0.2%、0.5%和0.7%。对于有抗冻、抗渗或其他特殊要求的混凝土,粗骨料泥块含量不应大于0.5%。

3)粗骨料的强度

碎石的强度可用岩石的抗压强度和压碎指标表示,岩石的抗压强度至少应比所配制的混凝土强度高20%,当混凝土强度等级不小于C60时,碎石生产单位应提供岩石抗压强度,混凝土生产单位应进行岩石抗压强度检验。试验时,制作边长为50mm的立方体或直径和高度均为 50mm 的圆柱体试件共 6 件;对有显著层理的岩石,应制作 2 组(12 件),分别测定其垂直和平行于层理的强度值。抗压强度测试前,试件应浸水饱和处理 48h。以 6 个试件试验结果的算术平均值作为抗压强度测定值;当其中 2 个试件的抗压强度与其他 4 个试件抗压强度的算术平均值相差 3 倍以上时,应以试验结果相近的 4 个试件的抗压强度算术平均值作为抗压强度测定值。对于有显著层理的岩石,应以垂直于层理及平行于层理的抗压强度的平均值作为其抗压强度。

压碎指标值试验法是将气干状态的粒径 10～20mm 的石子,剔出针、片状颗粒后按一定的方法装入压碎指标值测定仪(内径为不小于 ϕ152mm 的厚壁圆筒)内,上面加压头(覆盖厚壁圆筒内孔)后放在试验机上,在 160～300s 内均匀加荷到 200kN,稳定 5s,卸荷后称取试样的质量 m_0,再用孔径为 2.5mm 的筛进行筛分,称取试样的筛余量 m_1。压碎指标按下式计算:

$$\delta_a=[(m_0-m_1)/m_0]\times 100\% \qquad (4-2-2)$$

JGJ 52—2006 规定的粗骨料压碎指标值见表 4-2-7。

表 4-2-7　粗骨料的压碎指标

岩石品种	混凝土强度等级	碎石压碎指标/%	卵石压碎指标/%
沉积岩	C60～C40	≤10	≤12
	≤C35	≤16	≤16
变质岩或深成的火成岩	C60～C40	≤12	≤12
	≤C35	≤20	≤16
喷出的火成岩	C60～C40	≤13	≤12
	≤C35	≤30	≤16

4)对粗骨料的其他要求

碎石或卵石的坚固性宜用硫酸钠溶液法检验,试样经 5 次循环后质量损失应不大于 8%(适合在严寒及寒冷地区室外使用,并经常处于潮湿或干湿交替状态下的混凝土;有腐蚀介质作用或经常处于水位变化区的地下结构或有抗疲劳、耐磨、抗冲击要求的混凝土)或 12%(适用其他条件下使用的混凝土)。

碎石或卵石中的硫化物和硫酸盐含量,以及卵石中有机杂质含量,应符合表 4-2-8 的规定。对于长期处于潮湿环境的重要结构的混凝土,其碎石或卵石还应进行碱活性检验。

表 4-2-8　碎石或卵石中的有害物质含量

项目	质量要求
硫化物及硫酸盐含量(折算为 SO_3,按质量计)	≤1%
卵石中有机质含量(用比色法试验)	颜色应不深于标准色。当颜色深于标准色时,应配制成混凝土进行强度对比试验,抗压强度比应不低于 0.95

3. 砂

1)砂的分类

砂可分为天然砂和人工砂两大类,按产源不同天然砂分为河砂、海砂和山砂。河砂和海砂生成过程中受水的冲刷,颗粒形状较圆晕,质地坚实,但海砂内常夹有疏松的石灰质贝壳碎屑和过多的氯离子,会影响混凝土的强度。山砂是岩石风化后在原地沉积而成,颗粒多棱角并含有黏土及有机杂质等。因此,这 3 种天然砂中河砂的质量最好。

砂的粗细程度按细度模数 μ_f 分为粗、中、细、特细 4 级:粗砂 $\mu_f=3.1\sim3.7$;中砂 $\mu_f=2.3\sim3.0$;细砂 $\mu_f=1.6\sim2.2$;特细砂 $\mu_f=1.5\sim1.7$。细度模数按下式计算:

$$\mu_f=\frac{(\beta_2+\beta_3+\beta_4+\beta_5+\beta_6)-5\beta_1}{100-\beta_1} \tag{4-2-3}$$

式中,β_1、β_2、β_3、β_4、β_5、β_6 分别为公称直径 5.0mm、2.5mm、1.25mm、630μm、315μm、160μm 方孔筛上的累计筛余量(以质量百分率计,下同)。

2)混凝土用砂的技术要求

(1)颗粒级配。除特细砂外,砂的颗粒级配可按公称直径 630μm 筛孔的累计筛余量,分成 3 个级配区(表 4-2-9),且砂的颗粒级配应处于表中某一区内。Ⅰ区、Ⅱ区、Ⅲ区分别相当于级配良好的粗砂、中砂和细砂。

表 4-2-9　砂颗粒级配区

公称粒径	Ⅰ区	Ⅱ区	Ⅲ区
	累计筛余/%		
5.0mm	10~0	10~0	10~0
2.5mm	35~5	25~5	15~5
1.25mm	65~35	50~10	25~0
630μm	85~71	70~41	40~16
315μm	95~80	92~70	85~55
160μm	100~90	100~90	100~90

配制混凝土时宜优先选用Ⅱ区的砂。当采用Ⅰ区砂时,应提高砂率,并保持足够的水泥用量,满足混凝土拌和物的和易性要求;当采用Ⅲ区砂时,宜适当降低砂率;当采用特细砂时,应符合相应的规定。配制泵送混凝土宜采用中砂。

(2)天然砂中的含泥量及泥块含量、人工砂或混合砂中的石粉含量。天然砂中粒径<80μm的尘屑、淤泥和黏土颗粒的质量含量为含泥量。JGJ 52—2006 规定:混凝土强度等级不小于 C60、等于 C55~C30、不大于 C25 时,砂中含泥量应分别不大于 2.0%、3.0%和 5.0%。对于有抗冻、抗渗或其他特殊要求强度等级不大于 C25 的混凝土,砂中含泥量不应大于 3.0%。

砂中泥块是指粒径不小于1.25mm的泥团。JGJ 52—2006规定：当混凝土强度等级不小于C60、等于C55～C30、不大于C25时，砂中泥块含量应分别不大于0.5%、1.0%和2.0%。对于有抗冻、抗渗或其他特殊要求强度等级不大于C25的混凝土，砂中泥块含量不应大于1.0%。

人工砂或混合砂中的石粉含量应符合表4-2-10的规定。

表4-2-10 人工砂或混合砂中的石粉含量

混凝土强度等级		≥C60	C55～C30	≤C25
石粉含量/%	*MB*<1.4	≤5.0	≤7.0	≤10.0
	MB≥1.4	≤2.0	≤3.0	≤5.0

表4-2-10中*MB*为砂样的亚甲蓝值(g/kg)，表示每千克0～2.36mm粒级试样所消耗的亚甲蓝克数，按下式计算：

$$MB=\frac{V}{G}\times 10 \tag{4-2-4}$$

式中：G为试样质量(kg)；V为所加入的亚甲蓝溶液的总量(mL)。

$MB<1.4$时，表明砂中粉状物质是以石粉为主；$MB\geq 1.4$时，表明砂中粉状物质为以泥粉为主。

(3)砂的坚固性。砂的坚固性应采用硫酸钠溶液法检验，试样经5次循环后质量损失应不大于8%(适用于在严寒及寒冷地区室外使用，并经常处于潮湿或干湿交替状态下的混凝土；有腐蚀介质作用或经常处于水位变化区的地下混凝土结构或有抗疲劳、耐磨、抗冲击要求的混凝土)或10%(适用其他条件下使用的混凝土)。

(4)有害物质含量。云母含量(按质量计)应不大于2.0%，对有抗冻、抗渗要求的混凝土用砂，云母含量应不大于1.0%；轻物质含量(按质量计)应不大于1.0%；硫化物及硫酸盐含量(折算成SO_3按质量计)应不大于1.0%；对于钢筋混凝土、预应力钢筋混凝土，砂中氯离子含量(按质量计)应分别不大于0.06%和0.02%；砂中有机物含量的试验方法和要求同粗骨料；对于强度等级不小于C40、等于C35～C30、等于C25～C15的混凝土，海砂中的贝壳含量(按质量计)应分别不大于3%、5%和8%。对于长期处于潮湿环境的重要结构的混凝土，其用砂还应进行碱活性检验。

4. 混凝土拌和用水

混凝土拌和用水按水源可分为饮用水、地表水、地下水、再生水(污水经适当再生工艺处理后具有使用功能的水)、混凝土企业设备洗刷水和海水。

符合国家标准的生活饮用水可拌制各种混凝土；地表水和地下水首次使用前应按《混凝土用水标准》(JGJ 63—2006)进行检验合格后方能使用；海水可用于拌制素混凝土，但不得用于拌制钢筋混凝土和预应力混凝土，有饰面要求的混凝土不能用海水拌制；再生水和混凝土企业设备洗刷水经检验合格后可用于拌制混凝土。混凝土拌和用水质标准见表4-2-11。

表4-2-11 混凝土拌和用水质量标准

项目	预应力混凝土	钢筋混凝土	素混凝土
pH值	>5.0	>4.5	>4.5
不溶物/(mg·L^{-1})	≤2000	≤2000	≤5000
可溶物/(mg·L^{-1})	≤2000	≤5000	≤10 000
Cl^-/(mg·L^{-1})	≤500	≤1000	≤3500
SO_4^{2-}(mg/L)	≤600	≤2700	≤2700
碱含量/(mg·L^{-1})	≤1500	≤1500	≤1500

注:碱含量按Na_2O+0.658K_2O计算值来表示,采用非碱活性骨料时,可不检验碱含量。

5. 外加剂

1)减水剂

减水剂分普通减水剂(减水率不小于5%)和高效减水剂(减水率不小于12%)。

普通减水剂主要是木质素磺酸盐类:木质素磺酸钙、木质素磺酸钠、木质素磺酸镁及丹宁。

高效减水剂包含下列4类。

(1)多芳香族磺酸盐类:萘和萘的同系硫化物与甲醛缩合的盐类、胺基磺酸盐等。

(2)水溶性树脂磺酸盐类:磺化三聚氰胺树脂、磺化古码隆树脂等。

(3)脂肪族类:聚羧酸盐类、聚丙烯酸盐类、脂肪族羟甲基磺酸盐高缩聚物等。

(4)其他:改性木质素磺酸钙、改性丹宁等。

普通减水剂及高效减水剂可用于素混凝土、钢筋混凝土、预应力混凝土,并可制备高强高性能混凝土。普通减水剂宜在日最低气温5℃以上时使用,高效减水剂宜在日最低气温0℃以上使用,当使用含有木质素磺酸盐类减水剂时应先做水泥适应性试验,合格后方可使用。

2)缓凝剂、缓凝减水剂及缓凝高效减水剂。

混凝土中可采用下列缓凝剂及缓凝减水剂。

(1)糖类:糖钙、葡萄糖酸盐等。

(2)木质素磺酸盐类:木质素磺酸钙、木质素磺酸钠等。

(3)羟基羧酸及其盐类:柠檬酸、酒石酸钾钠等。

(4)无机盐类:锌盐、磷酸盐等。

(5)其他:铵盐及其衍生物、纤维素醚等。

在混凝土中也可采用由缓凝剂与高效减水剂复合而成的缓凝高效减水剂。

6. 粉煤灰掺和料

掺和料是指粒径小于150μm且不溶于水的无机的具有一定活性(潜在水硬性)的细粉料和超细粉料,如粉煤灰、硅粉、沸石粉、高炉矿渣粉等。其中以粉煤灰资源最丰富,价格也较低廉,它是从火力发电厂燃烧煤粉的锅炉排出的烟气中收集的粉尘。粉煤灰作为混凝土的基本材料直接掺入混凝土中，在钻孔灌注桩施工中已得到较好的应用。混凝土中掺入粉煤灰不仅可增加混凝土的保水性和黏聚性，使混凝土软、滑，不易离析和泌水，有利于顺利浇灌，而且用超量取代的方法取代一部分水泥，既增加浆体含量又不致降低强度，变废为宝，可取得较好的社会和经济效益。

根据燃煤品种分为 F 类粉煤灰（由无烟煤或烟煤煅烧收集的粉煤灰）和 C 类粉煤灰（由褐煤或次烟煤煅烧收集的粉煤灰，CaO 含量一般大于或等于 10%）。根据用途分为拌制砂浆和混凝土用粉煤灰、水泥活性混合材料用粉煤灰两类，拌制砂浆和混凝土用粉煤灰分为 3 个等级：Ⅰ级、Ⅱ级和Ⅲ级。水泥活性混合材料用粉煤灰不分级。这里主要讨论前一类，其性能见表 4-2-12。

表 4-2-12 混凝土用粉煤灰理化性能要求

项目		理化性能要求		
		Ⅰ级	Ⅱ级	Ⅲ级
细度（45μm 方孔筛筛余）/%	F、C 类粉煤灰	≤12.0	≤30.0	≤45.0
需水量/%	F、C 类粉煤灰	≤95	≤105	≤115
烧失量（Loss）/%	F、C 类粉煤灰	≤5.0	≤8.0	≤10.0
含水量/%	F、C 类粉煤灰	≤1.0		
三氧化硫（SO_3）质量分数/%	F、C 类粉煤灰	≤3.0		
游离氧化钙（f-CaO）质量分数/%	F 类粉煤灰	≤1.0		
	C 类粉煤灰	≤4.0		
二氧化硅（SiO_2）、三氧化二铝（Al_2O_3）和三氧化二铁（Fe_2O_3）总质量分数/%	F 类粉煤灰	≥70.0		
	C 类粉煤灰	≥50.0		
密度/（$g \cdot cm^{-3}$）	F、C 类粉煤灰	≤2.6		
安定性（雷氏夹法）/mm	C 类粉煤灰	≤5.0		
强度活性指数/%	F、C 类粉煤灰	≥70.0		

Ⅰ级粉煤灰适用于钢筋混凝土；Ⅱ级粉煤灰适用于钢筋混凝土和无筋混凝土（素混凝土）；Ⅲ级粉煤灰主要用于无筋混凝土。对设计强度等级 C30 及以上的无筋粉煤灰混凝土，也应采用Ⅰ级、Ⅱ级粉煤灰。

当粉煤灰混凝土配合比设计采用超量取代法时，Ⅰ级、Ⅱ级、Ⅲ级粉煤灰的超量系数分别为 1.1～1.4、1.3～1.7、1.5～1.7。

粉煤灰在各种混凝土中取代水泥的最大限量（以质量计），应符合表 4-2-13 的规定。当钢筋混凝土中钢筋保护层厚度小于 50mm 时，粉煤灰取代水泥的最大限量，应比表中规定相应减少 5%。

粉煤灰掺入混凝土中的方式，可采用干掺或湿掺。干掺时，干粉煤灰单独计量，与水泥、砂、石、水等材料按规定次序加入搅拌机进行搅拌；湿掺时，先将粉煤灰配制成粉煤灰与水及外加剂的悬浮浆液，与砂、石等材料按规定次序加入搅拌机进行搅拌。粉煤灰混凝土拌和物必须搅拌均匀，其搅拌时间应比基准混凝土延长10～30s。

表4-2-13 粉煤灰取代水泥的最大限量 单位：%

混凝土种类	硅酸盐水泥	普通硅酸盐水泥	矿渣硅酸盐水泥	火山灰质硅酸盐水泥
预应力钢筋混凝土	25	15	10	—
钢筋混凝土、高强度混凝土、高抗冻融性混凝土	30	25	20	15
中、低强度混凝土，泵送混凝土，大体积混凝土，水下混凝土，地下混凝土，压浆混凝土	50	40	30	20

三、灌注桩混凝土配合比设计计算及调整

混凝土配合比是指混凝土的组成材料之间的用量的比例关系（质量比），一般以水：水泥：砂：石表示，而以水泥为基数1。

配合比的选择是根据工程要求、组成材料的质量、施工方法等因素，通过试验室计算及试配后加以确定的，通常称它为试验配合比。所确定的试验配合比应使拌制出的混凝土能保证结构设计所要求的强度等级，并符合施工工艺对工作性的要求，同时亦需符合合理使用材料和节约水泥等经济原则，必要时还应满足混凝土的特殊要求（如抗冻性、抗渗性等）。钻孔灌注桩混凝土仍属普通混凝土，其配合比设计基本上仍按《普通混凝土配合比设计规程》（JGJ 55—2011）执行，对于灌注桩的水下混凝土，由于流动性方面有特殊要求，其混凝土配合比设计有其特有的规定或经验。

1. 混凝土的配制强度

当混凝土的设计强度等级小于C60时，配制强度应按下式确定：

$$f_{cu,0}=f_{cu,k}+1.645\sigma \qquad (4-2-5)$$

式中：$f_{cu,0}$为混凝土的配制强度（MPa）；$f_{cu,k}$为混凝土立方体抗压强度标准值，这里取混凝土的设计强度等级值（MPa）；1.645为保证率为95%的系数；σ为混凝土强度标准差（MPa），1～3个月同一品种同一强度等级混凝土强度资料，且试件组数不小于30的立方体试件强度标准差，它反映了施工单位的生产质量管理水平。对于强度等级不大于C30的混凝土，当σ不小于3.0MPa时取计算值，当σ的计算值小于3.0MPa时，取$\sigma=3.0$MPa；对于强度等级大于C30且小于C60的混凝土，当σ不小于4.0MPa时取计算值，当σ的计算值小于4.0MPa时，取$\sigma=4.0$MPa；无统计资料时，对于C20混凝土取$\sigma=4.0$MPa，对于C25～C45混凝土取$\sigma=5.0$MPa，对于C50～C55混凝土取$\sigma=6.0$MPa。

当混凝土的设计强度等级不小于C60时，配制强度应按下式确定：

$$f_{cu,0} \geqslant 1.15 f_{cu,k} \tag{4-2-6}$$

2. 根据混凝土配制强度求所要求的水胶比

当混凝土强度等级小于 C60 时，混凝土水胶比与混凝土配制强度之间的关系为

$$W/B = \frac{\alpha_a f_b}{f_{cu,0} + \alpha_a \alpha_b f_b} \tag{4-2-7}$$

式中：W/B 为混凝土水胶比；α_a、α_b 为回归系数，可通过混凝土的试配和强度试验确定，也可按表 4-2-14 取值；f_b 为胶凝材料 28d 胶砂抗压强度(MPa)，可实测，试验方法按 GB/T 17671—2021 执行；也可按下式计算。

$$f_b = \gamma_f \gamma_s f_{ce} \tag{4-2-8}$$

式中：γ_f、γ_s 分别为粉煤灰、粒化高炉矿渣粉影响系数，可按表 4-2-15 取值；f_{ce} 为水泥胶砂抗压强度(MPa)，可实测，无实测值时也可按下式计算。

$$f_{ce} = \gamma_c f_{ce,g} \tag{4-2-9}$$

式中：γ_c 为水泥强度等级值富余系数，可按实际统计资料确定，当缺乏统计资料时也可按表 4-2-16选用；$f_{ce,g}$ 为水泥强度等级值(MPa)。

表 4-2-14 回归系数取值表

系数	粗骨料品种	
	碎石	卵石
α_a	0.53	0.49
α_b	0.20	0.13

表 4-2-15 粉煤灰和粒化高炉矿渣粉影响系数

掺量/%	种类	
	粉煤灰影响系数 γ_f	粒化高炉矿渣粉影响系数 γ_s
0	1.00	1.00
10	0.85～0.95	1.00
20	0.75～0.85	0.95～1.00
30	0.65～0.75	0.90～1.00
40	0.55～0.65	0.80～0.90
50	—	0.70～0.85

注：①采用Ⅰ级、Ⅱ级粉煤灰宜取上限值；

②采用 S75 级粒化高炉矿渣粉宜取下限值，采用 S95 级粒化高炉矿渣粉宜取上限值，采用 S105 级粒化高炉矿渣粉可取上限值加 0.05；

③超出表中掺量时，影响系数应经试验确定。

表 4-2-16　水泥强度等级值富裕系数

水泥强度等级值	32.5	42.5	52.5
富裕系数 γ_c	1.12	1.16	1.10

3. 用水量 m_w 的计算

按骨料品种、规格及施工要求的坍落度值选择的每立方米混凝土用水量用 m_{w0} 表示。用水量一般根据本单位所用材料按经验选用，无经验时对于坍落度不大于 90mm 的塑性混凝土可参考表 4-2-17 选用；对于流动性（坍落度为 100～150mm）、大流动性（坍落度不小于 160mm）混凝土的用水量，以表 4-2-17 中 90mm 坍落度的用水量为基础，按坍落度每增大 20mm 用水量增加 5kg 计算，当坍落度增加到 180mm 以上时，随坍落度增加的用水量可减小。

当混凝土中掺用减水剂或缓凝减水剂等外加剂时，用水量按下式计算：

$$m_{w0}=m'_{w0}(1-\beta) \tag{4-2-10}$$

式中：m'_{w0} 为未掺外加剂混凝土每立方米的用水量（kg/m³）；β 为外加剂的减水率，经试验确定，无减水作用的外加剂 $\beta=0$；m_{w0} 为掺外加剂混凝土每立方米的用水量（kg/m³）。

表 4-2-17　塌落度不大于 90mm 混凝土用水量选用表 m_{w0}

所需坍落度/mm	卵石最大粒径/mm				碎石最大粒径/mm			
	10.0	20.0	31.5	40.0	16.0	20.0	31.5	40.0
10～30	190	170	160	150	200	185	175	165
30～50	200	180	170	160	210	195	185	175
50～70	210	190	180	170	220	205	195	185
70～90	215	195	185	175	230	215	205	195

注：①本表用水量系采用中砂时的取值，如采用细砂，每立方米混凝土的用水量可增加 5～10kg，采用粗砂时则可减少 5～10kg；
②掺用各种外加剂或掺和料时，用水量应相应调整。

4. 胶凝材料、外加剂、矿物掺和料和水泥用量

每立方米混凝土的胶凝材料用量按下式计算，并应进行试拌调整，在拌和物性能满足的情况下，取经济合理的胶凝材料用量。

$$m_{b0}=\frac{m_{w0}}{W/B} \tag{4-2-11}$$

式中：m_{b0} 为计算配合比每立方米混凝土中胶凝材料用量（kg/m³）；m_{w0} 为计算配合比每立方米混凝土的用水量（kg/m³）；W/B 为混凝土水胶比。

每立方米混凝土的外加剂用量按下式计算：

$$m_{a0}=m_{b0}\beta_a \quad (4-2-12)$$

式中：m_{a0}为计算配合比每立方米混凝土中外加剂用量（kg/m^3）；m_{b0}为计算配合比每立方米混凝土中胶凝材料用量（kg/m^3）；β_a为外加剂掺量，相对于水泥掺量的百分比（%），应经混凝土试配确定。

每立方米混凝土中矿物掺和料用量（m_{f0}）应按下式计算：

$$m_{f0}=m_{b0}\beta_f \quad (4-2-13)$$

式中：m_{f0}为计算配合比每立方米混凝土中矿物掺和料用量（kg/m^3）；β_f为矿物掺和料掺量，相对于水泥掺量的百分比（%），不能大于表4-2-18的限值。

表4-2-18 钢筋混凝土中矿物掺和料最大掺量

掺和料种类	水胶比	最大掺量/%	
		采用硅酸盐水泥时	采用普通硅酸盐水泥时
粉煤灰	≤0.40	45	35
	>0.40	40	30
粒化高炉矿渣粉	≤0.40	65	55
	>0.40	55	45
钢渣粉	—	30	20
磷渣粉	—	30	20
硅灰	—	10	10
复合掺和料	≤0.40	65	55
	>0.40	55	45

注：①当采用其他通用硅酸盐水泥时，宜将水泥混合料掺量20%以上的混合料量计入矿物掺和料；

②复合掺和料各组分的掺量不宜超过单掺时的最大掺量；

③在混合使用两种或两种以上矿物掺和料时，矿物掺和料总掺量应符合表中复合掺和料的规定。

每立方米混凝土的水泥用量应按下式计算：

$$m_{c0}=m_{b0}-m_{f0} \quad (4-2-14)$$

式中：m_{c0}为计算配合比每立方米混凝土中水泥用量（kg/m^3）；其他符号意义同式（4-2-13）。

5.选取合理的砂率

砂率$\beta_s=m_{s0}/(m_{g0}+m_{s0})\times 100\%$（$m_{s0}$为每立方米混凝土用砂量，$m_{g0}$为每立方米混凝土石子用量），所谓合理砂率是指水泥用量省、流动性和黏聚性都好的混凝土砂率。混凝土砂率一般可根据本单位对所用材料的使用经验选用；如无使用经验，对于坍落度10～60mm的混凝土，可按骨料品种、规格及混凝土的水胶比值在表4-2-19的范围内选用；坍落度大于60mm的混凝土砂率，应在表4-2-19的基础上，按坍落度每增大20mm，砂率增大1%的幅度予以调整。

表 4-2-19 混凝土砂率选用表(%)

水胶比	卵石最大粒径/mm			碎石最大粒径/mm		
	16	20	40	16	20	40
0.4	26～32	25～31	24～30	30～35	29～34	27～32
0.5	30～35	29～34	28～33	33～38	32～37	30～35
0.6	33～38	32～37	31～36	36～41	35～40	33～38
0.7	36～41	35～40	34～39	39～44	38～43	36～41

注:①表中数值系中砂的选用砂率,对于粗砂或细砂,可相应增加或减少砂率;

②采用人工砂配置混凝土时,砂率可适当增大;

③只用一个单粒级粗骨料配制混凝土时,砂率应适当增加。

6. 用质量法或体积法求粗、细骨料用量

(1)当采用质量法计算混凝土配合比时,粗、细骨料用量用以下两个关系式联立求解。

$$m_{f0}+m_{c0}+m_{g0}+m_{s0}+m_{w0}=m_{cp} \tag{4-2-15}$$

$$\beta_s=\frac{m_{s0}}{m_{s0}+m_{g0}}\times 100\% \tag{4-2-16}$$

式中:m_{g0}为计算配合比每立方米混凝土的粗骨料用量(kg/m^3);m_{s0}为计算配合比每立方米混凝土的细骨料用量(kg/m^3);β_s为砂率(%);m_{cp}为每立方米混凝土拌和物的假定质量(kg/m^3),可取2350～2450(kg/m^3)。其他符号意义同前。

(2)当采用体积法计算混凝土的配合比时,砂率应按式(4-2-16)计算,粗、细骨料用量应按式(4-2-17)计算。

$$\frac{m_{c0}}{\rho_c}+\frac{m_{f0}}{\rho_f}+\frac{m_{g0}}{\rho_g}+\frac{m_{s0}}{\rho_s}+\frac{m_{w0}}{\rho_w}+0.01\alpha=1 \tag{4-2-17}$$

式中:ρ_c为水泥密度,可按标准方法测定,也可取2900～3100kg/m^3;ρ_f为矿物掺和料密度(kg/m^3),按标准方法测定;ρ_g为粗骨料的表现密度(kg/m^3),按标准方法测定;ρ_s为细骨料的表现密度(kg/m^3),可按标准方法测定;ρ_w为水的密度,可取值1000kg/m^3;α为混凝土含气量百分数(%),在不使用引气型外加剂时可取1。

7. 混凝土配合比的试配与调整

混凝土拌和物试配时应采用工程中实际使用的原材料(粗、细骨料的称量均以干燥状态为基础),搅拌方法也应与生产时使用的方法相同,搅拌量不应小于搅拌机额定搅拌量的1/4。

如试拌的混凝土坍落度不能满足要求或黏聚性和保水性不好时,应在保证水胶比不变的条件下相应调整用水量或砂率,直到符合要求为止,然后提出供检验混凝土强度用的试拌配合比。

制作混凝土试件时,至少应采用3个不同的配合比,其中一个是按上述方式得出的试拌配合比,另外两个配合比的水胶比,应较试拌配合比分别增加和减少0.05;用水量与试拌配合比相同,砂率分别增加和减少1%。

制作混凝土试件时,尚需检验混凝土的坍落度、黏聚性、保水性及拌和物表观密度,作为代表这一配合比的混凝土拌和物的性能。每种配合比应至少制作一组(3 块)试件,标准条件下养护 28d 试压。有条件的单位亦可同时制作多组试件,供快速检验或较早龄期时试压,以便提前提出混凝土配合比供施工使用。

强度实验时,可测出各胶水比的混凝土试件强度,以胶水比为横坐标,以试件强度为纵坐标,作胶水比与试件强度之间的关系曲线,用作图法求出与混凝土配制强度 $f_{cu,0}$ 所相对应的胶水比,并按下列原则确定每立方米混凝土的材料用量。

用水量(m_w)和外加剂用量(m_a)—在试拌配合比用水量的基础上,根据制作强度试件时测得的坍落度进行调整确定;

胶凝材料用量(m_b)—用水量乘以经试验定出的、为达到 $f_{cu,0}$ 所必需的胶水比;

粗骨料(m_g)和细骨料(m_s)—根据用水量和胶凝材料用量进行调整。

按上述材料用量算出每立方米混凝土的表观密度计算值 $\rho_{c,c}$:

$$\rho_{c,c}=m_c+m_g+m_s+m_w \tag{4-2-18}$$

按下式计算混凝土配合比的校正系数:

$$\delta=\frac{\rho_{c,t}}{\rho_{c,c}} \tag{4-2-19}$$

式中:$\rho_{c,t}$ 为混凝土表观密度实测值(kg/m^3);$\rho_{c,c}$ 为混凝土表观密度计算值(kg/m^3)。

当混凝土拌和物表观密度实测值与计算值之差的绝对值不超过计算值的 2%时,可不进行配合比的校正;当超过 2%时,将混凝土中各项材料用量乘以校正系数(δ),即为确定的混凝土设计配合比。

第三节　水下混凝土灌注工艺

第一次清孔后,泥浆护壁成孔法所形成的桩孔内充满比重小、含砂率低的泥浆,这些泥浆仍然起着保护孔壁的作用,不能将桩孔抽干后再灌注桩身混凝土,需要进行水下混凝土灌注。水下混凝土灌注的常用方法是导管法,即将导管下到其底部出口离孔底 0.5m 左右,导管顶端(在孔口以上)连接一大漏斗,紧邻漏斗的管段中放置一预制混凝土排水塞,大漏斗中灌满混凝土后迅速松开排水塞,排水塞和其后面的混凝土拌和物在导管内快速下行,将导管内的泥浆压出,排水塞落到孔底,强大的混凝土拌和物流冲击孔底并迅速将导管底部出口埋入混凝土面以下 1m 以上,新灌注的混凝土拌和物从埋入混凝土中的导管底部出口排出,不断顶托先前灌注的混凝土,从而避免了混凝土与泥浆的接触,直至桩孔内混凝土面上升到预定标高为止。

一、灌注机具与灌注工艺

1. 灌浆导管

导管是灌注水下混凝土的最重要的工具,对导管的基本要求是,通过混凝土的能力满足施工需要,连接要直,接头处密封可靠(不漏水、不漏气),有足够的强度和刚度。

导管一般用无缝钢管制作或用钢板卷制管,其直径应按桩径和每小时需要通过的混凝土数量确定。但一般最小直径不宜小于ϕ200mm(实际工程中,有人用ϕ168mm的套管作导管灌注混凝土时很费劲)。导管的技术规格和适用范围可参考表4-3-1。

表4-3-1　导管规格和适用范围

导管内径 d_i/mm	适用桩径/mm	混凝土流通能力/($m^3 \cdot h^{-1}$)	导管壁厚/mm		备注
			无缝钢管	卷制管	
200	600～1200	10	8～9	4～5	导管的连接和卷制焊缝必须密封不得漏水
230～255	800～1800	15～17	9～10	5	
300	≥1500	25	10-11	6	

导管的分节长度应便于装拆和搬运,并小于导管提升设备的提升高度。中间节一般长2～3m,下端节加长至4～6m,最下一节导管底部宜在外围焊钢圈加固,以防下口卷口或变形。在我国,导管之间主要采用双螺纹方扣快速接头连接,其结构如图4-3-1所示。

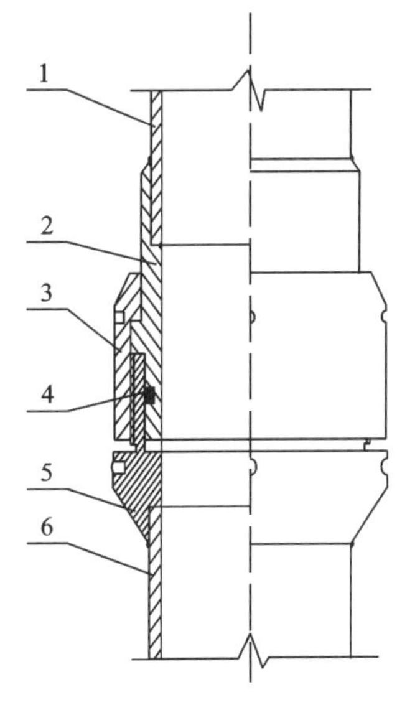

1.上节导管;2.插接头;3.大螺母;4."O"形圈;5.承接头;6.下节导管。

图4-3-1　双螺纹方扣导管快速接头示意图

双螺纹方扣导管快速接头优点是接头外径尺寸相对较小,提升时不易挂钢筋笼,对中性好,密封可靠,连接速度快。其缺点是在灌注过程中,导管左右扭动过大时有可能引起连接松脱。

导管下入孔中的深度和实际孔深需准确测量,导管底部出口与孔底之间的距离一般保持在0.4～0.6m。距离太小时,隔水塞出不了导管;距离太大时,第一斗混凝土会因在泥浆中运动距离过长而被冲洗破坏,而且第一斗封底混凝土数量就不足以使导管下口埋没在孔内混凝土面下1m以上,后续灌入的混凝土会冲破混凝土面而使泥浆、沉渣混入桩身,降低桩身混凝土质量。

导管内壁若粘有混凝土,再次使用时会卡住隔水塞,造成事故。因此,导管拆卸下来后要将接头和内外壁冲洗干净,若有相当的停顿时间,螺纹应上油(机油)防锈。

导管在使用前和使用一段时间后,除应对规格、质量和拼接构造进行认真检查外,还需做拼接、过球和水密、承压以及接头抗拉等试验。进行水密试验时,水压不应小于孔内最大静水压力的1.5倍。试验方法是,把拼装好的导管先灌入70%的水,两端封闭,一端焊输风管接头,输入压力等于水密试验所需压力的压缩空气,将导管滚动数次,经过15min不漏水即为合格。导管内过球应畅通,符合要求后,在导管外壁用明显标记逐节编号并标明尺寸。导管总数应包括配备20%～30%的备用导管。

导管吊放时,应使位置居于桩孔中心,轴线顺直,稳步沉放,防止卡挂钢筋笼和碰撞孔壁。

2. 混凝土搅拌机与混凝土搅拌运输车

(1)现场搅拌混凝土时混凝土搅拌机的类型与台数的选择。现场搅拌混凝土时一般较多地选择JZC350型混凝土搅拌机,它属于自落式双锥反转出料移动式混凝土搅拌机。搅拌筒正转搅拌,反转出料,每罐可搅拌350L混凝土(指捣实后混凝土体积),每小时生产量为10～14m^3。固定搅拌时,可挖地坑,使料斗口与地面平齐,方便进料,以减轻劳动强度。

钻孔中应灌注的混凝土量按下式计算:

$$V=K\times\frac{\pi}{4}\times d^2\times(L+\Delta L) \qquad (4-3-1)$$

式中:K为灌注桩的充盈系数,一般土层为1.1,软土为1.2～1.3;d为桩身设计直径;L为桩的设计长度;ΔL为桩顶超灌高度,一般取0.5～1.0m。

搅拌机的台数可根据一台搅拌机每小时生产量、单桩需要灌注的混凝土量和单桩合适的灌注时间进行计算。延长单桩灌注时间虽可减少搅拌机的数量和劳动力,但灌注时间过长容易发生灌注质量事故和坍孔事故;过分压缩灌注时间,则不必要地增加设备和劳动力。根据目前施工经验,单桩合适的灌注时间随桩长或灌注量变化,可参考表4-3-2选择(当采用商品混凝土时可大大缩短单桩混凝土灌注时间)。

表4-3-2 单桩合适的灌注时间

桩长 L/m	≤30		30～50			50～70			70～100		
灌注量 V/m^3	≤40	40～80	≤40	40～80	80～120	≤50	50～100	100～160	≤60	60～120	120～200
灌注时间 t/h	2～3	4～5	3～4	5～6	6～7	3～5	6～8	7～9	4～6	8～10	10～12

混凝土搅拌机台数可按下式计算:

$$n=\frac{V}{t\times P} \qquad (4-3-2)$$

式中:V为钻孔中应灌入的混凝土量(m^3);t为单桩灌注时间(h);P为单台搅拌机每小时混凝土的生产量(m^3/h)。

(2)用商品混凝土时混凝土搅拌运输车台次的确定。目前国内生产的搅拌运输车装载容量主要有6m^3、7m^3、8m^3、9m^3、10m^3和12m^3共6种规格,其中8m^3搅拌运输车是目前市场上销售量和使用量最大的一种。用钻孔中应灌注的混凝土量V除以搅拌运输车的车载容量即可得到所需的搅拌运输车的台次。

3. 超灌压力与混凝土的初灌量

(1)超灌压力。超灌压力是导管出口截面处导管内混凝土拌和物柱的静压力与导管外泥浆柱和混凝土拌和物柱静压力之差,如图4-3-2所示,在A—A截面上有

$$\Delta p=(h_1+h_2)\gamma_c-(\gamma_a H_w+\gamma_c h_2)=h_1\gamma_c-H_w\gamma_a \qquad (4-3-3)$$

式中:Δp为超灌压力(kPa),为了保证混凝土能顺利地通过导管下灌,对于桩孔而言,最小超灌压力一般可取为75kPa;γ_c为混凝土重度(kN/m^3),可取$\gamma_c=24kN/m^3$;γ_a为孔内水或泥浆重度(kN/m^3),取$\gamma_a=10～12.5kN/m^3$;h_1为导管内混凝土面到钻孔内已浇混凝土面的高

度(m)；h_2 为导管底端埋入混凝土面的深度(m)；H_w为钻孔内液面到已浇混凝土面的高度(m)。

根据式(4-3-3)可计算灌注桩顶混凝土时，漏斗应提升的最小高度 $H_{A,min}$。高度的计算基准为桩孔内泥浆液面，由于灌注混凝土时，泥浆液面与护筒顶面相差不多，故也可将护筒顶面作为基准。

当桩身混凝土(要)灌注到护筒顶面时，式(4-3-3)中 $H_w=0$，$h_1=H_A$，漏斗最小提升高度：

$$H_{A,min}=\frac{\Delta p_{min}}{\gamma_c}=75kPa/24kN\cdot m^{-3}=3.125m$$

当桩孔内最终需灌注的混凝土面低于护筒顶面时，灌注桩顶混凝土漏斗需提升的最小高度就会小于3.125m。现在我们来讨论一下在什么情况下漏斗需提升的最小高度为零，也就是漏斗可以架在孔口而不用提升。此时在式(4-3-3)中，$h_1=H_w$，于是：

$$H_w=\frac{\Delta p_{min}}{\gamma_c-\gamma_a}=\frac{75kPa}{[24-(10\sim12.5)]kN\cdot m^{-3}}=5.36\sim6.52m$$

由此可见，当钻孔内最终需灌注的混凝面在护筒上口以下5.36～6.52m以上时，漏斗可架在孔口灌注混凝土。现代高层建筑当设两层地下室时，桩顶标高离护筒口一般都在6m以上，对于这样的工程，漏斗可架设在孔口灌桩身混凝土。即用型钢做一井字架，井字架两侧分别用一个固定铰链各铰接一块中间开有半圆形孔的钢板，钢板打开时，导管可顺利通过；钢板合拢时，可卡住导管法兰或导管螺纹接头。将导管和漏斗支在井字架上，钻孔旁边的地面上放一提吊料斗(俗称哈巴斗)，机动或人力翻斗车运来的混凝土拌和物倒入提吊料斗中，装满后用吊车吊起提吊料斗，将混凝土拌和物倒入漏斗，这样反复进行，直至结束。当用混凝土输送泵时，混凝土可由输送泵的管道直接送入漏斗，此时只需一台吊车提吊漏斗。当场地交通条件许可时，可用混凝土搅拌运输车直接向漏斗中灌注混凝土。

(2)混凝土储存量及大灌浆漏斗体积。导管全部吊放入钻孔并用导管进行第二次清孔后，在导管顶部接大灌浆漏斗，漏斗底部加封底阀板或在漏斗下面的导管中用钢丝悬吊混凝土隔水塞，将大漏斗内装满混凝土后，提取封底阀板或剪断隔水塞上面的钢丝，大漏斗中的混凝土迅速从导管中高速流出，冲击孔底并将导管底部出口埋入混凝土中至少1m，然后拆下大灌浆漏斗，用小灌浆漏斗继续灌注桩身混凝土，后续混凝土灌注过程中始终保持导管底部出口埋入混凝土面下一定深度。

大灌浆漏斗中所需的混凝土量为灌注桩混凝土的初灌量，参见图4-3-3，混凝土初灌量 V_i 可按下式计算：

$$V_i=\frac{\pi d_i^2}{4}h_c+\frac{\pi D^2}{4}H_c \tag{4-3-4}$$

式中：V_i为混凝土的初灌量(m^3)，也是灌浆大漏斗的容积；d_i为导管内径(m)；D 为钻孔直径(m)；H_c为混凝土初灌量在桩孔内灌注的混凝土高度，一般可取为1.5m；h_c为孔内混凝土高度为 H_c时导管内混凝土静压力与导管外泥浆静压力平衡时，导管内混凝土柱的相对高度(m)，$h_c=H_w\times\gamma_a/\gamma_c$；$H_w$为钻孔液位至混凝土初灌面之间的距离(m)；$\gamma_a$为泥浆重度($kN/m^3$)；$\gamma_c$为混凝土重度($kN/m^3$)。

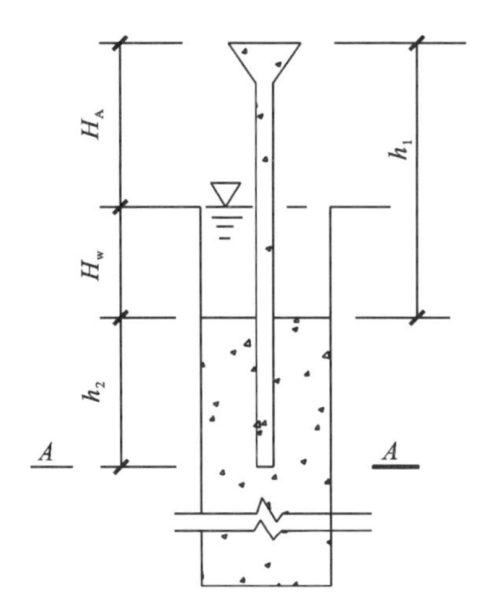

图 4-3-2 超灌压力计算

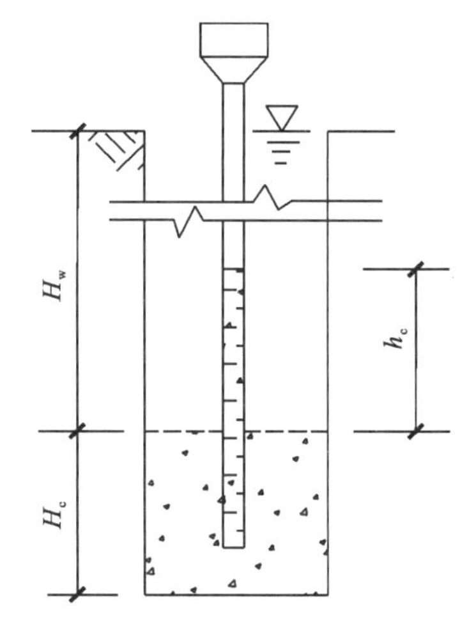

图 4-3-3 混凝土初存量计算简图

4. 隔水塞及初灌混凝土的隔水措施

(1)隔水塞。在灌注初灌量混凝土时隔水塞起隔水作用,保证初灌混凝土质量,它分为软塞、硬塞两类。硬塞一般采用混凝土制作,其直径宜比导管内径小 20～25mm。采用 3～5mm 厚的橡胶垫圈隔水,橡胶垫圈外径宜比导管内径大 5～6mm。混凝土塞一般做成圆柱形,圆柱形高度比导管内径大 50mm,这样混凝土塞在下行过程中不致翻转。混凝土塞应具有一定强度(混凝土强度等级为 C20),表面应光滑,形状尺寸规整,圆柱形混凝土塞结构形式如图 4-3-4所示。混凝土塞下到孔底后,作为桩身的一部分。也有用木球作硬塞的,但要保证木球能从孔底返回孔口。

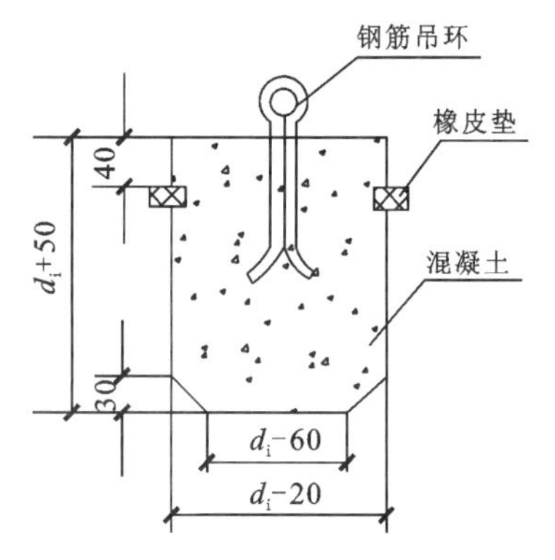

注:图中 d_i 为导管内径。

图 4-3-4 混凝土塞结构示意图(单位:mm)

目前广泛使用的软塞是充气球胆,充气球胆需从孔内返回,只适合于直径较大的桩。

(2)隔水措施。

剪绳塞隔水。剪绳塞即硬塞,用 8 号铁丝将硬塞悬吊在导管入口内,初始位置即为硬塞顶面与导管内的泥浆液位平齐,位置过低,泥浆会渗漏到硬塞上面;过高,硬塞与导管内的泥浆面之间有一段空气在混凝土下移过程中会因压力逐渐增高而形成高压气囊,有可能冲破导管接头处的密封圈,造成导管漏水。漏斗中备足了初灌量后,即将铁丝剪断,第一批混凝土推动硬塞,将导管内的水或泥浆压出导管,硬塞落到孔底,大部分混凝土冲出导管并迅速将导管底口埋深 1m 或以上。

自由塞隔水。自由塞指前面所述的软塞——充气球胆。在充气球胆未出导管底之前,导管内充气球胆上面可储备的混凝土拌和物可通过球胆上下的压力平衡关系计算出来。导管内储备了足够的混凝土后,再迅速向漏斗中灌注混凝土,充气球胆压出导管底口而从环空中返出孔口,混凝土迅速灌入孔底并将导管底埋深 1m 或以上。

充气球胆在大直径灌注桩中是一种可以反复使用的材料，它既不需要用铁丝悬吊，又与导管的密合性好，下入孔底后又能靠浮力自动返出孔口，不会在桩身内形成不连续面。但在直径较小的灌注桩中，由于导管和钢筋笼之间的间隙小，充气球胆无法返出孔口，留在桩中等于人造一个空洞，不宜使用。

上拔球塞或上拔平面阀板法。图 4－3－5 所示的球塞多用混凝土制成，球塞直径大于导管直径 10～15mm，灌注混凝土前将球塞置于漏斗出口处，球塞用细钢丝绳引出，当达到混凝土初存量后，迅速上拔球塞，称为拔球法。图 4－3－5 中的球塞也可用一钢质平面阀板代替，称上拔平面阀板法。当使用商品混凝土时，混凝土搅拌运输车的容积很大，导管顶部接上大漏斗，一车的混凝土量大于初灌量，常采用此法，漏斗中装满混凝土拌和物后上拔球塞或平面阀板，混凝土拌和物快速下行，排出导管中的泥浆而到达孔底，并迅速将导管底口埋入桩孔内混凝土面下一定深度。

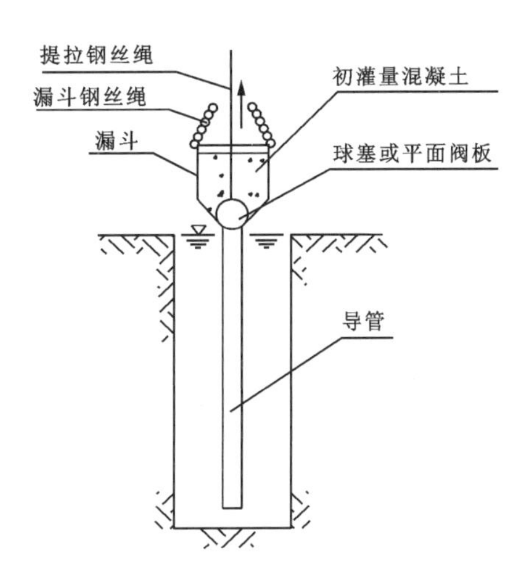

图 4－3－5　上拔球塞或平面阀板示意图

5. 混凝土面测深与导管埋深控制

(1)测深。灌注水下混凝土时，应探测钻孔内泥浆液位下混凝土面的位置，以控制导管埋深和桩顶标高。如探测不准，将会造成导管埋深过浅引发提露(导管底口露出混凝土面)或断桩事故，还可能造成埋深过深而拔不出导管。因此，混凝土面以上泥浆的深度测量是一项重要工作，应采用较为准确的测量工具和方法。

目前多采用绳系重锤吊入孔内，使其通过泥浆而停留在混凝土表面上(或混凝土面下 10～20cm)，根据测绳所示锤的沉入深度作为混凝土面的深度，本法简便易行，应用较广。

近年来有人在尝试用超声波来探测钻孔内泥浆液位下混凝土面的深度，将超声波探头稍沉入孔口泥浆中向下发射超声波，超声波遇混凝土面后向上反射，探头接收反射信号，通过超声波从发射到接收的声时和超声波在泥浆中的传播速度自动计算出钻孔内混凝土面的位置。

(2)导管埋深控制。根据观察发现，当导管埋入混凝土内的深度不足 0.5～0.6m 时，离导管出口较近的混凝土面上升较快，呈现中间高四周低的锥形，混凝土拌和物锥体会出现骤然下落，将周围的表层混凝土覆盖(图 4－3－6a)。这说明混凝土拌和物不是在表面混凝土保护层下流动，而是灌注的混凝土顶穿了表面保护层，在已浇筑的混凝土拌和物表面上流动，这就破坏了混凝土的整体性和均匀性。

当导管埋入混凝土的深度超过1m以上时，混凝土表面坡度均一，新浇筑的混凝土拌和物在已浇的混凝土体内部流动（图4-3-6b），混凝土内质量也均匀，由此可见，导管埋入深度与混凝土的浇筑质量密切相关。灌注桩施工时导管最小埋深可参考表4-3-3选定。

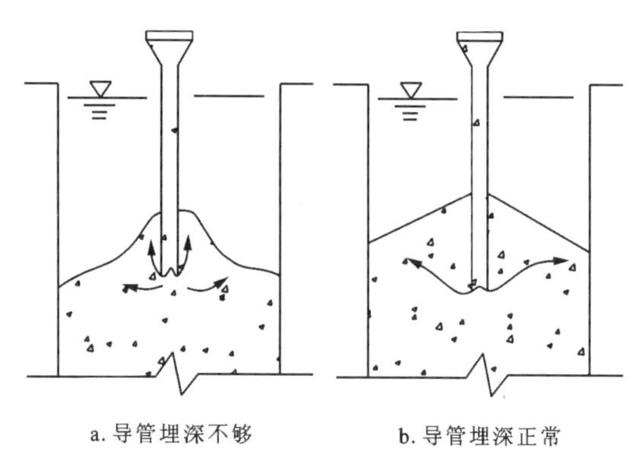

a. 导管埋深不够　　b. 导管埋深正常

图4-3-6　导管埋深与混凝土扩散情况示意图

表4-3-3　导管最小埋深

导管内径/mm	桩孔直径/mm	初灌量埋深/m	连续灌注埋深/m	桩顶部灌注埋深/m
200	600～1200	1.2～1.5	2.0～3.0	0.8～1.2
230～255	800～1800	1.0～1.2	1.5～2.0	1.0～1.2
300	＞1500	0.8～1.0	1.2～1.5	1.0～1.2

导管埋入已浇筑混凝土内越深，新灌注混凝土向四周均匀扩散的效果越好，混凝土越密实，表层也越平坦。但埋入过深，混凝土拌和物流出导管的阻力增大，混凝土在导管内流动不畅，且易造成堵管事故。导管的允许最大埋深与混凝土拌和物流动性保持时间、混凝土的初凝时间、混凝土面在钻孔内的上升速度、导管直径等因素有关，混凝土流动性越好、初凝时间越长、单位时间灌注量越大、导管直径越大，允许的导管最大埋深就越大。现场搅拌混凝土时，不加外加剂的混凝土导管最大埋深拟控制在6m以内，加缓凝剂的混凝土导管最大埋深可控制在12m以内；使用商品混凝土时，导管最大埋深可控制在15m以内。

6. 水下混凝土灌注步骤

（1）成孔、钢筋笼制作与下放和清孔质量检验合格后，才能开始灌注桩身混凝土。

（2）现场搅拌混凝土时要先拌制0.1～0.2m^3水泥砂浆，置于导管内隔水塞的上部，水泥砂浆一方面可防止粗骨料卡住隔水塞或在隔水塞上“架桥”，另一方面水泥砂浆易被冲到表层混凝土面的表面，作为混凝土拌和物保护层。在向漏斗内倒入水泥砂浆时要将隔水塞逐渐下移，使砂浆全部进入导管，然后再向漏斗内倒混凝土，储足了初灌量后再剪绳，将初灌量混凝土灌入孔底后，立即测量孔内混凝土面高度，计算出导管的初次埋深，如符合要求，即可正常灌注。如发现导管内大量进水，表明出现灌注事故，应按后述事故处理方法进行处理。

(3)首批混凝土灌注正常后，应紧凑地、连续不断地进行灌注，严禁中途停工。在灌注过程中要防止混凝土拌和物从漏斗顶溢出或从漏斗外掉入钻孔，使泥浆中含有水泥而变稠凝结，导致测深不准确。灌注过程中，应注意观察管内混凝土下降和孔口返水情况，及时测量孔内混凝土面高度，正确指挥导管的提升和拆除，保持导管的合理埋深。测量孔内混凝土面高度的次数一般不宜少于所使用的导管节数，并应在每次提升导管前，探测一次混凝土面高度，特别情况下(局部严重超径、缩径、漏失层位，灌注量特别大的桩孔等)应增加探测次数，同时观察孔口返水情况，以正确地分析和判定孔内情况，并做好记录。

导管提升时应保持轴线竖直和位置居中，逐步提升。随着孔内混凝土面的上升，需逐节(两节或三节)拆除导管。拆除导管的动作要快，时间不宜超过 15min，拆下的导管应立即冲洗干净。

(4)在灌注过程中，当导管内混凝土不满，导管上段有空气时，后续混凝土要徐徐灌入，不可整斗地灌入漏斗和导管，以免在导管内形成高压气囊，挤出管节间的橡皮垫，而使导管漏水。而且空气从导管底部进入桩身后，若不能完全逸出，是造成桩身上段混凝土疏松的原因之一。

(5)当混凝土面升到钢筋笼下端时，为防止钢筋笼被混凝土顶托上升，可采取如下措施：①在孔口固牢钢筋笼上端；②当混凝土面接近和初进入钢筋笼时，应保持较大的导管埋深，且放慢灌注速度；③当孔内混凝土面进入钢筋笼 2～3m 后，应适当提升导管，减小导管埋置深度(但不得小于 1m)，以增加钢筋笼在导管底部出口以下的埋置深度，从而增加静止的混凝土对钢筋笼的总握裹力。

(6)为确保桩顶质量，在桩顶设计标高以上超灌一定高度，以便将来开挖基坑时，将上段浮浆混凝土凿除，使桩顶标高处的桩身混凝土强度能达到设计要求。增加的高度可按孔深、成孔方法、清孔方法而定，一般不宜小于 0.5m，深桩不宜小于 1m。

(7)在灌注将近结束时，由于导管内混凝土柱高度减小，导管外泥浆重度增大，沉渣增多，灌注压力降低。如出现混凝土顶升困难，可在孔内加水稀释泥浆，并掏出部分沉淀土或增大漏斗提升高度，使灌注工作顺利进行，在拔出最后一节长导管时，拔管速度要慢，以防止桩顶沉淀的浓泥浆被吸入到拔出导管后留下的空间，造成桩顶泥芯。

(8)在灌注混凝土时，每根桩应制作不少于 1 组(3 块)的混凝土试件。

(9)钢护筒在灌注结束，混凝土初凝前拔出，起吊护筒时要保持垂直，否则会将桩顶扭歪甚至破坏，特别是当桩顶标高高于护筒底面时更应注意。

(10)当桩顶标高很低时，混凝土灌不到地面，混凝土初凝后，需要回填上部孔段，以杜绝安全隐患。

二、灌注事故的预防与处理

灌注水下混凝土是成桩的关键性工序，灌注过程中应明确分工，统一指挥，密切配合，做到快速、连续施工，防止发生质量事故。

如出现事故，应分析原因，采取合理的技术措施，及时设法补救。对于确实存在缺陷的桩，应尽可能设法补强，不宜轻易废弃，以免造成过多的损失。

经过补救、补强的桩，经认真地检验认为合格后方可使用。对于质量极差，确实无法利用的桩，应与设计单位研究，采用补桩或其他措施。

常见的成桩事故有导管堵塞、钢筋笼上浮、断桩或桩身夹泥、桩身混凝土质量问题等，下面分别进行分析。

1. 导管堵塞

导管堵塞多数发生在开始灌混凝土的时候，也有少数是在浇灌中途发生的，原因有下列几种。

(1)导管变形或内壁有混凝土硬结，影响隔水塞通过。

(2)现场搅拌混凝土时隔水塞上没有先浇水泥砂浆，而混凝土的黏聚性又不太好，在搅拌初灌量混凝土过程中，大漏斗中的混凝土离析，粗骨料卡入隔水塞或在隔水塞上“架桥”。

(3)混凝土品质差，例如：混凝土中混有大石块、卷曲的铁丝或其他杂物，造成堵塞；混凝土极易离析，在导管内下落过程中浆液与石子分离，石子集中而堵塞导管；混凝土较干稠，坍落度小于 16cm 时也易堵塞导管；使用的混凝土坍落度损失大，因中途停顿时间过长而堵塞导管。

(4)导管漏水，混凝土受水冲洗后，粗骨料聚集在一起而卡管。

为了消除卡管，可在允许的导管埋入深度范围内，略微提升导管，或用提升后猛然下插导管的动作来抖动导管，抖动后的导管下口不得低于原来的位置，否则反会使下部失去流动性的混凝土堵塞导管口。如果用上述方法仍不能消除卡管，则应停止灌注，用长钢筋或竹竿疏通。如仍然无效，只有拔出导管。

如果刚开灌，孔内混凝土很少，提出导管疏通以后，将孔底抓（或吸）干净再重新开始灌注。

如果中途卡管需拔出导管才能处理，则会形成断桩，应按处理断桩的办法及时处理。

为了防止卡管，组装导管时要仔细认真检查，检查导管内有无局部凹凸，导管出口是否向内翻卷。应严格控制骨料规格、坍落度和拌和时间，尽量避免混凝土在导管内停留时间过久。灌注过程中要避免导管内形成高压气囊而破坏导管的密封圈使导管漏水。

2. 钢筋笼上浮

在不是通长配筋的桩中，钢筋笼上浮是较为常见的事故，上浮程度的差别对桩的使用价值的影响不同，轻微的上浮（如上浮量小于 0.5m）一般不致影响桩的使用价值，上浮量超过 1m 而钢筋笼本身又不长，则会严重影响桩的水平承载力。

造成钢筋笼上浮的原因有以下两点。

(1)混凝土品质差。易离析、初凝时间不够、坍落度损失大的混凝土，都会使混凝土面上升至钢筋笼底端时钢筋笼难以插入或无法插入而造成上浮，有时混凝土面已升至钢筋笼内一定高度时，表层混凝土开始发生初凝结硬，也会携带钢筋笼上浮。

(2)操作不当。通常有如下几种情况：①钢筋笼的孔口固定不牢，不是用电焊而是用铁丝绑扎一下，有时甚至忘了固定，钢筋笼稍受上冲力即引起上浮；②提升导管过猛，不慎钩挂钢筋笼又未及时刹车，也可能造成钢筋笼上浮；③混凝土面到达钢筋笼底部时，导管埋深过浅，灌注量过大，混凝土对钢筋笼的上冲力过大；④混凝土面进入钢筋笼内一定高度后，导管埋深过大。

操作不当引起的钢筋笼上浮比较好预防；由于混凝土表层初凝而引起的钢筋笼上浮，则应通过改善混凝土配制技术和加快灌注速度予以避免，因为表层混凝土初凝不仅会使钢筋笼上浮，还有可能造成埋管事故，或断桩事故（即导管必须提离初凝的表层混凝土面）。

3. 断桩或桩身夹泥

泥浆或泥浆与水泥砂浆混合物把灌注的上下两段混凝土隔开，使混凝土变质或截面积受损为断桩。断桩是严重的质量问题，不作妥善处理桩不能使用。因此，灌注时要十分注意防止断桩。断桩的常见原因有以下几种。

(1)灌注时间长，表层混凝土流动性差，导管埋深浅，新灌注的混凝土冲破表层混凝土将混有泥浆的表层混凝土覆盖、包裹，就会造成断桩或桩身夹泥。

(2)处理卡管事故时导管提升过猛。如果导管没有提离混凝土面只是埋深太浅，则可能有泥浆浮渣混入桩身，形成桩身夹泥；如导管提离混凝土面太大，就成为断桩。

(3)测深不准，把沉积在混凝土面上的浓泥浆或泥浆中可能含有的泥块误认为混凝土，错误地判断混凝土面高度，使导管提离混凝土面成为断桩。拆除导管的长度统计错误，也会发生这种事故。

(4)严重的卡管事故或导管严重漏水，需拔出导管才能处理，也将形成断桩。

(5)突然停电，现场没有配备发电机组或发电机组也突然发生故障；搅拌设备或吊车突然损坏；浇灌过程中突降暴雨无法继续浇灌等，使中途停顿时间太长，不得不将导管提离混凝土面而形成断桩。

为了防止断桩和桩身夹泥事故，施工中要采取如下的有效预防措施：灌注前应很好地清孔；尽量使用商品混凝土保证在适当的灌注时间内完成灌注任务；提升导管不可过猛，若遇堵管应尽量不采用将导管提出的办法解决；要准确测量混凝土面；保证设备的正常工作，要有备用设备；要注意天气预报，合理安排灌注时间。

当灌注中途导管因上述原因提离了混凝土面而形成断桩，如混杂泥浆的混凝土层不厚，能将导管插入并穿过此层到达完好的混凝土层时，则重新插入导管。但灌注前应将进入导管内的水和沉淀土用吸泥和抽水的方法抽出。由于不可能将导管内水完全抽干，后灌的混凝土应增加水泥量提高稠度，再以后的混凝土可恢复正常的配合比。若混凝土面在泥浆面以下不很深，且尚未初凝时，可在导管底部设隔水塞，将导管重新插入混凝土内，在导管上面加压力以克服泥浆的浮力，导管内装满混凝土后，稍提导管，利用混凝土自身重力将底塞压出，然后继续灌注混凝土。

断桩位置较深，且断桩处以上已灌注混凝土时，须等桩身硬化后再在桩身钻小直径钻孔，用压浆补强的方法处理。无法处理时须作废，在其周围补桩。

4. 桩身混凝土质量问题

属于这一类的事故有：桩身混凝土强度低于设计要求；桩顶混凝土质量差或桩顶标高不够；桩身混凝土夹泥、离析；桩顶没按要求超灌等。

(1)桩身混凝土强度低。桩身混凝土强度低的原因主要有：一是原材料质量不合格，如水泥已过有效期，受潮结块，砂子太细，碎石风化严重，砂石含泥量和石子的针片状颗粒含量太高等；二是现场搅拌混凝土时材料计量不准，即未执行混凝土设计配合比。

(2)桩顶混凝土质量差或桩顶标高不够。用导管法灌注水下混凝土是靠导管内混凝土柱的静压力与导管外混凝土柱和泥浆柱总静压力之间的压力差灌注的，新灌混凝土是靠其上混凝土和泥浆自重压力和混凝土自身的流动性密实的。由于接近地表时，灌注压力差减小了，不得不减小导管埋深，因而桩顶段新灌注的混凝土所受的压力始终较小，加之顶部混凝土始终与泥浆及沉渣接触，易混入杂质，因此桩身上部混凝土质量不如桩身中下部混凝土质量是一个普遍性的问题。这里我们仅讨论施工操作不当引起的桩顶混凝土质量问题。

一般来说，考虑到水下灌注混凝土的特点，桩顶标高之上应有一定的超灌高度，待基坑开挖时凿除，期望由此排除掉顶部可能混有杂质的混凝土。实际施工中经常遇到的问题是未按要求超灌或混凝土面测深不准完全未超灌，结果基坑开挖至桩顶设计标高时，桩顶仍是混有大量泥浆杂质的劣质混凝土，不得不继续下挖至桩身混凝土质量正常的部位，再接桩头至桩顶标高，这既浪费人力、物力、财力，又会大大延误工期。

上下抖动导管幅度过大、速度过快也易将泥浆沉渣带入桩身上部；表层混凝土流动性差，从导管中被强行压入桩身混凝土中的空气不易逸出，也会使桩身上段混凝土疏松。最后，由于混凝土和易性差或泥浆太稠、沉渣太厚等原因，混凝土灌注接近地表时阻力太大，不得不减小导管在混凝土中的埋深，当埋深太小时也会将已混有泥浆杂质的混凝土压入桩身，使桩身上部混凝土质量低劣。

(3)桩身混凝土离析。这类缺陷主要由混凝土原材料级配差、拌制质量差、计量不准等原因造成，这些因素通过严格的质量管理措施可以避免。有时导管轻度漏水，使灌入的混凝土部分离析，这不易被发现，应该利用第一次拆导管的间隙，用手电筒照射导管内壁，检查有无漏水现象，问题严重时则应设法处理。还有一种情况，当桩身某段地层透水性较强，且地下水水力坡度较大时，灌入的混凝土在初凝之前会因地下水的流动冲刷，水泥浆被带走而发生离析事故。在这类地质条件的场地施工时，应该使用黏聚性特别好的防冲刷混凝土。

5. 其他事故

有时会发生一些与桩的施工单位没有直接关系但有间接关系的事故，由此会产生一些责任纠纷。作为桩的施工单位如果对此完全不了解是不行的。

例如：开挖基坑时，应绝对禁止挖土斗对桩的撞击(已多次发生过撞断、撞裂桩头的事故)。挖土单位会推脱责任认为是桩的施工质量问题，桩的施工单位若无足够证据就难以说清。被撞裂的桩应有碰撞痕迹，桩身可查出多处水平裂缝，开挖验证可见裂缝中有后来渗入的，颜色、成分与桩不一致的泥水，这些裂缝用动测方法也可明显地被发现。

大型挖掘机的重量很大，如果位置、运移路线不当，会因侧向挤压而使桩顶位移，如果无人监督及时制止，复测桩位时发现大批桩位置超差，施工单位也将蒙受不白之冤。

基坑边坡支护措施不及时、不得力，造成土体滑移，也会造成有关桩体的位移，虽然这些位移较有规律可循，责任是可以查清的，但也不无麻烦。

还有凿桩头问题，不论采用爆破还是采用风镐开凿，都会在桩头中产生一些微细裂隙，因此必须要求在桩顶标高之上预留10～30cm的高度，改用人工开凿确保桩顶标高以下无裂隙，否则检验桩身质量时发现桩顶有问题，就很难说清是谁造成的。桩顶绝对禁止用风镐垂直下冲开凿。

对于以上问题，桩基施工单位应该了解，事前与有关单位接洽交涉予以提出。施工开挖过程中经常有人去现场观察，发生这些情况及时制止并通知有关各方，这样可以防患于未然。

第四节 灌注桩后压浆

一、后压浆方法分类

后压浆技术的基本原理是通过预先设置于钢筋笼壁面内的压浆管，在桩体混凝土达到一定强度后，向桩侧或桩底压浆（一般均为水泥浆），水泥浆固结桩底沉渣或桩侧泥皮，并同时固结桩端和桩侧土体，从而提高桩的承载力，减小桩基的沉降。后压浆按压浆原理分为闭式后压浆和开式后压浆。

闭式后压浆是在下放钢筋笼时将可变形的瘪承压包下入孔底，并通过管路连到孔口，桩身混凝土达到设计强度后，通过管路向孔底承压包压送水泥浆液，承压包在水泥浆液压力作用下挤压桩底周围土层和上顶桩身，承压包中的水泥浆液在保压条件下硬化，桩端土和桩身混凝土都得到预压，从而减小桩的沉降量，提高桩的承载力。

开式后压浆是在桩底或桩侧随钢筋笼一起埋设有通向地表的注浆管和注浆阀，通过注浆管和注浆阀向桩端和桩侧压浆，浆液通过渗透、填充、挤密、劈裂等多重作用，在桩底和桩侧一定范围内形成一定的加固区。我国目前采用的后压浆方法主要是开式后压浆法，开式后压浆按压浆部位的不同又分为桩侧后压浆、桩端后压浆和桩侧桩端后压浆。

1. 桩侧后压浆

桩侧后压浆的做法一般有两种：一种为直管法，2～4 根直管通到需后压浆的部位，每根后压浆管在需压浆部位均匀布置若干个具逆止功能的注浆孔；另一种为环管法，在需压浆部位布置压浆环管，环管外侧均匀设置若干具逆止功能的注浆孔，环管与通往地表的直管相通。

由于钻孔灌注桩的桩孔施工中会遇到第四纪砂土层，为了保护孔壁避免塌孔，一般要采用泥浆护壁法成孔，因此，会因下列原因影响桩侧摩阻力的发挥：①泥浆颗粒吸附于孔壁形成泥皮，相当于在桩侧涂了一层润滑剂；②成孔取土造成的桩周土体应力松弛，会使桩侧土体与桩身之间的法向应力减小；③泥浆对桩周土体的浸泡会降低桩周土体的抗剪强度。桩侧后压浆可以冲破和加固泥皮，充填桩侧混凝土与周围土体间隙，通过渗透、劈裂、挤密等作用加固桩周土体。

2. 桩端后压浆

桩端后压浆指用 2～4 根后压浆管直通桩底，每根后压浆管在桩底部位布设若干个具逆止功能的注浆孔，仅对桩端进行压浆。

桩端后压浆提高桩的承载力的机理为：①浆液对桩底沉渣和桩端附近土体的加固；②桩

端端承面积的扩大;③对桩端地基土和桩身的预压,改变了桩的承载性状;④浆液沿桩侧上升一定的高度,对桩端附近的桩周土体的加固。

3. 桩侧桩端后压浆

桩侧桩端后压浆为在桩侧若干部位和桩端进行后压浆。

二、后压浆施工方法及工艺

1. 施工工艺流程

钻孔灌注桩后压浆施工工艺流程为:施工工艺参数选择→钻进成孔→一次清孔、制作带后压浆管的钢筋笼→下放带后压浆管钢筋笼→下导管、二次清孔→灌注水下混凝土,安装地面后压浆设备、准备后压浆材料→后压浆管开塞→后压浆施工→后压浆验收。后压浆工艺流程如图 4-4-1 所示。

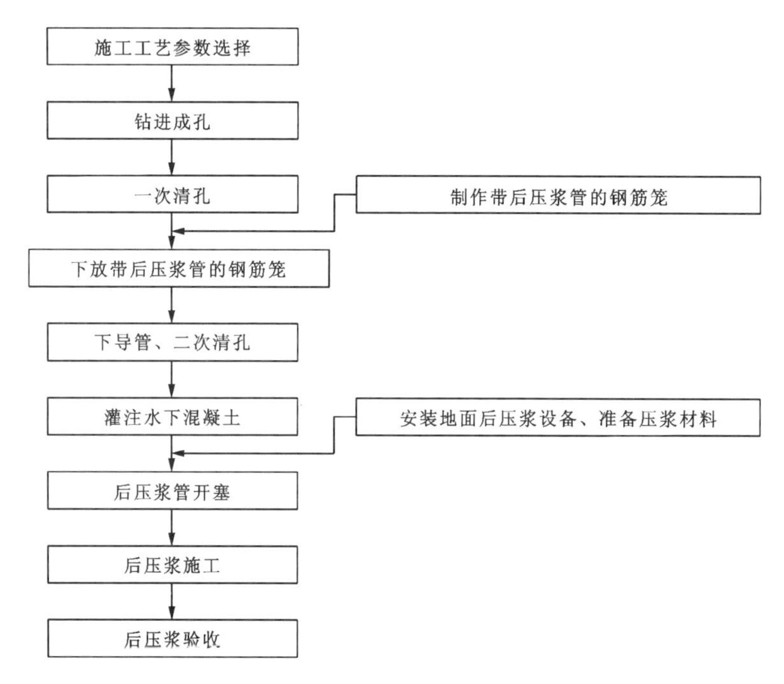

图 4-4-1 后压浆施工工艺流程示意图

2. 后压浆管的加工与安装

(1)桩端后压浆管的加工。如图 4-4-2 所示,桩端后压浆管一般采用外径 25mm 的无缝钢管或镀锌钢管制作,底部设锥形封底,在长度 0.5m 范围内的后压浆管外侧对称设 6 道左右的注浆孔,相邻两根注浆管上的注浆孔位置相互错开,孔眼直径 6mm 左右,孔眼竖向间距 80mm 左右。注浆孔孔眼钻好后,先用绝缘胶布缠裹 2 层,然后在每个注浆孔上用图钉将压浆孔堵严,再分别用黑胶布和防水胶布缠裹 2 层,形成逆止阀;在相邻两逆止阀之间用钢筋焊成逆止阀保护环,防止下放带后压浆管钢筋笼时破坏逆止阀,最后再灌水后确认不漏水。当注浆时压浆管中压力将图钉弹出,水泥浆通过注浆孔和图钉的孔隙压入土层中,而灌注桩身混凝土时该装置又保证混凝土浆不会将压浆管堵塞。

(2)桩侧环形注浆管阀的加工。采用高强塑料管制作,用三通连接件与竖向压浆导管连接,注浆孔及逆止阀的结构同桩端注浆管,桩侧环形注浆管阀结构如图 4-4-3 所示。

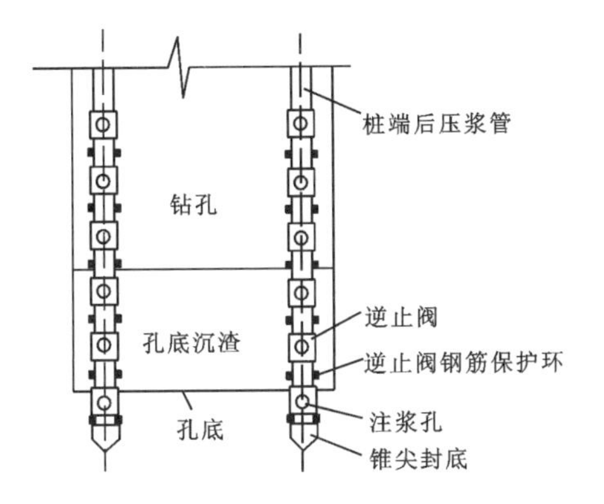

图 4-4-2 桩端后压浆管布置示意图

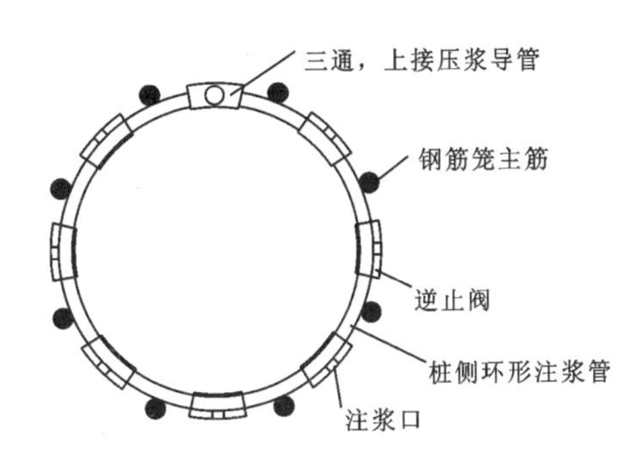

图 4-4-3 桩侧环形注浆管阀示意图

(3)竖向压浆导管的加工。压浆导管由无缝钢管或镀锌钢管制作,如果压浆导管之间用螺纹接头连接,要保证钢管的丝扣加工质量,保证至少 6 道丝扣,且丝扣要圆滑,上接头时至少要缠绕不少于 5 圈的生料带。加工好丝扣的水管集中水平状态堆放,保证压浆导管不变形;压浆导管之间也可用短套管以焊接方法连接(短套管内径略大于压浆导管外径)。

(4)压浆管路的安装。孔深钻至设计标高一次清孔后,对孔径、孔深、沉渣及泥浆比重检测合格后再进行管路安装。竖向压浆导管与钢筋笼用 16 号铅丝十字绑扎固定,绑扎点应均匀。桩端竖向压浆导管绑扎在箍筋内侧,与钢筋笼主筋绑扎固定,绑扎点为每道加强筋处,绑扎点间距为 2.0m。

有几道桩侧环形压浆管阀就需另布置几根竖向压浆导管分别与桩侧环形注浆管阀的三通相连。在钢筋笼下到连接桩侧压浆管阀的三通距孔口以上 1m 左右时,安装桩侧压浆管阀并和钢筋笼绑牢。在钢筋笼吊装安放过程中要注意对压浆管的保护。

注意事项如下:①连接丝扣要严密;②每加一根竖向压浆导管要在管内及时灌水,下放钢筋笼时,若孔内泥浆表面有气泡出现且注入压浆管内水位下降,证明压浆管漏水,应将钢筋笼提出来,对压浆导管及压浆管阀进行认真检查,若有漏点要进行更换,确认不漏时重新下放钢筋笼;③两节压浆导管的连接要顺直,在下放过程中轻提轻放,切莫强墩强扭,桩端压浆导管底端伸入桩底沉淀渣内 20cm 左右,压浆导管在孔口要固定好,由于桩基密度大,压浆导管最好低于地面 0.2m,以便于保护。管顶用管帽堵严,以防泥浆进入;④钢筋笼必须下到孔位中心,其偏差不能超过 20mm,以确保注浆时的浆液能冲破混凝土保护层;⑤逆止阀部分应加强保护,不得摩擦孔壁以免包扎处破裂。

3. 后压浆设备

后压浆设备主要包括:注浆泵(两台,一台注浆,一台清洗)、浆液搅拌机(常用混凝土搅拌机代替)、储浆桶、压浆管路、12MPa 压力表、球阀、溢流阀、水准仪、16 目纱网。注浆泵必须配备溢流阀,限定压力 8~9MPa,注浆泵最小流量不大于 60L/min。为确保压浆过程中不因机械事故而停顿，压浆设备必须有备用件。除上述主要设备外，尚应配备以下机具：电焊机、切割机、称量外加剂的计量器具等。

4. 后注浆工艺

(1)后压浆装置的设置应符合下列规定：①后压浆导管应采用钢管，与钢筋笼加劲筋(定位筋)绑扎固定或焊接；②桩端后压浆导管及注浆管阀数量宜根据桩径大小设置。对于直径不大于1200mm的桩，宜沿钢筋笼圆周对称设置2根；对于直径大于1200mm而不大于2500mm的桩，宜对称设置3根；③对于桩长超过15m且承载力增幅要求较高者，宜采用桩端桩侧复式注浆。桩侧后压浆管阀设置数量应综合地层情况、桩长和承载力增幅要求等因素确定，可在离桩底5～15m以上、桩顶8m以下，每隔6～12m设置一道桩侧注浆管阀，当有粗粒土时，宜将注浆管阀设置于粗粒土层下部，对于干作业成孔灌注桩宜设于粗粒土层中部；④对于非通长配筋桩，下部应有不少于3根与注浆导管等长的主筋组成的钢筋笼通底；⑤钢筋笼应沉放到底，不得悬吊，下笼受阻时不得撞笼、墩笼、扭笼。

(2)浆液配比、终止注浆压力、流量、注浆量等参数设计应符合下列规定。

浆液的水胶比(水与胶凝材料水泥的质量比)应根据土的饱和度、渗透性确定，对于饱和土水胶比宜为0.45～0.65，对于非饱和土水胶比宜为0.7～0.9(松散碎石土、砂砾宜为0.5～0.6)；低水胶比浆液宜掺入减水剂。

桩端注浆终止注浆压力应根据土层性质及注浆点深度确定，对于风化岩、非饱和黏性土及粉土，注浆压力宜为3～10MPa；对于饱和土层注浆压力宜为1.2～1.4MPa，软土宜取低值，密实黏性土宜取高值。

注浆流量不宜超过75L/min。

单桩注浆量的设计应根据桩径、桩长、桩端桩侧土层性质、单桩承载力增幅及是否复式注浆等因素确定，可按下式估算：

$$G_c=\alpha_p d+\alpha_s nd \tag{4-4-1}$$

式中：α_p、α_s 分别为桩端、桩侧注浆量经验系数，$\alpha_p=1.5\sim1.8$，$\alpha_s=0.5\sim0.7$；对卵砾石、中粗砂取较高值；n 为桩侧注浆断面数；d 为基桩设计直径(m)；G_c 为注浆量，以水泥质量计(t)。

对独立单桩、桩距大于$6d$的群桩和群桩初始注浆的数根基桩的注浆量应按上述估算值乘以1.2的系数。

后压浆作业开始前，宜进行注浆试验，优化并最终确定注浆参数。

(3)后压浆作业起始时间、顺序和速率应符合下列规定：①注浆作业宜于成桩2d后开始；②注浆作业点与成孔作业点的距离不宜小于8～10m；③对于饱和土中的复式注浆顺序宜先桩侧后桩端，对于非饱和土宜先桩端后桩侧，多断面桩侧注浆应先上后下，桩侧桩端注浆间隔时间不宜少于2h；④桩端注浆应对同一根桩的各注浆导管依次实施等量注浆；⑤对于桩群注浆宜先外围、后内部。

(4)当满足下列条件之一时可终止注浆：①注浆总量和注浆压力均达到设计要求；②注浆总量已达到设计值的75%且注浆压力超过设计值。

(5)当注浆压力长时间低于正常值或地面出现冒浆或周围桩孔串浆，应改为间歇注浆，间歇时间宜为30～60min，或调低浆液水胶比。

(6)后压浆施工过程中，应经常对后压浆的各项工艺参数进行检查，发现异常应采取相应处理措施。当注浆量等主要参数达不到设计值时，应根据工程具体情况采取相应措施。

(7)后压浆桩基础工程质量检查和验收应符合下列要求：①后压浆施工完成后应提供水泥材质检验报告、压力表检定证书、试注浆记录、设计工艺参数、后压浆作业记录、特殊情况处理记录等资料；②在桩身混凝土强度达到设计要求的条件下，承载力检验应在后压浆 20d 后进行，浆液中掺入早强剂时可于注浆 15d 后进行。

第五节 预留混凝土试件桩身混凝土抗压强度评定

一、混凝土的取样

混凝土取样应在混凝土浇筑地点随机抽取。当采用商品混凝土时应在灌注漏斗中取样，当采用现场搅拌混凝土时，也可在搅拌地点取样。取样应注意随机性，不应故意挑选质量好的，也不可故意挑选质量次的。每组试件所用的拌和物应从同一盘混凝土或同一车混凝土中取样。

《建筑地基基础工程施工质量验收规范》(GB 50202—2018)规定：来自同一搅拌站的混凝土，每浇注 50m^3 必须至少预留 1 组试件；当混凝土的浇筑量不足 50m^3 时，每连续浇筑 12h 必须至少预留 1 组试件；对于单柱单桩，每根桩至少预留 1 组试件。《建筑桩基技术规范》(JGJ 94—2008)规定，直径大于 1m 或单桩混凝土量超过 25m^3 的桩，每根桩桩身混凝土应留有 1 组试件；直径不大于 1m 的桩或单桩混凝土量不超过 25m^3 的桩，每个灌注台班不得少于 1 组；每组试件应留 3 件。

二、混凝土试件的制作、养护及强度试验

1. 混凝土试件制作、养护

(1)试件尺寸。试件尺寸及强度换算系数按表 4-5-1 确定。

表 4-5-1 混凝土试件尺寸及强度的尺寸换算系数

骨料最大粒径/mm	试件尺寸/mm	强度的尺寸换算系数
≤31.5	100×100×100	0.95
≤40	150×150×150	1.00
≤63	200×200×200	1.05

(2)试件成型。试件成型方法应视混凝土的稠度而定。一般来说，坍落度不大于 70mm 的混凝土，用振动台振实；坍落度大于 70mm 的混凝土用捣棒进行人工捣实；导管法灌注的水下混凝土，坍落度很大，用捣棒稍加捣动就能自密。

(3)试件养护。试件成型后应覆盖,以防止水分蒸发,并在室温为20℃±5℃、相对湿度大于50%的室内条件下至少静止一昼夜(但不得超过两昼夜),然后编号拆模。拆模后放在温度为20℃±2℃、相对湿度95%以上的标准养护室中或20℃±2℃的不流动氢氧化钠饱和液中养护。钻孔灌注桩混凝土试件一般是放在不流动氢氧化钠饱和液中养护的。养护液温度对混凝土试件的强度有很大影响,温度较高时,对于用硅酸盐水泥和普通水泥拌制的混凝土,其前期强度高,但后期(养护28d)强度反而低;对于用矿渣水泥、火山灰水泥及粉煤灰水泥配制的混凝土,温度高可加速混合材料内的活性 SiO_2 及活性 Al_2O_3 与水泥水化析出的 $Ca(OH)_2$ 的化学反应,使混凝土不仅提高早期强度,且后期强度也能得到提高。

2.混凝土试件的抗压试验及强度取值

混凝土立方体抗压强度试验应根据现行国家标准《普通混凝土力学性能试验方法标准》(GB/T 50081—2019)的规定执行。

每组(3块)强度代表值按下列规定确定。

(1)取3个试件试验结果的平均值作为该组试件强度代表值,其单位为MPa,精确到0.1MPa。

(2)当3个试件中过大或过小的强度值中有一个与中间值相比的百分率超过15%时,以中间值代表该组的混凝土试件的强度。

(3)当3个试件中过大和过小的强度值与中间值相比的百分率都超过15%,该组试件作废,即不参加统计。

如某3组共9件混凝土试件强度分别为:第一组30.5MPa、32.5MPa、35.5MPa,第二组29.0MPa、31.0MPa、36.0MPa,第三组26.0MPa、31.0MPa、36.0MPa,则对于第一组 $f_{cu1}=(30.5+32.5+35.5)/3=32.8(MPa)$,第二组 $f_{cu2}=31MPa$,第三组试件中过大和过小的强度值与中间值相比的百分率都超过15%,该组试件的强度不应作为评定的依据。

三、混凝土强度的检验评定

根据《混凝土强度检验评定标准》(GB/T 50107—2010),混凝土抗压强度应以标准条件下养护28d龄期试件的抗压强度进行评定,其合格条件如下。

(1)应以强度等级相同、龄期相同以及生产工艺条件和配合比相同的混凝土组成同一验收批,当试件组数大于或等于10组时,应以统计方法按下述条件评定:

$$m_{f_{cu}} \geq f_{cu,k} + \lambda_1 \cdot S_{f_{cu}} \quad (4-5-1)$$

$$f_{cu,min} \geq \lambda_2 f_{cu,k} \quad (4-5-2)$$

式中:$f_{cu,k}$ 为混凝土轴心抗压强度设计值(MPa);$m_{f_{cu}}$ 为 n 组试件的平均强度(MPa),$m_{f_{cu}}=\frac{1}{n}\sum(f_{cu})_i$,$(f_{cu})_i$ 为第 i 组试件强度取值;$S_{f_{cu}}$ 为同批 n 组试件强度的标准差(MPa),$S_{f_{cu}}=\sqrt{\frac{\sum_{i=1}^{n} f_{cu,i}^2 - nm_{f_{cu}}^2}{n-1}}$,当 $S_{f_{cu}}<2.5MPa$ 时,取 $S_{f_{cu}}=2.5MPa$;λ_1、λ_2 为合格判定系数,按表4-5-2取用。

表 4-5-2 混凝土强度的合格判定系数

试件组数 n	10～14	15～19	≥20
λ_1	1.15	1.05	0.95
λ_2	0.9	0.85	0.85

(2)同批混凝土试件少于 10 组时，可用非统计方法按下述条件进行评定：

$$m_{f_{cu}} \geqslant \lambda_3 \cdot S_{f_{cu}} \tag{4-5-3}$$

$$f_{cu,min} \geqslant \lambda_4 f_{cu,k} \tag{4-5-4}$$

式中：λ_3、λ_4 为混凝土合格判定系数，按表 4-5-3 取用；其他符号意义同式(4-5-1)和式(5-5-2)。

表 4-5-3 混凝土强度的非统计法合格评定系数

混凝土强度等级	<C60	≥C60
λ_3	1.15	1.10
λ_4	0.95	

当混凝土强度按试件强度进行评定达不到合格条件时，可采用钻取试样或以无损检测法查明结构实际混凝土的抗压强度和浇筑质量，如仍有不合格，应由有关单位共同研究处理。

第五章 其他灌注桩成孔成桩工艺

第一节 沉管灌注桩

一、工作原理及适用范围

1. 基本原理

沉管灌注桩是目前国内应用最为广泛的灌注桩形式之一，按其沉管作用的不同可分为振动（或振动冲击）沉管灌注桩和锤击沉管灌注桩。这类灌注桩是采用振动沉管打桩机或锤击沉管打桩机，将带有活瓣式桩尖，或锥形封口桩尖，或预制钢筋混凝土桩尖的钢管排开土体沉入土中，然后边向钢管内灌注混凝土，边振动或边锤击，边拔出钢管将混凝土留在桩孔中而形成灌注桩。

2. 优缺点

（1）优点：①设备构造及其操作简单，施工方便；②施工速度快，工期短；③造价低。

（2）缺点：①由于桩管口径的限制，单桩承载力有限；②施工时振动大，噪声高；③因施工方法、地基土条件和施工人员等因素，易产生桩位偏差，易出现缩颈、断桩、夹泥和吊脚桩等质量问题；④遇淤泥或标准贯入锤击数 N 大于 30 的密实砂层沉管困难。

3. 适用范围

振动（或振动冲击）沉管灌注桩的适用范围与锤击沉管灌注桩基本相同，但其贯穿砂土层的能力较强，还适用于稍密碎石土层；振动（或振动冲击）沉管灌注桩也可用于中密碎石土层和强风化岩层。在饱和淤泥等软弱土层中使用时，必须制定防止缩颈、断桩等质量保证措施，并经工艺试验成功后方可实施。

锤击沉管灌注桩（桩径 $d\leqslant480$mm）可穿越一般黏性土、粉土、淤泥质土、淤泥、松散至中密的砂土及人工填土等土层，不宜用于标准贯入击数 N 大于 30 的砂土、N 大于 15 的黏性土以及碎石土。在厚度较大、含水量和灵敏度高的淤泥等软土层中使用时，必须制定防止缩颈、断桩、充盈系数过大等质量保证措施，并经工艺试验成功后方可实施。在高流塑、厚度大的淤泥层中不宜采用 $d\leqslant340$mm 的沉管灌注桩。大直径锤击沉管灌注桩（$d\geqslant600$mm）应在使用过程中积累经验。

当地基中存在承压含水层时，沉管灌注桩应谨慎使用。

二、施工机械与设备

1. 振动沉拔桩锤

振动沉拔桩锤(简称振动锤)具有沉管(桩)和拔管(桩)双重作用。

1)振动沉拔桩锤分类

振动沉拔桩锤按动力类型,可分为电动振动沉拔桩锤和液压振动沉拔桩锤;按振动频率,可分为低频振动沉拔桩锤(15～20Hz)、中频振动沉拔桩锤(20～60Hz)、高频振动沉拔桩锤(60～150Hz)和超高频振动沉拔桩锤(大于150Hz);按振动偏心块结构,可分为固定式偏心块振动沉拔桩锤和可调式偏心块振动沉拔桩锤,后者的特点是在偏心块转动的情况下,根据土层性质,用液压遥控的方法实现无级调整偏心力矩,从而达到理想的打桩效果,此外还有起动容易、噪声小、不产生共振和沉桩速度快等优点。

2)振动锤的规格、型号及技术性能

振动锤又称振动器或激振器,其性能见表5-1-1(GB/T 8517—2004)。

表5-1-1 振动锤性能参数(GB/T 8517—2004)

型号	电动机功率/kW	偏心力矩/N·m	激振力/kN	偏心块转速/(r·min^{-1})	空载振幅(不小于)/mm	允许拔桩力(不小于)/kN
DZ15	15	76～229	64～192	600～1500	3	60
DZ22	22	112～336	93～281	500～1500	3	80
DZ30	30	152～458	128～384	500～1500	3	80
DZ37	37	188～565	158～474	500～1500	4	100
DZ40	40	203～610	170～512	500～1500	4	100
DZ45	45	229～587	192～579	500～1500	4	120
DZ55	55	280～840	234～704	500～1500	4	160
DZ60	60	305～916	256～769	500～1500	4	160
DZ75	75	381～1145	320～961	500～1500	5	240
DZ90	90	624～1718	307～846	400～1100	5	240
DZ120	120	833～2290	410～1128	400～1100	8	300
DZ150	150	1041～2863	513～1410	400～1100	8	300
DZ180	180	1249～3436	615～1692	400～1100	8	330
DZ200	200	1388～3818	684～1880	400～1100	10	330
DZ240	240	1666～4581	820～2256	400～1100	10	330

3)振动锤的构造

(1)电动振动锤。电动振动锤的工作原理(图5-1-1)是利用电动机带动两组偏心块(每组有6～9个偏心块)作同速相向旋转,使偏心块在旋转时产生的横向离心力相互抵消,而竖向离心力则相加，由于偏心块转速高，于是使整个系统沿桩的轴线方向产生按正弦波规律变化的激振力，形成竖直方向的往复振动。由于桩管和振动器是刚性连接的，因此桩管在激振力作用下，以一定的频率和振幅产生振动，减小桩管与周围土体间的摩阻力。当强迫振动频率与土体的自振频率相同时，土体结构因共振而遭到破坏，与此同时，桩管受着加压作用而沉入土中。

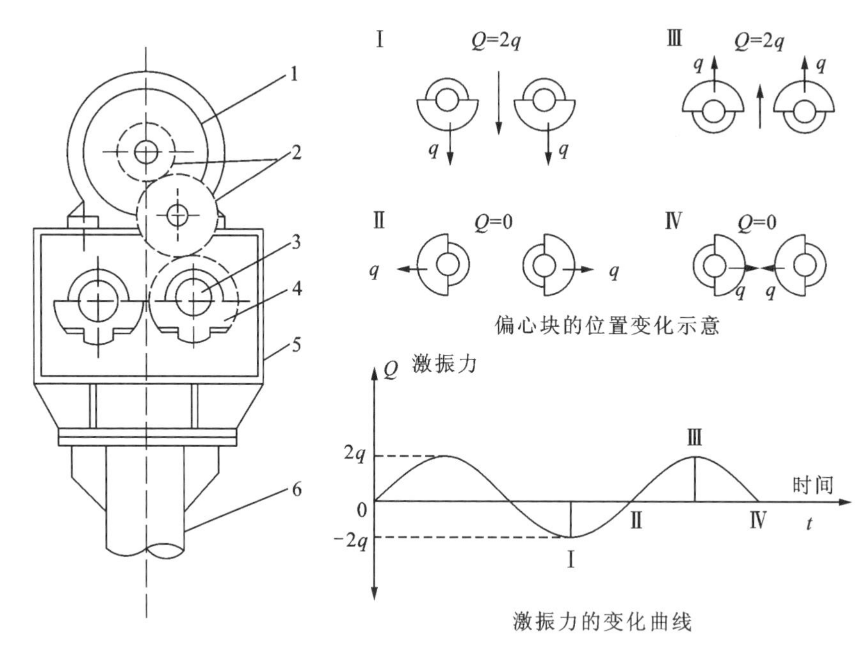

1. 电动机；2. 传动齿轮；3. 轴；4. 偏心块；5. 箱壳；6. 桩管；q. 单根轴上的离心力；Q. 总激振力。

图 5-1-1 激振器工作原理示意图

(2)液压振动锤。液压振动锤在振动原理上与电动振动锤完全相同，区别仅在于动力不同，它利用柴油发动机带动液压泵，输出一定压力和流量的液压油，带动液压马达传动轴回转，动力最终传递到偏心块回转轴使偏心块旋转。液压振动锤，其振动频率可实行无级调节，使其适应于各种不同地层。

常用振动沉管打桩机的综合匹配性能见表 5-1-2。

表 5-1-2 常用振动沉管打桩机的性能

振动锤激振力/kN	桩管沉入深度/m	桩管外径/mm	桩管壁厚/mm
70～80	8～10	220～273	6～8
100～150	10～15	273～325	7～10
150～200	15～20	325	10～12.5
400	20～24	377	12.5～15

2. 锤击沉拔桩锤

小型锤击沉管打桩机一般采用电动落锤(又称电动吊锤)和柴油机落锤(又称柴油机吊锤),锤重小于1.5t,其落锤高度为1.0～2.0m。

中型锤击沉管打桩机,锤重小于3.5t,一般采用电动落锤和单作用蒸汽锤,前者落锤高度为1.0～2.0m,后者落锤高度为0.5～0.6m;国外还有采用液压锤,落锤高度为1.2～1.9m。

大型锤击沉管打桩机,锤重大于3.5t,一般采用柴油锤或吊锤,前者落锤高度为2.5m,后者落锤高度为1.0～2.0m。

锤击沉管打桩机技术性能参考表见表5-1-3。

表5-1-3　锤击沉管打桩机技术性能参考表

桩机类型	桩径/mm	桩锤		锤击频率		桩管规格				料斗容量/m^3	可打桩长/m	落锤高度/m
		类型	质量/kg	沉管/(1/min)	拔管/(1/min)	长度/m	外径/mm	内径/mm	质量/t			
小型桩机	320～350	柴油吊锤	750～1500	20～25	30～40	11.0～14.5	300～325	250～280	1.3～1.8	0.5	9.5～13.0	1.0～2.0
	320～350	电动吊锤	750～1500	20～25	30～40	11.0～14.5	300～325	250～280	1.3～1.8	0.5	9.5～13.0	1.0～2.0
中型桩机	450～480	单动气锤	2700～3500	50～55	55～65	20～26	426～440	380～400	3.3～4.0	1.0	24.5	0.5～0.6
	450～480	电动吊锤	2500～3000	20～25	30～40	20	420～440	380～400	3.3	1.0	18.0	1.0～2.0
大型桩机	560～650	吊锤	4500或5000～7000	48	振动拔桩	20～30	560～610	510～570	10.0	1.0	30.0	1.0～2.0
	700～800	柴油锤	7200	48	振动拔桩	20～30	700	650	12.5	1.0	30.0	2.5

3. 沉管桩机的桩架

桩架按行走方式可分为滚管式、轨道式、步履式和履带式,大部分桩架为多用桩架,既可用来打设沉管灌注桩,还能配合柴油锤用来施工预制桩或螺旋钻杆用来施工干作业法钻孔灌注桩等。

滚管式桩架行走靠两根滚管在枕木上滚动和桩架在滚管上的相对滑动实现。结构简单,制作容易,成本低,图5-1-2为滚管式沉管桩架示意图。

4. 桩管与桩尖

桩管宜采用无缝钢管,钢管直径一般为ϕ273～600mm。与桩尖接触的桩管端部宜用环形钢板加厚,加厚部分的最大外径应比桩尖小10～20mm。桩管的表面宜焊有表示深度的数字,以便在施工中进行入土深度观测。桩尖可采用混凝土预制桩尖(图 5-1-3a)、活瓣桩尖(图 5-1-3b)、锥形封口桩尖(图 5-1-3c)等。采用活瓣桩尖时,活瓣桩尖应有足够的强度和刚度,活瓣之间应紧密贴合。

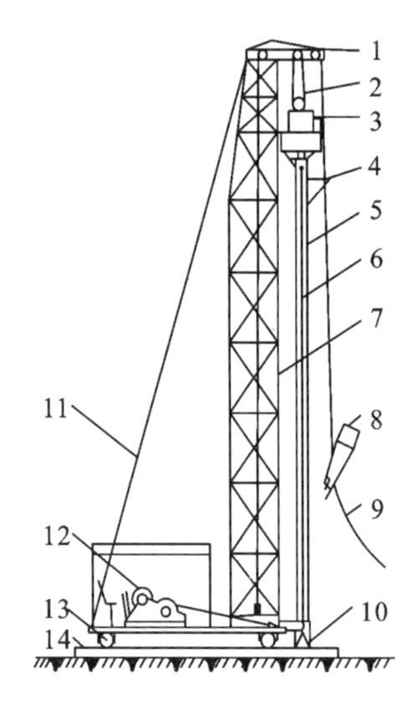

1.导向滑轮;2.桩管滑轮组;3.振动锤;4.混凝土漏斗;5.桩管;6.加压钢丝绳;7.桩架;8.混凝土吊斗;9.回绳;10.活瓣桩靴;11.缆风绳;12.卷扬机;13.行驶用钢管;14.枕木。

a. 振动沉管桩机

1.桩锤钢丝绳;2.桩管滑轮组;3.料斗钢丝绳;4.桩锤;5.桩帽;6.混凝土漏斗;7.桩管;8.桩架;9.混凝土料斗;10.回绳;11.行驶用钢管;12.预制桩尖;13.卷扬机;14.枕木。

b. 锤击沉管桩机

图 5-1-2 滚管式沉管桩架示意图

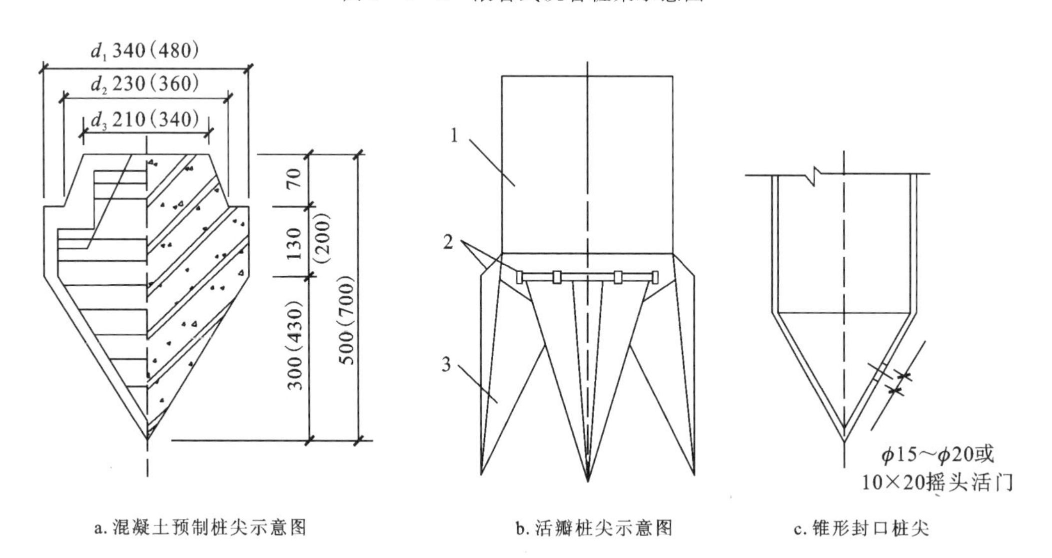

a. 混凝土预制桩尖示意图　b. 活瓣桩尖示意图　c. 锥形封口桩尖

1. 桩管;2. 销轴;3. 活瓣。

图 5-1-3 沉管桩的桩尖(括号内的数值为选用值)(单位:mm)

钢筋混凝土预制桩尖的混凝土强度等级不得低于 C30,制作时应使用钢模或其他刚性大的工具模;配筋量:d_1 = 340mm 桩尖,不宜少于 4.0kg;d_1 = 480mm 桩尖,不宜少于 13.0kg。钢筋混凝土预制桩尖的制作质量验收标准应符合表 5-1-4 的有关规定。

表 5-1-4　钢筋混凝土预制桩尖的验收标准

<table>
<tr><th>类别</th><th>项次</th><th>项目</th><th>容许偏差及要求</th><th>备注</th></tr>
<tr><td rowspan="7">外形尺寸</td><td>1</td><td>桩尖总高度</td><td>±20mm</td><td></td></tr>
<tr><td>2</td><td>桩尖最大外径</td><td>±10mm</td><td></td></tr>
<tr><td>3</td><td>桩尖偏心</td><td>10mm</td><td>尖端到桩尖纵轴线的距离</td></tr>
<tr><td>4</td><td>顶部圆台(柱)的高度</td><td>±10mm</td><td></td></tr>
<tr><td>5</td><td>顶部圆台(柱)的直径</td><td>±10mm</td><td></td></tr>
<tr><td>6</td><td>圆台(柱)中心线偏心</td><td>10mm</td><td></td></tr>
<tr><td>7</td><td>桩肩部台阶平面对纵横线的倾斜</td><td>2mm(d_1=340mm)
3mm(d_1=480mm)</td><td></td></tr>
<tr><td rowspan="3">混凝土质量</td><td>8</td><td>桩肩部台阶混凝土</td><td>应平整,不得有碎石露头</td><td></td></tr>
<tr><td>9</td><td>蜂窝麻面</td><td>不允许有蜂窝;麻面少于0.5%表面积</td><td></td></tr>
<tr><td>10</td><td>裂缝、掉角</td><td>不允许</td><td></td></tr>
</table>

表5-1-5为采用单振法(振动沉管)或单打法(锤击沉管)工艺时预制桩尖直径、桩管外径和成桩直径的配套选用参考表。

表 5-1-5　单振法或单打法工艺预制桩尖直径、桩管外径和成桩直径的配套选用参考表

预制桩尖直径 d_1/mm	桩管外径 d_e/mm	成桩直径 d/mm
340	273	300
370	325	350
420	377	400
480	426	450
520	480	500

三、振动沉管灌注桩施工

1. 施工流程

(1)振动沉管打桩机就位。将桩管对准桩位中心,把活瓣桩尖合拢(当采用活瓣桩尖时)或将桩管对准预先埋设在桩位上的预制桩尖(当采用钢筋混凝土预制桩尖或封口桩尖时),放松卷扬机钢丝绳,利用桩机和桩管自重,把桩尖竖直地压入土层中一定深度。

(2)振动沉管。以图5-1-2a所示桩机为例,开动振动锤3,同时放松滑轮组2,使桩管逐渐下沉,并开动加压卷扬机,通过加压钢丝绳6对钢管加压。当桩管下沉达到要求后,便停止振动锤的振动。

(3)灌注混凝土。利用混凝土吊斗 8 向桩管内灌入混凝土,尽可能灌满。

(4)当混凝土灌满后,再次开动振动锤和卷扬机。一边振动,一边拔管;在拔管过程中一般都要向桩管内继续加灌混凝土,以满足灌注量的要求。

(5)放钢筋笼或插筋、成桩。振动沉管灌注桩施工工艺如图 5-1-4 所示。

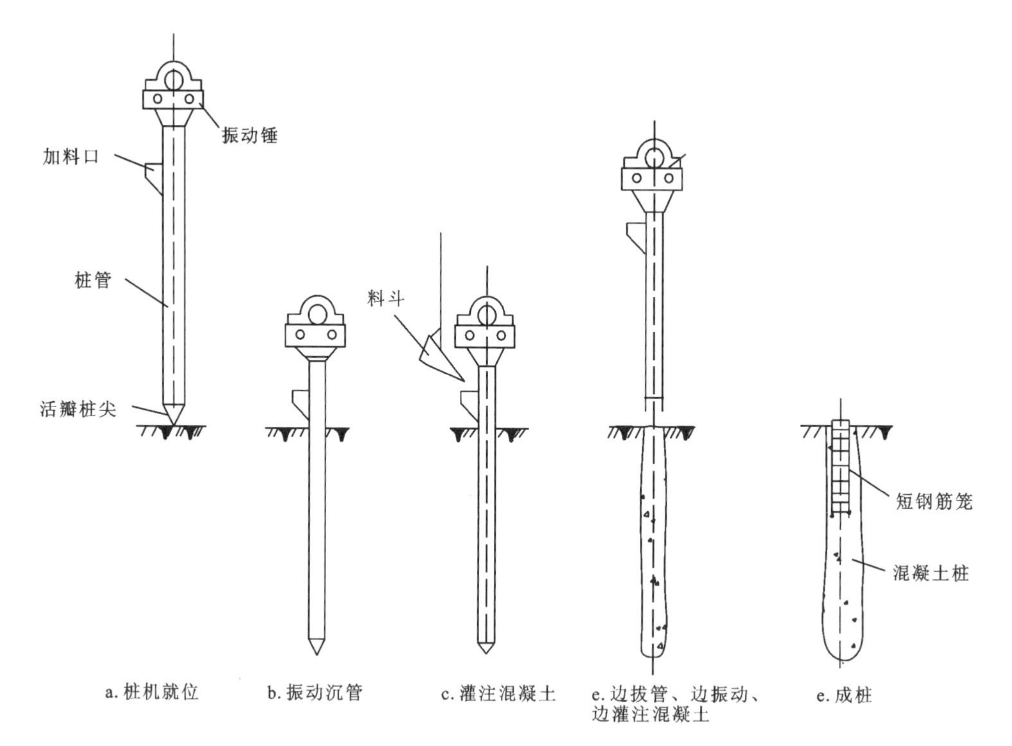

图 5-1-4 振动沉管灌注桩施工工艺

2. 振动沉管灌注桩施工方法

1)沉管原理

在振动锤竖直方向往复振动作用下,桩管也以一定的频率和振幅产生竖向往复振动,减少桩管与周围土体间的摩阻力,当强迫振动频率与土体的自振频率相同时(一般黏性土的自振频率为 600～700min^{-1};砂土的自振频率为 900～1200min^{-1}),土体结构因共振而破坏,在桩管自重和加压作用下桩管沉入土中。

2)单振法施工

单振法适宜在含水量较小的土层中施工,施工时应遵守下列规定。

(1)桩管内灌满混凝土后,先振动 5～10s,再开始拔管。应边振边上拔桩管,每上拔 0.5～1.0m,停拔 5～10s,但保持振动,如此反复,直至桩管全部拔出。

(2)拔管速度在一般土层中以 1.2～1.5m/min 为宜,在软弱土层中应控制在 0.6～0.8m/min。拔管速度,当采用活瓣桩尖时宜慢,当采用混凝土预制桩尖时可适当加快。

(3)在拔管过程中,桩管内应至少保持 2m 以上高度的混凝土,或桩管内的混凝土面不低于地面,可用吊砣探测。桩管内混凝土的高度不足 2m 时要及时补灌,以防混凝土中断,形成桩身缩颈。

(4)要严格控制拔管速度和高度，必要时可采取短停拔(每次拔 0.3～0.5m)、长留振(振动15～20s)的措施，严防缩颈或断桩。

(5)当桩管底端接近地面标高 2～3m 时，拔管应尤其谨慎。

(6)振动沉管时，必须严格控制最后 30s 的电流、电压值，其值按设计要求或根据试桩和当地经验确定。

3)复振法施工

复振法适用于饱和土层。本方法的特点是，对于活瓣桩尖的情况，在单振法施工完成后，再把活瓣桩尖闭合起来，在原桩孔混凝土中第二次下沉桩管，将未初凝的混凝土向四周挤压，然后进行第二次灌注混凝土和振动拔管。复振法能使桩径增大，提高承载力；此外，还可借助于复振法，从活瓣桩尖处将钢筋笼放进桩管内，然后合闭桩尖活瓣，进行第二次沉管和混凝土的灌注。进行一次复振后的桩径约为桩管外径的 1.4 倍。

对于混凝土预制桩尖的情况，当单振法施工完毕拔出桩管后，及时清除黏附在管壁和散落在地面上的泥土，在原桩位上第二次安放桩尖，以后的施工过程与单振法相同。

4)反插法施工

(1)在桩管内灌满混凝土之后，先振动再开始拔管，每次拔管高度 0.5～1.0m，反插深度 0.3～0.5m；在拔管过程中应不断添加混凝土，保持管内混凝土面始终不低于地表面或高于地下水水位 1.0～1.5m 以上，拔管速度应小于 0.5m/min。

(2)在桩端处约 1.5m 范围内，宜多次反插以扩大桩的端部截面。

(3)穿过淤泥夹层时，应适当放慢拔管速度，并减少拔管高度和反插深度。

(4)在流动性淤泥中不宜采用反插法，以免造成桩身夹泥。

(5)桩身配筋段施工时，不宜采用反插法。

3. 振动沉管灌注桩施工注意事项

(1)振动沉管灌注桩宜按桩基施工流水顺序依次向后退打；对于群桩基础，或桩的中心距小于 3.5 倍桩径时应跳打。中间空出的桩应待邻桩混凝土达到设计强度等级的 50%以后方可施打。

(2)混凝土预制桩尖的位置应与设计相符，桩管应垂直套入桩尖，桩管与桩尖的接触处应加垫草绳或麻袋，桩管与桩尖的轴线应重合，桩管内壁应保持干净。

(3)沉管过程中，应经常探测管内有无地下水或泥浆，如发现水或泥浆较多，应拔出桩管检查活瓣桩尖缝隙是否过疏而漏进泥水。如果过疏应加以修理，并用砂回填桩孔后重新沉管；如再发现有少量水时，一般可在沉管前先灌入 0.1m^3 左右的混凝土或砂浆封堵活瓣桩尖缝隙再继续沉入。对于混凝土预制桩尖的情况，当发现桩管内水或泥浆较多时，应拔出桩管，采取措施后重新安放桩尖后再沉管。

(4)振动沉管时，可用收紧钢丝绳加压或加配重，以提高沉管效率。用收紧钢丝绳加压时，应随桩管沉入深度随时调整离合器，防止抬起桩架而发生事故。

(5)必须严格控制最后两个两分钟的贯入速度，其值按设计要求或根据试桩和当地长期的施工经验确定。测量贯入速度时，应使配重及电源电压保持正常。

(6)沉管灌注桩桩身混凝土的强度等级不宜低于 C15，应使用 325 号以上的硅酸盐水泥配制，每立方米混凝土的水泥用量不宜少于 350kg。混凝土坍落度：当桩身配筋时宜采用

8～10cm；素混凝土桩宜采用6～8cm。有钢筋时碎石粒径不大于25mm；无钢筋时不大于40mm。

四、锤击沉管灌注桩施工

1.施工流程

(1)锤击沉管打桩机就位。此程序基本同振动沉管灌注桩。在预制桩尖与钢管接口处垫有稻草绳圈或麻绳垫圈，作为缓冲层和止水垫防止地下水进入桩管。

(2)锤击沉管。检查桩管与桩锤、桩架等是否在一条垂直线上，当桩管垂直度偏差不大于0.5%后，即可用桩锤4(图5-1-2b)打击桩管7。先用低锤轻击，观察偏差在允许范围内后，方可正式施打，直到将桩管打入至要求的贯入度或设计标高。

(3)开始灌注混凝土。用吊砣检查桩管内无泥浆或无渗水后，即用料斗9将混凝土通过灌注漏斗6灌入桩管内。

(4)边拔管、边锤击、边继续灌注混凝土。当混凝土灌满桩管后，便可开始拔管。一面拔管，一面锤击；在拔管过程中向桩管内继续加灌混凝土，以满足灌注量的要求。

(5)放钢筋笼，继续灌注混凝土，成桩。

2.锤击沉管灌注桩施工特点

(1)利用桩锤将桩管和预制桩尖打入土中，其对土的作用机理与用锤击法沉入闭口钢管桩相似。

(2)在拔管过程中，要保持对桩管进行连续低锤密击，使钢管不断得到冲击振动，从而振实混凝土。锤击沉管灌注桩的施工方法一般有单打法和复打法，类似于振动沉管桩的单振法和复振法。

3.锤击沉管灌注桩施工注意事项

1)锤击沉管施工应遵守下列规定

(1)施工顺序及预制桩尖与桩管就位要求同振动沉管灌注桩。

(2)锤击不得偏心。采用预制桩尖时，在锤击过程中应检查桩尖有无损坏，当遇桩尖损坏或遇地下障碍物时，应将桩管拔出，待处理后，方可继续施工。

(3)在沉管过程中，如水或泥浆有可能进入桩管时，应先在管内灌入高1.5m左右的混凝土拌和物封底，方可开始沉管。

(4)沉管全过程必须有专职记录员做好施工记录。每根桩的施工记录均应包括总锤击数、每米沉管的锤击数和最后1m的锤击数。

(5)必须严格控制最后3阵(每阵10锤)的贯入度，其值可按设计要求，或根据试桩和当地长期的施工经验确定。

(6)测量沉管的贯入度应在下列条件下进行：桩尖未破坏；锤击无偏心；锤的落距符合规定；桩帽和弹性垫层正常；用汽锤时，蒸汽压力应符合规定。

2)拔管和灌注混凝土应遵守下列规定

(1)沉管至设计标高后，应立即灌注混凝土，尽量减少间歇时间。

(2)灌注混凝土之前，必须检查桩管内有无吞桩尖或进泥、进水。

(3)用相对较长的桩管打相对较短的桩时，混凝土应尽量一次灌足；打相对较长的桩时，第一次灌入桩管内的混凝土应尽量灌满；当桩身配有不到孔底的钢筋笼时，第一次混凝土应先灌至笼底标高，然后放置钢筋笼，再灌混凝土至桩顶标高。

(4)第一次拔管高度应控制在能容纳第二次所需要灌入的混凝土量为限，不宜拔得过高，应保证桩管内保持不少于 2m 高度的混凝土；在拔管过程中应设专人用测锤或浮标检查管内混凝土面的下降情况。

(5)拔管速度要均匀，对一般土层以 1m/min 为宜；在软弱土层及软硬土层交界处宜控制在 0.3～0.8m/min。

(6)采用倒打拔管的打击次数，单作用汽锤不得少于 50 次/min，自由落锤轻击(小落距锤击)不得少于 40 次/min；在管底未拔至桩顶设计标高之前，倒打或轻击不得中断。

(7)灌入桩管的混凝土，从拌制开始到最后拔管结束为止，不应超过混凝土的初凝时间。

3)停止锤击沉管的控制原则

(1)桩端位于一般土层时，以控制桩端设计标高为主，贯入度可作参考。

(2)桩端达到坚硬和硬塑的黏性土、粉土、中密以上砂土、碎石类土以及风化岩时，以贯入度控制为主，桩端标高作参考。

4)复打法施工

锤击沉管灌注桩的复打法的原则、方法和规定与振动沉管灌注桩的复振法相同。

第二节　沉管夯扩灌注桩

一、概述

沉管夯扩灌注桩(简称夯扩桩)是在锤击沉管灌注桩的机械设备与施工方法的基础上加以改进，增加一根内夯管，采用夯扩的方式将桩端现浇混凝土扩大成桩端扩大头的一种桩型。沉管夯扩灌注桩通过增大桩端截面积和挤密地基土，使桩的承载力有较大幅度的提高；同时桩身混凝土在柴油锤和内夯管的压力作用下成形，使桩身直径和桩身混凝土的密实度得以保证。大量工程实践证明：夯扩桩具有施工技术可靠、工艺科学、无泥浆污染和工程造价低等优点。夯扩桩最早于 20 世纪 80 年代初由浙江省有关单位研制成功，后在浙江、江苏、山东、湖北、陕西等省得到广泛应用，前景广阔。

二、夯扩桩的设计计算

1. 夯扩桩单桩承载力的计算

夯扩桩单桩承载力特征值按下式计算：

$$R_a = Q_{uk}/K \tag{5-2-1}$$

式中：R_a 为单桩竖向承载力特征值(kN)；K 为安全系数，一般取 2；Q_{uk} 为试桩确定的单桩竖向极限承载力标准值(kN)。

设计等级为甲级、乙级的夯扩基桩，应采用静载荷试验确定其单桩竖向极限承载力标准值，每栋建(构)筑物同一类型桩的试桩根数不少于3根，现场静载荷试验方法和基桩抗压极限承载力标准值 Q_{uk} 的取值可按《建筑基桩检测技术规范》(JGJ 106—2014)的有关规定进行。

设计等级为丙级的夯扩基桩，可参考地质条件相近的试桩资料，结合静力触探、标准贯入试验等原位测试成果，用经验公式估算基桩极限承载力标准值。

$$Q_{uk}=Q_{sk}+Q_{pk}=u\sum_{i=1}^{n}q_{sik}l_i+\beta q_{pk}A_p \tag{5-2-2}$$

式中：Q_{sk} 为单桩总极限侧阻力标准值(kN)；Q_{pk} 为单桩总极限端阻力标准值(kN)；u 为桩身横截面周长(m)；q_{sik} 为桩周第 i 层土的极限侧阻力标准值(kPa)，可按表5-2-1选用；q_{pk} 为桩端土极限端阻力标准值(kPa)，可按表5-2-2选用；l_i 为桩身所穿越的第 i 层土的厚度(m)，扩大头以上 $2d$(d 为桩身直径)长度范围内不计侧阻力；$A_P=(\pi D^2/4)$ 为桩端扩大头横截面面积(m^2)，其中 D 为桩端扩大头直径(m)；β 为端阻力调整系数，对于黏性土，水下取0.9，水上取1.1，砂土取1.3，碎石土取1.4。

表5-2-1 夯扩桩桩侧土极限侧阻力标准值

土的名称	土的状态		q_{sik}/kPa
填土	—	—	22～30
淤泥	—	—	14～20
淤泥质土			22～30
黏性土	流塑	$I_L>1$	24～40
	软塑	$0.75<I_L\leqslant 1$	40～55
	可塑	$0.50<I_L\leqslant 0.75$	55～70
	硬可塑	$0.25<I_L\leqslant 0.50$	70～86
	硬塑	$0<I_L\leqslant 0.25$	86～98
	坚硬	$I_L\leqslant 0$	98～105
粉土	稍密	$e>0.9$	26～46
	中密	$0.75\leqslant e\leqslant 0.9$	46～66
	密实	$e<0.75$	66～88
粉细砂	稍密	$10<N\leqslant 15$	24～48
	中密	$15<N\leqslant 30$	48～66
	密实	$N>30$	66～88
中砂	中密	$15<N\leqslant 30$	54～74
	密实	$N>30$	74～95
粗砂	中密	$15<N\leqslant 30$	74～95
	密实	$N>30$	95～116
砾砂	稍密	$5<N_{63.5}\leqslant 15$	70～110
	中密(密实)	$N_{63.5}>15$	116～138

续表 5-2-1

土的名称	土的状态		q_{sik}/kPa
圆砾、角砾	中密、密实	$N_{63.5}>10$	160～200
碎石、卵石	中密、密实	$N_{63.5}>10$	200～300
全风化软质岩	—	$30<N\leqslant 50$	100～120
全风化硬质岩	—	$30<N\leqslant 50$	140～160
强风化软质岩	—	$N_{63.5}>10$	160～240
强风化硬质岩	—	$N_{63.5}>10$	220～300

注：①表中填土是指堆填年限超过 10 年的素填土；

②对非自重湿陷性黄土应换算为饱和状态取其侧阻力；

③对自重湿陷性黄土场地应按《湿陷性黄土地区建筑规范》(GB 50025—2018)选取桩侧平均负摩阻力。

表 5-2-2 夯扩桩桩端土极限端阻力标准值 单位：kPa

土的名称	土的状态		桩长 l/m		
			$l\leqslant 9$	$9<l\leqslant 16$	$16<l\leqslant 25$
黏性土	软塑	$0.75<I_L\leqslant 1$	210～850	650～1400	1200～1800
	可塑	$0.50<I_L\leqslant 0.75$	850～1700	1400～2200	1900～2800
	硬可塑	$0.25<I_L\leqslant 0.50$	1500～2300	2300～3300	2700～3600
	硬塑	$0<I_L\leqslant 0.25$	2500～3800	3800～5500	5500～6000
粉土	中密	$0.75\leqslant e\leqslant 0.9$	950～1700	1400～2100	1900～2700
	密实	$e<0.75$	1500～2600	2100～3000	2700～3600
粉砂	稍密	$10<N\leqslant 15$	1000～1600	1500～2300	1900～2700
	中密、密实	$N>15$	1400～2200	2100～3000	3000～4500
细砂	中密、密实	$N>15$	2500～4000	3600～5000	4400～6000
中砂			4000～6000	5500～7000	6500～8000
粗砂			5700～7500	7500～8500	8500～10 000
砾砂	中密、密实	$N>15$	6000～9500		9000～10 500
角砾、圆砾		$N_{63.5}>10$	7000～10 000		9500～11 500
碎石、卵石		$N_{63.5}>10$	8000～11 000		10 500～13 000
强风化软质岩		$N_{63.5}>10$	6000～9000		
强风化硬质岩		$N_{63.5}>10$	7000～11 000		

注：①砂土和碎石土除考虑土的密实度外，宜综合考虑桩端进入持力层的深径比 h_d/d，其越大取值越高；

②N 为标准贯入锤击数，$N_{63.5}$ 为动力触探修正击数；

③当有工程经验时，表中数值可适当提高。

2. 夯扩桩桩端扩大头直径的计算

从经验公式(5-2-2)可知,在地层条件一定的情况下,夯扩桩单桩承载力主要取决于扩大头直径的大小,因此正确估算扩大头直径是夯扩桩设计中的重要内容。

根据不同的地层条件,夯击所形成的扩大头可能为腰鼓状、草垛状、纺锤状和球台状等。扩大头直径 D 是确定单桩承载力的重要参数,D 的大小与管内投料高度 H、外管上拔高度 h、夯击终止高度 c 以及夯扩次数有关,也与扩大头所处土层性质有关。为安全起见,可将扩大头理想化为一高为 h 的圆柱体,其圆柱体直径 D 即为扩大头直径。扩大头形成过程示意如图5-2-1所示,扩大头直径计算简图如图5-2-2所示。一次夯扩时,设混凝土在外管内投料高为 H_1,外管内径为 d_0,则一次投入的混凝土体积为

$$V_1=H_1\frac{\pi}{4}d_0^2 \tag{5-2-3}$$

经夯扩后,体积为 V_1 的混凝土等量转换为以拔管高度 h_1 为长度,以扩大头直径 D_1 为直径的圆柱体体积,即

$$V_1=h_1\frac{\pi}{4}D_1^2-(h_1-c_1)\frac{\pi}{4}d_0^2 \tag{5-2-4}$$

将式(5-2-3)代入式(5-2-4)并简化,得

$$D_1=d_0\sqrt{\frac{H_1+h_1-c_1}{h_1}} \tag{5-2-5}$$

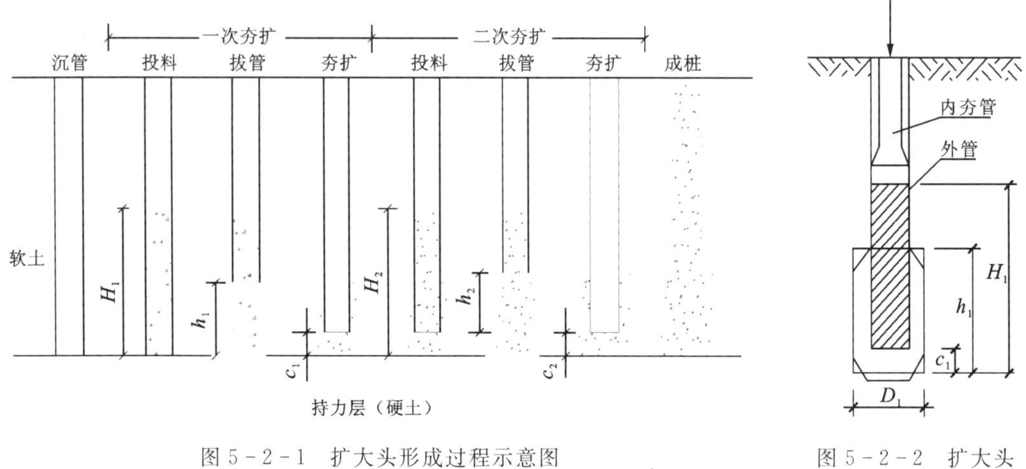

图5-2-1 扩大头形成过程示意图

图5-2-2 扩大头直径计算图

在实际施工中,由于管内混凝土经夯扩后有一定程度的挤密,且少部分混凝土可能向管底地基土中夯出,所以混凝土体积在等量转换过程中有一定折减,故在式(5-2-5)中需引入一个扩大头直径计算修正系数 α,该值一般小于1,于是式(5-2-5)应改写为

$$D_1=\alpha d_0\sqrt{\frac{H_1+h_1-c_1}{h_1}} \tag{5-2-6}$$

用同样的方法可推导出二次夯扩的扩大头直径计算公式:

$$D_2 = \alpha d_0 \sqrt{\frac{H_1 + H_2 + h_2 - c_2}{h_2}} \tag{5-2-7}$$

式中：D_1、D_2 分别为一次、二次夯扩时扩大头计算直径(m)；α 为扩大头直径计算修正系数，可按表 5-2-3 采用；d_0 为外管内径(m)；H_1、H_2 为分别为一次、二次夯扩时外管中混凝土的填料高度(m)，一般取 1.5～4.0m；h_1、h_2 为分别为一次、二次夯扩时外管上拔高度(m)，一般为 H_1 或 H_2 的 0.4～0.5 倍；c_1、c_2 为分别为一次、二次夯扩时外管下沉底端至设计桩底标高之间的距离(m)，一般取值 0.2m。

表 5-2-3 夯扩桩扩大头直径计算修正系数

持力层岩土类别	桩端土比贯入阻力 p_{s0}/MPa	每次夯扩投料高度/m	一次夯扩扩大头直径计算修正系数 α
黏性土	≤2.0	3.0～4.0	1.00
	2.0～3.0	2.5～3.0	0.98
	3.0～4.0	2.0～2.5	0.94
	>4.0	1.5～2.0	0.90
粉土	2.0～3.0	3.5～4.0	1.00
	3.0～4.0	3.0～3.5	0.98
	4.0～5.0	2.5～3.0	0.96
	>5.0	2.0～2.5	0.91
砂土	≤5.0	3.0～3.5	0.98
	5.0～7.0	2.5～3.0	0.96
	7.0～10.0	2.0～2.5	0.92
	>10.0	1.5～2.0	0.89

注：二次夯扩的扩大头直径计算修正系数可在表列数据基础上乘以 0.9。

3. 夯扩桩其他参数的设计计算

(1)桩身直径。夯扩桩桩身直径等于夯扩外管外径，目前一般使用的外管外径为 ϕ325mm、ϕ377mm、ϕ426mm，其中以 ϕ377mm、ϕ426mm 使用较多，必要时也可使用大于 ϕ426mm的桩径，目前最大桩径为 ϕ530mm。与 ϕ325mm、ϕ377mm、ϕ426mm 外管配套的内管分别为 ϕ219mm、ϕ247mm、ϕ273mm。

(2)桩的长径比及中心距。桩的长径比一般不宜超过 50，当穿越深厚淤泥质土时不宜超过 40；桩的中心距一般不小于 3.5d(d 为桩身设计直径)，当穿越饱和软土时不小于 4d。桩的中心距还应大于或等于扩大头直径的 2 倍。

(3)桩端进入持力层的深度。夯扩桩是一种以桩端扩大头支撑力为主、桩身侧摩阻力为辅的灌注桩。故夯扩桩对地基的要求，是在一定深度范围内存在有一定厚度相对好的持力层。持力层可以是稍密—密实的砂土与粉土、可塑—硬塑状态黏性土及砂土与黏性土交互层。持力层埋深不宜超过 20m，其厚度在桩端以下不宜小于扩大头直径的 3 倍。

夯扩桩施工技术的最大特点是桩端形成扩大头。如何合理确定桩端进入持力层的深度，以形成尽量大的扩大头是夯扩桩设计与施工应考虑的重要问题。桩端进入持力层的深度应根据持力层的性质、沉管与夯扩的可能性等因素确定，并不是越大越好。工程对比试验表明，在相同持力层中，有时桩端进入持力层深度较深的单桩承载力反而比进入持力层较浅的单桩承载力低，其原因是进入持力层深度过大反而不利于扩大头的形成，同时还可能造成机器的损坏。因此，桩端进入持力层中的深度以 1～3 倍桩径为宜，对较密实的砂土与硬塑黏性土宜取小值，对校松散的砂土与可塑状态黏性土则可取较大值。

(4)夯扩次数。夯扩扩大头时，可选用一次或二次夯扩，必要时也可采用三次夯扩。从理论上讲，设法增加夯扩次数能增大扩大头直径。但实践中桩端的扩大是有限的，夯扩次数也不可能很多。目前，夯扩桩工程多数采用二次夯扩，少数采用一次或三次夯扩。

(5)夯扩桩桩位的平面布置原则与布置方式。排列基桩，宜使桩群形心与长期荷载重心重合；墙下桩基可沿墙的轴线采用单排或双排布桩，在墙的转角及纵横墙交接处一般应设置桩；对柱下桩基，当承受中心荷载时，可采用等桩距的行列式或梅花式布置；当承受偏心荷载时，可采用不等桩距布置。

(6)桩身构造设计。夯扩桩的桩身构造设计包括桩身混凝土强度与桩身配筋两部分。

桩身混凝土强度等级要求不低于 C25。

桩身配筋应按下列要求进行：①夯扩桩的桩身配筋是按加强构造筋的要求考虑，钢筋笼的长度一般不小于桩长的 1/3 且不小于 3.5m，但在某些特殊情况下应加强配筋：一是承受抗拔力的桩应采用通长配筋；二是桩身范围内有厚层淤泥时，配筋长度应不小于承台下淤泥土层底面深度。②主筋一般采用 6 根 ϕ 12mm～14mm 的圆钢；箍筋采用 ϕ 6mm 的钢筋，用螺距 200～300mm 的螺旋绕扎；当钢筋笼长度超过 4m 时，每隔 2m 左右设一道 ϕ 8mm～12mm 的焊接加劲箍筋。③主筋保护层厚不小于 35mm，主筋伸入承台内的锚固长度应不小于其直径的 30 倍。

三、夯扩桩施工

1. 夯扩桩施工设备

夯扩桩施工设备是由沉管灌注桩施工设备改装而成，如图 5－2－3 所示，主要由机架、柴油锤、内外夯管、行走机构等部分组成。

机架有井式、门式和桅杆式等型式。桩锤一般采用柴油锤，柴油锤又有导杆式和筒式之分。导杆式柴油锤主要技术参数见表 5－2－4，行走机构一般为走管式，少数为轨道式和履带式。

夯扩桩机具与沉管灌注桩机具的最大区别是在外桩管的基础上增加了一根内夯管。内夯管在夯扩桩施工中起主导作用：①作为夯锤的一部分在柴油锤的锤击作用下将内外管同步沉入地基土中；②在夯扩工序时将外管内的混凝土夯出管外并在桩端形成扩大头；③在施工桩身时利用内夯管和柴油锤的自身重力将桩身混凝土压出外管并挤密。为满足采用干混凝土封底止淤的要求，内夯管长度应比外桩管短 100～200mm，这个长度范围可根据不同土层条件适当调整，对土层性质较好、地下水水位较低的可取小值，反之则应取大值。

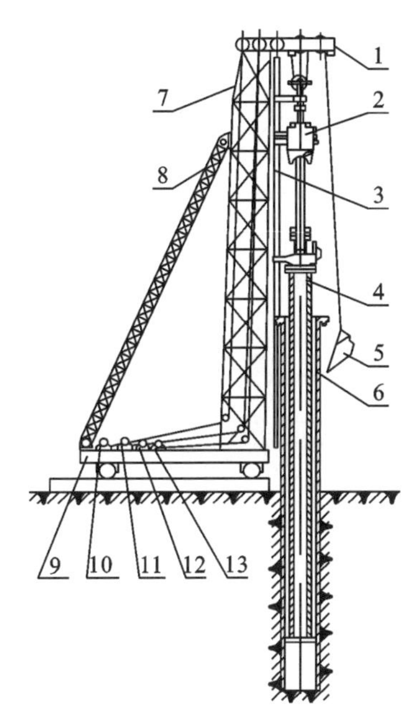

1. 顶部滑轮组；2. 导杆式柴油锤；3. 导向架；4. 内管；5. 料斗；6. 外管；7. 立柱；8. 斜撑；9. 底架；10. 拔桩卷扬；11. 前后移架卷扬；12. 滑轮组卷扬；13. 吊锤吊杆卷扬。

图 5-2-3 夯扩桩机

表 5-2-4　导杆式柴油锤基本参数与尺寸(JG/T 5109—1999)

型号	气缸质量/kg	桩锤质量/kg	最大能量(理论值)/kJ	柴油锤高度/mm	导轨宽度/mm
DD2	250	≤480	≥3	≤2300	240
DD4	400	≤800	≥5.6	≤2300	210
DD6	600	≤1300	≥10.8	≤3400	300
DD12	1200	≤2200	≥25.2	≤4800	300
DD18	1800	≤3200	≥37.8	≤4800	360/330
DD25	2500	≤4200	≥57.5	≤5000	360/330
DD40	4000	≤7200	≥92	≤5600	360/330
DD63	6300	≤11000	≥157.5	≤6100	330/600
DD80	8000	≤14000	≥200	≤6500	600

2. 施工准备

1)夯扩桩基施工前应取得的资料

(1)建筑场地工程地质资料，目的在于施工中能宏观控制整个场地，并针对土层情况的变化，制定相应的技术保证措施。

(2)桩基施工图包括：①建筑场地平面布置图，用于确定建筑物的准确方位，以便测量定位；②建筑物基础与桩位平面布置图，以确定施工桩位；③桩的设计大样详图，以掌握桩长、桩顶标高、钢筋笼制作等要求；④有关的桩基础技术要求，如试桩的组数、位置及要求、承台设计要求等。

(3)建筑场地内和邻近的高压电缆、通信线路、地下管线(管道、电缆等)、地下建构筑物以及危房、精密仪器车间等调查资料。

(4)桩基础施工技术方案和施工组织设计。

(5)试成桩资料及桩静载荷试验资料。

2)施工前应准备下列现场作业条件

(1)现场妨碍施工的地表障碍物和地下埋设物(如地下管线、旧基础等)已排除,有防(隔)震要求的邻近建筑物已采取保护措施。

(2)施工用水、电、道路及临时设施已畅通与就绪。

(3)施工前场地已平整,对影响施工机械进场与操作的松软场地已进行适当处理,并有排水措施。

施工前应按设计要求进行建筑物定位和桩位测放,对建筑物定位应根据规划部门的红线图,由建设单位、规划部门等现场确定测量基准点,桩位测放由施工单位进行,但需得到建设单位、监理单位或其他有关部门的签证认可。基准点应埋设在不受桩基施工及外界扰动影响之处。

施工前必须进行试成桩,数量为1～3根,以便核对勘察资料,检验设备及技术要求是否适宜,试成桩位置选择在紧靠岩土工程勘察钻孔和地层有代表性的部位,试成桩时应详细记录有关夯扩参数及沉管贯入度等参数,以作为施工控制的依据。施工记录表格式参考表5-2-5。夯扩桩施工工艺流程如图5-2-4所示。初期夯扩桩沉管止淤方法是采用钢筋混凝土预制桩尖,后经改进采用干混凝土拌和物止淤方法,其做法是在沉管前于桩位处预先放置高100～200mm的干混凝土拌和物,然后将双管扣在干混凝土拌和物上开始沉管。该干混凝土拌和物在沉管过程中不断吸收地基土中的水分,形成一层致密的混凝土隔水层,其止淤效果很好,且不影响夯管内混凝土拌和物的夯出。但对某些特殊地基条件(如地表存在有成分复杂的杂填土),当沉管与封底有困难时,仍需采用钢筋混凝土预制桩尖的成桩方式。

表5-2-5 夯扩桩施工记录表

工程名称: 施工单位: 桩锤型号:

序号	施工日期	桩号	沉管开始时间/时,分	沉管深度/m	沉管锤击总数/击	最后10击贯入度/mm	最后10击平均落距/m	第一次夯扩				第二次夯扩				桩身投料/m	桩顶标高/m	成桩结束时间/时,分	记录员	备注
								投料/m	拔管/m	沉管/m	锤击/击	投料/m	拔管/m	沉管/m	锤击/击					

工程负责人: 施工负责人: 班长: 施工员: 页数:

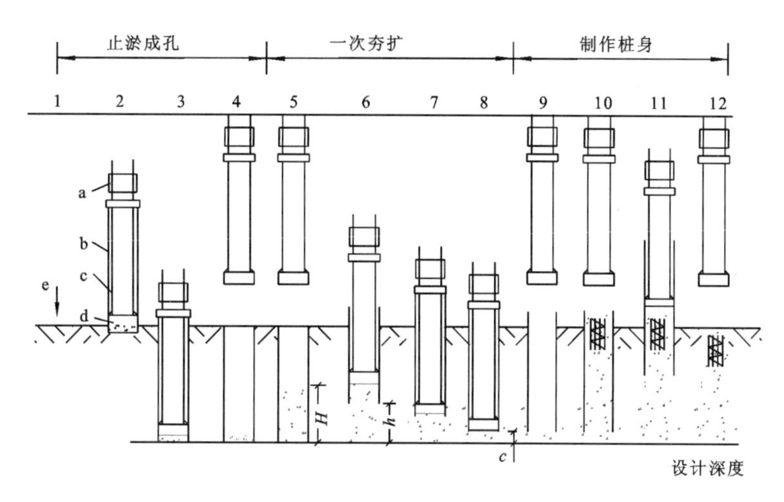

a. 柴油锤；b. 外管；c. 内管；d. 内管底板；e. C20 干混凝土拌和物。

流程：1. 在桩位处按要求放置干混凝土拌和物；2. 将内外管套叠对准桩位；3. 通过柴油锤将双管打入地基土中至设计深度；4. 拔出内夯管；5. 向外管内灌入高度为 H 的混凝土；6. 内管放入外管内压在混凝土面上，并将外管拔起一定高度 h；7. 通过柴油锤与内夯管夯打外管内混凝土；8. 继续夯打外管内混凝土，外管下沉，直至外管底端深度略小于设计桩底深度处（其差值为 c），此过程为一次夯扩，如需第二次夯扩，则重复 4～8 步骤；9. 拔出内夯管；10. 在外管内灌入桩身所需的混凝土，并在上部放入钢筋笼；11. 将内管压在外管内混凝土面上，边压边缓缓起拔外管；12. 将双管同步拔出地表，成桩过程完毕。

图 5-2-4　夯扩桩施工工艺流程图

夯扩桩的桩端入土深度应以设计桩长的桩底标高和锤击贯入度进行双项控制，一般情况均应以贯入度控制为主，以设计标高控制为辅。贯入度的控制指标则是以沉管进入桩端持力层时最后 10 击贯入度为准，具体数据可按试桩施工时的参数确定。

DBJ 61/T 102—2015 规定的夯扩桩成孔施工允许偏差见表 5-2-6，钢筋笼制作偏差见表 5-2-7。

表 5-2-6　夯扩桩成孔施工允许偏差

项目		桩位允许偏差 ≤mm	桩径允许偏差 ≤mm	垂直度允许偏差/%
单桩	d≤500mm	70	−20	1
	d>500mm	100		
复合地基	d≤500mm	100		
	d>500mm	125		
条形基础沿垂直轴线方向的桩和群桩基础中的边桩	d≤500mm	70		
	d>500mm	100		
条形基础沿轴线方向的桩和群桩基础中的中间桩	d≤500mm	125		
	d>500mm	150		

注：桩径允许偏差−20mm 是指个别断面。

表 5-2-7 夯扩桩钢筋笼制作允许偏差

项目	允许偏差/mm	项目	允许偏差/mm
主筋间距	±10	钢筋笼直径	±10
箍筋间距	±20	钢筋笼长度	±100

夯扩桩混凝土的配合比应按设计要求的强度等级(按第四章所述方法)确定。混凝土的坍落度对扩大头部分以 4～6cm 为宜,桩身部分以 10～14cm 为宜。

夯扩桩拔管时应拔外管,并将内夯管连同桩锤压在超灌的混凝土面上(超灌高度为 2～4m),随外管缓慢均匀地上拔,内夯管徐徐下压,直至同步终止于施工要求的桩顶标高以上一定高度,然后将内外管提出地面。拔管的速度应控制在 2～3m/min,在淤泥或淤泥质土地层中应控制在 1～2m/min。

3)施工时施打顺序

(1)可采用横移退打的方式自中间向两侧对称进行或自一侧向另一侧单一方向进行。

(2)根据基础设计标高,按先深后浅的顺序进行。

(3)根据桩的规格,按先大后小,先长后短的顺序进行。

(4)当持力层埋深起伏较大时,宜按深度分区进行施工。

四、夯扩桩质量检测与验收

1. 夯扩桩质量检测

材质检查:对所使用的主要原材料,包括钢筋、水泥、砂、石应作材质检验,各项指标必须符合规定要求,其中钢筋应具有材质证明,水泥应具有出厂质量合格证。

钢筋笼制作与埋设应符合设计要求,钢筋笼的制作偏差按表 5-2-7 执行。钢筋笼的埋设应根据经验,在其顶部预留 50～100mm 的混凝土,以防止钢筋笼弯曲变形。

灌注混凝土时应按要求制作试件,同一配合比混凝土试件每班不得少于一组,混凝土试件的强度应满足现行混凝土强度检验评定标准 GB 50107—2010 的要求,现场施工过程中必须随时检查施工记录,并对照预定的施工工艺进行质量评定。

基坑开挖后应及时检查桩数、桩位及桩头外观质量,如发现有漏桩、桩位偏差过大等质量问题,必须及时采取补救措施。

工程施工结束后,应随机抽样进行桩的动测检验,以检查桩身质量,检测数量应不少于工程桩总数的 10%。

2. 夯扩桩工程验收时应具备的主要资料

(1)桩位测量放线定位图。

(2)施工组织设计或施工方案。

(3)施工材料合格证及检验报告。

(4)混凝土试件试压报告及汇总表。

(5)隐蔽工程验收记录。

(6)施工记录汇总表。

(7)设计变更通知单,事故处理记录及有关文件。

(8)有关的桩质量检测资料(包括试成桩、静荷载试验及动测检验等资料)。

(9)基桩竣工平面图及竣工报告。

竣工报告的主要内容有工程概况与工程地质条件、设计要求及施工技术措施、施工情况及质量检测、基桩质量评价。

第三节 长螺旋钻孔灌注桩

长螺旋钻机的钻杆全部被连续的螺旋叶片所覆盖,就像螺旋输送器一样,被切土屑或是沿叶片斜面向上滑行,或是沿叶片斜面成球状向上滚动,逐渐从螺旋钻机出土槽中排出,成孔速度相当快,因而深受广大用户欢迎。长螺旋钻孔灌注桩是一种传统干作业非挤土钻孔灌注桩施工工艺,其成桩工序为:长螺旋钻机钻孔—空转清孔—提钻—下钢筋笼—灌注混凝土。长螺旋钻孔灌注桩的承载力计算方法按第二章中的干作业钻孔桩计算。

长螺旋钻机按底盘行走方式的不同可分为履带式、步履式和汽车式。螺旋钻机的驱动方式主要有电动与液压传动。

一、长螺旋钻机及钻进参数

1. 长螺旋钻机系列

需要靠长螺旋钻杆将孔底钻头切削下来的钻屑输送到孔口的长螺旋钻进方法适合于地下水水位以上的人工填土、一般黏性土和砂土层。这种螺旋钻机要求的回转速度相对较高,按原建设部行业标准《长螺旋钻孔机》(JG/T 5108—1999),用于长螺旋钻孔灌注桩施工的长螺旋钻机的基本参数见表 5-3-1,长螺旋钻孔机的最大成孔深度一般为 30m 左右。

表 5-3-1 长螺旋钻孔机基本参数与尺寸系列

型号	KL400	KL600	KL800	KL1000
最大成孔直径(主参数)/mm	400	600	800	1000
钻具电动机功率/kW	30～37	37～55	75～90	90～110
额定扭矩/(N·m)	2900～5150	4000～15 300	9100～2 9200	12 500～35 700
钻杆转速/(r·min^{-1})	≤100	≤90	≤80	≤70
导轨中心距/mm	330	330/600	330/600	600
钻具总重量/t	≤4.5	≤5.5	≤7	≤9

2. 长螺旋钻机结构

图 5-3-1 为河北新河新钻有限公司生产的 KLB600 型步履式长螺旋钻机工作状态的示意图。长螺旋钻机只需将动力头、长螺旋钻具及导向装置安装在相应的桩架即可构成。

它主要由底盘(可行走)、桩架、动力头、螺旋钻杆、钻头等构成。

图 5-3-2 为除底盘与桩架外长螺旋钻具总装图。顶部为滑轮组 1,主机上的卷扬机可通过此滑轮组提升螺旋钻具。动力头为如图中 3、4 组成的电动式动力头,它由电动机与减速器构成。动力头通过法兰盘 5 与螺旋钻杆 6 相连。整个螺旋钻机除去悬吊架 2 上有两个卡爪与导向架上的滑道相配合,中间扶正器 7 与下部导向圈 8 也与滑道相连,使螺旋钻机在工作中不会产生过大的晃动。中间扶正器一般用钢丝绳吊在动力头上,随钻进与钻杆同时上下运动。

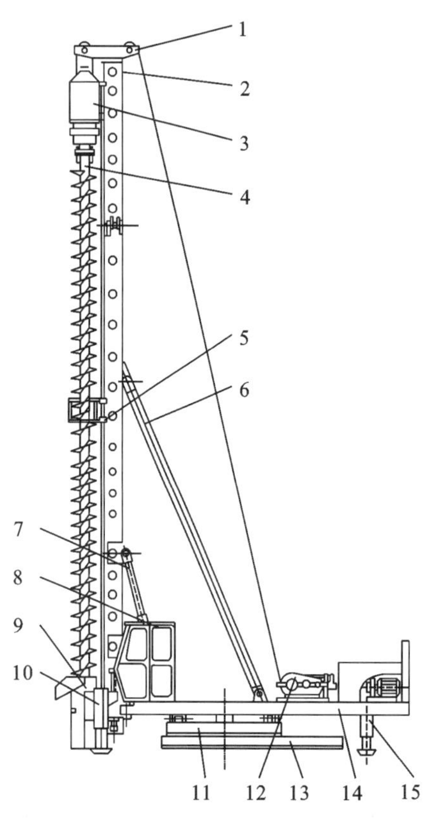

1. 鹅头;2. 臂架;3. 动力装置;4. 螺旋钻杆;5. 扶正器;6. 斜撑;7. 油缸;8. 操纵室;9. 出土筒;10. 前支腿;11. 中盘;12. 卷扬机;13. 履靴;14. 上盘;15. 后支腿。

图 5-3-1 KLB600 型步履式长螺旋钻孔机示意图

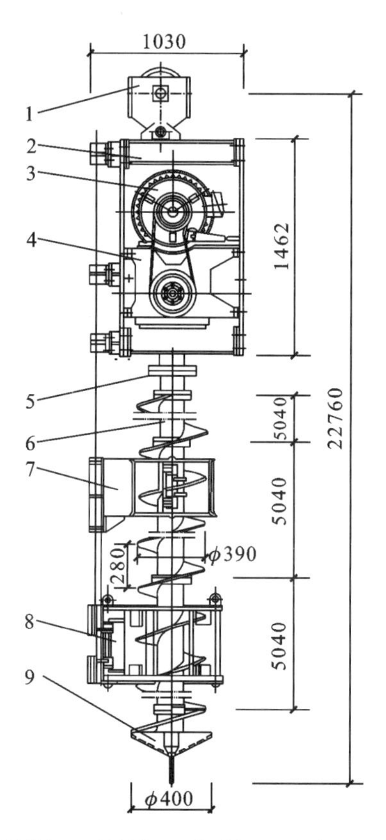

1. 滑轮组;2. 悬吊架;3. 电动机;4. 减速器;5. 连接法兰盘;6. 螺旋钻杆;7. 中间扶正器;8. 下部导向圈;9. 双翼尖底钻头。

图 5-3-2 长螺旋钻具总装图

钻杆的作用有二:一是传递扭矩到钻头;二是输送土屑出孔口。钻杆的中心部分为无缝钢管,外面焊有一定螺距的螺旋叶片,为减少螺旋叶片与孔壁的摩阻力,钻杆的直径要比钻头直径小 20~30mm。螺旋叶片的厚度与螺距根据钻杆强度、土层状况、机械寿命等因素确定。一般螺旋钻的螺距取 0.5~0.7 倍螺旋钻杆的直径,螺旋钻杆直径越大,螺距与叶片直径的比值越小。螺旋面的外倾角应小于钻屑在螺旋面上的摩擦角。

螺旋钻杆一节一般为 2.5~5.0m,每节用法兰盘或六角插套连接。KLB600 型步履式螺旋钻机的钻杆为 2 节,每节长为 6~9m。在钻杆的上部还装有伸缩杆,必要时可拉出伸缩杆来增加钻孔深度。

3. 长螺旋钻参数

长螺旋钻钻进时，其钻屑靠螺旋面输送至地表，参数设计就必须保证这一点。

1）螺旋面倾角 α 和螺距 s

螺距 s 是指相邻两螺旋叶片上对应点之间的轴向距离（图 5－3－3）。螺旋面上不同点的螺旋倾角与螺距及该点所处的半径大小有关，因此螺旋面上不同直径处螺旋面倾角是不同的。如果将螺旋面外侧及内侧的螺旋线展开，则可得到如图 5－3－4 所示的两条展开线。显然内侧和外侧的螺旋倾角 α_d 和 α_D 分别为

$$\alpha_d = \arctan\frac{s}{\pi d} \tag{5-3-1}$$

$$\alpha_D = \arctan\frac{s}{\pi D} \tag{5-3-2}$$

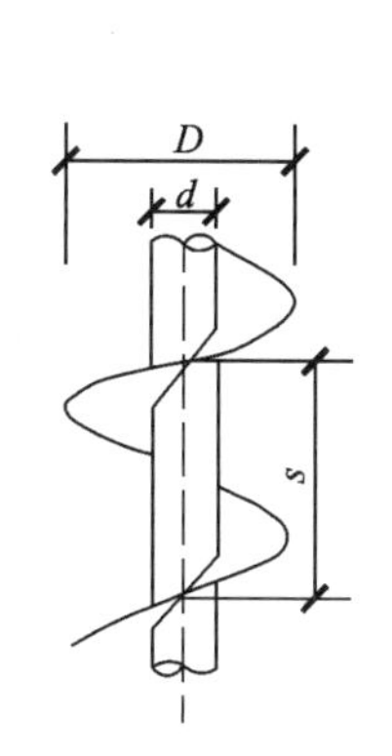

图 5－3－3　螺旋钻杆

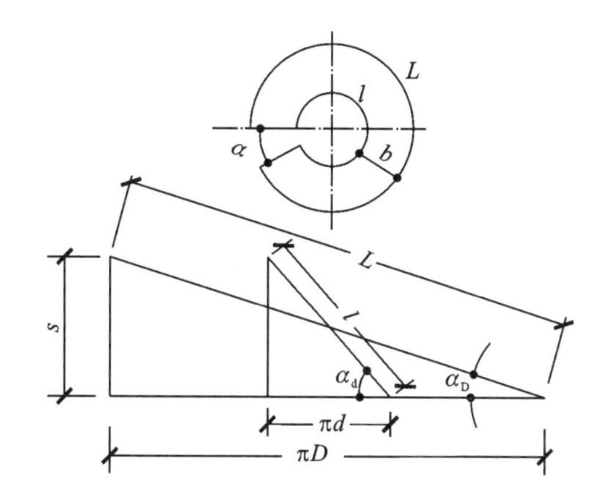

图 5－3－4　螺旋线展开图

在螺旋面上的钻屑，当与螺旋面之间的摩擦角大于螺旋面在该处的螺旋倾角时，它不会因重力作用而滑落下来。

螺旋面上某一点的倾角随该点所处的半径大小不同而不同，半径越小，螺旋倾角越大。在靠近中心钻杆处，由于焊接螺旋面的中心钻杆直径 d 是根据其强度和刚度确定的，一般不会太大，所以此处钻屑与叶片之间的摩擦角常常会小于螺旋倾角，钻屑会因重力作用而下滑。有些螺旋钻具为了减轻这一现象，常把中心钻杆设计得很粗，但这样会导致螺旋通道变小和整个螺旋钻杆重量过大。

实际使用的螺旋钻杆有两个区域：一个区域 $\alpha<\phi$；另一个区域 $\alpha>\phi$，分界处 $\alpha=\phi$（ϕ 为土屑与螺旋叶片之间的摩擦角）。据此，可以求出分界处的直径 D_m：

$$D_m = \frac{s}{\pi\tan\phi} \tag{5-3-3}$$

一般钻屑与叶片之间的摩擦系数 $f(=\tan\phi)$ 可取为 0.3～0.5。对于长螺旋钻，两个区域的分界处可取在螺旋叶片中间，即取分界处直径 $D_m=(D+d)/2$，这样当钻孔直径和钻杆直径确定后，可按式（5－3－3）确定螺距 s。在长螺旋钻具中 D_m 以内的区域 $\alpha>\phi$，这一区域

的钻屑只有依靠钻杆旋转时产生的离心力甩到螺旋叶片外侧才能输送上来，否则只有被随后切削下来的钻屑不断推着向上走，这很容易造成钻屑挤实而堵塞。因此，用长螺旋钻机钻垂直钻孔时，转速是个很关键的参数。长螺旋具一般在钻头部分1～2个螺距设计为双螺旋，其余部分都为单螺旋。

2)转速

这里主要讨论钻铅垂孔的长螺旋钻的转速。

(1)临界转速的概念。转速较低时，钻屑所受的离心力小，钻屑只随螺旋叶片旋转而不相对于螺旋叶片上升。随着钻杆转速的增大，离心力增大，钻屑被甩向孔壁，与孔壁之间有接触压力，钻屑要随叶片一起转动，孔壁对钻屑就会作用有限制钻屑转动的摩擦力，钻杆转速超过某一临界值后，孔壁对钻屑的摩擦力足以使钻屑与螺旋叶片之间产生相对运动，钻屑就会上升，这一转速的临界值称为临界转速。

(2)临界转速的计算。取单颗钻屑为研究对象，当螺旋钻杆以临界转速 n_c(角速度为 ω_c)旋转时，颗粒处于随螺旋叶片一起旋转而不上升的临界状态。此时颗粒在以下几种力的作用下处于"动静法"的平衡状态(忽略哥氏加速度的影响)。

图5-3-5为土块在螺旋叶片上运动时的受力简图，图中 G 为土块重量力，F_1 为土块与叶片之间的摩擦合力，F_2 为土块与孔壁之间的摩擦力。F_1 可用下式表示：

$$F_1 = K \cdot A + f_{sv} N \tag{5-3-4}$$

式中：N 为螺旋叶片对土块的法向反力(kN)；f_{sv} 为土块与叶片之间的摩擦系数，滚动状态时 $f_{sv}=0.2 \sim 0.36$，滑动状态时 $f_{sv}=0.3 \sim 0.51$；K 为黏着力，砂土取 $K=0$，黏性土取 $K=6 \sim 11$kPa；A 为土块与叶片的接触面积(m²)。

钻杆回转时，F_1、F_2 和土块随叶片沿孔壁运动的离心力 F_3 的方向如图5-3-6所示，由水平方向和铅垂方向力的平衡关系可得如下两式

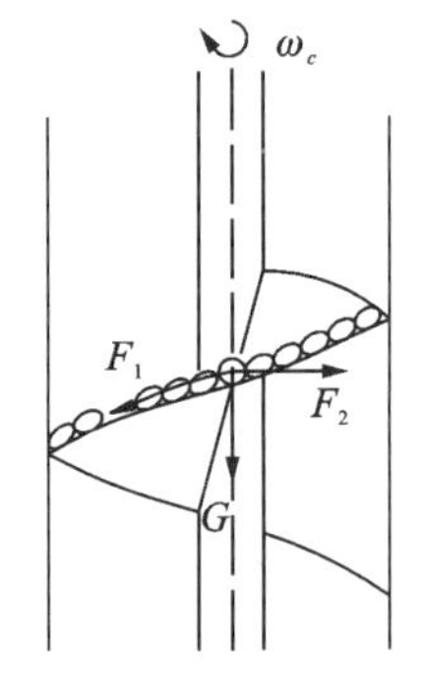

图5-3-5 土块在螺旋叶片上受力简图

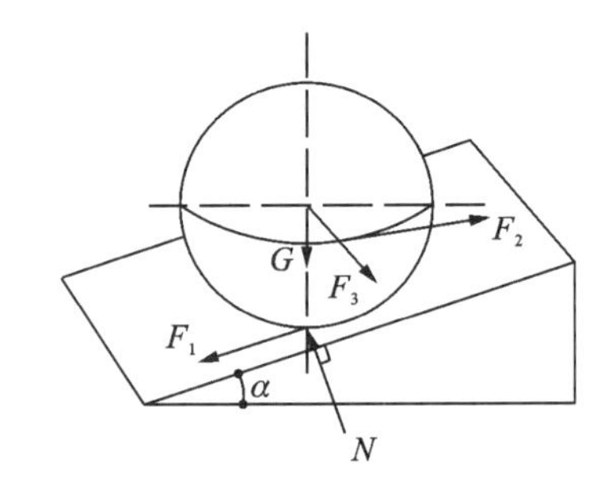

图5-3-6 土与叶片、孔壁摩擦力 F_1、F_2，离心力 F_3

$$F_2 = F_1 \cos\alpha + N \sin\alpha \tag{5-3-5}$$

$$G = N \cos\alpha - F_1 \sin\alpha \tag{5-3-6}$$

式中：α 为螺旋角(°)；N 为螺旋叶片对土块的法向反力(kN)，$N = G\cos\alpha + F_2 \sin\alpha$；$G$ 为土块重力(kN)。

土块所受到的离心力 F_3 可按下式计算：

$$F_3=\frac{G\omega_c^2(R-r)}{g} \tag{5-3-7}$$

式中：R 为桩孔半径(m)；r 为土块半径(m)；ω_c 为钻杆的临界角速度(rad/s)。

土块与孔壁之间的摩擦力 F_2 与土块所受到的离心力 F_3 之间有下述关系：

$$F_2=f_{sw}F_3 \tag{5-3-8}$$

式中：f_{sw} 为土块相对于孔壁的滚动摩擦系数，砂土 $f_{sw}=0.39$，红土 $f_{sw}=0.72$，黏土 $f_{sw}=0.52$。

上述 5 个式子联立求解，可得

$$\omega_c=\sqrt{\frac{g\left(\frac{K}{G}+f_{sv}\cos\alpha+\sin\alpha\right)}{f_{sw}(R-r)(\cos\alpha-f_{sv}\sin\alpha)}} \tag{5-3-9}$$

这就是能使土块沿着螺旋叶片滚动上升的临界钻杆回转角速度。

一般计算时，对于性松土，不考虑黏性系数 K 与土块半径 r，式(5-3-9)可改写成

$$\omega_c=\sqrt{\frac{g(f_{sv}\cos\alpha+\sin\alpha)}{f_{sw}R(\cos\alpha-f_{sv}\sin\alpha)}} \tag{5-3-10}$$

当钻杆回转角速度 ω 大于上式中的 ω_c 时，摩擦力足以阻止土块随着叶片一起转动，土块可沿着孔壁上升。

在实际工作中，可根据土层的具体情况取土块与叶片之间的摩擦系数 $f_{sv}=0.5\sim0.7$，土块与孔壁之间的摩擦系数 $f_{sw}=0.4\sim0.6$ 进行计算，实际的回转角速度应大于式(5-3-9)或式(5-3-10)计算值的 20%～40%，才能保证输土通畅，不堵塞。

3)钻压

长螺旋钻的钻杆柱较重，钻进时孔壁对钻具也有一个向下的力(像木螺钉)，再加上叶片上土的重力，钻压较大，因此长螺旋钻一般是用减压钻进，用卷扬机控制给进速度。

二、螺旋钻具

1. 螺旋钻杆

螺旋叶片焊接到心轴上便制成螺旋钻杆。螺旋叶片一般都是做成标准形式，即螺旋面母线是一垂直于心轴轴线的直线。螺旋钻杆的整个螺旋面是由各单个螺旋叶片螺旋面组成，单个螺旋叶片由厚 4～12mm 的钢板下料成图 5-3-4 所示的带缺口的圆环，然后冲压而成。

下料钢板圆周的周长，可用如下方法确定：

$$L=\sqrt{(\pi D)^2+s^2} \tag{5-3-11}$$

$$l=\sqrt{(\pi d)^2+s^2} \tag{5-3-12}$$

由于螺旋线 L 和 l 在平面上是圆心角相同的两条同心圆弧，若此两圆弧的直径用 D_L 和 d_l，D_L 为螺旋钻杆外径(m)；d_L 为螺旋钻杆芯管外径(m)。则

$$D_L/d_l=L/l \tag{5-3-13}$$

将 $D_L=2b+d_l$，$b=(D_l-d_l)/2$ 代入式(5-3-13)并整理，得

$$d_l=2bl/(L-l) \tag{5-3-14}$$

$$D_L = d_l \times L/l \quad (5-3-15)$$

根据 D_L 和 d_l 的大小进行下料，然后再根据圆心角 α 切开，冲压成单个叶片，α 角的大小为

$$\alpha = \frac{\pi D_L - L}{\pi D_L} \times 360° \quad (5-3-16)$$

螺旋钻杆外径 D 与钻孔直径之间有表 5-3-2 所示的匹配关系。

表 5-3-2 螺旋钻杆外径与钻孔直径的匹配关系

钻孔直径/mm	300	400	500	600	700	800	900
钻杆外径 D/mm	296	396	495	594	693	792	990

螺旋钻钻杆一般都是右旋。长螺旋靠近钻头部分为双线，其余为单线。

螺旋钻杆的连接方式有法兰盘式和插接式。法兰盘式连接方式靠连接螺栓传递轴向力和回转力矩。插接式即采用不同截面形状的公母接头（三角形、四方、六方等）插接后再穿销，靠接触面传递转矩，以销轴传递轴向拉力。插接式螺旋钻杆结构如图 5-3-7 所示。

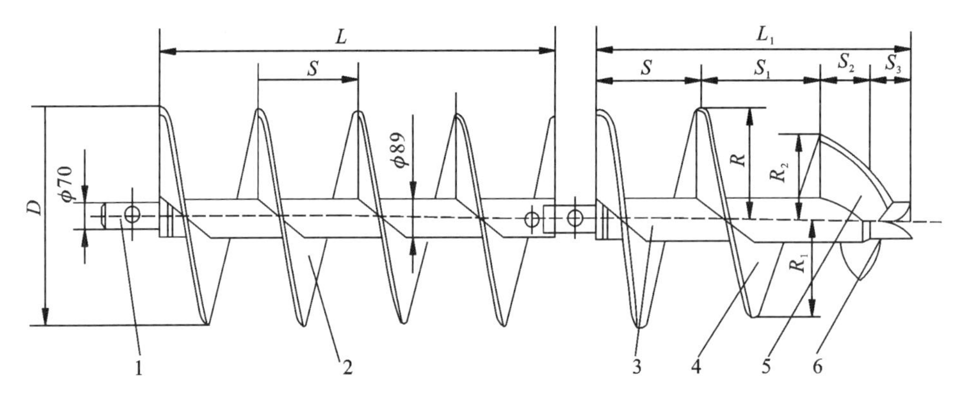

1. 连接心轴；2. 等径螺旋叶片；3. 钻头芯管；4. 变径螺旋叶片；5. 切削翼板；6. 前导钻头。

图 5-3-7 插接式螺旋钻杆结构示意图

2. 钻头

（1）平底钻头如图 5-3-8a 所示，由芯管、螺旋带、平刀与中心尖刀、接头（图中未画出）组成，钻头的平刀长度（即钻头直径）应比螺旋叶片外径大 10～20mm，该钻头适用于一般的土层。

（2）锥底钻头如图 5-3-8b 所示，由接头、芯管、引导螺旋叶片和主螺旋叶片组成。该钻头适合于在杂填土、风化岩层和软岩中钻进。

（3）耙式钻头如图 5-3-8c 所示，由芯管、螺旋带、中心尖刀、切削刀齿等组成。该钻头适用于含有大量砖头、瓦块的杂填土层。在该钻头的切削刀齿上镶焊硬质合金后，还可用于软岩层钻进。

（4）筒式钻头如图 5-3-8d 所示，适用于钻混凝土块、条石等障碍物，每次钻取厚度应小于筒身高度，钻进时应适当加水冷却。

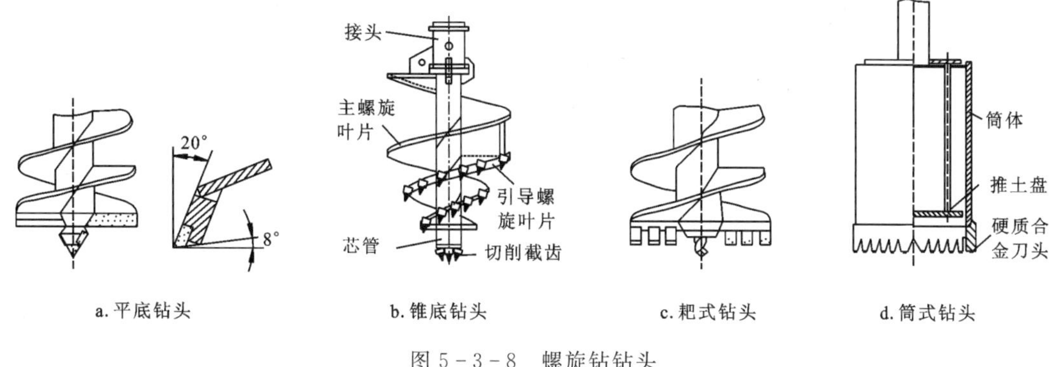

图 5-3-8　螺旋钻钻头

三、长螺旋钻孔灌注桩施工工艺

1. 成孔与成桩工艺流程

(1)成孔工艺流程：钻机就位—边钻孔边出土—孔底虚土清理—提钻—成孔质量检查—孔口盖板—钻机移位。

(2)浇筑混凝土工艺流程：移开盖板，复测孔深、垂直度等—下放钢筋笼—放混凝土溜筒—浇筑桩身混凝土(边浇边振捣)。

2. 成孔工艺

钻机就位时必须保证平稳不发生倾斜和位移，为了保证和控制钻进深度，必须在机架上设有控制深度的标尺，以便在施工中进行观测和记录。

(1)长螺旋钻机成孔速度的快慢主要取决于输土是否通畅，因此开钻前应根据地质条件配用适当转速的钻机。

螺旋钻机转速如果过低，钻屑就不能顺着孔壁滚动着自动上升，而是沿叶片向上推移，很容易推挤在一起形成“土塞”，这将大大地降低工作效率。因此，必须按式(5-3-9)或式(5-3-10)预先核对所选用钻机的转速是否合适。

在正常钻进时，钻进速度可取每转钻进 10~30mm，不要急于求成。钻进中卷扬机的钢丝绳应稍微带着些劲，不要完全放松让钻头自由下钻，随时注意出土的情况，并以此决定下钻的快慢。在排土不太通畅时，可略提起螺旋钻杆，使被挤土逐渐松动而排出。总之，长螺旋钻进宜采用高转速、低转矩、少进刀的工艺原则，让螺旋叶片间有较大的空隙，就可达到排土通畅、成孔速度快、效率高的效果。

(2)螺旋钻进应注意防止钻孔偏斜，开孔前应平整施工场地，调平钻机，使钻机回转轴线垂直；严格检查钻杆的垂直度和钻杆接头的同轴度，不使用弯曲的钻杆和偏心的接头；长螺旋钻具回转时，坚持带导向套作业，以防止钻杆中部弯曲；开始钻进或穿过软硬土层交界处时，应保证钻杆垂直，缓慢进尺；在含砖头、瓦块的杂填土层或含水量较大的软塑性土中钻进时，应尽量减少钻杆晃动，以免扩大孔径。

(3)当钻孔到要求深度时，一般应在原处空转清土(清除孔底和叶片上的土)，然后停止回转，提升钻杆。如孔底虚土超过允许厚度，应使用掏土工具掏除或用夯实工具夯实孔底。

钻孔深度一般用测深绳测量，孔底虚土厚度等于钻杆的实际钻深减测深绳测得的孔深，孔底虚土的厚度一般不超过 10cm。

3. 混凝土灌注工艺

移走孔口盖板，再次复测孔深、孔径、钻孔垂直度及孔底虚土厚度，符合质量标准后方可进入灌注混凝土环节。

(1)吊放钢筋笼。钢筋笼吊放入钻孔前需在钢筋笼四周绑好砂浆垫块，确保钢筋笼位于钻孔中心；吊放钢筋笼时，要对准孔位，吊直扶稳，缓慢下放，避免碰撞孔壁。钢筋笼下放到设计位置时，应立即固定；当有两段钢筋笼连接时，应采用焊接法连接。

(2)下放溜筒浇筑混凝土。在下放溜筒前应再次检查和测量钻孔内虚土厚度。浇筑混凝土时应连续进行，分层振捣密实，分层厚度以振捣工具而定，一般不得大于 1.5m，混凝土浇筑到桩顶时应适当超过桩顶设计标高，以保证将来凿除桩顶以上浮浆后，桩顶标高处的混凝土符合质量要求。混凝土的坍落度一般控制在 8－10cm，浇筑混凝土过程中每个班组需留不少于 1 组(3 块)混凝土试件。

第四节　长螺旋钻孔压注桩

一、概述

长螺旋钻孔压注桩是一种新的灌注桩施工方法，该方法施工工艺为：长螺旋钻机就位—启动钻机钻孔至预定标高—混凝土泵将搅拌好的混凝土通过螺旋钻杆芯管压至钻头底端—边压混凝土边拔螺旋钻杆直至形成素混凝土桩—将制作好的钢筋笼、钢筋笼导入管和振动锤连接并吊起，移至刚压注的素混凝土桩桩心—启动振动锤，通过导入管将钢筋笼送入桩身混凝土内至设计标高—边振动边拔管将钢筋笼导入管拔出，并使桩身混凝土振捣密实。

长螺旋钻孔压注桩具有下列特点。

(1)长螺旋钻具钻至设计深度后不用提钻，避免了提钻引起的塌孔和孔底形成虚土现象，也可在地下水水位以下的地层中钻进。

(2)一般不需要靠螺旋叶片自动输土，螺旋钻具可以较低的转速工作。

(3)混凝土通过螺旋钻杆的芯管压到钻头底端，混凝土拌和物要有较好的流动性，其坍落度一般要求为 18～22cm，混凝土拌和物对孔壁有一定的挤压作用，不易造成桩身缩颈。

(4)先形成素混凝土桩然后插入钢筋笼，钢筋笼导入管与钢筋笼巧妙连接，将激振力传至钢筋笼底部，通过下拉力有效地将钢筋笼下放至设计标高。

(5)钢筋笼导入管的振动，使桩身混凝土密实，桩身混凝土质量更有保证。

(6)该方法施工的灌注桩具有施工便捷、无泥浆或水泥浆污染、噪声小、效率高、成本低和成桩质量稳定等特点，既可作为承受竖向力为主的基桩又可作为承受水平力为主的基坑支护桩。

二、长螺旋钻孔压注桩的设计计算

1. 钻孔压注桩单桩抗压承载力特征值应按下式计算

$$R_a = Q_{uk}/K \tag{5-4-1}$$

式中：Q_{uk}为单桩抗压极限承载力标准值(kN)；K 为安全系数，取 $K=2$。

2. 单桩抗压极限承载力标准值的确定

设计等级为甲级、乙级的建筑桩基，应通过单桩静载荷试验确定。

设计等级为乙级的建筑桩基，当地质条件简单时，可根据地质条件相同的试桩资料，结合静力触探等原位测试成果和经验参数综合确定；其他应通过单桩静载荷试验确定。

设计等级为丙级的建筑桩基，可根据岩土工程勘察报告提供的参数通过计算确定。

当根据土的物理力学指标和承载力参数之间的经验关系估算抗压承载力时，单桩抗压极限承载力标准值可按下式计算：

$$Q_{uk} = u\sum_{i=1}^{n} q_{sik} l_i + q_{pk} A_P \tag{5-4-2}$$

式中：q_{sik}为桩侧第 i 层土的极限侧阻力标准值(kPa)，宜根据试验资料和当地工程经验确定，当缺乏试验资料时可按表 5-4-1 确定；q_{pk}为桩端土极限端阻力标准值(kPa)，宜根据试验资料和当地工程经验确定，当缺乏试验资料时可按表 5-4-2 确定；A_P 为桩端截面面积(m^2)；u 为桩身横截面周长(m)；l_i 为桩周第 i 层土的厚度(m)。

表 5-4-1　长螺旋钻孔压注桩的极限侧阻力标准值

土的名称	土的状态		q_{sik}/kPa
黏性土	流塑	$I_L>1$	21～39
	软塑	$0.75<I_L\leqslant1$	38～55
	可塑	$0.50<I_L\leqslant0.75$	53～69
	硬可塑	$0.25<I_L\leqslant0.50$	66～86
	硬塑	$0<I_L\leqslant0.25$	82～98
	坚硬	$I_L\leqslant0$	94～109
粉土	稍密	$e>0.9$	24～44
	中密	$0.75\leqslant e\leqslant0.9$	42～65
	密实	$e<0.75$	62～86
粉细砂	稍密	$10<N\leqslant15$	22～48
	中密	$15<N\leqslant30$	46～67
	密实	$N>30$	64～90
中砂	中密	$15<N\leqslant30$	53～76
	密实	$N>30$	72～99
粗砂	中密	$15<N\leqslant30$	76～103
	密实	$N>30$	98～126
砾砂	稍密	$5<N_{63.5}\leqslant15$	60～105
	中密(密实)	$N_{63.5}>15$	112～137

续表 5-4-1

土的名称	土的状态		q_{sik}/kPa
圆砾、角砾	中密、密实	$N_{63.5}>10$	135～158
碎石、卵石	中密、密实	$N_{63.5}>10$	150～179
全风化软质岩	—	$30<N\leqslant 50$	80～105
全风化硬质岩	—	$30<N\leqslant 50$	120～157
强风化软质岩	—	$N_{63.5}>10$	140～231
强风化硬质岩	—	$N_{63.5}>10$	160～273

注：①I_L为液性指数，e为孔隙比；

②N为标准贯入试验锤击数，$N_{63.5}$为动力触探试验锤击数；

③全风化、强风化软质岩和全风化、强风化硬质岩是指其母岩分别为$f_{rk}\leqslant 15$MPa、$f_{rk}\geqslant 30$MPa的岩石。

表 5-4-2 长螺旋钻孔压注桩桩端土极限端阻力标准值 单位：kPa

土的名称	土的状态		桩长 l/m		
			$l\leqslant 9$	$9<l\leqslant 16$	$16<l\leqslant 25$
黏性土	软塑	$0.75<I_L\leqslant 1$	200～420	400～735	700～998
	可塑	$0.50<I_L\leqslant 0.75$	500～735	800～1155	1000～1680
	硬可塑	$0.25<I_L\leqslant 0.50$	850～1155	1500～1785	1700～1995
	硬塑	$0<I_L\leqslant 0.25$	1600～1890	2200～2520	2600～2940
粉土	中密	$0.75\leqslant e\leqslant 0.9$	800～1260	1200～1470	1400～1680
	密实	$e<0.75$	1200～1785	1400～1995	1600～2205
粉砂	稍密	$10<N\leqslant 15$	500～998	1300～1680	1500～1785
	中密、密实	$N>15$	900～1050	1700～1995	
细砂	中密、密实	$N>15$	1200～1680	2000～2520	2400～2835
中砂			1800～2520	2800～3990	3600～4620
粗砂			2900～3780	4000～4830	4600～5460
砾砂	中密、密实	$N>15$	3500～5250		
角砾、圆砾		$N_{63.5}>10$	4000～5775		
碎石、卵石		$N_{63.5}>10$	4500～6825		
全风化软质岩		$30<N\leqslant 50$	1200～2100		
全风化硬质岩		$30<N\leqslant 50$	1400～2520		
强风化软质岩		$N_{63.5}>10$	1600～2730		
强风化硬质岩		$N_{63.5}>10$	2000～3150		

注：①I_L为液性指数，e为孔隙比；

②N为标准贯入试验锤击数，$N_{63.5}$为动力触探试验锤击数，l为桩长；

③全风化、强风化软质岩和全风化、强风化硬质岩是指其母岩分别为$f_{rk}\leqslant 15$MPa、$f_{rk}\geqslant 30$MPa的岩石。

三、长螺旋钻孔压注桩施工

1. 施工设备

长螺旋钻孔压注桩的施工设备主要有：长螺旋钻孔压注桩钻机，电焊机等钢筋笼制作设备，振动锤及钢筋笼导入管，混凝土搅拌机(用商品混凝土时不需要)，混凝土输送泵、高压胶管，汽车吊、铲车等施工配合设备，经纬仪、水准仪等测量仪器。

(1)长螺旋钻孔压注桩钻机。长螺旋钻孔压注桩钻机要求扭矩较大，转速相对较低，常用钻机动力性能参数见表 5-4-3。

表 5-4-3 长螺旋钻孔压注桩常用的长螺旋钻孔压注桩钻机动力性能参数

型号	钻孔直径/mm	钻孔深度/m	主机功率/kW	钻杆转速/(r·min^{-1})	扭矩/(kN·m)
KLB26-600	400～600	26	55×2	21	45
KLB26-800	400～800	26	55×2	21	45
CFG30/32	400～800	30/32	55×2	24.2	44
JZL150	400	40	75×2	17	48.4
GKL800	800	27.5	55×2	21.70	48
YTZ30	400～800	30/22	55×2	21.7	48.4
ZKL800	400～800	16～18	37×2	0～13	48.4
JZB-35	1000	36	75×2		130
JZB-36	1200	38	90×2		150

(2)混凝土输送泵。混凝土输送泵主要参数见表 5-4-4，在这些参数中，钻孔压注桩施工最关心的是泵送量、泵送混凝土骨料粒径和泵送混凝土最大压力。

表 5-4-4 混凝土输送泵主要性能参数

<table>
<tr><th>项目</th><th>单位</th><th colspan="4">数值</th></tr>
<tr><td>理论输送量</td><td>m^3/h</td><td>10、20</td><td>30、40</td><td>50、60、70、80、90</td><td></td></tr>
<tr><td>上料高度</td><td>mm</td><td>1250</td><td>1350</td><td>1450</td><td>1550</td></tr>
<tr><td>泵送混凝土骨料粒径</td><td>m</td><td>≤25</td><td colspan="2">≤40</td><td>≤50</td></tr>
<tr><td>泵送混凝土最大压力</td><td>MPa</td><td colspan="4">4、6、9、12、16</td></tr>
<tr><td>混凝土缸内径</td><td>mm</td><td colspan="4">150、180、(195)、200、(205)、220、230、250、280</td></tr>
</table>

注：新产品不推荐采用带括号的混凝土缸径。

混凝土泵型号由组代号、型代号、特征代号、主参数、更新变型代号组成。

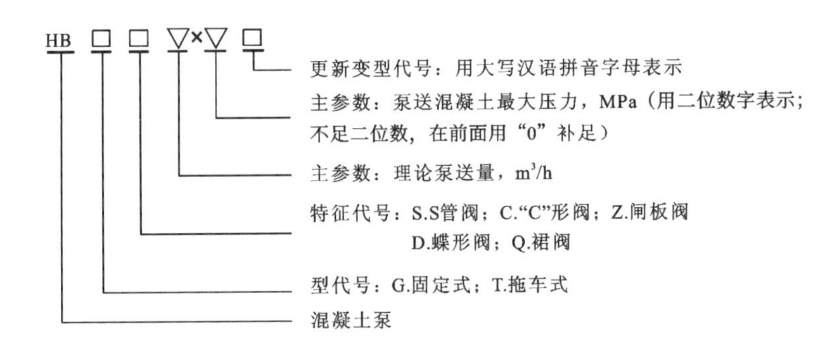

(3)振动锤。钢筋笼植入是关键工序，钢筋笼通过振动锤竖向激振力克服混凝土阻力植入到设计深度，振动锤激振力大小与锤自重及偏心块激振功率有关，常用振动锤动力性能参数可参考表 5－4－5。

表 5－4－5　常用沉入钢筋笼的振动锤动力性能参数

型号	电机功率/kW	激振力/kN	静偏心力矩/N·m	振动频率/(r·min^{-1})	最大加压力/kN	整机质量/t
LDZ15L	15	106	120			
DZJ 系列	45	338	206	1200		4.05
	60	478	353	1100		5.15
DZ 耐振系列	30	237	192	1050	100	2.96
	48	363	245	1100	200	3.82
	60	486	360	1100	200	5.13
Z 抗振系列	15	75	70	980	60	1.5
	30	180	170	980	100	3.13
	37	230	190	1050	100	3.05
	55	335	300	1000	120	3.92
	11×2	134	120	1000		1.5
	22×2	277	238	1020	200	3.42
	30×2	360	310	1020	200	4.5
TDX20	22	160	132			2

2. 钢筋笼的制作要求

(1)钢筋笼制作允许偏差应符合表 5－4－6 的规定。

(2)主筋连接应采用机械连接或焊接。接头质量应符合现行行业标准《钢筋机械连接技术规程》(JGJ 107—2016)及《钢筋焊接及验收规程》(JGJ 18—2012)的规定。

(3)钢筋笼宜整体制作。底部应制成锥状，且应设置加强钢筋；钢筋笼底部制成尖状并采取构造加强措施是为了振动力有效传递到钢筋笼底部且笼底不坏，确保钢筋笼顺利植入桩身混凝土中。钢筋笼底部做法如图 5－4－1 所示。

表 5－4－6　长螺旋钻孔压注桩钢筋笼质量检验标准

序号	检验项目	允许值	允许偏差	检验方法
1	主筋间距	设计值	±10mm	用钢尺量
2	钢筋笼长度	设计值	±100mm	用钢尺量
3	箍筋间距	设计值	±20mm	用钢尺量
4	钢筋笼直径	设计值	±10mm	用钢尺量
5	钢筋材质	设计要求		抽样送检

(4)加强箍筋应设置在主筋内侧并与主筋点焊。螺旋箍筋与主筋应全数焊接。

(5)钢筋笼制作时，宜在主筋上设置保护层垫块或在钢筋笼上设置对中支架。

3. 混凝土拌和物配制要求

混凝土宜采用和易性较好的预拌混凝土，强度等级应符合设计要求，初凝时间宜大于 6h，灌注前坍落度宜为 180～220mm。

混凝土拌制用原材料应符合下列规定：①水泥强度等级不应低于 32.5MPa；②石子宜选用质地坚硬的卵石或碎石，最大粒径不宜大于 30mm，含泥量不应大于 2%；③砂应选用中砂，含泥量不应大于 3%；④粉煤灰宜选用Ⅰ级或Ⅱ级粉煤灰；⑤外加剂宜选用液体缓凝剂。

混凝土拌制用水、水泥、砂、石、粉煤灰及外加剂的配比应通过混凝土配合比试验确定。

根据《混凝土泵》(GB/T 13333—2004)，泵送混凝土的粗骨料级配范围和细骨料级配范围应符合表 5－4－7 和表 5－4－8 的规定，而且泵送混凝土含砂率不低于 40%，水泥及 0.25mm 以下的细粉料含量总和应为 400～450kg/m^3。

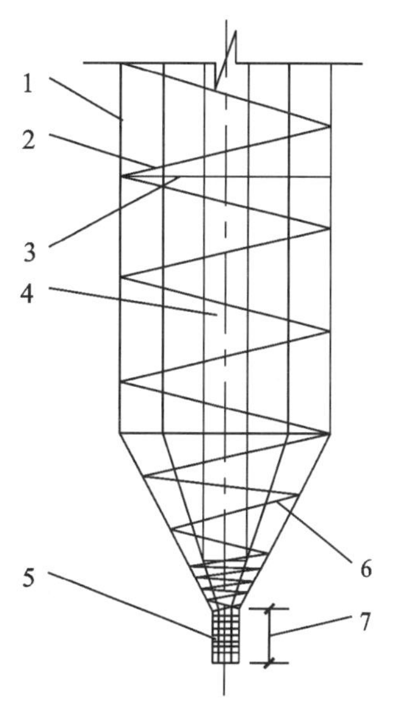

1. 主筋；2. 箍筋；3. 加强箍筋；4. 导入管(厚壁钢管)；5. 合并主筋与中心钢筋焊接；6. 加密箍筋与主筋焊接；7. 焊接长度 10～15cm。

图 5－4－1　钢筋笼底部做法示意图

表 5－4－7　长螺旋钻孔压注桩混凝土粗骨料级配范围通过筛网的质量百分比

筛孔公称尺寸/mm	40	25	20	15	10	5	2.5
粗骨料粒径/mm							
5～15			100	75～100	40～70	0～15	0～5
5～20		100	95～100	—	20～55	0～10	0～5
5～25	100	95～100	—	25～60	—	0～10	0～5

表 5-4-8 长螺旋钻孔压注桩混凝土细骨料级配范围

筛孔公称尺寸/mm	10	5	2.5	1.2	0.6	0.3	0.15
通过筛网的质量百分比/%	100	90～100	80～100	50～80	25～60	10～30	2～10

4. 施工工艺

长螺旋钻孔压灌桩施工主要包括成孔、混凝土压注、植入钢筋笼 3 道主要工序，各工序应连续进行。

(1)成孔。施工前应测定施工作业面的标高，根据作业面标高和设计桩顶标高确定钻孔深度，若施工过程中作业面重新平整应及时复核施工作业面标高。

钻机就位时，应保证作业面的平整度和硬实度。通过调直塔身、钻杆对中、钻机调平等措施对准桩位点，并可利用钻机底座旋转、钻机步履滑动、四角液压支腿升降功能对桩位对中偏差进行微调。钻头中心与桩位中心点之间的偏差应小于 20mm。

开钻前钻杆向下移动至钻头触及地面时应取掉钻头盖插销并关闭钻头盖，以保证钻进时泥土不进入中心杆，提钻时混凝土能顺利泵出。正常钻进速度可控制在 1～1.5m/min，钻进过程中，如遇到卡钻、钻机摇晃、偏移，应停钻查明原因，采取纠正措施后方可继续钻进。钻进过程中如难以钻进，应缓慢进尺，强行钻进时，会导致桩位偏差、桩身倾斜甚至钻杆拧断。如出现局部地层难以钻进，则应考虑更换钻头、更换大功率钻机等措施。同时应定期检查钻头直径与钻杆直径，分析混凝土充盈系数。

钻出的土方要及时清理并统一转运到指定的地方堆放。

用钻杆上的孔深标志控制钻孔深度，钻进至要求的深度及土层，经现场监理验收方可进行混凝土的压注施工。

(2)混凝土压注。混凝土输送泵及相关设备的规格和性能应根据工程需要选用。用高压柔性管连接混凝土输送泵与钻机的混凝土输送钢管、高强柔性管内径应与混凝土输送泵及钻机的混凝土输送管口径相匹配。

一般情况下，压灌桩钻孔施工至设计标高后，螺旋钻杆应停止钻动并泵送混凝土。但当桩端持力层为粒径较大的卵石，停钻后会发生卡钻时，允许在转动条件下泵送混凝土，钻头提离卵石层后应停止转动，继续静拔提钻并泵送混凝土。

混凝土压注时严禁先提钻再泵送混凝上，目的是保证桩端混凝土的密实度。先提钻再泵送混凝土会造成桩端混凝土不密实或发生空洞，从而影响压注桩的桩端承载力，情况严重时，桩端承载力会完全丧失，因此，严禁先提钻再泵送混凝土，是该工法施工质量控制的要点，应严格执行。

混凝土压注过程应连续进行，直至桩体混凝土泵送至设计标高。要避免供料不足而停机待料，混凝土压注过程中的停机待料容易产生桩身质量问题，如断桩、缩径、桩身混凝土不密实、钢筋笼安插不到位等质量缺陷。在易缩颈的土层中应控制提钻速度，以保证混凝土的密实度，避免缩颈的发生。混凝土压注时，桩顶超灌高度不应小于 500mm。

因待料中断施工，可在混凝土输送泵内留存一定量的混凝上，间隔 10～15min 开动一次混凝土输送泵，以增加混凝土的流动性，当长时间停置时，应用清水将混凝土输送泵、混凝土输送管、钻杆清洗干净。若中断时间超过混凝土初凝时间,应考虑放弃成桩,避免出现断桩、钢筋笼安插不到位等质量缺陷。

混凝土压注过程中,保持钻具排气孔畅通的目的是确保混凝土压注的顺畅进行,防止混凝土泵送管路中出现中空段而影响桩身混凝土的质量,也可防止泵送管路发生堵管。钻杆提升速度应与混凝土泵泵送量相匹配,有专人观察混凝土泵压和钻具提升情况,提升速度控制在2.5m/min,混凝土压注压力控制在3～4MPa。混凝土泵料斗内的混凝土面高于料斗底面的高度不应小于400mm。

冬期施工时,混凝土输送泵、输送管路应覆盖保温材料进行保温,混凝土入孔温度不应低于5℃。当气温高于30℃时,应在混凝土拌和时添加保水剂,施工过程中可采取在混凝土输送管上覆盖草席、洒水等降温措施。

混凝土压注桩充盈系数是指实际混凝土压注量与理论计算量之比,是判定成桩质量的依据之一。若充盈系数小于1.0,则说明实际压注混凝土量小于理论计算量,说明桩身质量存在一定的缺陷。上覆土层中存在软土或细砂层时,压注桩的充盈系数应增大,以确保压注桩的成桩质量。

施工前或长时间停工后重新施工前,应采用清水将混凝土泵的料斗及输送管路润湿,后泵入适量的润管砂浆,并应将所有砂浆泵出管外。停止施工后应及时用清水清洗混凝土泵及管路。

(3)钢筋笼植入。混凝土压注完成后3min内应立即植入钢筋笼,减小插笼难度。

把检验合格的钢筋笼套在导入管(直径160～200mm,壁厚大于或等于6mm)上,导入管上端用法兰盘与振动锤连接,钢筋笼的上端用钢丝绳挂在振动器或法兰盘上(图5-4-2),导入管下端顶在钢筋笼锥形底部(图5-4-1),振动锤的激振力通过导入管作用在钢筋笼底部,一起沉入没有初凝的混凝土中,下笼过程中必须先使用振动锤自重、导入管和钢筋笼自重压入,压至无法压入时再启动振动锤,为防止钢筋笼偏移,下笼作业人员应扶正钢筋笼对准已灌注完混凝土的桩位,且将钢筋笼插入速度控制在1.2～1.5m/min之间。

钢筋笼下插到设计位置后关闭振动锤电源,摘下悬吊钢筋笼的钢丝绳,提起振动锤和导入管,提起过程中每提3m开启振动锤一次,以保证桩身混凝土的密实性。

(4)成品桩的保护。施工前应确定钻机及其他设备的行走路线,严禁施工设备直接碾压已施工完成的成品桩。

弃土清运时,严禁清运设备碰撞成品桩。弃土应集中堆放在成品桩区域外且远离成品桩,且不应堆放过高。

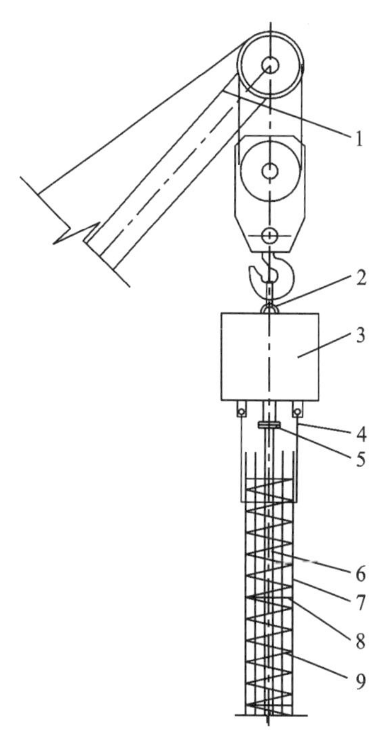

1.吊车臂;2."U"形卡扣连接件;3.振动锤;4.连接钢丝绳;5.连接法兰;6.导入管(厚壁钢管);7.主筋;8.加强筋;9.箍筋。

图5-4-2 吊车与导入管及钢筋笼连接示意图

桩间土宜采用小型机械与人工清运;桩头应人工凿除并清理干净,桩顶应平整。

冬期施工时,长螺旋钻孔压灌桩成桩后,应在混凝土终凝前做好防冻措施。可在桩顶覆盖保温材料，也可在桩顶覆盖厚度不小于1000mm的覆土。

采用隔桩施工，二次施工需在成品桩上行驶时，应对成品桩进行保护。成品桩保护可采用覆盖土层的保护方法.覆盖土层的厚度不宜小于800mm。

第五节　人工挖(扩)孔灌注桩

一、概述

人工挖孔灌注桩(简称人工挖孔桩)是利用人工挖孔，每挖深1m左右支模浇筑一圈混凝土护壁，如此不断下挖到设计要求的深度，然后在孔内安放钢筋笼，浇筑桩身混凝土。有的人工挖孔桩的护壁由砖块或用喷射混凝土做成。

人工挖孔桩适用于持力层埋藏较浅、单桩承载力要求较高的工程，它一般被设计成端承桩，以中风化岩或微风化岩作为持力层，也有以强风化岩作持力层。当挖孔桩被设计成为摩擦桩或端承摩擦桩时，桩身强度不能充分发挥，有的设计者将其设计成为空心桩，以节省桩材。以强风化、中风化岩层作持力层的挖孔桩，桩端往往做成扩大头，从而充分发挥桩端地基承载力与桩身强度。带有扩大头的人工挖孔桩结构如图5-5-1所示，其中图a为内齿护壁，图b为外齿护壁。

二、人工挖孔桩的桩身构造

1. 桩长与桩的截面尺寸

挖孔桩的深度，一般不宜超过25m，大多数挖孔桩，桩长在6～25m之间，少数超过25m。超过25m的挖孔桩，安全措施需加强，施工难度会增大，工程造价也会提高，现有的工程实践也不乏深度超过35m的人工挖孔灌注桩。

人工挖孔灌注桩的桩身截面有圆形和矩形两种，圆形截面桩一般作为基础桩或基坑支护桩，矩形截面桩一般作为滑坡治理工程的抗滑桩。

根据广东的经验，为便于人工井下作业，当桩长$l<8$m时，桩身直径(不含护壁)不应小于0.8m；当8m$<l<$15m时，桩身直径不应小于1.0m；当15m$<l<$20m时，桩身直径不应小于1.2m；当$l\geq$20m时，桩径应适当加大。

图5-5-1所示的基础桩或基坑支护桩，当桩端岩土层的承载力比较高或上部荷载较小时，可采用等截面桩，桩身直径一般为800～2000mm；当桩端岩土层承载力比较小时或上部荷载较大可采用扩底桩，扩底端侧面的斜率a/h_c一般为1/4～1/2，扩底端底面一般成锅底形，矢高$h_b=200$mm(嵌入中、微风化岩的桩可不做锅底)，人工挖孔桩的桩端扩大头直径D不宜大于2倍桩身直径d，加宽部分的宽度a与高度h_c之比，视地质条件而定。当在岩层内扩孔时，a/h_c不宜大于1/2；当在土层内扩孔时，不宜大于1/4。加宽部分的直壁高度一般为300～500mm。

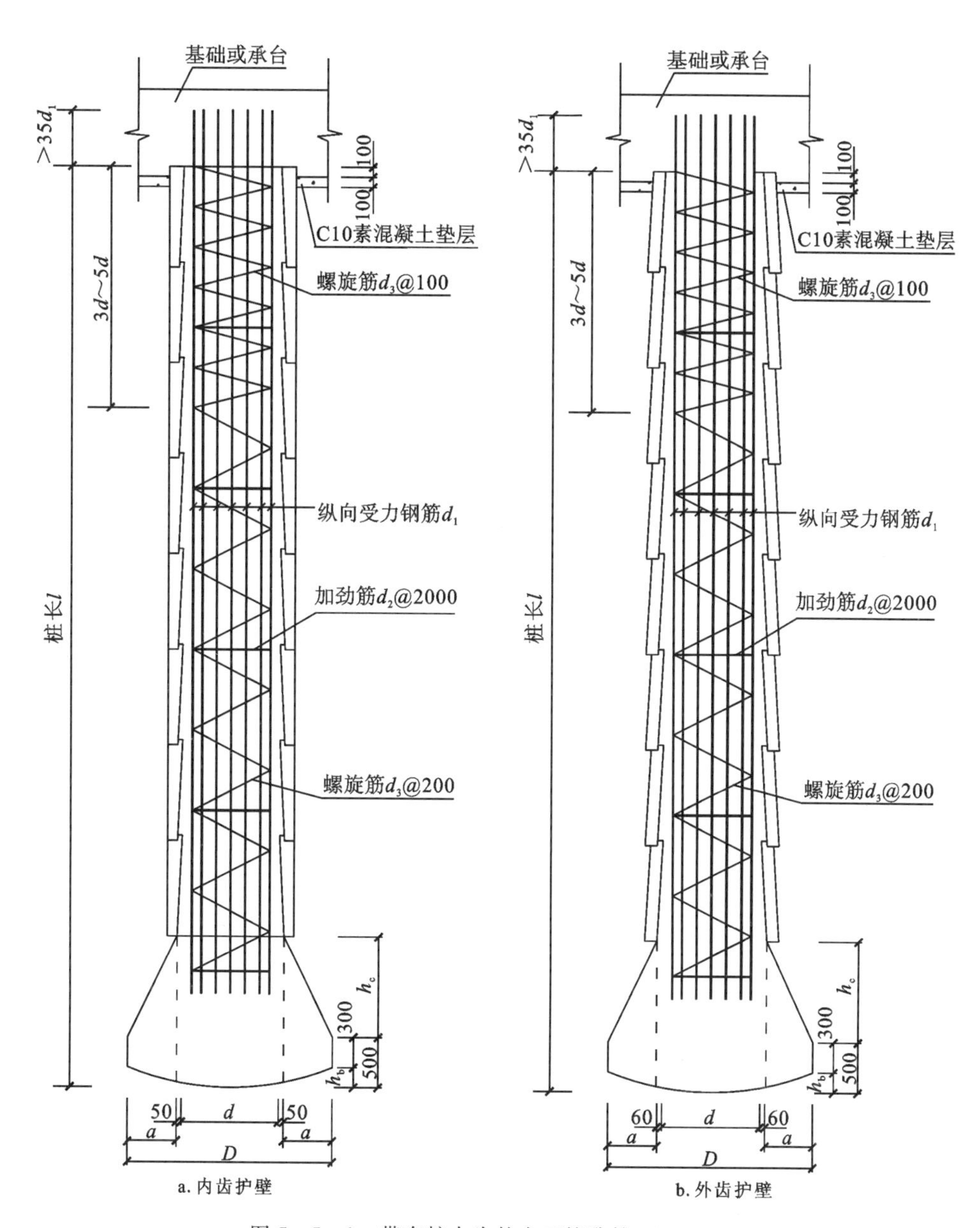

图 5-5-1 带有扩大头的人工挖孔桩(单位:mm)

对于应用于滑坡治理工程的矩形截面抗滑桩,桩身截面宽度 $b\geqslant 1.2$m,桩身截面长度(或称为高度)与宽度之比一般取 $h/b\approx 1.5$,如图 5-5-2 所示。

2. 人工挖孔桩的护壁形式

除极少数地层情况特别好,孔深又不大的挖孔桩可不采取护壁措施外,一般应采取护壁措施。

按护壁所用材料的不同,有红砖护壁、混凝土护壁、钢套管护壁和波纹钢模板护壁。

红砖护壁按护壁厚度有 1/4 红砖护壁、1/2 红砖护壁和 1/1 红砖护壁。

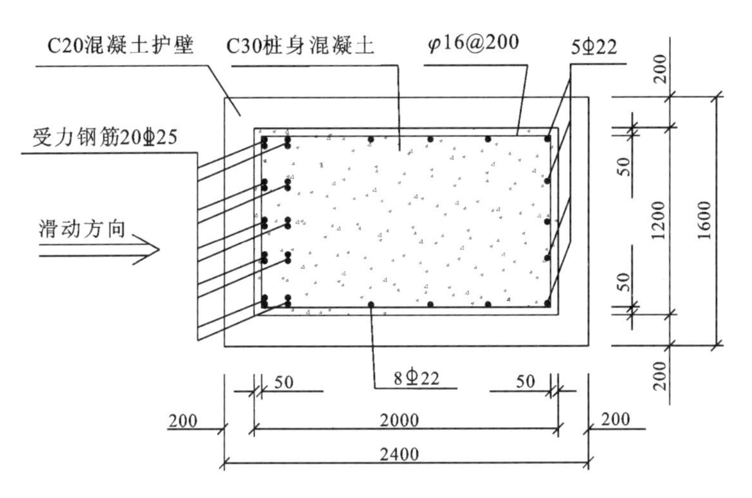

图 5-5-2 矩形截面人工挖孔抗滑桩(单位:mm)

混凝土护壁分为外齿护壁和内齿护壁两种,如图 5-5-3 所示。外齿护壁的优点:作为施工用的衬体,抗塌孔的作用更好;便于人工用钢钎等捣实混凝土,增大桩周摩阻力。

混凝土护壁起着护壁与防水双重作用,相邻上下节护壁间一般通过类似于榫口的结构搭接 50mm。圆形截面桩的护壁在护壁周围土压力和水压力作用下,护壁纵剖面承受压应力作用,故护壁通常可为素混凝土,但当桩径、桩长较大,或土质较差,有渗水时应在护壁中配筋,圆形截面桩护壁的配筋情况参考图 5-5-3;矩形截面桩护壁在其周围土压力和水压力作用下,护壁纵剖面承受弯矩作用,一般必须配筋,配筋情况参考图 5-5-4,相邻上下节护壁的主筋应搭接。

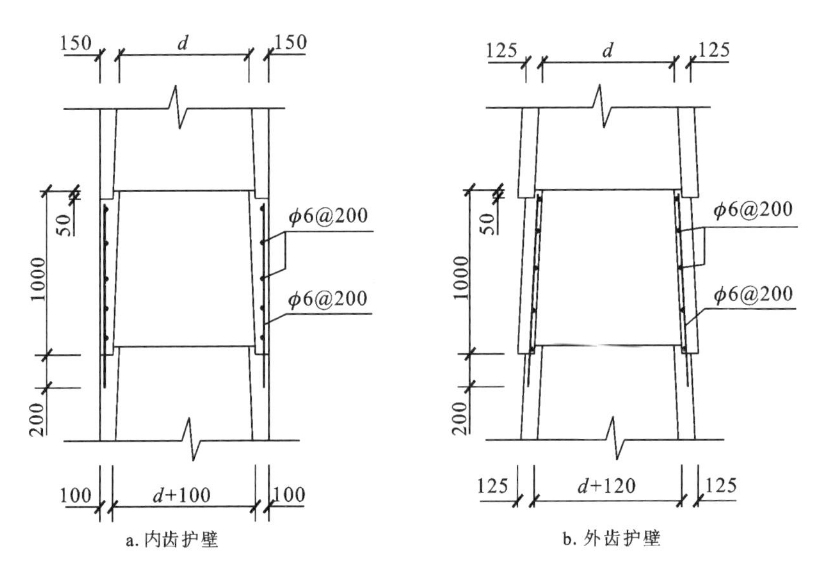

图 5-5-3 圆形截面桩的护壁及配筋图(单位:mm)

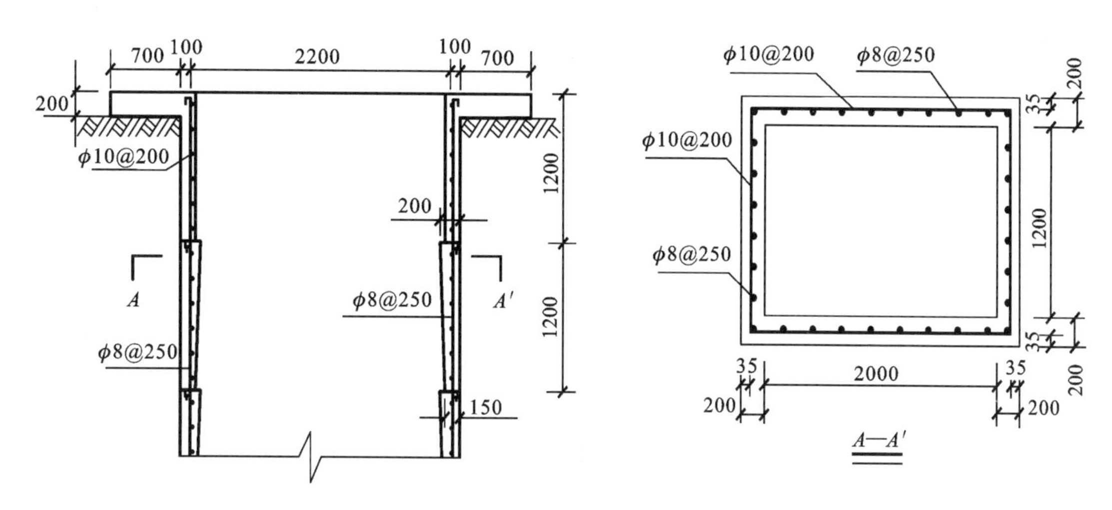

图 5-5-4　矩形截面桩护壁配筋图(单位:mm)

圆形截面桩分段制作的混凝土护壁厚度一般由地下最深一段护壁所承受的静止土压力及地下水静压力确定。如图 5-5-5,地面上施工堆载产生的土压力的影响可忽略不计,护壁厚度可按下式计算:

$$t \geqslant \frac{kN}{f_c} \tag{5-5-1}$$

式中:t 为护壁厚度(m);N 为作用于护壁纵剖面单位长度上的压力(kN/m),$N=pd/2$;p 为作用于护壁法线方向上的土压力 $p_s=\gamma_s l$(γ_s 为土的重度,地下水水位以下取浮重度,l 为孔深)及水压力 $p_w=\gamma_w l_w$(γ_w 为水的重度,l_w 为从地下水水位起算的孔深)的合力(kPa);d 为挖孔桩直径(m);k 为安全系数,取 2;f_c 为混凝土轴心抗压强度设计值(kPa)。

矩形截面桩护壁长边纵剖面每米所受弯矩可按下式计算:

$$M=1.35ph^2/8 \quad (\text{kN} \cdot \text{m/m}) \tag{5-5-2}$$

式中:p 为作用于护壁法线方向上的土压力及水压力的合力(kPa);h 为挖孔桩横截面高度(m)。护壁每米长度的周向配筋量 A_s(m^2)按护壁为单向受力混凝土板,截面设计弯矩为 M 计算,即

$$A_s \geqslant \frac{M}{f_y(t-a_s)} \tag{5-5-3}$$

式中:f_y 为钢筋抗拉强度设计值(kPa);t 为护壁厚度(m);a_s 为钢筋保护层厚度,可取 0.035m。

3. 桩身构造要求

桩身最小配筋率可取 0.2%~0.65%(小直径桩取大值,大直径桩取小值),且不得少于 8 根,主筋直径不小于 12mm,钢筋间距 100~250mm,箍筋间距 200mm,加密箍筋间距 100mm,加密范围为桩顶 $3d$~$5d$,当钢筋笼长度超过 4m 时应设置加劲箍。

桩身混凝土强度等级不应低于 C20,粗骨料粒径不大于 70mm 并不大于钢筋间最小净距的 1/3(当采用 C30 级混凝土时应采用碎石),混凝土保护层厚度不得小于 35mm。

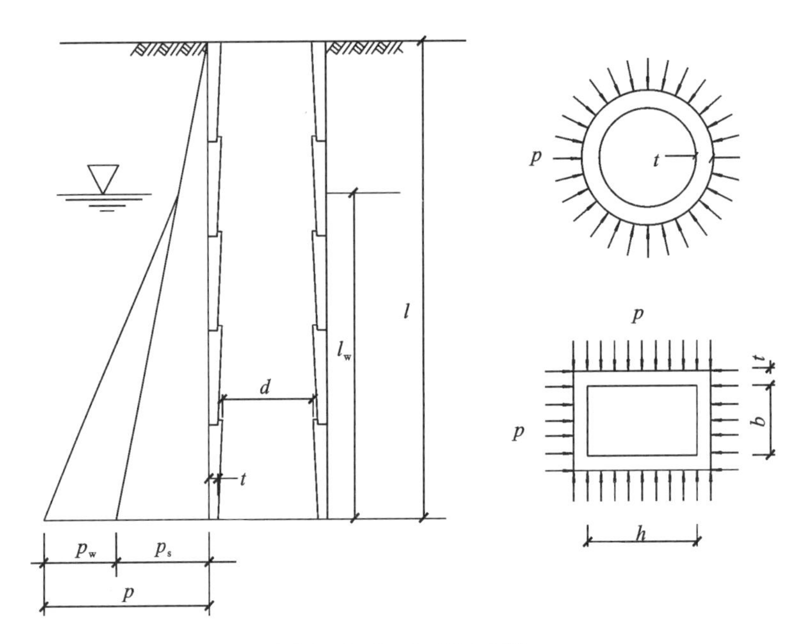

图 5-5-5 护壁受力图

三、人工挖孔灌注桩施工

1. 施工机具

人工挖(扩)孔灌注桩施工用的机具设备比较简单，主要有以下几种。

(1)电动葫芦(或手动葫芦)和提土桶，用于垂直运输以及供施工人员上下。

(2)护壁钢模板或木模板(国内常用)。

(3)潜水泵，用于抽出桩孔中的积水。

(4)鼓风机和送风管，用于向桩孔中强制送入新鲜空气。

(5)镐、锹、土筐等挖土工具。

(6)若遇到岩石还需准备空压机和风镐。

(7)插捣工具，以插捣护壁混凝土。

(8)应急软爬梯。

2. 采用现浇混凝土分段护壁的人工挖孔桩施工工艺流程

(1)放线定位。按设计图纸放线、定桩位。

(2)分节挖土和出土。由人工用镐挖土，用铲将土装入铁桶，铁桶容量一般为 0.1～0.2m^3，用 1t 电动葫芦或 500kg 起重能力的卷扬机，通过孔口上安装的支架提升铁桶出土。

对直径 1.2m 以下的挖孔桩，也可采用简单的手摇绞车出土。通常对开挖直径 1.4m 以内的桩孔，每孔配备 2 名工人，1 人在孔内挖土，1 人在孔口负责出土和传递工具。一般每组负责 2 个桩孔，上下半天各完成 1 节桩孔的挖土和护壁浇筑。对桩径大于 1.4m 的桩，孔内挖土可根据需要多配备 1～2 名工人。

我国大多数挖孔桩，采用外壁为直立式的护壁形式，护壁内侧沿桩长度方向呈锯齿形，而护壁外侧的直径上下一样。在土质较好的条件下，一节桩孔的高度通常为95cm左右，一节桩孔的土方挖完后，应用长度为桩径加2倍护壁厚的竹杆(或木杆)在桩孔上下作水平转动，若能自由移动，说明所挖的桩孔符合设计要求，可以安装护壁模板浇筑护壁混凝土，否则，还要继续扩孔，直到竹竿能自由转动为止。桩孔开挖包括浇筑护壁混凝土，一般是一天一节。开挖工作宜连续进行，中途不宜停歇，否则孔底及四周土体经水浸泡易发生坍塌。挖出的土方应及时运走，不得堆放在孔口附近。

(3)安装护壁钢筋和护壁模板。桩孔护壁模板一般做成通用(标准)模板，特别是桩径1.0m和1.2m的模板，一般均由4块组成；直径大于1.2m的桩孔，模板常由5～8块组成。模板用角钢做骨架、钢板做面板，模板之间用螺栓连接。模板高度通常为1m，拼装合成后成为一个圆台体，上小下大，上下直径的差值一般为100mm。拼装时，最后两块模板的接缝处宜夹放一木条，以便于拆模。护壁厚度按计算确定，也可按$d/10+50$mm的经验式确定，一般为100～150mm，大直径桩的护壁厚度可达200～300mm，最常用的护壁厚度为150mm。土质较好的小直径桩护壁可不放钢筋，但当设计要求放置钢筋或挖土遇软土层需加设钢筋时，桩孔挖土完毕并经验收合格后，应先安放钢筋，然后才能安装护壁模板。护壁中的水平环向钢筋不宜太多，竖向钢筋端部宜弯成弯的钩并打入至挖土面内一定深度，以便与下一节护壁中的钢筋相联结。模板安装后应检查其直径是否符合设计要求，并保证任何两正交直径的误差不大于50mm，其中心位置可通过孔口设置的轴线标记处安放十字架、在十字架交叉点悬吊锤球的方法来确定。要求桩孔的垂直度偏差不大于桩长的0.5%；符合要求后，可用木楔打入土中稳定模板，防止浇捣混凝土时发生移动。

(4)灌注护壁混凝土。外壁为直立式的护壁，其形状是上部厚下部薄，如上部为200mm，下部为150mm，上节护壁的下部应嵌在下节护壁的上部混凝土中，上下搭接长度宜为50mm。护壁混凝土强度等级应符合设计要求，一般宜为C20。桩孔开挖后应尽快灌注护壁混凝土，宜当天挖完当天一次性灌注完毕。灌注混凝土前，可在模板顶部放置钢脚手板或半圆形的钢平台作临时性操作平台，灌注混凝土宜在桩孔内抽干水的情况下进行，并宜使用早强剂。振捣混凝土不宜用振动棒，使用手锤敲击模板和用棍棒反复插捣来捣实混凝土是一个实用简便的好方法。护壁模板一般可在24h后拆除，正常情况下是在第二天下节桩孔土方挖完后进行。拆模后若发现护壁有蜂窝和漏水现象，应马上加以堵塞或导流，防止桩孔外侧之水夹带泥砂流入孔内。

(5)桩孔抽水。桩孔成孔作业过程最理想的情况是不抽水或少抽水，但有些挖孔桩工地，特别在我国南方地区地下水水位高，在成孔作业中需要不断地抽水，不抽水就难以成孔；大量抽水又容易发生流砂和坍孔，还会引起附近地面下沉、房屋开裂；所以成孔作业时抽水，需要由经验丰富的施工人员和操作工人进行。根据一般经验，当地下水较丰富时，应把整个工程的挖孔桩分成若干批进行开挖，每批数量不可太少，也不宜太多，且孔位宜均匀分散。在第一批桩开挖时，应选一两根桩挖得深一些，使它起集水井作用。第二批桩孔开挖时，可利用第一批未灌混凝土的桩孔进行抽水，以后抽水可依次类推。桩孔内抽水宜连续进行，以避免地下水水位频繁涨落，加速桩孔四周土体颗粒流失，造成护壁外面出现空洞，引起护壁下沉脱节。但连续大量抽水，又容易在孔内发生流砂、涌泥及孔壁坍塌等事故，也容易引起附近地面沉陷、楼宇开裂，所以，一定要十分留意和观察孔内和地面上的变化。当抽水影响邻近建(构)筑物基础及发生地面下沉时，应立即在该建(构)筑物附近设立灌水管，或利用已开挖但未完成的桩孔进行灌水，以保持水压平衡与土体稳定。当大量抽水而仍未能顺利进行挖孔作业时，应采取以下有效措施，如灌浆、做止水围护墙等，以减少地下水的渗透，降低因抽水造成的影响等。

(6)钢筋笼下放。对质量1000kg以内的小型钢筋笼，可用带有小卷扬机和活动“三角木塔”的小型吊运机具，或用汽车吊放入孔内就位。对直径、长度、重量大的钢筋笼，可用履带吊或大型汽车吊进行吊放。对于截面积较大的矩形截面抗滑桩，可在桩孔内绑扎焊接钢筋骨架。

(7)灌注桩身混凝土。桩身混凝土灌注方法的选用主要根据桩孔内的渗水量来确定。当孔内无渗水或渗水量较小时可采用干浇法；当孔内渗水量较大时应采用导管法灌注水下混凝土。

在这里主要介绍干浇法的操作要点：一般采用串桶注入桩孔的方法，混凝土离开串桶的出口自由下落高度宜始终控制在2m以内。泵送混凝土时可直接将混凝土泵的出料口移入孔内投料。

3. 施工安全措施

(1)从事挖孔桩作业的工人应挑选健壮男性青壮年，并须经健康检查和井下、高空、用电、吊装及简单机械操作等安全作业培训且经考核合格方可进入现场施工。

(2)在施工图会审和桩孔开挖前，应认真研究地质资料，对可能出现的流砂、管涌、涌水以及有害气体等情况均应予以重视，并制定针对性防护措施。对施工现场所有设备、设施、装置、工具、配件以及个人劳保用品等必须经常进行检查，确保其完好和安全使用。桩孔内必须放置软爬梯或设置尼龙绳，并随挖孔深度放长至工作面，作为救急备用。

(3)桩孔开挖施工时，应注意观察地面和邻近建(构)筑物的变化。桩孔如靠近旧建筑物或危房，必须对旧建筑物或危房采取加固措施。挖出的土石方应及时外运，孔口四周2m范围内不得堆放弃土杂物。机动车辆通行时，应做出预防措施或暂停孔内作业，以防地面挤压地下塌孔。当桩孔开挖深度超过5m时，每天开工前应对孔内是否有有毒气体进行检测。一般宜用仪器检测，也可用简易办法；如在鸟笼内放入鸽子，吊放至桩孔底，放置时间不少于10min。如经检查鸽子状态正常，工人方可下孔作业。每天开工前，应将桩孔内的积水抽干，并用鼓风机或大风扇向孔内送风5min，使孔内混浊空气排出，才准下人。孔深超过10m时，地面应配备向孔内送风的专门设备，风量不宜少于25L/s，孔底凿岩时应加大送风量。为防止地面人员和物体落入桩孔内，孔口四周必须设置护栏。

(4)桩孔内的作业人员应遵守下列规定：①必须戴安全帽，穿绝缘胶鞋；②严禁酒后作业，不准在孔内吸烟，不准在孔内使用明火；③每工作4h应出孔轮换；④开挖复杂的土层时，每挖深0.5～1.0m应用手钻或不小于ϕ6mm钢筋对孔底做“品”字形探查，探查孔底以下是否有洞穴、涌砂等，确认安全后，方可继续进行挖掘；⑤认真留意孔内一切动态，如发现流砂、涌水、护壁变形等不良预兆以及有异味气体时，应停止作业并迅速撤离；⑥当桩孔挖至5m以下时，应在孔底以上3m左右处的护壁凸缘上设置半圆形的防护罩，防护罩可用钢(木)板或密眼钢筋(丝)网做成。在吊桶上下时，作业人员必须站在防护罩下面，停止挖土，注意安全;若遇起吊大块石时,孔内作业人员应全部撤离至地面后才能起吊;⑦孔内凿岩时应采用湿法作业,并加强通风防尘和人身防护;⑧如在孔内爆破,作业人员必须全部撤离至地面后方可引爆,爆破时,孔口应加盖,爆破后,必须用抽气、送风或淋水等方法将孔内废气排除,方可继续下孔作业;⑨在施工中途抽水后,必须先将地面上的专用电源切断,作业人员方可下孔作业。

(5)孔口配合人员应集中精力,密切监视孔内情况,积极配合孔内人员进行工作,不得擅离岗位。在孔内上下递送工具物品时,严禁抛掷,严防孔口物件落入桩孔。施工场地内一切电源、电器的安装和拆除必须由持证电工操作;电器必须严格接地、接零和使用漏电保护器,电器安装后必须经验收合格方可使用。

第六章 预制桩施工工艺

第一节 预制桩类型

预制桩按构成桩身材料的不同主要有预制钢筋混凝土桩和钢桩。

预制钢筋混凝土桩坚固耐久，其耐久性基本上不受地下水水位、地表水位和潮湿变化的影响。预制钢筋混凝土桩可按需要做成各种不同断面形状、尺寸，而且能承受较大的工作荷载和施工锤击应力，在基础工程中应用很广。

预制钢筋混凝土桩按截面形状又可分为方桩（含实心与空心方桩）、管桩和异形桩（方桩和管桩以外的桩形）3种。

钢桩主要有钢管桩、"H"形桩和钢板桩3种主要类型。钢管桩主要用于基桩，其主要特点如下。①有多种规格可供选择。就直径而言，最大为2500mm，最小为316mm。就壁厚而言，最大为25mm，最小为6.5mm。在施工期间，可以结合实际应力情况从各种规格中选择最合适的，以充分利用钢管桩的强度，满足工程对安全性和经济性的要求。②承载能力强。具有很强的抗剪、抗弯、抗拉、抗压强度，可减小桩的尺寸和数量。③易于调节桩长，提高经济效益。钢管桩各段的常规长度为6m，通过焊接连接。另外，钢管桩的切除部分还可以同其他钢管桩的焊接，避免了资源浪费，可以准确地控制桩顶的设计高程，有利于施工作业。④挤土效应轻微，大部分钢管桩是开放式的，钢管桩的管壁较薄，在压桩过程中，土壤可以进入桩体，形成桩塞效果，表层土壤进入桩管，深层土壤受到挤压，既减少了施工过程对压桩周围设施的干扰，又能发挥深层土层的承载效果，钢管桩可以在较小的区域内进行密集施工。

一、预制混凝土实心方桩

1. 预制混凝土实心方桩规格型号

我国标准图集《04G361 预制钢筋混凝土方桩》按施工方法的不同将方桩分为锤击方桩和静压方桩两种。锤击方桩在施工中承受较大的锤击应力，其配筋和构造要求与静压方桩有所不同。

锤击方桩有整根桩（符号：ZH）和接桩（符号：JZH）两种。锤击整根桩的断面尺寸有350mm×350mm、400mm×400mm、450mm×450mm、500mm×500mm 4种规格，适应的桩长分别为$L\leqslant$18m、21m、21m和24m；锤击接桩的断面尺寸有350mm×350mm、400mm×400mm、450mm×450mm、500mm×500mm 4种规格，各分节桩长度均应小于18m。

静压桩也有整根桩（符号：AZH）和接桩（符号：JAZH）。静压整根桩断面300mm×

300mm 适用于桩长 $L\leqslant15$m，断面 400mm×400mm、450mm×450mm 适用于桩长 $L\leqslant21$m，断面 500mm×500mm 适用于桩长 $L\leqslant24$m；静压接桩断面 300mm×300mm，各分节桩长度均应≤15m；接桩断面 350mm×350mm、400mm×400mm、450mm×450mm、500mm×500mm 各分节桩长度均应≤18m。

预制混凝土方桩按配筋规格可分为 A、B、C 三组，见表 6-1-1。

表 6-1-1　预制混凝土方桩按配筋规格分类表

桩种类			设防烈度		
			小于 7 度	7 度	8 度
锤击桩	整根桩(ZH)		A、B、C 组	B、C 组	C 组
	接桩	焊接法(JZHb)	A、B、C 组	B、C 组	C 组
静压桩	整根桩(AZH)		A、B、C 组	B、C 组	C 组
	接桩	焊接法(JAZHb)	A、B、C 组	B、C 组	C 组
		锚接法(JAZHa)	A、B 组		

2. 预制混凝土实心方桩的标记

1)整根桩

(1)锤击整根桩 ZH -×(边长，以 cm 计)-×(长度，以 m 计)A 或 B 或 CG(带钢靴)。

(2)静压整根桩 AZH -×(边长，以 cm 计)-×(长度，以 m 计)A 或 B 或 CG(带钢靴)。

2)接桩

(1)锤击接桩 JZHb(b 表示焊接)-×(分段数)×(边长，以 cm 计)-×(上节长，以 m 计)×(中节长，以 m 计)×(下节长，以 m 计)A 或 B 或 CG(带钢靴)。

(2)静压接桩 JAZHa 或 b(a 表示锚接，b 表示焊接)-×(分段数)×(边长，以 cm 计)-×(上节长，以 m 计)×(中节长，以 m 计)×(下节长，以 m 计)A 或 B 或 CG(带钢靴)。

例如，截面为 450mm×450mm，长 21m，按 B 组桩配筋的整根桩编号为 ZH-45-21B；如采用焊接法两段接桩，上段长 13m，下段长 14m，按 C 组桩配筋带钢靴时编号为 JZHb-245-1314CG；如总长度为 36m，采用焊接法 3 段接桩，上段长 12m，中段长 12m，下段长 12m，按 A 组桩配筋时编号为 JZHb-345-121212A。

又例如，截面 400mm×400mm，总长度为 22m 静压桩，采用锚接法分段接桩，上段长 10m，下段长 12m，按 A 组桩配筋时编号为 JAZHa-240-1012A；如采用焊接法 3 段接桩，上段长 7m，中段长 7m，下段长 8m，按 B 组桩配筋时编号为 JAZHb-340-778B。

3. 预制混凝土实心方桩的制作

1)截面配筋

实心方桩配筋构造情况如图 6-1-1 所示，图 6-1-1a 为采用硫磺胶泥连接的边长为 450mm的预制方桩(简称锚接桩)，图 6-1-1b 为采用焊接连接的边长为 450mm 的预制方桩(简称焊接桩)。锚接桩的上节桩的底部预埋 4 根直径 18mm 的锚接钢筋，锚接桩的下

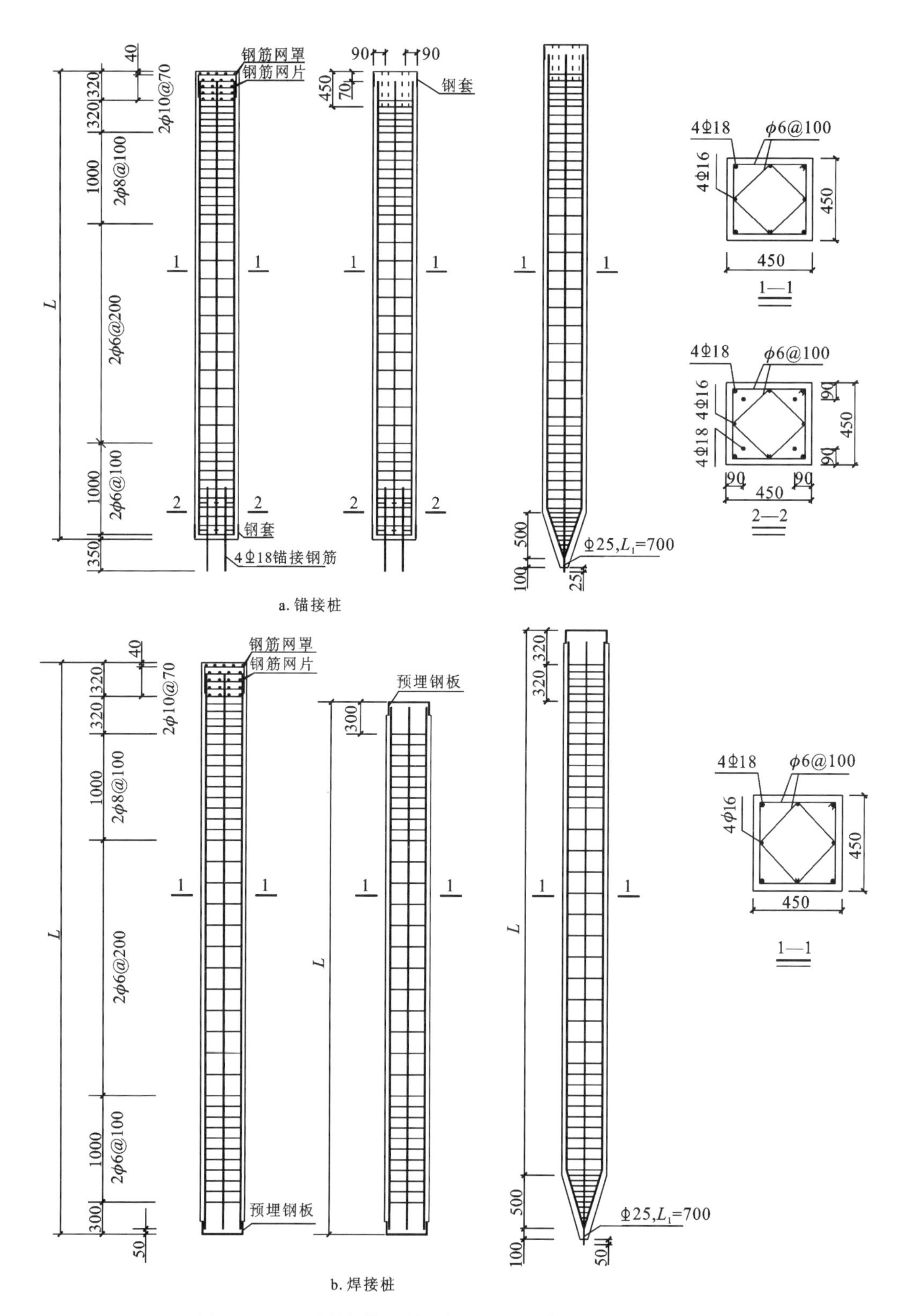

图 6-1-1 预制钢筋混凝土实心方桩配筋构造图(单位:mm)

节桩顶部预留 4 个孔眼，锚接时在下节桩的 4 个孔眼及端面涂熔融状态的硫磺胶泥，两根桩对接并施加一定的压力，硫磺胶泥冷却固化后即可实现桩的连接。焊接桩是在上节桩的底部和下节桩的顶部预埋有焊接钢板。通过将上下两节桩的焊接钢板焊连起来实现桩的连接。

桩的最小配筋率(纵向受力钢筋截面积之和除以桩身横截面面积)：对于锤击桩不小于 0.8%(锤击桩的桩节之间只能采用焊接连接)，静压桩不小于 0.6%，主筋直径不小于 14mm，纵向配筋还要通过吊装过程中最大内力的验算。

2)混凝土强度等级

实心方桩的桩身混凝土强度等级分别为 C30、C35 和 C40。不同强度等级的各种截面桩的桩身强度设计值、桩身允许抱压压桩力和桩身允许顶压压桩力见表 6-1-2。

表 6-1-2 桩身强度设计值、桩身允许抱压压桩力、桩身允许顶压压桩力

桩断面/mm	组别	混凝土强度等级	桩身强度设计值/kN	桩身允许抱压压桩力/kN	桩身允许顶压压桩力/kN
300×300	A	C30	965	1416	1557
	B	C35	1127	1653	1819
	C	C40	1289	1891	2080
350×350	A	C30	1314	1927	2120
	B	C35	1534	2250	2475
	C	C40	1755	2574	2831
400×400	A	C30	1716	2517	2768
	B	C35	2004	2939	3233
	C	C40	2292	3362	3698
450×450	A	C30	2172	3185	3504
	B	C35	2536	3720	4092
	C	C40	2901	4254	4680
500×500	A	C30	2681	3932	4226
	B	C35	3131	4592	5052
	C	C40	3581	5252	5778

表 6-1-2 中，桩身强度设计值为 $0.75f_cA$，桩身允许抱压压桩力为 $1.1f_cA$，桩身允许顶压压桩力为 1.1×桩身允许抱压压桩力(f_c为混凝土轴心抗压强度设计值，A 为桩身横截面面积)。对于锤击桩，为防止沉桩时出现冲击疲劳破坏，应对沉桩总锤击数加以限制，总锤击数可根据打桩机类型及结构、地质条件、锤击能量、桩材及截面面积、桩垫材料等综合考虑后现场试打时确定，同时锤击拉应力和压应力应小于混凝土抗拉与抗压强度设计值。

3)对材料的要求

钢筋:HPB235(屈服强度235MPa的热轧光圆钢筋)和HRB335(屈服强度335MPa的热轧带肋钢筋),吊环应采用HPB235制作,钢板为Q235B(等级B屈服强度235MPa的普通碳素钢)。

焊条:根据两种被焊接材料选用,HPB235与HPB235钢材焊接、HPB235与HRB335钢材焊接采用E43焊条(E表示焊条,43表示焊缝金属的抗拉强度不低于430MPa),HRB335与HRB335钢材焊接采用E50焊条。

混凝土塌落度为20～40mm,当地下水对混凝土或钢筋有腐蚀性时,应按专门规范由单体工程设计确定选用抗腐蚀的水泥和骨料或采取其他措施。

4)制作方法

(1)制作场地。实心方桩的制作一般在现场进行,制作场地的布置应考虑打桩的顺序要求,不妨碍打桩,吊运距离最短,尽量避免二次搬运。

(2)钢筋骨架制作。桩的钢筋骨架的主筋连接宜优先采用闪光对焊。主筋接头配置在同一截面内的数量,不得超过50%,同一根桩相邻两根主筋接头截面的距离不小于500mm。焊接接头不宜在距桩顶3倍桩边长范围内设置。钢筋骨架允许偏差见表6-1-3。

表6-1-3 预制桩钢筋骨架允许偏差

项	序	检查项目	允许偏差或允许值/mm
主控项目	1	主筋距桩顶距离	±5
	2	多节桩锚固钢筋位置	5
	3	多节桩预埋铁件	±3
	4	主筋保护层厚度	±5
一般项目	1	主筋间距	±5
	2	桩尖中心线	10
	3	箍筋间距	±20
	4	桩顶钢筋网片	±10
	5	多节桩锚固钢筋长度	±10

(3)吊环安设。整根桩或分段桩的长度$L\leqslant15$m时采用一点吊,安设一个吊环;15m$<L\leqslant18$m时采用两点吊;$L>18$m时采用三点吊。吊点位置如图6-1-2所示。

桩吊环位置应埋设在中间主筋的两侧(图6-1-3),使桩在起吊时不致发生侧向倾斜。吊环锚脚埋入混凝土中的深度不小于吊环钢筋直径的30倍,并应焊接或绑扎在钢筋骨架上,在吊环削弱处另加2ϕ14,l=1000mm补强钢筋。

(4)重叠法制桩方法。场地必须平整、坚实,应满足对地基承载力的要求,满足制桩过程中限制地基变形的要求,宜进行适当碾压或夯实,并防止场地浸水沉陷;制桩的底模必须平整、牢靠,宜用水泥地坪,侧模优先采用钢模,保证制桩的平直度,各个接触面应涂刷隔离剂防止黏结。安放钢筋骨架时严禁隔离剂沾染钢筋,禁止使用废机油作隔离剂。制桩的重叠层数应根据具体情况确定，一般不宜超过4层，上层桩或邻桩的混凝土浇筑，必须待邻桩或下层桩的混凝土强度达到设计强度30%以后方可进行；制作预制桩严禁采用拉模和翻模等快速脱模的方法施工；混凝土应由桩顶向桩尖连续浇筑，严禁中断；对桩头、桩尖应加强振捣；桩的粗骨料应采用碎石或经破碎的卵石，不得采用天然未经破碎卵石，粒径宜为5～40mm，桩顶或桩尖部分宜选用粒径较小的碎石。

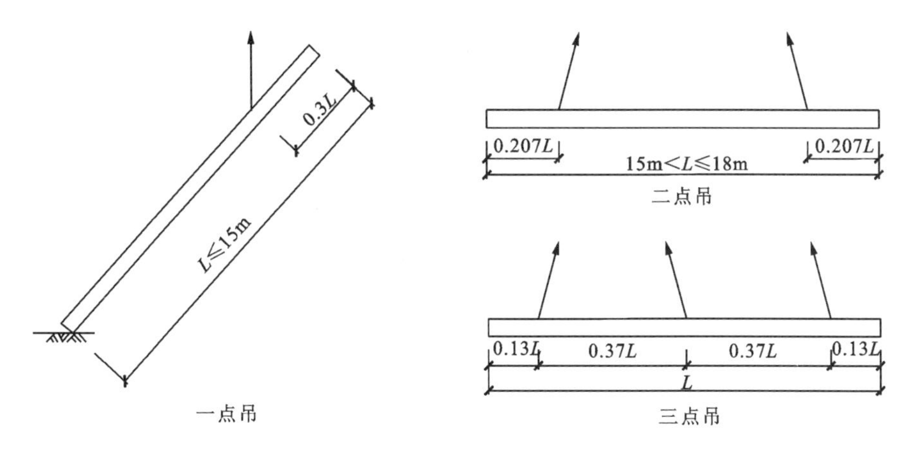

图6-1-2　实心方桩吊点位置

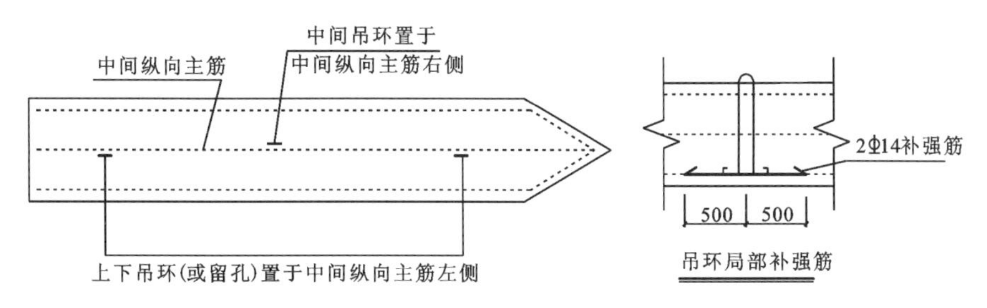

图6-1-3　实心方桩吊环结构示意图(单位:mm)

(5)制桩质量要求。桩的表面平整、密实，掉角深度不超过10mm，局部蜂窝掉角的缺损面积不超过全部桩表面积的0.5%，且不得过分集中。混凝土的收缩裂缝深度不得大于20mm，宽度不得大于0.2mm，横向裂缝长度不得超过边长的1/2。桩顶和桩尖处不得有蜂窝、麻面、裂缝或掉角。桩身的容许偏差应符合表6-1-4的规定。

表6-1-4　预制桩制作允许偏差

项次	项目	允许偏差/mm
1	横截面边长	±5
2	桩顶对角线之差	10
3	桩身弯曲矢高	不大于桩长的10‰且不大于20
4	桩顶平整度	≤2
5	桩尖中心线	10

二、预制混凝土空心方桩

我国建筑工业行业标准《预应力混凝土空心方桩》(JG/T 197—2018)规定了桩基础工程使用的离心成型先张法预应力混凝土空心方桩(以下简称空心方桩)的产品分类、原材料及构造要求、试验方法、检验规则、标志、堆放、吊装和运输等。

1. 空心方桩规格

空心方桩的结构示意如图 6-1-4 所示。常用规格见表 6-1-5。

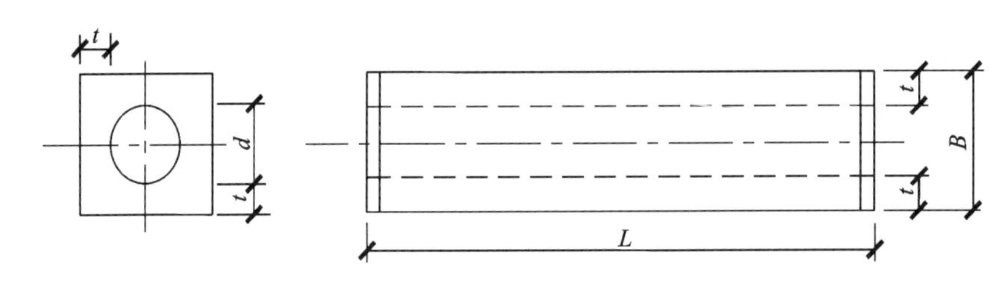

图 6-1-4 空心方桩结构示意图

表 6-1-5 空心方桩常用规格

边长 B/mm	空心直径 d/mm	最小壁厚 t/mm	长度 L/m
350	170	90	7～13
400	220	90	7～15
450	260	95	7～15
500	310	95	7～15
550	350	100	7～15
600	400	100	7～15
650	450	100	7～15
700	500	100	7～15

2. 空心方桩分类及标记

空心方桩按混凝土强度等级分为预应力高强混凝土空心方桩 C80(代号 PHS)和预应力混凝土空心方桩 C60(代号 PS)。

空心方桩按有效预压应力分为 A 型、AB 型和 B 型,其有效预压应力值分别是:A 型 3.8～4.2MPa,AB 型 5.7～6.3MPa,B 型 7.6～8.4MPa。

空心方桩桩节表示方法如图 6-1-5 所示。例如:边长 500mm、空心直径 310mm、最小壁厚 95mm、长度 12m、A 型的预应力混凝土空心方桩的标记为 PS-500-310-95-12-A JG/T 197—2018。

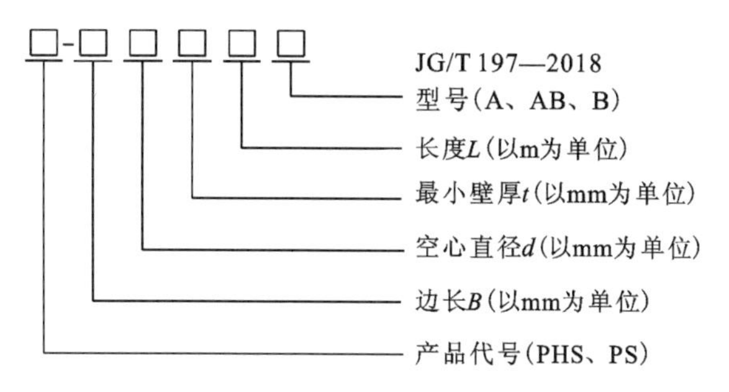

图 6-1-5　空心方桩桩节标记方法

3. 空心方桩的配筋图及力学性能

(1)空心方桩的配筋示意图如图 6-1-6 所示。

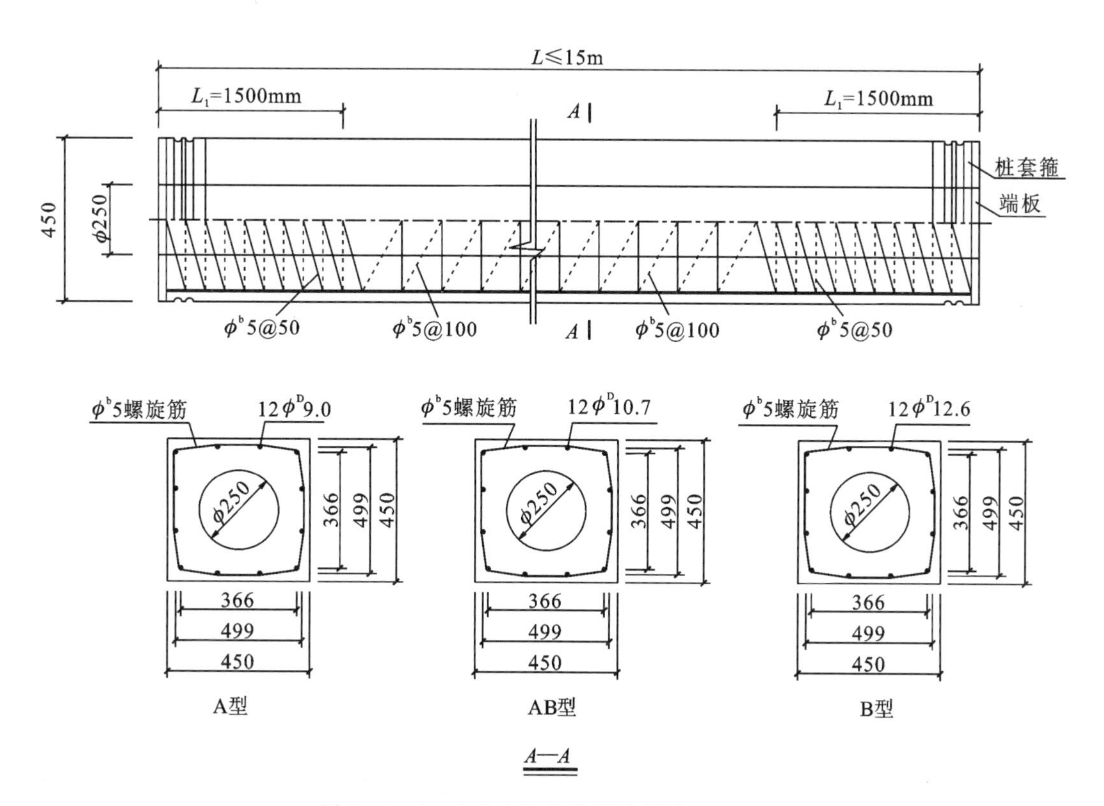

图 6-1-6　空心方桩的配筋示意图(单位:mm)

(2)抗弯性能和抗剪性能。空心方桩的抗弯性能和抗剪性能见表 6-1-6。

4. 空心方桩的制作

预应力混凝土空心方桩采用先张法预应力工艺,离心工艺成型,离心作用按慢速、中速、高速 3 个阶段进行,以保证混凝土密实;经离心成型的方桩采用蒸汽快速养护,桩身混凝土抗压强度等级大于或等于 C50 后脱模,空心方桩一般只能在工厂制作。

表 6-1-6 空心方桩的力学性能

规格			抗裂弯矩/(kN·m)		弯矩承载力设计值/(kN·m)		极限弯矩/(kN·m)		抗裂剪力/kN	
B/mm	d/mm	型号	C60	C80	C60	C80	C60	C80	C60	C80
350	170	A	59	62	76	79	95	98	122	129
		AB	71	73	102	106	127	132	130	138
		B	86	88	132	139	166	173	141	149
400	220	A	83	87	100	103	126	129	144	153
		AB	103	107	144	148	180	185	156	165
		B	125	129	189	197	236	247	169	178
450	260	A	116	120	150	154	187	193	188	199
		AB	140	144	200	207	250	259	200	211
		B	170	175	265	276	331	345	217	228
500	310	A	151	157	192	197	239	246	215	227
		AB	192	198	276	286	345	357	233	246
		B	234	240	366	380	457	475	249	266
550	350	A	196	204	249	255	311	319	250	265
		AB	251	258	360	373	450	467	273	288
		B	301	308	466	485	582	606	292	309
600	400	A	244	254	305	312	381	390	280	296
		AB	316	326	452	468	565	585	306	323
		B	389	398	602	625	753	782	328	350
650	450	A	301	313	373	381	466	476	331	349
		AB	381	393	586	553	669	691	358	376
		B	460	471	700	715	875	894	384	403
700	500	A	367	382	453	463	566	579	365	385
		AB	463	477	644	665	805	832	394	414
		B	570	583	867	882	1084	1102	425	447

5. 空心方桩的堆放、吊装和运输

(1)堆放。空心方桩的堆放场地应坚实平整,有排水措施。

空心方桩堆放长度不大于 15m 时,最下层宜按两支点放置在垫木上(图 6-1-7);长度大于 15m 的拼接桩,最下层应采用多支点堆放,垫木应均匀放置且布置在同一水平面上,并采取防滑、防滚措施。若堆放场地地基经过特殊处理,也可采用地平放。空心方桩应按规格、长度分别堆放,堆放层数不宜超过表 6-1-7 的规定。

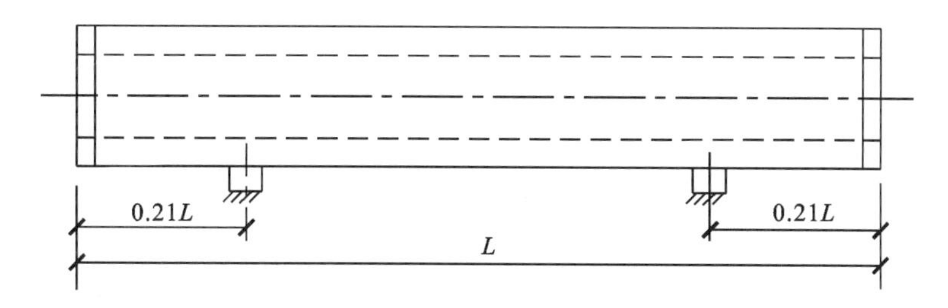

图 6-1-7　空心方桩的两支点位置(L 为桩长)

表 6-1-7　空心方桩堆放层数

边长/mm	350～600	650	700
堆放层数	≤6	≤5	≤4

(2)吊装。长度小于或等于 15m 的单节桩的吊装宜采用两支点吊或两头钩吊法,长度大于 15m 的拼接桩的吊装宜采用多点吊。吊钩与桩身的水平夹角宜不小于 45°(吊钩布置类似于混凝土实心方桩)。装卸应轻起轻放,严禁抛掷、碰撞、滚落。

(3)运输。空心方桩运输过程中的支承要求应符合第(1)条的规定且应捆绑牢固。层与层之间的垫木与桩端的距离应相等不应造成错位。

三、预应力混凝土管桩

1. 几个基本概念

(1)预应力混凝土管桩:采用离心和预应力工艺成型的圆环形截面的预应力混凝土桩(简称管桩),桩身混凝土强度等级为 C80 及以上的管桩为高强混凝土管桩(简称 PHC 管桩),桩身混凝土强度等级为 C60 的管桩为混凝土管桩(简称 PC 管桩),主筋配筋形式为预应力钢棒和普通钢筋组合布置的高强混凝土管桩为混合配筋管桩(简称 PRC 管桩)。

(2)管桩基础:由沉入土(岩)层中的管桩和连接于桩顶的承台共同组成的建(构)筑物基础。

(3)锤击贯入法:利用锤击设备将管桩打至土(岩)层设计深度的沉桩施工方法。

(4)静力压桩法:利用静压设备将管桩压至土(岩)层设计深度的沉桩施工方法。

(5)中掘法:在管桩中空部插入专用钻头,边钻孔取土边将桩沉入土(岩)中的沉桩施工方法。

(6)植入法:预先用钻机在桩位处钻孔或采用搅拌、旋喷成水泥土桩,然后将管桩植入水泥土桩中的施工方法。

2. 混凝土管桩的材料与分类

1)材料

(1)预应力钢筋应采用预应力混凝土用钢棒,其质量应符合现行国家标准《预应力混凝土用钢棒》(GB/T 5223.3—2017)中低松弛螺旋槽钢棒的规定,基本尺寸应符合表 6-1-8 的规定。

表 6-1-8 预应力钢棒的基本尺寸

公称直径/mm	基本直径及允许偏差/mm	公称截面面积/mm^2	最小截面面积/mm^2	理论质量/($kg \cdot m^{-1}$)	允许最小质量/($kg \cdot m^{-1}$)
7.1	7.25±0.15	40.0	39.0	0.314	0.306
9.0	9.15±0.20	64.0	62.4	0.502	0.490
10.7	11.10±0.20	90.0	87.5	0.707	0.687
12.6	13.10±0.20	125.0	121.5	0.981	0.954
14.0	14.15±0.20	154.0	149.6	1.209	1.184

(2)端板材质应采用 Q235B,并应符合下列规定:①端板制造不得采用铸造工艺;②端板厚度不得有负偏差,用于抗拔桩工程的端板厚度宜增加且应满足经济要求;③除焊接坡口、桩套箍连接槽、预应力钢棒锚固孔、消除焊接应力槽、机械连接孔外,端板表面应平整,不得开槽和打孔。

(3)其他要求见相关规范。

2)分类

(1)管桩按外径可分为 300mm、350mm、400mm、450mm、500mm、550mm、600mm、700mm、800mm、1000mm、1200mm、1400mm 等。

(2)管桩按使用领域可分为桩基础用管桩、地基处理用管桩、基坑支护用管桩等。

(3)管桩按桩身混凝土强度等级及主筋配筋形式可分为预应力高强混凝土管桩、混合配筋管桩、预应力混凝土管桩。

(4)预应力高强混凝土管桩按有效预应力值大小可分为 A 型、AB 型、B 型和 C 型,其对应混凝土有效预压应力值分别为 4MPa、6MPa、8MPa 和 10MPa,其抗弯性能应符合《预应力管桩技术标准》(JGJ/T 406 — 2017)附录 A 的规定。

(5)管桩按养护工艺可分为高压蒸汽养护管桩或常压蒸汽养护管桩。

3)标记

按《10G409 预应力混凝土管桩图集》,管桩标记方法如图 6-1-8 所示。例如:外径 500mm、壁厚 100mm、长度 12m 的 A 型预应力高强混凝土管桩标记为 PHC 500 A 100-12。

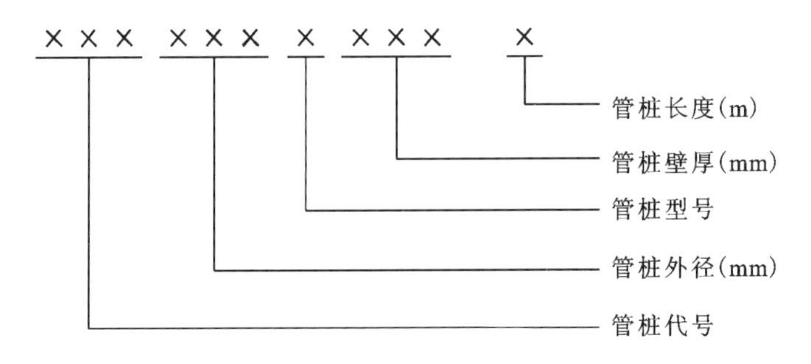

图 6-1-8 管桩标记

3. 混凝土管桩的制作要求

1)混凝土管桩的结构及基本尺寸

混凝土管桩结构及配筋图见图 6-1-9,优选序列管桩的基本尺寸见表 6-1-9。

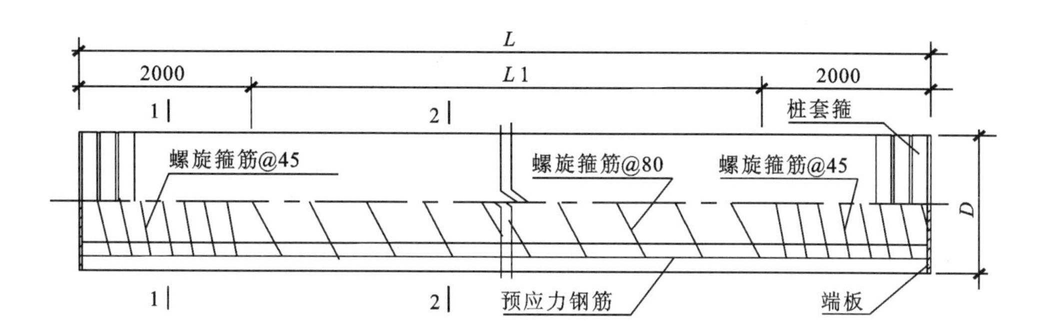

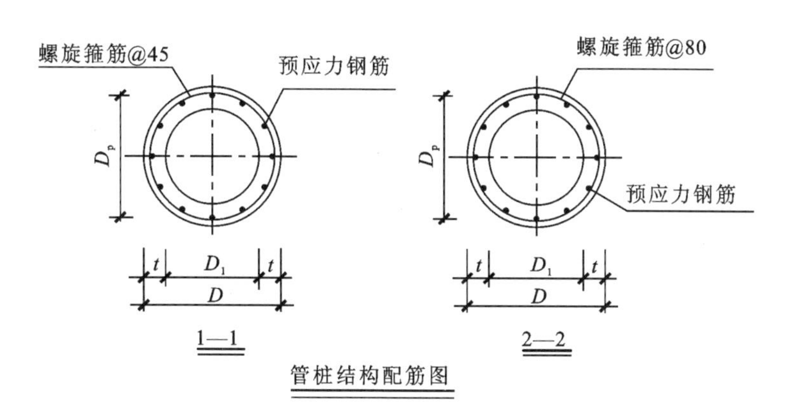

图 6-1-9　混凝土管桩结构及配筋图

2)制作要求

预应力混凝土管桩混凝土强度等级不小于 C60,预应力高强混凝土管桩混凝土强度等级不小于 C80,预应力钢筋放张时,管桩的混凝土强度不小于 45MPa,管桩出厂时,混凝土强度不得低于混凝土强度等级值。

预应力钢筋采用预应力混凝土用钢棒,其抗拉强度不小于 1420MPa,配筋率不小于 0.4%,并不得少于 6 根,沿分布圆周按表 6-1-9 要求均匀配置,间距允许偏差±5mm。

螺旋筋采用低碳钢热轧圆盘条、混凝土制品用冷拔低碳钢丝,其质量应分别符合 GB/T 701—2008、JC/T 540—2006 的规定。外径 300～400mm 的管桩螺旋筋直径为 4mm,外径 500～600mm 的管桩螺旋筋直径为 5mm,外径 700mm 的管桩螺旋筋直径为 6mm,管桩两端 2000mm 范围内螺旋筋的螺距为 45mm,其余部分螺旋筋的螺距为 80mm,螺距允许偏差为±5mm。

端板材质为 Q235B,性能应符合 JC/T 947—2014 的规定;桩套箍材质为 Q235,性能应符合 GB/T 700—2006 的规定。端板的最小厚度见表 6-1-10。

表 6-1-9 管桩的基本尺寸

外径 D/mm	型号	壁厚 t/mm	长度 L/m	预应力钢筋		外径 D/mm	型号	壁厚 t/mm	长度 L/m	预应力钢筋	
				D_p/mm	配筋					D_p/mm	配筋
300	A	70	7～11	230	$6\phi7.1$	600	A	110	7～15	506	$14\phi9.0$
	AB				$6\phi9.0$		AB				$14\phi10.9$
	B				$8\phi9.0$		B				$14\phi12.6$
	C				$8\phi10.7$		C				$17\phi12.6$
400	A	95	7～12	308	$10\phi7.1$		A	130	7～15		$16\phi9.0$
	AB				$10\phi9.0$		AB				$16\phi10.7$
	B		7～13		$10\phi10.7$		B				$16\phi12.6$
	C				$13\phi10.7$		C				$20\phi12.6$
500	A	100	7～14	406	$11\phi9.0$	700	A	110	7～15	600	$12\phi10.7$
	AB		7～15		$11\phi10.7$		AB				$20\phi9.0$
	B				$11\phi12.6$		B				$24\phi10.7$
	C				$13\phi12.6$		C				$24\phi12.6$
	A	125	7～14		$12\phi9.0$		A	130	7～15		$13\phi10.7$
	AB		7～15		$12\phi10.7$		AB				$26\phi9.0$
	B				$12\phi12.6$		B				$26\phi10.7$
	C				$15\phi12.6$		C				$26\phi12.6$

表 6-1-10 端板最小厚度

钢棒直径/mm	7.1	9.0	10.7	12.6
端板最小厚度/mm	16	18	20	24

四、预应力混凝土异形桩

1. 异形管桩

沿桩身轴线方向有间隔突起的圆环形截面的先张法预应力混凝土预制桩，简称异形管桩（也有人将其称为竹节桩），如图 6-1-10 所示，其外形有纵向不带肋和纵向带肋之分。

异形管桩按混凝土强度等级可分为预应力混凝土异形管桩（SPC）和预应力高强混凝土异形管桩（SPHC）；SPC 桩混凝土强度等级不应低于 C65，SPHC 桩混凝土强度等级不应低于 C80。

异形管桩按最大外径（最小外径）可分为 300mm（270mm）、350mm（320mm）、400mm（370mm）、450mm（420mm）、500mm（460mm）、550mm（510mm）、600mm（560mm）、650mm（580mm）、700mm（620mm）、800mm（700mm）、900mm（800mm）、1000mm（900mm）、

1200mm(1050mm)等。

异形管桩按混凝土有效预压应力值可分为A型、AB型、B型和C型，其有效预应力值应分别为4MPa、6MPa、8MPa和10MPa，其计算值不应小于规定值的95%。

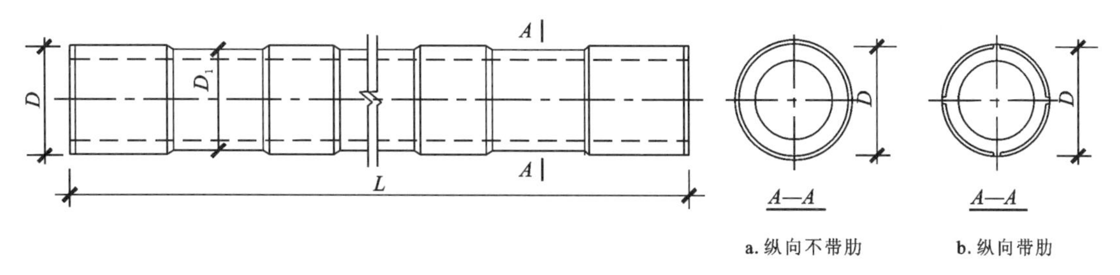

图 6-1-10　异形管桩

2. 异形方桩

沿桩身轴线方向有间隔突起的正方形截面的先张法预应力混凝土预制桩，简称异形方桩。如图6-1-11所示，其几何形状有实心和空心之分。

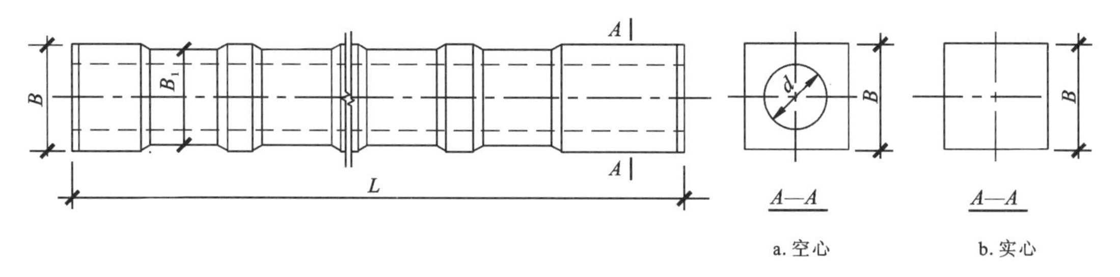

图 6-1-11　异形方桩

空心异形方桩按混凝土强度等级可分为预应力混凝土空心异形方桩(HSPS)和预应力高强混凝土空心异形方桩(HSPHS)；HSPS桩混凝土强度等级不应低于C65，HSPHS桩混凝土强度等级不应低于C80。

空心方桩的最大边长(最小边长、内径)可分为250mm(220mm、40mm)、350mm(310mm、130mm)、450mm(400mm、220mm)、550mm(480mm、290mm)、650mm(570mm、390mm)、750mm(650mm、450mm)、850mm(700mm、500mm)、950mm(800mm、600mm)、1050mm(900mm、700mm)。

实心异形方桩按混凝土强度等级可分为预应力混凝土实心异形方桩(SPS)和预应力高强混凝土实心异形方桩(SPHS)；SPS桩混凝土强度等级不应低于C40，SPHS桩混凝土强度等级不应低于C80。

实心方桩的最大边长(最小边长)可分为250mm(220mm)、350mm(310mm)、400mm(360mm)、450mm(400mm)、500mm(450mm)、550mm(480mm)、650mm(570mm)、750mm(650mm)、850mm(700mm)、950mm(800mm)、1050mm(900mm)。

空心异形方桩按有效预应力值的大小可分为A型、AB型、B型、C型，其有效预压应力值应符合表6-1-11的规定。

表 6-1-11 空心异形方桩有效预压应力值

类型	A 型	AB 型	B 型	C 型
有效预压应力 σ/MPa	$3.8 \leqslant \sigma < 5.0$	$5.0 \leqslant \sigma < 7.0$	$7.0 \leqslant \sigma < 9.0$	$9.0 \leqslant \sigma < 11.0$

3. 异形复合桩

采用深层搅拌、高压旋喷方法形成的水泥土桩与插入的预应力混凝土异形预制桩复合而成的桩基为异形复合桩，异形复合桩适用于处理淤泥、淤泥质土、黏性土、粉土、砂土以及人工填土等地基。

异形复合桩的内芯宜为纵向变截面的异形桩，按内芯长短异形复合桩可分为短芯异形复合桩、等芯异形复合桩和长芯异形复合桩，如图 6-1-12 所示。

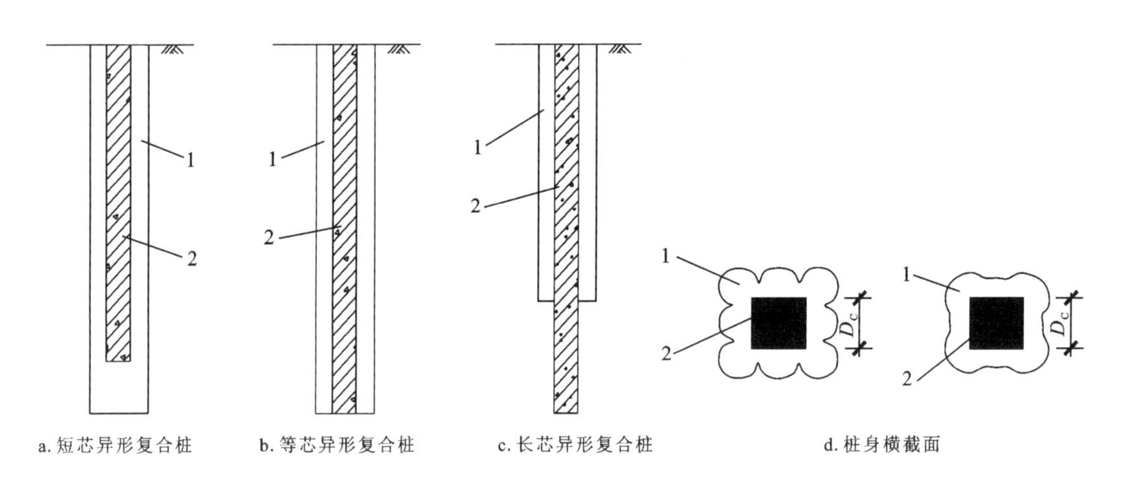

1. 外芯；2. 内芯；D_c. 内芯直径或边长。

图 6-1-12 异形复合桩桩身构造示意图

异形复合桩选型应符合下列规定。

(1)异形复合桩中内芯最大边长或直径宜为 D_c=500～1800mm。

(2)当内芯桩长大于外芯时，桩端应进入较硬持力层。

(3)异形复合桩复合段的外芯厚度宜为 150～250mm。

(4)异形复合桩内芯与外芯之间黏合宜有凹凸面，且无凹凸面的长度不宜大于 3000mm。

(5)短芯异形复合桩内芯桩端以下部分的长度宜根据土层状况和工程设计要求确定。

异形复合桩其他构造要求应符合现行行业标准《劲性复合桩技术规程》(JGJ/T 327—2014)的规定。

4. 其他异形桩

1)预应力混凝土六角桩、八角桩

桩身横截面外轮廓为六角形、八角形的先张法预应力混凝土预制桩，简称六角桩、八角桩，其又有空心和实心之分(图 6-1-13)。

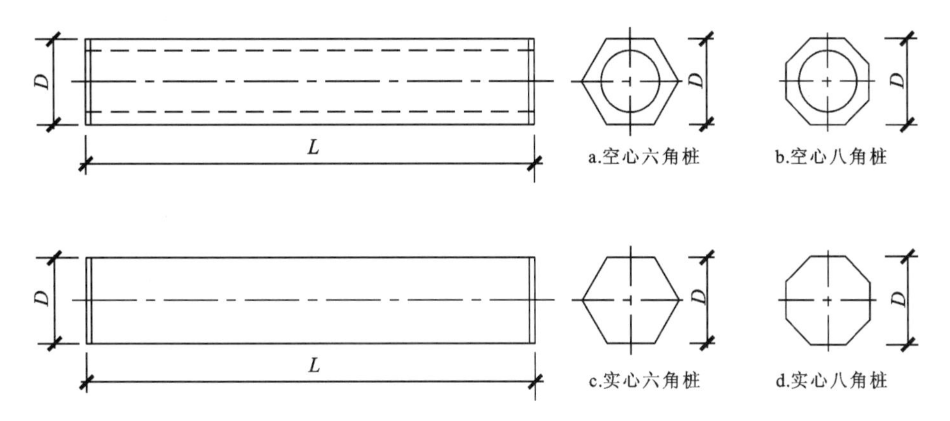

图 6-1-13 预应力混凝土六角桩与八角桩

空心桩按混凝土强度等级可分为预应力混凝土空心六角桩或八角桩(混凝土强度等级不低于 C65)和预应力高强混凝土空心六角桩或八角桩(混凝土强度等级不低于 C80)。

实心桩按混凝土强度等级可分为预应力混凝土实心六角桩或八角桩(混凝土强度等级不低于 C40)和预应力高强混凝土实心六角桩或八角桩(混凝土强度等级不低于 C80)。

2)预应力混凝土"T"形桩

桩身横截面外轮廓为"T"形的先张法预应力混凝土预制桩(简称"T"形桩)。

"T"形桩构造应符合下列规定。

(1)"T"形桩桩身翼缘厚度不宜小于 120mm,宽度不宜小于 1200mm;腹板高度不宜小于 500mm。

(2)"T"形桩混凝土强度等级不应低于 C40。

(3)"T"形桩桩与桩之间的连接可采用"L"形槽(图 6-1-14)。

(4)"T"形桩桩与桩之间的缝宽宜为 5～20mm。

(5)墙后原土层或回填土为颗粒土回填时,"T"形桩桩与桩之间的接缝应采取防漏土措施。

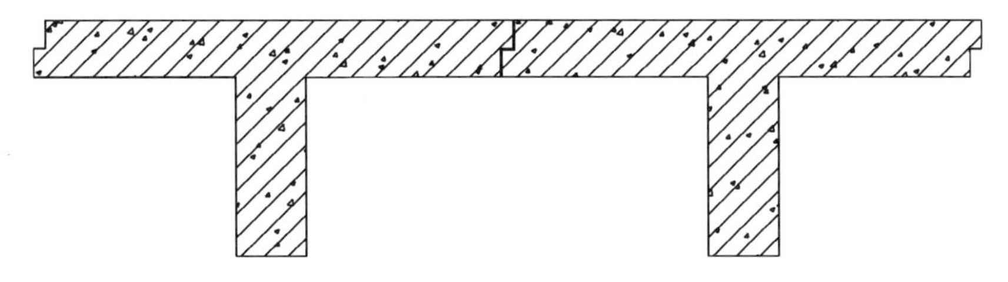

图 6-1-14 "T"形桩连接

3)预应力混凝土扩大头桩

一端部直径变大的先张法预应力混凝土预制桩,简称扩头桩(图 6-1-15)。

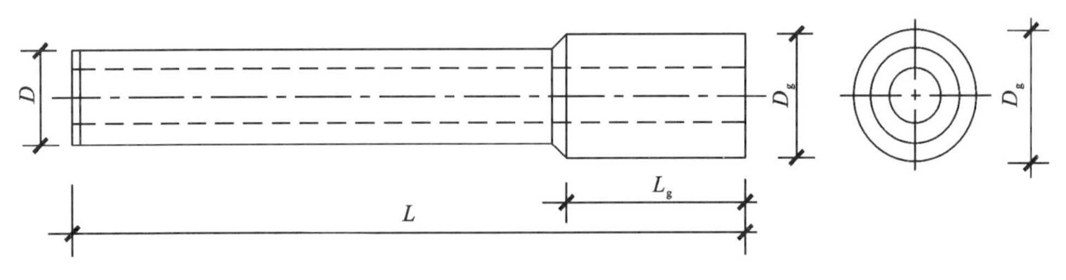

图 6-1-15　扩头桩

五、钢桩

钢桩的类型主要有钢管桩、钢管板桩、“H”形桩和钢板桩。

1. 钢管桩

1)概述

随着结构物越来越重,对其沉降的要求更为严格,桩要进入更深的土层,而钢管桩易于贯入,故钢管桩在桥梁、高层建筑、海港码头、大型石油钻井平台均得到越来越广泛应用。目前钢管桩长度已达100m以上,直径超过了2500mm。与其他桩相比,钢管桩具有下列优点。

(1)能承受较大的锤击力。由于钢材的韧性及强度,钢管桩比混凝土桩更能承受桩锤的冲击。上海金茂大厦桩尖到达地面下80m的砂层,需穿过数十米厚标准贯入锤击数 $N=40\sim50$的砂层,施工时使用重达10t的D100柴油锤及30t的HA 30液压锤,这样大的锤击力对混凝土桩甚至高强混凝土桩来说都是不可想象的。

(2)具有较大的竖向和水平向承载力。钢材的抗压强度和弹性模量大,且能被打入深部持力层,故能提供较大的竖向单桩承载力。同时钢管桩的截面模量大,对弯矩的抵抗力也大,如果直径加大,管壁增厚,则水平向承载力还可大大增加,对承受横向力较大的桥台、桥墩以及考虑地震作用下的高层建筑,选用钢管桩作为基础更加有利。

(3)桩的长度容易调节。钢管桩易于切割和焊接,对起伏不平的持力层,可切割成任意长度,适应不同标高的持力层。

(4)接头牢靠,适应长桩施工。钢管桩的连接,均为焊接,焊接速度不慢,焊接后的接头强度远胜于母材,因而更适应长桩施工。

(5)沉桩过程中排土量少。钢管桩底部可不封闭,在沉桩过程中,大量土体进入管内,对周围土体的挤压量远小于桩尖封闭的预制桩,且小于敞口预应力管桩,紧贴邻近建筑物施工也不会造成严重影响。尤其在场地狭小而需要荷载大的桩基础时,如超高层建筑、重型设备的基础,采用钢管桩是较合理的。

钢管桩存在下列缺点:①钢管桩钢材用量大,工程造价较高;②若桩材保护不善,则易腐蚀。

2)钢管桩构造、型式及规格

钢管桩的管材,一般用普通碳素钢,抗拉强度为402MPa,屈服强度为235.2MPa,或按设计要求选用。

按加工工艺区分，有螺旋缝钢管和直缝钢管两种，由于螺旋缝钢管刚度大，工程上使用较多。

为便于运输和受桩架高度所限，钢管桩常分别由一根上节桩，一根下节桩和若干根中节桩组合而成，每节的长度一般为13m或15m。

钢管桩的下口有敞口和闭口之分。钢桩的直径自 ϕ406.4～2 032.0mm，壁厚自6～25mm不等，常用钢管桩的规格、性能见表6-1-12，应根据工程地质、基础平面、上部荷载以及施工条件综合考虑后加以选择。国内常用的有 ϕ406.4mm、ϕ609.6mm和 ϕ914.4mm等几种，壁厚用10mm、11mm、12.7mm、13mm等几种。一般上、中、下节桩常采用同一壁厚。有时，为了使桩顶能承受巨大的锤击应力，防止径向失稳，可把上节桩的壁厚适当增大，或在桩管外圈加焊一条宽200～300mm、厚6～12mm的扁钢加强箍。为减少桩管下沉的摩阻力，防止贯入硬土层时端部因变形而破损，在钢管桩的下端亦设置加强箍，对 ϕ406.4～914.4mm钢管桩，加强箍高度200～300mm，厚6～12mm。

表6-1-12 常用钢管桩规格

钢管桩尺寸			重量		面积			断面惯性矩/cm^4
外径/mm	厚度/mm	内径/mm	$kg \cdot m^{-1}$	$m \cdot t^{-1}$	断面积/cm^2	外包面积/m^2	外表面积/($m^2 \cdot m^{-1}$)	
406.4	9	388.4	88.2	11.34	112.4	0.13	1.28	222×10^2
	12	382.4	117	8.55	148.7			289×10^2
508	9	490	111	9.01	141	0.203	1.60	439×10^2
	12	484	147	6.8	187.0			575×10^2
	14	480	171	5.85	217.3			663×10^2
609.6	9	591.6	133	7.52	169.8	0.292	1.92	766×10^2
	12	585.6	177	5.65	225.3			101×10^3
	14	581.6	206	4.85	262.0			116×10^3
	16	577.6	234	4.27	298.4			132×10^3
711.2	9	693.2	156	6.41	198.5	0.397	2.23	122×10^3
	12	687.2	207	4.83	263.6			161×10^3
	14	683.2	241	4.15	306.6			186×10^3
	16	679.2	274	3.65	349.4			212×10^3
812.8	9	794.8	178	5.62	227.3	0.519	2.55	184×10^3
	12	788.8	237	4.22	301.9			242×10^3
	14	784.8	276	3.62	351.3			280×10^3
	16	780.8	314	3.18	400.5			318×10^3

续表 6-1-12

钢管桩尺寸			重量		面积			断面惯性矩/cm⁴
外径/mm	厚度/mm	内径/mm	$kg \cdot m^{-1}$	$m \cdot t^{-1}$	断面积/cm^2	外包面积/m^2	外表面积/$(m^2 \cdot m^{-1})$	
914.4	12	890.4	311	3.75	340.2	0.567	2.87	346×10^3
	14	886.4	351	3.22	396.0			401×10^3
	16	882.4	420	2.85	451.6			456×10^3
	19	876.4	297	2.38	534.5			536×10^3
1016	12	992	346	3.37	378.5	0.811	3.19	477×10^3
	14	988	395	2.89	440.7			553×10^3
	16	984	467	2.53	502.7			628×10^3
	19	978	311	2.14	595.4			740×10^3

为减轻软土地基负摩擦力对桩的承载力的不利影响，一般在钢管桩的上部一定深度，将特殊沥青、聚乙烯等复合材料涂敷于钢管桩外表面以形成滑动层，层厚6～10mm可降低负摩擦力4/5～9/10。

2. 钢管板桩

钢管板桩的外径规格有500mm、600mm、700mm、800mm、900mm、1000mm、1100mm、1200mm，壁厚9～22mm，外径越大，壁厚越厚。钢管板桩的钢管之间的接头形式如图1-2-3和图6-1-16所示。

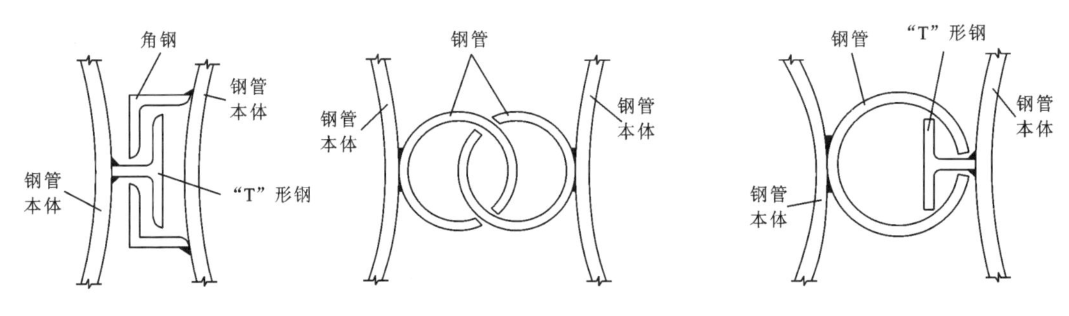

图6-1-16 钢管板桩的接头形式

这类钢管桩刚度大，受力性能好，又有止水功能，在建筑物基础中用得不多，但在围堰、码头、护岸工程中还是常用的。

3. "H"形桩

1）概述

"H"形桩都是由工厂轧制出来的，生产效率高，质量稳定可靠。西欧、日本在20世纪50到60年代开始大量使用"H"形桩，我国在20世纪80年代开始在工业和民用建筑中应用了"H"形桩，这种桩适用于南方较软的土层。广东、上海一些开发区内，有些急于开工的项目，只需按规格向厂方订货，桩到现场后，切割接长便可施工，较为方便。“H”形桩除作为建筑物基础桩外，尚可作为基坑支撑的立柱桩，而且可以拼成组合桩以承受更大的荷载。

2）常用“H”形桩的规格

“H”形桩结构见图 6-1-17，常用规格见表 6-1-13。

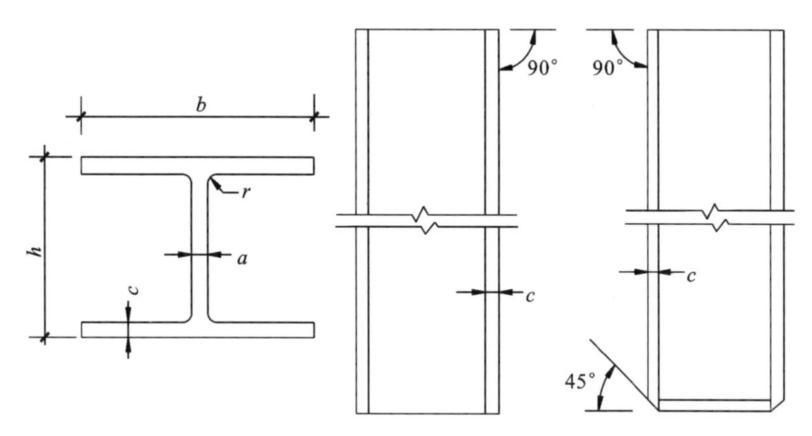

图 6-1-17　“H”形桩结构

表 6-1-13　“H”形桩常用规格表

“H”形桩规格 $h\times b$/(mm×mm)	每米重量/(kg·m^{-1})	尺寸/mm					“H”形桩规格 $h\times b$/(mm×mm)	每米重量/(kg·m^{-1})	尺寸/mm				
		h	b	a	c	r			h	b	a	c	r
HP200×200	43	200	205	9	9	10	HP360×370	84	340	367	10	10	15
	53	204	207	11.3	11.3	10		108	346	370	12.8	12.8	15
HP250×250	53	243	254	9	9	13		132	351	373	15.6	15.6	15
	62	246	256	10.5	10.7	13		152	356	376	17.9	17.9	15
	85	254	260	14.4	14.4	13		174	361	378	20.4	20.4	15
HP310×310	64	295	304	9	9	15	HP360×410	105	344	384	12	12	15
	79	299	306	11	11	15		122	348	390	14	14	15
	93	303	308	13.1	13.1	15		140	352	392	16	16	15
	110	308	310	15.4	15.5	15		158	356	394	18	18	15
	125	312	312	17.4	17.4	15		176	360	396	20	20	15

3）“H”形桩的特点

“H”形桩与钢管桩相比，其承载能力、抗锤击性能要差一些，但仍有下述一些优点。

（1）“H”形桩由钢厂轧制而成，价格要贱于由钢带或钢板卷制的钢管桩(便宜 20%～30%)。

（2）因桩体本身形状构成其穿越能力强的特点，当需穿越中间硬土层时，该类桩有一定优越性。

(3)施工时挤土量小,可以在密集建筑群中施工,对相邻建筑物和地下管线的危害较小。

但是"H"形桩也有其不足之处。

(1)因断面刚度较小,"H"形桩不宜过长,施工时稍不注意便会横向失稳。

(2)对打桩场地的要求较严,尤其是浅层障碍物需彻底清除。

(3)运输及堆放过程中的管理较钢管桩复杂,容易造成弯折,当然弯折后相应处理方法要比钢管桩容易。

4. 钢板桩

1)概述

随着冶金、金属压延技术的不断提高,高质量的钢板桩可在工厂中成批制造,为钢板桩的大量推广运用创造了良好的条件。

目前钢板桩主要用于码头、护岸、船坞、泵房等永久性结构,以及厂房、高层建筑深基础施工所需的临时围护结构。

钢板桩能被广泛运用,是因为它有下述优点。

(1)强度高,重量轻,运输堆放方便。

(2)可以打入较硬的土层或砂层,而这类地层木桩、钢筋混凝土板桩是不易打入的。

(3)施工方便,速度较快。

(4)打入时不易损坏,一些临时支护结构可以拔出来重复使用。

(5)钢板桩在工厂内制造,材料的成分、板桩的技术性能均能保证。由于连接锁口的制作精度较高,不仅可确保支护结构不透水,而且对一些如码头等岸壁式结构,可使墙后填土不致漏失,确保码头港区不发生沉降。

2)钢板桩的型式及构造

按加工方法的不同,钢板桩分冷弯钢板桩和热轧钢板桩。

冷弯钢板桩按产品截面形状分为 3 类(图 6-1-18),其分类及代号分别为:①"U"形冷弯钢板桩 CRSP-U;②"Z"形冷弯钢板桩 CRSP-Z;③帽形冷弯钢板桩 CRSP-M。

其中 CRSP 为英文 cold rolled steel sheet piling 的缩写。

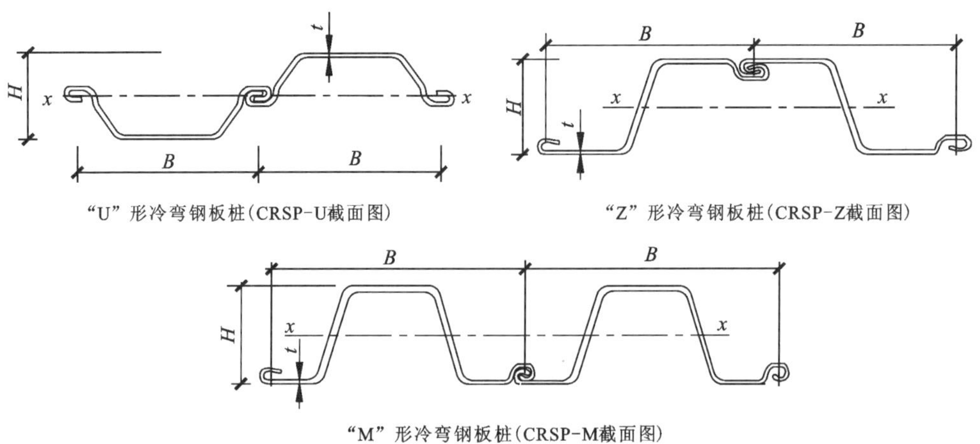

图 6-1-18 冷弯钢板桩截面形状

热轧钢板桩按产品截面形状分为4类(图6-1-19),其分类及代号分别为:①“U”形热轧钢板桩HRSP-U;②“Z”形热轧钢板桩HRSP-Z;③直线形热轧钢板桩HRSP-I;④“H”形热轧钢板桩HPSP-H。

其中HRSP为英文hot rolled steel sheet piling的缩写。

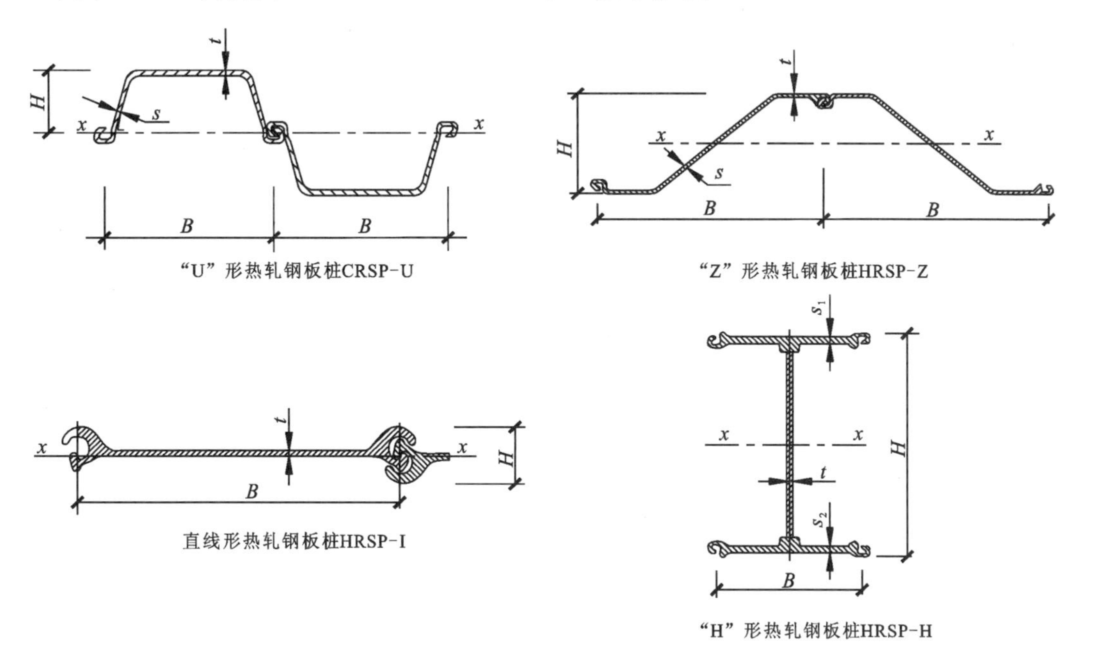

图6-1-19　热轧钢板桩截面形状

3)钢板桩的标记

钢板桩的标记以品种代号与截面模量表示,其中直线形热轧钢板桩以品种代号与腹板厚度表示。

示例1:截面模量为296(cm^3/m)的“U”形冷弯钢板桩标记为CRSP-U-296-JG/T 196—2018。

示例2:截面模量为530(cm^3/m)的“U”形热轧钢板桩标记为HRSP-U-530-JG/T 196—2018。

示例3:腹板厚度为9.5mm的直线形热轧钢板桩标记为HRSP-I-9.5-JG/T 196—2018。

钢板桩相应截面模量、腹板厚度及结构尺寸等参见JG/T 196—2018。

第二节　锤击沉桩

锤击沉桩是利用桩锤下落时的瞬时冲击机械能克服土体对桩的阻力,使其静力平衡状态遭到破坏导致桩体下沉,达到新的静压平衡状态,如此反复地锤击桩头,桩身也就不断地下沉。锤击沉桩是预制桩最常用的沉桩方法。该法施工速度快,机械化程度高,适应范围广,但施工时有挤土、噪声和振动等公害,妨碍其在城市中心和夜间施工。

一、锤击沉桩设备的选择

1. 桩锤

1)桩锤的类型

桩锤的作用是对桩施加冲击力，将桩打入土层中。桩锤的类型有落锤、单动汽锤、双动汽锤、柴油锤、液压锤等。

(1)落锤。落锤也称吊锤，锤体用铸铁或铸钢做成，有各种不同的外形和重量，常用的锤重有 3t、4t 和 5t，个别大的达 6t 和 7t，打桩施工时锤体的提升是利用卷扬机收紧钢丝绳来实现的。钢丝绳一头与锤体顶端的吊环相连结，另一头通过打桩架顶上的滑轮再通过桩架底部的滑轮连接到位于底盘的卷扬机的卷筒上。开动卷扬机收紧钢丝绳，便将锤体沿着桩架的龙口提升到一定的高度，将卷扬机的离合器和制动器同时放松，锤体就带着放松的钢丝绳下落，夯击桩顶使桩身下沉。

3～5t 重的落锤可打边长或直径为 300mm、350mm 和 400mm 的预制方桩或管桩，单桩设计承载力一般不超过 1400kN，个别 6～7t 重的大锤可打单桩设计承载力为 1500～1800kN 的预制桩。

混凝土桩头处的最大打桩应力与桩锤落距的平方根成正比，即桩头处最大应力为

$$\sigma \propto \sqrt{h_e} \tag{6-2-1}$$

式中，h_e为桩锤落距，以 mm 计。因此，桩锤落距越大，桩头应力越大。经验表明，桩锤落距一般不宜大于 1.5m，否则，桩头混凝土容易被击碎，故桩锤落距一般控制在 0.8～1.2m，即宜采用“重锤低击”的打桩方法。落锤构造简单，可随意调整落距，但打桩效率低，对桩损伤较大，现已比较少使用，仅在交通不发达、施工装备条件较差的地区以及单桩承载力较小的预制方桩工程中尚有应用。

(2)蒸汽打桩锤。蒸汽打桩锤分为单动汽锤和双动汽锤。

单动汽锤。单动汽锤是利用蒸汽或压缩空气的压力将锤头上举，排气后在锤头的自重作用下，锤头向下冲击沉桩。单动汽锤锤重为 30～150kN，冲击力大，打桩速度比落锤快，每分钟锤击 30～80 次。

双动汽锤。双动汽锤是利用蒸汽或压缩空气的压力将锤头上举和下冲，动力下冲可增加夯击能量。所以，双动汽锤的冲击力更大，频率更快，每分钟可锤击 100～200 次，锤重为 6～60kN，但这种锤的最大缺点是非冲击部分(汽缸)的重量太大，一般要占锤总重的 70%～80%，否则，当蒸汽进入汽缸上腔压迫活塞时，其反作用力作用在汽缸盖上，有将汽缸顶起的趋势，这种双动汽锤在我国很少应用。故下面说到蒸汽打桩锤均指单动汽锤。

蒸汽打桩锤是较古老的桩工机械。常用的蒸汽打桩锤为汽缸冲击式单动汽锤，常用规格为 3.5t、5t、7t、10t，最大可达 15t。3.5t 单动汽锤不仅适宜于打 ϕ480mm 沉管灌注桩，也可打边长为 300～350mm 的预制方桩，单桩设计承载力可达 500～800kN；7t 单动汽锤可打边长为 350～400mm 的预制方桩，单桩设计承载力可达 700～1200kN；10t 单动汽锤可打边长为 400～450mm 的预制方桩，单桩设计承载力可达 1000～1600kN，而 10t 单动汽锤的冲击能量只相当于 D40(锤重 4.0t)柴油锤的冲击能量。由于蒸汽打桩锤需配备一套庞大的立式锅炉，使用起来不方便，随着柴油锤的推广应用，至 20 世纪 80 年代，陆地上用蒸汽锤打预

制方桩的工程越来越少，但海洋石油平台、港口码头的打桩工程，需用大吨位的打桩锤，而柴油锤最大为D150，较难满足这些工程的需要。蒸汽打桩锤却可以做成超大型的，据报道，世界上最大蒸汽锤，其冲击部分的重量就高达125t。这些超大型蒸汽打桩锤主要适用于海上作业。

(3)柴油锤。柴油锤实质上是一个单缸二冲程柴油发动机，它本身既是发动机，也是工作机。柴油锤分筒式和导杆式两种，筒式柴油锤是利用锤芯(活塞)往复运动进行锤击打桩；导杆式柴油锤是活塞固定、缸体(气缸)沿导杆往复运动进行锤击打桩，因其锤击能量小、寿命短，故广泛应用的是筒式柴油锤。

筒式柴油锤汽缸固定、活塞作往复运动。其工作循环和工作原理如下。

(a)喷油过程(图6-2-1a)：上活塞下落时，其下部的凸缘碰到喷油泵曲臂并将其压向外侧，喷油泵向下活塞锅底喷油。

(b)压缩过程(图6-2-1b)：当上活塞的活塞环通过排气口再向下运动时，上、下活塞之间的气体被压缩升温。上活塞下落的能量有一部分(40%～50%)消耗在压缩混合气体上面。

(c)冲击雾化过程(图6-2-1c)：当上活塞快与下活塞相撞时，燃烧室内的气压迅速增大，当上下活塞相碰撞时，高压气体使燃油沿着上下活塞之间的楔形间隙被挤出，产生了雾化。上活塞撞击到下活塞时有50%左右的冲击机械能传递给下活塞，通常这被称为“第一次打击”。

(d)燃烧过程(图6-2-1d)：雾化后的混合气体，由于高温高压的作用，立刻燃烧爆炸，产生巨大的能量。一方面通过下活塞对桩再次冲击(即第二次打击)，另一方面使上活塞跳起。

(e)排气过程(图6-2-1e)：上跳的活塞通过排气口后，燃烧过的废气便从排气口排出。

(f)吸气过程(图6-2-1f)：活塞继续向上跳，此时新鲜的空气从排气口被吸入，活塞跳得越高，所吸入的新鲜空气越多。

(g)扫气过程(图6-2-1g)：　当上活塞从最高点开始下落后，一部分的新鲜空气与残余废气的混合气由排气口排出，直至重复喷油过程，柴油锤便周而复始地工作。

柴油锤的型号有D25、D35、D45、D60、D72、D80、D100，D后面的数字表示锤芯(上活塞)的重力(单位为kN)。

(4)液压锤。液压锤也属于冲击式打桩锤，按其结构和工作原理可分为单作用式和双作用式两种。所谓单作用式是指冲击锤芯通过液压装置提升到预定高度后快速释放，锤芯以自由落体方式打击桩体；双作用式是指冲击锤芯通过液压装置提升到预定高度后，再从液压系统获得能量提高冲击速度打击桩体。单作用式和双作用式液压锤分别对应着两种打桩理论，单作用式液压锤对应重锤轻击理论，以较大的锤芯重量、较低的冲击速度、较长的锤击作用时间为特点，每击贯入度大，适应各种形状和材质的桩型，损桩率低，尤其适合打混凝土管桩。双作用式液压锤对应轻锤重击理论，以较小的锤芯重量、较高的冲击速度、较短的锤桩作用时间为特点，冲击能量大，最适合打钢桩。

液压锤由于打桩效率高，噪声低，振动小，无油烟污染，其先进性已经被广泛认可。如今在西方发达国家和亚洲的日本、韩国、新加坡和中国香港等国家和地区，液压锤已经完全取代了柴油锤，成为打桩市场的绝对主力。随着社会文明的进步和经济的发展，用液压锤替代柴油锤势在必行。

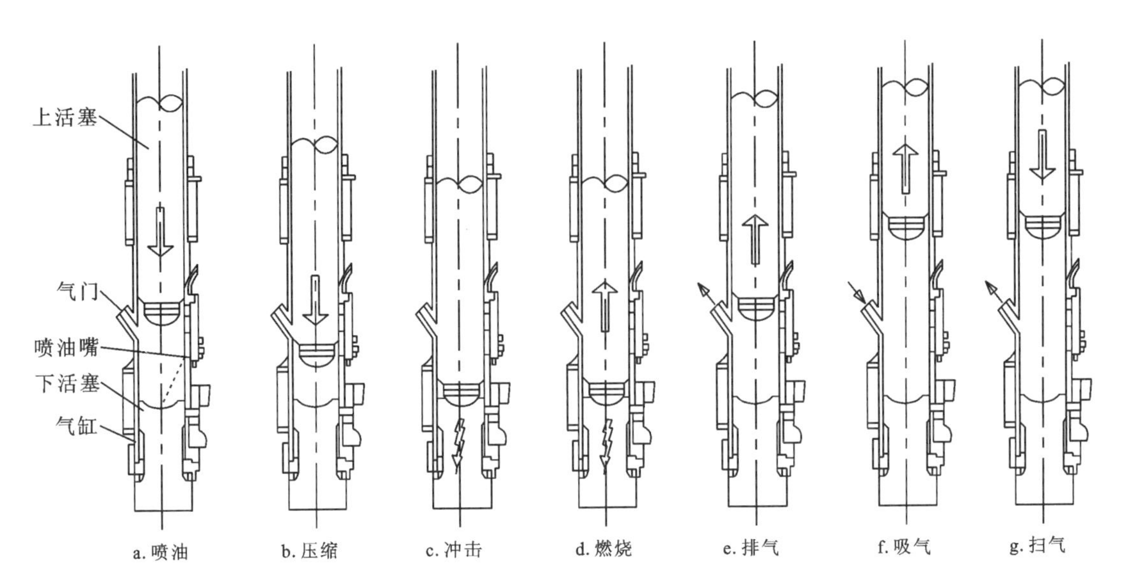

图 6-2-1　筒式柴油锤工作原理

(5)振动锤。振动锤又称激振器，安装在桩头，用夹桩器将桩与振动器固定。在电机的带动下，振动锤中的偏心块相向旋转，其离心力的横向分力相互抵消，而离心力的垂直向分力则叠加，使桩产生垂直的上下振动，这时桩及桩周土体处于强迫振动状态，从而使桩周土体强度显著降低，桩尖处土体挤开，破坏了桩与土体间的黏结力，桩周土体对桩的摩阻力和桩尖处土体抗力大大减少，桩在自重和振动力的作用下克服土体阻力而逐渐沉入土层中。

2)桩锤的选择

桩锤的类型应根据工程地质条件、施工现场情况、机具设备条件及工作方式和工作效率等条件来选择。桩锤类型确定后，关键是确定锤重，一般是锤比桩重较合适。锤击沉桩时，为防止桩受过大冲击应力而损坏，应力求选用重锤轻击的打桩方法。施工中可根据地质条件、桩型、桩的密集程度、单桩竖向承载力及现有施工条件等进行选择，也可根据施工经验确定。

(1)根据经验按表 6-2-1 选择桩锤。

表 6-2-1　桩锤选择表

锤型		柴油锤/t						
		D25	D35	D45	D60	D72	D80	D100
锤的动力性能	冲击部分质量/t	2.5	3.5	4.5	6.0	7.2	8.0	10.0
	总质量/t	6.5	7.2	9.6	15.0	18.0	17.0	20.0
	冲击力/kN	2000～2500	2500～4000	4000～5000	5000～7000	7000～10 000	>10 000	>12 000
	常用冲程/m	1.8～2.3						

续表 6-2-1

锤型			柴油锤/t						
			D25	D35	D45	D60	D72	D80	D100
		预制方桩、预应力管桩的边长或直径/mm	350～400	400～450	450～500	500～550	550～600	600 以上	600 以上
		钢管桩直径/mm	400		600	900	900～1000	900 以上	900 以上
持力层	黏性土粉土	一般进入深度/m	1.5～2.5	2.0～3.0	2.5～3.5	3.0～4.0	3.0～5.0		
		静力触探比贯入阻力 p_s 平均值/MPa	4	5	>5	>5	>5		
	砂土	一般进入深度/m	0.5～1.5	1.0～2.0	1.5～2.5	2.0～3.0	2.5～3.5	4.0～5.0	5.0～6.0
		标准贯入击数 N(未修正)	20～30	30～40	40～45	45～50	50	>50	>50
锤的常用控制贯入度/(cm/10 击)			2～3		3～5	4～8		5～10	7～12
设计单桩极限承载力/kN			800～1600	2500～4000	3000～5000	5000～7000	7000～10 000	>10 000	>10 000

注:①本表仅供选锤用;

②本表适用于桩端进入硬土层一定深度的长度为 20～60m 的钢筋混凝土预制桩及长度为 40～60m 的钢管桩。

(2)按桩重选择桩锤。锤重一般应大于桩重,可参考表 6-2-2 选取。落锤以相当于桩重的 1.5～2.5 倍为佳,落锤高度通常为 1～3m,以重锤低落距打桩为好。如采用轻锤,即使落距再大,常难以奏效,且易击碎桩头,并因回弹损失较多的能量而减弱打入效果。故宜在保证桩锤落距在 3m 内能将桩打入的情况下来选定桩锤的重量。

表 6-2-2 锤总重和桩重(包括桩帽重)的合适比(桩长 20m 左右)

桩的类型	单动汽锤	双动汽锤	柴油锤	落锤
钢筋混凝土桩	0.4～1.4	0.6～1.8	1.0～1.5	0.35～1.5
木桩	2.0～3.0	1.5～2.5	2.5～3.5	2.0～4.0
钢板桩	0.7～2.0	1.5～2.5	2.0～2.5	1.0～2.0

注:土质较松时采用下限值,土质较坚硬时采用上限值。

2. 桩架

打桩架也称桩架,实质上是一台供打桩专用的起重和导向设备,主要由底盘、导杆、斜撑、滑轮组和动力设备等组成,打桩架至少应具备 3 种功能:①能悬挂打桩锤和起吊预制桩;②能给打桩锤导向;③能行走、转向。

我国目前施打预制桩的打桩架按行走方式分类主要有滚管式桩架、轨道式桩架、步履式桩架和履带式桩架。

随着施工技术与施工设备的发展，目前对大桩施工，履带式桩架已占绝对优势，步履式桩架与滚管式桩架主要用于各类中小桩的施工，而轨道式桩架由于移位不方便，正逐渐被步履式桩架所取代。

1)滚筒式桩架

这种桩架靠底盘下两对半圆形卡槽内的两根滚管在地面枕木上滚动使底盘作前后移动，靠底盘在滚管上滑动作左右移动，比较方便，但平面转向较为困难，需要的操作人员较多。这种桩架结构简单，制作容易，成本低。

2)轨道式桩架

在工地上需铺枕木与钢轨，轨道式桩机底盘上装有滚轮，底盘在轨道方向行走较为方便，但垂直于轨道方向的移位较为困难，给施工带来诸多不便且现场组装和拆迁较麻烦。

3)步履式桩架

桩架的接地部分是一对纵向步履(长船)和一对横向步履(短船)。纵向长船触地时横向短船离地，底盘在长船上作纵向移位，短船相对于底盘作横向相对位置调整；横向短船触地时纵向长船离地，底盘在短船上作横向移位，长船相对于底盘作纵向相对位置调整。因此，采用液压步履行走的方式进行整机的移位和回转较灵活方便。由于不需铺设枕木和钢轨，工人的劳动强度大大降低，且行走液压控制系统只需一人操作就行。

4)履带式桩架

履带式桩架是以履带式起重机为主机的一种新型多功能打桩机，按整机的结构可分为悬挂式履带打桩架和三点支撑式履带打桩架。

(1)悬挂式履带打桩架。悬挂式履带打桩架是以履带起重机为主机，用起重机的吊杆悬挂打桩用的导杆，再用水平“人”字形叉架将起重机的底盘和导杆底端部连接成一体的一种组装式打桩架，如图 6-2-2 所示。

悬挂式覆带打桩架构造简单，体积较小，操作方便，行走转向灵活，但该机架的垂直度调节能力较差，导杆容易抖动，一般适合于施打边长为 300mm、350mm 及 400mm 截面较小的预制方桩。

(2)三点支撑式履带打桩架。三点支撑式履带打桩架是以专用履带式起重器作主机(底盘)，配以钢管式导杆和两根后支撑所组成的一种先进的打桩架。其结构如图 6-2-3 所示。

三点支撑式履带打桩架采用全液压驱动，导杆后面的两根斜支撑采用液缸调节，导杆底端也可前后水平细调，所以导杆调节灵活、垂直精度高，整机稳定性好、移动操作方便。其履带中心距也可调节，爬坡能力强；桩架底座可作水平向 360°回转，可施打后仰 20°范围内的斜桩；同种类型的主机可配备几种类型的导杆，可挂不同类型的柴油锤和液压锤；导杆可做成单导向，也可做成双导向；双导向导杆可作 90°转动，可挂不同导轨间距的柴油锤。若双导向导杆一边悬挂长螺旋钻具，一边悬挂柴油锤，可很方便地实施“钻孔植桩”工艺。因此，施打预制桩宜优先选用三点支撑式履带打桩架。

总之，桩架由支架、导向杆、起吊设备、动力设备、移动装置等组成。有时按施工工艺要求还附有冲水、钻孔取土、拔管、配重加压等特殊工艺设备。其主要功能应包括起吊桩锤、吊桩和插桩、导向沉桩等。桩架高度按桩长需要分节组装。选择桩架高度按“桩长＋滑轮组高＋桩锤高度＋桩帽高度＋起锤移位高度”的总和另加 0.5～1.0m 的富余量确定。

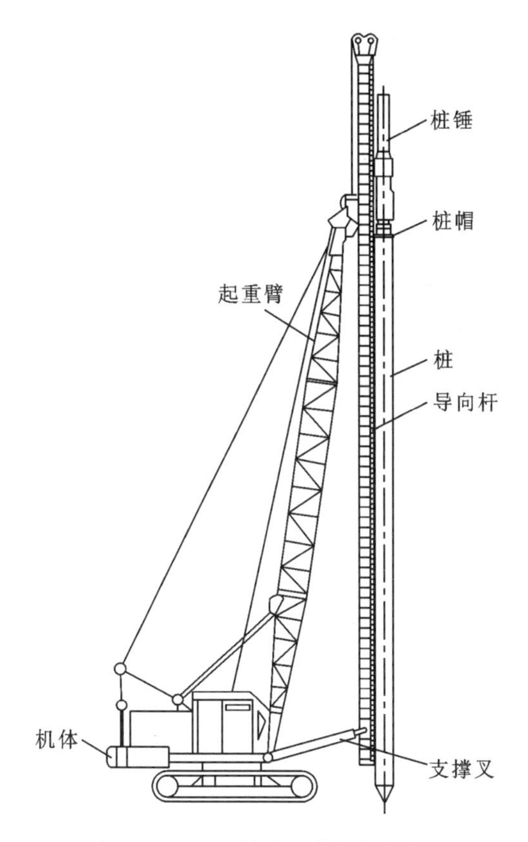

图 6-2-2 悬挂式履带打桩架构造

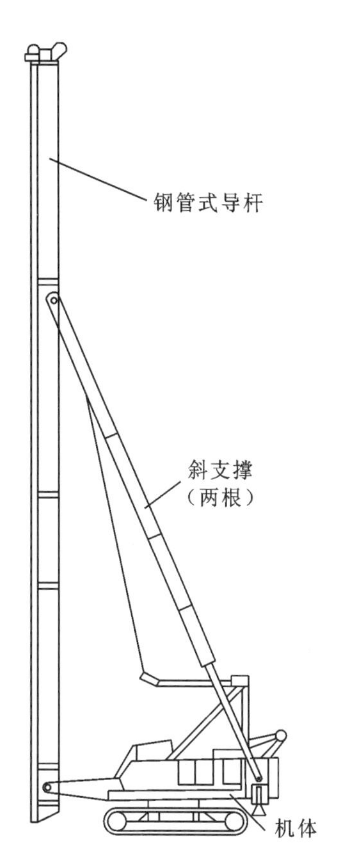

图 6-2-3 三点支撑式履带打桩架

3. 垫材

根据桩锤和桩帽类型、桩型、地基土质及施工条件等多种因素，合理选用垫材能提高打桩效率和沉桩精度，保护桩锤安全使用和桩顶免遭破损，确保顺利沉桩至设计要求。

打桩时，垫材起着缓和并均匀传递桩锤冲击力至桩顶的作用。桩帽上部与桩锤相隔的垫材称为锤垫，锤垫与桩锤下部的冲击砧接触，直接承受桩锤的强大冲击力，并均匀地传递于桩帽上。桩帽下部与桩顶相隔的垫材称为桩垫，桩垫与桩顶直接接触，将通过桩帽传递的冲击力更均匀地传递至桩顶上，桩垫通常应用于钢筋混凝土桩的施工中。

锤垫常采用橡木、桦木等硬木按纵纹受压使用，有时也可采用钢索盘绕而成。对重型桩锤尚可采用压力箱式或压力弹簧式新型结构式锤垫。

桩垫通常采用松木横纹拼合板、草垫、麻布片、纸垫等材料制成。

垫材经多次锤击后，会因压缩减小厚度，使得密度和硬度增加，刚度也就随之增大，这一现象在桩垫中更为显著。保持垫层的适当刚度可以控制桩身锤击应力，提高锤击效率，尤其是对钢筋混凝土桩更为重要。若垫材刚度较大，则桩锤通过垫材传递给桩的锤击能量也会增加，从而提高打桩能力，锤击应力也将相应地增大。反之，若垫材刚度较小，则桩的锤击应力会减小，且桩锤对桩的撞击持续时间有所延长，当桩锤的打桩能力大于桩的贯入总阻力时，这将有利于桩的加速贯入和提高效率。桩锤锤型确定后垫层材料及厚度一般可参照表 6-2-3 取用。

表 6-2-3 垫层选用表

锤型	桩型		桩长/m	硬木锤垫厚度/mm	松木桩垫厚度/mm
柴油锤 D12-14	钢管桩	ϕ300～ϕ450	10～15	50	
柴油锤 D20-25,蒸汽锤 3t		ϕ400～ϕ550	10～30	50	
柴油锤 D40-50,蒸汽锤 10t		ϕ600～ϕ900	15～70	100	
柴油锤 D30-35,蒸汽锤 7t		ϕ400～ϕ800	10～50	100	
柴油锤 D70		ϕ900～ϕ1500	30～80	200	
柴油锤 D12-14	混凝土桩	ϕ300～ϕ400	5～15	50	50
柴油锤 D20-25,蒸汽锤 3t		ϕ350～ϕ500	8～30	50	50
柴油锤 D30-35,蒸汽锤 4t-7t		ϕ400～ϕ600	10～45	100	70
柴油锤 D40-45,蒸汽锤 10t		ϕ500～ϕ800	20～60	100	100

二、锤击沉桩施工

1. 打桩顺序的确定

打桩顺序是否合理，直接影响打桩进度和施工质量。图 6-2-4 是两种不合理的打桩顺序，这样打桩，桩体附近的土壤朝一个方向挤压，有可能使最后要打入的桩难以打入土中，或者桩的入土深度逐渐减少。这样建成的桩基础，会使建筑物产生不均匀沉降，应予避免。

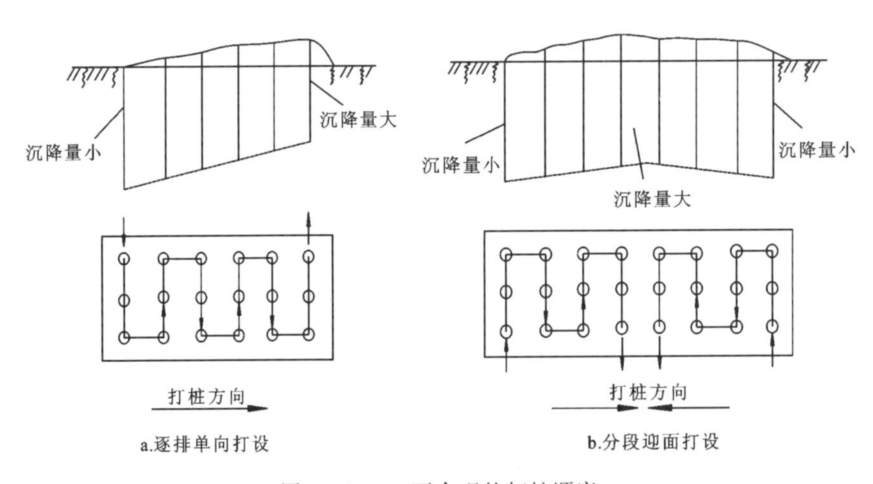

图 6-2-4 不合理的打桩顺序

根据上述原因，当相邻桩的中心距小于 4 倍桩的直径时，应拟定合理的打桩顺序，例如可采用逐排打设、自中部向边沿打设和分段打设等(图 6-2-5)。

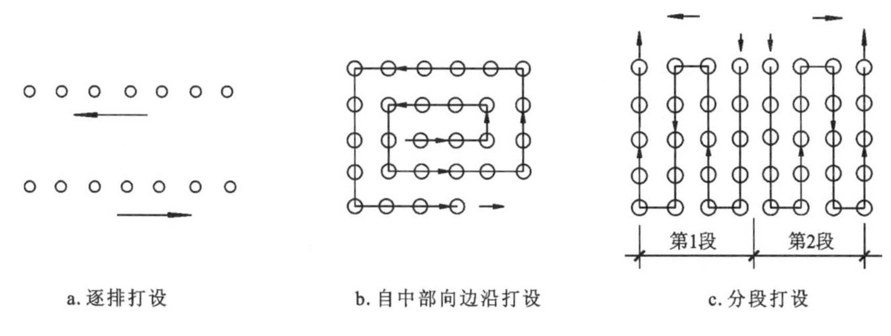

图 6-2-5 几种合理的打桩顺序

实际施工中，由于移动打桩架的工作繁重，除了考虑上述的因素外，有时还要考虑打桩架移动的方便与否来确定打桩顺序。

打桩顺序确定后，还需要考虑打桩机是往后“退打”还是往前“顶打”，因为这涉及桩的布置和运输问题。

当打桩地面标高接近桩顶设计标高时，打桩后，实际上会有一定数量的桩的顶端高出地面，这是由于桩端持力层的标高不可能完全一致，而预制桩又不可能设计成各不相同的长度，因此有些桩的桩顶高出地面往往是难免的。在这种情况下，打桩机只能采取往后退打的方法，桩不能事先都布置在场地上，只能随打随运。

当打桩后桩顶的实际标高在地面以下时，打桩机则可以采取往前顶打的方法进行施工。这时只要现场许可，所有的桩都可以事先布置好，可以避免场内二次搬运。往前顶打时，由于桩顶都已打入地面以下，所以地面会留有桩孔，移动打桩机和行车时应注意填平。

2. 桩的提升就位

桩运至桩架下以后，利用桩架上的滑轮组进行提升就位(又称插桩)。即首先绑好吊索，将桩以呈水平状态提升到一定高度(为桩长的一半加 0.3～0.5m)，然后提升其中的一组滑轮组使桩尖渐渐下降，从而使桩身旋转至垂直于地面的位置，此时桩尖离地面 0.3～0.5m。图 6-2-6 是三吊点的桩的提升情况，左(面对桩架正面而言)滑轮组连接吊点 A 和 B，右滑轮组连接吊点 C。

桩提升到垂直状态后，即可送入桩架的龙门导杆内，然后把桩准确地安放在桩位上，随后将桩和导杆相连接，以保证打桩时不发生移动和倾斜。在桩顶垫上桩垫，安上桩帽后，即可将桩锤缓缓落到桩顶上面(注意不要撞击)。在桩的自重和锤重作用下，桩向土中沉入一定深度而达到稳定的位置，这时再校正一次桩的垂直度后，即可进行打桩。

3. 打桩

用桩锤打桩，桩锤动量所转换的功，除去各种损耗外，如还足以克服桩身与土的摩阻力和桩尖阻力时，即可沉桩。

桩锤动量用下式表示：

$$T=Q\sqrt{2gH} \quad (6-2-2)$$

式中：T 为桩锤动量(kN·m/s)；Q 为桩锤所受的重力(kN)；g 为重力加速度，9.81(m/s^2)；

H 为落距(m)。

打桩过程中的各种损耗主要包括锤的冲击回弹能量损耗，桩身变形(包括桩头损坏)能量损耗，土的变形能量损耗等。其中锤的冲击回弹能量损耗可用下式表示：

$$E=\frac{q(1-K^2)}{Q+q}QH \tag{6-2-3}$$

式中：E 为锤的冲击回弹能量损耗(J)；Q、q 分别为桩锤和桩所受的重力(kN)；K 为回弹系数，据实测，一般可取 0.45。

打桩时，可以采取两种方式：一为“轻锤高击”；另一为“重锤低击”，如图 6-2-7 所示。设 $Q_2=2Q_1$，而 $H_2=0.5H_1$，这两种方式即使桩锤所做的功相同($Q_1H_1=Q_2H_2$)，但所得到的效果是不同的。可粗略地以撞击原理来说明这种现象。

轻锤高击，根据式(6-2-2)，桩所得的动量较小 $T_1=Q_1\sqrt{2gH_1}$，而桩锤对桩头的冲击大，因而回弹大，桩头也易损坏，根据式(6-2-3)这些都是要消耗较多的能量。

相反，重锤低击，桩所得的动量较大 $T_2=2Q_1\sqrt{gH_1}$，而桩锤对桩头的冲击小，因而回弹也小，桩头不易损坏，大部分能量都可以用来克服桩身与土的摩阻力和桩端阻力，桩能较快地打入土中。

此外，由于重锤低击的落距小，因而可提高锤击频率，桩锤的锤击频率高，对于较密实的土层，如砂土，能较容易地穿过(但不适用于含有砾石的杂填土)。

至于桩锤的落距究竟以多大为宜，根据实践经验，刚开始打桩桩锤落距宜小，一般为 0.5～0.8m，以便使桩能正常沉入土中，待桩入土到一定深度后，桩尖不易发生偏移时，可逐渐将落距提高到规定数值，继续锤击。管桩的最大落距不得大于 1.5m；实心桩的最大落距不得大于 1.8m。

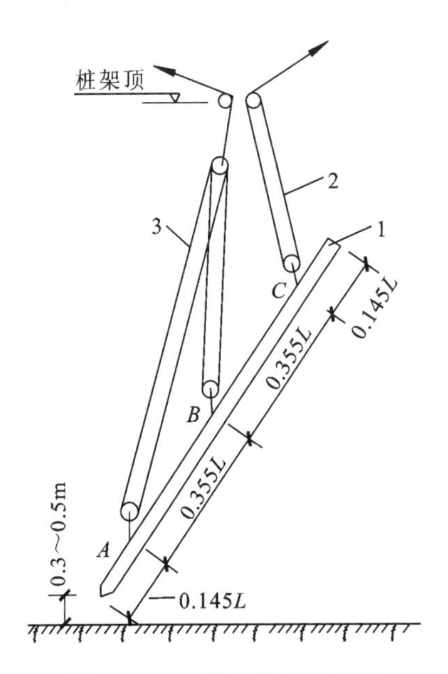

图 6-2-6 桩的提升示意图

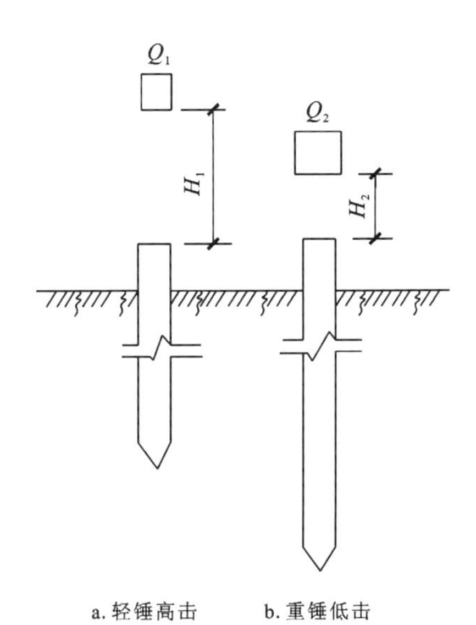

图 6-2-7 两种打桩方式示意图

4. 打桩质量要求

打桩质量包括两个方面的内容：一是能否达到设计要求的贯入度或标高；二是打入后的桩位偏差是否在允许范围以内。

打桩的控制原则是：①桩端位于坚硬、硬塑的黏性土、碎石土、中密以上的砂土或风化岩等土层时，以贯入度控制为主，桩端进入持力层深度或桩端标高可作参考；②贯入度已达到，而桩端标高未达到时，应继续锤击 3 阵（每阵 10 击），其平均贯入度不应大于规定的数值；③桩端位于其他软土层时，以桩端设计标高控制为主，贯入度可作参考；④打桩时，如控制指标已符合要求，而其他的指标与要求相差较大时，应会同有关单位研究处理；⑤贯入度应通过试桩确定，或做打桩试验（与有关单位确定）。

上述所指的贯入度，为最后贯入度，即最后一击时桩的入土深度。实际施工中，一般是采用最后 10 击桩的平均入土深度作为其最后贯入度。

最后贯入度是打桩质量标准的重要指标，但在实际施工中，也不要孤立地把贯入度作为唯一不变的指标，因为贯入度的影响因素是多方面的。例如地质情况的变化，有无“送桩”（所谓送桩是指当桩顶需要打入到地面以下时，在桩顶与桩帽之间需要有一根工具式短桩，一般长几米，多用钢材做成，可重复使用），加上送桩后，贯入度会显著减少；若用汽锤，蒸气压力的变化（蒸气压力要正常，否则贯入度是假象）等，都足以使贯入度产生较大的差别。因此，打桩中对于贯入度的异常变化，需要具体分析。

施打大面积密集桩群时，可采取下列辅助措施：①对预钻孔沉桩，预钻孔孔径可比桩径（或方桩对角线）小 50～100mm，孔深可根据桩距和土的密实度、渗透性确定，宜为桩长的 1/3～1/2；施工时应随钻随打；桩架宜具备钻孔锤击双重功能；②应设置袋装砂井或塑料排水板。袋装砂井直径宜为 70～80mm，间距宜为 1.0～1.5m，深度宜为 10～12m；塑料排水板的深度、间距与袋装砂井相同；③应设置隔离板桩或地下连续墙；④开挖地面防震沟，并可与其他措施结合使用。防震沟沟宽可取 0.5～0.8m，深度按土质情况决定；⑤应限制打桩速率；⑥沉桩结束后，宜普遍实施一次复打；⑦沉桩过程中应加强邻近建筑物、地下管线等的观测、监护。

打入桩（预制混凝土方桩、预应力混凝土空心桩、钢桩）的桩位偏差，应符合表 6-2-4 的规定。斜桩倾斜度的偏差不得大于倾斜角正切值的 15%（倾斜角系桩的纵向中心线与铅垂线间夹角）。

表 6-2-4　打入桩桩位的允许偏差　　单位：mm

项目	允许偏差
带有基础梁的桩：①垂直基础梁的中心线 ②沿基础梁的中心线	$100+0.01H$ $150+0.01H$
桩数为 1～3 根桩基中的桩	100
桩数为 4～16 根桩基中的桩	1/2 桩径或边长
桩数大于 16 根桩基中的桩：①最外边的桩 ②中间桩	1/3 桩径或边长 1/2 桩径或边长

注：H 为施工现场地面标高与桩顶设计标高的距离。

为了控制桩的垂直偏差和平面位置偏差，桩在提升就位时，必须对准桩位，而且桩身要垂直，插入时的垂直度偏差不得超过0.5%。施打前，桩、桩帽和桩锤必须在同一垂直线上。施打开始时，先用较小的落距，待桩渐渐入土稳住后，再适当增大落距，正常施打。

打桩系隐蔽工程，应做好打桩记录(表6-2-5)，作为工程验收时鉴定桩的质量的依据之一。

表6-2-5 打桩施工记录

工程名称： 桩的类型、规格及长度： 自然地面标高： 桩顶设计标高：							施工单位： 打桩小组： 桩锤类型及冲击部分种类： 桩帽重量：　　　　气候：		
编号	打桩日期	桩入土每米锤击数				落距/cm	桩顶高于或低于设计标高/m	最后贯入度/(cm/10击)	备注

5. 打桩中常见问题及分析和处理

打桩施工的质量要求如前所述，但在实际施工中，常会发生打坏、打歪、打不下去等问题。发生这些问题的原因是复杂的，有工艺操作上的原因，有桩的制作质量上的原因，也有土层变化复杂等原因。因此，发生这些问题时，必须具体分析、具体处理。必要时，应与设计单位共同研究解决。

1)桩顶、桩身被打坏

一般是指桩顶四边和四角打坏，或者顶面被打碎，有时甚至桩身断折。发生这些问题的原因及处理方法如下。

(1)打桩时，桩的顶部由于直接受到冲击而产生很高的局部应力。因此，桩顶的配筋应作特别处理，其合理的构造如图6-1-1所示。

(2)桩身混凝土保护层太厚，受冲击容易剥落。主筋放得不正，是引起保护层过厚的主要原因，必须注意避免。

(3)桩垫层材料选用得不合适，或者已被打坏，不能起到减弱锤击应力和均匀分布应力的作用。我国桩垫材料多为松板、麻袋或油浸麻绳等。国外所用材料种类较多，有榆木、橡木、椰子壳、胶合板、石棉片和酚醛塑料(其强度高，弹性好，不易老化)。此外，还有用液体氮作为桩垫层材料。总的说来，对于难打的、锤击应力大的桩，应采用材质均匀、强度高、弹性好的桩垫层。

(4)桩的顶面与桩的轴线不垂直，则桩处于偏心受冲击状态，局部应力增大，极易损坏。有时由于桩帽比桩大，套上的桩帽偏向桩的一边，或者桩帽本身不平，也会使桩受着偏心冲击。有的桩在施打时发生倾斜，锤击数下就可以看到一边的混凝土被打碎而脱落，这都是由于偏心冲击，局部应力过大的缘故。因此，制作预制桩时，必须使桩的顶面与桩的轴线严格保持垂直。施打时，桩帽要放平整，打桩过程中，一经发现歪斜，就应及时纠正。

(5)在打桩过程中出现桩下沉速度慢而施打时间长，锤击次数多或冲击能量过大时称为过打。发生过打的原因是桩尖通过硬层、最后贯入度定得过小、锤的落距过大等。由于混凝土的抗冲击强度只有其抗压强度的50%，若桩身混凝土反复受到过度的冲击，就容易破坏。遇到过打，应分析地质资料，判断土层情况，改善操作方法，采取有效措施解决。

(6)桩身混凝土强度不高，有的是由于砂、石含泥量较大，影响了强度，有的则是养护龄期不够，未到要求强度就进行施打，致使桩顶、桩身打坏。对桩身打坏的处理，可加钢夹箍，用螺栓拉紧焊牢补强。

2)打歪

桩顶不平，桩身混凝土凸肚，桩尖偏心，接桩不正或土中有障碍物，都容易将桩打歪；另外，桩被打歪往往与操作有直接关系，如桩初入土时，桩身就有歪斜，但未纠正急于施打，就很容易把桩打歪。为防止把桩打歪，可采取以下措施。

(1)必须仔细检查打桩机的导架两个方向的垂直度，以确保垂直。否则，打入的桩会偏离桩位。

(2)竖立起来的桩，其桩尖必须对准桩位，同时桩顶要正确地套入桩锤下的桩帽内，勿偏在一边，使桩能够承受轴心锤击而沉入土中。

(3)打桩开始时，桩锤用小落距将桩徐徐击入土中，并随时检查桩的垂直度，待桩打入土中一定的深度并稳定后，再按要求的落距将桩连续击入土中。

(4)桩顶不平、桩尖偏心都极易使桩打歪，因此必须注意桩的制作质量和桩的验收检查工作。

3)打不下去

在市区打桩，如初入土1～2m就打不下去，贯入度突然变小，桩锤严重回弹，这可能是遇上旧的灰土或混凝土基础等障碍物，必要时应彻底清除或钻透后再打。如桩已打入土中很深，突然打不下去，这可能有如下几种情况。

(1)桩顶或桩身已打坏，锤的冲击能不能有效地向下传递，使之继续沉入土中。

(2)土层中夹有较厚的砂层或其他硬土层，或者遇上钢渣、孤石等障碍物，在这种情况下，如盲目施打，会造成桩顶破碎、桩身折断。此时，应会同勘探设计部门共同研究解决。有时，由于桩被打歪，也会发生类似现象。

(3)打桩过程中，因特殊原因，不得已而中断，停歇一段时间以后再施打，往往不能顺利地将桩打入土中。其原因主要是受扰动的土体强度随着时间的推移得以恢复，桩身周围的土与桩之间的摩阻力增大，钢筋混凝土桩变成了直径更大的土桩而承受荷载，因而难以继续将桩打入土中。所以，在打桩施工中，必须要各方面做好准备，保证施打的连续进行。

4)一桩打下邻桩上升

这种现象多在软土中发生，即桩贯入土层中时，由于桩身周围的土体受到急剧挤压和扰动，被挤压和扰动的土，靠近地面的部分，将在地表面隆起和水平移动。若布桩较密，打桩顺序又欠合理，一桩打下，将使邻桩上升，或将邻桩拉断，或引起周围土坡开裂、建筑物裂缝。

故此，当桩的中心距不大于 $5d$（d 为桩身直径）时，应采取分段施打，以免土体朝着同一方向运动，造成过大的水平移动和隆起。

第三节 静力压桩

一、静力压桩的原理及适用范围

1. 静力压桩机理

静力压桩是借助专用桩架的自重和桩架上的配重，通过压梁或液压油缸和液压夹持机构，以卷扬机或液压方式将静压力施加在桩顶或桩身上，当施加给桩的静压力与桩的入土阻力达到动态平衡时，桩在自重和静压力作用下逐渐沉入地基土中。

压桩施工时，作用在桩顶或桩身的下压力克服桩周土的摩阻力传递到桩端土，造成桩端下土体的压缩变形，当桩端处土体所受应力超过其抗剪强度时，土体产生塑性流动（黏性土）或挤密侧移和下拖（砂土）。在浅地表处，黏性土体会向上隆起，砂性土则会被拖带下沉；在地下深处由于上覆土层的压力，土体主要向桩周水平方向挤开，使贴近桩周处土体结构完全破坏。由于较大的辐射向压力的作用也使邻近桩周土体受到较大扰动，此时，桩身必然会受到土体的强大反向抗力所引起的桩周摩阻力和桩端阻力的抵抗，当桩顶的静压力大于沉桩时的这些抵抗阻力，桩将继续“刺入”下沉。反之，则停止下沉。

压桩时，桩周土受到强烈扰动，桩周土体的实际抗剪强度与其原始抗剪强度有很大差异。随着桩的沉入，桩与桩周土体之间将出现相对剪切位移，由于土体的抗剪强度和桩土之间的黏着力作用，土体对桩周表面产生摩阻力。当桩周土质较硬时，剪切面发生在桩与土的接触面上；当桩周土体较软时，剪切面一般发生在邻近于桩表面处的土体内。随着桩的沉入，黏性土组成的桩周土体的抗剪强度逐渐下降，直至降低到重塑土抗剪强度。砂性土组成的桩周土，除松砂外，抗剪强度变化不大。各土层作用于桩上的桩侧摩阻力并不是一个常值，而是随着桩的继续下沉而显著减少，桩下部摩阻力对沉桩阻力起显著作用，其值可占沉桩阻力的 50%～80%，它与桩周土体强度成正比。

终压力与极限承载力。在静力压桩施工完成后，土体中超静孔隙水压力开始消散，土体强度逐渐恢复，上部桩身周围空穴区被充满，中部桩土滑移区消失，下部桩挤压区压力减小，这时桩才开始获得了工程意义上的极限承载力。从大量的工程实践看，黏性土中长度较长的静力压桩其最终的极限承载力比压桩施工时的终压力要大，在某些软土地区，静力压桩最后获得的单桩竖向极限承载力可比终压力值高出 1～2 倍，但是黏性土中的短桩，土体强度经一段时间的恢复，摩阻力虽有提高，但因桩身短，侧摩阻力占桩的极限承载力的比例不大，最终极限承载力达不到桩的终压力。因此桩的终压力与极限承载力是两个不同的概念，一些初接触静压桩的设计、施工人员往往将两者混为一谈。两者数值上不一定相等，主要与桩长、桩周土及桩端土的性质有关，但两者也有一定的联系。

静力压桩于 20 世纪 60 年代在上海开始研究应用，到 80 年代，随着压桩机械的发展和环保意识的增强进一步得到推广，至90年代，压桩机实现系列化，且最大压桩力为6800kN的压桩机已问世，既可施工预制方桩，也可施工预应力管桩；适用的建筑物已不仅是多层或中高层，也可以是20～35层的高层建筑。目前我国静力压桩机的最大静压力已高达12 000kN。

静力压桩具有无噪声、无振动、无冲击力、桩身施工应力小等特点，可减少打桩振动对地基和邻近建筑物的影响，桩顶不易损坏、不易产生偏心、沉桩精度较高、节省制桩材料和降低工程成本，且能在沉桩施工中测定沉桩阻力，为设计施工提供参数，并预估和验证桩的承载能力。

但由于专用桩架设备的高度和压桩能力受到一定限制，较难压入30m以上的长桩(对长桩可通过接桩，分节压入)。当地基持力层起伏较大或地基中存在中间硬夹层时，桩的入土深度较难调节。此外，对地基的挤土影响仍然存在，需视不同工程情况采取措施减少公害。

2. 静力压桩适用范围

通常应用于高压缩性黏土层或砂性较轻的软黏土地基。当桩需贯穿有一定厚度的砂性土夹层时，必须根据砂性土层的厚度、密实度、上下土层的力学指标、桩的结构、强度、形式和设备能力等综合考虑其适用性。

下列地质条件下不宜选用静力压桩。

(1)土层中夹有难以消除的孤石、障碍物。

(2)含有不适宜作持力层且管桩又难以贯穿的坚硬夹层。

(3)基岩面上没有合适持力层的岩溶地层。

(4)非岩溶地区基岩以上的覆盖层为淤泥等松软土层，其下直接为中风化岩层或微风化岩层或中风化岩面上只有较薄的强风化岩层。

(5)桩端持力层为遇水易软化且埋藏较浅的风化岩层。

(6)对管桩的混凝土、钢筋及钢构件有强腐蚀作用的岩土层(含地下水)。

二、静力压桩机械设备

静力压桩机分机械式压桩机和液压式压桩机两种。

1. 机械式压桩机

我国在20世纪60年代研制的第一代静力压桩机是绳索式压桩机，这种压桩机的压桩机构由桩架、卷扬机、两组或四组加压钢丝绳滑轮组和活动压梁等部件所组成，以桩架自重和桩架上的配重作反力，施压部位在预制桩的顶面，施压力大多为600～2000kN，最大不超过2500kN，如图6-3-1所示。作业时将桩置于活动压梁下面，压梁两侧都装有压桩滑轮组。钢丝绳从卷扬机引出，绕过桩架顶梁上的导向滑轮，再顺次绕过压梁上的动滑轮和桩架底部的定滑轮，卷扬机卷进钢丝绳，逐步将压桩滑轮组收紧，通过压梁将整台压桩机的重量和配重作为反力，试压于桩顶上，克服桩与土壤间的摩阻力和端阻力，将桩逐渐压入土中。桩架顶梁上有提升滑轮组，用以吊桩就位。桩架中间有龙门，以导引沉桩方向。钢丝绳穿绕必须合理，两台卷扬机力求同步，使受力均衡。为抵消牵引速度的差异，顶梁上有平衡滑轮组,并将左、右两压桩滑轮组的钢丝绳相连。适合在黏土、淤泥和松砂中压设混凝土桩和钢桩。

2. 液压式压桩机

目前使用最多的静压桩机是液压式压桩机(图 6-3-2)。这种压桩机最早是由湖北省武汉建科科技有限公司于 20 世纪 70 年代末研制成功的。1977 年生产了最大压桩力为 600kN 的 YZY-60 型液压式静压机,1982 年生产了 YZY-80 型液压式静压机,1984 年生产了 YZY-120 型液压式静压机,1985 年生产了 YZY-160 型液压式静压机,此后全国有不少厂家生产了同类型压桩机,而且压桩力越来越大,最大达 12 000kN。

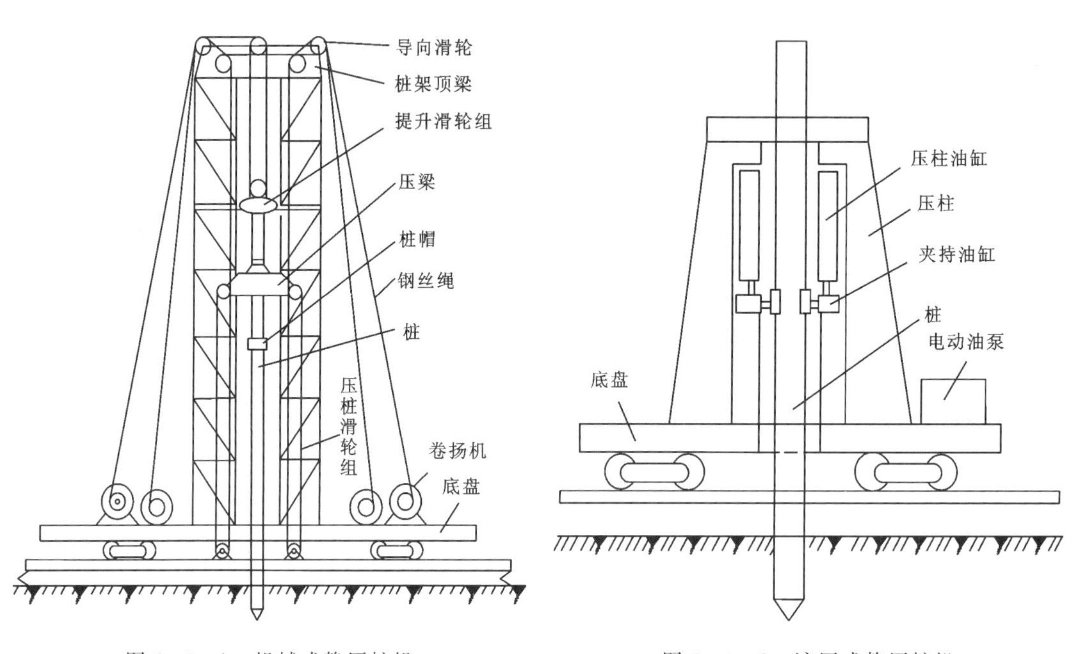

图 6-3-1　机械式静压桩机　　　　图 6-3-2　液压式静压桩机

该类型压桩机也是用桩机自重和桩架上配重作反力,但行走、转向、升降、夹桩、压桩等工作全部用液压操作,自动化程度高。施压部位一般不在桩顶端面而在桩身侧面。施压时,先通过液压夹持机构将桩身夹紧,然后主机的 2 个或 4 个压桩油缸作伸程动作,向上的反力由桩架自重和配重平衡,向下的压力迫使夹持机构在导向架内向下运动,且将桩身压入土体内约一个行程的长度。当压桩油缸行程走满后(一般为 1.5~2.0m),需将夹持机构放松再使压桩油缸作回程动作,待夹持机构上升至原来高度处,再将桩身夹住,再作压桩动作,如此循环往复,便可将整根桩压入地基土层中。

该类型压桩机设有液压步履装置,能自动作纵横向移动和原位回转,行走转向方便。压桩机上还装有工作吊机,可自行将预制桩吊入夹持机构内。此外,有些压桩机还装有电脑分析装置,能准确记录压桩时的贯入阻力,处理工程技术数据,自动打印出压桩全过程的深度-阻力曲线。静压桩机的选择可参考表 6-3-1。

表 6-3-1　静压桩机选择参考表

压桩机型号		80～260	360～428	550～618	718～818	918～1200
最大压桩力/kN		800～2600	3600～4280	5500～6180	7180～8180	9180～12 000
适用管桩	最小桩径/mm	300	300	300	300	400
	最大桩径/mm	400	500	600	600	800
适用方桩	最小边长/mm	200	200	300	300	300
	最大边长/mm	400	400	450	500	600
单桩极限承载力/kN		1000～2000	1700～3000	2100～3800	2800～4600	3500～5500
桩端持力层		中密—密实砂层、硬塑、坚硬黏土层，残积土层	密实砂层、坚硬黏土层、全风化岩层	同左	密实砂层、坚硬黏土层、全风化岩层	同左
桩端持力层标贯值 N		20～25	20～35	30～40	30～50	30～50
穿透中密—密实砂层厚度/m		约 2	2～3	3～4	5～6	5～8

注：标贯值 N 即标准贯入击数，用于岩土分类与鉴定。如用 N 判断全风化岩和强风化岩时，一般可取全风化岩：$30\leqslant N<50$；强风化岩：$N\geqslant50$。

三、静力压桩施工

静力压桩相对锤击法沉桩，以静压力来代替冲击力，采用与锤击法沉桩相似的基本程序，根据设计要求和施工条件制订施工方案和编制施工组织设计，正确判断压桩阻力，合理选用压桩设备和施工工艺，做好与锤击法沉桩相类似的施工准备工作。

1. 压桩程序

压桩施工一般情况下都采取分段压入、逐段接长的方法，其程序为：测量定位—压桩机就位—吊桩喂桩—桩身对中调直—压桩—接桩—再压桩—(送桩)—终止压桩—切割桩头，压桩施工程序如图 6-3-3 所示，详述如下。

(1)压桩机就位。经选定的压桩机进场安装调试好以后，行至桩位处，使压桩机夹持钳口中心与地面上的样桩基本对准，调平压桩机，再次校核无误，将长步履(长船)落地受力。

(2)吊桩喂桩。静压预制桩桩节长度一般在 12m 以内，可直接用压桩机上的工作吊机自行吊桩喂桩，也可另外配备专门吊机进行吊桩喂桩。第一节桩(底桩)应用带桩尖的桩。当桩被运到压桩机附近后，一般采用单点吊法起吊，采用双千斤(吊索)加小扁担(小横梁)的起吊法可使桩身竖直进入夹桩的钳口中。若采用硫磺胶泥接桩法，起吊前应检查浆锚孔的深度并将孔内的杂物和积水清理干净。

(3)桩身对中调直。当桩被吊入夹桩钳口后，由指挥员指挥吊车司机将桩徐徐下降直到桩尖离地面 10cm 左右为止，然后夹紧桩身，微调压桩机使桩尖对准桩位，并将桩压入土中

0.5～1.0m，暂停下压，再从桩的两个正交侧面校正桩身垂直度，待桩身垂直度偏差小于0.5%时才可正式开压。

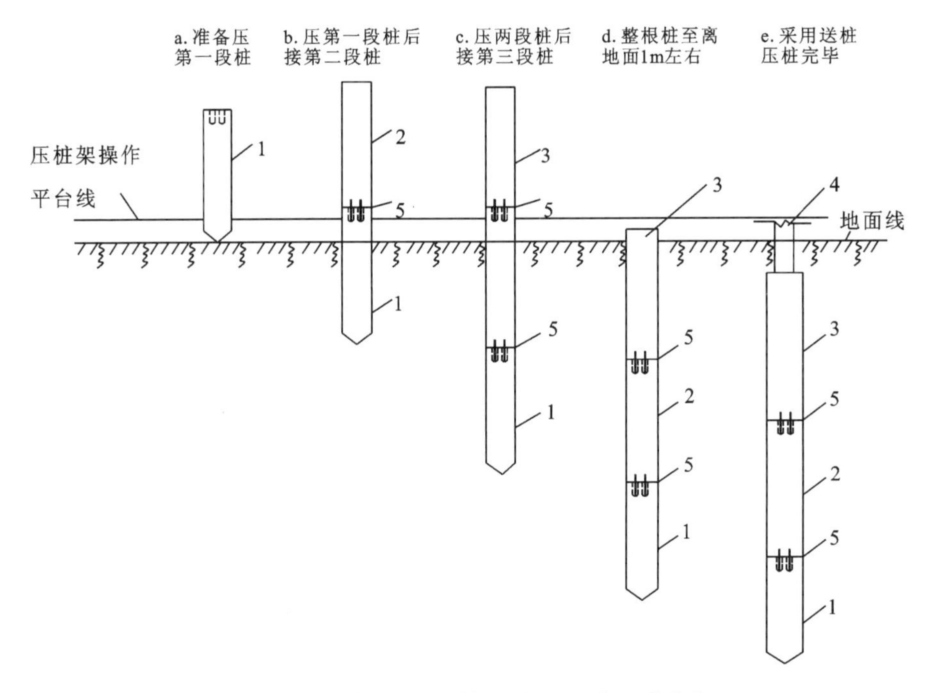

1.第一段桩；2.第二段桩；3.第三段桩；4.送桩；5.接桩处。

图6-3-3 压桩程序示意图

(4)压桩。压桩是通过主机的压桩油缸伸程之力将桩压入土中，压桩油缸的最大行程视不同的压桩机而有所不同，一般为1.5～2.0m，所以每一次下压，桩入土深度为1.5～2.0m，然后松夹—上升—再夹—再压，如此反复进行，可将一节桩压下去。当一节桩压到离地面80～100cm时，可进行接桩或放入送桩器将桩压至设计标高。压桩力由压力表反映，在压桩过程中，若没有自动记录装置，压桩施工人员应认真记录桩入土深度和压力表读数。

(5)接桩。静压预制方桩常用的接桩方法有两种：一为焊接法接桩；另一为浆锚法接桩。焊接法接桩施工与锤击桩一样。浆锚法接桩施工时要认真把好质量关。

(6)送桩。静压桩的送桩可利用现场的预制桩段，也可用专门的钢质送桩器。施压预制桩最后一节桩的桩顶面到达地面以上1.0m左右时，应再吊一节桩放在被压桩的桩顶面，不要将接头连接起来，一直下压将被压桩的桩顶面压入土层中直到符合终压控制条件为止，然后将最上面的一节桩拔出来即可。此桩段仍可在以后的压桩中使用。但大吨位(≥4000kN)的压桩机，由于最后的压桩力和夹桩力均很大，有可能将桩身混凝土夹碎，所以不宜用预制桩作送桩器，而应制作专用的钢质送桩器。送桩器或作送桩器用的预制桩侧面应标出尺寸线，便于观察送桩深度。送桩结束以后，就地用挖机及时取土，回填桩孔至地面以免发生意外事故。

(7)终止压桩。当桩被压入土层中一定深度或桩尖进入设计持力层一定深度后，可以终止压桩。

2. 接桩方法

压桩施工中，确保接桩的施工质量和接桩速度是一个重要问题，混凝土预制桩接桩的方法目前有两种：一为焊接法接桩；另一为浆锚法接桩。

(1)焊接法接混凝土预制桩。如图 6-1-1 所示，混凝土预制桩的下一节桩(待接入)底部和前一节桩(已压入)的顶部预埋有钢板，可在预埋钢板四周一圈坡口用电焊方法进行接桩。

接头缝隙用薄钢片填实。焊缝要求饱满，不得有夹渣、气孔，做好焊接隐蔽工程验收记录。焊接法有 CO_2 气体保护焊和手工电弧焊两种，气保焊采用 ER50-6 CO_2 气体保护焊焊丝，手工焊焊条宜采用 E43，钢板宜采用低碳钢。接桩时上下节桩段应保持顺直，错位偏差不宜大于 2mm。接桩就位纠偏时，不得采用大锤横向敲打。桩对接前，上下端板表面应采用钢丝刷清刷干净，坡口处应刷至露出金属光泽。焊接宜在桩四周对称地进行，待上下桩节固定后再分层施焊，焊接层数不得少于 3 层，第一层焊完后必须把焊渣清理干净，方可进行第二层施焊，焊缝应连续、饱满。焊好后的桩接头应自然冷却后方可继续沉桩，自然冷却时间手工焊不应少于 10min，气保焊不应少于 5min，采用锤击法施工时，自然冷却时间宜适当延长，严禁用水冷却或焊好即施压，雨天焊接时应采取可靠的防雨措施。在接桩时，前节桩的地面预留高度一般为 1.0m 左右，再垂直吊起下一节桩进行电焊接桩，这样重复直到将分段各桩接上并压入地下，每根桩的压入、接长应连续，特别在粉砂层时更应如此。

(2)浆描法接预制混凝土方桩。焊接法接桩消耗钢材较多，而且操作较烦琐，影响工效，有时甚至影响压桩施工的正常进行。浆锚法接桩可节约钢材，操作简便，接桩时间比焊接法缩短很多，有利于提高压桩工效，并能保证压桩的正常施工。

浆锚法接桩的节点构造如图 6-3-4 所示。接桩时，首先将上节桩对准下节桩，使 4 根锚筋插入锚筋孔(直径为锚筋直径的 2.5 倍)，其次将上节桩上提约 200mm(以 4 根锚筋不脱离锚筋孔为度)。此时，安设好施工夹箍(由 4 块木板，内侧用人造革包裹 40mm 厚的树脂海绵块而成)，将溶化的硫磺胶泥注满锚筋孔，并使之溢出桩面，然后下落上节桩，当硫磺胶泥冷却并拆除施工夹箍后，即可继续加荷施压。

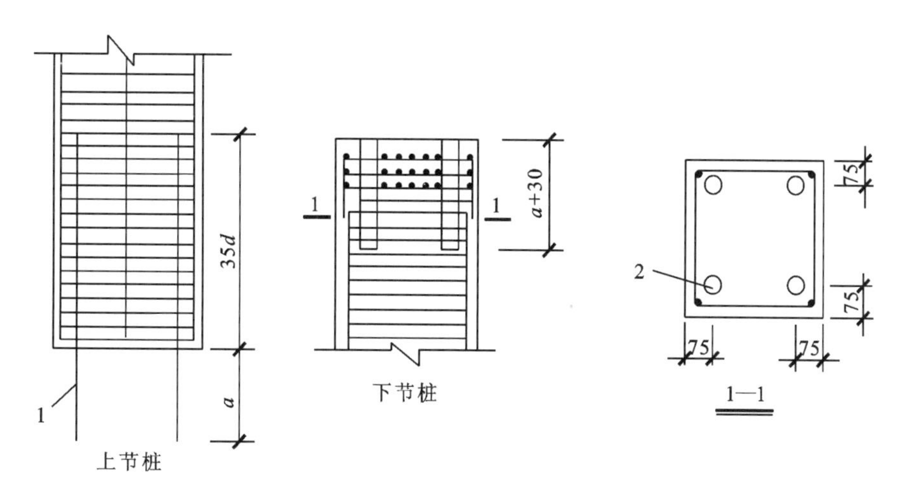

1. 锚筋；2. 锚筋孔；d 为锚筋直径。

图 6-3-4 浆锚法接桩节点构造图

硫磺胶泥是一种热塑冷硬性胶结材料，它是由胶结料、细骨料、填充料和增韧剂熔融搅拌混合而成的。其配合比(%)如下：硫磺∶水泥∶粉砂∶聚硫780胶＝44∶11∶44∶1；或硫磺∶石英砂∶石墨粉∶聚硫甲胶＝60∶34.3∶5∶0.7。

硫磺胶泥中掺入增韧剂(聚硫780胶或聚硫甲胶)可以改善胶泥的韧性，并显著提高其强度。掺有增韧剂的硫磺胶泥的力学性能，见表6-3-2。硫磺胶泥浇注后的冷却时间与胶泥的浇注温度和气温有关，当胶泥的浇注温度为145～155℃，气温为26～40℃时，冷却至60℃需20～26min；气温为8～10℃时，冷却至60℃一般只需10min左右。

表6-3-2 硫磺胶泥力学性能

单位：MPa

抗拉强度	抗压强度	抗折强度	与螺纹钢筋的黏结强度
5	40	10	11

(3)焊接法接钢管桩。两节钢管桩焊接前，应检查和修整下节桩顶因锤击而产生变形的部位，清除上节桩端泥砂或油污，坡口部分磨光，再将内衬箍置于挡块上(挡块已在出厂时焊牢在下节桩上)，内衬箍作用是便于上下节桩对接，同时还保证焊接质量。钢管桩在电焊前需在接头下端钢管外围安装紫铜夹箍以防止融熔的金属流淌。电焊时接头的细部可参见图6-3-5。钢管桩桩顶要焊上桩盖，以承受上部荷载，如图6-3-6所示。

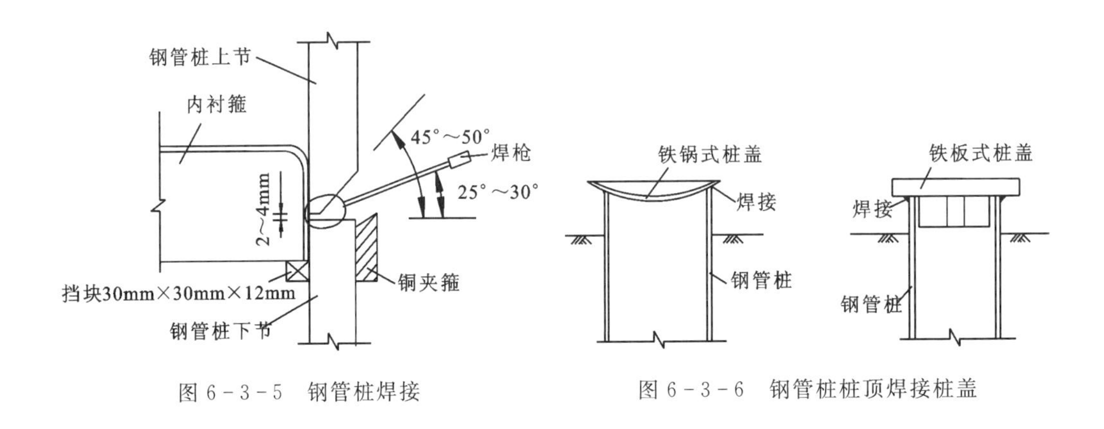

图6-3-5 钢管桩焊接　　图6-3-6 钢管桩桩顶焊接桩盖

(4)焊接法接“H”形桩。焊接法连接“H”形桩的接头形式如图6-3-7所示。

3. 压桩施工注意事项

压桩施工有许多方面和打桩相类似。下面提出压桩施工的几点注意事项。

(1)压桩施工前应对现场的土层土质情况了解清楚，做到心中有数。同时应做好设备的检查工作，如压桩卷扬机的钢丝绳、接桩用的材料设备等，必须保证安全可靠，以免中途压桩过程间断，引起间歇后压桩阻力过大，发生压不下去的事故(曾有停歇2h而压不下去的例子)。如果压桩过程中原定需要停歇(例如套送桩，或需分节压桩)，则应考虑将桩尖停歇在软弱土层中，以使启动阻力不致过大。

(2)施压过程中，应随时注意保持桩为轴心受压，若有偏移，要及时调整。

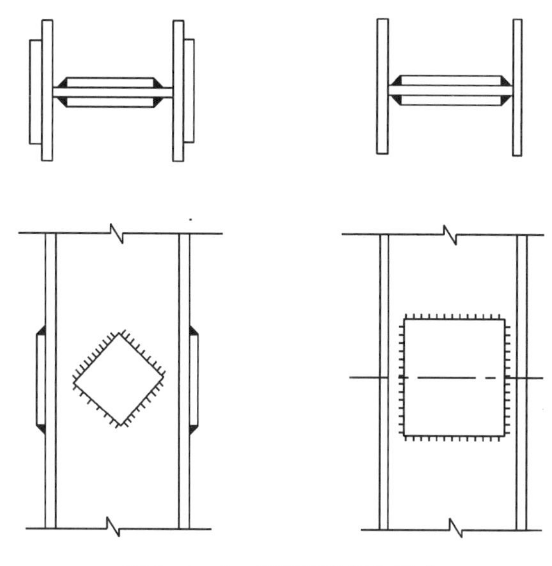

图 6-3-7　“H”形桩接头形式

(3)接桩应保证上、下节桩的轴线一致,并使接桩时间尽可能地缩短,否则也可能导致桩压不下去。

(4)压桩所用的测量压力等仪器起着判断设备负荷情况的作用,平时应注意保养、检修和标定,以减少仪器误差。

(5)压桩机行驶道的地基应有足够的承载能力,必要时需作处理。

(6)压桩过程中,当桩尖碰到砂层时,压桩阻力可能突然增大,甚至超过压桩机能力而使桩机上抬。这时要以最大的压桩力作用在桩顶,采取停车再开、忽停忽开的办法,使桩有可能缓慢下沉穿过砂层。如果工程中有少量桩确实不能压至设计标高而相差不多时,经与设计单位研究,可以采取截去桩头的办法解决。

(7)当桩压至接近设计标高时,不可过早停压。否则,在补压时常会发生压不下去或压入过少的现象。

(8)当压桩阻力超过压桩机能力,或者由于来不及调整平衡,以致使压桩架发生较大倾斜时,应立即停压并采取安全措施,以免造成断桩或其他事故。

4. 压桩施工特点

压桩与打桩相比,具有以下优点。

(1)节约材料、降低成本。压桩由于避免了锤击应力,桩的混凝土强度及其配筋,只要满足吊桩弯矩(桩可分段制作,吊桩弯矩也大为减少)、压桩和使用期的受力要求即可。因此,桩的断面可以减小,主钢筋和局部加强钢筋都可以大大节省。据统计,与打桩相比,压桩可以节省水泥 26%、钢筋 47%,降低造价 26%。此外,压桩还可以节省锤垫、桩垫等缓冲材料,桩顶也不会碎裂。

(2)提高施工质量。打桩的桩身往往容易开裂,桩顶被击碎更是常有之事,压桩则可以避免这些缺陷。压桩所引起的桩周土体隆起和水平挤动,比打桩要小得多,表 6-3-3 是在相同条件下的实测值,可以说明这一情况。桩周土体的隆起和水平挤动,间接地表明土体结构的破坏程序和破坏范围。在平地打入群桩时，有时由于土表面的严重隆起，使打桩架发生倾斜，造成桩位的移动，使已入土的桩产生位移，可使附近地面或者地坪开裂，甚至引起邻近建筑物的开裂。压桩还可以消除振动，减轻沉桩施工对周围建筑物的不良影响。

表 6-3-3 打桩和压桩对周围地表面挤动情况

项次	沉桩方法	竖向隆起/mm		水平挤动/mm	
		最大	平均	最大	平均
1	打桩	580	400	200	80～100
2	压桩	120	63	80	20～30

(3)可以满足某些特殊要求。压桩无噪音，适合于市内的桩基施工。压桩无振动，对附近精密设备仪器的干扰小，特别适合于精密工厂车间的扩建工程。此外，对于某些地下管道密布的地区，或者由于科研的需要而在桩上埋设传感器，为了避免沉桩时被振坏，采用压桩沉桩也是较为理想的方法。

然而，压桩只适合于软土地基上的沉桩施工，且只限于压直桩，故有一定的局限性，压桩设备也较笨重。

5. 压桩的终压力与极限承载力的关系

当预制桩在竖向静压力作用下沉入黏性土层中时，桩周土体发生剧烈的挤压扰动，土中孔隙水压力急剧上升，从而在桩周一定范围内产生重塑区，土的抗剪强度降低，此时桩身容易下沉，压桩阻力主要来自桩尖向下穿透土层时直接冲剪桩端土体的阻力。从压桩机上电脑装置自动绘制的压桩阻力曲线图可以看出，压桩阻力并不一定随桩的入土深度的增加而增大，而是随着桩尖处土体的软硬及松密程度等因素即桩尖土体的抗冲剪阻力大小而波动。随着土层的改变，压桩阻力会发生突变；而在土性相同的情况下，压桩阻力基本保持不变或略有变化，桩侧动摩阻力很小，压桩阻力曲线上反映的主要是桩尖阻力的变化。但这是一种暂时的动态现象，一旦压桩终止并随着时间的推移，桩周土体中的超静孔隙水压力逐渐消散，土体发生固结，土的抗剪强度逐渐恢复，甚至超过原始强度。恢复后的土体抗剪强度才使静压预制桩获得工程意义上的极限承载力。所以静压桩的终压力与极限承载力是两个不同的概念，两者的量值也不尽相同。

从大量工程实践看，黏性土中长度较长的静压桩，其最终的极限承载力比压桩施工结束时的终止压力要大。在某些土体固结系数较高的软土地区，静压桩最后获得的单桩极限承载力可比终压力值高出 2～3 倍。若将两者的比值称作恢复系数，据上海的资料表明，最大的恢复系数可达 4.0；广东地区资料表明，最大的恢复系数为 3.0。土体的恢复系数与土的性质、桩长、桩的密集程度、休止时间等因素有关。当压桩机用最大的压桩力施压较长的桩时，常见的恢复系数为 1.1～1.5。

另外，在砂层中压桩，由于砂层的渗透系数较大，沉桩产生的超静孔隙水压力能迅速消散，压桩阻力不仅随着桩端砂层的性质不同而变化，而且在同一性质的砂层中，压桩阻力也随深度的增大而显著增大，所以压桩阻力是桩端和桩侧阻力的共同反映。当砂层难以压穿而作为持力层时，在满载压桩力作用下，砂颗粒之间的挤出咬合和摩擦作用提供的反作用力使桩处于动态平衡状态。卸载以后，在一定的时间内，砂粒之间会产生部分相对滑动，颗粒重新排列，使桩端的承载力、桩侧摩阻力有所降低，桩的极限承载力要小于压桩结束时的终压力，特别是桩长小于10m的短桩，降低的幅度更大。就是桩端持力层为砂层、桩周土层为黏性土层的短桩，由于桩周土的固结没能给桩的承载力提供较多的侧阻力，桩的极限承载力仍小于压桩的终压力。

总之，桩的终压力与极限承载力是两个不同的概念，也是两个不同的数值(在某些情况下两者数值可能会相同)，但两者也有一定的联系，据广东经验，桩的极限承载力与终压力有下列的关系，供参考。

$$\text{当 } L \leqslant 14\text{m 时}: Q_{uk} = (0.6 \sim 0.8) R_{sm} \tag{6-3-1}$$

$$\text{当 } 14\text{m} < L < 21\text{m 时}: Q_{uk} = (0.8 \sim 1.0) R_{sm} \tag{6-3-2}$$

$$\text{当 } L \geqslant 21\text{m 时}: Q_{uk} = (1.0 \sim 1.2) R_{sm} \tag{6-3-3}$$

式中：Q_{uk}为静压桩单桩竖向极限承载力标准值；R_{sm}为静压桩的终压力值。

6. 终压控制条件的确定

压桩的机理和施工经验表明，压桩施工的终压控制条件与压桩机大小、桩的类型、长度、单桩竖向承载力设计值、桩周土和桩尖土的性质、布桩密集程度以及复压次数等因素有关，应综合考虑。因各地情况不同，应提倡总结当地的施工经验。广东的经验如下。

(1)对于摩擦桩，按设计桩长控制，但最初几根试压桩，施压24h后应用桩的设计极限承载力作终压力进行复压，复压不动才可正式施工。

(2)对于端承摩擦桩或摩擦端承桩，可按终压力控制：①桩长大于21m的端承摩擦桩，终压力一般取桩的设计极限承载力；当桩周土为黏性土且灵敏度较高时，终压力可取桩的设计极限承载力的0.8～0.9倍。②桩长小于21m而大于14m时，终压力应取桩的设计极限承载力的1.1～1.4倍，或桩的设计极限承载力取终压力的0.7～0.9。③桩长小于14m时，终压力取桩的设计极限承载力的1.4～1.6倍，或桩的设计极限承载力取终压力0.6～0.7倍，其中超短桩取0.6倍甚至更小。

(3)除了压桩机品种单一，无法超载施工时可进行满载连续复压外，超载施工时，一般不提倡满载连续复压法。必要时可进行复压，但复压次数不宜超过两次，每次稳压时间不宜超过10s。

第四节 振动沉桩

一、概述

振动沉桩是利用固定在桩顶部的振动器所产生的振动力，通过桩身使桩周和桩底土受迫振动，使其改变排列和组织，产生收缩和位移，这样桩侧摩阻力和桩端阻力就会减少，桩在自身重力和振动力共同作用下沉入土中。

振动沉桩工效高且设备简单、重量轻、体积小、搬运方便、费用低，适用于在黏土、软土、松散砂土及黄土中沉桩，更适用于打钢板桩，同时借助起重设备可以拔桩。

振动沉桩主要设备为振动锤，按动力来源可分为电动振动锤和液压振动锤；按振动频率可分为低频（400～1000r/min）、中频（1000～2000r/min）、高频（2000～3000r/min）和超高频（大于3000r/min）振动锤（振动桩锤按频率分类及其应用范围见表6-4-1）；按振动偏心块结构，振动锤可分为固定式偏心块和可调式偏心块两种，后者的特点是，在偏心块转动的情况下，根据土层性质，用液压遥控方式实现无级调整偏心力矩，从而达到理想的打桩效果。

表6-4-1 振动桩锤分类及其应用范围

种类	原理	使用范围
低频振动锤（400～1000r/min）	当振动锤的频率与土体自振频率一致时，土体共振，振幅一般为7～25mm	可用于大直径钢筋混凝土管桩的沉设，但对邻近建筑物产生一定的振动影响
中频振动锤（1000～2000r/min）	通过提高频率来增大激振力和振动加速度，振幅较小，一般为3～8mm	在黏性土中沉桩，常会显得能量不足，一般用于松散和中密的砂石层，松散的冲积层。大都与预钻孔法和中掘工法并用
高频振动锤（2000～3000r/min）	把桩土看作是单自由度的振动体系，使振动锤的强迫振动频率接近这一体系的自振频率，桩产生纵向振动，贯入土中	冲击能量较大，沉桩速度很快，在硬土层中沉设大直径桩效果好，对周围土体的剧烈振动影响一般在0.3m以内，可在城区使用
超高频振动锤（大于3000r/min）	把桩看作是一个均质弹性体，使振动锤的强迫振动频率接近桩身纵向振动的自振频率，由于桩身共振，将桩贯入土中	振幅很小，为其他振动锤的1/4～1/3，但振动频率极高，从而对周围土体的振动影响范围极小，常用于对噪声和振动限制较严的桩基施工中

二、振动沉桩理论

1. 振动沉桩原理及模型

把桩看作一个均质刚体，土壤为其弹性支撑，桩与土壤组成一个单自由度的振动体系，当振动打桩机的强迫振动频率接近这一体系的自振频率时桩产生纵向振动。桩端、桩周土壤因振动使其端阻力、摩擦阻力减小，桩在激振力和振动器及桩自重作用之下克服土壤阻力贯入土中。

为建立振动打桩机沉桩的简化计算力学模型作以下假设（图6-4-1）：①土壤为弹塑性体；②桩为绝对刚体；③分析桩振动时，黏滞阻尼力是土壤运动速度的线性函数，弹性恢复力是土壤运动位移的线性函数；④振动时，桩尖与端部土层不脱离；⑤振动时，随桩一起振动的桩身周围土壤惯性不计。

设 $P=P_0\sin\omega t$ 为振动器产生的激振力，ω 为偏心块的回转角速度，Q 为桩和振动器的重力，c 为土壤的弹性常数，f 为阻尼系数，x 为垂直方向坐标。系统的运动方程为

$$\frac{Q}{g}\ddot{x}+fx+cx=P_0\sin\omega t \tag{6-4-1}$$

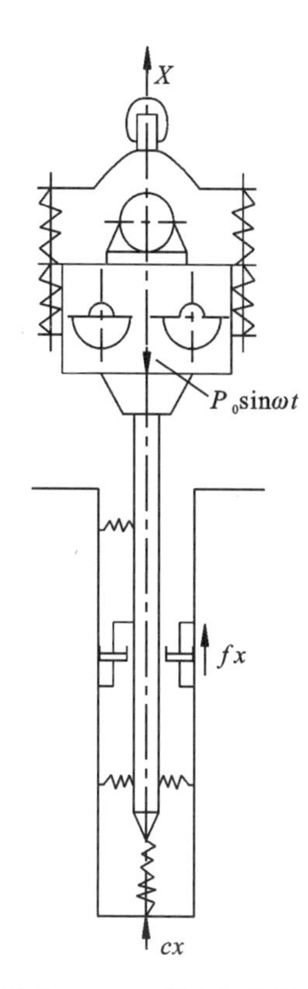

图 6-4-1　振动沉桩模型

令

$$q=\frac{P_0 g}{Q},n=\frac{fg}{2Q} \tag{6-4-2}$$

$$\omega_0^2=\frac{cg}{Q} \tag{6-4-3}$$

ω_0 为系统的自然频率，则式(6-4-1)可写成

$$\ddot{x}+2n\dot{x}+\omega_0^2 x=q\sin\omega t \tag{6-4-4}$$

上述方程的解为一个稳定解与一个齐次方程解之和。由于齐次方程解是一个衰减过程，实际上只有稳定解起作用，稳定解可写成

$$x=A\sin(\omega t-\alpha) \tag{6-4-5}$$

式中：

$$A=A_0\frac{1}{\sqrt{\left(1-\frac{\omega^2}{\omega_0^2}\right)^2+\frac{4\omega^2 n^2}{\omega_0^4}}}=A_0\beta_0 \tag{6-4-6}$$

$$\beta_0=\frac{1}{\sqrt{\left(1-\frac{\omega^2}{\omega_0^2}\right)^2+\frac{4\omega^2 n^2}{\omega_0^4}}} \tag{6-4-7}$$

$$\tan\alpha=\frac{2\omega n}{\omega_0^2-\omega^2} \tag{6-4-8}$$

式中：β_0 为静态放大系数；α 为位移与振动力的相位角；A_0 为静态振幅：

$$A_0=\frac{P_0}{c} \tag{6-4-9}$$

2. 振动桩锤的选择

(1)最小激振力的确定。

最小激振力应大于土壤在振动状态下的动摩阻力：

$$P\geqslant F_v=\mu F \tag{6-4-10}$$

式中，μ 为土体的振动影响系数，低频振动的钢筋混凝土桩及管柱，取 $\mu=0.6\sim0.8$，其余取 $\mu=1$；F 为土壤的动摩阻力，可用下式进行计算：

$$F=U_0\sum_0^i \tau_i l_i \tag{6-4-11}$$

式中，U_0 为桩的外周长(m)；l_i 为对应 i 段土壤的桩长(m)；τ_i 为 i 段土壤的动摩阻力，可按表 6-4-2 选取。

(2)最小振幅的确定。

振幅是选择桩锤的主要指标。必要的最小振幅 A_0 由振动桩锤的静偏心力矩与振动体的重量决定：

$$A_0=\frac{M}{Q} \tag{6-4-12}$$

式中，M 为偏心力矩；Q 为桩和振动器的重力。

表 6-4-2 土壤的动摩阻力 τ 单位:kPa

土质类别	柱桩 τ 值			板桩 τ 值	
	木桩、钢管桩	钢筋混凝土桩	混凝土管柱管内挖土	轻型钢板	重型钢板
饱和砂土,软黏性土	6	7	5	12	14
同上,但有密实黏土与砾石层相间	8	10	7	17	20
硬塑性黏土	15	18	10	20	25

实际振幅应取:

$$A=\alpha A_0,\alpha=1.25\sim1.5 \tag{6-4-13}$$

(3)振动桩锤偏心力矩的确定。

$$M\geqslant QA \tag{6-4-14}$$

(4)振动速度的确定。

为保证达到激振力,必要的振动速度可由下式确定:

$$\omega^2=\frac{Pg}{M} \tag{6-4-15}$$

(5)振动桩锤功率的确定。

$$N=\frac{1.25Mn}{9550} \tag{6-4-16}$$

(6)选用锤的起振力 P 与振动体的重量 Q 应满足下面的协调方程:

$$\nu_1<Q/P<\nu_2 \tag{6-4-17}$$

对于钢板桩 $\nu_1=0.15,\nu_2=0.30$;对于木桩与钢管桩 $\nu_1=0.30,\nu_2=0.60$;对于钢筋混凝土桩及管柱 $\nu_1=0.40,\nu_2=1.00$。

表 6-4-3 给出了各种土壤下沉管桩时振动桩锤主要参数的选择范围。

表 6-4-3 在各种土壤中下沉管桩时振动桩锤主要参数选择范围

土壤种类	主要参数			
	振动频率/($1\cdot s^{-1}$)	振幅/mm	激振力 P 超出振动体总重 Q 的范围	连续工作时间/min
饱和砂质土壤	100~120	(砂层)6~8	10%~20%	15~20
塑性黏土及砂质黏土	90~100	8~10	25%~30%	(包括黄土)20~25
紧密黏土	70~75	12~14	35%~40%	紧密褐色黏土 10~12
砂夹卵石土壤	60~70	15~16	40%~45%	—
卵石夹砂土壤	50~60	14~15	45%~50%	8~10

第七章　水泥土桩、碎石桩和复合桩

水泥土桩的桩身材料刚度不及钢筋混凝土桩和钢桩，但桩身轴力的有效传递深度也较大，在长期荷载作用下呈现刚性桩的特性。此外，水泥土桩还广泛应用于基坑支护，特别是深基坑的止水桩。目前工程上广泛使用的水泥土桩主要有深层搅拌桩和高压旋喷桩两种类型。碎石桩属于散体材料桩，可充分利用碎石材料、建筑垃圾等进行软土、松散地基处理。复合桩是将钢筋混凝土桩与水泥土桩或散体材料桩进行复合以提高桩基承载力，降低桩基工程成本。

第一节　深层搅拌桩

深层搅拌桩是一种加固饱和软黏土的地基处理方法，它是利用水泥、石灰等材料作为固化剂的主剂，通过特制的深层搅拌机械，在地基深处就地将软土和固化剂（浆液或粉体）强制搅拌，利用固化剂和软黏土之间所产生的一系列物理、化学反应，使软黏土结硬成具有整体性、水稳定性和一定强度的良好地基。国外使用深层搅拌桩加固的土质有新吹填的超软土、沼泽地带的泥炭土、沉积的粉土和淤泥质土等，被加固的有陆地上的软土，也有海底软土，加固深度达到50～60m。国内采用深层搅拌桩加固的土质有淤泥、淤泥质土、黏土和粉质黏土等，加固场地局限于陆上，加固深度达到20～30m。

深层搅拌桩加固地基的目的是提高地基的承载力，减少沉降量或提高边坡的稳定性。因此，它可用于建筑物和构筑物的地基处理，用于有地面荷载的厂房地坪和高填方地基的加固，也可用于防止码头堤岸的滑动及深基坑边坡的坍方。深层搅拌桩相互搭接成壁状还可作为地下防渗墙防止地下水的渗流。

根据固化剂的状态和施工方法，深层搅拌桩有干法和湿法两种施工方法。干法是采用干燥状态的粉体材料作为固化剂，如石灰、水泥、矿渣粉等；湿法是采用水泥浆等浆体材料作为固化剂。本节只介绍用水泥作为固化剂的干法和湿法深层搅拌桩。

一、水泥加固土原理

软土与水泥采用机械搅拌加固的基本原理是基于水泥加固土的物理化学反应，它与混凝土的硬化机理有所不同，混凝土的硬化主要是水泥在粗填充料（即比表面积不大、活性很弱的介质）中进行水解和水化作用，所以凝结速度较快。而水泥加固土时，由于水泥的掺量很小（仅占被加固土重量的7%～15%），水泥的水解和水化反应完全是在具有一定活性的介质——土的包围下进行，所以硬化速度缓慢且作用复杂，水泥加固土强度增长过程比混凝土缓慢得多。

1. 水泥的水解和水化反应

普通硅酸盐水泥主要由硅酸三钙、硅酸二钙、铝酸三钙、铁铝酸四钙等组成。用水泥加固软土时，水泥颗粒表面的矿物很快与软土中的水发生水解和水化反应，生成氢氧化钙、含水硅酸钙、含水铝酸钙和含水铁铝酸钙及少量的硫酸钙等化合物，各自的反应过程如下。

(1)硅酸三钙($3CaO \cdot SiO_2$)：在水泥中含量最高(占全部水泥重量的50%左右)，是决定水泥强度的主要因素。

$$2(3CaO \cdot SiO_2)+6H_2O \longrightarrow 3CaO \cdot 2SiO_2 \cdot 3H_2O+3Ca(OH)_2$$

(2)硅酸二钙($2CaO \cdot SiO_2$)：在水泥中含量较高(占25%左右)，它主要产生水泥的后期强度。

$$2(2CaO \cdot SiO_2)+4H_2O \longrightarrow 3CaO \cdot 2SiO_2 \cdot 3H_2O+Ca(OH)_2$$

(3)铝酸三钙($3CaO \cdot Al_2O_3$)：占水泥重量的10%，水化速度最快，促进水泥早凝。

$$3CaO \cdot Al_2O_3+6H_2O \longrightarrow 3CaO \cdot Al_2O_3 \cdot 6H_2O$$

(4)铁铝酸四钙($4CaO \cdot Al_2O_3 \cdot Fe_2O_3$)：占水泥重量的10%左右，它主要产生水泥的早期强度。

$$4CaO \cdot Al_2O_3 \cdot Fe_2O_3+2Ca(OH)_2+10H_2O \longrightarrow 3CaO \cdot Al_2O_3 \cdot 6H_2O+3CaO \cdot Fe_2O_3 \cdot 6H_2O$$

在上述一系列的反应过程中所生成的氢氧化钙、含水硅酸钙能迅速溶于水中，使水泥颗粒表面重新暴露出来，再与水发生反应，这样水泥颗粒周围的水溶液就逐渐达到饱和。当溶液达到饱和后，水分子虽然继续深入颗粒内部，但新生成物已不能再溶解，只能以细分散状态的胶体析出，悬浮于溶液中，形成胶体。

(5)硫酸钙($CaSO_4$)，虽然在水泥中的含量仅占3%左右，但它与铝酸三钙一起与水发生反应，生成一种被称为“水泥杆菌”的化合物：

$$3CaSO_4+3CaO \cdot Al_2O_3+32H_2O \longrightarrow 3CaO \cdot Al_2O_3 \cdot 3CaSO_4 \cdot 32H_2O$$

根据电子显微镜的观察，水泥杆菌最初以针状结晶的形式在比较短的时间内析出，其生成量随水泥掺入量的多寡和龄期的长短而异。由X射线衍射分析可知，这种反应迅速，反应结果把大量的自由水以结晶水的形式固定下来，使土中自由水的减少量约为水泥杆菌生成量的46%，这对于高含水量的软黏土的强度增长有特殊意义。当然，硫酸钙的含量不能过多，否则这种由32个水分子固化形成的水泥杆菌针状结晶会使水泥土发生膨胀而遭致破坏。

2. 黏土颗粒与水泥水化物的作用

当水泥的各种水化物生成后，有的自身继续硬化，形成“水泥石”骨架；有的则与其周围具有一定活性的黏土颗粒发生反应。

(1)离子交换和团粒化作用。软土和水结合时就表现出一般的胶体特征，例如土中含量最多的二氧化硅遇水后，形成硅酸胶体微粒，其表面带有钠离子Na^+或钾离子K^+，它们能和水泥水化生成的氢氧化钙中的钙离子Ca^{2+}进行当量吸附交换，使较小的土颗粒形成较大的土团粒，从而提高土体强度。

水泥水化生成的凝胶粒子的比表面积约比原水泥颗粒大1000倍，因而产生很大的表面能，有强烈的吸附活性，能使较大的土团粒进一步结合起来，形成水泥土的团粒结构，并封闭各土团之间的空隙，形成坚固的联结。从宏观上来看也就是使水泥土的强度大大提高。

(2)凝硬反应。随着水泥水化反应的深入，溶液中析出大量的钙离子，当其数量超过上述离子交换的需要量后，则在碱性的环境中，能使组成黏土矿物的二氧化硅及三氧化二铝的一部分或大部分与钙离子进行化学反应。随着反应的深入，逐渐生成不溶于水的稳定的结晶化合物：

$$SiO_2+Ca(OH)_2+nH_2O \longrightarrow CaO \cdot SiO_2 \cdot (n+1)H_2O$$

$$Al_2O_3+Ca(OH)_2+nH_2O \longrightarrow Ca \cdot Al_2O_3 \cdot (n+1)H_2O$$

这些新生成的化合物在水中和空气中逐渐硬化，增大了水泥土的强度。而且其结构比较致密，水分子不易侵入，从而使水泥土具有足够的水稳定性。

从扫描电镜的观察可见，天然软土的各种原生矿物颗粒间无任何有机联系，孔隙很多；拌入水泥7d时，土颗粒周围充满了水泥凝胶体，并有少量水泥水化物结晶的萌芽；1个月后，水泥土中生成大量纤维状结晶，并不断延伸充填到颗粒间的孔隙中，形成网状构造；到5个月，纤维状结晶辐射向外伸展，产生分叉，并相互连结形成空间网状结构，水泥的形状和土颗粒的形状已不能分辨出来。

3. 碳酸化作用

水泥水化物中游离的氢氧化钙能吸收水和空气中的二氧化碳，发生碳酸化反应，生成不溶于水的碳酸钙：

$$Ca(OH)_2+CO_2 \longrightarrow CaCO_3+H_2O$$

这种反应也能使水泥土强度增加，但增长的速度较慢，幅度也较小。

由于机械的切削搅拌作用不可避免地会留下一些未被粉碎的大小土团，在拌入水泥后将出现水泥浆包裹土团的现象，使土团之间的大孔隙基本上被水泥颗粒填满。所以，加固后的水泥土中形成一些水泥较多的微区，而在大小土团内部则没有水泥，只有经过较长的时间，土团内的土颗粒在水泥水解产物渗透作用下，其性质才会有所改变。因此，在水泥土中不可避免地会产生强度较大和水稳定性较好的“水泥石”区和强度较低的土块区，两者在空间相互交错，形成一种独特的水泥土结构。因此，可以得出定性的结论：水泥和土之间的强制搅拌越充分，土块被粉碎得越小，水泥分布到土中越均匀，则水泥土结构强度的离散性越小，其宏观的总体强度也就越高。

二、水泥土试件的强度

1. 室内水泥土试件制作

1)试验目的

(1)了解用水泥加固具体工程中特殊成因软土的可能性。

(2)了解加固特殊软土最合适的水泥品种。

(3)确定加固特殊软土所用水泥的掺入量。

(4)了解水泥土强度增长的规律，求得龄期与强度的关系。

通过室内试验，可为深层搅拌桩的设计计算和施工工艺的确定提供可靠的参数。

2)土样制备

制备水泥土试件(以下简称水泥土)的土样一般分两种。

(1)风干土样,将现场挖掘的原状软土经过风干、碾碎、过筛而制成。

(2)原状土样,将现场挖掘的天然软土立即封装在双层厚塑料袋内,基本保持天然含水量。

3)固化剂

制备水泥土的水泥可用不同品种(普通硅酸盐水泥、矿渣水泥、火山灰水泥及其他特种水泥)、各种强度等级的水泥。水泥掺入比可根据要求选用5%、7%、10%、12%、15%、20%等。水泥掺入比 α 是指水泥质量(重量)与被加固的软土质量(重量)之比,即

$$\alpha=\frac{\text{掺加的水泥质量}}{\text{被加固的软土质量}}\times 100\% \tag{7-1-1}$$

4)外掺剂

在深层搅拌工艺中使用的水泥浆需用灰浆泵输送,要求流动度较大,水灰比一般为0.5～0.6,软土的含水量高,对水泥加固土强度的增长很不利(水泥粉体喷射搅拌法可克服此缺点)。为减少用水量,又利于泵送,可选用目前国内货源广、价格低的木质素磺酸钙减水剂。根据经验,当采用水灰比为0.5时,可掺0.2%水泥用量的木质素磺酸钙,同时掺2%水泥用量的石膏或0.05%水泥用量的三乙醇胺。

5)试件的制作和养护

按照拟订的试验计划,根据配方分别称量土、水泥、外掺剂和水,放在容器内搅拌均匀,然后在7cm×7cm×7cm或5cm×5cm×5cm的试模内装入一半试料,放在振动台上振动1min再填入其余试料,再振动1min,最后刮平试件表面,盖上塑料布,1～3d后拆模,拆模后将试件放入标准养护室进行标准养护。试件养护到要求龄期时,一般进行无侧限抗压强度试验。

2. 水泥土的无侧限抗压强度及其影响因素

水泥土的无侧限抗压强度 q_u 一般为300～4000kPa,即比天然软土大几十倍至数百倍,其变形特征随强度不同而介于脆性体与弹性体之间。水泥土受力开始阶段,应力与应变关系基本上符合虎克定律。当外力达到极限强度的70%～80%时,试件的应力和应变关系不再继续保持直线关系。当外力达到极限强度时,对于强度大于2000kPa的水泥土很快出现脆性破坏,破坏后的残余强度很小(如图7-1-1中的 $\alpha=20\%$、$\alpha=25\%$ 试件);对于强度小于2000kPa的水泥土则表现为塑性破坏(如图7-1-1中的 $\alpha=5\%$、$\alpha=10\%$ 和 $\alpha=15\%$ 试件)。

影响水泥土抗压强度的因素很多,主要有以下6种。

(1)水泥掺入比 α 的影响。水泥土的强度随着水泥掺入比的增加而增大(图7-1-2),当 $\alpha<5\%$ 时,由于水泥与土的反应过弱,水泥土固化程度低,强度离散性也较大,故在深层搅拌法的实际施工中,水泥掺入比宜大于5%。

(2)龄期对强度的影响。众所周知,混凝土的强度随养护龄期的增长而增大,在标准养护条件下,3～5d内强度增长最快,28d内强度增长较快,超过28d强度便增长缓慢。所以混凝土是以28d龄期的抗压强度作为抗压强度标准值。水泥土的强度随着龄期的增长而增

大，一般情况下，7d 的水泥土强度可达标准强度的 30%～50%，30d 可达 60%～75%，在龄期超过 30d 后仍有明显增加(图 7-1-3)。当水泥掺入比为 7%时，120d 的强度为 28d 的 2.03 倍；当水泥掺入比为 12%时，180d 的强度为 28d 强度的 1.83 倍。当龄期超过 3 个月后，水泥土的强度增长才减缓。根据电子显微镜观察，水泥和土的凝硬反应约需 3 个月才能充分完成。因此，选用 3 个月龄期强度作为水泥土的抗压强度标准值较为适宜。

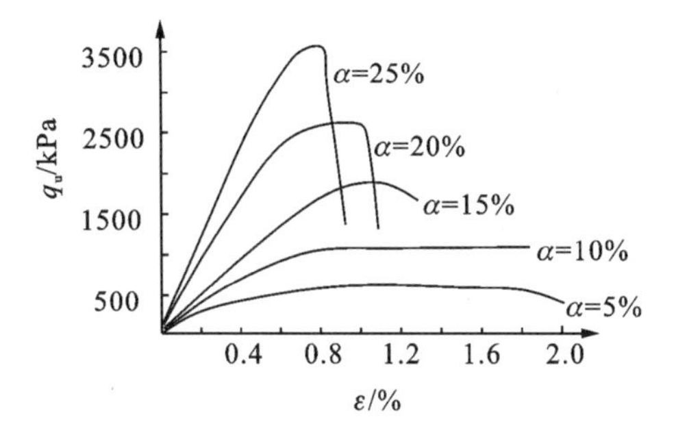

图 7-1-1 水泥土的应力-应变曲线

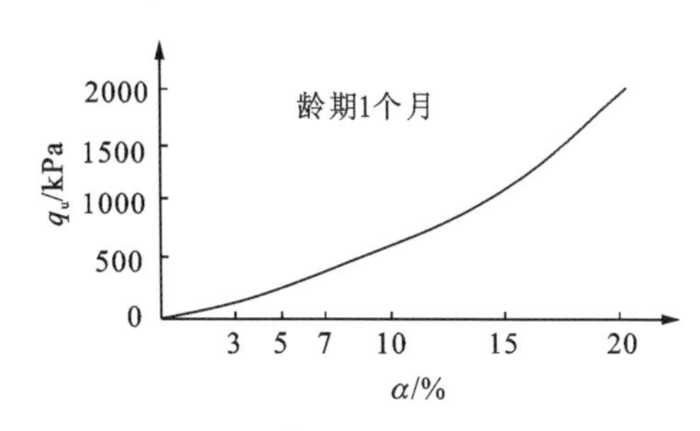

图 7-1-2 水泥掺入比与水泥土强度的关系

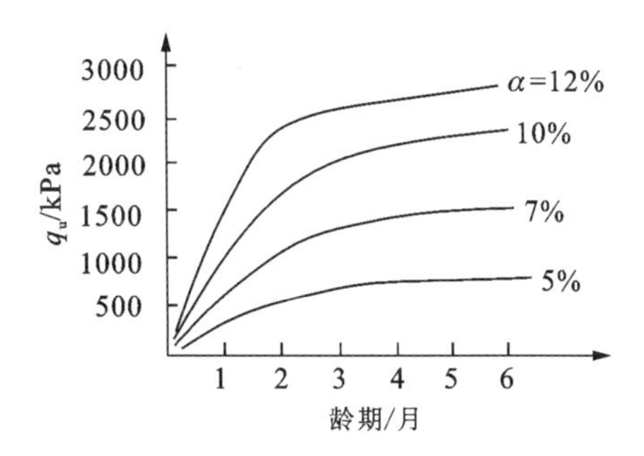

图 7-1-3 水泥土龄期与强度的关系

从抗压强度试验得知，在其他条件相同时，不同龄期的水泥土抗压强度间关系大致呈线性关系，其经验关系式如下(JGJ 79—2012)：

$$\left.\begin{aligned}
f_{cu7} &= (0.47\sim0.63)f_{cu28}\\
f_{cu14} &= (0.62\sim0.80)f_{cu28}\\
f_{cu60} &= (1.15\sim1.46)f_{cu28}\\
f_{cu90} &= (1.43\sim1.80)f_{cu28}\\
f_{cu90} &= (2.37\sim3.73)f_{cu7}\\
f_{cu90} &= (1.73\sim2.82)f_{cu14}
\end{aligned}\right\} \tag{7-1-2}$$

式中：f_{cu7}、f_{cu14}、f_{cu28}、f_{cu60}、f_{cu90} 分别为 7d、14d、28d、60d、90d 龄期的水泥土抗压强度。

(3)水泥强度等级对水泥土强度的影响。水泥土的强度随水泥强度等级的提高而增加，水泥强度等级每提高一级(即提高 10MPa)，水泥土的强度增大 20%～30%。

(4)加固土中含水量的影响。水泥土的无侧限抗压强度随土样含水量的降低而增大，当含水量从 157%降为 47%时，水泥土强度从 260kPa 增加到 2320kPa，见表 7-1-1。当土样含水量在 50%～85%范围内变化时，含水量每降低 10%，强度可增高 30%～50%。

表 7-1-1　土样含水量与水泥土强度的关系

含水量/%	天然土	47	62	86	106	125	157
	水泥土	44	59	76	91	100	126
无侧限抗压强度 q_u/kPa		2320	2120	1340	730	470	260

注：水泥掺入比 10%，龄期 28d。

(5)水泥与土的搅拌效果的影响。被加固的土体破碎得越细，水泥与土强制搅拌得越充分，水泥分布在土中越均匀，则水泥土的无侧限抗压强度就越高。

(6)外掺剂的影响。外掺剂对水泥土强度有着不同的影响。木质素磺酸钙对水泥土强度的增长影响不大，主要起减水作用；三乙醇胺、氯化钙、碳酸钠、水玻璃和石膏等材料对水泥土强度有增强作用，其效果对不同土质和不同水泥掺入比又有所不同。当掺入与水泥等量的粉煤灰后，水泥土强度可提高 10%左右。故在加固软土时掺入粉煤灰不仅可消耗工业废料，水泥土的强度还有所提高。

此外，土中的有机质和可溶性盐，使土具有过大的水容量和塑性及较大的膨胀性和低渗透性，并具有一定的酸性，这些都阻碍了水泥水化反应的进行，从而影响水泥土的强度。

3. 水泥土的抗拉强度、抗剪强度、压缩模量、渗透系数

水泥土的抗拉强度(σ_l)随着水泥土的无侧限抗压强度的提高而增大，当 $q_u=500\sim4000$kPa 时，$\sigma_l=100\sim700$kPa，即 $\sigma_l=(0.15\sim0.25)q_u$。

水泥土的抗剪强度可用水泥土的黏聚力和水泥土的内摩擦角来表示，当 $q_u=500\sim4000$kPa 时，水泥土的黏聚力 $c=100\sim1100$kPa，即 $c=(0.2\sim0.3)q_u$；水泥土的内摩擦角 $\varphi=20°\sim30°$。

水泥土的压缩模量(E_p)随水泥土的无侧限抗压强度的提高而提高，一般 $E_p=(120\sim150)q_u$。

水泥土的渗透系数随水泥掺入比的增大而减小，深层搅拌桩作为防渗墙时，一般要求水泥土的渗透系数小到 $10^{-6}\sim10^{-7}$cm/s，水泥掺入比一般要求大于或等于 15%。

三、深层搅拌桩复合地基施工设计

1. 加固形式的确定

搅拌桩的布置形式对处理效果影响较大，一般根据工程地质特征和上部结构要求可采用柱状、壁状、格栅状以及长短桩相结合等不同处理形式。

(1)柱状处理形式。当表层及桩端土质较好，需处理局部饱和软黏土夹层时，采用柱状处理形式可充分利用桩身材料强度与桩周摩阻力。

(2)壁状和格栅状处理形式。在深厚软土层或土层分布很不均匀的场地，对于上部建筑长高比大、刚度小、易产生不均匀沉降的长条状住宅楼，采用壁状或格栅状处理形式可以有效地克服不均匀沉降，尤其是采用搅拌桩纵横方向搭接成壁的格栅状处理形式，使全部搅拌桩形成一个整体，可减少产生不均匀沉降的可能性。

(3)长短桩相结合的处理形式。当地质条件复杂，同一建筑物坐落在两类不同性质的地基土上时，采用长短桩相结合的处理形式可以调整沉降量和节省材料降低造价。当设计计算的桩数不足以使纵横方向相连接时，可用 3m 左右的短桩将相邻长桩连成壁状或格栅状，从而大大增加整体刚度。

(4)块状。上部结构单位面积荷载大，对不均匀沉降控制严格的构筑物地基进行加固时可采用这种布桩形式。另外在软土地区开挖深基坑时，为防止坑底隆起和封底时也可采用块状加固形式，它是由纵、横两个方向的相邻桩搭接而形成的。

2. 加固范围的确定

搅拌桩按其强度和刚度是介于刚性桩(钢筋混凝土预制桩、就地混凝土灌注桩、钢桩)和散体材料桩(砂桩、碎石桩)之间的一种桩型，但其承载性能又与刚性桩相近。因此，在设计搅拌桩时可仅在上部结构基础范围内布桩，不必像散体材料桩那样在基础以外设置保护桩。

3. 单桩承载力的确定

搅拌桩单桩竖向承载力特征值应通过现场单桩静载荷试验确定，也可按下列两式计算，取其中较小值，式(7－1－3)所确定的是土对桩的支承力，式(7－1－4)是桩身材料强度所确定的承载力：

$$R_a = u_p \sum_{i=1}^{n} q_{si} l_{pi} + \alpha_p q_p A_p \tag{7-1-3}$$

式中：u_p 为桩身横截面周长(m)；q_{si} 为桩周第 i 层的侧阻力特征值(kPa)，可按地区经验确定，也可参考表 7－1－2 选取；l_{pi} 为桩长范围内第 i 层土的厚度(m)；α_p 为桩端阻力发挥系数，应按地区经验确定，无地区经验时可取 0.4～0.6；q_p 为桩端阻力特征值(kPa)，可按地区经验确定，对于水泥土搅拌桩、旋喷桩应取未经修正的桩端地基土承载力特征值。

表 7－1－2　桩周侧阻力特征值 q_s

土类	淤泥	淤泥质土	黏性土(软塑)	黏性土(可塑)	砂类土(稍密)	砂类土(中密)
q_s/kPa	4～7	6～12	10～15	12～18	15～20	20～25

$$R_a = \eta f_{cu} A_p \tag{7-1-4}$$

式中：f_{cu} 为与搅拌桩桩身水泥土配比相同的室内加固土边长为 70.7mm 的立方体试件在标准养护条件下 90d 龄期的立方体抗压强度平均值(kPa)；η 为桩身强度折减系数，干法可取 0.20～0.25，湿法可取 0.25。

4. 搅拌桩复合地基承载力特征值的确定

搅拌桩复合地基承载力特征值应通过现场单桩或多桩复合地基静载荷试验确定，初步设计时可按下式估算：

$$f_{spk} = \lambda m \frac{R_a}{A_p} + \beta(1-m) f_{sk} \tag{7-1-5}$$

式中：λ 为单桩承载力发挥系数，可按地区经验取值，无经验值时可取 1；R_a 为单桩竖向承载力特征值(kN)；A_p 为桩身横截面面积(m^2)；β 为桩间土承载力发挥系数，可按地区经验取值，对淤泥、淤泥质土和流塑状软土等土层可取 0.1～0.4，对于其他土层可取 0.4～0.8；m 为面积置换率，$m=d^2/d_e^2$，d 为桩身横截面平均直径(m)，d_e 为一根桩分担的处理地基面积的等效圆直径(m)，等边三角形布桩 $d_e=1.05s$，正方形布桩 $d_e=1.13s$，矩形布桩 $d_e=1.13\sqrt{s_1 s_2}$，s、s_1、s_2 分别为桩间距、纵向间距和横向间距(m)。

5.设计步骤

(1)明确上部结构对复合地基要求，即对复合地基承载力特征值及复合地基压缩模量 E_{sp} 的要求。一般由设计院提出，也可根据建筑物的荷载情况和地基情况综合确定。

(2)确定桩长、桩径或桩的横截面面积。当天然地基土的相对硬层埋深不大时，应使深层搅拌桩的桩端进入相对硬层，以提高深层搅拌桩的单桩承载力和降低桩端下未处理的土层的变形；当天然地基土的相对硬层埋深很深时，桩长取决于设备能力，在设备能达到的深度范围内尽量增大桩长。桩径或桩的横截面面积一般由设备能力确定。

(3)由式(7－1－3)计算由土对桩的支承力所确定的深层搅拌桩单桩承载力的特征值，再将所求得的 R_a 代入式(7－1－4)算出需要的室内水泥土试块的无侧限抗压强度平均值 f_{cu}。

(4)由 f_{cu} 值根据大量的工程资料或室内水泥土抗压强度试验资料确定水泥品种、强度等级及水泥掺入比。

(5)由式(7－1－5)求水泥土搅拌桩的面积置换率 m，即

$$m=\frac{f_{spk}-\beta f_{sk}}{\lambda \dfrac{R_a}{A_p}-\beta f_{sk}} \tag{7-1-6}$$

(6)求出所需桩数，并进行桩的平面布置。

$$n=\frac{mA}{A_p} \tag{7-1-7}$$

式中：n 为桩数；A 为总加固面积(m)；其他符号同前述。

(7)下卧层地基强度验算。深层搅拌桩往往以群桩形式出现，群桩中各桩与单桩的工作状态迥然不同。从现场并列两根单桩而形成的双桩载荷试验来看，双桩承载力小于两根单桩承载力之和，双桩沉降量均大于单桩沉降量。可见当桩间距较小时，由于应力重叠，会产生“群桩”效应。因此，在设计中，当搅拌桩的置换率较大(m>20%)，且非单行排列，桩端以下仍然存在较软弱的土层时，尚应验算下卧层地基强度(验算方法参见第二章)。

(8)搅拌桩复合地基变形计算。复合地基变形计算应符合现行国家标准《建筑地基基础设计规范》(GB 50007—2011)的有关规定按分层总合法计算，地基变形计算深度应大于桩土复合地基的深度。复合地基的分层与天然地基相同，各复合地基分层压缩模量等于该层天然地基压缩模量的ζ倍，ζ 值可按下式确定：

$$\zeta=\frac{f_{spk}}{f_{sk}} \tag{7-1-8}$$

复合地基变形计算深度范围内压缩模量的当量值$\overline{E}_s$(kPa)应按下式计算：

$$\overline{E}_s=\frac{\sum_{i=1}^{n}A_i+\sum_{j=1}^{m}A_j}{\sum_{i=1}^{n}\frac{A_i}{E_{spi}}+\sum_{j=1}^{m}\frac{A_j}{E_{sj}}} \tag{7-1-9}$$

式中：A_i 为复合地基第 i 层土附加应力系数沿土层厚度的积分值(kPa・m)；E_{spi} 为复合地基第 i 层土的压缩模量(kPa)；A_j 为复合地基以下第 j 层土附加应力系数沿土层厚度的积分值(kPa・m)；E_{sj} 为复合地基以下第 j 层土的压缩模量(kPa)。

复合地基的沉降计算经验系数 ψ_s 可根据地区沉降观测资料统计值确定，无经验取值时，可采用表 7-1-3 的数值。

表 7-1-3　沉降计算经验系数 ψ_s

$\overline{E}_s$/MPa	4.0	7.0	15.0	20.0	35.0
ψ_s	1.0	0.7	0.4	0.25	0.2

四、深层搅拌桩重力式挡土墙的设计

深层搅拌桩重力式挡土墙需作以下几个方面的验算。

1. 重力式水泥土墙滑移稳定性验算

如图 7-1-4 所示，重力式水泥土墙必须能够克服被挡土体对挡土墙所施加的主动土压力作用，不至于发生较大的水平方向位移。重力式水泥土墙的滑移稳定性应符合下列规定：

$$\frac{E_{pk}+(G-u_m B)\tan\varphi+cB}{E_{ak}}\geqslant K_{sl} \tag{7-1-10}$$

式中：K_{sl} 为抗滑移安全系数，其值不应小于 1.2；E_{ak}、E_{pk} 分别为水泥土墙上所受的主动土压力、被动土压力标准值(kN/m)，按《建筑基坑工程技术规范》(JGJ 120—2012)的规定确定；G 为水泥土墙的自重(kN/m)；u_m 为水泥土墙底面上的水压力(kPa)；水泥土墙底位于含水层时，可取 $u_m=\gamma_w(h_{wa}+h_{wp})/2$，在地下水水位以上时，取 $u_m=0$；c、φ 分别为水泥土墙底面下土层的黏聚力(kPa)、内摩擦角(°)，按《建筑基坑工程技术规范》(JGJ 120—2012)的规定取值；B 为水泥土墙的底面宽度(m)；h_{wa}、h_{wp} 分别为基坑外侧、基坑内侧水泥土墙底处的压力水头(m)。

2. 重力式水泥土墙倾覆稳定性验算

如图 7-1-5 所示，重力式水泥土墙不能在各种力的作用下发生绕墙趾的转动，重力式水泥土墙的倾覆稳定性应符合下式规定：

$$\frac{E_{pk}a_p+(G-u_m B)a_G}{E_{ak}a_a}\geqslant K_{ov} \tag{7-1-11}$$

式中：K_{ov} 为抗倾覆安全系数，其值不应小于 1.3；a_a 为水泥土墙外侧主动土压力合力作用点至墙趾的竖向距离(m)；a_p 为水泥土墙内侧被动土压力合力作用点至墙趾的竖向距离(m)；a_G 为水泥土墙自重与墙底水压力合力作用点至墙趾的水平距离(m)；其他符号意义同式(7-1-10)。

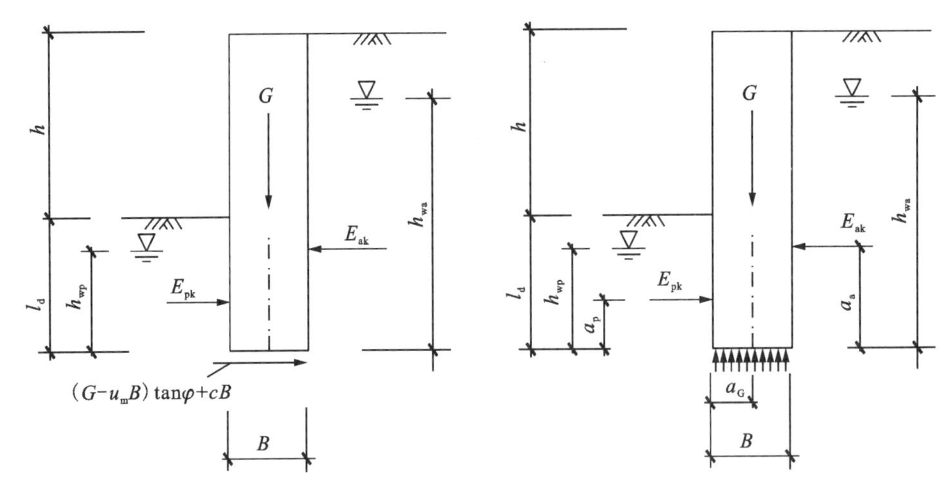

图 7-1-4　滑移稳定性验算　　　　图 7-1-5　倾覆稳定性验算

3. 重力式水泥土墙圆弧滑动稳定性验算

如图 7-1-6 所示，重力式水泥土墙支护时不应在挡土墙底以下的土层中产生圆弧滑动。重力式水泥土墙采用圆弧滑动条分法时，其稳定性应符合下列规定：

$$\min\{K_{s,1},K_{s,2},\cdots,K_{s,i}\cdots\}\geqslant K_s \tag{7-1-12}$$

$$K_{s,i}=\frac{\sum\{c_jl_j+[(q_jb_j+\Delta G_j)\cos\theta_j-u_jl_j]\tan\varphi_j\}}{\sum(q_jb_j+\Delta G_j)\sin\theta_j} \tag{7-1-13}$$

式中：K_s 为圆弧滑动稳定安全系数，其值不应小于 1.3；$K_{s,i}$ 为第 i 个圆弧滑动体的抗滑力矩与滑动力矩的比值，抗滑力矩与滑动力矩之比的最小值宜通过搜索不同圆心及半径的所有潜在滑动圆弧确定；c_j、φ_j 分别为第 j 土条滑弧面处土的黏聚力（kPa）、内摩擦角（°），按《建筑基坑支护技术规程》（JGJ 120—2012）的规定取值；b_j 为第 j 土条的宽度（m）；θ_j 为第 j 土条滑弧面中点处的法线与垂直面的夹角（°）；l_j 为第 j 土条的滑弧长度（m），取 $l_j=b_j/\cos\theta_j$；q_j 为第 j 土条上的附加分布荷载标准值（kPa）；ΔG_j 为第 j 土条的自重（kN），按天然重度计算，分条时，水泥土墙可按土体考虑；u_j 为第 j 土条滑弧面上的孔隙水压力（kPa），对于地下水水位以下的砂土、碎石土、砂质粉土，当地下水是静止的或渗流水力梯度可忽略不计时，在基坑外侧，可取 $u_j=\gamma_w h_{wa,j}$，在基坑内侧，可取 $u_j=\gamma_w h_{wp,j}$，滑弧面在地下水水位以上或对地下水水位以下的黏性土，取 $u_j=0$；γ_w 为地下水重度（kN/m^3）；$h_{wa,j}$ 为基坑外侧第 j 土条滑弧面中点的压力水头（m）；$h_{wp,j}$ 为基坑内侧第 j 土条滑弧面中点的压力水头（m）。

需要注意的是，当墙底以下存在软弱下卧土层时，稳定性验算的滑动面中应包括由圆弧与软弱土层层面组成的复合滑动面。

4. 重力式水泥土墙嵌固深度要满足抗隆起稳定性要求

重力式水泥土墙，其嵌固深度应符合下列坑底隆起稳定性要求（图 7-1-7）：

$$\frac{\gamma_{m2}l_dN_q+cN_c}{\gamma_{m1}(h+l_d)+q_0}\geqslant K_b \tag{7-1-14}$$

$$N_q=\tan^2\left(45°+\frac{\varphi}{2}\right)e^{\pi\tan\varphi} \tag{7-1-15}$$

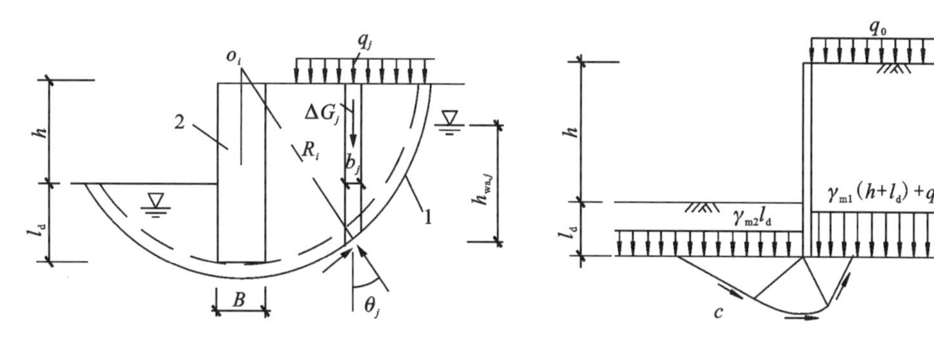

1. 第 i 个圆弧滑动面；2. 重力式水泥土墙。

图 7-1-6　圆弧滑动稳定性验算

图 7-1-7　抗隆起稳定性验算

$$N_c=\frac{(N_q-1)}{\tan\varphi} \tag{7-1-16}$$

式中：K_b 为抗隆起安全系数；安全等级为一级、二级、三级的支护结构，K_b 分别不应小于 1.8、1.6、1.4；γ_{m1}、γ_{m2} 分别为基坑外墙底面以上土的重度、基坑内墙底面以上土的重度（kN/m^3）；l_d 为水泥土墙的嵌固深度（m）；h 为基坑深度（m）；q_0 为地面均布荷载（kPa）；N_q、N_c 为无量纲承载力系数，仅与土的内摩擦角有关；c、φ 分别为水泥土墙底面下土层的黏聚力（kPa）、内摩擦角（°），按《建筑基坑工程技术规范》（JGJ 120—2012）的规定取值。

当重力式水泥土墙底面以下有软弱下卧层时，隆起稳定性验算的部位应包括软弱下卧层，此时，式（7-1-14）～式（7-1-16）中的 γ_{m1}、γ_{m2} 应取软弱下卧层顶面以上土的重度，l_d 应以 D 代替，D 为坑底至软弱下卧层顶面的土层厚度（m）。

5. 重力式水泥土墙正截面承载力验算

重力式水泥土墙墙体的正截面应力应符合下列规定。

（1）拉应力。

$$\frac{6M_i}{B^2}-\gamma_{cs}z\leqslant 0.15f_{cs} \tag{7-1-17}$$

（2）压应力。

$$\gamma_0\gamma_F\gamma_{cs}z+\frac{6M_i}{B^2}\leqslant f_{cs} \tag{7-1-18}$$

（3）剪应力。

$$\frac{E_{aki}-\mu G_i-E_{pki}}{B}\leqslant\frac{1}{6}f_{cs} \tag{7-1-19}$$

式中：M_i 为水泥土墙验算截面的弯矩设计值（kN·m/m）；B 为验算截面处水泥土墙的宽度（m）；γ_{cs} 为水泥土墙的重度（kN/m^3）；z 为验算截面至水泥土墙顶的垂直距离（m）；f_{cs} 为基坑开挖时水泥土龄期的轴心抗压强度设计值（kPa），应根据现场试验或工程经验确定；γ_F 为荷载综合分项系数，支护结构构件按承载能力极限状态设计时，作用基本组合的综合分项系数不应小于 1.25；γ_0 为支护结构重要性系数，对于安全等级为一、二、三级的支护结构分别取 1.1、1.0、0.9；E_{aki}、E_{pki} 分别为验算截面以上的主动土压力标准值、被动土压力标准值（kN/m），验算截面在坑底以上时，$E_{pki}=0$；G_i 为验算截面以上的墙体自重（kN/m）；μ 为墙体材料的抗剪断系数，取 0.4～0.5。

重力式水泥土墙的正截面应力验算应包括下列部位：①基坑面以下主动、被动土压力强度相等处；②基坑底面处；③水泥土墙的截面突变处。

6. 重力式水泥土墙的构造

重力式水泥土墙宜采用水泥土搅拌桩相互搭接成格栅状的结构形式，也可采用水泥土搅拌桩相互搭接成实体的结构形式。搅拌桩的施工工艺宜采用喷浆搅拌法。

重力式水泥土墙的嵌固深度，对淤泥质土，不宜小于 $1.2h$，对淤泥，不宜小于 $1.3h$；重力式水泥土墙的宽度，对淤泥质土，不宜小于 $0.7h$，对淤泥，不宜小于 $0.8h$（h 为基坑深度）。

重力式水泥土墙采用格栅形式时，格栅的面积置换率，对淤泥质土，不宜小于 0.7；对淤泥，不宜小于 0.8；对一般黏性土、砂土，不宜小于 0.6。格栅内侧的长宽比不宜大于 2。每个格栅内的土体面积应符合下式要求：

$$A \leqslant \delta \frac{cu}{\gamma_m} \tag{7-1-20}$$

式中：A 为格栅内的土体面积（m^2）；δ 为计算系数，对黏性土，取 $\delta=0.5$，对砂土、粉土，取 $\delta=0.7$；c 为格栅内土的黏聚力（kPa）；u 为计算周长（m），按图 7－1－8 计算；γ_m 为格栅内土的天然重度（kN/m^3）；对多层土，取水泥土墙深度范围内各层土按厚度加权的平均天然重度。

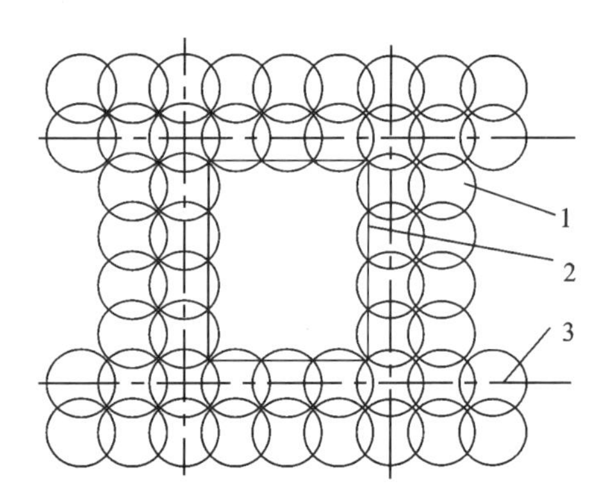

1. 水泥土桩；2. 计算周长；3. 水泥土桩中心线。

图 7－1－8 格栅式水泥土墙计算周长

水泥土搅拌桩的搭接宽度不宜小于 150mm。当水泥土墙兼作截水帷幕时，搅拌桩直径宜取 450～800mm，搅拌桩的搭接宽度应符合下列规定：①单排搅拌桩帷幕的搭接宽度，当搅拌深度不大于 10m 时，不应小于 150mm；当搅拌深度为 10～15m 时，不应小于 200mm；当搅拌深度大于 15m 时，不应小于 250mm；②对地下水水位较高、渗透性较强的地层，宜采用双排搅拌桩截水帷幕，搅拌桩的搭接宽度，当搅拌深度不大于 10m 时，不应小于 100mm；当搅拌深度为 10～15m 时，不应小于 150mm；当搅拌深度大于 15m 时，不应小于 200mm。

搅拌桩水泥浆液的水灰比宜取 0.6～0.8。搅拌桩的水泥掺量宜取土天然质量的 15%～20%。水泥土墙体的 28d 无侧限抗压强度不宜小于 0.8MPa。当需要增强墙体的抗拉性能时，可在水泥土桩内插入杆筋。杆筋可采用钢筋、钢管或毛竹。杆筋的插入深度宜大于基坑深度。水泥土墙顶面宜设置混凝土连接面板，面板厚度不宜小于 150mm，混凝土强度等级不宜低于 C15。

五、深层搅拌桩施工

水泥土搅拌桩常用于处理正常固结的淤泥、淤泥质土、素填土、黏性土(软塑、可塑)、粉土(稍密、中密)、粉细砂(松散—中密)、中粗砂(松散—中密)、饱和黄土等土层。不适用于含大孤石或障碍物较多且不易清除的杂填土、欠固结的淤泥和淤泥质土、硬塑及坚硬的黏性土、密实的砂土,以及地下水渗流影响成桩质量的土层。当地基土的天然含水量小于30%(黄土含水量小于25%)时,宜采用粉体搅拌法。冬期施工时,应考虑负温对地基处理效果的影响。

水泥土搅拌桩的施工工艺分为浆液搅拌法(简称为湿法)和粉体搅拌法(简称为干法),可采用单轴、双轴、多轴搅拌或连续成槽搅拌形成柱状、壁状、格栅状或块状水泥土加固体。

制桩质量的优劣直接关系到地基处理的效果。其中的关键是注浆量(或注粉量)、浆体或粉体与软土搅拌的均匀程度。一般而言,湿法深层搅拌时,灰浆泵每分钟的浆液排量在工艺上可以保持恒定;干法深层搅拌时,粉体发送器每分钟排量在工艺上也可保持恒定,为了达到设计水泥掺入比,就需要控制搅拌轴的提升速度。

对于湿法深层搅拌搅拌轴的提升速度:

$$v=\frac{\gamma_{cw}Q}{F\gamma_{s}\alpha(1+\alpha_{c})} \tag{7-1-21}$$

对于干法深层搅拌搅拌轴的提升速度:

$$v=\frac{q\gamma_{c}}{F\gamma_{s}a} \tag{7-1-22}$$

式中:v为搅拌头喷浆提升速度(m/min);γ_{cw}、γ_s、γ_c分别为水泥浆、土和水泥的重度(kN/m^3);Q为灰浆泵的排量(m^3/min);α为水泥掺入比;α_c为水泥浆水胶比;F为搅拌桩横截面面积(m^2);q为干法深层搅拌粉体发送器的发送排量(m^3/min)。

除了确保水泥掺入比外,还必须控制灰、土搅拌效果。灰、土的搅拌效果通常用土体中任一点经钻头搅拌的次数N来控制,N值可通过室内模拟试验或现场试验获得。施工中N值应满足式(7-1-23)要求:

$$N=\frac{h\cos\beta\sum z}{v}n\geqslant 20 \tag{7-1-23}$$

式中:h为钻头叶片垂直投影高度(m);$\sum z$为钻头叶片总数;v为钻头提升速度(m/min);n为搅拌轴转速(r/min);β为搅拌叶片与搅拌轴的夹角(°)。

1. 湿法深层搅拌

1)施工机具及配套机械

深层搅拌机是进行深层搅拌施工的关键机械,目前,国内有中心管喷浆方式和叶片喷浆方式之分。后者是使水泥浆从叶片上若干个小孔喷出,使水泥浆与土体混合较均匀,这对于大直径叶片和连续搅拌是合适的。但因喷浆孔小易被浆液堵塞,它只能使用纯水泥浆而不能使用其他固化剂,且加工制造较为复杂。中心管输浆方式中的水泥浆是从两根搅拌轴之间的另一根管子输出,当叶片直径在1m以内时,也不影响搅拌的均匀度。而且可以适用于多种固化剂,除纯水泥浆外,还可用水泥砂浆,甚至掺入工业废料等粗粒物质。

图 7－1－9 为 SJB－1 型深层搅拌机的构造示意图，其配套设备如图 7－1－10 所示。

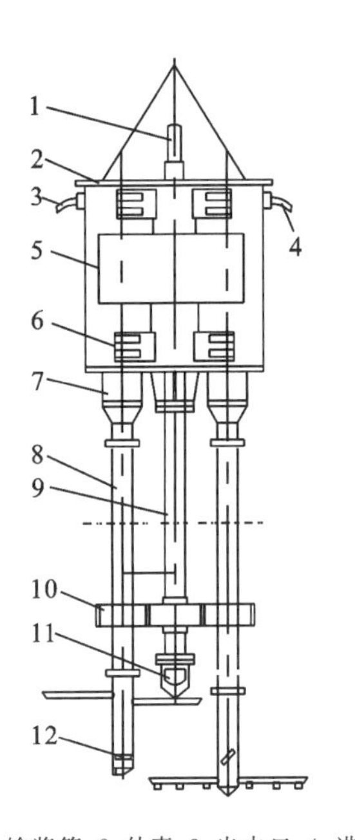

1.输浆管；2.外壳；3.出水口；4.进水口；5.电动机；6.导向滑块；7.减速器；8.搅拌轴；9.中心管；10.横向系板；11.球形阀；12.搅拌头。

图 7－1－9　SJB－1 型深层搅拌机

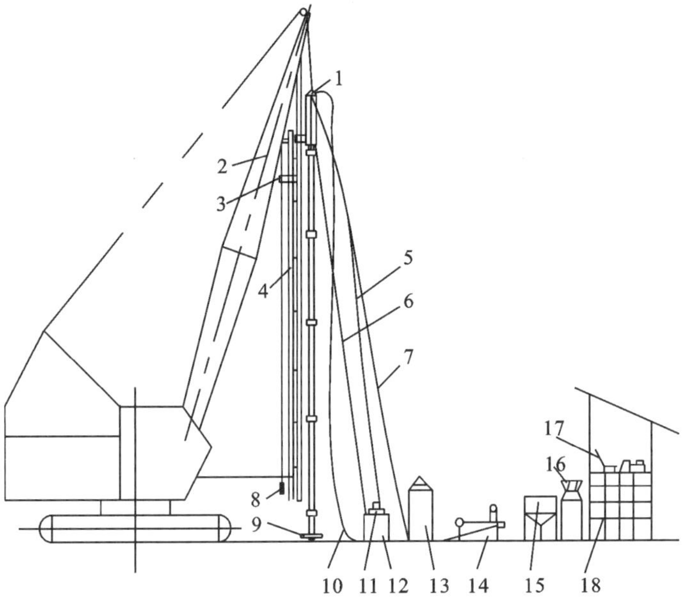

1.搅拌机；2.起重机；3.测速仪；4.导向架；5.进水管；6.回水管；7.电缆；8.重锤；9.搅拌头；10.输浆胶管；11.冷却泵；12.储水池；13.控制柜；14.灰浆泵；15.集料斗；16.灰浆搅拌机；17.磅秤；18.工作平台。

图 7－1－10　SJB－1 型深层搅拌机配套机械及控制仪表

2)施工流程

深层搅拌机的施工工艺流程参见图 7－1－11。

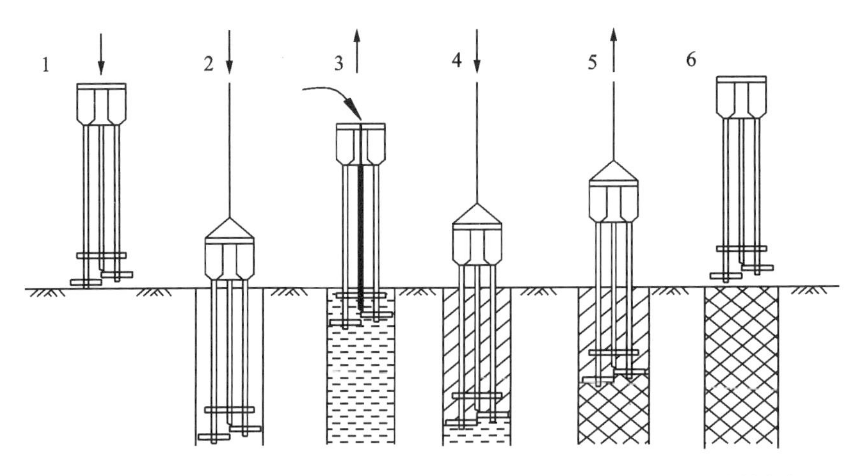

1.定位；2.预搅下沉；3.喷浆提升搅拌；4.重复搅拌下沉；5.重复搅拌上升；6.搅拌完毕。

图 7－1－11　深层搅拌机施工流程

(1)定位。起重机或塔吊将深层搅拌机吊至预定桩位并对中,当地面起伏不平时,应使起吊设备保持水平。

(2)预搅下沉。启动搅拌机电机,放松起重机钢丝绳,使搅拌机沿导向架切土搅拌下沉。下沉速度可由电机的电流监测表控制。如果下沉速度太慢,可从输浆系统补给清水以利于钻进。

(3)制备水泥浆。待深层搅拌机下沉到一定深度时,即开始按设计确定的配合比拌制水泥浆,待压浆前将水泥浆倒入集料斗中。

(4)喷浆提升搅拌。深层搅拌机下沉到设计深度后,开启灰浆泵将水泥浆压入地基中,并且边喷浆、边旋转搅拌,同时严格按照设计确定的提升速度来提升深层搅拌机。

(5)重复上、下搅拌。深层搅拌机提升至设计加固土层的顶面标高时,集料斗中的水泥浆应正好排空。为使软土和水泥浆搅拌均匀,应再次将搅拌机边旋转边沉入土中,至设计加固深度后再边搅拌边提升将搅拌机提升出地面。

(6)清洗。向集料斗中注入适量清水,开启灰浆泵,清洗全部管路中残存的水泥浆,直至基本干净,并将黏附在搅拌头的软土清洗干净。

(7)移至下一根桩位,重复上述步骤继续施工。

考虑到搅拌桩顶部与基础或承台的接触部分受力较大,通常可对桩顶 1.0～1.5m 范围内多增加一次输浆,以提高其强度。

3)水泥土搅拌桩湿法施工应符合的规定

(1)施工前,应确定灰浆泵输浆量、灰浆经输浆管到达搅拌机喷浆口的时间和起吊设备提升速度等施工参数,并应根据设计要求,通过工艺性成桩试验确定施工工艺。

(2)施工中所使用的水泥应过筛,制备好的浆液不得离析,浆液的泵送应连续进行。拌制水泥浆液的罐数、水泥和外掺剂用量以及泵送浆液的时间应记录;喷浆量及搅拌深度应采用经国家计量部门认证的监测仪器进行自动记录。

(3)搅拌机喷浆提升的速度和次数应符合施工工艺要求,并设专人进行记录。

(4)当水泥浆液到达出浆口后,应喷浆搅拌 30s,在水泥浆与桩端土充分搅拌后再开始提升搅拌头。

(5)搅拌机预搅下沉时不宜冲水,当遇到硬土层下沉太慢时,可适量冲水。

(6)施工过程中如因故停浆,应将搅拌头下沉至停浆点以下 0.5m 处,待恢复供浆时,再喷浆搅拌提升;若停机超过 3h,应先拆卸输浆管路,并妥加清洗。

(7)壁状加固时,相邻桩的施工时间间隔不宜超过 12h。

2. 干法喷射搅拌

1)施工机械

施工机械主要有钻机(含钻头、钻杆)、空气压缩机、粉体发送器等,如图 7-1-12 所示。

(1)钻机。钻机是干法喷射搅拌施工的主要成桩设备,由于桩的间距小,必要的情况下甚至桩与桩相连呈壁状或呈网格状,因此要求钻机能自动移位,钻机装载方式采用车装式或液压步履式。

(2)钻头。钻头的型式优劣关系到成桩质量的好坏以及成桩效率的高低,同时也影响到扭矩的大小。钻头的设计原则:满足钻速快、喷粉搅拌均匀的要求;钻头的型式应保证反向

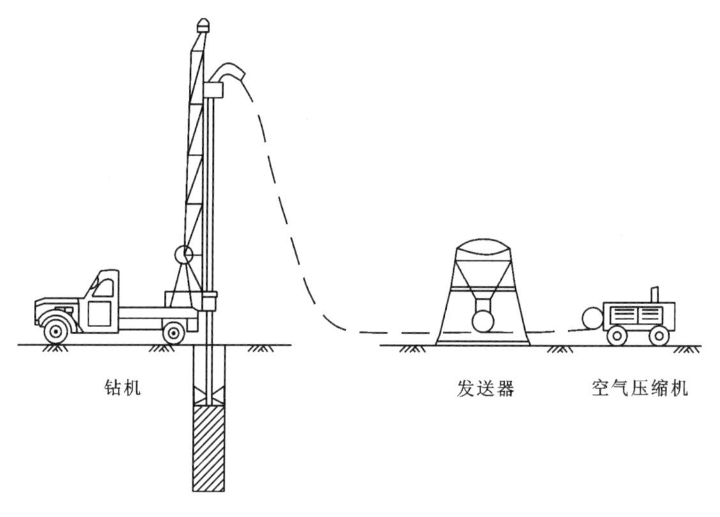

图 7-1-12　干法喷射搅拌设备组成

旋转提升时，对桩中土体有压密作用，而不是使灰、土向地面翻升降低桩体质量。

(3)钻杆。钻杆要求具有一定的刚度，其长度由加固深度决定。全长应是一个整根，连接方式应满足正转、反转以及能承受足够提升能力的要求。钻杆的截面形状应为方形，以便气粉分离后气体的排出。

因为提升速度、喷粉数量、搅拌次数三者是有机联系的，提升设备必须满足加固材料与软土的均匀搅拌，等速提升是保证桩体质量的关键。由于钻头直径较大，所以提升力的设计必须考虑足够的安全系数。

在整个成桩过程中，从钻头入土至提出地面，不允许在中途停顿接长或减少钻杆，以防在停风的一刹那，管路及钻杆中的灰粉降落集中于较低段。特别是钻杆下端因停风会使钻杆内压力消失，造成地下水倒涌入钻杆内，使粉体加固料成为不易流动的黏糊状物。发生以上现象后当第二次送风时，往往造成堵塞，所以钻架设计高度必须满足加固深度的要求。钻架的型式根据运行、加工条件的不同可分为折叠式或拉杆式(伸缩式)。

(4)空气压缩机。空气压缩机主要应满足风压及风量的要求，风压及风量的大小取决于加固深度及钻杆的型式。加固深度越大，钻杆直径越小，所需风压越大；钻头和钻杆直径越大所需风量越大。但风压风量过大除浪费能源、增大设备体积和自身质(重)量外，更糟的是容易把加固料喷出地表造成污染和浪费。

(5)发送器。这是用来定时定量发送粉体加固材料的设备，其工作原理如图 7-1-13 所示。压缩空气通过阀门调节到合适的流量，进入气水分离器后进行干燥处理，经喉管后，空气的流速加大，与转鼓传送下来的粉料迅速雾化成气粉混合物，通过管路及旋转接头(相当于主动钻杆顶部的水龙头)，经钻杆由钻头出口喷入软土层内。加固料发送量的大小可以通过改变转鼓的转速及空压机风量来实现，对发送器的基本要求是可靠的密封性能及足够准确的粉体发送量。

2)施工顺序

施工顺序如图 7-1-14 所示，步骤如下。

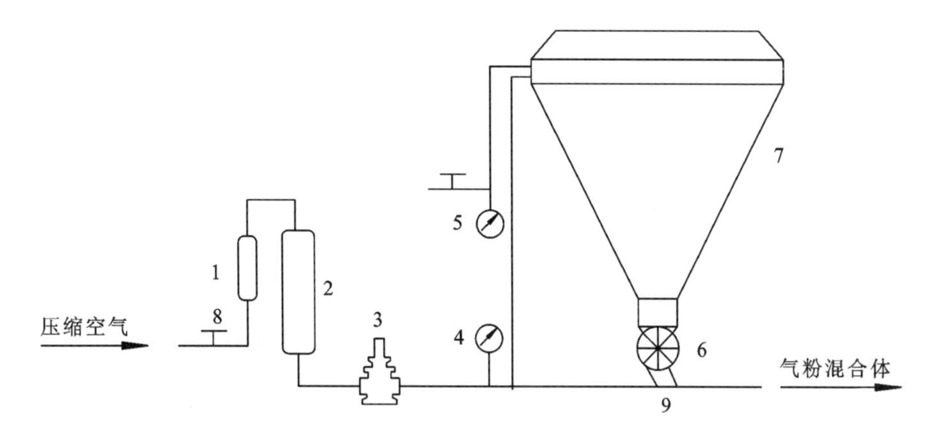

1.流量计;2.气水分离器;3.减压阀;4、5.压力表;6.发送器转鼓;7.储灰罐;8.截止阀;9.喉管。

图 7-1-13 发送器工作原理图

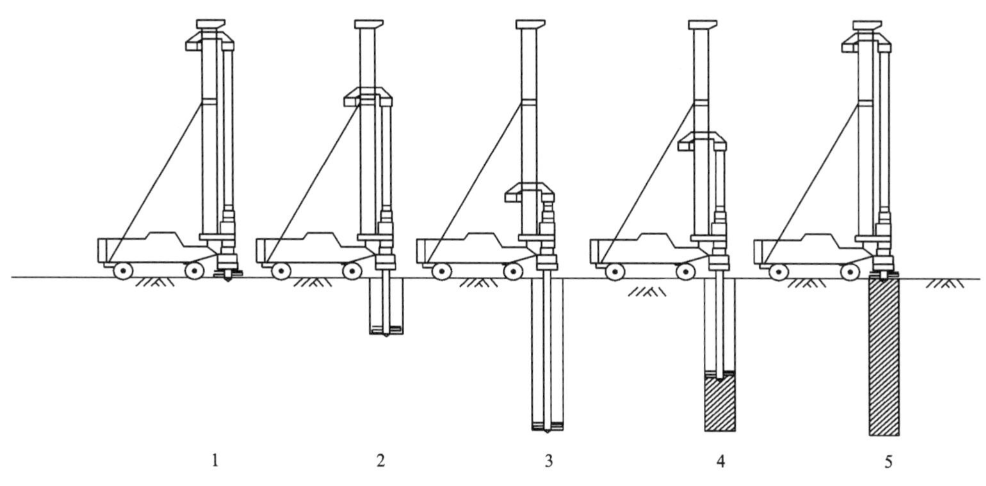

1.搅拌机就位;2.钻进搅土;3.钻进搅土结束;4.提升、喷粉、搅拌;5.喷粉搅拌结束。

图 7-1-14 干粉喷射搅拌法的施工顺序

(1)搅拌机就位。当工作场地表层硬壳很薄时,要先铺填砂,以便施工机械在场区内顺利移动和施钻,但不宜铺垫碎石材料,以免给施钻造成困难。如果场地内埋有石质材料或植有树木,需将石质材料搬走,将树木及其根部挖除。场地准备就绪后移动喷射搅拌机,使钻头对准设计桩位,并使钻杆(搅拌轴)保持垂直。

(2)钻进搅土。启动搅拌钻机及空压机,钻头边旋转边给进,当钻进地表以下 0.5m 时开始送压缩空气,直至钻至预定深度。在这个过程中,虽然不喷粉,但为了冷却钻头、防止喷射口堵塞、减小回转和给进阻力及防止地下水侵入钻杆内部,空压机要一直不停地通过钻杆向钻孔中送压缩空气。随着钻进,准备加固的土体在原位被搅碎。

(3)钻进搅土结束。钻头钻至加固设计标高后停钻。

(4)提升、喷粉、搅拌。改变钻头的旋转方向,钻头边反向旋转边提升,同时通过粉体发送器将加固粉体料喷入被搅动的土体中,使土体和粉体料进行充分拌和。

(5)喷粉搅拌结束、桩体形成。当钻头提升至上部加固设计标高以上 0.3~0.5m 时,发送器停止向孔内喷射粉料，成桩结束。在整个喷粉搅拌过程中应随时注意监视流量、转速、压力、提升速度等仪表的运转情况。

根据实际施工经验，搅拌法在施工到顶端0.3～0.5m范围时，因上覆土压力较小，搅拌质量较差。因此，其场地整平标高应比设计确定的桩顶标高再高出0.3～0.5m，桩制作时仍施工到地面。待开挖基坑时，再将上部0.3～0.5m的桩身质量较差的桩段挖去。现场实践表明，当搅拌桩作为承重桩进行基坑开挖时，桩身水泥土已有一定的强度，若用机械开挖基坑，往往容易碰撞损坏桩顶，因此基底标高以上0.3m宜采用人工开挖，以保护桩头质量。

以上是指一般情况下正常的施工操作顺序。有时也可采用多次搅拌法或在钻进搅土时就先喷粉等工艺作业顺序。因此，应根据不同的地质条件及工程类别，事先进行工艺设计。

3)干法施工水泥土搅拌桩应符合的规定

(1)喷粉施工前，应检查搅拌机械、供粉泵、送气(粉)管路、接头和阀门的密封性、可靠性，送气(粉)管路的长度不宜大于60m。

(2)搅拌头每旋转一周，提升高度不得超过15mm。

(3)搅拌头的直径应定期复核检查，其磨损量不得大于10mm。

(4)当搅拌头从上到下到达设计桩底以上1.5m时，应开启喷粉机提前开始喷粉作业；当搅拌头提升至离地面500mm时，喷粉机应停止喷粉，以免粉尘污染。

(5)成桩过程中，因故停止喷粉，应将搅拌头下沉到停灰面下1m处，待恢复喷粉时再喷粉搅拌提升。

(6)干法施工水泥土搅拌桩的施工机械必须配置经国家计量部门确认的能瞬时检测并记录出粉量及搅拌深度的自动记录仪。

六、深层搅拌桩施工验收

(1)检查施工记录和计量记录。施工过程中应随时检查施工记录和计量记录，并对每根桩进行质量评定。对不合格的桩，应根据其位置和数量等具体情况分别采取补桩或加强邻桩等措施。

(2)轻便触探检验。在成桩后3d内用轻便触探(N_{10})检查上部桩身的均匀性，检验数量为施工总桩数的1%，且不少于3根。

(3)开挖检验。成桩7d后，采用浅部开挖桩头进行检查，开挖深度宜超过停浆(灰)面下0.5m，检查搅拌的均匀性，量测成桩直径，检查数量不少于总桩数的5%。

(4)静载荷试验。静载荷试验宜在成桩后28d后进行。水泥土搅拌桩复合地基承载力检验应采用复合地基静载荷试验和单桩静载荷试验，单桩静载荷试验数量不少于总桩数的1%，复合地基静载荷试验数量不少于3组。

(5)桩身取样强度检验。对变形有严格要求的工程，应在成桩28d后采用单动双管取样钻具取样进行水泥土抗压强度检验，为保证试件尺寸不小于50mm×50mm×50mm，钻孔直径不宜小于108mm。检验数量为施工总桩数的0.5%，且不少于6处。

(6)验槽。基槽开挖后，应检验桩位、桩数与桩顶桩身质量，如不符合设计要求，应采取有效补强措施。

第二节 高压旋喷桩

一、概述

高压旋喷桩同样也属于水泥土桩范畴，与深层搅拌桩不同的是其碎土及土与化学浆液搅拌工作是由高速射流完成的。高压旋喷桩成桩过程，是用工程钻机成孔至设计处理的深度后（图 7－2－1a、b），用高压泥浆泵等装置，通过安装在钻杆底端的特殊喷嘴，向周围土体喷射化学浆液（一般使用水泥浆液），同时钻杆边旋转边以一定的速度渐渐向上提升，高压射流使一定范围内的土体结构遭到破坏，并使土与化学浆液混合，化学浆液与土混合物胶结、硬化后，在地基土中形成直径较均匀的圆柱体或尺寸一定的板壁（图 7－2－1c、d）。上述成桩（壁）方法称为高压喷射注浆法，高压喷射注浆法分类详见表 7－2－1。

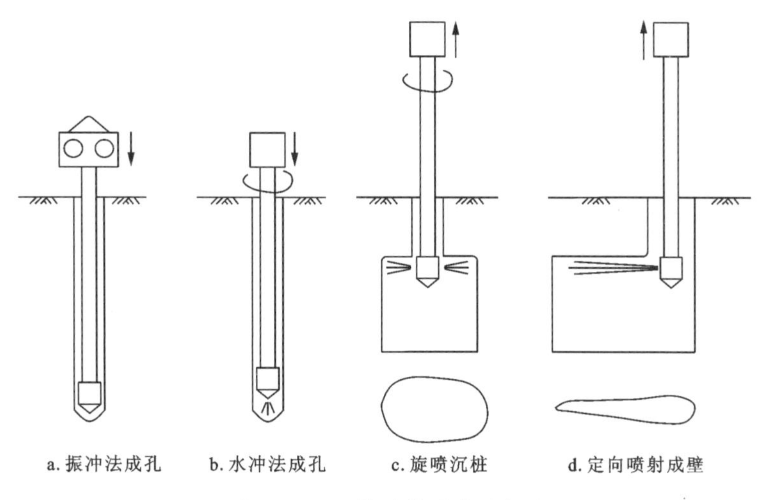

图 7－2－1 旋喷桩形成示意图

表 7－2－1 高压喷射注浆法分类

方法分类	单管法	二重管法	三重管法
喷射方式	浆液喷射	浆液、空气喷射	水、空气喷射，浆液注入
硬化剂	水泥浆	水泥浆	水泥浆

高压喷射注浆法是在灌浆法的基础上，应用高压喷射技术而发展起来的一项新的地基处理技术。灌浆法主要适用于砂类土，也可应用于黏性土，但在很多情况下，由于土层和土性的关系，其加固效果常不为人们所控制。尤其在沉积分层地基和夹层多的地基中，注入剂往往沿着层间界面流动，而且在细颗粒土中，注入剂难以渗透到颗粒间的孔隙中，因此灌浆法经常出现加固效果不明显的情况。高压喷射注浆法克服了上述灌浆法的缺点，将注入剂

形成高压喷射流，借助高压喷射流对土体的切削混合，使硬化剂和土体混合，达到改良土质的目的。但对于砾石直径过大、含量过多及有大量纤维质的腐殖土，高压喷射注浆法的效果较差，有时还不如静压灌浆法的效果。在有地下水径流的地层、永久冻土层和无填充物的岩溶地段，不宜采用高压喷射注浆法。

高压喷射注浆法有下述作用。

(1)用于地基处理时，增加地基强度，提高地基承载力，减少土体压缩变形。

(2)在地下工程建设中保护邻近构筑物，用于基坑支护的围护结构和加固坑底土防止基坑底部隆起。

(3)增大土的摩擦力及黏聚力，防止小型滑坡。

(4)减少设备基础振动，防止砂土液化。

(5)降低土的含水量，整治路基翻浆，防止地基冻胀。

(6)用于坝基防渗“帷幕”、基坑防渗，地下连续墙补缺。

(7)防止桥涵、河堤及水工建筑物基础被水流冲刷。

高压喷射注浆法的加固半径 R_a 与许多因素有关，其中包括喷射压力 p、提升速度 v、现场土的抗剪强度 τ、喷嘴直径 d 和浆液稠度 B。

$$R_a=f(p,v,\tau,d,B)$$

加固范围(如半径 R_a)与喷射压力 p，喷嘴直径 d 成正比，而与提升速度 v、土的剪切强度 τ 和浆液稠度 B 成反比。

加固强度与单位加固体中的水泥浆含量、水泥浆稠度和土质有关。单位加固体中的水泥浆含量愈高，喷射的浆液愈稠，则加固强度愈高。此外，在砂性土中的加固强度明显比在软弱黏性土中的加固强度高。

喷射注浆是在地基土中进行的，四周介质是土和水，因此，虽然钻杆喷嘴处具有很大的喷射压力，但衰减很快，切削范围较小。为了扩大喷射注浆的加固范围，开发了一种将水泥浆与压缩空气同时喷射的方法，即在喷射浆液的喷嘴四周，形成一个环状的气体喷射环，当两者同时喷射时，在液体射流的周围就形成空气的保护膜。这种喷射方法用在土或液体介质中喷射时，可减少喷射压力的衰减，使之尽可能接近在空气中喷射时的压力衰减率，从而扩大喷射半径。

根据喷射方法的不同，喷射注浆法可分为单管喷射法、二重管法、三重管法，如图7-2-2和表7-2-1所示。

二重管法又称浆液、空气喷射法，是用2层喷射管，将高压水泥浆和空气同时横向喷射(图7-2-2b)。水泥浆在四周形成的空气膜的条件下喷射，加固范围较大，加固直径可达100cm左右。

三重管法是一种水、空气喷射，浆液注入的方法。即用3层喷射管使高压水和空气同时横向喷射，并切割地基土体，借空气的上升力把特别破碎的土由地表排出；与此同时，另一个喷嘴将水泥浆以稍低压力喷射注入被切割、搅拌的地基土中。使水泥浆与土混合达到加固的目的(图7-2-2c)。其加固直径可达0.8～2.0m。

二重管法和三重管法都是将水泥浆(或水)与压缩空气同时喷射，除可延长喷射距离增大切削能力外，也可促进废土的排除，提高水泥的掺入比。

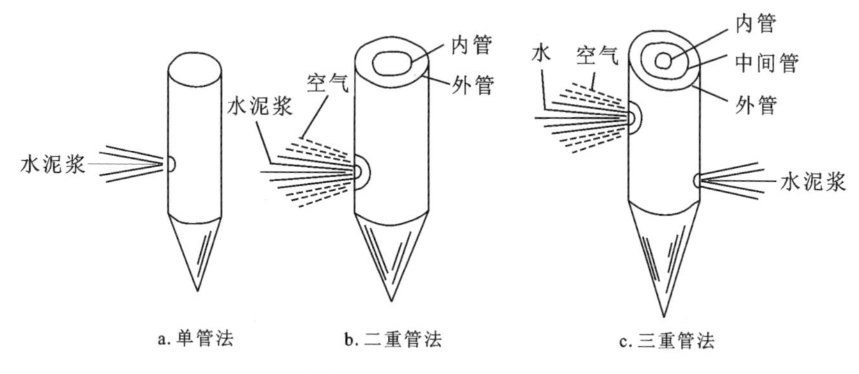

图 7-2-2 旋喷注浆法

二、高压喷射流特性及高压旋喷加固机理

1. 高压喷射流结构

当水流通过喷嘴在空气中喷出时，其喷射流的结构模型如图 7-2-3 所示。它由 3 个区域组成，即保持出口压力 p_0 的初期区域 A、紊流发展的主要区域 B 和喷射水变成不连续射流的终期区域 C 三部分。

在初期区域 A 中，喷嘴出口处速度分布是均匀的，轴向动压是常数。沿射流方向保持速度均匀的部分愈来愈小，当达到某一位置后，断面上的流速分布不再是均匀的。速度分布保持均匀的这一部分称为喷射核(即 E 区段)，喷射核末端扩散宽度稍有增加。轴向动压有所减小的过渡部分称为迁移区(即 D 区段)。

初期区域 A 之后为主要区域 B，在这一区域内，轴向动压陡然减弱，喷射扩散宽度与距离平方根成正比，扩散率为常数，喷射流的混合、搅拌在这一部分内进行。

在主要区域 B 后为终期区域 C，到此区域喷射流能量衰减很大，末端呈雾化状态，这一区域的喷射流能量较小。

喷射加固的有效喷射长度为初期区域长度与主要区域长度之和，有效喷射长度愈长，则搅拌土的距离愈大，旋喷加固体的直径也愈大。

2. 高压喷射流动的压力衰减

根据理论计算，喷射流在主要区域 B 中，动压力与距离的关系如图 7-2-4 所示。

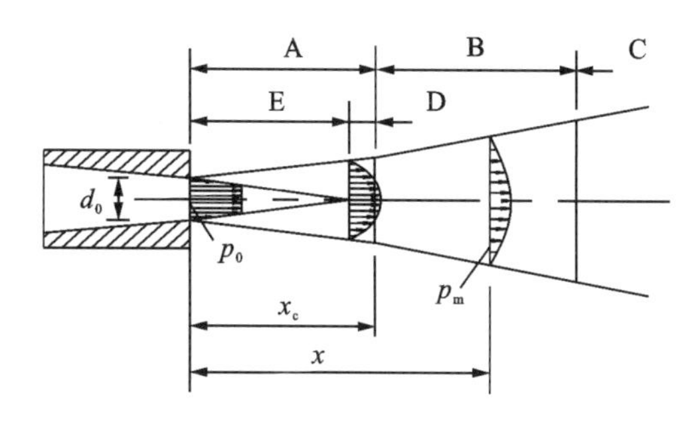

图 7-2-3 高压喷射流结构图

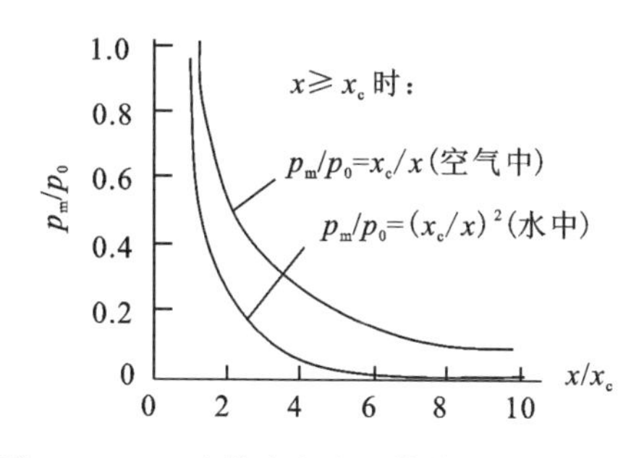

图 7-2-4 喷射流在中心轴线上的压力分布

在空气中喷射水时：

$$\frac{p_m}{p_0}=\frac{x_c}{x} \tag{7-2-1}$$

在水中喷射水时：

$$\frac{p_m}{p_0}=\left(\frac{x_c}{x}\right)^2 \tag{7-2-2}$$

式中：x_c 为初期区域的长度(m)；x 为喷射流中心距喷嘴距离(m)；p_0 为喷嘴出口压力(kPa)；p_m 为喷射流中心轴上距喷嘴 x 距离之压力(kPa)。根据实验结果在空气中喷射时：$x_c=(75\sim100)d_0$；在水中喷射时：$x_c=(6\sim6.5)d_0$，d_0 为喷嘴直径(mm)。

3. 高压喷射流对土的破坏作用

最主要的破坏因素是喷射动压，根据动量定律，在空气中喷射时的破坏力为

$$F=\rho\cdot Q\cdot v_m=\rho\cdot A\cdot v_m^2 \tag{7-2-3}$$

式中：F 为破坏力(kN)；ρ 为喷射流介质的密度(t/m^3)；Q 为喷射流的流量(m^3/s)，$Q=v_m\cdot A$；v_m 为喷射流的平均速度(m/s)；A 为喷嘴面积(m^2)。

由上式可见，破坏力 F 与平均流速 v_m 的平方成正比。所以在一定的喷嘴面积 A 的条件下，为了取得更大的破坏力，需要增加平均流速，也就是需要增加旋喷压力。一般要求高压脉冲泵的工作压力在 20MPa 以上，这样就使射流像刚体一样，冲击破坏土体，使土与浆液搅拌混合，凝固成圆柱状的固结体。

4. 水、气同轴射流对土的破坏作用

单射流虽然具有巨大的能量，但由于压力在土中急剧衰减，因此破坏土的有效射程较短，致使旋喷固结体的直径较小。

当在喷嘴喷出的高压水射流的周围加上圆筒状空气射流，进行水、气同轴喷射时，在高压水喷射流和高速空气射流的共同作用下，破坏土体，并造成较大的空隙。同时，边注浆边旋转和边提升喷头，在土中旋喷成柱状加固体。图 7-2-5 为不同类喷射流中动水压力与距离的关系，表明高速空气环状射流具有防止其中的高速水射流动压急剧衰减的作用。

水、气同轴射流的结构也由初期区域、主要区域和终期区域所组成。而水、气同轴射流的初期区域大大地增大。例如，当 $p_0=20$MPa 时，它的初期区域长度 $x_c=10$cm，而单独喷射水流的初期区域长度约为 1.5cm。同时，因水、气同时搅拌土体，如同沸腾，会增加对土体的破坏，有利于旋喷桩土粒的细化和搅拌均匀。

高压喷射流在地基中的加固范围就是以喷射距离加上渗透部分和压缩部分长度为半径的圆柱体。一部分细小的土粒被喷射的浆液所置换，随着液流被带到地面上(俗称冒浆)，其余的土粒与浆液搅拌混合，形成图 7-2-6 所示的结构。随着土质的不同，横断面的结构多少有些不同。固结体不是等颗粒的单体结构，固结质量不太均匀，通常中心的强度低，边缘部分强度高。

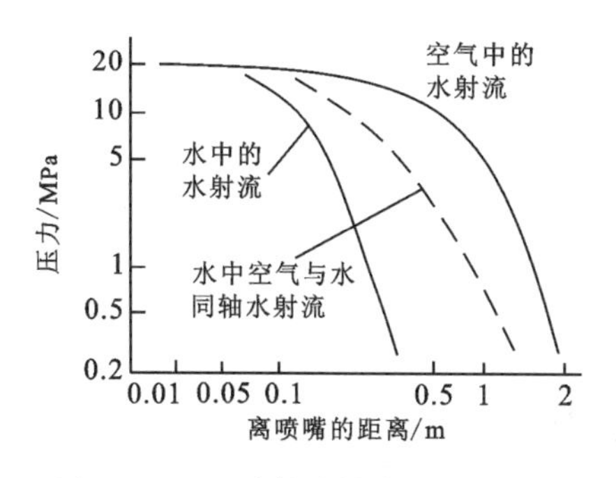

图 7-2-5 喷射流轴线上动水压力

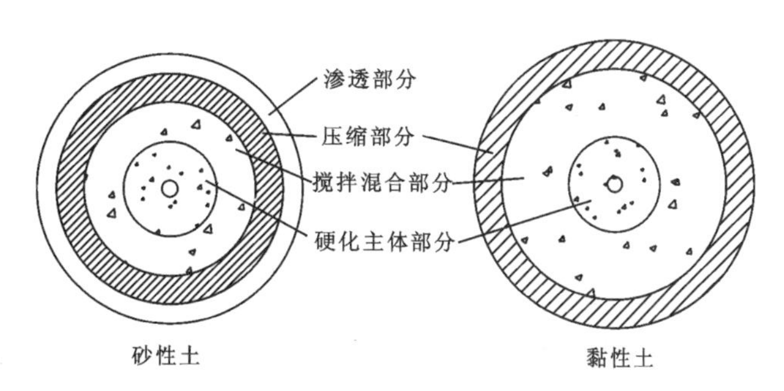

图 7-2-6 喷射固结体最终状态示意图

三、喷射注浆浆液

1. 喷射注浆材料及配方

喷射注浆材料可分为水泥系浆液和化学浆液两大类。目前，广泛采用前者。

1)水泥系浆液类型

水泥系浆液的类型较多，随地质条件不同，浆液材料各异。

(1)普通型。适用于无特殊要求的一般工程，一般采用普通硅酸盐水泥 P. O 42.5 不加添加剂，水灰比多为 1∶1 或 1.5∶1。

(2)速凝早强型。适用于地下水丰富或要求早期承重的工程，常用的早强剂有氯化钙、水玻璃及三乙醇胺等。

(3)高强型。适用于固结体的平均抗压强度在 20MPa 以上的工程。措施：选用高强度水泥(水泥胶砂强度不低于 52.5MPa)；在 42.5MPa 普通硅酸盐水泥中添加高效能的扩散剂(如 NNO、三乙醇胺、亚硝酸钠、硅酸钠等)和无机盐。

(4)填充剂型。适用于早期强度要求不高的工程，以降低工程造价。常用的填充剂为粉煤灰、矿渣等。

(5)抗冻型。适用于防治土体冻胀的工程。常用的添加剂有：沸石粉(加量为水泥的 10%～20%)，NNO(加量 0.5%)，三乙醇胺和亚硝酸钠(加量分别为 0.05%和 1%)。注意：不宜用火山灰质水泥，最好用普通水泥，也可用高强度矿渣水泥。

(6)抗渗型。适用于堵水防渗工程。常用 2%～4%水玻璃作添加剂。水玻璃的模数(即其 SiO_2 与 Na_2O 摩尔数的比值)要求为 2.4～3.4，浓度要求为 30～45°Bé(波美度)。注意应用普通水泥，不宜用矿渣水泥，如无抗冻要求也可使用火山灰质水泥。

(7)改善型。适用于某些有特殊要求的工程。如水坝的防渗墙，可在喷射浆液中加入 10%～50%的膨润土，使固结体有一定可塑性并有较好防渗性。

(8)抗蚀型。适用于地下水中有大量硫酸盐的工程，采用抗硫酸盐水泥和矿渣大坝水泥。

2)水泥系浆液的水灰比(或称为水胶比)

水泥系浆液的水灰比可按注浆管类型加以区别，即：单管法和二重管法水灰比为 1∶1～1.5∶1；三重管法水灰比为 1∶1 或更小。

2. 浆液量计算

浆液量常用下列两种方法的计算结果，选用其较大值。

(1)体积法(旋喷时适用):

$$Q=0.785[D_s^2K_1L_1(1+\beta)+D_k^2K_2L_2] \tag{7-2-4}$$

(2)喷量法:

$$Q=L_1q(1+\beta)/v \tag{7-2-5}$$

式中:Q 为需用总浆量(m^3);K_1 为旋喷部分的填充率,与注浆管类型,加固直径、土质等有关,变化范围为 0.6~1.3,一般取 0.75~0.9;K_2 为未旋喷部分土的填充率,一般取 0.5~0.75;β 为损失系数,一般取 0.1~0.2;D_s、D_k 分别为旋喷体直径、未旋喷部分直径(m);L_1、L_2 分别为已旋喷和未旋喷部分长度(m);q 为单位时间喷浆量(m^3/min);v 为喷嘴(或钻杆)上提速度(m/min)。

四、旋喷桩设计计算

1. 旋喷桩桩体直径与桩体(固结体)强度

旋喷桩的桩体直径应通过现场制桩试验确定,它与喷射工艺、土的种类和密实程度密切相关,当喷射技术参数在表 7-2-5 的范围内时,加固体直径可参考表 7-2-2。

表 7-2-2 旋喷加固体直径(参考值)

土质	标准贯入 N 值	旋喷加固体直径/m		
		单管法	二重管法	三重管法
黏性土	0~5	0.5~0.8	0.8~1.2	1.2~1.8
	6~10	0.4~0.7	0.7~1.1	1.0~1.6
砂类土	0~10	0.6~1.0	1.0~1.4	1.5~2.0
	11~20	0.5~0.9	0.9~1.3	1.2~1.8
	21~30	0.4~0.8	0.8~1.2	0.9~1.5
砂砾	20~30	0.6±0.2	1.0±0.3	1.2±0.3

注:表中 N 为标准贯入击数。

固结体强度主要取决于下列因素:①原地土质;②喷射材料及水灰比;③注浆管的类型和提升速度;④单位时间的注浆量。

注浆材料为水泥时,固结体抗压强度的初步设计可参考表 7-2-3。对于大型或重要工程,应通过现场喷射试验后采样测试来确定固结体的强度和渗透性等参数。

表 7-2-3 固结体抗压强度变动范围(参考值)

土质	固结体抗压强度/MPa		
	单管法	二重管法	三重管法
砂类土	3~7	4~10	5~15
黏性土	1.5~5	1.5~5	1~5

2. 旋喷桩单桩承载力、复合地基承载力及变形模量

旋喷桩单桩承载力、复合地基承载力及变形模量可参照深层搅拌桩的计算方法进行计算。

3. 旋喷桩的间距及布置

(1)地基加固工程各旋喷桩不必重叠。推荐:孔距 $L=(2\sim3)D$(D 为旋喷桩设计直径),布孔形式按工程需要而定。

(2)旋喷桩帷幕,最好按双排或三排布孔(图 7-2-7 和图 7-2-8)。推荐:孔距 $L=0.866D$,排距 $S=0.75D$;旋喷桩的交圈厚度 $e=\sqrt{D^2-L^2}$。

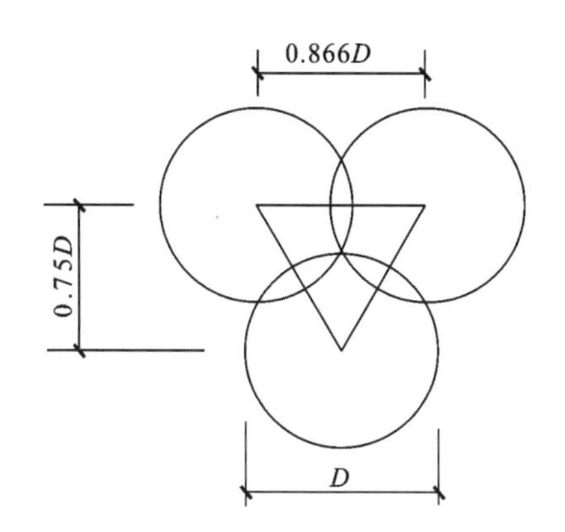

图 7-2-7 旋喷桩帷幕的孔距与排距

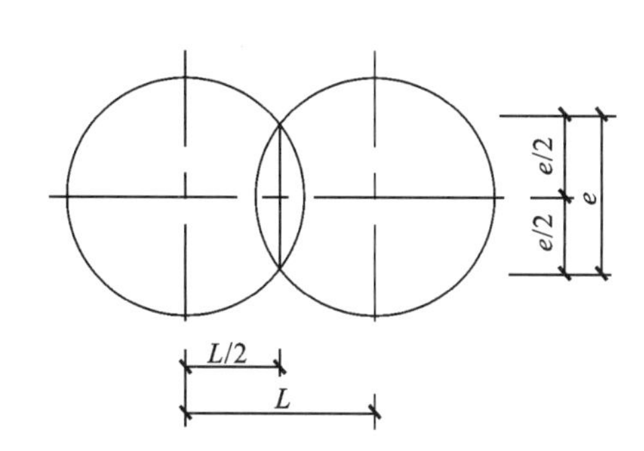

图 7-2-8 旋喷桩的交圈厚度

(3)定向喷射帷幕,形式如图 7-2-9 所示。

由于定向喷射的目的是形成连续的地下板墙用以防水,因此加固体的连续性是十分重要的。为了试验定向喷射板墙互相连接的效果,采用了直线和折线等不同形式的试验(图 7-2-9)。试验结果表明,在有效长度内板墙首尾相连,直线分布可以最大限度地利用定向喷射的有效长度,喷孔的间距可以最大,但是不易控制喷射过程中的喷射方向,容易脱开。而折线的喷射就可以克服这一缺点,并可增加板墙的刚度。

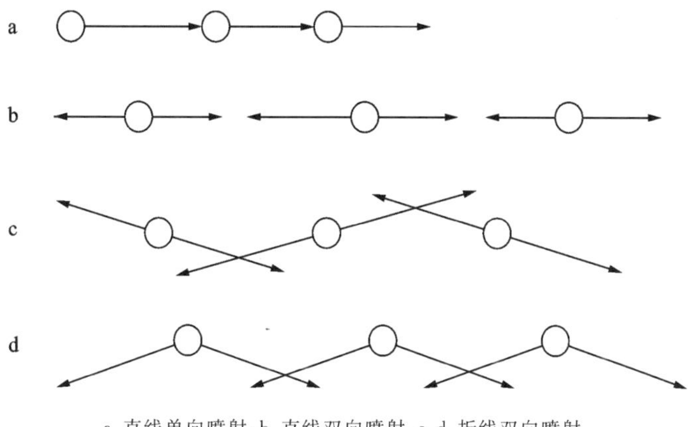

a. 直线单向喷射;b. 直线双向喷射;c、d. 折线双向喷射。

图 7-2-9 定喷帷幕形式

五、旋喷桩施工

如前所述，喷射注浆法施工可分为单管法、二重管法和三重管法，其加固原理基本是一致的，施工工艺流程概括如图 7-2-10 所示。

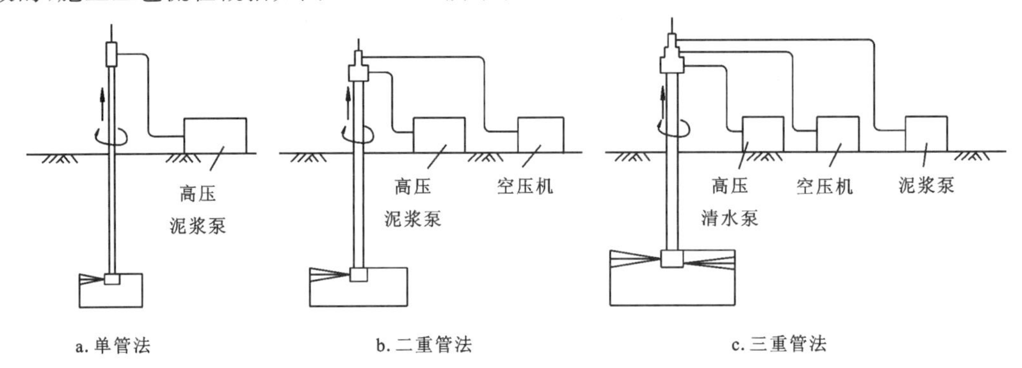

图 7-2-10 喷射注浆法施工工艺流程

1. 施工设备、器具

1）设备

高压喷射注浆所需设备按所用注浆管类型不同而异，见表 7-2-4。

表 7-2-4 高压喷射注浆需要设备

设备名称	型号举例	主要性能	所用注浆管		
			单管	二重管	三重管
钻机	XY-1、SH-30、76 型震动钻	依工作条件而不同	√	√	√
高压泥浆泵	SNC-H300、Y-2	泵量 80～230L/min 泵压 20～30MPa	√	√	
高压水泵	3XB、3W-6B、3W-7B	泵量 80～230L/min 泵压 20～30MPa			√
泥浆泵	BW150、200、250	泵量 90～150L/min 泵压 2～7MPa			√
空压机	YV-3/8、ZWY6/7、BW6/7、LGY20-10/7	风量 3～10m^3/min 风压 0.7～0.8MPa		√	√
浆液搅拌机		容量 0.2～2m^3	√	√	√

2）专用器具

（1）单层注浆管总成，包括单层注浆管、单管导流器和单管喷头。

单层注浆管一般用外径 ϕ50mm 或 ϕ42mm 的地质钻杆，每根长 1～3.5m，其连接螺纹处要采取密封措施。单管喷头的结构如图 7-2-11 所示，其中平头形单管喷头底端镶有硬质合金，可以钻进碎石土或较硬夹层；圆锥形单管喷头底端没有硬质合金，适用于黏性土或砂类土。

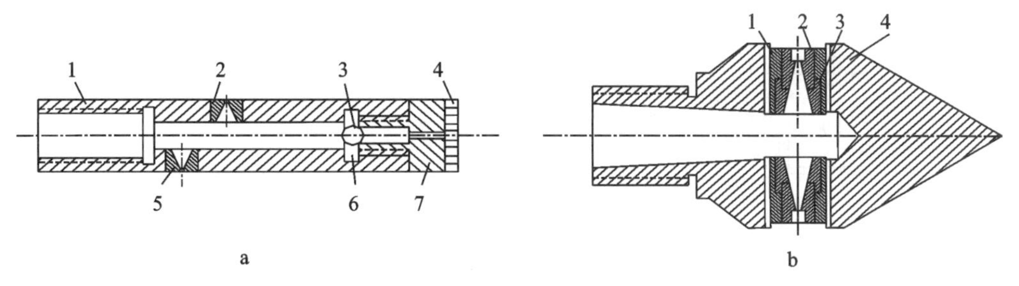

a. 平头形：1. 喷嘴杆；2. 喷嘴；3. 钢球；4. 硬质合金；5. 喷嘴；6. 球座；7. 钻头。

b. 圆锥形：1. 喷嘴套；2. 喷嘴；3. 喷嘴接头；4. 锥形钻头。

图 7-2-11 单管喷头

(2)二重注浆管总成，包括二重管导流器、二重注浆管和二重管喷头。

TY-201 型二重注浆管的结构如图 7-2-12 所示，外管规格：ϕ 42mm×5mm；内管规格：ϕ 18mm×2mm。TY-201 型二重管喷头结构如图 7-2-13 所示，其侧面有浆、气同轴喷嘴，其环状间隙为 1～2mm。

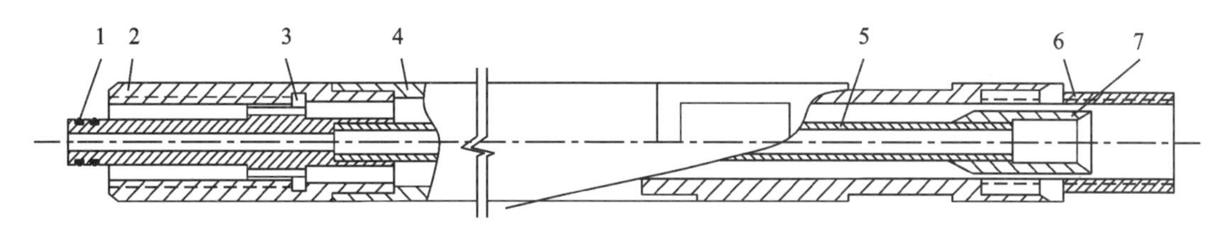

1. "O"形橡胶圈；2. 外管母接头；3. 定位圈；4. ϕ 42 地质钻杆；

5. ϕ 18 内管；6. 外管公接头；7. 内管接头。

图 7-2-12 TY-201 型二重注浆管结构

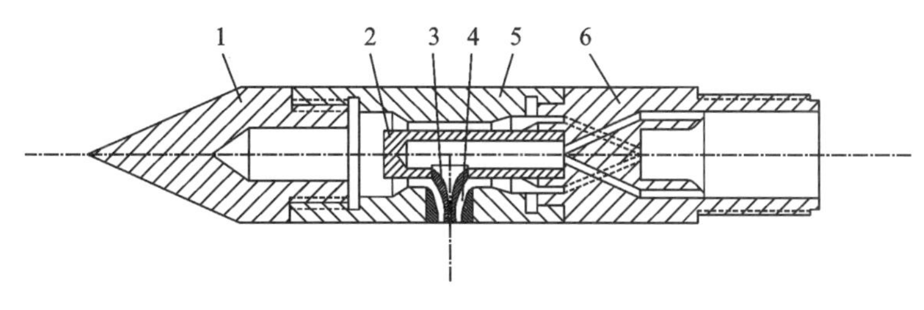

1. 管尖；2. 内管；3. 内喷头；4. 外喷嘴；5. 外管；6. 外管公接头。

图 7-2-13 TY-201 型二重管喷头结构

(3)三重注浆管总成，包括三重注浆管、三重管导流器和三重管喷头。

TY-301 型三重注浆管的结构如图 7-2-14 所示，其内管规格为 ϕ 18mm×3mm；中管为 ϕ 40mm×2mm；外管为 ϕ 75mm×4mm。内管输送高压水，内—中管环隙输送压缩空气，外—中管环隙输送浆液。在外管表面对称地通长焊接两条宽×厚为 30mm×4mm 的扁钢。TY-301 型三重管喷头的结构如图 7-2-15 所示。

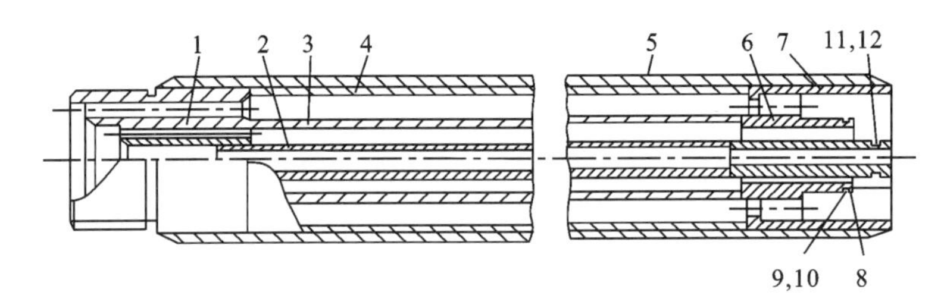

1.内母接头；2.内管；3.中管；4.外管；5.扁钢；6.内公接头；7.外管内接头；8.定位器；9.挡圈；10."O"形密封圈；11.挡圈；12."O"形密封圈。

图 7-2-14　TY-301 型三重注浆管结构

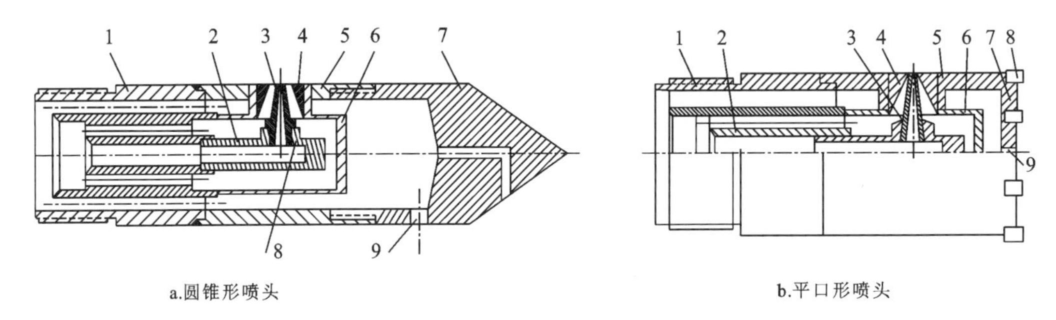

1.接头；2.内管总成；3.内管喷嘴；4.中管喷嘴；5.外管；6.中管总成；7.钻头；8.内喷嘴座(a)、合金片(b)；9.喷浆孔。

图 7-2-15　TY-301 型三重管喷头结构

(4)其他器具。

a.高压胶管(用于输送喷射浆液或水)一般采用钢丝缠绕液压胶管，其工作压力不低于喷射泵压；其内径根据流量按式(7-2-6)并结合查表确定。

$$d \geqslant 4.6\sqrt{\frac{Q}{v}} \tag{7-2-6}$$

式中：d 为高压胶管内径(mm)；Q 为流量(L/min)；v 为适宜的流速(m/s)，可按 4～6m/s 计算。

b.压气胶管(输送压缩空气)用 3～8 层帆布缠裹浸胶制成，工作压力在 1.0MPa 以上，内径 ϕ16mm～ϕ32mm。

c.液体流量计为电磁式，量程 10～20L/min。

d.风量计为玻璃转子流量计，如 LZB-50 型，最大流量 $3m^3$/min，工作压力 0.6MPa。

2.施工工艺

1)施工程序(图 7-2-16)

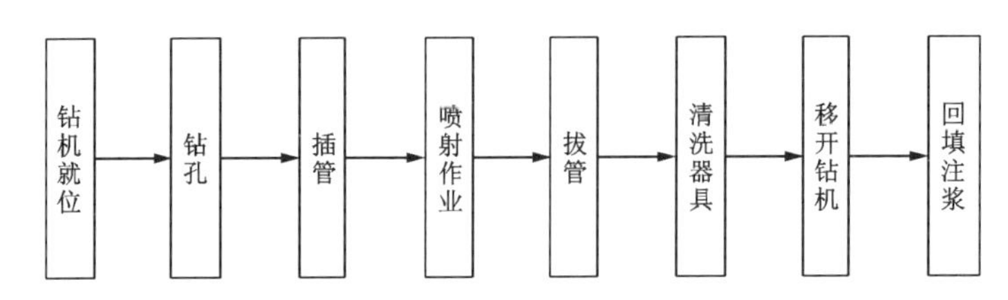

图 7-2-16　高压旋喷注浆施工程序图

2)旋喷桩的施工参数

旋喷桩的施工参数应根据土质条件、加固要求通过试验或根据工程经验确定,每立方米加固土体的水泥掺入量不宜少于 300kg。旋喷注浆的压力大,处理地基的效果好。根据国内实际工程中应用实例,单管法、双管法及三管法的高压水泥浆液流或高压水射流的压力应大于 20MPa,流量大于 80L/min,气流的压力以空气压缩机的最大压力为限,通常在 0.7MPa 左右,提升速度可取 0.1～0.2m/min,旋转速度宜取 20r/min。表 7-2-5 列出建议的旋喷桩的施工参数,供参考。

表 7-2-5 旋喷桩的施工参数一览表

<table>
<tr><td colspan="3">旋喷施工方法</td><td>单管法</td><td>双管法</td><td>三重管法</td></tr>
<tr><td colspan="3">适用土质</td><td colspan="3">砂土、黏性土、黄土、杂填土、小粒径砂砾</td></tr>
<tr><td colspan="3">浆液材料及配方</td><td colspan="3">以水泥为主材,加入不同的外加剂后具有速凝、早强、抗腐蚀、防冻等特性,常用水灰比 1∶1,可适用化学材料</td></tr>
<tr><td rowspan="12">旋喷施工参数</td><td rowspan="3">水</td><td>压力/MPa</td><td>—</td><td>—</td><td>25</td></tr>
<tr><td>流量/(L·min^{-1})</td><td>—</td><td>—</td><td>80～120</td></tr>
<tr><td>喷嘴孔径/mm 及个数</td><td>—</td><td>—</td><td>2～3(1～2)</td></tr>
<tr><td rowspan="3">空气</td><td>压力/MPa</td><td>—</td><td>0.7</td><td>0.7</td></tr>
<tr><td>流量/(m^3·min^{-1})</td><td>—</td><td>1～2</td><td>1～2</td></tr>
<tr><td>喷嘴间隙/mm 及个数</td><td>—</td><td>1～2(1～2)</td><td>1～2(1～2)</td></tr>
<tr><td rowspan="3">浆液</td><td>压力/MPa</td><td>25</td><td>25</td><td>5～7</td></tr>
<tr><td>流量/(L·min^{-1})</td><td>80～120</td><td>80～120</td><td>2～7</td></tr>
<tr><td>喷嘴孔径/mm 及个数</td><td>2～3(2)</td><td>2～3(1～2)</td><td>1～2(1～2)</td></tr>
<tr><td colspan="2">灌浆管外径/mm</td><td>ϕ42 或 ϕ45</td><td>ϕ42、ϕ50、ϕ75</td><td>ϕ75 或 ϕ90</td></tr>
<tr><td colspan="2">提升速度/(cm·min^{-1})</td><td>15～25</td><td>7～20</td><td>5～20</td></tr>
<tr><td colspan="2">旋转速度/(r·min^{-1})</td><td>16～20</td><td>5～16</td><td>5～16</td></tr>
</table>

3)操作要领及注意事项

(1)钻机或旋喷机就位时机座要平稳,立轴或转盘要与孔位对正,倾角与设计误差一般不得大于 0.5°,然后成孔。

(2)喷射注浆前要检查高压设备和管路系统。设备的压力和排量必须满足设计要求,管路系统的密封圈必须良好,各通道和喷嘴内不得有杂物。

(3)要预防风、水喷嘴在插管时被泥砂堵塞,可在插管前用一层薄塑料膜包扎好。

(4)喷射注浆时要注意设备开动顺序。以三重管为例,应先空载起动空压机,待运转正常后,再空载起动高压泵,然后同时向孔内送风和水,使风量和泵压逐渐升高至规定值。风、水畅通后,如系旋喷即可旋转注浆管,并开动注浆泵,先向孔内送清水,待泵量泵压正常后,即可将注浆泵的吸浆管移至储浆桶,开始注浆。待估算水泥浆的前峰已流出喷头后,才可开始提升注浆管，自下而上喷射注浆。

(5)根据施工设计控制喷射技术参数，注意观察冒浆情况，并做好记录。

(6)喷射注浆中需拆卸注浆管时，应先停止提升和回转，同时停止送浆，然后逐渐减少风量和水量，最后停机。拆卸完毕继续喷射注浆时，开机顺序也要遵守第(4)条的规定。同时，开始喷射注浆的孔段要与前段搭接0.1m以上，防止固结体脱节。

(7)喷射注浆达到设计深度后，即可停风、停水，继续用注浆泵注浆，待水泥浆从孔口返出后，即可停止注浆，然后将注浆泵的吸水管移至清水箱，抽吸一定量清水将注浆泵和注浆管路中的水泥浆顶出，然后停泵。

(8)卸下的注浆管，应立即用清水将各通道冲洗干净，并拧上堵头。注浆泵、送浆管路和浆液搅拌机等都要用清水清洗干净。压气管路和高压泵管路也要分别送风、送水冲洗干净。

(9)喷射注浆作业后，由于浆液析水作用，一般均有不同程度收缩，使固结体顶部出现凹穴，所以应及时用水灰比为0.6的水泥浆进行补灌。并要预防其他钻孔排出的泥土或杂物混入。

(10)所用水泥浆的水灰比要按设计规定不得随意更改。禁止使用受潮或过期的水泥。在喷射注浆过程中应防止水泥浆沉淀。

(11)为了加大固结体尺寸，或避免深层硬土固结体尺寸减小，可以采用提高喷射压力、泵量或降低回转与提升速度等措施。也可以采用复喷工艺：第一次喷射(初喷)时，不注水泥浆液；初喷完毕后，将注浆管边送水、边下降至初喷开始的孔深，再抽送水泥浆，自下而上进行第二次喷射(复喷)。

(12)在喷射注浆过程中，应观察冒浆情况，以及时了解土层情况、喷射注浆的大致效果和喷射参数是否合理。采用单管或二重管喷射注浆时，冒浆量小于注浆量20%为正常现象；超过20%或完全不冒浆时，应查明原因并采取相应的措施。若系地层中有较大空隙引起的不冒浆，可在浆液中掺加适量速凝剂或增大注浆量；如冒浆过大，可减少注浆量或加快提升和回转速度，也可缩小喷嘴直径，提高喷射压力。采用三重管喷射注浆时，冒浆量则应大于高压水的喷射量，但其超过量应小于注浆量的20%。

(13)对冒浆应妥善处理，及时清除沉淀的泥渣。在砂层用单层或双层注浆旋喷时，可以利用冒浆补灌已施工过的桩孔。但在黏土层、淤泥层旋喷或用3层注浆管旋喷时，因冒浆中掺入黏土和清水，故不宜利用冒浆回灌。

(14)在加固工程中，为使桩顶与原基础严密结合，可于旋喷作业结束后24h在旋喷桩中心钻一小孔，再用小径(如ϕ30mm)单层注浆管补喷一次。

(15)在黏性土中用二重管旋喷时，因黏土表面张力，使固结体中存在很多气孔，影响其防渗性能和强度。西北有色工程勘测公司采用在原喷嘴下方100mm处的相反方向加一个喷浆喷嘴的办法来消泡，效果较好。

(16)在软弱地层旋喷时，固结体强度低。可以在旋喷后用砂浆泵注入15MPa砂浆来提高固结体的强度。

(17)在砂层尤其是干砂层中旋喷时，喷头的外径不宜大于注浆管，否则易夹钻。

3. 常见故障的防治

喷嘴或管路被堵塞，表现是压力骤然上升。预防措施有以下几种。

(1)在高压泵和注浆泵的吸水管进口和水泥浆储备箱中都设置过滤网，并经常清理。高压泵的滤网筛孔规格以1mm左右为宜。注浆泵和水泥浆储备箱的滤网规格以2mm左右为宜，筛网的面积不要过小。

(2)若喷射过程中出现水泥供不应求，应将注浆管提起一段距离，抽送清水将管道中的水泥浆顶出喷头后再停泵。

(3)喷射结束后，按要求做好各系统的清洗工作。

高压泵排量达不到要求或压力上不去。处理办法有以下几种。

(1)检查阀、活塞缸套等零件，磨损大的及时更换；有杂物影响阀关闭时，要清理。

(2)检查吸水管道是否畅通，是否漏气，避免吸入空气，尽量减小吸水管道的流动阻力。

(3)检查活塞每分钟的往复次数是否达到要求，防止传动系统中的打滑现象。

(4)检查安全阀、高压管路，消除泄漏。

(5)检查喷嘴直径是否符合要求，更换过度磨损的喷嘴。

五、质量检验

1. 检验内容

(1)固结体的整体性、均匀性和垂直度。

(2)固结体的有效直径或加固长度、宽度。

(3)固结体的强度特性(包括抗压强度、抗剪强度)。

(4)固结体的溶蚀和耐久性能(抗酸碱性、抗冻性和抗渗性)。

2. 检测方法

(1)开挖检查。

(2)室内试验包括设计过程制作试件进行物理力学性能试验和施工后开挖取样试验。

(3)钻孔检查包括：①钻孔取样观察，并做成试件进行物理力学性能试验；②渗透试验，包括钻孔压力注水渗透试验和钻孔抽水渗透试验；③标准贯入试验或动力触探试验。一般距注浆孔中心0.15～0.20m，每隔一定深度作一次。

(4)载荷试验包括复合地基静载荷试验和单桩静载荷试验。

3. 检验方法的选用

选定质量检验方法时，应根据机具设备条件，因地制宜。开挖检查法通常在浅层进行，虽简单易行，但难以对整个固结体的质量作全面检查。钻孔取芯和标准贯入法或动力触探法是检验单桩固结体质量的常用方法，选用时需以不破坏固结体为前提。载荷试验是检验建筑地基处理质量的良好方法，有条件的地方应尽量采用。压水试验通常在工程有防渗要求时采用。

4. 检验点的布置

检验点的位置应重点布置在建筑工程的关键地方，如承重大、帷幕中心线等部位。对喷射注浆时出现过异常现象和地质条件复杂的地段亦应检验。

每个建筑工程喷射注浆处理后，不论工程大小，均应进行检验。检验量为施工总数的2%，并应不少于6点。

高压喷射注浆处理地基的强度较低，28d 的强度在 2～10MPa 之间，强度增长速度较慢，承载力检验宜在成桩 28d 后进行。

竣工验收时，旋喷桩复合地基承载力检验应采用复合地基静载荷试验和单桩静载荷试验。检验数量不得少于总桩数的 1%，且每个单体工程复合地基静载荷试验的数量不得少于 3 台。

第三节 干冲碎石桩

一、概述

目前碎石桩主要有两种施工方法：一是振冲碎石桩法；二是干冲碎石桩法。所谓振冲碎石桩法就是用起重机吊起图 7－3－1 所示的振冲器，启动振冲器中的潜水电动机带动偏心块旋转，振冲器产生高频振动，同时开动水泵，高压水通过射水管喷嘴喷射出高速水流冲击孔底，在边振动、边水冲的联合作用下，振冲器下沉，泥浆上浮，并形成一定深度的钻孔。振冲器到达预定深度后停止振动保持射水清孔，清孔后就可从地面向孔中逐段填入碎石，当填入的碎石料在振冲器的振动作用下均被振挤到要求的密实度后，可提升振冲器再投入下一段碎石料，如此重复填料和振密直至地面，从而在地基土中形成一根大直径密实的碎石桩，这种施工方法称为振冲碎石桩法（振冲碎石桩法施工过程如图 7－3－2 所示）。振冲器基本型号及参数见表 7－3－1。由于振冲碎石桩法需要泥浆循环和排出泥浆，需要有专用设备，且产生一定程度的环境污染，因而又开发了干冲碎石桩施工法。

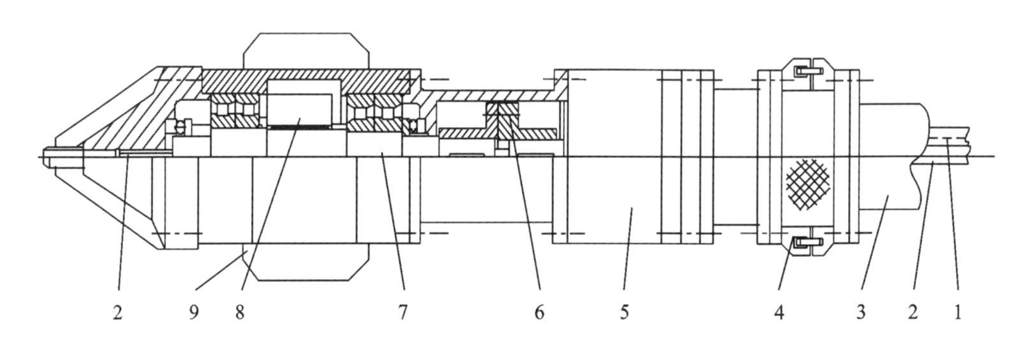

1. 电缆；2. 高压水管；3. 导向管；4. 减震器；5. 潜水电动机；6. 联轴器；7. 传动轴；8. 偏心块；9. 振动体。

图 7－3－1 振冲器构造图

如图 7－3－3 所示，反复用卷扬机通过钢丝绳将冲锤提升一定高度后在套管（俗称成孔管）内自由下落，不断地冲击套管底部的碎石塞，即可将套管带到预设深度，然后用另一台卷扬机通过钢丝绳稍提起套管便可将碎石塞冲出套管底，再从套管上端的填料口分次填入一定量的碎石料，分次提升套管，分次将套管内的碎石冲出管底并冲密，从而在地基土中形成一根直径较大的密实的碎石桩，这种成桩方法称为干冲碎石桩法。它克服了振冲碎石桩法需排出大量泥浆的弊病，还具有使用设备简单，配套设备少及操作简便等优点，本节主要介绍这种施工方法。

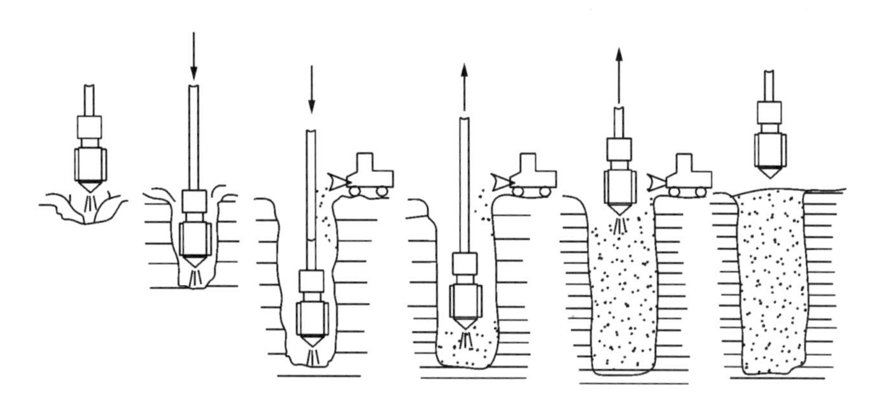

图 7－3－2 振冲碎石桩法施工过程示意图

表 7－3－1 振冲器基本型号和主要技术参数

型号		ZCQ30	ZCQ55	ZCQ75	ZCQ100	ZCQ132	ZCQ160	ZCQ180	ZCQ220
潜水电机	额定功率/kW	30	55	75	100	132	160	180	220
	额定转速/(r·min^{-1})	1460	1460	1470	1470	1470	1470	1480	1470
	额定电压/V	380	380	380	380	380	380	380	380
	额定电流/A	58.7	107	141	197	246	288	336	394
激振力/kN		90	130	160	190	220	260	300	350
空载头部振幅/mm		≥12	≥12	≥12	≥12	≥12	≥12	≥12	≥12
振动频率/Hz		24.3	24.3	24.5	24.5	24.5	24.5	24.7	24.5
振冲器直径/mm		351	351	402	402	402	402	402	402
主机质量/kg		940	1150	1650	1880	2320	2510	2820	3320

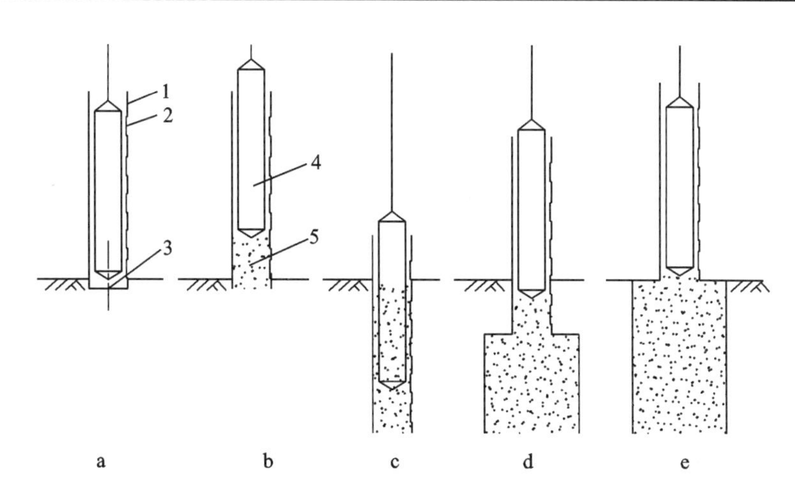

a. 桩点挖坑竖起成孔管；b. 扶正成孔管投石待冲；c. 冲击碎石成孔管到底；d. 初次提管冲成桩底；e. 桩体形成拔出成孔管；1. 成孔管；2. 投石口；3. 桩位；4. 冲锤；5. 碎石。

图 7－3－3 干冲碎石桩成桩程序

二、干冲碎石桩的桩体材料及加固作用

1. 桩体材料

干冲碎石桩的桩体材料除了可使用振冲碎石桩的碎石材料外，还可采用碎砖三合土、级配砂石、矿渣、灰土、水泥混合土等，当采用碎砖三合土时，其体积比可采用生石灰∶碎砖∶黏性土为1∶2∶4，这就意味着建筑垃圾可作为桩体材料，对节能环保意义重大。

2. 加固作用

(1)挤密作用。在成桩过程中，碎石将地基土中小于或等于碎石桩体积的土体挤向碎石桩周围，对碎石桩周围的土层产生很大的横向挤压力，使桩周土层的孔隙比减小，密度增大，承载力提高，即对桩周土起到了挤密作用。碎石桩对桩周土的挤密作用的大小随桩周土的土性的不同而异，对于人工填土和松散—稍密的砂土，挤密效果最好；但对于饱和软黏土，挤密效果较差，且会造成较大的土层侧向流动和地表隆起。

(2)置换作用(应力集中作用)。软弱地基经碎石桩加固后，变成由碎石桩和桩间土组成的物理力学性质各异的复合地基，如图7-3-4所示。

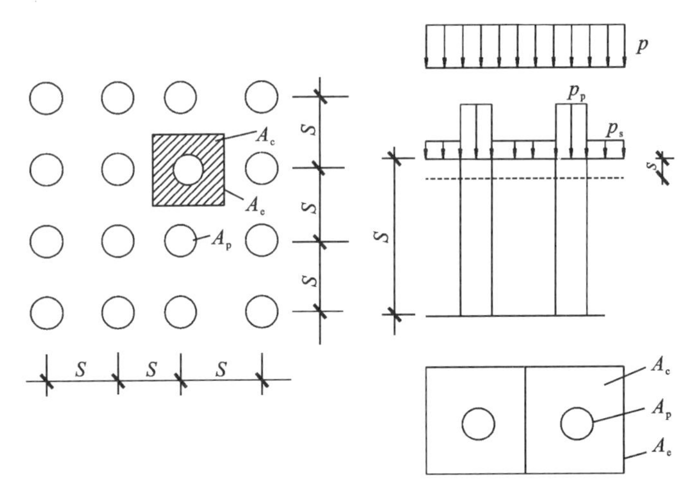

图7-3-4 碎石桩复合地基

当建筑物上部荷载通过基础承台等作用于复合地基上时(假设基础是刚性的)，则在基础底面下面，碎石桩和桩间土的沉降量是相等的。由于桩的压缩模量大于桩间土的压缩模量($E_p>E_s$)，则荷载将向碎石桩上集中，与此相应，作用于桩间土上的荷载就降低了，从而使复合地基承载力较原天然地基承载力高，压缩性比原天然地基低。这就是碎石桩的置换作用或称应力集中作用。

一般情况下，如果软弱土层厚度不大，则碎石桩桩体可贯穿整个软弱土层，直达相对硬层，此时碎石桩对地基的加固作用主要是应力集中作用。

(3)垫层作用。用碎石桩加固软弱土层时，如果软弱土层较厚，则桩体可不必贯穿整个软弱土层，此时复合地基主要起垫层作用。通过垫层作用来减小地基的沉降并将基底压力

向深部扩散而提高地基的整体承载力。

(4)排水作用。用碎石桩加固黏土地基时,碎石桩是黏土地基中一个良好的排水通道,它能起到排水砂井的作用,大大缩短孔隙水的水平渗透路径,加速软土的排水固结,使沉降稳定的速率加快。

三、干冲碎石桩的应用范围

1. 适应的地层情况

(1)人工填土。碎石桩在人工填土中的加固效果与人工填土中的杂质含量与性质、堆积时间长短等因素有关,一般杂填土中含生活垃圾时,加固效果较差;含砖块、石块等工业垃圾时,含量越多加固效果越好。另外,人工填土填筑时间在10年以上,粗碎石块含量达30%~50%时效果也还可以。人工填土用干冲碎石桩处理后,地基承载力可提高20%左右,有时甚至可成倍提高。

(2)黏性土及粉土。黏性土具有孔隙比大而渗透系数小的特点,用干冲碎石桩加固黏性土时,黏性土自身的早期强度不是增加而是降低,随着黏性土中的孔隙水的缓慢排出和黏性土结构的逐步恢复,黏性土的自身强度逐步恢复并有所提高。据统计,黏土及粉质黏土的自身强度可增强8%~9%,粉土的自身强度可增加18%左右。

(3)粉细砂。粉细砂层一般作为碎石桩的桩端承力层,粉细砂渗透系数较大,能较迅速地排出孔隙水,用碎石桩加固的效果较好。

2. 适应的基础类型

碎石桩可用于筏基、条基及独立基础下面的地基处理,其优劣顺序为筏基优于条基,条基优于独立基础。

3. 不宜采用的情况

当地基土为不排水抗剪强度平均值小于20kPa的黏性土时,由于成桩困难,不宜采用。

四、碎石桩复合地基的设计计算

1. 碎石桩复合地基承载力标准值的确定

1)用碎石桩复合地基静载荷试验方法确定

单桩复合地基载荷试验的压板形状可为圆形或方形,压板底面积为一根桩所承担的处理面积;多桩复合地基载荷试验的压板形状可为方形或矩形,其底面尺寸按实际桩数所承担的处理面积确定。压板材料为钢筋混凝土板或厚钢板,压板底面高程应与基础底面设计高程相同,压板下宜设厚度为100~150mm粗砂或中砂垫层。

加荷等级可分8~12级,试验前为校核试验系统整体工作性能,预压荷载不得大于总加载量的5%,总加载量不宜小于设计复合地基承载力的2倍。每加一级荷载,在加载前后应各读记压板沉降一次,以后每半小时读记一次。当一小时内沉降增量小于0.1mm时即可加下一级荷载。当出现下列现象之一时,可终止试验:①沉降急骤增大,土被挤出压板或压板周围地面出现明显隆起;②累计的沉降量已大于压板宽度或直径的6%;③当达不到极限荷载,而最大加载力已大于设计要求压力值的2倍以上。卸载级数可为加载级数的一半,等量进行，每卸一级，间隔 0.5h，读记回弹量，待卸完全部荷载后间隔 3h 读记总回弹量。

试验点复合地基承载力特征值的确定应符合下列规定：①当压力-沉降曲线上极限荷载能确定，而其值不小于对应比例界限的 2 倍时，可取比例界限；当其值小于对应比例界限的 2 倍时，可取极限荷载的一半。②当压力-沉降曲线是缓变的光滑曲线时，可按相对变形值确定，并应符合下列规定：ⓐ对沉管砂石桩、振冲碎石桩和柱锤冲扩桩复合地基，可取 s/b 或 s/d（b、d、s 分别为承压板的宽度、直径、沉降量）等于 0.01 所对应的压力；ⓑ对灰、土挤密桩复合地基，可取 s/b 或 s/d 等于 0.008 所对应的压力；ⓒ对水泥粉煤灰碎石桩或夯实水泥土桩复合地基，以卵石、圆砾、密实粗中砂为主的地基，可取 s/b 或 s/d 等于 0.008 所对应的压力；对以黏性土、粉土为主的地基，可取 s/b 或 s/d 等于 0.01 所对应的压力；ⓓ对水泥土搅拌桩或旋喷桩复合地基，可取 s/b 或 s/d 等于 0.006～0.008 所对应的压力，桩身强度大于 1.0MPa 时且桩身质量均匀时可取高值；(e)对有经验的地区，可按当地经验确定相对变形值，但原地基土为高压缩性土层时，相对变形值的最大值不应大于 0.015；ⓕ复合地基荷载试验，当采用边长或直径大于 2m 的承压板进行试验时，b 或 d 按 2m 计；ⓖ按相对变形值确定的承载力特征值不应大于最大加载压力的一半。

场地试验点的数量不应少于 3 处，当满足其极差不超过平均值的 30%时，可取其平均值为场地复合地基承载力特征值。当极差超过平均值的 30%时，应分析极差过大的原因，需要时应增加试验数量，并结合工程具体情况确定场地复合地基承载力特征值。工程验收时应视建筑物结构、基础形式综合评价，对于桩数少于 5 根的独立基础或桩数少于 3 排的条形基础，场地复合地基承载力特征值应取几个试验点的最低值。

2)分别做单桩静载荷试验及桩间土的静载荷试验

分别做单桩静载荷试验及桩间土的静载荷试验后，可按下式确定复合地基承载力标准值。

$$f_{spk}=mf_{pk}+(1-m)f_{sk} \tag{7-3-1}$$

式中：f_{spk} 为复合地基承载力标准值(kPa)；f_{pk} 为桩体单位横截面积承载力标准值(kPa)；f_{sk} 为桩间土的承载力标准值(kPa)；$m=d^2/d_e^2$ 为置换率；d 为桩的直径(m)；d_e 为一根桩分担的处理面积等效圆直径(m)，等边三角形布桩时，$d_e=1.05S$，正方形布桩时，$d_e=1.13S$，矩形布桩时，$d_e=1.13\sqrt{S_1S_2}$；S、S_1、S_2 分别为桩间距(等边三角形、正方形布桩)、纵向间距和横向间距(矩形布桩)。

3)按天然地基土承载力标准值和桩土应力比的经验值确定

对小型工程的黏性土地基，如无现场静载荷试验资料，复合地基的承载力标准值可按 JGJ 79—2012 中的经验公式计算。

$$f_{spk}=[1+m(n-1)]f_{sk} \tag{7-3-2}$$

式中：m 为面积置换率；n 为复合地基桩土应力比，可按地区经验确定。

2. 碎石桩复合地基变形计算

如果碎石桩未打穿高压缩性土层，则复合地基压缩变形值由经过碎石桩加固后的土层变形值和桩底以下未加固土层变形值两部分组成：

$$s=s_{sp}+s_s=\psi_s\left(\sum_{0}^{L}\frac{\overline{\sigma_{zi}}}{E_{spi}}\Delta H_i+\sum_{L}^{Z_n}\frac{\overline{\sigma_{zj}}}{E_{sj}}\Delta H_j\right) \tag{7-3-3}$$

式中：s 为复合地基压缩变形值(mm)；s_{sp} 为加固土层变形值(mm)；s_s 为桩底以下未加固土层变形值(mm)；L 为从基础底面算起的碎石桩长度(mm)；Z_n 为地基沉降计算深度(mm)，按 $\sigma_{Z_n}/(\sigma_c)_{Z_n}=0.2$(一般土层)或 0.1(软弱土层)确定，$\sigma_{Z_n}$、$(\sigma_c)_{Z_n}$ 分别为 Z_n 处地基土的附加应力和自重应力；ΔH_i、ΔH_j 分别为桩长范围内和桩底以下分层土的厚度(mm)；$\overline{\sigma_{zi}}$、$\overline{\sigma_{zj}}$ 分别为桩长范围内第 i 层和桩底以下第 j 层土所受的平均附加压力(MPa)；E_s 为天然地基土的压缩模量(MPa)；E_{sp} 为碎石桩复合地基压缩模量(MPa)，各复合土层的压缩模量等于该层天然地基压缩模量的 ζ 倍，ζ 值可按下式确定：$\zeta=f_{spk}/f_{sk}$；ψ_s 为复合地基沉降计算修正系数，可根据地区沉降观测资料统计确定，无经验取值时，可按表 7-3-2 确定。

表 7-3-2 沉降计算经验系数

$\overline{E_s}$/MPa	4.0	7.0	15.0	20.0	35.0
ψ_s	1.0	0.7	0.4	0.25	0.2

注：$\overline{E_s}$ 为变形计算深度范围内压缩模量的当量值，应按下式计算：

$$\overline{E_s}=\frac{\sum_{i=1}^{n}A_i+\sum_{j=1}^{m}A_j}{\sum_{i=1}^{n}\frac{A_i}{E_{spi}}+\sum_{j=1}^{m}\frac{A_j}{E_{sj}}} \quad (7-3-4)$$

式中：A_i 为加固土层第 i 层土附加应力系数沿土层厚度的积分值(MP·mm)；A_j 为加固土层下第 j 层土附加应力系数沿土层厚度的积分值(MP·mm)；其他符号意义同式(7-3-3)。

3. 碎石桩复合地基设计计算步骤

(1)收集资料。设计之前需要收集的资料有：岩土工程勘察资料，基础设计资料，对碎石桩复合地基承载力的要求及复合地基变形要求，已建工程的地基处理经验等。

(2)确定桩径及桩长。碎石桩的设计直径取决于导管直径：使用 ϕ325mm 导管时，碎石桩的设计直径为 ϕ500mm；使用 ϕ377mm 导管时，碎石桩的设计直径一般为 ϕ550mm～ϕ600mm，不得大于 ϕ600mm。

桩长必须穿过软弱土层至压缩性较低的硬层，从地面标高算起宜在 10m 以内，并应满足桩端持力层和下卧层强度以及沉降变形计算要求。基底标高以下，桩长不应小于 4m；基底标高以上，桩长应大于 0.5m。桩端的终击标准宜在现场试打，通过试打测定桩端 500mm 桩长的锤击数作为工程桩桩端终击的控制标准。

(3)由式(7-3-1)或式(7-3-2)算出面积置换率 m。

(4)根据单桩设计直径 d 求出单桩加固面积 A_e，$A_e=\frac{\pi d^2}{4m}$，进而求出桩间距离。

等边三角形布桩：$S=1.075\sqrt{A_e}$ (7-3-5)

正方形布桩：$S=\sqrt{A_e}$ (7-3-6)

矩形布桩：$S_1\cdot S_2=A_e$ (7-3-7)

(5)计算每米桩长投石量 $q(m^3/m)$。

$$q=k\frac{\pi d^2}{4} \tag{7-3-8}$$

式中：d 为设计桩径(m)；k 为挤密系数，一般取值为 1.2～1.3。

(6)确定干冲碎石桩的复合地基构造。

筏板基础宜优先采用等边三角形布桩，也可采用正方形布桩；条形基础最少应设置两排桩，并宜采用正方形布桩。

桩径一般为 ϕ500～600mm，对于淤泥及淤泥质土宜选用较大的桩径。

桩距不宜小于桩径的 2 倍，且不得小于 1m，也不得大于桩径的 4 倍；桩中心至基础边缘的距离宜等于桩径，不得小于 0.5 倍桩径；当条形基础因构造需要而布置二排桩时，可不设保护桩，其他基础边缘外均宜设置保护桩 1～3 排；对基础设有沉降缝处，应在缝的两侧局部范围内加密桩距或对原桩进行复打。

基础施工前应将基底以下松散体清除，清除厚度不小于 300mm，然后回填碎石垫层，并夯实或碾压密实，筏板基础的回填垫层应超出基础边缘 300～500mm。

五、干冲碎石桩施工与检验

1. 施工设备

干冲碎石桩施工设备包括：桩架、提升卷扬、导管和冲击锤等几部分。它们应分别满足以下基本要求。

(1)桩架应有足够的刚度、高度、底面积和整体稳定性且移位方便。

(2)导管为厚壁无缝钢管。当设计桩径为 ϕ500mm 时，导管直径应不小于 ϕ325mm；当设计桩径为 ϕ600mm 时，导管直径应不小于 ϕ377mm。导管长度必须保证桩的入土深度不小于设计桩长。导管投料口开口宽度不大于导管周长的 1/5，投料口间距不小于 1500mm。

(3)冲击锤重 10～15kN，锤底端应为平面或顶角不小于 160°的缓锥形。冲击锤和提缆的连接应为活动连接。

(4)提升卷扬应保证足够的提升力，冲击卷扬应保证冲击锤自由下落。

2. 桩的施工顺序

在软弱黏性土地层采用由里向外或从一边推向另一边的方式(图 7-3-5a、b)，因为这两种方式有利于挤走部分软土。如果由外向里制桩，中心区的桩很难制好。对于抗剪强度很低的软黏土地基，为了减少制桩时对软土的扰动，也可采用间隔跳打的方式，如图 7-3-5c 所示。当加固区毗邻其他建筑物时，为了减少对建筑物的振动影响，宜采用图 7-3-5d 所示的施工顺序。对于大面积沙土地基，可用"围幕法"施工，即可先在外围造 2～3 圈(排)桩，再由外向内隔圈跳打或依次向中心区造桩，以便更好地对砂基挤密。

3. 施工方法和步骤

1)定桩位

(1)根据提供的基点坐标，测放基线，测放建筑物角点及轴线，基线布置在不受施工干扰和稳定的地方，精度应符合规范要求。

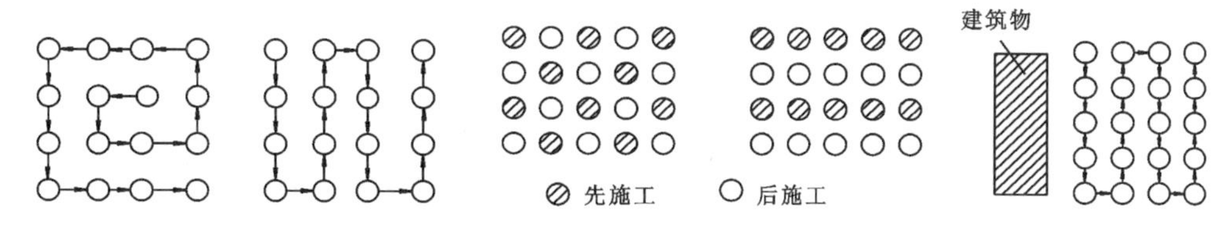

图 7-3-5 桩的施工顺序

(2)根据建筑物轴线，用钢尺丈量桩位，为了保证桩位的精度，可采用挖坑定位，坑径350mm，坑深300mm。

2)下成孔管

(1)机架就位，对准桩位，调平机架，拉起成孔管(内套冲锤)，直立于桩位上，并力求扶正。成孔管在下沉过程中应始终保持直立状态，如图 7-3-3a 所示。

(2)提起冲锤，使下端高出投料口，沿投料口投石，装入管内的石柱高度 0.5～1.5m，如图 7-3-3b 所示。

(3)用冲锤冲击碎石，把成孔管带到预定深度，如图 7-3-3c 所示。开始用锤冲击碎石时应控制冲锤行程，轻冲缓下，待成孔管能够稳固直立时，再逐渐加大行程冲击，以碎石和管壁的摩擦力带动成孔管下行，直到带至预定深度。成孔管下行途中碎石柱可能被冲透(全部冲出管底)，这时应补投碎石后再冲。下成孔管的全过程都是在成孔管内冲击碎石的。

3)成桩

(1)将成孔管上提约 1m，以便管底脱离碎石柱。

(2)试透成孔管。轻冲管底 1～2 次，如成孔管不随冲击而下沉，可判定碎石已脱离管底，这时可提起冲锤投石。

(3)打桩底。前面所述的把成孔管带到"预定深度"，是指比设计桩长少 0.5～1m 的那个深度。留下这段位置可供打桩底之用，也可避免将管口挂环或滑轮打进土层。打桩底这一阶段共需碎石 0.3～0.4m^3，每次投石约 0.03m^3，每次冲击 2～3 次，每次成孔管都可能下沉，因此每次都要把成孔管重新提到所谓"预定深度"，形成"投石—冲击—提管"三步一循环，直到桩底碎石密实度达到要求为止，如图 7-3-3d 所示。若成孔管不随冲击下沉则不需提管，即遵循投石—冲击的循环方式。

(4)打桩身。打桩身时仍要坚持投石—冲击—提管的程序，与打桩底不同的是，每个"投石—冲击—提管"循环都要把成孔管均匀上提 0.3～0.5m，在保证桩身密实度的情况下，逐渐增高桩身，直到打满(图 7-3-3e)。

在打桩底、桩身时，也可把成孔管和冲锤提到桩孔旁，一次投石 0.1m^3 左右，然后插入成孔管，使管随冲击而下行，如此依次把碎石冲至桩底，逐次升高桩身，把桩打满。这可大大减少透管时间，提高制桩速度，而仍能保证制桩质量。

在成桩过程中，经常会遇到局部过松或过软地层，在这些部位要适当增加贯入量和锤击数，使桩径局部变粗，提高局部松软地层的置换率，以满足对桩体密实度的要求。

(5)打桩顶。承载时桩顶段应力较大，控制桩体上部质量是减少复合地基沉降量的重要途径，在成桩离地表 2～3m 时，应适当增加碎石的贯入量和锤击数。

在实际工作中,成孔管的长度和桩长并不一定必须是对应的。当设计桩长大于成孔管长度较多时,成孔管仅在有限的长度内起防止孔眼缩径和导入碎石的作用。在成孔管下端的成孔过程是通过投入碎石,冲击后碎石挤入孔壁,由碎石形成孔壁并逐渐随着冲击往下延伸到设计孔深,然后再自下而上投石冲击成桩,这叫作“先护壁后制桩”。实践证明,当成孔管有效长度仅 6m,桩长达 12m 时,制桩仍可顺利进行。

4. 施工质量控制

(1)碎石材料的选用。碎石材料可就地取材,一般采用未风化或微风化的硬质岩石,常用的粒径为 30～50mm,含泥量应小于 10%,且不得含黏土块。特殊情况下可使用经处理的建筑垃圾。

从理论上讲,粒径越大,级配越好,加固效果越好。但最大粒径超过 100mm 时,会因下料困难或碎石形成架桥结构,影响桩体密实度,反而效果不好,故碎石最大粒径应控制在 80mm 为宜。若粒径过细,会影响成桩和桩体质量,故碎石料的最小粒径一般应控制在 20mm。

制桩实践表明,当桩距较大时,可采用较大粒径的碎石料;当在被加固的土体中不易成桩时(淤泥或淤泥质土),制桩时可作一点改性处理,在每立方米的碎石料中掺入 20kg 左右的生石灰,生石灰吸水使地层固结,生石灰还能对散粒状碎石起一定的胶结作用。

(2)投石量控制。每米桩长投石量按式(7-3-8)计算,控制每米桩长投石量是获得连续的碎石桩身,避免缩径或断桩的关键途径,实际每米桩身投石量不得小于计算投石量的 1.1 倍。

(3)桩体密实度控制。振冲碎石桩桩体密实度靠观测密实电流值予以控制。干冲碎石桩桩体密实度主要靠贯入度控制及“少吃多餐”予以保证。

贯入度控制就是在保证桩长和投石量的前提下,每米桩段要见到“不进锤”(即在锤击行程大于 3m,一次锤击后桩面下降小于 50mm 的这一锤),才能继续投石造桩。显然,若碰到软弱夹层,要保证桩体密实度,碎石的贯入量就会大于理论贯入量。现场操作者从桩体对重锤“反击波”的手感及夯实的声音可直观定性地判断桩体的密实度。

“少吃多餐”就是根据设计桩身直径和所用的成孔管直径,计算好每次投石量,控制每次投石量在导管内堆高应小于 1.5m,成桩高度小于 0.34m,导管内石料堆高过大,则石料与导管之间的摩擦力就过大,导管内的石料不易冲透,影响成桩效率;每次成桩高度过大,则桩体密实度难以保证,一般在投料后,提升成孔管约为投料高度的 1/3 再开始冲击。

(4)桩位及桩体垂直度控制。桩位中心与桩点应尽量重合,偏差不得大于相邻桩距的 5%,严禁漏桩。垂直度偏差小于 1%。

5. 碎石桩加固软弱地基效果检验

施工过程中应随时检查施工记录及现场施工情况,并对照预定的施工工艺标准,对每根桩进行质量评定。

施工结束后 7～14d,可采用重型动力触探或标准贯入试验对桩身或桩间土进行抽样检验,检验数量不应少于总桩数的 2%,每个单体工程桩身及桩间土总检验点数均不应少于 6 点;单桩平均击数不小于设计击数。局部小于设计击数的连续长度不大于 500mm,累计长度不大于桩长的15%。最小击数不小于设计击数的70%。

竣工验收时，干冲碎石桩（柱锤冲扩桩）复合地基承载力检验应采用复合地基静载荷试验；承载力检验数量不应少于总桩数的1%，且每个单体工程复合地基静载荷试验不应少于3点；静载荷试验应在成桩14d后进行。

基槽开挖后，应检查桩位、桩径、桩数、桩顶密实度及槽底土质情况。如发现漏桩、桩位偏差过大、桩头及槽底土质松软等质量问题，应采取补救措施。

第四节　复合桩

一、复合桩概述

复合桩在日本、东南亚等国的地基处理中应用较早，1976年，日本研究出了一种地下连续墙新工法——SMW(Soil Mixing Wall)工法，它是通过水泥土搅拌桩和地下连续墙技术相结合，在水泥土搅拌桩初凝之前插入劲性的"H"形钢作为受力体，从而形成具有一定强度和刚度的劲性水泥土结构，并且该受力体结构是连续无缝隙的，该作业的施工深度最大可达45m，厚度在550～1300mm之间。到1993年，该工法在日本各地工程项目中应用广泛，占全日本各地地下结构施工项目的50%应用了该工法。工程经验表明，该工法综合了水泥土较高的抗压性能以及钢材较高的抗弯性能，具有刚度大、构造简单、施工便捷、污染小、能防渗等优点，且施工中使用的"H"形钢可以回收利用，经济环保。

复合桩不仅用于上面所述的基坑围护结构，还可用于建筑基桩，我国的《劲性复合桩技术规程》(JGJ/T 327—2014)将复合桩按照组合材料的不同分为散柔复合桩（外芯为散体材料，内芯为柔性材料）、散刚复合桩（外芯为散体材料，内芯为刚性材料）、柔刚复合桩（外芯为柔性材料，内芯为刚性材料）；按照内芯与外芯相比较的相对长短可分为短芯复合桩、等芯复合桩和长芯复合桩3类，如图7-4-1所示。

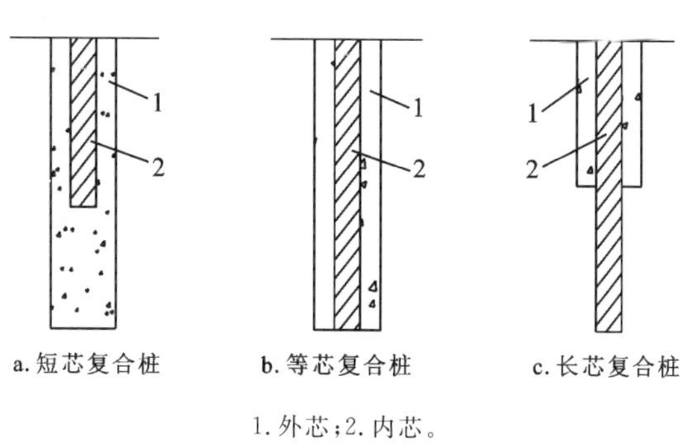

1.外芯；2.内芯。

图7-4-1　复合桩类型

对于散刚复合桩（图7-4-1中，外芯1为散体材料，内芯2为刚体材料），一般认为其破坏面位于内、外芯界面，因此其竖向抗压承载力特征值可按式(7-4-1)和式(7-4-2)估算。

(1)散刚复合长芯桩。

$$R_{a}=u^{c}q_{sa}^{c}l^{c}+u^{c}\sum q_{sja}^{c}l_{j}+q_{pa}^{c}A_{p}^{c} \quad (7-4-1)$$

(2)散刚复合短芯桩和等芯桩。

$$R_{a}=u^{c}q_{sa}^{c}l^{c}+q_{pa}^{c}A_{p}^{c} \quad (7-4-2)$$

以上两式中:R_a 为散刚复合桩单桩竖向抗压承载力特征值(kN);u^c 为散刚复合桩内芯桩身横截面周长(m);l^c、l_j 分别为散刚复合桩复合段长度和非复合段第 j 土层厚度(m);A_p^c 为散刚复合桩内芯桩身横截面积(m^2);q_{sa}^c为散刚复合桩复合段内芯侧阻力特征值(kPa),按地区经验取值,无地区经验时,对于散刚复合桩可取 30～50kPa;q_{sja}^c为散刚复合桩非复合段内芯与第 j 土层侧阻力特征值(kPa),可按地区经验取值,也可根据内芯桩型按现行行业标准《建筑桩基技术规范》(JGJ 94—2008)取值;q_{pa}^c为散刚复合桩内芯桩端土的端阻力特征值(kPa),宜按地区经验取值,对于长芯桩和等芯桩也可根据内芯桩型按现行行业标准《建筑桩基技术规范》(JGJ 94—2008)取值,对于短芯散刚复合桩可取 1200～1500kPa。

对于柔刚复合桩(图 7-4-1 中,外芯 1 为柔性材料,内芯 2 为刚体材料),可认为桩侧破坏面位于外芯和桩周土的界面,基桩竖向抗压承载力估算公式按式(7-4-3)和式(7-4-4)计算,但也要按式(7-4-1)和式(7-4-2)验算其破坏面位于内、外芯界面时的承载力。

(3)柔刚复合长芯桩。

$$R_{a}=u\sum \varepsilon_{si}q_{sia}l_{i}+u^{c}\sum q_{sja}^{c}l_{j}+q_{pa}^{c}A_{p}^{c} \quad (7-4-3)$$

(4)柔刚复合短芯桩和等芯桩。

$$R_{a}=u\sum \xi_{si}q_{sia}l_{i}+\alpha\xi_{p}q_{pa}A_{p} \quad (7-4-4)$$

以上两式中:R_a 为柔刚复合桩单桩竖向抗压承载力特征值(kN);u^c、u 分别为柔刚复合桩内芯桩身横截面周长和复合段桩身横截面周长(m);l_i为柔刚复合桩复合段第 i 层土厚度(m);q_{sia}为柔刚复合桩外芯第 i 土层侧阻力特征值(kPa),宜按地区经验取值,无经验时可按表 7-4-1取值;l_j 为柔刚复合桩非复合段第 j 土层厚度(m);q_{sja}^c为柔刚复合桩非复合段内芯与第 j 土层侧阻力特征值(kPa);A_p^c、A_p 分别为柔刚复合桩内芯桩身截面积和复合段桩身截面积(m^2);q_{pa}^c为柔刚复合桩内芯桩端土的端阻力特征值(kPa),宜按地区经验取值,对于长芯桩和等芯桩也可根据内芯桩型按现行行业标准《建筑桩基技术规范》(JGJ 94—2008)取值,对于柔刚复合短芯桩可取 2000～3000kPa;q_{pa}为柔刚复合桩端力特征值(kPa),宜按地区经验取值,也可取桩端地基土未经修正的承载力特征值;α 为柔刚复合桩桩端天然地基土承载力折减系数,可取 0.70～0.90;ζ_{si}、ζ_p分别为柔刚复合桩复合段外芯第 i 层土侧阻力调整系数、端阻力调整系数,宜按地区经验取值,无经验时按表 7-4-2 取值,非复合段侧阻力调整系数、端阻力调整系数均取 1.0。

表 7-4-1 柔刚复合桩外芯侧阻力特征值

土的名称	土的状态		q_{sa}/kPa
填土	—	—	10～18
淤泥	—	—	6～9
淤泥质土			10～14

续表 7-4-1

土的名称	土的状态		q_{sa}/kPa
黏性土	流塑	$I_L>1$	12～19
	软塑	$0.75<I_L\leqslant1$	19～25
	可塑	$0.50<I_L\leqslant0.75$	25～34
	硬可塑	$0.25<I_L\leqslant0.50$	34～42
	硬塑	$0<I_L\leqslant0.25$	42～48
	坚硬	$I_L\leqslant0$	48～51
粉土	稍密	$e>0.9$	12～22
	中密	$0.75\leqslant e\leqslant0.9$	22～32
	密实	$e<0.75$	32～42
粉砂	稍密	$10<N\leqslant15$	11～23
	中密	$15<N\leqslant30$	23～32
	密实	$N>30$	32～43
细砂	稍密	$10<N\leqslant15$	13～25
	中密	$15<N\leqslant30$	25～34
	密实	$N>30$	34～45

注：当柔刚复合桩外芯为干法搅拌桩时，取高值；外芯为湿法搅拌桩和旋喷桩时，取低值；内芯为预制桩时，取高值；内芯为现浇混凝土桩时，取低值；内外芯截面积比值大时，取高值。

表 7-4-2 柔刚复合桩复合段外芯侧阻力调整系数 ζ_{si}、端阻力调整系数 ζ_p

调整系数	土的类别				
	淤泥	黏性土	粉土	粉砂	细砂
ζ_{si}	1.30～1.60	1.50～1.80	1.50～1.90	1.70～2.10	1.80～2.30
ζ_p		2.00～2.20	2.00～2.40	2.30～2.70	2.50～2.90

注：当柔刚复合桩外芯为干法搅拌桩时，取高值；外芯为湿法搅拌桩和旋喷桩时，取低值；内芯为预制桩时，取高值；内芯为现浇混凝土桩时，取低值；内外芯截面积比值大时，取高值。

例 7-4-1：某工程采用柔刚复合桩作为桩基础，外芯为干法水泥土搅拌桩，直径为1000mm，桩长 20m，内芯为 PHC 管桩，直径为 500mm，桩长 18m。土层分布及相关参数见表 7-4-3。水泥土试块 90d 龄期无侧限抗压强度为 2MPa，求基桩承载力特征值。

解：假设柔刚复合桩桩侧破坏面位于内、外芯界面且取界面处抗剪强度为水泥土无侧限抗压强度的 0.2 倍时，按式(7-4-2)计算如下：

$$R_a=u^c q_{sa}^c l^c+q_{pa}^c A_p^c=0.5\times3.14\times0.2\times2000\times18+2500\times3.14\times0.5^2/4=11795(\text{kN})$$

柔刚复合桩桩侧破坏面位于外芯和桩周土的界面时，按式(7-4-4)计算如下：

$$\begin{aligned}R_a&=u\sum\xi_{si}q_{sia}l_i+\alpha\xi_p q_{pa}A_p\\&=1.0\times3.14\times(1.6\times20\times3+1.4\times12\times4+1.7\times30\times5+1.8\times18\times4+\\&\quad1.9\times28\times3+2.0\times30\times4)+0.8\times2.0\times300\times3.14\times1^2/4\\&=3352(\text{kN})\end{aligned}$$

表 7-4-3 算例土层分布及相关参数

层号	土层名称	厚度	q_{sa}/kPa	q_{pa}/kPa	ζ_{si}	ζ_p
1	粉质黏土(软塑)	3	20		1.60	
2	淤泥质粉质黏土(流塑)	4	12		1.40	
3	黏土(可塑)	5	30		1.70	
4	粉土(稍密)	4	18		1.80	
5	粉砂(中密)	3	28		1.90	
6	细砂(中密)	4	30	300	2.00	2.70

假设柔刚复合桩桩侧破坏面位于内、外芯界面时算出的承载力太大，说明不会产生这种破坏形式，单桩承载力特征值为3352kN。

二、复合桩施工

1. 施工方法概述

(1)散刚复合桩施工。散刚复合桩施工时，散体桩和刚性桩宜采用同一桩机，先施工散体桩再施工刚性桩。施工时，一般采用振动沉管打桩机施工散体桩，当散体桩施工完成后，采用同一桩机用复打法施工刚性桩，形成散刚复合桩。当土质松软时，散体桩要采取复打或扩底工艺，提高密实度增强承载力。在软土层外面的散体桩还能起排水固结通道的作用。

(2)柔刚复合桩施工。柔刚复合桩施工时，宜先施工柔性桩，再施工刚性桩。一般情况下宜在柔性桩施工后6h内施工刚性桩。因为柔性桩所用材料主要是胶结材料，在柔性桩硬化前施工刚性桩可以提高柔性桩与刚性桩的握裹力。

我国沿海及江河、湖相冲积平原是经济发展最活跃的地区，基础设施建设发展速度快、分布密度大、建设规模大、修建标准高，对地基基础提出了更为严格的安全、经济、绿色环保要求。针对这些地区广阔分布的深厚软弱土，水泥土桩最大限度地利用了原土，具有环保、布置形式灵活、造价低等优点，为软弱土地基加固处理作出了巨大贡献。但由于水泥土桩体的抗压强度低，其破坏形式是浅部桩身沿径向开裂或水泥土直接被压碎，桩周阻力得不到充分发挥，桩身材料强度控制了单桩承载力。预制桩具有工厂化生产、桩身强度高、成本低、无污染、施工便捷等优点，已占我国建筑基础用桩总量的60%。但预制桩由于侧壁表面光滑，其破坏形式为桩侧土或桩端土破坏，桩身材料强度远得不到充分发挥，一般桩周阻力限制了预制混凝土桩单桩承载力。

为了充分发挥水泥土桩和预制桩各自的性能优势，由水泥土桩与同心植入的混凝土管桩通过优化匹配形成了一种新型组合桩——水泥土复合管桩，其中水泥土桩由高压旋喷法或深层搅拌法两种成熟工艺施工而成。水泥土复合管桩汲取了高压旋喷桩、水泥土搅拌桩、混凝土预制桩等技术优势，能充分发挥水泥土桩桩周阻力和管桩桩身材料强度，克服了各自的缺点，具有适用性强、性价比高、绿色环保等优势，是一种适用于软弱土地层的典型"绿色建筑地基基础"，符合国家"绿色"发展理念，前景广阔。

2. 柔刚复合桩施工步骤

水泥土桩直径与芯桩直径之比取值范围见表 7-4-4。

表 7-4-4　水泥土桩直径与芯桩直径之比 *D/d*

芯桩直径 d/mm	300	400	500	600	800
D/d	2.7～3.0	2.0～2.5	1.7～2.2	1.5～2.0	1.4～1.8

柔刚复合桩的桩身结构如图 7-4-2 所示，其施工工艺流程如图 7-4-3 所示。

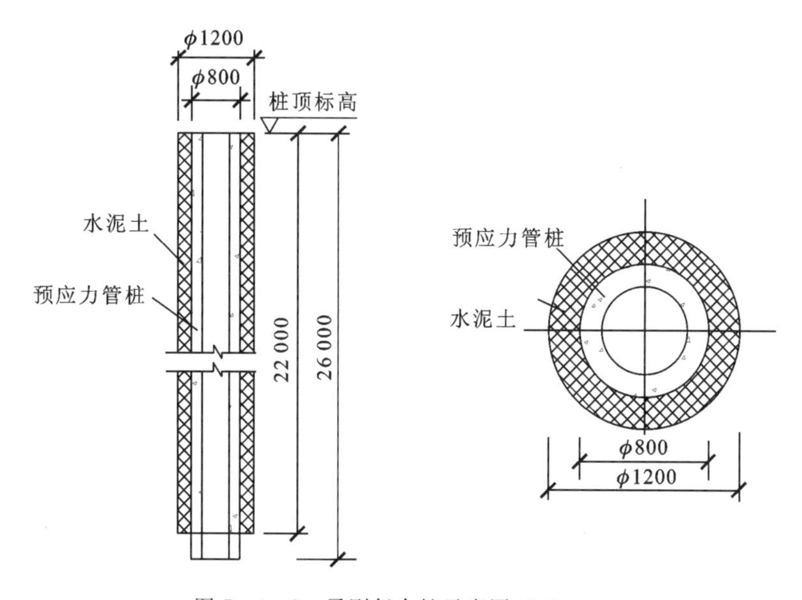

图 7-4-2　柔刚复合桩示意图(单位:mm)

(1)搅拌桩桩机就位。根据施工图确定桩位，将搅拌桩桩机开启到指定桩位处对中，调整桩机平衡，为防止桩身倾斜超标，影响桩基承载力，应使搅拌轴保持铅垂，对中误差小于30mm，搅拌桩垂直度误差小于0.5%。

(2)水泥土搅拌桩施工。桩机就位后，根据各复合桩的土质条件按照不同的材料配比，分别在搅拌桶中加入石膏、水玻璃、纯碱等外加剂初步制作水泥浆，搅拌一段时间(不少于2min)后，将水泥浆注入搅拌池，根据各桩位土层是否存在淤泥质黏土决定是否在搅拌池中加入细砂，并进一步在搅拌池内进行搅拌；水泥浆制作完成后按照干法搅拌与湿法搅拌相结合的方式进行水泥土搅拌桩施工。

(3)首节 PHC 管桩施工。将水泥土搅拌桩施工完成后，量测并用白灰标出水泥土搅拌桩及 PHC 管桩桩位，将柴油打桩机移动至水泥搅拌桩附近，利用汽车吊采用两点法将管桩吊至预定位置，将桩中心对准水泥土搅拌桩圆心后开始打桩，在桩机正面和侧面分别架设一台经纬仪，保证桩锤、桩帽和桩身在同一轴线上，之后用钢尺检查 PHC 管桩桩边与水泥土搅拌桩桩壁的距离，确保管桩中心与搅拌桩中心重合。

在沉桩过程中，首先利用重力缓慢沉桩，至一定深度后，采用锤击沉桩方式，在锤击过程

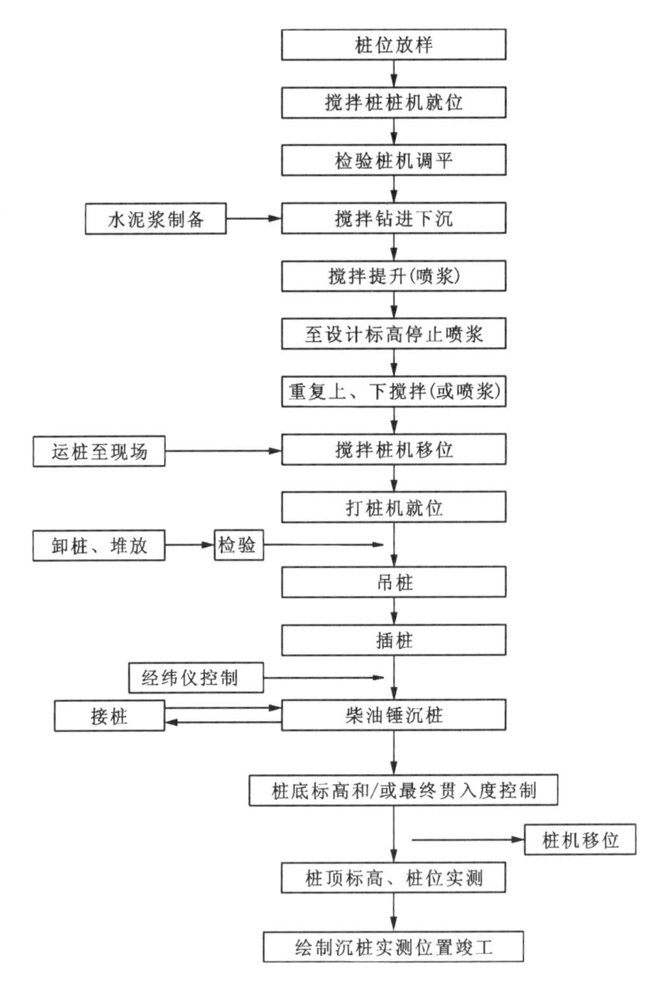

图 7-4-3　柔刚复合桩施工工艺流程图

中，应先采用轻击，控制贯入度，防止贯入度过大，锤击力度逐渐增大；并时刻利用两台经纬仪观测桩身垂直度变化，当垂直度偏差超过3‰时，需重新对正。应详细记录每米的锤击数，通过控制每根桩总锤击数和最后1m沉桩锤击数，使贯入度保持在2～5mm/击。

(4)焊接PHC管桩。当首节桩施工至桩顶露出地面0.5～1.0m时暂停锤击，进行PHC管桩焊接连接。在上下节桩处设置导向箍固定管桩就位，在接桩过程中保持管桩竖直，允许误差不超过2mm，焊接前利用钢丝刷将待连接管桩端板的锈迹擦干净，露出金属光泽；焊接时，采用CO_2气体保护焊，首先在坡口周围对称处点焊4～6个点，待固定后移除导向箍对管桩四周全面施焊，焊接由两名焊工对称施焊，应保证焊缝饱满、根部焊透，尽量减少裂缝和缺焊现象的发生。

焊接完成后，应首先经过焊工自检，在不合格处及时补焊，然后再通过专检员和监理检查，保证焊接质量。

(5)次节桩施工。待焊缝冷却后进行次节桩施工，沉桩仍主要以贯入度控制。

(6)PHC管桩混凝土灌芯(本工序为可选项)。应首先将制作好的钢筋笼吊入PHC管桩内，下放钢筋笼前，应将管桩内壁附浆清理干净；钢筋笼入孔时，要缓慢平稳，中心对正；下放过程中在钢筋笼外侧设置混凝土保护层垫块，垫块的竖向间距为2m，在横向圆周均匀布置4处，钢筋垫块厚度与钢筋笼保护层厚度相同。

一般灌注的混凝土强度等级为C40，坍落度为180～220mm，利用混凝土罐车将混凝土运至现场，为保证混凝土灌注施工质量，在混凝土泵车输送管端头胶管处连接一圆形皮龙，灌注混凝土时将皮龙下放至灌芯底部，在灌注混凝土的同时提升皮龙，保证皮龙与灌注的混凝土稳步上升，减少皮龙对已灌注混凝土的扰动破坏。每灌注4m混凝土，将皮龙提出，用振捣棒进行振捣，振捣时间控制在30～60s，振捣结束后，继续灌注混凝土，直到预定标高。

第八章　桩基础工程检测

第一节　桩基检测的一般要求

一、检测内容与检测方法

基桩检测有两大内容：一是检测基桩的承载力；二是检测基桩的桩身完整性及材料物理力学性能。基桩承载力检测方法主要有基桩的静载荷试验，根据试验目的不同将其分为单桩竖向抗压静载荷试验、单桩竖向抗拔静载荷试验和单桩水平静载荷试验，即在桩顶逐级施加竖向压力、竖向上拔力或水平推力，观测桩顶部随时间产生的沉降量、上拔位移量或水平位移量，确定相应的单桩竖向抗压承载力、单桩竖向抗拔承载力或单桩水平承载力。桩身的完整性是指实际桩身截面尺寸与设计尺寸相比的相对变化、桩身材料的密实性和连续性。对于灌注桩，当桩身出现断裂、裂缝、缩颈、夹泥（杂物）、空洞、蜂窝、松散等不良现象时，统称为桩身不完整或桩身存在缺陷；对于预制桩，沉桩和接桩过程中也容易产生桩身或相邻两节桩的连接缺陷。基桩的桩身完整性及材料物理力学性能检测方法主要有声波透射法、钻芯法、大（高）应变和小（低）应变动力检测。

在进行单桩竖向抗压或抗拔静载荷试验时，如果在桩身预埋应变计或位移计，在桩底预埋土压力盒等，则可得出在荷载作用下的桩侧阻力、桩端阻力及桩身内力，对桩的承载机理进行分析研究；在进行单桩水平静载荷试验时，如在桩身埋设应变计、桩周预埋土压力盒等，则可获得桩身弯矩和土的水平抗力等。

声波透射法适合于检测灌注桩的桩身完整性，在下放灌注桩钢筋笼的同时在钢筋笼周边绑 2 根或 2 根以上的钢质声测管（封底且保证连接处的水密性），桩身混凝土凝结硬化后，通过在预埋的声测管之间发射和接受超声波，实测超声波在桩身混凝土介质中传播的声时、频率和波幅衰减等声学参数的相对变化，对混凝土桩身完整性进行检测，同时通过超声波在混凝土中的传播速度也可对桩身混凝土的强度进行初步判断。钻芯法一般适合于对直径较大的灌注桩进行检测，是用钻探方法钻取桩身混凝土芯样、桩底沉渣和桩端岩土芯样，可检测灌注桩的桩长、桩身混凝土缺陷和强度、桩底沉渣厚度，并判定或鉴别桩端岩土性状。低应变法是采用低能量瞬态或稳态方式在桩顶激振，实测桩顶响应的速度时程曲线（桩顶混凝土振动速度与时间的关系曲线），或同时实测桩顶响应的力时程曲线，通过波动理论的时域分析或频域分析，对桩身的完整性进行评定，可对预制桩和灌注桩进行检测。高应变法是用重锤冲击桩顶，实测桩顶附近或桩顶响应的速度和力的时程曲线，通过波动理论分析，对单桩竖向抗压承载力和桩身完整性进行判定，可对预制桩或直径和长度不大的灌注桩进行检测。

二、检测目的及检测方法选择

基桩检测有两大目的:一是施工前为设计方提供设计依据的试验桩检测;二是施工后为工程验收需要提供验收依据的工程桩检测。

当设计方有要求或有下列情况之一时,施工前应进行试验桩检测并确定单桩极限承载力:①设计等级为甲级的桩基;②无相关试桩资料可参考的设计等级为乙级的桩基;③地基条件复杂、基桩施工质量可靠性低的桩基;④本地区采用的新桩型或采用新工艺成桩的桩基。

为工程验收需要进行检测时,宜先按比例(试验桩数量/工程桩总数)进行桩身完整性检测,后进行若干根桩的承载力检测。桩身完整性检测应在基坑局部开挖至桩基承台底面标高后进行。

桩基础工程除应在工程桩施工前和施工后进行基桩检测外,尚应根据工程需要,在施工过程中进行质量检测。

应根据各种检测方法的特点和适用范围,考虑地质条件、桩型及其施工质量可靠性、使用要求等因素合理选择和搭配各种基桩检测方法,可参考表 8-1-1。当通过两种或两种以上检测方法的相互补充、验证,能有效提高基桩检测结果的可靠性时,应选择两种或两种以上的检测方法。

表 8-1-1 基桩检测方法及检测目的

检测方法	检测目的
单桩竖向抗压静载荷试验	确定单桩竖向抗压极限承载力;判定竖向抗压承载力是否满足设计要求;通过桩身内力及变形测试,测定桩侧、桩端阻力;验证高应变法的单桩竖向抗压承载力检测结果
单桩竖向抗拔静载荷试验	确定单桩竖向抗拔极限承载力;判定竖向抗拔承载力是否满足设计要求;通过桩身内力及变形测试,测定桩身的抗拔摩阻力
单桩水平静载荷试验	确定单桩水平临界和极限承载力,推定土的水平抗力参数;判定桩的水平承载力是否满足设计要求;通过桩身内力及变形测试,测定桩身弯矩和土的水平抗力
钻芯法	检测灌注桩桩长、桩身混凝土强度、桩底沉渣厚度;判断或鉴别桩端岩土性状;判定桩身完整性类别
低应变法	检测桩身缺陷及其位置;判定桩身完整性类别
高应变法	判定单桩竖向抗压承载力是否满足设计要求;检测桩身缺陷及其位置;判定桩身完整性类别;分析桩侧和桩端土阻力
声波透射法	检测灌注桩桩身缺陷性质及其位置;判定桩身完整性类别

三、基桩本身应具备的检测条件

(1)当采用低应变法或声波透射法检测时,受检桩的混凝土强度至少应达到设计强度的

70%，且不小于15MPa。

(2)当采用钻芯法检测时，受检桩的混凝土龄期达到28d，或预留同条件养护试块强度达到设计强度要求。

(3)承载力检测前的休止时间(成桩到进行承载力检测之间的时间间隔)除应达到第(2)条规定的混凝土强度外，当无成熟的地区经验时，尚不应少于表8-2-2规定的试桩休止时间要求。

四、检测数量

(1)为设计提供依据的试验桩检测应依据设计确定的基桩受力状态，采用相应的静载试验方法确定单桩极限承载力，检测数量应满足设计要求，且在同一条件下不应少于3根；当预计工程桩总数小于50根时，检测数量可适当减少，但不应少于2根。

(2)打入式预制桩有下列要求之一时，应采用高应变法进行试打桩的打桩过程检测，在相同施工工艺和相近地基条件下，试打桩数量不应少于3根。这些要求主要是指：①控制打桩过程中的桩身应力；②确定沉桩工艺参数；③选择沉桩设备；④选择桩端持力层。

(3)混凝土桩的桩身完整性检测应采用两种或两种以上的检测方法，检测数量应符合下列规定：①建筑桩基设计等级为甲级，或地基条件复杂、成桩质量可靠性较低的灌注桩工程，检测数量不应少于总桩数的30%，且不应少于20根；其他桩基础工程，检测数量不应少于总桩数的20%，且不应少于10根；②每个柱下承台检测桩数不应少于1根；③大直径嵌岩灌注桩或设计等级为甲级的大直径灌注桩，按不少于总桩数10%的比例采用声波透射法或钻芯法检验；④预制桩和满足高应变法适用范围的灌注桩，可采用高应变法检测单桩竖向抗压承载力，检测数量不宜少于总桩数的5%，且不得少于5根；⑤对于端承型大直径灌注桩，当受设备或现场条件限制无法检测单桩竖向抗压承载力时，可采用钻芯法测定桩底沉渣厚度，并钻取桩端持力层岩土芯样检验桩端持力层，检测数量不应少于总桩数的10%，且不应少于10根。

第二节　单桩竖向抗压静载荷试验

一、试验目的、加载大小及试桩要求

采用接近于竖向抗压桩的实际工作条件的试验方法，确定单桩竖向抗压极限承载力，进而确定单位工程同一条件下(桩型、几何尺寸、桩身材料、地层条件等基本相同)的单桩竖向抗压承载力特征值，为桩基础工程设计提供依据；对工程桩的承载力进行抽样检验和评价；验证高应变法的单桩竖向抗压承载力检测结果；当埋设有测量桩身应力、应变、桩底反力的传感器或位移杆时，可测定作用于桩身的分层土侧阻力和作用于桩端的桩端土阻力或桩身截面的位移量，这对于桩基理论研究和新桩型的开发意义重大。

为设计提供依据的试验桩，应加载至破坏。单桩的破坏形式主要有两种：一是在桩顶下压荷载作用下桩身材料破坏或桩身压曲破坏；二是在桩顶下压荷载作用下桩周土和桩端土

的承载力或变形模量小，桩顶发生不停止下沉或桩顶总沉降量超过极限值。

当桩的承载力受桩身材料强度控制时，加载量不超过按桩身材料强度所确定的极限承载力，且还应有一定的安全储备。对工程桩抽样检测时，加载量不应小于设计要求的单桩承载力特征值的 2 倍。

对于灌注桩，试验前应先凿掉桩顶部的破碎层和软弱混凝土。桩头顶面应平整，桩头中心与桩身上部的中轴线应重合，桩头主筋应全部直通至桩顶混凝土保护层之下，各主筋应在同一高度上。距桩顶 1 倍桩径范围内，宜用厚度为 3～5mm 的钢板围裹或距桩顶 1.5 倍桩径范围内设置加密箍筋，箍筋间距不宜大于 100mm。桩顶应设置钢筋网片 2～3 层，间距 60～100mm。桩头混凝土强度等级宜比桩身混凝土提高 1～2 级，且不得低于 C30。

二、加载及反力装置

单桩竖向抗压静载荷试验一般通过放置在桩顶面的油压千斤顶对桩施加竖向下压荷载。当采用两台及两台以上千斤顶加载时应并联同步工作，且千斤顶的型号、规格应相同，千斤顶的合力中心应与试桩轴线重合。

加载反力装置能提供的作用于千斤顶顶面的反力能力不得小于最大加载量的 1.2 倍，应对加载反力装置的全部构件进行强度和变形验算。反力装置型式可根据现场条件选取下列 4 种之一。

(1)锚桩横梁反力装置(图 8-2-1)：应对锚桩抗拔力(桩周土的抗拔侧阻力、抗拔钢筋、桩的接头)进行验算；采用工程桩作锚桩时，锚桩数量不应少于 4 根，并应监测锚桩的上拔量。

(2)压重平台反力装置(图 8-2-2)：压重宜在检测前一次加足，并均匀稳固地放置于平台上。压重施加于地基的压应力不宜大于地基承载力特征值的 1.5 倍，有条件时宜利用工程桩作为堆载支点。

(3)锚桩压重联合反力装置。

(4)地锚反力装置。

三、测量装置

在单桩竖向抗压静载荷试验中，需要测量的物理量主要有下压荷载和桩顶在相应荷载作用下的最终沉降量。

下压荷载可用放置在千斤顶上的荷重传感器直接测定，或用千斤顶油路上的压力表或压力传感器测定油压，根据千斤顶的率定曲线换算出下压荷载。荷重传感器的测量误差不应大于 1%，压力表精度应优于或等于 0.4 级。压力表、油泵、油管在最大加载时的压力不应超过额定工作压力的 80%。

桩顶最终沉降量宜采用位移传感器或大量程(量程达 50mm)百分表测量，并应符合下列规定。

(1)测量误差不大于 0.1%，分辨率优于或等于 0.01mm。

(2)直径或边宽大于 500mm 的桩，应在其 2 个相互垂直的方向对称布置 4 个桩顶沉降测量点，直径或边宽小于等于 500mm 的桩可对称布置 2 个桩顶沉降测量点。

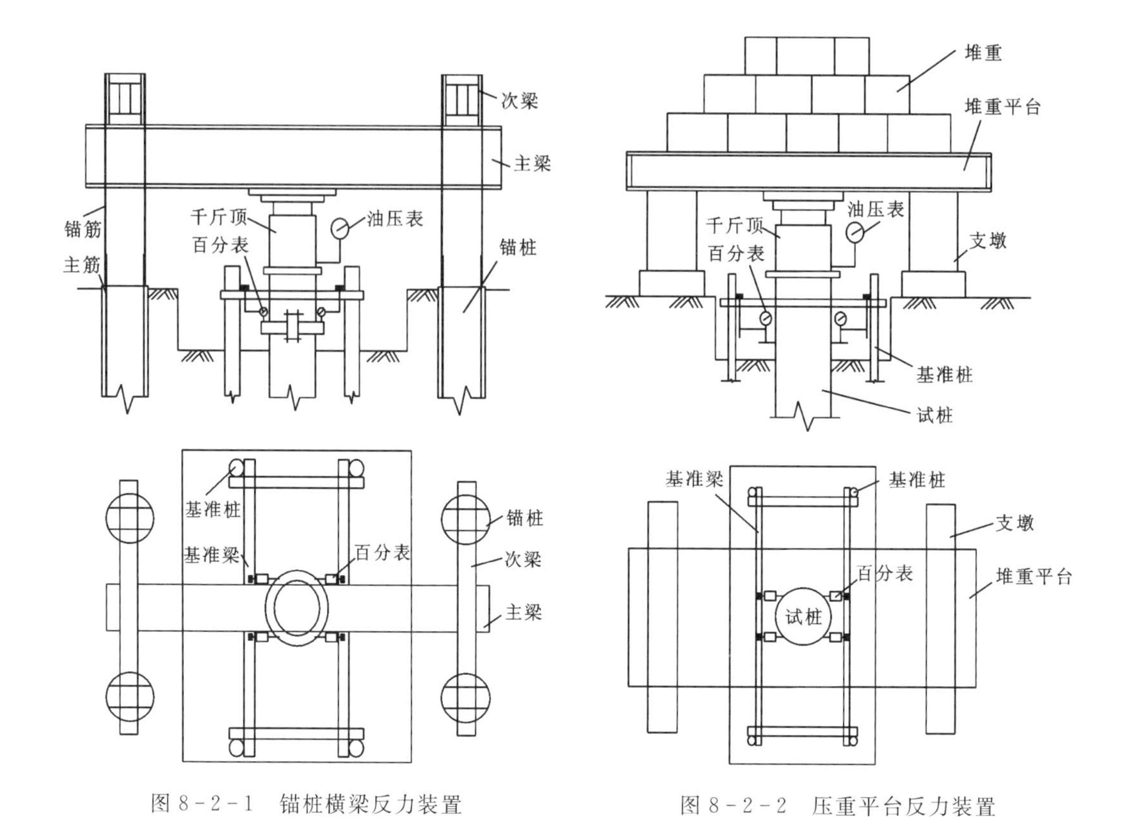

图 8-2-1 锚桩横梁反力装置　　图 8-2-2 压重平台反力装置

(3)桩顶沉降测定平面宜在桩顶面以下 200mm,测点应牢固地固定于桩身。

(4)测量桩顶沉降时,作为测量基准的基准梁应具有一定的刚度,梁的一端应固定在基准桩上,另一端应简支于基准桩上。

(5)固定和支撑位移计(百分表)的夹具及基准梁应避免气温、振动及其他外界因素的影响。

基桩内力测试适用于混凝土预制桩、钢桩、组合型桩,也可用于桩身断面尺寸基本恒定或已知的混凝土灌注桩。对竖向抗压静载试验桩,通过基桩内力测试可得到桩侧各土层的分层侧摩阻力和桩端支承力;对竖向抗拔静荷载试验桩,可得到桩侧土的分层抗拔侧摩阻力;对水平静荷载试验桩,可求得桩身弯矩分布,最大弯矩位置等;对打入式预制混凝土桩和钢桩,可得到打桩过程中桩身各部位的锤击拉、压应力。基桩内力测试宜采用应变式传感器或钢弦式传感器。需要检测桩身某断面或桩端位移时,可在需检测断面设置沉降杆。

传感器宜放在两种不同性质土层的界面处,以测量桩在不同土层中的分层摩阻力。在地面处(或以上)应设置一个测量断面作为传感器标定断面。传感器埋设断面距桩顶和桩底的距离不宜小于 1 倍桩径。在同一断面处可对称设置 2～4 个传感器,当桩径较大或试验要求较高时取高值。

沉降杆宜采用内外管形式:外管固定在桩身,内管下端固定在需测试断面,内管顶端高出外管 100～200mm,并能与固定断面同步位移。沉降杆应具有一定的刚度,沉降杆外径与外管内径之差不宜小于 10mm,沉降杆接头处应光滑。当沉降杆底端固定断面处桩身埋设有内力测试传感器时,可得到该断面处桩身轴力 Q 和位移。

四、试桩和锚桩(或压重平台支墩边)与基准桩之间的中心距离

试桩和锚桩(或压重平台支墩边)与基准桩之间的中心距要求见表 8-2-1,这些要求的目的是避免试桩、锚桩(或压重平台支墩边)、基准桩之间的相互影响。

表 8-2-1　试桩和锚桩(或压重平台支墩边)与基准桩之间的中心距离

反力装置	试桩中心和锚桩中心(或压重平台支墩边)	试桩中心和基准桩中心	基准桩中心和锚桩中心(或压重平台支墩边)
锚桩横梁	≥4(3)D 且>2.0m	≥4(3)D 且>2.0m	≥4(3)D 且>2.0m
压重平台	≥4D 且>2.0m	≥4(3)D 且>2.0m	≥4D 且>2.0m
地锚装置	≥4D 且>2.0m	≥4(3)D 且>2.0m	≥4D 且>2.0m

注:①D 为试桩、锚桩或地锚的设计直径或边宽,取其较大者;

②括号内数值可用于工程桩验收检测时多排桩设计桩中心距离小于 4D 的情况或压重平台支墩下 2~3 倍宽影响范围内的地基土已进行加固处理的情况。

五、试桩休止时间

在成桩过程中(包括预制桩和灌注桩),桩周土和桩端土都受到一定程度的扰动,影响桩侧阻力和桩端阻力的发挥。因此,需要规定试桩的休止时间(成桩到可进行静载荷试验之间的时间间隔)。在桩身强度达到设计要求的前提下,对于砂土不少于 7d;粉土不少于 10d;非饱和黏性土不少于 15d;饱和黏性土不少于 25d;对于泥浆护壁灌注桩,应适当延长休止时间。

表 8-2-2　试桩的休止时间

土的类别	土的状态	休止时间/d
砂土	—	7
粉土	—	10
黏性土	非饱和	15
	饱和	25

六、现场检测

1. 荷载分级

加载应分级进行,采用逐级等量加载,分级荷载增量宜为最大加载量或预估极限承载力的 1/10,其中第一级荷载可取分级荷载增量的 2 倍。卸载也应分级进行,每级卸载量取分级

加载时荷载增量的2倍，逐级等量卸载。加、卸载时应使荷载传递均匀、连续、无冲击，每级荷载在维持过程中的变化幅度不得超过分级荷载的±10%。

2. 慢速维持荷载法

为设计提供依据的竖向抗压静载试验应按慢速维持荷载法进行，即桩顶沉降达到相对稳定后才施加下一级荷载。慢速维持荷载法静载荷试验按以下步骤进行。

(1)每级荷载施加于桩顶后，按施加荷载后的第5min、15min、30min、45min、60min测读桩顶沉降量，以后每隔30min测读一次桩顶沉降量。

(2)试桩桩顶沉降相对稳定标准：每1h内的桩顶沉降增量不超过0.1mm，并连续出现两次(从分级荷载施加后第30min开始，按1.5h连续3次每30min的沉降观测值计算)。

(3)当桩顶沉降速率达到相对稳定标准时，桩顶沉降量为该级荷载作用下桩顶最终沉降量，再施加下一级荷载。

(4)卸载时，每级荷载维持1h，分别按卸载后的第15min、30min、60min测读桩顶沉降量后，即可卸下一级荷载。卸载完成后应测读桩顶残余沉降量，维持时间为3h，测读时间为第15min、30min，以后每隔30min测读一次桩顶残余沉降量。

3. 快速维持荷载法

当有成熟的地区经验时，工程桩验收检测可采用快速维持荷载法，即不等桩顶沉降稳定就加下一级荷载。

快速维持荷载法的每级荷载维持时间至少为1h，是否延长维持时间应根据桩顶沉降收敛情况确定。快速维持荷载法可缩短试验周期。

4. 终止加载条件

慢速维持荷载法当出现下列情况之一时，可终止加载。

(1)某级荷载作用下，桩顶沉降增量大于前一级荷载作用下沉降增量的5倍，且桩顶总沉降量超过40mm。

(2)某级荷载作用下，桩顶沉降增量大于前一级荷载作用下沉降增量的2倍，且经24h尚未达到慢速维持荷载法的桩顶沉降相对稳定标准。

(3)已达到设计要求的最大加载量且桩顶沉降达到了相对稳定标准。

(4)当工程桩作锚桩时，锚桩上拔量已达到允许值。

(5)当荷载-沉降曲线呈缓变型时，可加载至桩顶总沉降量达60～80mm；在桩端阻力尚未充分发挥时，可加载至桩顶累计沉降量超过80mm。

七、根据静载荷试验结果确定单桩竖向抗压承载力

确定单桩竖向抗压承载力时，应绘制竖向荷载-桩顶沉降曲线($Q-s$曲线)、桩顶沉降-竖向荷载作用时间对数曲线($s-\lg t$曲线)，需要时也可绘制其他辅助分析曲线。当进行桩身应力、应变和桩底反力测定时，应绘制桩身轴力分布图，计算不同土层的分层侧摩阻力和桩端阻力值。

1. 单桩竖向抗压极限承载力的确定

单桩竖向抗压极限承载力可按下列方法综合分析确定。

(1)根据沉降随荷载变化的特征确定:对于陡降型 $Q-s$ 曲线,取其发生明显陡降的起始点对应的荷载值。如图 8-2-3 中 $Q-s$ 曲线 a 所示,取陡降段起始点对应的荷载为该单桩竖向抗压极限承载力 Q_{ua}。

(2)对于缓变型 $Q-s$ 曲线可根据沉降量确定,宜取 $s=40mm$ 对应的荷载值。如图 8-2-3 中曲线 b 所示,取单桩竖向抗压极限承载力为 Q_{ub};当桩长大于 40m 时,宜考虑桩身弹性压缩量,对直径大于或等于 800mm 的桩,可取 $s=0.05D$(D 为桩端直径)对应的荷载值。

(3)根据沉降随时间变化的特征确定:取 $s-\lg t$ 曲线尾部出现明显向下弯曲的前一级荷载值,如图 8-2-4 所示,取单桩竖向抗压极限承载力为 1900kN。

(4)出现第二种终止加载情况时,即在某级荷载作用下桩顶沉降增量为前一级的 2 倍及以上,且经 24h 还不能达到慢速维持荷载法的桩顶沉降相对稳定标准,取前一级荷载值为单桩竖向极限承载力。

(5)试验荷载未达到桩的极限承载力时,桩的竖向抗压极限承载力应取最大试验荷载值。

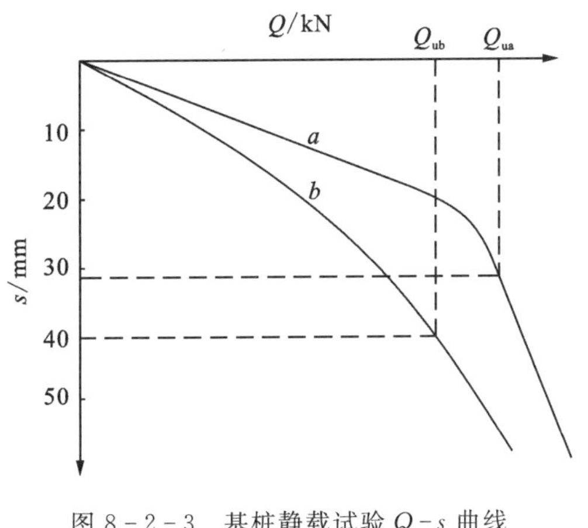

图 8-2-3　基桩静载试验 $Q-s$ 曲线

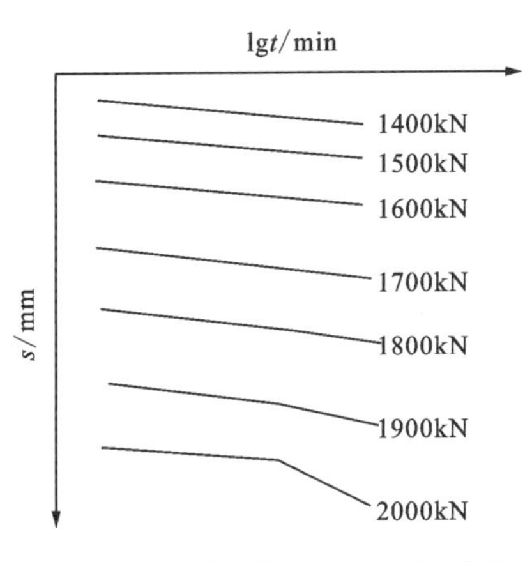

图 8-2-4　基桩静载试验 $s-\lg t$ 曲线

2. 单位工程同一条件下的单桩竖向抗压承载力特征值的确定

首先按下述规定对各试桩所测出的单桩竖向抗压极限承载力进行统计分析。

(1)参加统计的几根试桩的单桩竖向抗压极限承载力,当满足其极差不超过平均值的 30%时,取它们的平均值为所测试的单位工程同桩型的单桩竖向抗压极限承载力统计值。

(2)当极差超过平均值的 30%时,应分析极差过大的原因,结合工程具体情况综合确定,必要时可增加试桩数量。

(3)对桩数为 3 根或 3 根以下的柱下承台,或工程桩抽检数量少于 3 根时,取两根试桩中的较低值为单桩竖向抗压极限承载力统计值。

然后根据统计分析结果确定单位工程同一条件下的单桩竖向抗压承载力特征值,按单桩竖向抗压极限承载力统计值的一半作为单桩竖向抗压承载力特征值,即安全系数为 2。

第三节　单桩竖向抗拔静载荷试验

一、概述

以前房屋建筑的桩基础主要承受竖向下压荷载，现在许多大、中城市既要绿地，又要停车场，还要满足人防要求，地下结构越来越多，许多桩基础既要承受竖向下压荷载，又要承受竖向上拔荷载；或者在施工至±0.00以前主要承受上拔荷载，在结构封顶后主要承受下压荷载。

受上拔力（或上浮力）的建（构）筑物主要有以下几种类型：①高压送电线塔、电视塔等高耸构筑物；②承受浮托力为主的地下工程和人防工程，如深水泵房、（防空）地下室、地下停车场或其他工业建筑中的液体坑池等；③在水平力作用下出现上拔力的建（构）筑物；④膨胀土地基上的建（构）筑物；⑤海上石油钻井平台；⑥悬索桥和斜拉桥中所用的锚桩基础；⑦修建船舶的船坞底板等。

现有的桩基抗拔计算公式一般可分为理论计算公式与经验计算公式，理论计算公式先假定不同的桩基破坏模式，然后以土的抗剪强度及侧压力系数等参数来进行承载力计算。但由于抗拔剪切破坏面的不同假定，以及桩的设置方法的不同和桩周土强度指标的复杂性和不确定性，理论计算公式使用起来比较困难。经验公式则以试桩实测资料为基础，建立起桩的抗拔侧阻力与抗压侧阻力之间的关系，借此计算桩基的抗拔承载力。总的来说，桩基础上拔承载力的计算还是一个没有从理论上很好解决的问题，在这种情况下，现场原位单桩竖向抗拔静载荷试验在确定单桩竖向抗拔承载力中的作用就显得尤为重要。

单桩竖向抗拔静载荷试验就是采用接近于竖向抗拔桩实际工作条件的试验方法确定单桩的竖向抗拔极限承载能力，是最直观、最可靠的方法。国内外单桩的抗拔静载荷试验惯用的方法是慢速维持荷载法。当埋设有桩身应力、应变测量传感器或桩身（含桩端）设有位移杆时，可直接测量桩侧抗拔摩阻力分布或桩端上拔量。

单桩竖向抗拔静载试验一般按设计要求确定最大加载量，为设计提供依据的试验桩应加载至桩侧土破坏或桩身材料达到设计强度。

为设计提供依据的试验桩，为了防止因试验桩自身质量问题而影响抗拔试验成果，在抗拔试验前，宜采用低应变法对混凝土灌注桩、有接头的预制桩检查桩身质量，查明桩身有无明显扩径现象或是否出现扩大头，接头是否正常，桩身是否开裂。对抗拔试验的钻孔灌注桩可在浇注混凝土前进行成孔检测，发现桩身中、下部位有明显缺陷或扩径的桩不宜作为抗拔试验桩，因为其桩的抗拔承载力缺乏代表性，特别是扩大头桩及桩身中下部有明显扩径的桩，其抗拔极限承载力远远高于长度和桩径相同的非扩径桩，且相同荷载下的上拔量也有明显差别。对有接头的PHC（预应力高强度混凝土管桩）、PTC（预应力混凝土薄壁管桩）和PC（预应力混凝土管桩）管桩应进行接头抗拉强度验算，确保试验顺利进行；对电焊接头的管桩除验算其主筋强度外，还要考虑主筋墩头的折减系数以及管节端板偏心受拉时的强度及稳定性。

二、单桩抗拔静载荷试验的仪器设备

单桩竖向抗拔静载试验设备主要由千斤顶、油泵、油路等加载装置，主梁、次梁、反力桩或反力支承墩等反力装置，压力表、压力传感器或荷重传感器等荷载测量装置，百分表或位移传感器等位移测量装置组成。下面分别进行介绍。

1. 单桩竖向抗拔静载荷试验的加载装置

采用油压千斤顶对试桩顶部施加竖向上拔荷载，但其千斤顶的安装方式与竖向抗压静载荷试验不同，其千斤顶的安装有两种方式：一种是将千斤顶放在试桩上方主梁的上面，千斤顶的张拉力通过伸出桩顶面的桩身主筋施加在试桩上，千斤顶的反力作用在主梁上。当采用穿心张拉千斤顶时用一个千斤较合适。当采用两台以上千斤顶加载时，应采取一定的安全措施，防止千斤顶倾倒或发生其他意外事故。当对预应力管桩进行抗拔试验时，可采用穿心张拉千斤顶，将管桩的主筋直接穿过穿心张拉千斤顶的各个孔，然后锁定进行试验，如图 8-3-1a 所示；另一种是将两台千斤顶分别放在反力桩或支承墩的上面、主梁的下面，千斤顶顶主梁，如图 8-3-1b 所示，通过“抬升”的形式对试桩施加上拔荷载。对于大直径、高承载力的桩，宜采用后一种形式。

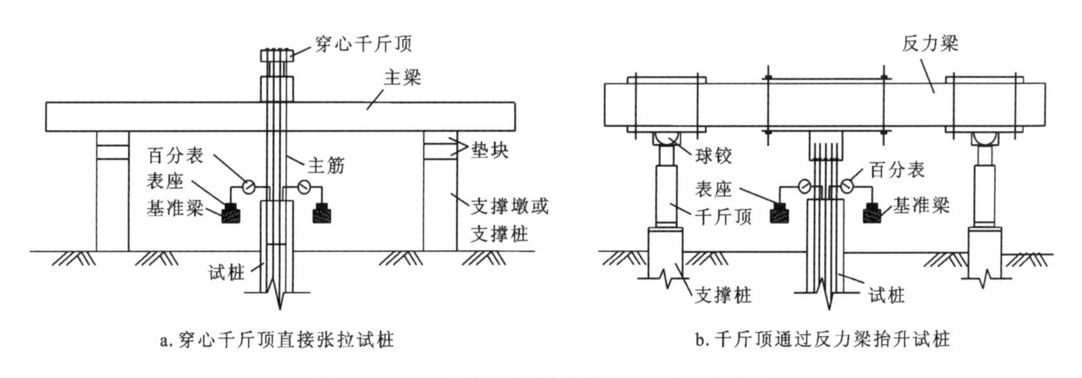

图 8-3-1　基桩抗拔静载荷试验装置示意图

2. 单桩竖向抗拔静载荷试验的反力装置

单桩竖向抗拔静载荷试验的反力装置宜采用反力桩（或直接将工程桩作为反力桩）提供支座反力，也可根据现场情况采用天然地基提供支座反力；整个反力系统应具有不小于 1.2 的安全系数。

采用反力桩（或工程桩）提供支座反力时，反力桩顶面应平整并具有一定的强度。为保证反力梁的稳定性，应注意反力桩顶面直径（或边长）不宜小于反力梁的梁宽，否则，应加垫钢板以确保试验设备安装稳定性。

采用天然地基提供反力时，两边支座处的地基强度应相近，且两边支座与地面的接触面积宜相同，施加于地基的压应力不宜超过地基承载力特征值的 1.5 倍，避免加载过程中两边沉降不均造成试桩偏心受拉，反力梁的支点中心应与支座中心重合。

3. 荷载测量装置

单桩竖向抗拔静载试验也采用了千斤顶与油路、油泵相连的形式，由千斤顶施加荷载，故荷载测量可采用以下两种形式：一是通过用放置在千斤顶上的荷重传感器直接测定；二是通过并联于千斤顶油路的压力表或压力传感器测定油压，根据千斤顶率定曲线换算荷载。一般来说，桩的抗拔承载力远低于抗压承载力，在选择千斤顶和压力表时，应注意量程问题，特别是试验荷载较小的试验桩，采用"抬升"的形式时，应选择相适应的小吨位千斤顶，避免"大秤称轻物"。对于大直径、高承载力的试桩，可采用两台或四台千斤顶对其加载。当采用两台及两台以上千斤顶加载时，为了避免受检桩偏心受荷，千斤顶型号、规格应相同且应并联同步工作。

4. 上拔量测量

桩顶上拔量测量平面必须在桩身或钢筋笼内侧的桩顶面上，安装在桩顶时应适当远离主筋，严禁在混凝土桩的受拉钢筋上设置位移观测点，避免因钢筋变形导致上拔量观测数据失实。

试桩、反力支座和基准桩之间的中心距离的规定与单桩竖向抗压静载试验相同。在采用天然地基提供支座反力时，抗拔桩试验加载相当于给支座处地面加压。支座附近的地面也因此会出现不同程度的沉降，荷载越大，这种变形越明显。为防止支座处地基沉降对基准梁的影响，一是应使基准桩与反力支座、试桩各自之间的间距满足规范的规定；二是基准桩须打入试坑地面以下一定深度(一般不小于 1m)。

三、检测技术

单桩竖向抗拔静载试验宜采用慢速维持荷载法，需要时也可采用多次循环加、卸载方法。对混凝土灌注桩、有接头的预制桩，宜在拔桩试验前采用低应变法检测受检桩的桩身完整性。为设计提供依据的抗拔灌注桩施工时应进行成孔质量检测，发现桩身中、下部位有明显扩径的桩不宜作为抗拔试验桩；对有接头的预制桩，应复核接头强度。慢速维持荷载法可按下面要求进行。

1. 加卸载荷分级

加载应分级进行，采用逐级等量加载；分级荷载增量宜为最大加载量或预估极限承载力的 1/10，其中第一级可取分级荷载增量的 2 倍。终止加载后开始卸载，卸载应分级进行，每级卸载量取加载时分级荷载增量的 2 倍，逐级等量卸载。加、卸载时应使荷载传递均匀、连续、无冲击，每级荷载在维持过程中的变化幅度不得超过分级荷载的±10%。

2. 桩顶上拔量的测量要求

加载时，每级荷载施加后按第 5min、15min、30min、45min、60min 测读桩顶上拔量，以后每隔 30min 测读一次。卸载时，每级荷载维持 1h，按第 15min、30min、60min 测读桩顶回弹量；卸载至零后，应测读桩顶残余上拔量，维持时间为 3h，测读时间为第 15min、30min，以后每隔 30min 测读一次。试验时应注意观察桩身混凝土开裂情况。

3. 变形相对稳定标准

在每级荷载作用下，桩顶的上拔量在每小时内的增量不超过 0.1mm，并连续出现两次，可视为稳定(由1.5h内的上拔量观测值计算)。当桩顶上拔速率达到相对稳定标准时,取该稳定上拔量作为该级上拔荷载作用下的桩顶上拔量,再施加下一级荷载。

4. 终止加载条件

当出现下列情况之一时,可终止加载。

(1)在某级荷载作用下,桩顶上拔量(增量)大于前一级上拔荷载作用下的上拔量(增量)的5倍。

(2)按桩顶上拔量控制,累计桩顶上拔量超过100mm。

(3)按钢筋抗拉强度控制,钢筋应力达到钢筋强度标准值的0.9倍。

(4)对于抽样检测验收的工程桩,达到设计或抗裂要求的最大上拔量或上拔荷载值。

如果在较小荷载下出现某级荷载的桩顶上拔量(增量)大于前一级荷载下的5倍时,应综合分析原因。必要时可继续加载,当桩身混凝土出现多条环向裂缝后,其桩顶位移会出现小的突变,而此时并非达到桩侧土的极限抗拔力。

四、检测数据分析

1. 单位工程单桩竖向抗拔极限承载力的确定

用单桩抗拔静载荷试验确定单桩竖向抗拔极限承载力时,应绘制上拔荷载U与桩顶上拔量δ之间的关系曲线($U-\delta$曲线),桩顶上拔量δ与上拔荷载作用时间对数之间的曲线($\delta-\lg t$曲线)。当上述两种曲线难以判别单桩竖向抗拔极限承载力时,可辅以$\delta-\lg U$曲线或$\lg U-\lg\delta$曲线,以确定曲线的拐点位置。

单桩竖向抗拔静载试验确定的抗拔极限承载力是土的极限抗拔阻力与桩(包括桩向上运动所带动的土体)的自重之和,地下水水位以下时应扣除桩体所受的浮力。单桩竖向抗拔极限承载力可按下列方法综合判定。

(1)根据上拔量随荷载变化的特征确定。对于陡变型的$U-\delta$曲线(图8-3-2),可根据$U-\delta$曲线的特征点来确定。大量试验结果表明,单桩竖向抗拔$U-\delta$曲线大致上可划分为3段:第Ⅰ段为直线段,δ随U按比例增加;第Ⅱ段为曲线段,随着桩土相对位移的增大,上拔位移量随U值变化的速率加快;第Ⅲ段又呈直线段(陡升段),此时即使上拔力U增加很小,桩的上拔位移量仍急剧上升,同时桩周地面往往出现环向裂缝,第Ⅲ段起始点所对应的荷载值即为桩的竖向抗拔极限承载力U_u。

(2)根据上拔量随时间变化的特征确定。取$\delta-\lg t$曲线斜率明显变陡或曲线尾部明显弯曲的前一级荷载值为桩的竖向抗拔极限承载力,如图8-3-3所示。

(3)抗拔钢筋断裂时单桩竖向抗拔极限承载力的确定。当在某级荷载下抗拔钢筋断裂时,取其前一级荷载为该桩的抗拔极限承载力值。这里所说的"断裂",是指因钢筋强度不足情况下的断裂。如果因抗拔钢筋受力不均匀,部分钢筋因受力太大而断裂时,应视为该桩试验失效,应进行补充试验,此时不能将钢筋断裂前一级荷载作为极限荷载。

(4)根据$\lg U-\lg\delta$曲线确定单桩竖向抗拔极限承载力。根据$\lg U-\lg\delta$曲线确定单桩竖向抗拔极限承载力时,可取$\lg U-\lg\delta$双对数曲线第二拐点对应的荷载为桩的竖向极限抗拔承载力。

为设计提供依据的单桩竖向抗拔极限承载力可按以下方法统计取值:①参加统计的受检桩试验结果的极差不超过平均值的30%时,取其平均值为单位工程单桩竖向抗拔极限承载力;②当极差超过平均值的30%时,应分析极差过大的原因,结合工程具体情况综合确定,不能明确极差过大原因时,宜增加试桩数量;③当试桩数量小于3根或桩基承台下桩数不大于3根时,应取较小值为单位工程单桩竖向抗拔极限承载力。

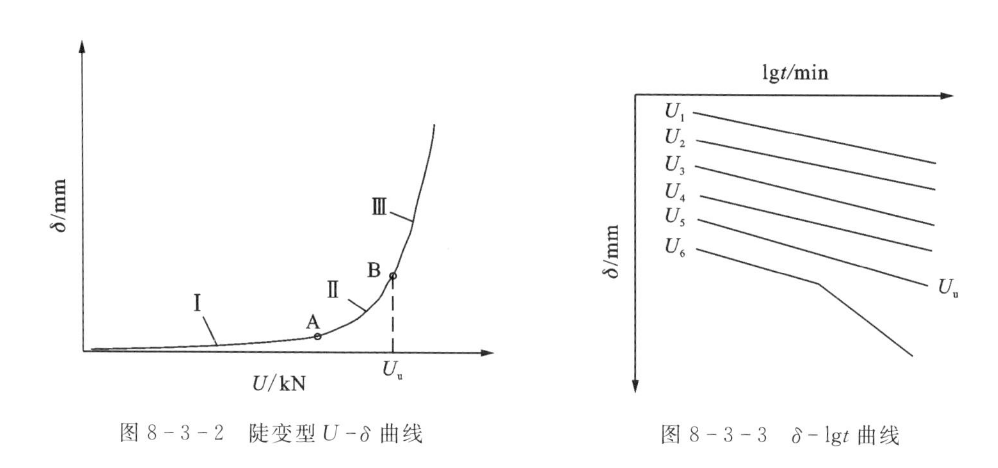

图 8-3-2 陡变型 $U-\delta$ 曲线　　图 8-3-3 $\delta-\lg t$ 曲线

工程桩验收检测时,混凝土桩抗拔承载力可能受抗裂或钢筋强度制约,而土的抗拔阻力尚未发挥到极限,若未出现陡变型 $U-\delta$ 曲线、$\delta-\lg t$ 曲线斜率明显变陡或曲线尾部明显弯曲等情况时,应综合分析判定,一般取最大荷载或取上拔量控制值对应的荷载作为极限荷载,不能轻易外推。

2. 单位工程单桩竖向抗拔承载力特征值的确定

单位工程单桩竖向抗拔承载力特征值应按单位工程单桩竖向抗拔极限承载力的50%取值。当工程桩不允许带裂缝工作时,取桩身开裂的前一级荷载作为单桩竖向抗拔承载力特征值,并与按极限荷载的50%确定的承载力特征值相比,取较小值。

第四节　单桩水平静载荷试验

一、概述

有多种原因导致桩受到水平荷载作用,如风力、车辆制动力、地震力、船舶撞击力及波浪力等。近年来,随着高层建筑物的大量兴建,风力、地震力等水平荷载成为建筑物设计中的控制因素,建筑桩基的水平承载力和位移计算成为建筑物设计的重要内容之一。

过去经常设置斜桩或叉桩抵抗水平荷载,如港口工程中的高桩码头。实际上,直桩只要有一定的入土深度,也能通过抗剪和抗弯承担相当大的水平荷载。现在在一般的工业与民用建筑建设中,直桩基本上已集抗压、抗拔、抗水平力为一体而得到广泛应用,从而大大简化了桩基础设计。

水平承载桩的工作性能主要体现在桩与土的相互作用上，即利用桩周土的抗力来承担水平荷载。按桩土相对刚度的不同，水平荷载作用下的桩-土体系有两类工作状态和破坏机理：一类是刚性短桩，因转动或平移而破坏，相当于 $\alpha h<2.5$ 时的情况（α 为桩的水平变形系数，h 为桩的入土深度）；另一类是工程中常见的弹性长桩，桩身产生挠曲变形，桩下段嵌固于土中不能转动，相当于 $\alpha h>4.0$ 的情况。对 $2.5<\alpha h<4.0$ 范围的桩称为有限长度的中长桩。

单桩水平静载荷试验采用接近于水平受荷桩实际工作条件的试验方法，确定单桩水平临界荷载和极限荷载，推定土抗力参数，或对工程桩的水平承载力进行检验和评价。当桩身埋设有应变测量传感器时，可测量相应水平荷载作用下的桩身横截面的弯曲应变，并由此计算桩身弯矩以及确定钢筋混凝土桩受拉区混凝土开裂时对应的水平荷载，检验桩身强度、推求不同深度处桩侧土抗力与水平位移之间的关系。

桩顶实际工作条件包括桩顶自由状态、桩顶受不同约束而不能自由转动及桩顶受垂直荷载作用等。有关规范推荐的检测方法一般适用于在桩顶自由的试验条件下，检测单桩的水平承载力，推定地基土水平抗力系数的比例系数。对带承台桩的水平静载试验及桩顶不同约束条件下的水平承载桩试验可参照执行。

为设计提供依据的试验桩，宜加载至桩顶出现较大水平位移或桩身结构破坏；对工程桩抽样检测，可按设计要求的水平位移允许值控制加载。

二、仪器设备及安装

试验装置及仪器设备如图 8-4-1 所示。

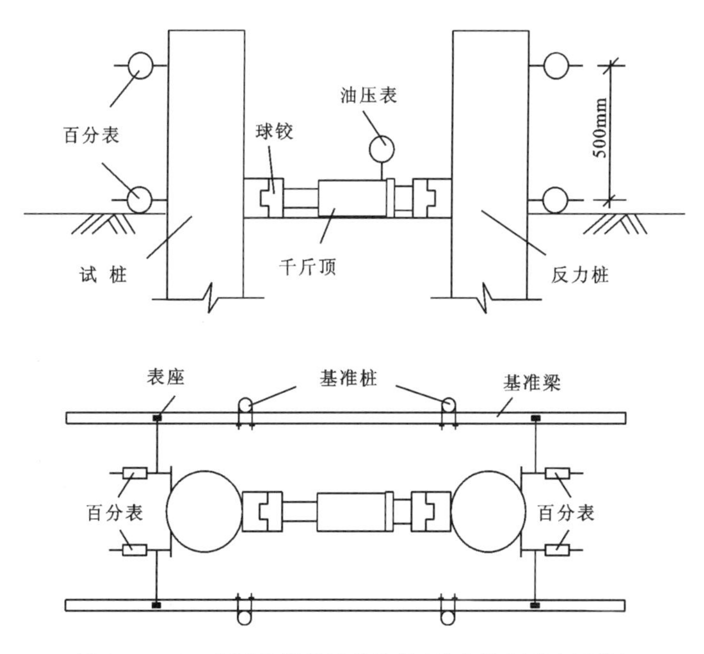

图 8-4-1　水平静载荷试验装置（反力桩也可为试桩）

1. 加载与反力装置

水平推力加载设备宜采用卧式油压千斤顶，其加载能力不得小于最大试验加载量的1.2倍。采用荷荷传感器直接测定荷载大小，或用并联于油路的油压表或油压传感器测量油压，根据千斤顶率定曲线换算荷载。

水平推力的反力可由相邻桩提供；当专门设置反力结构时，其承载能力和刚度应大于试验桩的1.2倍。水平力作用点宜与实际工程的桩基承台底面标高一致，如果高于承台底面标高，试验时在相对承台底面处会产生附加弯矩，会影响测试结果，也不利于将试验成果根据桩顶的约束予以修正。千斤顶和试验桩（或提供反力的桩）接触处应安置球形铰支座，使千斤顶作用力方向水平且通过桩身轴线；当千斤顶与试桩接触面的混凝土不密实或不平整时，应对其进行补强或补平处理。

反力装置应根据现场具体条件选用，最常见的方法是利用相邻桩提供反力，即两根试桩对顶，如图8-4-1所示；或利用两根工程桩提供反力对一根试验桩进行加载；也可利用周围现有的结构物作为反力装置或专门设置反力结构，但其承载能力和作用力方向上的刚度应大于试验桩的1.2倍。

2. 测量装置

桩的水平位移测量宜采用大量程位移计。在水平力作用平面的受检桩两侧应对称安装两个位移计检测水平力作用平面处桩的水平位移；当需测量桩顶转角时，尚应在水平力作用平面以上50cm的受检桩两侧对称安装两个位移计，利用上下位移计的差值与上下位移计之间距离的比值可求得地面以上桩的转角。位移测量的基准点不应受试验和其他因素的影响，基准点应设置在与作用力方向垂直且与位移方向相反的试桩侧面，基准点与试桩净距不应小于1倍桩径。

测量桩身应变时，各测试断面的测量传感器应沿受力方向对称布置在远离中性轴的受拉和受压主筋上；埋设传感器的纵剖面与受力方向之间的夹角不得大于10°。地面下10倍桩径或桩宽的深度范围内，桩身的主要受力部分应加密测试断面，断面间距不宜超过1倍桩径；超过10倍桩径或桩宽的深度，测试断面间距可以加大。

三、检测技术

单桩水平静载荷试验宜根据工程桩实际受力特性，选用单向多循环加载法或与单桩竖向抗压静载试验相同的慢速维持荷载法。单向多循环加载法主要是模拟实际结构的受力形式，但由于结构物承受的实际荷载异常复杂，很难达到预期目的。对于长期承受水平荷载作用的工程桩，加载方式宜采用慢速维持荷载法。对需测量桩身横截面弯曲应变的试验桩不宜采取单向多循环加载法，因为它会对桩身内力的测试带来不稳定因素，此时应采用慢速或快速维持荷载法。水平试验桩通常以结构破坏为主，为缩短试验时间，可采用时间更短的快速维持荷载法。

1. 试验加、卸载方式和水平位移测量

单向多循环加载法的分级荷载不应大于预估水平极限承载力或最大试验荷载的1/10；每级荷载施加后恒载4min，可测读水平位移，然后卸载至零，停2min测读残余水平位移，至此完成一个加、卸载循环，如此循环5次，完成一级荷载的加载和水平位移观测，试验不得中间停顿。

慢速维持荷载法的加、卸载分级，试验方法及稳定标准应按“单桩竖向抗压静载荷试验”一节的相关规定进行。

测试桩身横截面弯曲应变时，数据的测读宜与水平位移测量同步。

2. 终止加载条件

当出现下列情况之一时，可终止加载。

(1)桩身折断。

(2)水平位移超过40mm；软土中的桩或大直径桩可取高值。

(3)水平位移达到设计要求的水平位移允许值。

四、检测数据处理

1. 绘制有关试验成果曲线

(1)采用单向多循环加载法时，应分别绘制水平力-力作用时间-力作用点位移($H-t-Y_0$)关系曲线和水平力-位移梯度($H-\Delta Y_0/\Delta H$)关系曲线。

(2)采用慢速维持荷载法时，应分别绘制水平力-力作用点位移($H-Y_0$)关系曲线、水平力-位移梯度($H-\Delta Y_0/\Delta H$)关系曲线、力作用点位移-力作用时间对数($Y_0-\lg t$)关系曲线和水平力及力作用点位移双对数($\lg H-\lg Y_0$)关系曲线。

(3)绘制水平力、水平力作用点水平位移-地基土水平抗力系数的比例系数($H-m$、Y_0-m)的关系曲线。

2. 桩顶自由且水平力作用位置位于地面处时 m 值的计算

当桩顶自由且水平力作用位置位于地面处时，地基土水平抗力系数的比例系数 m 值应按下列公式确定：

$$m=\frac{(v_y \cdot H)^{\frac{5}{3}}}{b_0 Y_0^{\frac{5}{3}}(EI)^{\frac{2}{3}}} \tag{8-4-1}$$

$$\alpha=\left(\frac{mb_0}{EI}\right)^{\frac{1}{5}} \tag{8-4-2}$$

式中：m 为地基土水平抗力系数的比例系数(kN/m^4)；α 为桩的水平变形系数(m^{-1})；ν_y 为桩顶水平位移系数；H 为地面处作用于桩身的水平力(kN)；Y_0 为桩身水平力作用点的水平位移(m)；EI 为桩身抗弯刚度(kN·m^2)，其中 E 为桩身材料弹性模量(kPa)，I 为桩身换算截面惯性矩(m^4)；b_0 为桩身计算宽度(m)，对于圆形桩，当桩径 $D\leqslant1$m 时，$b_0=0.9(1.5D+0.5)$，当桩径$D>1$m时，$b_0=0.9(D+1)$，对于矩形桩，当边宽 $B\leqslant1$m 时，$b_0=1.5B+0.5$，当边宽 $B>1$m 时，$b_0=B+1$。

对 $\alpha h>4.0$ 的弹性长桩(h 为桩的入土深度)，可取 $\alpha h=4.0$，$\nu_y=2.441$；对 $2.5<\alpha h<4.0$ 的有限长度中长桩，应根据表8-4-1调整 ν_y 来计算 m 值。

试验得到的地基土水平抗力系数的比例系数 m 不是一个常量，而是随地面水平位移及荷载变化的变量。

表 8-4-1 桩顶水平位移系数 v_y

桩的换算深度 αh	4.0	3.5	3.0	2.8	2.6	2.4
v_y	2.441	2.502	2.727	2.905	3.163	3.526

3. 单桩水平承载力的确定

(1)单桩的水平临界荷载(桩身受拉区混凝土明显退出工作前的最大荷载)的确定。对中长桩而言,桩在水平荷载作用下,桩侧土体随着荷载的增加,其塑性区自上而下逐渐扩展,最大弯矩断面下移,最后形成桩身结构的破坏。所测水平临界荷载 H_{cr},即当桩身产生开裂前所对应的最大水平荷载,因为只有混凝土桩才会产生桩身开裂,故只有混凝土桩才有临界荷载。其确定方法为:①取单向多循环加载法时的水平力-力作用时间-力作用点位移($H-t-Y_0$)曲线或慢速维持荷载法时的水平力-力作用点位移($H-Y_0$)曲线出现拐点的前一级水平荷载值;②取水平力-位移梯度($H-\Delta Y_0/\Delta H$)曲线或水平力及力作用点位移双对数($\lg H-\lg Y_0$)曲线上第一拐点对应的水平荷载值;③取水平力-钢筋应力($H-\sigma_s$)曲线第一拐点对应的水平荷载值。

(2)单桩水平极限承载力确定。单桩水平极限承载力是对应于桩身折断或桩身钢筋应力达到屈服时的前一级水平荷载。单桩水平极限承载力的综合确定方法如下:①取单向多循环加载法时的水平力-力作用时间-力作用点位移($H-t-Y_0$)曲线产生明显陡降的前一级,或慢速维持荷载法时的水平力-力作用点位移($H-Y_0$)曲线发生明显陡降的起始点对应的水平荷载值;②取慢速维持荷载法时的力作用点位移-力作用时间对数($Y_0-\lg t$)曲线尾部出现明显弯曲的前一级水平荷载值;③取水平力-位移梯度($H-\Delta Y_0/\Delta H$)曲线或水平力-力作用点位移双对数($\lg H-\lg Y_0$)曲线上第二拐点对应的水平荷载值;④取桩身折断或受拉钢筋屈服时的前一级水平荷载值。

(3)单桩水平承载力特征值的确定。单桩水平承载力特征值的确定应符合下列规定:①当桩身不允许开裂或灌注桩的桩身配筋率小于 0.65%时,可取水平临界荷载的 0.75 倍作为单桩水平承载力特征值;②对钢筋混凝土预制桩、钢桩和桩身配筋率不小于 0.65%的混凝土灌注桩,可取设计桩顶标高处水平位移为 10mm(对水平位移敏感的建筑物取 6mm)所对应荷载的 0.75 倍作为单桩水平承载力特征值;③取设计要求的水平允许位移对应的荷载作为单桩水平承载力特征值,且应满足桩身抗裂要求。

(4)检测报告应包括内容。单桩水平静载荷试验检测报告应包括下列内容:①邻近受检桩桩位的代表性钻孔柱状图;②受检桩的截面尺寸及配筋情况;③加、卸载方法,荷载分级;④单向多循环加载法时,绘制的水平力-力作用时间-力作用点位移($H-t-Y_0$)关系曲线、水平力-位移梯度($H-\Delta Y_0/\Delta H$)关系曲线和力作用点位移-时间对数($Y_0-\lg t$)关系曲线;或采用慢速维持荷载法时,绘制的水平力-力作用点位移 $H-Y_0$ 曲线、水平力-力作用点位移梯度($H-\Delta Y_0/\Delta H$)曲线、水平力和力作用点位移双对数($\lg H-\lg Y_0$)关系曲线;⑤承载力判定依据;⑥当进行钢筋应力测试并由此计算桩身弯矩时,应包括传感器类型、安装位置、内力计算方法和要求绘制的曲线及其对应的数据表。

第五节　钻芯法验桩

一、钻芯法验桩特点、目的和适用范围

钻芯法是检测钻(冲)孔、人工挖孔等大直径混凝土灌注桩的成桩质量的一种有效手段，不受场地条件的限制。钻芯法检测的主要目的有4个：①检测桩身混凝土质量情况，如桩身混凝土胶结状况、有无气孔、松散或断桩等，并判断桩身混凝土强度是否达到设计要求；②桩底沉渣厚度是否小于设计或规范的限值；③桩端持力层的岩土性状(强度)和厚度是否符合设计或规范要求；④施工记录桩长是否真实。

受检桩的长径比较大时，桩孔的垂直度和钻芯孔的垂直度很难控制，钻芯孔容易偏离桩身，故要求受检桩桩径不宜小于800mm、长径比不宜大于30。

二、验桩孔施工要求

每根受检桩的钻芯孔数和钻孔位置宜符合下列规定：桩径小于1.2m的桩钻芯孔数为1孔，桩径为1.2～1.6m的桩钻芯孔数为2孔，桩径大于1.6m的桩钻芯孔数为3孔。当钻芯孔数为1孔时，宜在距桩中心10～15cm的位置开孔，因为导管附近(即浅部桩的中心)的混凝土质量相对较差，不具有代表性，同时也方便第二个孔(需要时)的位置布置；当钻芯孔数为2孔或2孔以上时，开孔位置宜在距桩中心0.15～0.25D(D为桩身直径)的圆周上均匀对称布置。对桩端持力层的钻探，每根受检桩不应少于1个孔；当选择钻芯法对桩身质量、桩底沉渣、桩端持力层进行验证检测时，受检桩的钻芯孔数可为1孔。

芯样试件直径不宜小于骨料最大粒径的3倍，且芯样直径宜为100mm；也可用小直径芯样，但不能小于70mm，且不得小于骨料最大粒径的2倍，否则试件强度的离散性偏大。

当嵌岩灌注桩要求按端承桩设计时，对桩端持力层的钻探深度应超出桩底3D。

应采用导向性好的立轴式岩芯钻机，采用金刚石钻进工艺。钻机安装必须周正、稳固、底座水平。钻机立轴中心、天轮中心(天车前沿切点)与孔口中心必须在同一铅垂线上。应确保钻机在钻芯过程中不发生倾斜、移位，钻芯孔垂直度偏差不大于0.5%。

采用单动双管钻具取芯，回次进尺控制在1.5m以内，尽可能使取芯率达到100%。

三、钻进工艺过程

一般的钻芯法验桩孔施工工艺过程如下。

(1)找准基桩的中心位置。对于设有地下室的高层建筑，桩顶被泥土所覆盖的厚度可达数米，在地面要用经纬仪测定桩位中心。

(2)开孔。用单管钻具直径大一级的合金钻头开孔。为保证钻孔的垂直度，开孔时靠钻具自身重力不送水慢速钻进，遇人工回填土较密实时宜采用人工注水钻进，当钻具接触混凝土桩头时，采用小泵量(或间断送水)钻至混凝土内0.3～0.5m，立即取尽岩芯，下入孔口管。孔口管作铅锤校正，底部止水，顶部卡固定位。

(3)孔口管下好后,改用金刚石钻头和单动双管钻具钻进,换径前必须校正钻机立轴垂直度。钻进中为防止钻孔偏斜,可用7~9m的长岩芯管或用直径较大的钻杆,尽量减少环状间隙,增强钻具的稳定性(俗称满眼钻进)。

(4)严格控制回次进尺。为了保证混凝土芯不折断、不磨损,一般回次进尺应控制在1.5m以内,在松软混凝土层和桩底与基岩接触部,回次进尺控制在1m以内。当持力层为中、微风化岩石时,可将桩底0.5m左右的混凝土芯样、0.5m左右的持力层以及沉渣纳入同一回次。当持力层为强风化岩层或土层时,可采用合金钻头干钻等适宜的钻芯方法和工艺钻取沉渣并测定沉渣厚度。对中、微风化岩的桩端持力层,可直接钻取岩芯鉴别;对强风化岩层或土层,可采用动力触探、标准贯入试验等方法鉴别。试验宜在距桩底50cm内进行。

(5)钻进时,如发现混凝土芯堵塞,或钻速变慢,或钻速突然加快,或孔内异常声响时,应立即起钻,查明原因并采取适当措施后方可继续钻进。

钻进时,如遇冲洗液返出孔口时呈黄水或泥浆水或带出大量混凝土拌和用砂,则可能为断桩、夹泥、混凝土稀释层等情况,应立即停钻,测量孔深位置,记录出现异常现象的孔深,然后控制钻速,掌握好泵压和泵量,必要时可在冲洗液中添加一定量提高黏度和密度的处理剂,以稳定质量事故层位,穿过事故层位后再提钻取芯。

钻进回次终了卡取混凝土芯时,必须先停止回转,将钻具慢慢提离孔底,使卡簧抱紧混凝土芯。提断混凝土芯时,不得将钻具再放到孔底试探,以免混凝土芯脱落。每回次都应尽量采净混凝土芯,以免下一回次损坏钻头和影响采取率。

(6)封孔。终孔后,下入钻杆到孔底,向钻孔内泵压清水,将孔内岩粉、桩底沉渣冲洗干净,排出孔外;洗孔后用钻杆向孔内泵压配制好的水泥浆(水泥强度等级为52.5,水灰比为0.45~0.5),将取芯钻孔内的清水压出孔外;孔口返出水泥浆后,逐渐减少孔内钻杆数,继续向孔内压浆至水泥浆充满全孔后,起拔孔口套管。

(7)芯样取出后,应由上而下按回次顺序放进芯样箱中,芯样侧面上应清晰标明回次数、块号、本回次总块数(宜写成带分数的形式,如$2\frac{3}{5}$表示第2回次共有5块芯样,本块芯样为第3块)。及时记录孔号、回次数、起至深度、块数、总块数、芯样质量的初步描述及钻进异常情况。有条件时,可采用孔内电视辅助判断混凝土质量。

(8)对桩身混凝土芯样的描述包括桩身混凝土钻进深度、芯样连续性、完整性、胶结情况、侧表面光滑程度、断口吻合程度、混凝土芯是否为柱状、骨料大小分布情况,气孔、蜂窝麻面、沟槽、破碎、夹泥、松散的情况,以及取样编号和取样位置。对持力层的描述包括持力层钻进深度、岩土名称、芯样颜色、结构构造、裂隙发育程度、坚硬及风化程度,以及取样编号和取样位置,或动力触探、标准贯入试验位置和结果,分层岩层应分别描述。应先拍彩色照片,后截取芯样试件,取样完毕剩余的芯样宜移交委托单位妥善保存。

四、芯样试件截取、加工及抗压强度试验

截取混凝土抗压芯样试件应符合下列规定。

(1)当桩长小于10m时,每孔截取2组芯样(每组3块);当桩长为10~30m时,每孔应截取3组芯样;当桩长大于30m时,每孔应截取不少于4组芯样。

(2)上部芯样位置距桩顶设计标高不宜大于1倍桩径或2m,下部芯样位置距桩底不宜大于1倍桩径或2m,中间芯样宜等间距截取。

(3)缺陷位置能取样时,应截取1组芯样进行混凝土抗压试验。

(4)当同一基桩的钻芯孔数大于1个,其中1孔在某深度存在缺陷时,应在其他孔的该深度处截取芯样进行混凝土抗压试验。混凝土芯样为直径与高度相等的圆柱体。

(5)当桩端持力层为中、微风化岩层且岩芯可制作成试件时,应在接近桩底部位截取一组岩石芯样;遇分层岩性时宜在各层取样。岩样为圆柱体,其高度为直径的1～2倍。

抗压强度试验后,当发现芯样试件平均直径小于2倍试件内混凝土粗骨料最大粒径,且强度值异常时,该试件的强度值不得参与统计分析。

混凝土芯样试件抗压强度应按下式计算:

$$f_{cu,cor}=\beta_c\frac{F_c}{A_c} \tag{8-5-1}$$

式中:$f_{cu,cor}$为混凝土芯样试件抗压强度(MPa),精确至0.1MPa;F_c为芯样试件抗压试验测得的破坏荷载(N);A_c为芯样试件抗压截面面积(mm^2);β_c为混凝土芯样试件抗压强度折算系数,应考虑芯样尺寸效应、钻芯机械对芯样扰动和混凝土成型条件的影响,通过试验统计确定,当无试验统计资料时,宜取为1.0。

五、检测数据的分析与判定

1.桩身混凝土强度

混凝土芯样试件抗压强度代表值应按1组3块试件强度值的平均值确定。同一受检桩同一深度部位有两组或两组以上混凝土芯样试件抗压强度代表值时,取其平均值为该桩该深度处混凝土芯样试件抗压强度代表值。

受检桩中不同深度位置的混凝土芯样试件抗压强度代表值中的最小值为该桩混凝土芯样试件抗压强度代表值。

桩端持力层性状应根据岩样特征、岩石芯样单轴抗压强度试验、动力触探或标准贯入试验结果,综合判定桩端持力层岩土性状。

2.桩身的完整性判别

在《建筑基桩检测技术规范》(JGJ 106—2014)中,桩身完整性定义为:反映桩身截面尺寸相对变化、桩身材料密实性和连续性的综合定性指标;桩身缺陷定义为:在一定程度上使桩身完整性恶化,引起桩身结构强度和耐久性降低,出现桩身断裂、裂缝、夹泥(杂物)、空洞、蜂窝、松散等不良现象的统称。注意,桩身完整性没有采用严格的定量表述,对不同的桩身完整性检测方法,具体的判定特征各异,但为了便于采用,应有一个统一分类标准。所以,桩身完整性类别是按缺陷对桩身结构承载力的影响程度,统一划分为4类。

Ⅰ类桩——桩身完整。

Ⅱ类桩——桩身有轻微缺陷,不会影响桩身结构承载力的发挥。

Ⅲ类桩——桩身有明显缺陷,对桩身结构承载力有影响。一般应采用其他方法验证其可用性,或根据具体情况进行设计复核或补强处理。

Ⅳ类桩——桩身存在严重缺陷,一般应进行补强处理。

用钻芯法验桩，当混凝土出现分层现象时，宜截取分层部位的芯样进行抗压强度试验。当混凝土抗压强度满足设计要求时，桩身完整性可判为Ⅱ类；当混凝土抗压强度不满足设计要求或不能制作成芯样试件时，桩身完整性应判为Ⅳ类。

用钻芯法对桩身完整性进行判别时，要结合钻芯孔数量、现场混凝土芯样特征、芯样单轴抗压强度试验结果进行综合判定，具体判定标准见表8-5-1。

成桩质量评价应按单根受检桩进行。当出现下列情况之一时，应判定该受检桩不满足设计要求。

(1)受检桩混凝土芯样试件抗压强度代表值小于混凝土设计强度等级。

(2)桩长、桩底沉渣厚度不满足设计或规范要求。

(3)桩端持力层岩土性状(强度)或厚度未达到设计或规范要求。

表8-5-1 钻芯法验桩的桩身完整性判定表

<table>
<tr><th rowspan="2">类别</th><th colspan="3">特征</th></tr>
<tr><th>单孔</th><th>两孔</th><th>三孔</th></tr>
<tr><td rowspan="2">Ⅰ</td><td colspan="3">混凝土芯样连续、完整、胶结好，芯样侧表面光滑、骨料分布均匀，芯样呈长柱状、断口吻合</td></tr>
<tr><td>芯样侧表面仅见少量气孔</td><td>局部芯样侧表面有少量气孔、蜂窝麻面、沟槽，但在另一孔同一深度部位的芯样中未出现，否则应判为Ⅱ类</td><td>局部芯样侧表面有少量气孔、蜂窝麻面、沟槽，但在三孔同一深度部位的芯样中未同时出现，否则应判为Ⅱ类</td></tr>
<tr><td rowspan="2">Ⅱ</td><td colspan="3">混凝土芯样连续、完整、胶结较好，芯样侧表面较光滑、骨料分布基本均匀，芯样呈柱状、断口基本吻合。有下列情况之一：</td></tr>
<tr><td>1.局部芯样侧表面有蜂窝麻面、沟槽或较多气孔；
2.芯样侧表面蜂窝麻面严重、沟槽连续或局部芯样骨料分布极不均匀，但对应部位的混凝土芯样试件抗压强度检测值满足设计要求，否则应判为Ⅲ类</td><td>①芯样侧表面有较多气孔、严重蜂窝麻面、连续沟槽或局部混凝土芯样骨料分布不均匀，但在两孔同一深度部位的芯样中未同时出现；
②芯样侧表面有较多气孔、严重蜂窝麻面、连续沟槽或局部混凝土芯样骨料分布不均匀，且在另一孔同一深度部位的芯样中同时出现，但该深度部位的混凝土芯样试件抗压强度检测值满足设计要求，否则应判为Ⅲ类；
③任一孔局部混凝土芯样破碎段长度不大于10cm，且在另一孔同一深度部位的局部混凝土芯样的外观判定完整性类别为Ⅰ类或Ⅱ类，否则应判为Ⅲ类或Ⅳ类</td><td>①芯样侧表面有较多气孔、严重蜂窝麻面、连续沟槽或局部混凝土芯样骨料分布不均匀，但在三孔同一深度部位的芯样中未同时出现；
②芯样侧表面有较多气孔、严重蜂窝麻面、连续沟槽或局部混凝土芯样骨料分布不均匀，且在任两孔或三孔同一深度部位的芯样中同时出现，但该深度部位的混凝土芯样试件抗压强度检测值满足设计要求，否则应判为Ⅲ类；
③任一孔局部混凝土芯样破碎段长度不大于10cm，且在另两孔同一深度部位的局部混凝土芯样的外观判定完整性类别为Ⅰ类或Ⅱ类，否则应判为Ⅲ类或Ⅳ类</td></tr>
</table>

续表 8-5-1

<table>
<tr><th rowspan="2">类别</th><th colspan="3">特征</th></tr>
<tr><th>单孔</th><th>两孔</th><th>三孔</th></tr>
<tr><td rowspan="2">Ⅲ</td><td colspan="2">大部分混凝土芯样胶结较好，无松散、夹泥现象。有下列情况之一：</td><td>大部分混凝土芯样胶结较好。有下列情况之一：</td></tr>
<tr><td>①芯样不连续、多呈短柱状或块状；
②局部混凝土芯样破碎段长度不大于 10cm</td><td>①芯样不连续、多呈短柱状或块状；
②任一孔局部混凝土芯样破碎段长度大于 10cm 但不大于 20cm，且在另一孔同一深度部位的局部混凝土芯样的外观判定完整性类别为Ⅰ类或Ⅱ类，否则应判为Ⅳ类</td><td>①芯样不连续、多呈短柱状或块状；
②任一孔局部混凝土芯样破碎段长度大于 10cm 但不大于 30cm，且在另两孔同一深度部位的局部混凝土芯样的外观判定完整性类别为Ⅰ类或Ⅱ类，否则应判为Ⅳ类；
③任一孔局部混凝土芯样松散段长度不大于 10cm，且在另两孔同一深度部位的局部混凝土芯样的外观判定完整性类别为Ⅰ类或Ⅱ类，否则应判为Ⅳ类</td></tr>
<tr><td>Ⅳ</td><td>①因混凝土胶结质量差而难以钻进；
②混凝土芯样任一段松散或夹泥；
③局部混凝土芯样破碎长度大于 10cm</td><td>①任一孔因混凝土胶结质量差而难以钻进；
②混凝土芯样任一段松散或夹泥；
③任一孔局部混凝土芯样破碎长度大于 20cm；
④两孔同一深度部位的混凝土芯样破碎</td><td>①任一孔因混凝土胶结质量差而难以钻进；
②混凝土芯样任一段松散或夹泥段长度大于 10cm；
③任一孔局部混凝土芯样破碎长度大于 30cm；
④其中两孔在同一深度部位的混凝土芯样破碎、松散或夹泥</td></tr>
</table>

六、检测报告内容

检测报告应包括下列内容。

(1)钻芯设备情况。

(2)检测桩数、钻孔数量、开孔位置、架空高度、混凝土芯进尺、持力层进尺、总进尺，混凝土试件组数、岩石试件个数、圆锥动力触探或标准贯入试验结果。

(3)按相关规范格式要求编制的每孔柱状图。

(4)芯样单轴抗压强度试验结果。

(5)芯样彩色照片。

(6)异常情况说明等。

第六节 低应变法验桩

基桩的动力验桩有高应变法验桩和低应变法验桩之分。

高应变法验桩利用几十千牛甚至几百千牛的重锤打击桩顶,使桩产生的动位移接近常规静载试桩的沉降量级,以便使桩侧和桩端岩土阻力大部分乃至充分发挥,即桩周土全部或大部分产生塑性变形,直观表现为桩出现贯入度。高应变桩身应变量通常在0.1‰~1.0‰范围内,对于普通钢桩,超过1.0‰的桩身应变已接近钢材屈服极限所对应的变形;对于混凝土桩,视混凝土强度等级的不同,桩身出现明显塑性变形对应的应变量为0.5‰~1.0‰。

低应变法验桩采用几牛至几百牛重的手锤、力棒或上千牛重的铁球锤击桩顶,或采用几百牛出力的电磁激振器在桩顶激振,桩-土系统处于弹性状态,桩顶位移比高应变低2~3个数量级,桩身应变量一般小于0.01‰。

基桩低应变动测技术具有仪器设备轻便简单、操作方便、检测速度快、成本低的特点,已被工程界广泛接受。低应变法是利用低能量的瞬态或稳态激振,使桩在弹性范围内作弹性振动,利用振动和波动理论检测桩身完整性,判定桩身缺陷程度和位置。基桩低应变动测法是快速普查桩的施工质量的一种半直接法。

目前国内外普遍采用瞬态冲击方式,通过实测桩顶加速度或速度响应时域曲线,用一维波动理论来分析判定基桩的桩身完整性,这种方法称为反射波法(或瞬态时域分析法)。如果动测仪器具有傅立叶变换功能,可通过速度幅频曲线辅助分析判定桩身完整性,即所谓瞬态频域分析法;如果动测仪器具备实测锤击力并对它进行傅立叶变换的功能,进而得到导纳曲线,则称为瞬态机械阻抗法。采用稳态激振方式(频率范围10~2000Hz)直接测得导纳曲线,则称为稳态机械阻抗法。《建筑基桩检测技术规范》(JGJ 106—2014)将上述方法统称为低应变法。

低应变法的理论基础是一维线弹性杆件模型。因此基于静力学的直观理解是受检桩的长细比应较大,瞬态激励脉冲有效高频分量的波长与桩的横向尺寸之比宜大于10,桩身截面宜基本规则。另外,一维波动理论要求应力波在桩身中传播时平截面假设成立,所以,对薄壁钢管桩和类似于"H"形桩的异形桩,低应变法不适用。

一、检测原理

1. 稳态激振法

把桩-土体系看成一个线性振动系统,在桩头施加一激励力 $f(t)$,就可在桩头观测到振动系统的振动响应信号,如桩头的位移、速度或加速度,如图8-6-1所示。在基桩检测中通常观测的响应信号是速度响应。当对系统(桩头)施加一稳态简谐交变力 $f(t)$ 时,必产生一稳态响应 $v(t)$,并且是与交变力同频率的简谐振动。

设

$$f(t)=F\sin(\omega t+\phi_1) \qquad (8-6-1)$$

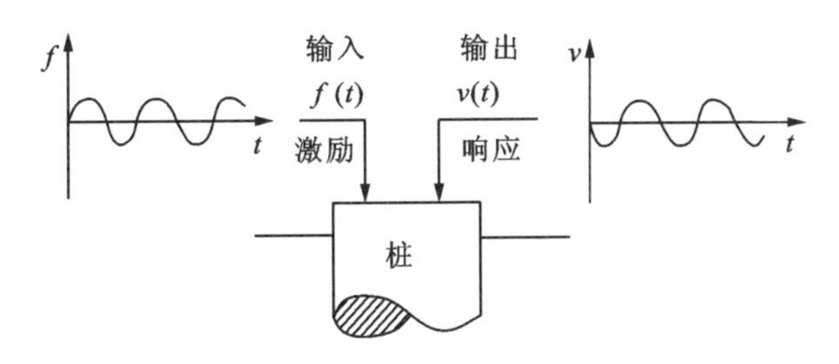

图 8-6-1 稳态激振法原理图

则有

$$v(t)=V\sin(\omega t+\phi_2) \tag{8-6-2}$$

式中：F 为激振力的力幅值；V 为稳态响应速度的幅值；ω 为激振力及稳态响应速度的圆频率；ϕ_1 为激振力的初相角；ϕ_2 为稳态响应速度的初相角。

振动理论与实践都证明：激振力与速度响应之间的幅值比 F/V 及相位差 $\phi_1-\phi_2$ 不仅与激振圆频率 ω 有关，更主要的是取决于系统本身的固有特性(不随时间变化)。系统的这种固有特性，一般是指惯性、弹性以及阻尼特性。对于桩-土系统，主要是指桩身裂缝、扩颈、缩颈、混凝土质量以及桩周土特性等。如果在足够宽(理论上讲 ω 从 0 到∞)的频率范围内，对桩-土系统激励简谐振动，就能获得这两个相对量(幅值比和相位差)随频率的变化曲线，可从整体上完全确定桩-土系统的动态特性。

桩-土系统产生共振(或称为谐振)时，速度响应达到最大值，在不同频率激振力的作用下，各阶共振频率可用下述方程表示。

(1)两端自由或两端固定的桩：

$$f_n=\frac{n}{2L}\sqrt{E/\rho}\quad(n=1,2,3,\cdots) \tag{8-6-3}$$

(2)一端固定，另一端自由的桩：

$$f_n=\frac{2n-1}{4L}\sqrt{E/\rho}\quad(n=1,2,3,\cdots) \tag{8-6-4}$$

式中：f_n 为共振(谐振)频率(s^{-1})；n 为振型的阶数；L 为桩的长度(m)；E 为桩身弹性模量(MPa)；ρ 为桩身质量密度(kg/m^3)。

由式(8-6-3)或式(8-6-4)可得

$$\Delta f=f_{n+1}-f_n=\frac{1}{2L}\sqrt{E/\rho}=\frac{v_c}{2L} \tag{8-6-5}$$

或

$$v_c=2L\Delta f \tag{8-6-6}$$

式中，$v_c=\sqrt{E/\rho}$为应力波沿桩身纵向传播的速度，式(8-6-6)将应力波沿桩身纵向传播速度和桩长及相邻阶共振频率差 Δf 有机地联系起来，给桩的动力测试分析提供了理论依据。

2. 瞬态激振法及波动方程

如图 8-6-2a 所示，通过手锤(或力棒)，在桩顶瞬态冲击产生应力波，通过实测桩顶部的速度响应时域曲线，通过波动理论的时域或频域分析，对桩身完整性进行判定。

当桩长≫桩径时(即 $L \gg d$),可将桩考虑为一材质均匀、截面恒定的弹性杆(图 8-6-2b),x 轴通过桩身轴线且垂直向下方向为正。设杆件长度为 L,横截面积为 A,弹性模量为 E,质量密度为 ρ。杆顶受到激振后,杆身产生振动。若杆变形时平截面假设成立,坐标为 x 截面受轴向力 F 作用,将沿杆轴向产生位移 u,质点运动速度 $V=\frac{\partial u}{\partial t}$ 和应变 $\varepsilon=\frac{\partial u}{\partial x}$,这些动力学和运动学量只是 x 和时间 t 的函数。

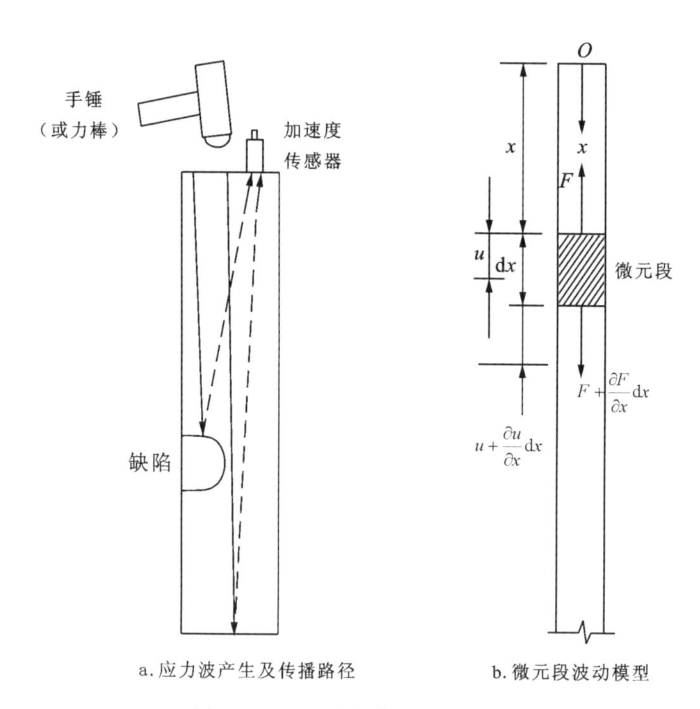

图 8-6-2　瞬态激振法原理图

根据虎克定律,应力与应变之比等于弹性模量 E,可写出:

$$\frac{\partial u}{\partial x}=\frac{\sigma}{E}=\frac{F}{AE} \tag{8-6-7}$$

式中:σ 为杆件 x 截面处的正应力。

将式(8-6-7)两边对 x 微分,得

$$AE\frac{\partial^2 u}{\partial x^2}=\frac{\partial F}{\partial x} \tag{8-6-8}$$

利用牛顿第二定律,考虑 dx 单元的不平衡力(惯性力)列出平衡方程:

$$\frac{\partial F}{\partial x}\mathrm{d}x=\rho A\mathrm{d}x\frac{\partial^2 u}{\partial t^2} \tag{8-6-9}$$

联立式(8-6-8)和(8-6-9)得

$$\frac{\partial^2 u}{\partial t^2}=\left(\frac{E}{\rho}\right)\frac{\partial^2 u}{\partial x^2} \tag{8-6-10}$$

定义 $c=\sqrt{\frac{E}{\rho}}$,得到如下一维波动方程:

$$\frac{\partial^2 u}{\partial t^2}-c^2\frac{\partial^2 u}{\partial x^2}=0 \tag{8-6-11}$$

式中：$c=\sqrt{E/\rho}$为应力波沿桩身纵向传播的速度(m/s)；u 为桩身截面 x 处在时间 t 时刻的轴向位移(m)，是纵向坐标 x 和时间 t 两个变量的函数。

波动方程的物理意义：$\partial^2 u/\partial t^2$ 为质点速度的变化(加速度)，$\partial^2 u/\partial x^2$ 为应变的变化(应变率)，波动方程反映了质点速度与应变的关系与介质的物理性质纵波传播速度相关。

3. 采用行波理论求解波动方程

当沿杆件 x 方向的弹性模量 E，截面积 A，波速 c 和质量密度 ρ 不变时，采用行波理论求解波动方程(8-6-11)，不难验证下式为波动方程的达朗贝尔通解：

$$u(x,t)=W(x\mp ct)=W_u(x-ct)+W_d(x+ct) \tag{8-6-12}$$

式中：W_d、W_u 分别为下行波和上行波。形状不变且各自独立地以波速 c 分别沿 x 轴正向和负向传播，如图 8-6-3 所示。同时，因式(8-6-12)的线性性质，可单独研究上、下行波的特性，利用叠加原理求出杆在 t 时刻 x 位置处的应力、速度和位移。

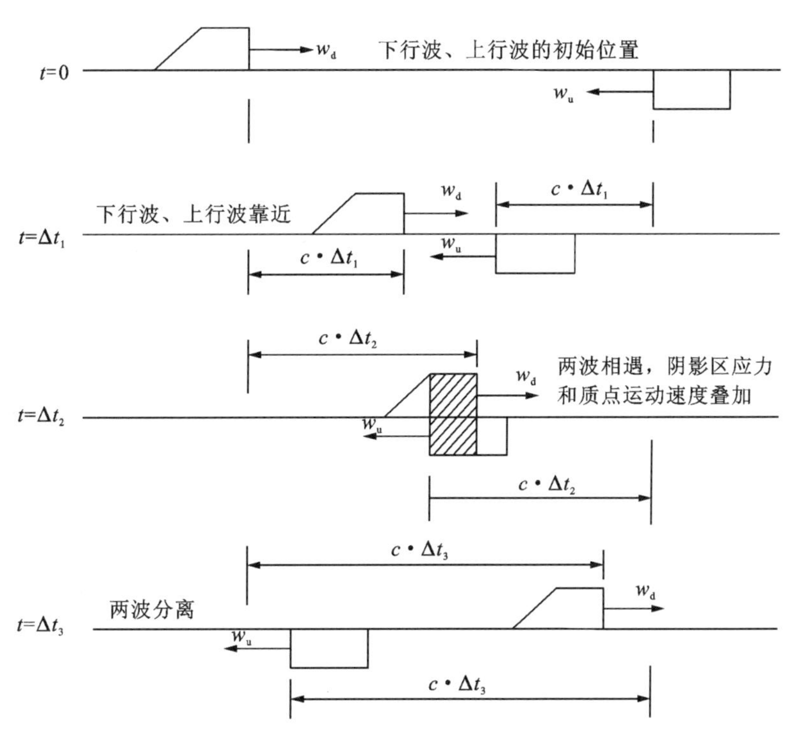

图 8-6-3 下行波(左)和上行波(右)的传播

作变量代换 $\xi=x\mp ct$，分别求 $W(x\mp ct)$ 对 x 和 t 的偏导数，即

$$\varepsilon=\frac{\partial W(x\mp ct)}{\partial x}=\frac{\partial W(\xi)}{\partial \xi}\frac{\partial \xi}{\partial x}=\frac{\partial W(\xi)}{\partial \xi} \tag{8-6-13}$$

$$V=\frac{\partial W(x\mp ct)}{\partial t}=\frac{\partial W(\xi)}{\partial \xi}\frac{\partial \xi}{\partial t}=\mp c\frac{\partial W(\xi)}{\partial \xi} \tag{8-6-14}$$

为了将一维杆波动理论方便地用于桩的动力检测，考虑在实际桩的动力检测时，施加于

桩顶的荷载为压力，故按习惯定义位移 u、质点运动速度 V 和加速度 a 以向下为正(即 x 轴正向)，桩身轴力 F，应力 σ 和应变 ε 以受压为正，则由式(8－6－13)和式(8－6－14)并改变符号有

$$V=\pm c\cdot\varepsilon \tag{8-6-15}$$

根据 $\varepsilon=\frac{\sigma}{E}=\frac{F}{EA}$ 和 $c=\sqrt{E/\rho}$，由式(8－6－15)不难导出以下两个重要公式：

$$\sigma=\pm\rho c\cdot V \tag{8-6-16}$$

$$F=\pm\rho cA\cdot V=\pm\frac{EA}{c}\cdot V=\pm Z\cdot V \tag{8-6-17}$$

上式中，$\rho cA\left(=\frac{EA}{c}\right)$ 称为弹性杆的波(声)阻抗或简称阻抗 Z，当杆为等截面时，阻抗 $Z=\frac{mc}{L}$(m 为杆的质量)。

式(8－6－17)两边微分：

$$\mathrm{d}F=\pm Z\cdot\mathrm{d}V \tag{8-6-18}$$

4. 应力波在两种不同介质接触面之间的传递

上面的讨论中，尚未涉及杆件阻抗变化对波传播性状的影响，阻抗变化与杆的截面尺寸、质量密度、波速、弹性模量等因素或其中某一因素的变化有关。假设图 8－6－4 所示的杆件 L 由两种不同阻抗材料(或横截面面积)的杆 L_1 和 L_2 组成，当应力波从阻抗 Z_1 的介质入射至阻抗 Z_2 的介质时，在两种不同阻抗的界面上将产生反射波和透射波，用脚标 I、R 和 T 分别代表入射、反射和透射。假设入射压力波 F_I 是已知的，显然有 $V_I=F_I/Z_1$。根据式(8－6－18)，界面 L_1 处的力 F 和速度 V 满足下列两式：

$$F-F_I=-Z_1\cdot(V-V_1) \tag{8-6-19}$$

$$F=Z_2\cdot V \tag{8-6-20}$$

求解上述两式，得

$$F=\frac{2Z_2}{Z_1+Z_2}F_I=\frac{2Z_1Z_2}{Z_1+Z_2}V_I \tag{8-6-21}$$

$$V=\frac{2}{Z_1+Z_2}F_I=\frac{2Z_1}{Z_1+Z_2}V_I \tag{8-6-22}$$

假设两介质界面始终保持接触，即既能承压又能承拉而不分离，则界面两侧质点速度和力分别是相等的，即

$$V_T=V_I+V_R=V \tag{8-6-23}$$

$$F_I+F_R=F_T=F \tag{8-6-24}$$

联立式(8－6－21)～式(8－6－24)求解，得

$$F_R=\zeta_R\cdot F_I \tag{8-6-25}$$

$$V_R=-\zeta_R\cdot V_I \tag{8-6-26}$$

$$F_T=\zeta_T\cdot F_I \tag{8-6-27}$$

$$V_T=(1/\beta)\cdot\zeta_T\cdot V_I \tag{8-6-28}$$

式中：$\beta=\frac{Z_2}{Z_1}=\frac{\rho_2c_2A_2}{\rho_1c_1A_1}$ 为完整性系数；$\zeta_R=\frac{(\beta-1)}{1+\beta}$ 为反射系数；$\zeta_T=\frac{2\beta}{1+\beta}$ 为透射系数。

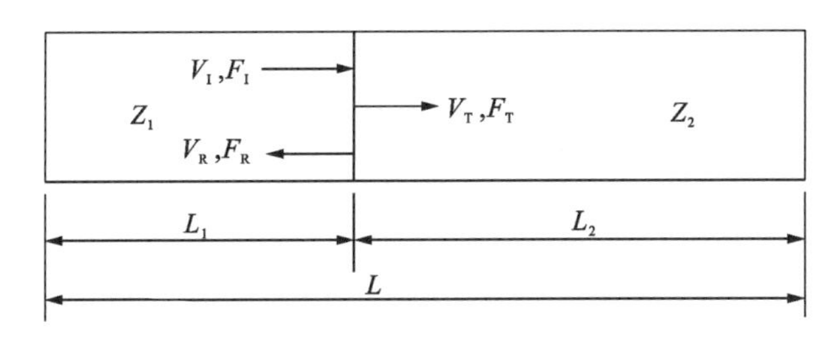

图 8-6-4　两种阻抗材料的杆件

5. 应力波在两种不同介质接触面之间的传递原理在基桩检测中的应用

因为 $Z=\rho cA$ 和 $\beta=Z_2/Z_1$ 总是正值，所以透射系数 $\zeta_T=2\beta/(1+\beta)$ 也总为正值，即透射波和入射波相位总是相同的。而反射系数 $\zeta_R=(\beta-1)/(1+\beta)$ 的正负与 β 的大小有关，现结合桩的缺陷情况讨论如下。

(1)桩身阻抗变化的影响，桩身阻抗的变化分以下 3 种情况。①波阻抗近似不变：桩的质量和完整性都无变化，此时，$Z_1\approx Z_2$，则 $\beta\approx1$，$\zeta_R\approx0$，$\zeta_T\approx1$，即几乎无反射波，全部应力波几乎都透射过界面传至下段。②波阻抗减小：桩身缩径、离析、断裂、夹泥、疏松、裂缝、裂纹等，下段的波阻抗变小，此时，$Z_2<Z_1$，则 $\beta<1$，$\zeta_R<0$，速度反射波和入射波同相。③波阻抗增大：桩身扩径，下段的波阻抗变大，此时，$Z_2>Z_1$，则 $\beta>1$，$\zeta_R>0$，速度反射波与入射波反相。

(2)桩底阻抗变化的影响，桩底阻抗的变化分以下 3 种情况。①波阻抗近似不变：桩底持力层与桩身阻抗近似，此时，$Z_1\approx Z_2$，则 $\beta\approx1$，$\zeta_R\approx0$，$\zeta_T\approx1$，即几乎无反射波，全部应力波几乎都透射过界面传至下段。因此，若桩底岩石与桩身混凝土阻抗相近时，将无法得到桩底反射信号。②波阻抗很小：桩底持力层阻抗远小于桩身阻抗时，此时，$Z_2\ll Z_1$，则 $\beta\to0$，$\zeta_R\approx-1$，$\zeta_T\approx0$，桩底速度反射波信号和入射波同相，速度幅值近似加倍(图 8-6-5)。③波阻抗很大：桩底持力层阻抗远大于桩身阻抗时，桩底近似固定，$Z_2\gg Z_1$，则 $\beta\to\infty$，$\zeta_R\approx1$，桩底速度反射波信号与入射波反相，桩顶可接收到幅值较小的桩底反向反射波(图 8-6-6)。

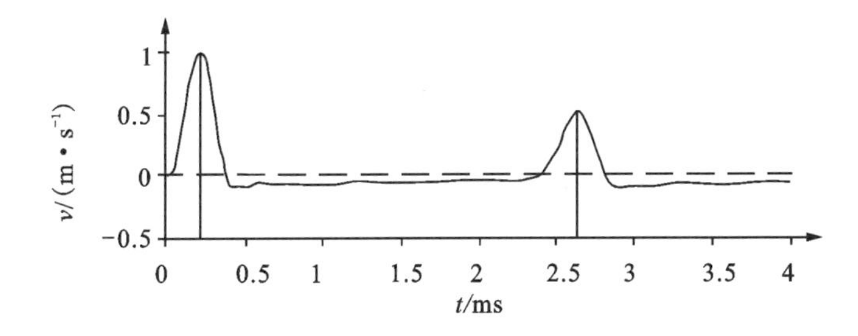

图 8-6-5　桩底阻抗减小时桩顶速度-时间波形

6. 频域分析

频域分析是对实测速度信号进行 FFT 变换(快速傅立叶变换)，在频率谱或振幅谱上分析桩的完整性的一种分析方法，它可以从另一个角度来校验时域分析结果，但必须认识到频域分析结果是否准确与时域实测信号的质量密切相关，对质量差的实测速度波形采用频域分析手段也不会得到正确的结果。

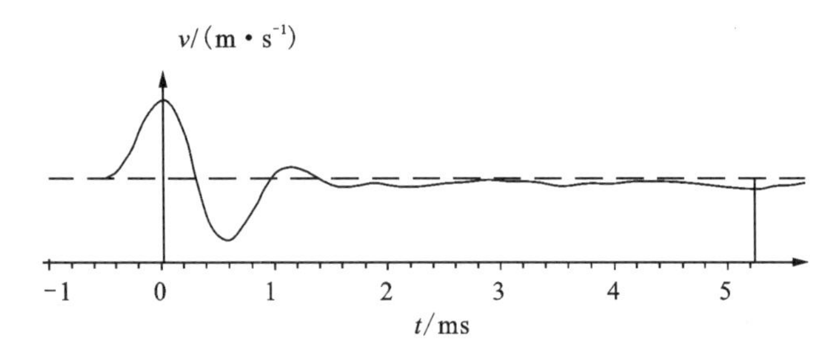

图 8-6-6　桩底阻抗增大时桩顶速度-时间波形

桩顶接收到的速度-时间波形经傅立叶变换后的频谱示意如图 8-6-7 所示。一般地，对于侧面自由的桩，认为缺陷位置 L_x 与相邻两共振峰间的频率差有式(8-6-29)的关系式：

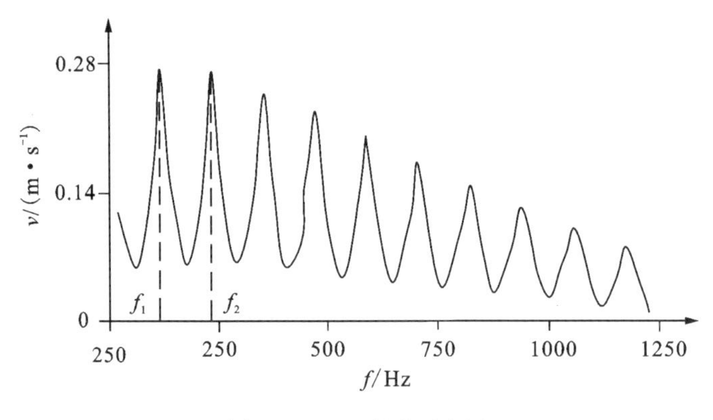

图 8-6-7　频谱示意图

$$\Delta f=\frac{v_c}{2L_x} \tag{8-6-29}$$

对于实际工程桩，真实的频差受桩身材料阻尼和桩侧土阻尼的影响，使得频域分析结果与时域分析结果稍有出入，而且较难分辨阻抗是增大还是减小(是扩径还是缩径、离析)。

二、检测设备

低应变法验桩的主要设备由激振设备、传感器、记录分析系统三部分组成。

1. 激振设备

激振设备分为稳态激振设备和瞬态激振设备。

稳态激振设备：可选用激振力可调、振动频率范围为 10～2000Hz 的电磁式稳态激振器。由扫频信号发生器输出等幅值、频率可调的正弦信号，通过功率放大器放大至电磁激振器输出同频率正弦激振力作用于桩顶。当桩径 $D\leqslant1.5$m 时，正弦激振力幅值 $F\geqslant200$N；当 $D=1.5\sim3.0$m 时，$F\geqslant400$N；当 $D\geqslant3.0$m 时，$F\geqslant600$N。激振器的横向振动系数 $\xi<10\%$，共振时的最大值不超过 25%。

瞬态激振设备：目前工程上常用塑料锤头和尼龙锤头作为瞬态激振设备，它们激振的主频分别为 2000Hz 左右和 1000Hz 左右；锤柄有塑料柄、尼龙柄、铁柄等，柄长可根据需要调节。一般来说，柄越短，由柄本身的振动所产生的噪声越小。当检测深部缺陷时，应选择长柄、重尼龙锤来加大冲击能量；当检测浅部缺陷时，可选择短柄、轻尼龙锤。锤的质量通常为几百克至几十千克不等。

2. 传感器

传感器分为力传感器和速度、加速度传感器。

力传感器。频率响应为 5～10kHz，幅值畸变小于 1dB，灵敏度不小于 100pC/kN，量程应视激振力最大值而定，一般不小于 1000N。

速度、加速度传感器。频率响应：速度传感器 5～1500Hz，加速度传感器 1Hz～10kHz；灵敏度：桩径 $D<60$cm 时，速度传感器灵敏度 $S_v>300$mV/(cm/s)，加速度传感器灵敏度 $S_a>1000$pC/g。当 $D>60$cm 时，$S_v>800$mV/(cm/s)，$S_a>2000$pC/g。横向灵敏度不大于 5%。加速度传感器量程稳态振动为 5g，瞬态振动为 20g。

3. 信号分析系统

压电加速度传感器的信号放大器应采用电荷放大器，磁电式速度传感器的信号放大器应采用电压放大器。带宽应大于 5～2000Hz，增益应大于 80dB，动态范围应在 40dB 以上，折合输入端的噪声应小于 10μV。在稳态测试中，为了减小其他振动干扰，必须采用跟踪滤波器或在放大器内设置性能相似的滤波系统，滤波器的阻尼衰减应不小于 40dB。在瞬态测试分析中，应具有频域平均和计算相关函数的功能。如采用计算机进行数据采集分析时，其数-模转换器的位数应不小于 12bit。

稳态激振法设备布置如图 8－6－8 所示，瞬态激振设备如图 8－6－9 所示。

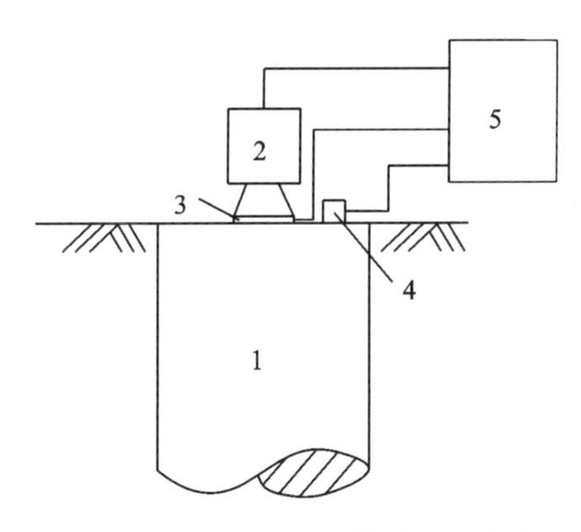

1. 桩；2. 电磁激振器；3. 力传感器；4. 加速度传感器；5. 稳态激振法测试仪。

图 8－6－8 稳态激振法设备布置图

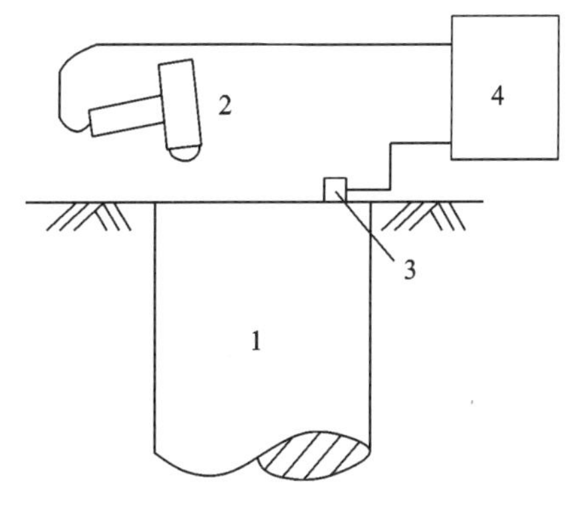

1. 桩；2. 力锤(或含力传感器)；3. 速度或加速度传感器；4. 瞬态激振法测试仪。

图 8－6－9 瞬态激振设备示意图

三、现场检测

1. 资料收集

检测人员在进行检测之前，首先要了解该工程的概况，内容包括建筑物的类型、桩基础的种类、设计指标、地质情况、施工队伍的素质和工作作风以及甲方现场管理人员、监理人员的情况等。检测工作开始以前，应借阅基础设计图纸及有关设计资料、有效的岩土工程勘察报告、桩基础的施工记录、甲方现场管理人员、监理人员的现场工作日志等。

2. 桩位的选择及桩头处理

(1)休止时间。为了确保检测信号能有效、清楚地反映基桩的完整性，测试前应按照规范要求考察桩身混凝土的龄期及强度。《建筑基桩检测技术规范》(JGJ 106—2014)要求：受检桩混凝土强度不得低于设计强度的70%，且不得小于15MPa。混凝土是一种性能与龄期相关的材料，其强度随龄期的增加而增长。在最初几天内强度快速增加，随后逐渐变缓，其物理、力学、声学参数变化趋势亦大体如此。桩基础工程受季节、气候、周边环境或工期的影响，往往不允许等到全部工程桩施工完并都达到28d龄期后再开始检测。为做到信息化施工，尽早发现桩的施工质量问题并及时处理，同时考虑到低应变法的检测内容是桩身完整性，对混凝土强度的要求做了适当放宽。

(2)桩位选择。检测负责人应会同设计者、甲方人员及监理人员，参考现场施工记录和工作日志，选择被检桩。

(3)桩头处理。桩顶条件和桩头处理好坏直接影响测试信号的质量，因此务必进行桩头处理，处理后应保证桩头的材质、强度、截面尺寸与桩身基本相同；桩顶面应平整、密实且无积水，并与桩身轴线基本垂直。灌注桩应凿去桩顶浮浆或松散、破损部分，露出坚硬的混凝土表面；妨碍正常检测的桩顶外露主筋应割掉。对于混凝土预应力管桩，当桩头高出桩顶标高时应采用电锯将桩头锯平。当桩头与承台或垫层相连时，相当于桩头处存在很大的截面阻抗变化，对测试信号会产生影响。因此，测试时桩头应与混凝土承台断开；当桩头侧面与垫层相连时，除非对测试信号没有影响，否则应断开。

对低应变动测而言，判断桩身阻抗相对变化的基准是桩头部位的阻抗。在处理桩头时还应注意不能将桩身劈裂，留下隐性裂缝，桩头的破碎部分应彻底清除，桩顶面应成完整的水平面。尤其应将敲击点和传感器安装点处磨平，如此可避免因检测过程中产生的虚假信号而影响评判结果。多次锤击信号重复性较差大多与敲击或安装部位不平整有关。

3. 传感器安装

(1)检测点、激振点的选择。实心桩的激振点应选择在桩中心，检测点(2～4个)对称布置在距桩中心2/3半径处；空心桩的激振点和检测点宜为桩壁厚的1/2处，激振点和检测点与桩中心连线形成的夹角宜为90°，如图8-6-10所示。

(2)传感器的安装要求。《建筑基桩检测技术规范》(JGJ 106—2014)对传感器安装做了如下规定：①安装传感器部位的混凝土应平整，传感器安装底面与桩顶面之间不得留有缝隙，安装部位混凝土凹凸不平时应磨平；传感器应与桩顶面垂直；用耦合剂黏结时，应具有足够的黏结强度，黏结层应尽可能薄；②激振点与测量传感器安装位置应避开钢筋笼的主筋，其目的是减少外露主筋产生干扰信号，若外露主筋过长影响正常测试，应将其割短；③加大检测点与激振点之间的距离或平面夹角会增大锤击点与检测点响应信号时间差，造成波速或缺陷定位误差；当预制桩桩顶高于地面很多，或灌注桩桩顶部分桩身截面很不规则，或桩顶与承台等其他结构相连而不具备传感器安装条件时，可将两支测量响应传感器对称安装在桩顶以下的桩侧表面，且宜远离桩顶；④当桩径较大或桩上部横截面尺寸不规则时，除按

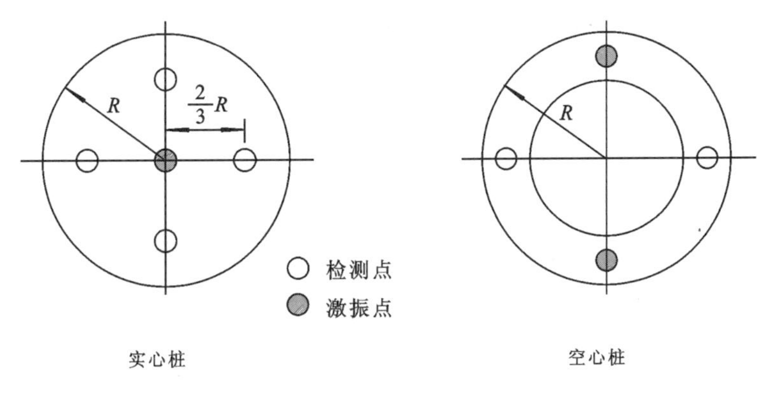

图 8-6-10　检测点、激振(锤击)点布置示意图

上款在规定的激振点和检测点位置采集信号外，尚应根据实测信号特征，适当改变激振点和检测点的位置采集信号，位置选择可不受限制。

(3)传感器的黏结。低应变检测时，传感器安装得好坏直接影响到信号质量，传感器与桩顶面之间应该刚性接触为一体，这样传递特性最佳，测试的信号也越接近桩顶面的质点运动。所以传感器与桩顶面应该黏结牢固，保证有足够的黏结强度。传感器用耦合剂黏结时，黏结层应尽可能薄，试验表明，耦合剂较厚会降低传感器的安装谐振频率，传感器安装越牢固，则传感器安装的谐振频率越高。速度传感器采用手扶方式与桩顶接触时谐振频率为500～800Hz，采用冲击钻打孔安装方式可明显提高谐振频率。常用的耦合剂有口香糖、黄油、橡皮泥、石膏等；必要时可采用冲击钻打孔安装方式。注意：耦合剂一般不宜采用稠度低的黄油、油性橡皮泥、黏性低的口香糖等。

4. 激振

为了采集比较理想的信号，《建筑基桩检测技术规范》(JGJ 106—2014)对激振操作做了下列规定。

(1)激振方向应沿桩轴线方向，这是为了有效地减少敲击时的水平分量。

(2)稳态激振在每一个设定频率下，为避免频率变换过程产生失真信号，应具有足够的稳定激振时间，以获得稳定的激振力和响应信号，并应根据桩径、桩长及桩周土约束情况调整激振力大小。稳态激振器的安装方式及好坏对测试结果有很大影响。为保证激振系统本身在测试频率范围内不至于出现谐振，激振器的安装宜采用柔性悬挂装置，同时在测试过程中应避免激振器出现横向振动。

(3)瞬态激振操作应通过现场试验选择不同材质的锤头或锤垫，以获得入射波的低频宽脉冲或高频窄脉冲。除大直径桩外，冲击脉冲中的有效高频分量可选择不超过2000Hz(钟形力脉冲宽度为1ms，对应的高频截止分量约为2000Hz)。桩直径小时脉冲可稍窄一些。选择激振设备没有过多的限制，如力锤、力棒等。锤头的软硬或锤垫的厚薄和锤的质量都能起到控制脉冲宽窄的作用，通常前者起主要作用；而后者(包括手锤轻敲或加力锤击)主要是控制脉冲幅值。通常手锤即使在一定锤重和加力条件下，由于桩顶敲击点处凹凸不平、软硬不一，导致冲击加速度幅值变化范围很大(脉冲宽窄也发生较明显变化)。所以，锤头及锤体质量选择并不需要拘泥于某一种固定形式，可选用工程塑料、尼龙、铝、铜、铁、硬橡胶等材料制成的锤头，或用橡皮垫作为缓冲垫层，锤的质量也可为几百克至几十千克不等。

现场测试时，最好多准备几种锤头、锤垫，根据实际情况进行选用。锤垫一般用1～2mm厚薄层加筋或不加筋橡胶带。对于比较长的桩，应选择越软、越重、直径越大的锤；对于比较短的桩，应选择较硬、较轻、直径较小的锤。对于同一根桩，为了测出桩底反射，应选用质地较软、质量较大的锤；为了测出浅部缺陷，而应选用质地较硬、质量较小的锤。开始的头几根桩，应多花一些时间换不同的锤头和锤垫反复试敲，确定合适的信号采集参数和合适的激振源，等到对该场地的桩有大致了解后，再进行大量的基桩检测，往往可以事半功倍。

一般来说，金属锤的效果最差，金属锤所产生的脉冲频率偏高、中低频不丰富，容易激发传感器的安装谐振频率产生振荡信号，如果滤掉较高频率成分，可能会显得能量不足。橡皮锤太软，冲击脉冲过宽，容易导致漏判缺陷。在铁锤上加塑料锤头是比较理想的选择，或做成力棒的形式。这样振源频率成分分布比较合理，有利于波形分析和缺陷判断，不容易产生高频振荡波形。锤击时要竖直桩面进行敲击，距离传感器不宜太近。

由于受横向尺寸效应的制约，激励脉冲的波长有时很难明显小于浅部阻抗变化的深度，造成无法对桩身浅部特别是极浅部的阻抗变化进行定性和定位，甚至是误判，如浅部局部扩径，波形可能主要表现出扩径恢复后的“似缩径”反射。因此要求根据力和速度信号起始峰的比例失调情况判断桩身浅部阻抗变化程度。建议采用这种方法时，可在相同条件下进行多根桩对比，在解决阻抗变化定性的基础上，判定阻抗变化程度，不过，在阻抗变化位置很浅时可能仍无法准确定位。

四、测试数据的处理与判定

完整桩典型桩顶速度响应时域信号特征如图8－6－11所示，缺陷桩典型桩顶速度响应时域信号特征如图8－6－12所示；完整桩典型速度幅频信号特征如图8－6－13所示，缺陷桩典型速度幅频信号特征如图8－6－14所示。完整桩（Ⅰ类桩）为$t=2L/c$（L为桩长，c为桩身波速值）时刻前无缺陷反射波的桩，或是速度幅频信号曲线上桩底谐振峰排列基本等间距，其相邻频差$\Delta f=c/2L$的桩。缺陷桩为在$t=2L/c$前出现缺陷反射波的桩，或是速度幅频信号曲线上有缺陷产生的谐振峰的桩，缺陷谐振峰之间的频差$\Delta f'>c/2L$。

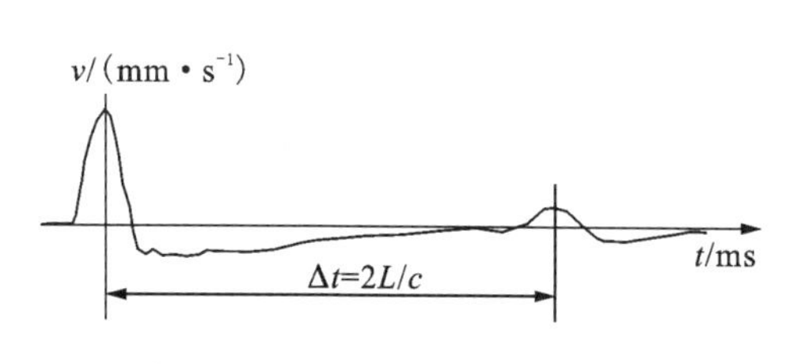

图8－6－11 完整桩典型桩顶速度响应时域信号特征

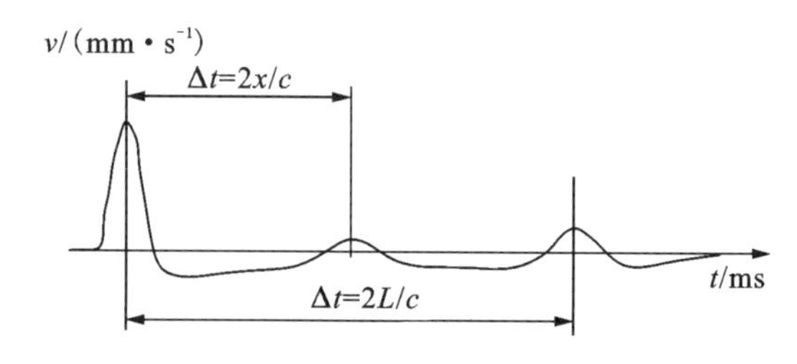

图8－6－12 缺陷桩典型桩顶速度响应时域信号特征

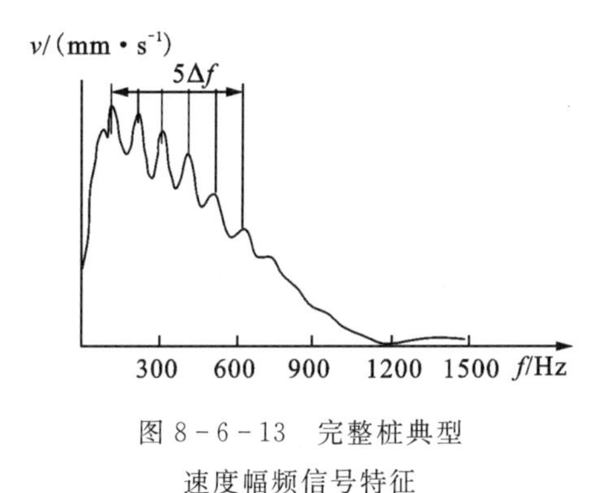

图 8-6-13 完整桩典型
速度幅频信号特征

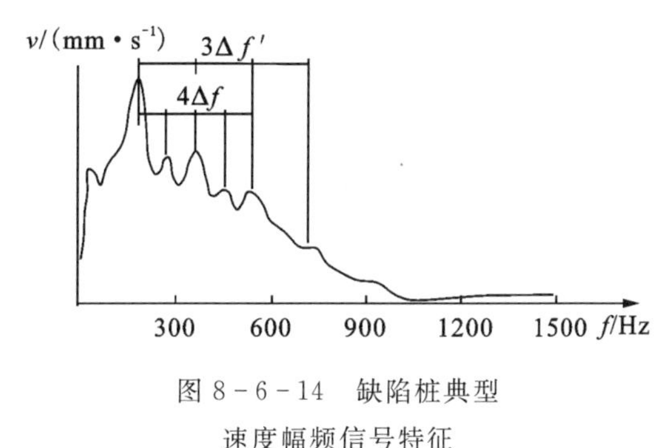

图 8-6-14 缺陷桩典型
速度幅频信号特征

1. 平均波速的计算

当桩长已知、桩底反射信号明确时，在地质条件、设计桩型、成桩工艺相同的基桩中，选取不少于 5 根Ⅰ类桩的桩身波速值按下式计算其平均值：

$$c_m = \frac{1}{n}\sum_{i=1}^{n} c_i \tag{8-6-30}$$

$$c_i = \frac{2000L_i}{\Delta t_i} \tag{8-6-31}$$

$$c_i = 2L_i \cdot \Delta f_i \tag{8-6-32}$$

式中：c_{m} 为桩身波速的平均值(m/s)；c_i 为第 i 根受检桩的桩身波速值(m/s)，且 $|c_i - c_{\mathrm{m}}|/c_{\mathrm{m}} \leqslant 5\%$；$L_i$ 为测点下桩长(m)；Δt_i 为速度波第一峰与桩底反射波峰间的时间差(ms)；Δf_i 为幅频信号曲线上桩底相邻谐振峰间的频差(Hz)；n 为参加波速平均值计算的基桩数量($n \geqslant 5$)。

当无法按上述方法确定时，波速平均值也可根据本地区相同桩型及成桩工艺的其他桩基础工程的实测值，结合桩身混凝土的骨料品种和强度等级综合确定。

2. 缺陷位置的确定

桩身缺陷位置应按下列公式计算：

$$x = \frac{1}{2000} \cdot \Delta t_x \cdot c \tag{8-6-33}$$

$$x = \frac{1}{2} \cdot \frac{c}{\Delta f'} \tag{8-6-34}$$

式中：x 为桩身缺陷至传感器安装点的距离(m)；Δt_x 为速度波第一峰与缺陷反射波峰间的时间差(ms)；c 为受检桩的桩身波速(m/s)，无法确定时用 c_{m} 值替代；$\Delta f'$ 为幅频信号曲线上缺陷相邻谐振峰间的频差(Hz)。

3. 桩身完整性类别判定

桩身完整性类别应结合缺陷出现的深度、测试信号衰减特性以及桩型、成桩工艺、地质条件、施工情况，按表 8-6-1 所列实测时域或幅频信号特征进行综合分析判定。

表 8-6-1 桩身完整性判断

类别	分类依据	时域信号特征	幅频信号特征
Ⅰ	桩身完整	$2L/c$ 时刻前无缺陷反射波；有桩底反射波	桩底谐振峰排列基本等间距，其相邻频差 $\Delta f=c/2L$
Ⅱ	桩身有轻微缺陷，不会影响桩身结构承载力的正常发挥	$2L/c$ 时刻前出现轻微缺陷反射波；有桩底反射波	桩底谐振峰排列基本等间距，其相邻频差 $\Delta f=c/2L$，轻微缺陷产生的谐振峰与桩底谐振峰之间的频差 $\Delta f'>c/2L$
Ⅲ	桩身有明显缺陷，对桩身结构承载力有影响	有明显缺陷反射波，其他特征介于Ⅱ类和Ⅳ类之间	有明显缺陷反射波，其他特征介于Ⅱ类和Ⅳ类之间
Ⅳ	桩身存在严重缺陷	$2L/c$ 时刻前出现严重缺陷反射波或周期性反射波，无桩底反射波；因桩身浅部严重缺陷使波形呈现低频大振幅衰减振动，无桩底反射波	缺陷谐振峰排列基本等间距，相邻频差 $\Delta f'>c/2L$，无桩底谐振峰；桩身浅部严重缺陷，只出现单一谐振峰，无桩底谐振峰

注：对同一场地、地质条件相近、桩型和成桩工艺相同的基桩，因桩端部分桩身阻抗与持力层阻抗相匹配导致实测信号无桩底反射波时，可按本场地同条件下有桩底反射波的其他桩实测信号判定桩身完整性类别。

第七节　高应变法验桩

高应变法验桩是通过重锤敲击桩顶，使桩产生一定的贯入度，通过测量与计算来确定单桩承载力和桩身质量。常用的方法有波动方程法、动力打桩公式法和动静试桩法等；波动方程法又分为 Smith 法、Case（凯斯）法和实测曲线拟合法。《建筑基桩检测技术规范》（JGJ 106—2014）推荐 Case 法和实测曲线拟合法。实测曲线拟合法的物理假定较合理，检测精度较高，可作为检测工程桩承载力的重要手段之一，但尚不能完全代替静载试验作为单桩承载力的设计依据。Case 法判定单桩承载力，其模型和机理简单，但阻尼系数的正确取值较为困难。

高应变法验桩的主要功能之一是判定单桩竖向抗压承载力是否满足设计要求。它是单桩竖向抗压静载试验的补充，属于半直接法。由于高应变法验桩时产生的桩顶动位移一般小于静载荷试验，特别是对于具有缓变型静载试验 $Q-s$ 曲线的桩（如大直径灌注桩、扩底桩和超长桩）表现得更为明显，一般难以得到桩的承载力极限值。所以，该方法不宜用于为设计提供依据的前期试桩，而只用于工程桩验收检测，以弥补静载试验抽检桩的数量少、代表性差的问题。

高应变检测技术是从打入式预制桩发展起来的。由于预制桩截面恒定、材质均匀，可以直接通过测量桩顶附近的应力波，准确地测得桩身最大拉应力、桩身完整性系数和桩锤传递给桩的能量，进而控制打桩过程的桩身应力和减少打桩破损率，为合理选择沉桩设备参数和确定桩端持力层以及停锤标准提供依据。因此，对锤击预制桩进行打桩过程动力监测，是高应变法的一个独特优势，它为锤击预制桩的信息化施工提供了一个较为理想的监控手段。

目前在水上、陆地软土地区超长桩沉桩施工中应用较为普遍。

一、土阻力波

在本章第六节中已叙述了入射应力波在杆阻抗变化界面处的反射和透射，并与下、上行波建立了联系。下面讨论入射应力波在杆深度 i 界面遇到土阻力 R_i 作用时的应力波反射和透射情况。根据图 8-7-1，利用力平衡条件（$F_i - F_{i+1} = R_i$），等价地有

$$F_{d,i} + F_{u,i} - F_{d,i+1} - F_{u,i+1} = R_i \quad (8-7-1)$$

$$F_{d,i} - F_{d,i+1} - Z \cdot (V_{u,i} - V_{u,i+1}) = R_i \quad (8-7-2)$$

$$F_{u,i} - F_{u,i+1} + Z \cdot (V_{d,i} - V_{d,i+1}) = R_i \quad (8-7-3)$$

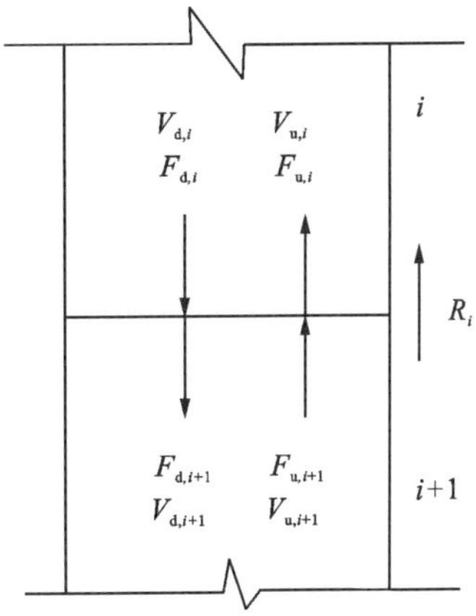

利用连续条件：

$$V_i = V_{i+1}$$

即 $V_{d,i} + V_{u,i} = V_{d,i+1} + V_{u,i+1}$

式(8-7-2)和式(8-7-3)两式相减，得

$$F_{d,i} - F_{u,i} - F_{d,i+1} + F_{u,i+1} = 0 \quad (8-7-4)$$

再由式(8-7-1)和式(8-7-4)两式分别相减和相加，得

$$F_{u,i} = F_{u,i+1} + \frac{1}{2}R_i \quad (8-7-5)$$

$$F_{d,i+1} = F_{d,i} - \frac{1}{2}R_i \quad (8-7-6)$$

图 8-7-1　土阻力作用

可见，下行入射波通过 i 界面时，由于 R_i 的阻碍，将在该界面处分别产生幅值各为 $R_i/2$ 的向上反射压力波和向下传播的拉力波。

如在桩顶入射一个幅值为 200kN 的压力波 $F_{d,i}$。通过 i 界面，此处 $R_i = 20\text{kN}$。因 $F_{u,i+1} = 0$，则反射的土阻力波幅 $F_{u,i} = 10\text{kN}$，通过 i 界面后的下行透射压力波波幅 $F_{d,i+1} = 190\text{kN}$。界面上、下两侧的力幅值分别为 $F_i = F_{d,i} + F_{u,i} = 210\text{kN}$，$F_{i+1} = F_{d,i+1} + F_{u,i+1} = 190\text{kN}$。

二、承载力计算方法——凯斯法

Case 法是美国俄亥俄州凯斯大学(Case Western Reserve University)研制成功的桩的动力分析方法的简称，是在 Goble 教授等的努力下，逐步形成的一套以行波理论为依据的桩的动力测量和分析方法，以该方法为基础研制的 PDA(Pile Driving Analyzer)打桩分析仪，能现场立即得到桩的承载力、桩身质量、打桩应力和锤击能量等参数。

1. 利用叠加原理的打桩总阻力计算公式

设桩端阻力为 R_{toe}，在 $t = L/c$ 时刻，应力波到达桩端，将产生一个大小为 R_{toe} 的上行压力波，同时引起质点的速度增量为 $\Delta V_{toe} = -R_{toe}/Z$，该压力波于 $2L/c$ 时刻到达桩顶。

如果在整个深度 L 的桩上还连续作用有土的侧阻力，且土的侧阻力是自上而下依次激发的，记初始速度曲线第一峰的时刻为 t_1，则在 $t_2 = t_1 + 2L/c$ 时刻，桩顶实测的力和速度记录中将包含以下 4 种影响。

(1)由土阻力产生的全部上行压缩波的总和 $R_{skn}/2$。

(2)由初始的下行压力波经桩底反射产生的上行拉力波，其大小为 $F_d(t_1)$，但符号为负。

(3)由侧阻力产生的下行拉力波经桩底反射后以及桩端阻力均以压缩波的形式上行，并与第(2)项的上行拉力波同时到达桩顶，其大小为 $R_{skn}/2$ 和 R_{toe}。

(4)全部的上行波在桩顶反射而形成下行波 $F_d(t_2)$。

在 $t_2=t_1+2L/c$ 时刻，上述4项影响并非同时到达桩顶，如第(1)项陆续到达桩顶，对桩顶力产生的影响将先于其他3项。假设桩顶力是以上4项影响的总和：

$$F(t_2)=F_d(t_2)+F_u(t_2)=\frac{R_{skn}}{2}-F_d(t_1)+\frac{R_{skn}}{2}+R_{toe}+F_d(t_2) \quad (8-7-7)$$

即

$$F_u(t_2)=R_T-F_d(t_1) \quad (8-7-8)$$

式中，R_T 中包含了 $2L/c$ 时段内全部侧阻力 R_{skn} 和端阻力 R_{toe}。所以，t_2 时刻全部上行波的总和将包括土阻力波和 t_1 时刻入射波在桩底的反射波(负号)。传感器无法分辨上行波和下行波，将上行力波和下行力波的表达式代入式(8-7-8)，得

$$R_T=\frac{1}{2}[F(t_1)+F(t_2)]+\frac{Z}{2}[V(t_1)-V(t_2)] \quad (8-7-9)$$

式中，R_T 就是应力波在一个完整的 $2L/c$ 历程所遇到的土阻力。

对于均匀等截面桩，总质量 $m=\rho AL$，阻抗 $Z=mc/L$，注意到 $2L/c=t_2-t_1$，代入式(8-7-9)，得到如下形式的表达式：

$$R_T=\frac{1}{2}[F(t_1)+F(t_2)]-m\cdot\frac{V(t_2)-V(t_1)}{t_2-t_1} \quad (8-7-10)$$

上式右边第二项分式即为 t_2-t_1 时段桩顶的实测加速度平均值。由此很容易看出式(8-7-10)与刚体力学理论的差别：以 t_1 和 t_2 时刻受力的算术平均值和该时段的惯性力平均值分别取代了刚体力学的瞬时受力和瞬时惯性力。

2. 凯斯承载力计算方法

根据式(8-7-9)，已经得到了应力波在 $2L/c$ 一个完整行程中所遇到的总的土阻力计算公式。但是，式(8-7-9)并不能回答总阻力 R_T 与桩的极限承载力之间的关系。因为 R_T 中包含土阻力的影响，也即土的动阻力 R_d 的影响，是需要扣除的。而根据桩的荷载传递机理，桩的承载力是与竖向位移有关的，位移的大小决定了桩周土的静阻力发挥程度。显然，R_T 中所包含的静阻力的发挥程度也需要探究。所以，需要更具体地考虑以下几方面问题。

(1)去除土动阻力的影响。

(2)对给定的 F 和 V 曲线，正确选择 t_1 时刻，使 R_T 中所包含的静阻力充分发挥。

(3)对于桩先于 $2L/c$ 回弹(速度为负)，造成桩中上部土阻力 R_x 卸载，需对此做出修正。

(4)在试验过程中，桩周土应出现塑性变形，即桩出现永久贯入度，以证实打桩时土的极限阻力充分发挥，否则不可能得到桩的极限承载力。

(5)因为动测法得到的土阻力是试验当时的，而土的强度是随时间变化的，打桩收锤时(初打)的承载力并不等于休止一定时间后桩的承载力，则应有一个合理的休止时间使土体强度恢复，即通过复打确定桩的承载力。

为了从 R_T 中将静阻力部分提取出来，凯斯法采用以下4个假定。

(1)桩身阻抗恒定，即除了截面不变外，桩身材质均匀且无明显缺陷。

(2)只考虑桩端阻尼，忽略桩侧阻尼的影响。

(3)应力波在沿桩身传播时，除土阻力影响外，再没有其他因素造成的能量耗散和波形畸变。

(4)土阻力的本构关系隐含采用了刚-塑性模型，即土体对桩的静阻力大小与桩土之间的位移大小无关，而仅与桩土之间是否存在相对位移有关。具体地讲：桩土之间一旦产生运动(应力波一旦到达)，此时土的阻力立即达到极限静阻力 R_u，且随位移增加不再改变。

由假定(2)可知，土阻尼存在于桩端，只与桩端运动速度有关。用“toe”代表桩端位置，利用下面的恒等式：

$$V(\text{toe},t)\equiv\frac{F_d(\text{toe},t)-F_u(\text{toe},t)}{Z} \tag{8-7-11}$$

式中，$F_d(\text{toe},t)$ 和 $F_u(\text{toe},t)$ 显然都是无法直接测量的，但可根据行波理论由桩顶的实测力和速度(或下行波)表示：在 $t-L/c$ 时刻由桩顶下行的力波将于 t 时刻到达桩底。假设在 L/c 时程段上遇到的阻力之和为 R，则运行至桩端后下行力波的量值为

$$F_d(\text{toe},t)=F_d(0,t-L/c)-\frac{R}{2} \tag{8-7-12}$$

在同样的假设下，从时刻 t 由桩端上行的力波将于 $t+L/c$ 到达桩顶，在同样的阻力作用下其量值变为

$$F_u(\text{toe},t)=F_u(0,t+L/c)-\frac{R}{2} \tag{8-7-13}$$

将式(8-7-12)和式(8-7-13)代入式(8-7-11)，得到桩端运动速度计算公式：

$$V(\text{toe},t)=\frac{F_d(0,t-L/c)-F_u(0,t+L/c)}{Z} \tag{8-7-14}$$

假设由阻尼引起的桩端土的动阻力 R_d 与桩端运动速度 $V(\text{toe},t)$ 成正比，即

$$R_d=J_cZV(\text{toe},t)=J_c[F_d(0,t-L/c)-F_u(0,t+L/c)] \tag{8-7-15}$$

式中，J_c 为凯斯法无量纲阻尼系数。

若将上式中的时间 $t-L/c$ 和 $t+L/c$ 分别替换为 t_1 和 t_2，代入式(8-7-8)得

$$R_d=J_c(2F_d(t_1)-R_T)=J_c(F(t_1)+ZV(t_1)-R_T) \tag{8-7-16}$$

将总阻力视为独立的静阻力和动阻力之和，则静阻力可由下式求出：

$$R_s=R_T-R_d=R_T-J_c[F(t_1)+ZV(t_1)-R_T] \tag{8-7-17}$$

最后利用式(8-7-9)，将 R_s 用《建筑桩基检测技术规范》(JGJ 106 — 2014)所用的符号 R_c 代替，得

$$R_c=\frac{1}{2}(1-J_c)\cdot[F(t_1)+Z\cdot V(t_1)]+\frac{1}{2}(1+J_c)\cdot\left[F\left(t_1+\frac{2L}{c}\right)-Z\cdot V\left(t_1+\frac{2L}{c}\right)\right] \tag{8-7-18}$$

式中：R_c 为由凯斯法判定的单桩竖向抗压承载力(kN)；J_c 为凯斯法桩间土阻尼系数；t_1 为速度第一峰对应的时刻(ms)；$F(t_1)$ 为 t_1 时刻对应的锤击力(kN)；$V(t_1)$ 为 t_1 时刻的质点运动速度(m/s)；Z 为桩身截面力学阻抗(kN · s/m)；L 为测点下桩长(m)；c 为应力波在桩身中的传播速度(m/s)。

3. 凯斯法测试结果的分析计算和主要应用

如果在桩顶附近安装一组传感器，就可测出桩顶附近截身横截面上的合成速度波和力波，见图 8-7-2 中的 $F-t$ 曲线和 $Z\cdot V-t$ 曲线。用这两条曲线可做现场实时分析计算或带回实验室做更详细的分析计算，在分析计算之前应先应判断信号的可靠性。

根据行波理论，在波形开始段即传感器开始感受到冲击波，而土阻力的回波还不明显时，在安装传感器的桩身横截面上只有单一向下传播的波，波形曲线的初始段(一般在峰值以前)F 曲线与 $Z\cdot V$ 曲线应基本重合。

当传感器收到上行的回波时(一般情况首先是土阻力的回波)，F 曲线与 $Z\cdot V$ 曲线开始被拉开。由于土阻力的回波为压力波，即土阻力回波 F_u 为正值，而相应的 V_u 为负值，故 F 曲线值大于 $Z\cdot V$ 曲线值。反之，当回波是拉力波时，F_u 为负值、V_u 为正值，$Z\cdot V$ 曲线上升，F 曲线下降速度增大。在图中的 t_2 时刻，传感器接收到了一个较强的拉力回波。如果 $(t_2-t_1)\approx 2L/c$，则可判定在 t_2 时刻传感器接收到了桩底回波。

1)基桩承载力的确定

如果 $0<t_1\leqslant 2L/c$，$t_2=t_1+2L/c$，则可按式(8-7-18)计算检测基桩的承载力。

采用凯斯法判定桩的承载力应符合下列规定：①只限于中、小直径桩；②桩身材质、横截面应基本均匀；③阻尼系数宜根据同条件下静载试验结果校核，或应在已取得相近条件下可靠对比资料后，采用实测曲线拟合法确定，拟合计算的桩数不应少于检测总桩数的 30%，且不应少于 3 根；④在同一场地、地质条件相近和桩型及其截面积相同的情况下，基桩承载力值的极差不宜大于平均值的 30%。美国 PDI 公司和瑞典 PID 公司推荐的 J_c 值见表 8-7-1，仅供参考。

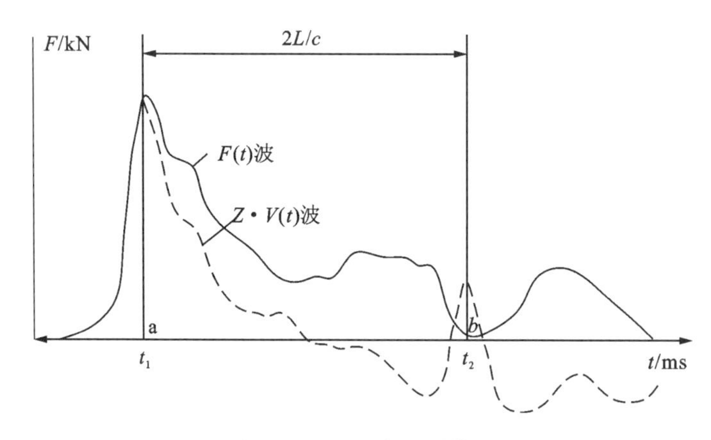

图 8-7-2　承载力计算图

表 8-7-1　不同土层的 J_c 推荐值

土类	纯砂	砂	粉砂	砂质粉土	粉土	粉质黏土	黏土
美国 PDI 公司	0.1～0.15		0.15～0.25		0.25～0.4	0.4～0.7	0.7～1.0
瑞典 PID 公司		0～0.15		0.15～0.25		0.45～0.70	0.9～1.2

2)桩身质量检查

对于等截面均匀桩,只有桩底反射能形成上行拉力波,且一定是 $2L/c$ 时刻到达桩顶。如果在动测实测信号中于 $2L/c$ 之前看到上行的拉力波,那么一定是由桩身阻抗的减小所引起。假定应力波沿阻抗为 Z_1 的桩身传播途中,在 x 深度处遇到阻抗减小(设阻抗为 Z_2),且无土阻力的影响,则按式(8-6-25),x 界面处的反射波为

$$F_R=\frac{Z_2-Z_1}{Z_1+Z_2}F_1 \tag{8-7-19}$$

根据桩身完整性系数的定义 $\beta=Z_2/Z_1$,结合得到

$$\beta=\frac{F_1+F_R}{F_1-F_R} \tag{8-7-20}$$

由于 F_1 和 F_R 不能直接测量,而只能通过桩顶所测的信号进行换算。如果不计土阻力的影响,则 x 位置处的入射波(下行波)与桩顶 $x=0$ 处的实测力波有以下对应关系:

$$F_1=F_d(t_1) \tag{8-7-21}$$

$$F_R=F_u(t_x) \tag{8-7-22}$$

式中,$t_x=t_1+2x/c$。

所以,无土阻力影响的桩身完整性计算公式为

$$\beta=\frac{F_d(t_1)+F_u(t_x)}{F_d(t_1)-F_u(t_x)} \tag{8-7-23}$$

当考虑土阻力影响时(图 8-7-3),桩顶处 t_x 时刻的上行波 $F_u(t_x)$ 不仅包括了由于阻抗变化所产生的 F_R 作用,同时也受到了 x 界面以上桩段所发挥的总阻力 R_x 影响,根据式(8-7-5),即

$$F_u(t_x)=F_R+\frac{R_x}{2}\quad 或\quad F_R=F_u(t_x)-\frac{R_x}{2} \tag{8-7-24}$$

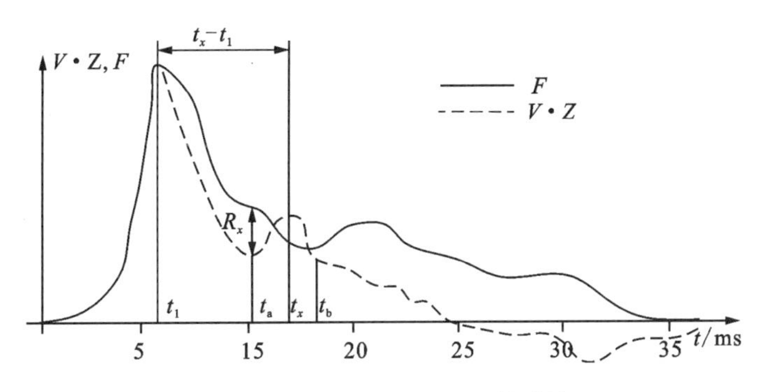

图 8-7-3　桩身完整性系数计算

同样对于 x 位置处的入射波 F_1,可以通过把桩顶初始下行波 $F_d(t_1)$ 与 x 桩段全部土阻力所产生的下行拉力波叠加求得,即按式(8-7-6)有

$$F_1=F_d(t_1)-\frac{R_x}{2} \tag{8-7-25}$$

将上两式代入式(8-7-23),得

$$\beta=\frac{F_d(t_1)-R_x+F_u(t_x)}{F_d(t_1)-F_u(t_x)} \tag{8-7-26}$$

用桩顶实测力和速度表示为

$$\beta=\frac{F(t_1)+F(t_x)-2R_x+Z\cdot[V(t_1)-V(t_x)]}{F(t_1)-F(t_x)+Z\cdot[V(t_1)+V(t_x)]} \tag{8-7-27}$$

这里，Z 为传感器安装点处的桩身阻抗，相当于等截面均匀桩缺陷以上桩段的桩身阻抗。显然式(8-7-24)对等截面桩桩顶下的第一个缺陷程度计算才严格成立。缺陷位置按下式计算：

$$x=c\cdot\frac{t_x-t_1}{2} \tag{8-7-28}$$

上两式中：x 为桩身缺陷至传感器安装点的距离；t_x 为缺陷反射峰对应的时刻；R_x 为缺陷以上部位土阻力的估计值，等于缺陷反射波起始点的力与速度乘以桩身截面力学阻抗之差值，取值方法如图 8-7-3 所示。按 β 值对桩的完整性进行鉴别的标准见表 8-7-2。

表 8-7-2 桩身完整性判定

β 值	1.0	$0.8\leqslant\beta\leqslant1.0$	$0.6\leqslant\beta\leqslant0.8$	$\beta<0.6$
损坏程度	完好	轻微损坏	损坏	断裂
类别	Ⅰ	Ⅱ	Ⅲ	Ⅳ

三、现场测试工作

1. 仪器设备

检测仪器的主要技术性能指标不应低于建筑工业行业标准《基桩动测仪》(JG/T 3055—1999)中表 1 规定的 2 级标准，且应具有储存、显示实测力与速度信号和信号处理与分析的功能。

加速度传感器一般选择原则是量程要大于预估最大冲击加速度值的 1 倍以上。对于电阻应变式力传感器，虽然试验时实测轴向平均应变一般在 $\pm1000\mu\varepsilon$ 以内，但考虑到锤击偏心、传感器安装初变形以及钢桩测试等极端情况，一般可测最大轴向应变范围不宜小于 $\pm2500\sim\pm3000\mu\varepsilon$，而相应的应变仪应具有较大的电阻平衡范围。

锤击设备可采用筒式柴油锤、液压锤、蒸汽锤等具有导向装置的打桩机械，但不得采用导杆式柴油锤、振动锤。重锤应形状对称，高径(宽)比不得小于 1。当采取落锤上安装加速度传感器的方式实测锤击力时，重锤的高径(宽)比应为 1.0～1.5。采用高应变法进行承载力检测时，锤的重量与单桩竖向抗压承载力特征值的比值不得小于 0.02。桩的贯入度可采用精密水准仪等仪器测定。

2. 桩头的加固处理

对于混凝土灌注桩，应凿掉桩顶部的破碎层以及软弱或不密实的混凝土；桩头顶面应平整，桩头中心与桩身上部的中轴线应重合；桩头主筋应全部直通至桩顶混凝土保护层之下，各主筋应在同一高度上。距桩顶1倍桩径范围内，宜用厚度为3～5mm的钢板围裹或距桩顶1.5倍桩径范围内设置箍筋，间距不宜大于100mm。桩顶应设置钢筋网片1～2层，间距60～100mm。桩头混凝土强度等级宜比桩身混凝土提高1～2级，且不得低于C30。高应变法检测的桩头测点处截面尺寸应与原桩身截面尺寸相同。

3. 检测要求

高应变法检测时的冲击响应可采用对称安装在桩顶下桩侧表面的加速度传感器测量。冲击力可按下列方式测量：①采用对称安装在桩顶下桩侧表面的应变传感器测量测点处的应变，并将应变换算成冲击力；②在自由落锤锤体顶面下对称安装加速度传感器直接测量冲击力。

在桩顶下桩侧表面安装应变传感器和加速度传感器(图8-7-4a～c)时，应符合下列规定。

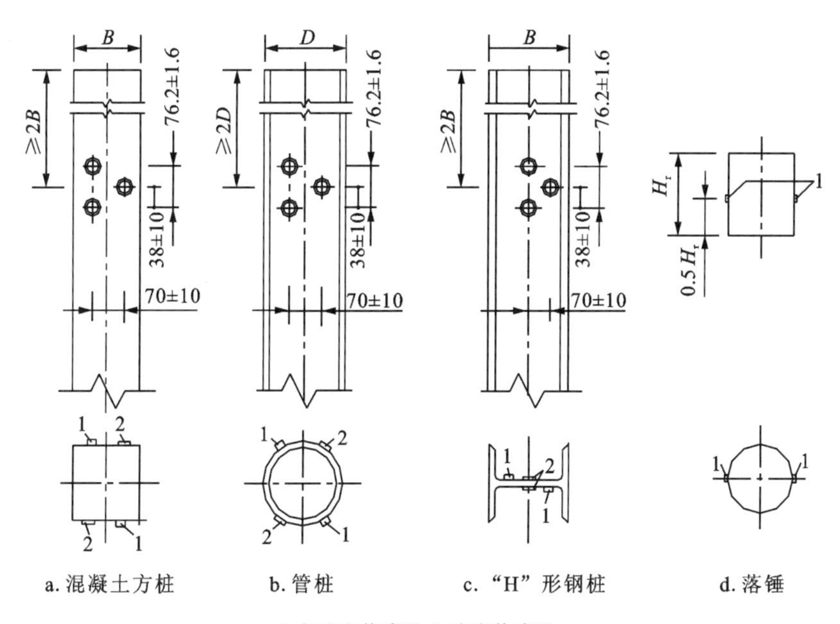

1. 加速度传感器；2. 应变传感器。

图8-7-4　传感器安装示意图(单位：mm)

(1)应变传感器和加速度传感器，宜分别对称安装在距桩顶不小于2D或2B的桩侧表面处；对于大直径桩，传感器与桩顶之间的距离可适当减小，但不得小于D；传感器安装面处的材质和截面尺寸应与原桩身相同，传感器不得安装在截面突变处附近。

(2)应变传感器与加速度传感器的中心应位于同一水平线上；同侧的应变传感器和加速度传感器间的水平距离不宜大于80mm。

(3)各传感器的安装面材质应均匀、密实、平整；当传感器的安装面不平整时，可采用磨光机将其磨平。

(4)安装传感器的螺栓钻孔应与桩侧表面垂直；安装完毕后的传感器应紧贴桩身表面，传感器的敏感轴应与桩中心轴平行；锤击时传感器不得产生滑动。

(5)安装应变式传感器时,应对其初始应变值进行监视;安装后的传感器初始应变值不应过大,锤击时传感器的可测轴向变形余量的绝对值应符合下列规定:①混凝土桩不得小于1000$\mu\varepsilon$;②钢桩不得小于1500$\mu\varepsilon$。

自由落锤锤体上安装加速度传感器(图8-7-4d)时,还应保证安装在桩侧表面的加速度传感器距桩顶的距离不小于下列数值中的较大者:0.4H_r和D或B(H_r为锤高,D或B为桩径或横截面宽度)。

第八节 声波透射法验桩

一、基本原理

1. 基本概念

(1)超声波。频率在人耳可闻的范围内(16~20 000Hz)的机械波叫声波,频率低于此范围的叫次声波,而频率超过20 000Hz的则叫超声波。

用于验桩的超声波的频率一般为30 000~60 000Hz,它在混凝土中的波长为8~15cm,能探测的缺陷尺度约在分米量级。超声波频率越高,对缺陷的分辨率越高,但在混凝土介质中衰减快,有效测距变小。

(2)压电效应。对某些不显电性的电介质(如某些晶体或多晶陶瓷)施加作用力,介质产生应变,引起介质内部正负电荷中心发生相对位移而极化,导致介质两端出现符号相反的束缚电荷,介质内出现电场,其电荷密度与应力成正比;当作用力反向时,电荷亦改变极性,这种现象称为正电压效应。另外,如将具有压电效应的介质置于电场中,由于电场作用,引起介质内部正负电荷中心发生位移,宏观上表现为在介质内产生了应变,这种应变与电场强度成正比,且如果电场极性反向,应变也会由原来的压应变改变为拉应变,或由原来的拉应变改变为压应变,这种现象称为反压电效应(又称电压效应)。

很常见的压电效应有两种:一种是形变的方向与电场的方向重合,这种压电效应称为纵向压电效应;另一种是形变的方向与电场方向相垂直,称为横向压电效应。两种压电效应如图8-8-1所示。

(3)发射换能器。根据反压电效应可知,若对压电体施加一序列脉冲电压,则压电体产生相应的激烈变形,从而激发压电体自振而发出一组声波,这就是发射换能器的基本原理,发射换能器是将电脉冲能量转化为机械振动的能量。

(4)接收换能器。根据压电效应,若压电体与一个振动的物体接触,则因物体振动而使压电体被交变地压缩或拉伸,因而压电体输出一个与振动频率相应的交变电信号,这就是接收换能器的基本原理,接收换能器将机械振动能量转化为电振动能量。

2. 超声波检测基本原理

超声波检测一般是以人为激励方式向介质(即被测对象)发射超声波,离一定距离接收经介质物理特性调制的超声波(透射波、散射波和反射波),通过观测和分析超声波在介质中

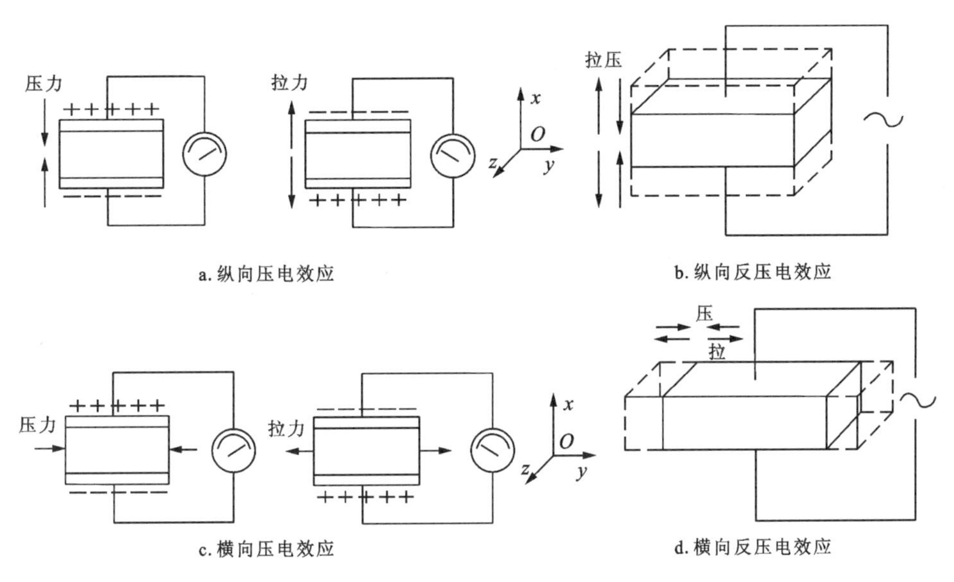

图 8-8-1　压电体的纵向压电效应和横向压电效应

传播时声学参数(声时、声速等)和波形的变化,对被测对象的宏观缺陷、几何特征、组织结构、力学性质进行推断和表征(图 8-8-2)。而声波透射法则是以穿透介质的透射声波为测试和研究对象。

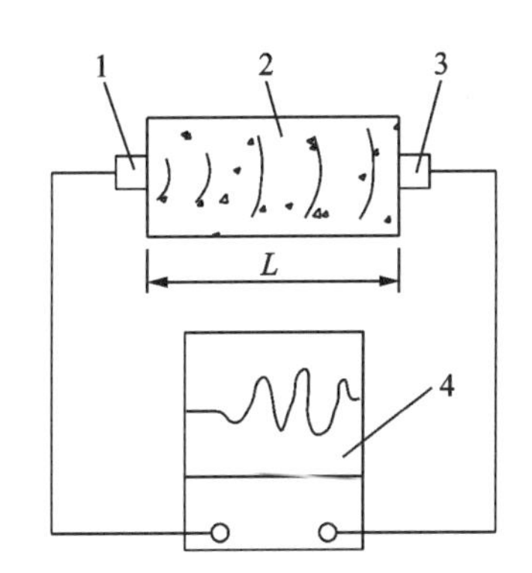

1. 发射探头;2. 混凝土构件;3. 接收探头;4 超声仪。

图 8-8-2　超声波混凝土检测原理

混凝土灌注桩声波透射法是在桩内预埋若干根平行于桩的纵轴的声测管道,将超声探头通过声测管直接伸入桩身混凝土内部进行探测。其基本原理与上部结构构件的超声探伤原理相同,即根据超声脉冲穿越被测混凝土时传播时间、传播速度、波形、频率及能量的变化反映缺陷的存在,并估算混凝土的抗压强度和质量均匀性。但由于基桩混凝土的灌注和成型条件与上部结构混凝土完全不同,尤其是水下灌注时差异更大,混凝土的配合比、灌注后的离析程度、声测管的平行度等众多因素,都会严重影响对混凝土缺陷的判断和对其强度及均匀性的推算,因此,灌注桩的超声检测必须有一套适合其特点的方法和判据,而不能完全沿用上部结构检测的现有方法。

二、声测管的埋设及检测线编号

1. 声测管

声测管材质的选择，以透声率高、费用低且便于安装为原则。

声脉冲从发射换能器发出，通过耦合剂（一般为水）到达声测管内壁面，再通过声测管管壁到达声测管外壁面，穿过混凝土后又需穿过另一声测管及耦合剂到达接收换能器。

目前常用的声测管有普通钢管、钢质波纹管、塑料管3种。

普通钢管的优点是便于安装，可用电焊焊在灌注桩的钢筋笼上，可代替部分钢筋截面面积，而且由于普通钢管刚度较大，埋置后可基本上保持其平行度和平直度，目前许多大直径灌注桩均采用普通钢管作为声测管。

钢质波纹管是一种较好的声测管材料，它具有管壁薄省钢材和抗渗、耐压、强度高、柔性好等特点。用作声测管时，可直接绑扎在灌注桩钢筋笼上，接头处可用大一号波纹管套接。波纹管很轻，因而操作十分方便，但安装时需注意保持其轴线的平直且与桩身轴线平行。

塑料管的声阻抗率较低，用作声测管具有较大的透声率，通常可用于直径较小的灌注桩。在大直径灌注桩中使用应慎重，因为大直径桩需灌注的混凝土量大，水泥的水化热不易扩散，塑料的热膨胀系数与混凝土相差悬殊，混凝土凝固后塑料管因温度下降而产生径向和纵向收缩，有可能使声测管与混凝土局部脱开造成空气或水的夹缝，在声通路上增加了更多反射强烈的界面，容易造成误判。

声测管的内径，通常比径向换能器的直径大10mm即可，常用内径规格是50～60mm。声测管的壁厚对透声率的影响很小，所以原则上对管壁厚度不作限制，但从节省用钢量的角度来看，管壁只要能承受新浇混凝土的侧压力，越薄越好。

声测管的安装要求：①沿桩身通长配置；②保证成桩后各声测管之间基本平行，因为声测管的平行度是影响测试数据可靠性的关键；③用作声测管的单根管一般都不长（普通钢管单根长度通常为6m），当受检桩较长时，需把普通钢管一根根地用套筒螺纹接头连接或用套筒焊接起来，接头应不漏水；④整根声测管应下端封闭、上端加盖、管内无异物，声测管连接处应光滑过渡，管口应高出混凝土桩顶面100mm以上；⑤浇灌混凝土前应将声测管有效固定，管内用清水充满。

2. 声测管的数量及布置方式

声测管的数量是指桩身横截面中声测管的根数。桩径小于或等于800mm时，不得少于2根声测管；桩径大于800mm且小于或等于1600mm时，不得少于3根声测管；桩径大于1600mm时，不得少于4根声测管；桩径大于2500mm时，宜增加声测管根数。

检测纵剖面：一根备检桩中任意2根声测管形成的剖面。从其中的一根声测管中从下到上上提超声波发射换能器，而从另一根声测管中上提超声波接收换能器。

声测管在桩身截面内的布置如图8-8-3所示。埋设2根声测管时只能实现“1个桩身纵剖面检测”，埋设3根声测管时可实现“3个桩身纵剖面检测”，埋设4根声测管时可实现“6个桩身纵剖面检测”。桩身纵剖面编号统一按图8-8-3进行编制，以便于复检、验证试验，以及对桩身缺陷的加固、补强等工程处理。

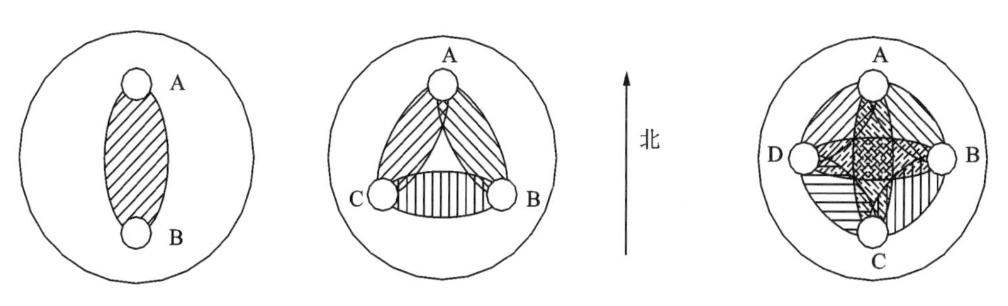

注：检测剖面编组（检测剖面序号用字母 j 表示）分别为 2 根管时，AB 剖面（$j=1$）；3 根管时，AB 剖面（$j=1$），BC 剖面（$j=2$），CA 剖面（$j=3$）；4 根管时，AB 剖面（$j=1$），BC 剖面（$j=2$），CD 剖面（$j=3$），DA 剖面（$j=4$），AC 剖面（$j=5$），BD 剖面（$j=6$）。

图 8－8－3　声测管布置示意图

3. 检测线编号

检测横截面：停止上提超声波发射换能器和接收换能器，进行超声检测的桩身横截面。

检测线（声测线）：超声检测时超声波发射换能器与接收换能器之间的连线。声测线用二维编码表示（j，i），第一维为剖面（纵剖面）编号，第二维为检测横截面编号，如图 8－8－4 所示。

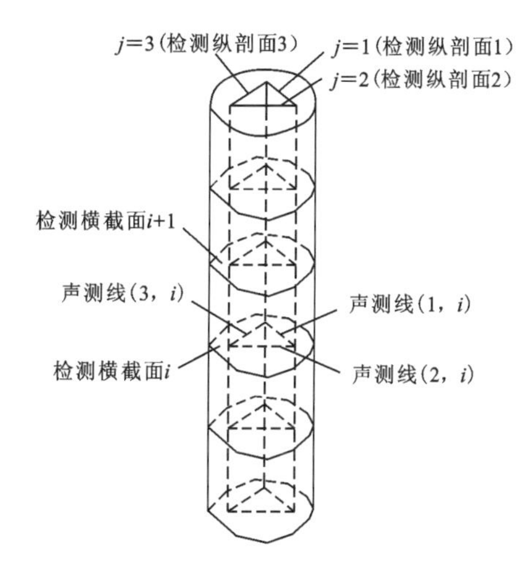

图 8－8－4　检测纵剖面、声测线、检测横截面编号示意图

三、灌注桩声波透射法的检测方式和基本检测参数

1. 检测方式

在灌注桩内预埋两根（或两根以上）检测管，把发射探头和接收探头分别置于两根管道中（图 8－8－5），检测时超声脉冲穿过两管道之间的混凝土。这种检测方式的实际有效范围即为超声脉冲从发射探头到接收探头所穿过的范围。

平测时，超声波发射与接收换能器应始终保持处于相同深度（图 8－8－5a）；斜测时，超声波发射与接收换能器应始终保持固定高差（图 8－8－5b），且两个换能器中点连线与水平线之间的夹角不应大于 30°。

超声波发射与接收换能器应从桩底向上同步提升，声测线间距不应大于 100mm；提升过程中，应校核换能器的深度或换能器的高差，并确保测试波形的稳定性，提升速度不宜大于 0.5m/s。应实时显示、记录每条声测线的信号时程曲线，并读取首波声时、幅值；当需要采用信号主频值作为异常声测线辅助判据时，尚应读取信号的主频值；保存检测数据的同时，应保存波列图信息。

在桩身质量可疑的声测线附近，应采用增加声测线或采用交叉斜测（图 8－8－5c）和扇形扫测（图 8－8－5d）等方式进行复测和加密测试，确定缺陷的位置和空间分布范围，排除因声测管耦合不良等非桩身缺陷因素导致的异常声测线。采用扇形扫测时，两个换能器中点连线与水平线之间的夹角不应大于 40°。

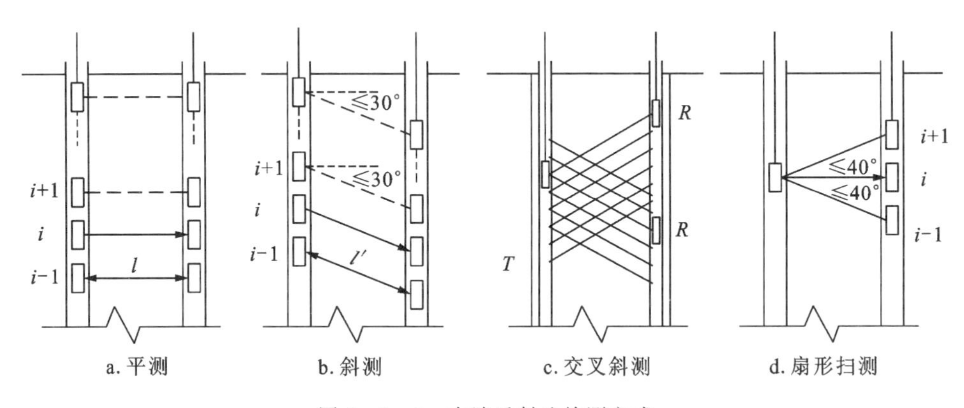

图 8－8－5 声波透射法检测方式

2. 用于判断缺陷的基本物理量

超声脉冲穿过桩身混凝土后，被接收换能器所接收，该接收信号带有混凝土内部的许多信息，如何把这些信息离析出来，予以定量化，并建立这些物理参量与混凝土内部缺陷、强度等级和均匀性等质量指标的定量关系，是采用超声脉冲检测法的关键问题，其中尚有许多问题有待研究。目前已被用于灌注桩混凝土内部缺陷判断的物理量有以下 4 项。

（1）声时或声速。声时是超声脉冲穿过混凝土所需的时间。如果两个声测管基本平行，当混凝土质量均匀、没有内部缺陷时，对各检测剖面不同声测线所测得的声时值应基本相同；但当存在缺陷时，由于缺陷区的泥、水、空气等内含物的声速远小于完好混凝土的声速，超声波穿越时间明显增大；而且当缺陷中物质的声阻抗与混凝土的声阻抗不同时，界面透过率很小，根据惠更斯原理，声波将绕过缺陷继续传播，由于绕行声程比直达声程长，因此，声时值也相应增大。可见，声时值是缺陷的重要判断参数。声时值可用仪器精确测量，通常以微秒（μs）计。为了使声时值在桩的纵剖面沿深度变化状况形象直观，在检测中常把检测结果绘成“声时-深度”曲线。超声脉冲单位声时传播的声程即为声速。因此，也可将声时值变换成声速值作为判断依据。

（2）接收信号的幅值。相对于发射信号的幅值，超声脉冲穿过混凝土后其接收信号幅值衰减程度是重要指标之一。超声波在混凝土中传播时，当混凝土中存在低强度区、离析区、夹泥、蜂窝等缺陷时，将产生吸收衰减和散射衰减，使接收波波幅明显下降，幅值可直接在接收波波形上观察测量，也可用仪器中的衰减器测量，测量时通常以首波（即接收信号的前面半个或一个周期）的波幅为准，后继的波往往受其他叠加波的干扰，从而影响测量结果。幅值的测量受换能器与试体耦合条件的影响较大，在灌注桩检测中，换能器在声测管中通过水进行耦合，一般比较稳定，但要注意使探头在管中处于居中位置，为此应在探头上安装定位器使其居中。

幅值的大小或衰减程度与混凝土质量紧密相关，它对缺陷区的反应比声时值更为敏感，所以它也是缺陷判断的重要参数之一，是采用声阴影法进行缺陷区细测定位的基本依据。

(3)接收频率。超声脉冲是复频波，具有多种频率成分。当它们穿过混凝土后，各频率成分的衰减程度不同，高频部分比低频部分衰减严重，因而导致接收信号的主频率向低频端漂移。其漂移的多少取决于衰减因素的严重程度。所以，接收频率实质上是衰减值的一个表征量，当遇到缺陷时，由于衰减严重，接收频率降低。

接收频率的测量一般以首波第一个周期为准，可直接在接收波的示波图形上做简易测量。近年来，为了更准确地测量频率的变化规律，已采用频谱分析的方法，它获得的频谱所包含的信息比采用简易方法时接收首波频率所带的信息更为丰富、更为准确。在频域图上可准确地找到主频值，以及对应主频的幅值，若有发射信号的频谱资料，则可准确给出主频向低频端的漂移值。运用频谱分析时还应注意采样速率及截取长度等对频谱分析结果的影响，以便使各测点间分析结果具有可比性。

(4)接收波波形。由于超声脉冲在缺陷界面的反射和折射，形成波线不同的波束，这些波束由于传播路径不同，或由于界面上产生波型转换而形成横波等原因，到达接收换能器的时间不同，因而使接收波成为许多同相位或不同相位波束的叠加波，导致波形畸变。实践证明，当超声脉冲在传播过程中遇到缺陷，其接收波形往往产生畸变。所以，波形畸变可作为判断缺陷的参考依据。必须指出，波形畸变的原因很多，某些非缺陷因素也会导致波形畸变，运用时应慎重分析。目前波形畸变尚无定量指标，而只是经验性的。关于波形畸变后采取怎样的分析技术，还有待进一步研究。

四、灌注桩声波透射法的检测装置

灌注桩声波透射法的检测装置主要由超声探头、超声仪、探头升降装置及桩内预埋的声测管等组成，其中声测管已在前面做了介绍。

1. 超声探头

超声探头应是柱状径向型，长度不大于150mm，其主频宜为30～50Hz。为提高接收探头的灵敏度，可在其中安装前置放大器，前置放大器的频带宽度宜为5～50kHz。由于探头在深水中工作，其水密性应满足在1MPa水压下不漏水。为了耦合稳定，探头在管孔横截面宜居中，可在探头上下安装扶正器。为了标示探头在声测管中的深度，在探头电缆线上应有标尺刻度。

径向探头是利用圆片状或圆管状压电陶瓷的径向振动来发射或接收超声脉冲的，目前常用的有增压式径向探头（其构造如图8-8-6所示）和圆环式径向探头（其构造如图8-8-7所示）。

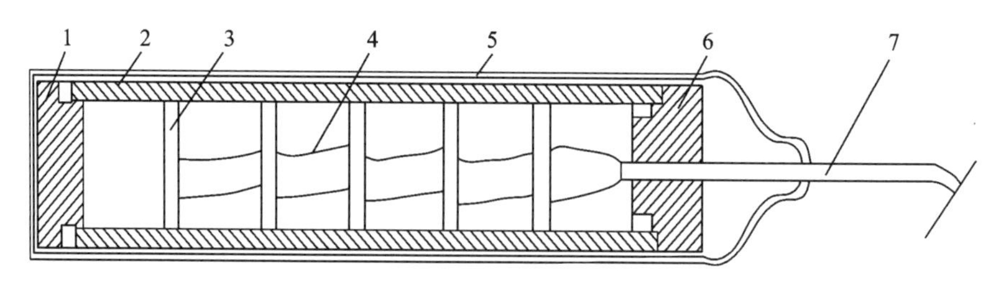

1. 下法兰盘;2. 增压管;3. 压电陶瓷;4. 电极引出线;5. 密封层;6 上法兰盘;7 电缆。

图 8-8-6 增压式探头(换能器)构造图

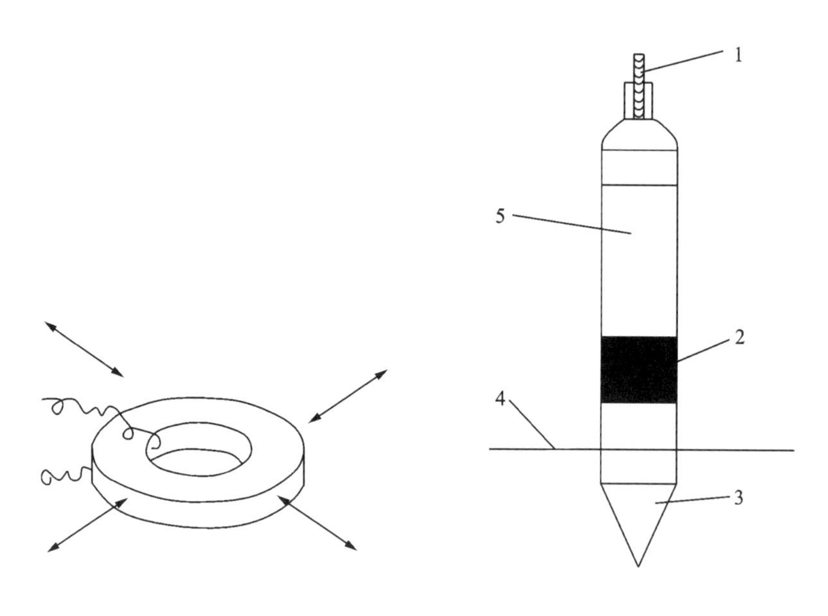

1. 引出电缆;2. 压电圆环;3. 下锥体;4. 扶正器;5. 前置放大器。

图 8-8-7 圆环式径向探头(换能器)构造图

增压式径向探头是在一薄壁金属圆管内侧紧贴若干等距离排列的压电陶瓷圆片,根据需要,各压电陶瓷圆片相互之间用串联、并联或串并联混合等方式连接。单片的压电片换能效率低,但增压式径向探头(换能器)可以提高换能效率。这是因为整个圆管表面所承受到的声压合力加到圆片周边,使圆片周边所受到的声压提高,故名增压式。反过来,在电脉冲激励下,各压电片作径向振动,共同工作,并将振动传给金属圆管,它比单片陶瓷片的发射效率高。为了使金属管能将所承受的声压合力尽可能多地传到陶瓷片上,特将金属管剖成 2 片或 4 片,再黏结起来。整个换能器连同连接电缆用聚胺树脂或橡胶密封,以满足水下使用的要求。

圆环式径向探头(换能器)是采用圆环式压电陶瓷片代替普通圆片式压电陶瓷制作的径向换能器。由于圆环式压电陶瓷片比普通圆片式压电陶瓷具有更高的径向灵敏度,这样就不必采用多片连接的方式,从而减少了换能器的外径和工作长度,有利于换能器在声测管中的移动,也减小了声测管的尺寸,降低了检测成本,同时也提高了检测精度。而且这类换能器的接收换能器设置了前置放大器，将接收信号在没有干扰信号进入前进行放大，提高了测试系统的信噪比和接收灵敏度，增强了高频换能器在大测距检测时的适用性。

2. 超声仪

基桩检测所用的超声仪基本性能要求如下：发射系统应能输出200～1000V的脉冲电压，激发压电体的脉冲波可为阶跃脉冲或矩形脉冲；接收系统的频带宽度宜为1～200kHz，增益应大于100dB，并应带有0～60或80dB的衰减器；衰减器的分辨率应为1dB，误差应小于1dB，档间误差应小于1%；仪器的测时范围应大于2000μs；声时测量分辨力优于或等于0.5μs；声波幅值测量相对误差小于5%；系统最大动态范围不小于100dB。

超声探头（换能器）沿桩的轴向移动，同时测出各纵横断面声测线上混凝土的声参数。这些大量数据需采用适当方法处理，才能判断混凝土的质量。为了提高现场测试效率，仪器应有自动测读、信号采集、储存和处理系统，最好选用智能型仪器。因此，数据采集、处理、显示系统是整个装置的重要组成部分。在一般仪器中通过示波器及数码管显示，人工记录，然后再用计算机处理，这种方式效率较低。目前已普遍采用超声仪与计算机连接，直接进行数据采集、储存和处理，并附有检测专用程序，可将一次检测资料全部存储在计算机内，回家后再作处理，可大大缩短现场作业时间。

在数字化的智能型仪器中，为了使所采集的信号不失真，应有足够的采样频率和采样长度，以及具有动态显示功能，以便于现场实时观察。一般采样频率应达到20MHz（分若干级可选），采样长度应达到64K（在该长度内可选）。为了便于分析，仪器中应带有专用测桩分析软件及频谱、CT等分析和成像软件。

3. 探头升降系统

为了检测不同深度的桩身混凝土质量，必须使探头在预埋的声测管中按要求升降。解决这一问题通常有两种方式：一种是用人工升降，为了使操作者知道探头在桩内的确切位置，应在探头电缆线上划上标尺；另一种是采用电动机械式升降装置，可采用异步电机或步进电机驱动的小型绞车。采用这种方式升降时，升降装置必须能输出探头所处位置的明确指标，通常将绞车鼓筒的转动圈数换算成探头的升降高度，鼓筒的转动圈数可由光电式计数器记录和显示。若采用步进电机驱动，则根据步进量能更精密地测量探头位置，这种驱动方式一般用于全自动检测系统，并将探头位置信号也输入检测专用软件统一处理。

五、现场检测

1. 准备工作

（1）采用率定法确定仪器系统延迟时间。在测试时，仪器所显示的发射脉冲与接收信号之间的时间间隔，实际上是发射电路施加于压电晶片上的电信号的前缘与接收到的声波被压电晶体转换成的电信号的起点之间的时间间隔，由于从发射电脉冲变成到达被测体表面的声脉冲，以及从声脉冲变成输出接收放大器的电信号，中间还有种种延迟，所以仪器所反映的声时并非声波通过试件的真正时间，这一差异来自下列几个方面。①电延迟时间：从超声仪电路原理可知，发出触发电脉冲并开始计时的瞬间到电脉冲开始作用到压电体的时刻，电路中有触发、转换过程，这些电路转换过程有短暂的延迟响应。另外，触发电信号在线路及电缆上也需短暂的传递时间，接收换能器过程类似。这些延迟统称电延迟。②电声转换时间：在电脉冲加到压电体瞬间到产生振动发出声波瞬间有电声转换延迟，同理，接收换能器有声电转换延迟。③声延迟：换能器中压电体辐射出的声波并不是直接进入被测体，而是先通过换能器壳体或夹心式换能器的辐射体，再通过耦合介质层，然后才进入被测体，接收过程也类似。超声波在通过这些介质时需要花费一定的时间，这些时间统称为声延迟。

以上三部分延迟构成了仪器测读时间 t_1 与声波在被测体中传播时间 t 的差异，这三部分中，声延迟所占的比例最大。这种时间上的差异统称仪器零读数，常用符号 t_{0a} 来表示。

仪器系统延迟时间定义为：当发收换能器间仅有厚度无限接近于零的耦合介质时仪器的测读时间，常用符号 t_0 来表示，t_0 要用率定法确定。不同的超声仪，不同的换能器，t_0 值均各不相同，应分别率定。使用径向换能器时，仪器系统延迟时间 t_0 的率定一般采用时距法：将发、收换能器平行悬于清水中，逐次改变两换能器的间距，并测定相应声时和两换能器间距，记录不少于 4 个点的声时数据并作声时-间距线性回归曲线，回归曲线（直线）在声时轴上的截距就是 t_0。

(2)计算声测管及耦合水层声时修正值。值得注意的是，径向换能器用上述方法率定出的零读数只是测试系统（超声仪和换能器）的延迟，没有包括声波在耦合介质（水）及声测管壁中的传播延迟时间（水层和声测管壁的延迟都发生两次）。

在耦合介质（水）中超声波的延迟传播时间按下式计算：

$$t_w = \frac{d_1 - d_2}{v_w} \tag{8-8-1}$$

式中：d_1 为声测孔直径（钻孔中测量）或声测管内径（声测管中测量）(m)；d_2 为径向换能器外径(m)；v_w 为耦合介质的声速(m/s)，通常以水作耦合介质，此时，$v_w = 1480\text{m/s}$。

声测管壁超声波延时按下式计算：

$$t_p = \frac{d_3 - d_1}{v_p} \tag{8-8-2}$$

式中：d_3 为声测管外径(m)；d_1 为声测管内径(m)；v_p 为声测管中的声速(m/s)，通常以钢管做声测管时，$v_p = 5940\text{m/s}$，对于 PVC 管，$v_p = 2350\text{m/s}$。

在使用径向换能器进行测量时，还应加上这些时间才是总的零读数值。使用径向换能器在钻孔中进行测量时，总的零读数 t_{0a} 为

在钻孔（桩身混凝土中钻孔）中

$$t_{0a} = t_0 + t_w \tag{8-8-3}$$

在声测管中

$$t_{0a} = t_0 + t_w + t_p \tag{8-8-4}$$

获得 t_{0a} 后，从仪器测读声时中扣除 t_{0a} 就是超声波在被测介质（混凝土）中的传播时间。测试系统的延时与声波仪、换能器、信号线均有关系。在更换上述设备和配件时，都应对系统延时 t_0 重新率定。

(3)在桩顶测量各声测管外壁间净距离，将各声测管内注满清水，检查声测管畅通情况，换能器应能在声测管全程范围内正常升降。

2. 检测步骤

现场检测一般分两个步骤进行，首先是采用平测法对全桩各个检测剖面进行普查，找出声学参数异常的声测线。其次，对声学参数异常部位的桩身混凝土采用加密测试、斜测或扇

形扫测等细测方法进一步检测，这样一方面可以验证普查结果，另一方面可以进一步确定异常部位的范围和异常程度，为桩身完整性类别的判定提供可靠依据。

(1)平测普查的主要过程为：①将发射、接收换能器分别置于某一检测剖面的两声测管中，并放至到桩的底部，且保持相同标高；②自下而上将发射、接收换能器以相同的步长(一般不应大于100mm)向上提升，提升过程中应校核换能器的深度，并确保测试波形的稳定性，提升速度不宜超过0.5m/s。每提升一次，进行一次测试，实时显示和记录声测线的声波信号的时程曲线，读取声时、首波幅值和周期值(模拟式超声仪)，宜同时显示频谱曲线和主频值(数字式超声仪)，重点是声时和波幅。同时也要注意实测波形的变化。保存检测数据的同时，应保存实测波列图；③在同一桩的各检测剖面的检测过程中，声波发射电压和仪器设置参数应保持不变。由于声波波幅和主频的变化对声波发射电压和仪器设置参数很敏感，而目前的声波透射法测桩，对声参数的处理多采用相对比较法，为使声参数具有可比性，仪器性能参数应保持不变。但应注意：4根声测管6个纵剖面检测时，4根声测管中心点组成的正方形对角线剖面的测距比边剖面的测距大，而长测距会增大声波衰减。

(2)对可疑声测线的细测(加密平测、斜测、扇形扫测)。通过对平测普查的数据分析，可以根据声时、波幅和主频等声学参数相对变化及实测波形的形态找出可疑声测线。对可疑部位的桩身混凝土宜先进行加密平测(换能器提升步长小于100mm)，核实可疑处的异常情况，并确定异常部位的纵向范围。再用斜测法对异常点缺陷的严重情况进行进一步的探测，斜测就是让发射、接收探头(换能器)保持一定的高程差，在声测管内以相同步长同步升降进行测试，而不是像平测那样让发射、接收换能器在检测过程中始终保持相同的高程。斜测又分为单向斜测和交叉斜测。斜测时，换能器提升过程中应校正换能器的高差。

六、检测数据分析与判定

1. 测试数据的整理

灌注桩的声波透射法检测需要分析和处理的主要声学参数是声速(波速)、波幅、主频，同时要注意对实测波形的观察和记录。目前大量使用的数字式超声仪(声波仪)有很强的数据处理和分析功能，几乎所有的数学运算都是由计算机来完成的。

1)声学参数的计算

(1)波速。

$$t_{ci}(j)=t_i(j)-t_0-t' \tag{8-8-5}$$

$$v_{ci}(j)=\frac{l'_i(j)}{t_{ci}(j)} \tag{8-8-6}$$

式中：i为声测线编号，应对每个检测剖面自下而上连续编号；j为检测剖面编号，按相关规范编组；$t_{ci}(j)$为第j检测剖面第i声测线声时(μs)；$t_i(j)$为第j检测剖面第i声测线声时测量值(μs)；t_0为测试系统延时(μs)；t'为几何因素声时修正值(μs)，$t'=t_w+t_p$；$l'_i(j)$为第j检测剖面第i声测线的两声测管的外壁间净距离(mm)，当两声测管平行时，可取为两声测管管口的外壁间净距离；斜测时，$l'_i(j)$为声波发射和接收换能器各自中点对应的声测管外壁处之间的净距离，可由桩顶面两个声测管的外壁间净距离和发射接收声波换能器的高差计算得到；$v_{ci}(j)$为第j检测剖面第i声测线声速(km/s)。

(2)波幅。

$$A_{pi}(j)=20\lg\frac{a_i(j)}{a_0} \tag{8-8-7}$$

式中:$A_{pi}(j)$为第 j 检测剖面第 i 声测线的首波幅值(dB);$a_i(j)$为第 j 检测剖面第 i 声测线的信号首波幅值(V);a_0 为基准幅值,也就是 0dB 对应的幅值(V)。

波幅的数值与测试系统(仪器、换能器、电缆线)的性能、状态、设置参数、声耦合状况、测距、声测线倾角相关,只有在上述条件均相同的条件下,声测线波幅的差异才能真实地反映被测混凝土质量差异。

(3)频率。

这里说的频率是指声测线声波接收信号的主频,数字式超声仪一般都配有频谱分析软件,可启动软件直接对测试信号进行频域分析,获得信号的主频值。

(4)波形记录与观察。

实测波形的形态能综合反映发射、接收换能器之间声波能量在混凝土中各种传播路径上的总的衰减状况,应记录有代表性的混凝土质量正常的声测线波形曲线和异常声测线的波形曲线,作为对桩身缺陷的辅助判断。

2)绘制声参数-深度曲线

根据上节中各个声测线声参数的计算值和声测线标高,绘制声速-深度曲线、声幅-深度曲线、主频-深度曲线,将 3 条曲线对应起来进行异常声测线的判断更直观,以便于综合分析。

2. 数据分析与判断

1)声速判据

(1)第 j 检测剖面的声速异常判断概率统计值的确定。

将第 j 检测剖面各声测线的声速值 $v_{ci}(j)$由大到小依次按排序:

$v_1(j)\geqslant v_2(j)\geqslant\cdots v_{k'}(j)\geqslant\cdots v_{i-1}(j)\geqslant v_i(j)\geqslant v_{i+1}(j)\geqslant\cdots v_{n-k}(j)\geqslant\cdots v_{n-1}(j)\geqslant v_n(j)$

对逐一去掉 $v_{ci}(j)$中 k 个最小数值和 k'个最大数值后的其余数据,按下列公式进行统计计算:

$$v_m(j)=\frac{1}{n-k-k'}\sum_{i=k+1}^{n-k'}v_{ci}(j) \tag{8-8-8}$$

$$s_x(j)=\sqrt{\frac{1}{n-k-k'-1}\sum_{i=k+1}^{n-k'}(v_{ci}(j)-v_m(j))^2} \tag{8-8-9}$$

$$C_v(j)=\frac{s_x(j)}{v_m(j)} \tag{8-8-10}$$

$$v_{01}(j)=v_m(j)-\lambda s_x(j) \tag{8-8-11}$$

$$v_{02}(j)=v_m(j)+\lambda s_x(j) \tag{8-8-12}$$

式中:$v_m(j)$为$(n-k-k')$个数据的平均值;$s_x(j)$为$(n-k-k')$个数据的标准差;$C_v(j)$为$(n-k-k')$个数据的变异系数;$v_{01}(j)$为第 j 剖面的声速异常小值判断值;$v_{02}(j)$为第 j 剖面的声速异常大值判断值;λ 为与$(n-k-k')$相对应的系数,由表 8-8-1 查得。

表 8-8-1　统计数据个数$(n-k-k')$与对应的 λ 值

$n-k-k'$	10	12	14	16	18	20	25	30	40	50	60	70	80	90
λ	1.28	1.38	1.47	1.53	1.59	1.64	1.75	1.83	1.96	2.05	2.13	2.19	2.24	2.29
$n-k-k'$	100	200	300	400	500	600	700	800	900	1000	1200	1400	1800	2000
λ	2.33	2.58	2.72	2.81	2.88	2.94	5.98	3.02	3.06	3.09	3.14	3.19	3.26	3.29

按 $k=0$、$k'=0$、$k=1$、$k'=1$、$k=2$、$k'=2$…的顺序，将参加统计的数列最小数据 $v_{n-k}(j)$ 与异常小值判断值 $v_{01}(j)$ 进行比较，当 $v_{n-k}(j)<v_{01}(j)$ 时剔除最小数据；将最大数据 $v_{k'+1}(j)$ 与异常大值判断值 $v_{02}(j)$ 进行比较，当 $v_{k'+1}(j)>v_{02}(j)$ 时剔除最大数据；每次剔除一个数据，对剩余数据构成的数列，重复式(8-8-8)～式(8-8-12)的计算步骤，直到下列两式成立：

$$v_{n-k}(j)>v_{01}(j) \tag{8-8-13}$$

$$v_{k'+1}(j)<v_{02}(j) \tag{8-8-14}$$

第 j 检测剖面的声速异常判断概率统计值，应按下式计算：

$$v_0(j)=\begin{cases} v_m(j)\cdot(1-0.015\lambda) & \text{当 } C_v(j)<0.015 \text{ 时} \\ v_{01}(j) & \text{当 } 0.015\leqslant C_v(j)\leqslant 0.045 \text{ 时} \\ v_m(j)\cdot(1-0.045\lambda) & \text{当 } C_v(j)>0.045 \text{ 时} \end{cases} \tag{8-8-15}$$

(2)受检桩的声速异常判断临界值的确定。

应根据本地区经验，结合预留同条件混凝土试件或钻芯法获取的芯样试件的抗压强度与声速对比试验，分别确定桩身混凝土声速低限值 v_L 和混凝土试件的声速平均值 v_p。

当 $v_0(j)$ 大于 v_L 且小于 v_p 时：

$$v_c(j)=v_0(j) \tag{8-8-16}$$

式中：$v_c(j)$ 为第 j 检测剖面的声速异常判断临界值；$v_0(j)$ 为第 j 检测剖面的声速异常判断概率统计值。

当 $v_0(j)$ 小于或等于 v_L 及 $v_0(j)$ 大于或等于 v_p 时，应分析原因；第 j 检测剖面的声速异常判断临界值可按下列情况的声速异常判断临界值综合确定：①同一根桩的其他检测剖面的声速异常判断临界值；②与受检桩属同一工程、相同桩型且混凝土质量较稳定的其他桩的声速异常判断临界值。

对只有单个检测剖面的桩，其声速异常判断临界值 v_c 等于检测剖面声速异常判断临界值；对于具有 3 个及 3 个以上检测剖面的桩，应取各个检测剖面声速异常判断临界值的算术平均值作为该桩各声测线的声速异常判断临界值。

(3)声速 $v_{ci}(j)$ 的异常判定。

$$v_{ci}(j)\leqslant v_c \tag{8-8-17}$$

2)波幅判据

波幅异常判断的临界值 $A_c(j)$，应按下列公式计算：

$$A_m(j)=\frac{1}{n}\sum_{i=1}^{n}A_{pi}(j) \tag{8-8-18}$$

$$A_c(j)=A_m(j)-6 \tag{8-8-19}$$

波幅 $A_{pi}(j)$ 异常应按下式判定：

$$A_{pi}(j)<A_c(j) \quad (8-8-20)$$

式中：$A_m(j)$ 为第 j 检测剖面各声测线的波幅平均值(dB)；$A_{pi}(j)$ 为第 j 检测剖面第 i 声测线的波幅值(dB)；$A_c(j)$ 为第 j 检测剖面波幅异常判断的临界值(dB)；n 为第 j 检测剖面的声测线总数。

3) PSD 判据

根据桩身某一检测剖面各声测线的实测声时 t_c(μs)及声测线高程 z(m)，可得到一个以 t_c 为因变量、z 为自变量的函数：

$$t_c=f(z) \quad (8-8-21)$$

当该桩桩身完好时，$f(z)$ 应是连续可导函数，即 $\Delta z\to 0$，$\Delta t_c\to 0$。

当该剖面桩身存在缺陷时，在缺陷与正常混凝土的分界面处，声介质性质发生突变，声时 t_c 也发生突变，当 $\Delta z\to 0$ 时，Δt_c 不趋于 0，即 $f(z)$ 在此处不可导。因此函数 $f(z)$ 不可导点就是缺陷界面位置。在实际检测时，声测线有一定间距，Δz 不可能趋于零，$f(z)$ 实测曲线在缺陷界面只表现为斜率的变化。$f(z)-z$ 图上各声测线的斜率只能反映缺陷的有无，不能明显反映缺陷的大小(声时差)，因而用声时差对斜率加权 PSD 判据。

$$PSD(j,i)=\frac{[t_{ci}(j)-t_{ci-1}(j)]^2}{z_i-z_{i-1}} \quad (8-8-22)$$

式中：PSD 为声时-深度曲线上相邻两点连线的斜率与声时差的乘积($\mu s^2/m$)；$t_{ci}(j)$、$t_{ci-1}(j)$ 分别为第 j 检测剖面的第 i 声测线和第 $i-1$ 声测线的声时(μs)；z_i、z_{i-1} 分别为第 i 声测线和第 $i-1$ 声测线的深度(m)。

根据实测声时计算某一剖面各测点的 PSD 判据，绘制“判据值-深度”曲线，然后根据 PSD 值在某深度处的突变，结合波幅变化情况进行异常点判定。采用 PSD 法突出了声时的变化，对缺陷较敏感，同时也减小了因声测管不平行或混凝土不均匀等非缺陷因素造成的测试误差对数据分析判断的影响。

3. 声波透射法的桩身完整性判别

桩身完整性类别应结合桩身缺陷处声测线的声学特征、缺陷的空间分布范围，用低应变法和声波透射法进行综合确定，用声波透射法的确定方法参见表 8-8-2。

表 8-8-2 声波透射法的桩身完整性判别

类别	声学特征
Ⅰ	所有声测线声学参数无异常，接收波形特征正常； 存在声学参数轻微异常、波形轻微畸变的异常声测线，异常声测线在任一检测剖面的任一区段内纵向不连续分布，且在任一深度横向分布的数量小于检测剖面数量的 50%
Ⅱ	存在声学参数轻微异常、波形轻微畸变的异常声测线，异常声测线在一个或多个检测剖面的一个或多个区段内纵向连续分布，或在一个或多个深度横向分布的数量大于或等于检测剖面数量的 50%； 存在声学参数明显异常、波形明显畸变的异常声测线，异常声测线在任一检测剖面的任一区段内纵向不连续分布，且在任一深度横向分布的数量小于检测剖面数量的 50%

续表 8-8-2

类别	声学特征
Ⅲ	存在声学参数明显异常、波形明显畸变的异常声测线，异常声测线在一个或多个检测剖面的一个或多个区段内纵向连续分布，但在任一深度横向分布的数量小于检测剖面数量的50%； 存在声学参数明显异常、波形明显畸变的异常声测线，异常声测线在任一检测剖面的任一区段内纵向不连续分布，但在一个或多个深度横向分布的数量大于或等于检测剖面数量的50%； 存在声学参数严重异常、波形严重畸变或声速低于低限值的异常声测线，异常声测线在任一检测剖面的任一区段内纵向不连续分布，且在任一深度横向分布的数量小于检测剖面数量的50%
Ⅳ	存在声学参数明显异常、波形明显畸变的异常声测线，异常声测线在一个或多个检测剖面的一个或多个区段内纵向连续分布，且在一个或多个深度横向分布的数量大于或等于检测剖面数量的50%； 存在声学参数严重异常、波形严重畸变或声速低于低限值的异常声测线，异常声测线在一个或多个检测剖面的一个或多个区段内纵向连续分布，或在一个或多个深度横向分布的数量大于或等于检测剖面数量的50%

注：①完整性类别由Ⅳ类往Ⅰ类依次判定；
②对于只有一个检测剖面的受检桩，桩身完整性判定应按该检测剖面代表桩全部横截面的情况对待。

第九章　桩基础工程预算

桩基础工程属于建设项目中的单位工程中的分部工程。

建设项目是按一个总体规划或设计进行建设的，由一个或若干个互有内在联系的单项工程组成的工程总和，如一个工厂、一所学校等。

单项工程是具有独立的设计文件，建成后可以独立发挥生产能力或使用功能的工程项目，如生产车间、办公楼、食堂、教学楼、图书馆、学生宿舍、职工宿舍等。

单位工程是具有独立的设计文件，能够独立组织施工，但不能独立发挥生产能力或使用功能的工程项目，如具有生产能力的一个车间是由土建工程、设备安装工程等多个单位工程组成。人们常说的建筑工程，包括一般土建工程、工业管道工程、电气照明工程、卫生工程、庭院工程等单位工程。设备安装工程包括机械设备安装工程、给水排水安装工程、通风设备安装工程、电气设备安装工程和电梯安装工程等单位工程。

分部工程是单位工程的组成部分，系按结构部位、路段长度及施工特点或施工任务将单位工程划分为若干个项目单元，如土建工程中的土石方工程、地基处理与边坡支护工程、桩基础工程、砌筑工程、混凝土及钢筋混凝土工程、门窗工程、屋面及防水工程等。

分项工程是分部工程的组成部分，系按不同施工方法、材料、工序及路段长度等将分部工程划分为若干个项目单元，如桩基础工程中的预制钢筋混凝土管桩、钢管桩、沉管灌注桩、人工挖孔灌注桩等。分项工程是最基本的工程计量单位。

桩基础工程预算是根据桩基础工程施工图和工程量清单，按照各地区统一基价表或企业定额和建筑安装工程费用定额编制出的桩基础工程费用的文件，它是决定招标控制价、投标价、签订承包合同的重要基础，也是施工单位内部实行经济承包、核算的依据。

第一节　桩基础工程费用组成

一、建标〔2013〕44号文规定的费用组成

为适应深化工程计价改革的需要，根据国家有关法律、法规及相关政策，住房和城乡建设部、财政部于2013年3月21日发布了《关于印发〈建筑安装工程费用项目组成〉的通知》（建标〔2013〕44号）。建筑安装工程费用项目按费用构成要素组成划分为人工费、材料（包含工程设备，下同）费、施工机具使用费、企业管理费、利润、规费和税金；按工程造价形成顺序划分为分部分项工程费、措施项目费、其他项目费、规费和税金，而分部分项工程费、措施项目费、其他项目费包含人工费、材料费、施工机具使用费、企业管理费和利润。

1. 人工费

人工费是指按工资总额构成规定，支付给从事建筑安装工程施工的生产工人和附属生产单位工人的各项费用。内容包括以下几种。

(1)计时工资或计件工资：是指按计时工资标准和工作时间或对已做工作按计件单价支付给个人的劳动报酬。

(2)奖金：是指对超额劳动和增收节支支付给个人的劳动报酬，如节约奖、劳动竞赛奖等。

(3)津贴补贴：是指为了补偿职工特殊或额外的劳动消耗和因其他特殊原因支付给个人的津贴，以及为了保证职工工资水平不受物价影响支付给个人的物价补贴。如流动施工津贴、特殊地区施工津贴、高温(寒)作业临时津贴、高空津贴等。

(4)加班加点工资：是指按规定支付的在法定节假日工作的加班工资和在法定工作时间外延时工作的加点工资。

(5)特殊情况下支付的工资：是指根据国家法律、法规和政策规定，因病、工伤、产假、计划生育假、婚丧假、事假、探亲假、定期休假、停工学习、执行国家或社会义务等原因按计时工资标准或计时工资标准的一定比例支付的工资。

2. 材料费

材料费是指施工过程中耗费的原材料、辅助材料、构配件、零件、半成品或成品、工程设备的费用。内容包括以下几种。

(1)材料原价：是指材料、工程设备的出厂价格或商家供应价格。

(2)运杂费：是指材料、工程设备自来源地运至工地仓库或指定堆放地点所发生的全部费用。

(3)运输损耗费：是指材料在运输装卸过程中不可避免的损耗。

(4)采购及保管费：是指为组织采购、供应和保管材料、工程设备的过程中所需要的各项费用。包括采购费、仓储费、工地保管费、仓储损耗。

工程设备是指构成或计划构成永久工程一部分的机电设备、金属结构设备、仪器装置及其他类似的设备和装置。

3. 施工机具使用费

施工机具使用费是指施工作业所发生的施工机械、仪器仪表使用费或其租赁费。

(1)施工机械使用费：以施工机械台班耗用量乘以施工机械台班单价表示，施工机械台班单价应由下列7项费用组成：①折旧费：指施工机械在规定的使用年限内，陆续收回其原值的费用。②大修理费：指施工机械按规定的大修理间隔台班进行必要的大修理，以恢复其正常功能所需的费用。③经常修理费：指施工机械除大修理以外的各级保养和临时故障排除所需的费用。其包括为保障机械正常运转所需替换设备与随机配备工具附具的摊销和维护费用，机械运转中日常保养所需润滑与擦拭的材料费用及机械停滞期间的维护和保养费用等。④安拆费及场外运费：安拆费指施工机械(大型机械除外)在现场进行安装与拆卸所需的人工、材料、机械和试运转费用以及机械辅助设施的折旧、搭设、拆除等费用；场外运费指施工机械整体或分体自停放地点运至施工现场或由一施工地点运至另一施工地点的运输、装卸、辅助材料及架线等费用。⑤人工费:指机上司机(司炉)和其他操作人员的人工费。⑥燃料动力费:指施工机械在运转作业中所消耗的各种燃料及水、电等。⑦税费:指施工机械按照国家规定应缴纳的车船使用税、保险费及年检费等。

(2)仪器仪表使用费:是指工程施工所需使用的仪器仪表的摊销及维修费用。

4. 企业管理费

企业管理费是指建筑安装企业组织施工生产和经营管理所需的费用。内容包括以下几种。

(1)管理人员工资:是指按规定支付给管理人员的计时工资、奖金、津贴补贴、加班加点工资及特殊情况下支付的工资等。

(2)办公费:是指企业管理办公用的文具、纸张、账表、印刷、邮电、书报、办公软件、现场监控、会议、水电、烧水和集体取暖降温(包括现场临时宿舍取暖降温)等费用。

(3)差旅交通费:是指职工因公出差、调动工作的差旅费、住勤补助费,市内交通费和误餐补助费,职工探亲路费,劳动力招募费,职工退休、退职一次性路费,工伤人员就医路费,工地转移费以及管理部门使用的交通工具的油料、燃料等费用。

(4)固定资产使用费:是指管理和试验部门及附属生产单位使用的属于固定资产的房屋、设备、仪器等的折旧、大修、维修或租赁费。

(5)工具用具使用费:是指企业施工生产和管理使用的不属于固定资产的工具、器具、家具、交通工具和检验、试验、测绘、消防用具等的购置、维修和摊销费。

(6)劳动保险和职工福利费:是指由企业支付的职工退职金、按规定支付给离休干部的经费,集体福利费、夏季防暑降温、冬季取暖补贴、上下班交通补贴等。

(7)劳动保护费:是企业按规定发放的劳动保护用品的支出。如工作服、手套、防暑降温饮料以及在有碍身体健康的环境中施工的保健费用等。

(8)检验试验费:是指施工企业按照有关标准规定,对建筑以及材料、构件和建筑安装物进行一般鉴定、检查所发生的费用,包括自设试验室进行试验所耗用的材料等费用。不包括新结构、新材料的试验费,对构件做破坏性试验及其他特殊要求检验试验的费用和建设单位委托检测机构进行检测的费用,对此类检测发生的费用,由建设单位在工程建设其他费用中列支。但对施工企业提供的具有合格证明的材料进行检测不合格的,该检测费用由施工企业支付。

(9)工会经费:是指企业按《工会法》规定的全部职工工资总额比例计提的工会经费。

(10)职工教育经费:是指按职工工资总额的规定比例计提,企业为职工进行专业技术和职业技能培训,专业技术人员继续教育、职工职业技能鉴定、职业资格认定以及根据需要对职工进行各类文化教育所发生的费用。

(11)财产保险费:是指施工管理用财产、车辆等的保险费用。

(12)财务费:是指企业为施工生产筹集资金或提供预付款担保、履约担保、职工工资支付担保等所发生的各种费用。

(13)税金:是指企业按规定缴纳的房产税、车船使用税、土地使用税、印花税等。

(14)其他:包括技术转让费、技术开发费、投标费、业务招待费、绿化费、广告费、公证费、法律顾问费、审计费、咨询费、保险费等。

5. 利润

利润是指施工企业完成所承包工程获得的盈利。

6. 规费

规费是指按国家法律、法规规定，由省级政府和省级有关权力部门规定必须缴纳或计取的费用。包括以下几种。

(1)社会保险费：①养老保险费：是指企业按照规定标准为职工缴纳的基本养老保险费。②失业保险费：是指企业按照规定标准为职工缴纳的失业保险费。③医疗保险费：是指企业按照规定标准为职工缴纳的基本医疗保险费。④生育保险费：是指企业按照规定标准为职工缴纳的生育保险费。⑤工伤保险费：是指企业按照规定标准为职工缴纳的工伤保险费。

(2)住房公积金：是指企业按规定标准为职工缴纳的住房公积金。

(3)工程排污费：是指按规定缴纳的施工现场工程排污费。

其他应列而未列入的规费，按实际发生计取。

7. 税金

税金是指国家税法规定的应计入建筑安装工程造价内的营业税、城市维护建设税、教育费附加以及地方教育附加。

8. 分部分项工程费

分部分项工程费是指各专业工程的分部分项工程应予列支的各项费用。

(1)专业工程：是指按现行国家计量规范划分的房屋建筑与装饰工程、仿古建筑工程、通用安装工程、市政工程、园林绿化工程、矿山工程、构筑物工程、城市轨道交通工程、爆破工程等各类工程。

(2)分部分项工程：指按现行国家计量规范对各专业工程划分的项目。如房屋建筑与装饰工程划分的土石方工程、地基处理与桩基础工程、砌筑工程、钢筋及钢筋混凝土工程等。

各类专业工程的分部分项工程划分见现行国家或行业计量规范。

9. 措施项目费

措施项目费是指为完成建设工程施工，发生于该工程施工前和施工过程中的技术、生活、安全、环境保护等方面的费用。内容包括以下几种。

(1)安全文明施工费：①环境保护费：是指施工现场为达到环保部门要求所需要的各项费用。②文明施工费：是指施工现场文明施工所需要的各项费用。③安全施工费：是指施工现场安全施工所需要的各项费用。④临时设施费：是指施工企业为进行建设工程施工所必须搭设的生活和生产用的临时建筑物、构筑物和其他临时设施费用。包括临时设施的搭设、维修、拆除、清理费或摊销费等。

(2)夜间施工增加费：是指因夜间施工所发生的夜班补助费、夜间施工降效、夜间施工照明设备摊销及照明用电等费用。

(3)二次搬运费：是指因施工场地条件限制而发生的材料、构配件、半成品等一次运输不能到达堆放地点，必须进行二次或多次搬运所发生的费用。

(4)冬雨季施工增加费：是指在冬季或雨季施工需增加的临时设施、防滑、排除雨雪，人工及施工机械效率降低等费用。

(5)已完工程及设备保护费:是指竣工验收前,对已完工程及设备采取的必要保护措施所发生的费用。

(6)工程定位复测费:是指工程施工过程中进行全部施工测量放线和复测工作的费用。

(7)特殊地区施工增加费:是指工程在沙漠或其边缘地区、高海拔、高寒、原始森林等特殊地区施工增加的费用。

(8)大型机械设备进出场及安拆费:是指机械整体或分体自停放场地运至施工现场或由一个施工地点运至另一个施工地点,所发生的机械进出场运输及转移费用及机械在施工现场进行安装、拆卸所需的人工费、材料费、机械费、试运转费和安装所需的辅助设施的费用。

(9)脚手架工程费:是指施工需要的各种脚手架搭、拆、运输费用以及脚手架购置费的摊销(或租赁)费用。

措施项目及其包含的内容详见各类专业工程的现行国家或行业计量规范。

10. 其他项目费

(1)暂列金额:是指建设单位在工程量清单中暂定并包括在工程合同价款中的一笔款项。用于施工合同签订时尚未确定或者不可预见的所需材料、工程设备、服务的采购,施工中可能发生的工程变更、合同约定调整因素出现时的工程价款调整以及发生的索赔、现场签证确认等的费用。

(2)计日工:是指在施工过程中,施工企业完成建设单位提出的施工图纸以外的零星项目或工作所需的费用。

(3)总承包服务费:是指总承包人为配合、协调建设单位进行的专业工程发包,对建设单位自行采购的材料、工程设备等进行保管以及施工现场管理、竣工资料汇总整理等服务所需的费用。

二、《湖北省建筑安装工程费用定额》(2018版)内容简介

为合理确定和有效控制工程造价,更好地适应建筑业"营改增"后建设工程计价需要,根据国家有关规范、标准,结合湖北省实际情况,湖北省住房和城乡建设厅于2018年1月22日印发了《关于发布〈湖北省房屋建筑与装饰工程消耗量定额及全费用基价表〉等8项定额的通知》(鄂建办〔2018〕27号)。

《湖北省房屋建筑与装饰工程消耗量定额及全费用基价表》(2018版)、《湖北省通用安装工程消耗量定额及全费用基价表》(2018版)、《湖北省建设工程公共专业消耗量定额及全费用基价表》(2018版)、《湖北省市政工程消耗量定额及全费用基价表》(2018版)、《湖北省园林绿化工程消耗量定额及全费用基价表》(2018版)、《湖北省装配式建筑工程消耗量定额及全费用基价表》(2018版)、《湖北省施工机具使用费定额》(2018版)、《湖北省建筑安装工程费用定额》(2018版)等8项定额是湖北省内编制招标控制价、施工图预算、工程竣工结算、设计概算及投资估算的依据,是建设工程实行工程量清单计价的基础,是企业投标报价、内部管理和核算的重要参考。

《湖北省建筑安装工程费用定额》(2018版)是根据《建设工程工程量清单计价规范》(GB 50500—2013)、《房屋建筑与装饰工程工程量计算规范》(GB 50854—2013)等专业工程量计

算规范,《中华人民共和国增值税暂行条例》(国务院令第538号)、《建筑安装工程费用项目组成》(建标〔2013〕44号)、《建筑工程安全防护、文明施工措施费用及使用管理规定》(建办〔2005〕89)等文件规定,结合湖北省实际情况编制的。不同省或直辖市有类似的定额。

《湖北省建筑安装工程费用定额》(2018版)中的建筑安装工程费用项目组成(按造价形成划分)见表9-1-1,人工单价见表9-1-2。

表9-1-1　建筑安装工程费用项目组成表(按造价形成划分)

<table>
<tr><td rowspan="11">建筑安装工程费用项目组成表</td><td>分部分项工程费</td><td colspan="3">1.人工费
2.材料费
3.施工机具使用费
4.企业管理费
5.利润</td></tr>
<tr><td rowspan="7">措施项目费</td><td rowspan="5">总价措施项目费</td><td>1.安全文明施工费</td><td>(1)安全施工费
(2)文明施工费
(3)环境保护费
(4)临时设施费</td></tr>
<tr><td colspan="2">2.夜间施工增加费</td></tr>
<tr><td colspan="2">3.二次搬运费</td></tr>
<tr><td colspan="2">4.冬雨季施工增加费</td></tr>
<tr><td colspan="2">5.工程定位复测费</td></tr>
<tr><td rowspan="2">单价措施项目费</td><td colspan="2">1.已完工程及设备保护费</td></tr>
<tr><td colspan="2">2.其他单价措施项目费</td></tr>
<tr><td>其他项目费</td><td colspan="3">1.暂列金额
2.暂估价
3.计日工
4.总承包服务费</td></tr>
<tr><td>规费</td><td colspan="3">1.社会保险费
2.住房公积金
3.工程排污费</td></tr>
<tr><td>增值税</td><td colspan="3">增值税</td></tr>
</table>

表9-1-2　人工单价(单位:元/工日)

人工级别	普工	技工	高级技工
工日单价	92	142	212

注:此价格为2018定额编制期的人工发布价。人工发布价是建设工程发承包及实施阶段的计价依据,可供投标人参考。合同履行期间,人工的发布价调整时,发承包双方应调整合同价款。承包人报价中的人工单价高于调整后的人工发布价时,不予调整。当人工发布价上调,承包人报价中的人工单价低于调整后的人工发布价时,应予调整。当承包人报价中的人工单价与招标时人工发布价不同时,应以调整后的人工发布价减去编制期人工发布价和投标报价中的较高者之差,再加上投标报价后,进入综合单价或基价,调整合同价款。当人工发布价下调时,另行处理。

1. 一般性规定及说明

各专业定额中施工机械台班价格不含燃料动力费，燃料动力费并入各专业定额的材料中。

总价措施项目费中的安全文明施工费、规费和增值税是不可竞争性费用，应按规定计取。

工程排污费指承包人按环境保护部门的规定，对施工现场超标准排放的噪声污染缴纳的费用，编制招标控制价或投标报价时按费率计取，结算时按实际缴纳金额计算。

其他项目费中包括暂估价。暂估价指招标人在工程量清单中提供的用于支付必然发生但暂时不能确定价格的材料的单价以及专业工程的金额。暂估价分为材料暂估单价、工程设备暂估单价、专业工程暂估金额。

施工过程中发生的索赔与现场签证费，发承包双方办理竣工结算时：以实物量形式表示的索赔与现场签证，列入分部分项工程费和其他单价措施项目费中；以费用形式表示的索赔与现场签证费，不含增值税，列入其他项目费中，另有说明的除外。

本定额根据增值税的性质，分为一般计税法和简易计税法。一般计税法下，分部分项工程费、措施项目费、其他项目费等的组成内容为不含进项税的价格，计税基础为不含进项税额的不含税工程造价，增值税税率为11%。简易计税法下，分部分项工程费、措施项目费、其他项目费等的组成内容均为含进项税的价格，计税基础为含进项税额的不含税工程造价，征收率为3%。

湖北省各专业消耗量定额及全费用基价表中的增值税指按一般计税方法的税率(11%)计算的。注意，建标〔2013〕44号中"税金是指国家税法规定的应计入建筑安装工程造价内的营业税、城市维护建设税、教育费附加以及地方教育附加"这一条已经因为"营改增"的政策调整而改为增值税。

湖北省各专业消耗量定额及全费用基价表中的全费用由人工费、材料费、施工机具使用费、费用、增值税组成。费用的内容包括总价措施项目费、企业管理费、利润、规费。各项费用是以人工费与施工机具使用费之和为计费基数，按相应费率计取。

2. 费率标准

一般计税法和简易计税法的费率标准不同，这里只列出了一般计税法的费率标准。

(1)总价措施项目费。总价措施项目费包括安全文明施工费和除了安全文明施工费以外的其他总价措施项目费。安全文明施工费的费率见表9-1-3，其他总价措施项目费的费率见表9-1-4。

(2)企业管理费。企业管理费费率见表9-1-5。

(3)利润。利润率见表9-1-6。

(4)规费。规费费率见表9-1-7。

(5)增值税。增值税税率见表9-1-8。

表 9-1-3　安全文明施工费费率

<table>
<tr><td colspan="2">专业</td><td>房屋建筑工程</td><td>装饰工程</td><td>通用安装工程</td><td>市政工程</td><td>园建工程</td><td>绿化工程</td><td>土石方工程</td></tr>
<tr><td colspan="2">计费基数</td><td colspan="7">人工费＋施工机具使用费</td></tr>
<tr><td colspan="2">费率/%</td><td>13.64</td><td>5.39</td><td>9.29</td><td>12.44</td><td>4.30</td><td>1.76</td><td>6.58</td></tr>
<tr><td rowspan="4">其中</td><td>安全施工费</td><td>7.72</td><td>3.05</td><td>3.67</td><td>3.97</td><td>2.33</td><td>0.95</td><td>2.01</td></tr>
<tr><td>文明施工费
环境保护费</td><td>3.15</td><td>1.20</td><td>2.02</td><td>5.41</td><td>1.19</td><td>0.49</td><td>2.74</td></tr>
<tr><td>临时设施费</td><td>2.77</td><td>1.14</td><td>3.60</td><td>3.06</td><td>0.78</td><td>0.32</td><td>1.83</td></tr>
</table>

表 9-1-4　其他总价措施项目费费率

<table>
<tr><td colspan="2">专业</td><td>房屋建筑工程</td><td>装饰工程</td><td>通用安装工程</td><td>市政工程</td><td>园建工程</td><td>绿化工程</td><td>土石方工程</td></tr>
<tr><td colspan="2">计费基数</td><td colspan="7">人工费＋施工机具使用费</td></tr>
<tr><td colspan="2">费率/%</td><td>0.70</td><td>0.60</td><td>0.66</td><td>0.90</td><td>0.49</td><td>0.49</td><td>1.29</td></tr>
<tr><td rowspan="4">其中</td><td>夜间施工增加费</td><td>0.16</td><td>0.14</td><td>0.15</td><td>0.18</td><td>0.13</td><td>0.13</td><td>0.32</td></tr>
<tr><td>二次搬运费</td><td colspan="7">按施工组织设计</td></tr>
<tr><td>冬雨季施工增加费</td><td>0.40</td><td>0.34</td><td>0.38</td><td>0.54</td><td>0.26</td><td>0.26</td><td>0.71</td></tr>
<tr><td>工程定位复测费</td><td>0.14</td><td>0.12</td><td>0.13</td><td>0.18</td><td>0.10</td><td>0.10</td><td>0.26</td></tr>
</table>

表 9-1-5　企业管理费费率

<table>
<tr><td>专业</td><td>房屋建筑工程</td><td>装饰工程</td><td>通用安装工程</td><td>市政工程</td><td>园建工程</td><td>绿化工程</td><td>土石方工程</td></tr>
<tr><td>计费基数</td><td colspan="7">人工费＋施工机具使用费</td></tr>
<tr><td>费率/%</td><td>28.27</td><td>14.19</td><td>18.86</td><td>25.61</td><td>17.89</td><td>6.58</td><td>15.42</td></tr>
</table>

表 9-1-6　利润率

<table>
<tr><td>专业</td><td>房屋建筑工程</td><td>装饰工程</td><td>通用安装工程</td><td>市政工程</td><td>园建工程</td><td>绿化工程</td><td>土石方工程</td></tr>
<tr><td>计费基数</td><td colspan="7">人工费＋施工机具使用费</td></tr>
<tr><td>费率/%</td><td>19.73</td><td>14.64</td><td>15.31</td><td>19.32</td><td>18.15</td><td>3.57</td><td>9.42</td></tr>
</table>

表 9-1-7 规费费率

专业		房屋建筑工程	装饰工程	通用安装工程	市政工程	园建工程	绿化工程	土石方工程
计费基数		人工费+施工机具使用费						
费率/%		26.85	10.15	11.97	26.34	11.78	10.67	11.57
社会保险费		20.08	7.58	8.94	19.70	8.78	8.50	8.65
其中	养老保险金	12.68	4.87	5.75	12.45	5.65	5.55	5.49
	失业保险金	1.27	0.48	0.57	1.24	0.56	0.55	0.55
	医疗保险金	4.02	1.43	1.68	3.94	1.65	1.62	1.73
	工伤保险金	1.48	0.57	0.67	1.45	0.66	0.52	0.61
	生育保险金	0.63	0.23	0.27	0.62	0.26	0.26	0.27
住房公积金		5.29	1.91	2.26	5.19	2.21	2.17	2.28
工程排污费		1.48	0.66	0.77	1.45	0.79	—	0.64

表 9-1-8 增值税税率

增值税计税基数	不含税工程造价
税率/%	11

表 9-1-9 摘自《湖北省建设工程公共专业消耗量定额及全费用基价表》(2018 版)。

[例 9-1-1]下面以定额编号为 G3-1 的定额子目为例,利用上述表格中的数据计算打预制钢筋混凝土方桩(桩长不大于 12m)10m³ 的全费用基价。

人工费=∑(人工单价×数量)=92×1.424+142×3.324=603.02(元)

基价表中对于用量很少、价值不大的次要材料,估算其用量后,合并成“其他材料费”,以“元”或“%”为单位列入表中。《湖北省建设工程公共专业消耗量定额及全费用基价表》(2018 版)中对于这些不便计量、用量少、低值易耗的零星材料,列为其他材料费,以百分比表示,其计算基数不包括机械燃料动力费。

材料费=∑(材料单价×数量)

=(898.39×10.1+1855.33×0.03+3.92×2.27)×(1+0.5%)+5.26×47.3

=9432.79(元)

机械费=∑(机械单价×数量)=597.89×0.76+555.49×0.46=709.92(元)

安全文明施工费=(人工费+机械费)×费率=(603.02+709.92)×13.64%=179.09(元)

其他总价措施费=(人工费+机械费)×费率=(603.02+709.92)×0.7%=9.19(元)

企业管理费=(人工费+机械费)×费率=(603.02+709.92)×28.27%=371.17(元)

利润=(人工费+机械费)×费率=(603.02+709.92)×19.73%=259.04(元)

规费＝(人工费＋机械费)×费率＝(603.02＋709.92)×26.85％＝352.52(元)

费用＝总价措施项目费＋企业管理费＋利润＋规费

＝179.09＋9.19＋371.17＋259.04＋352.52＝1171.01(元)

不含税工程造价＝人工费＋材料费＋机械费＋总价措施项目费＋企业管理费＋利润＋规费

＝603.02＋9432.79＋709.92＋179.09＋9.19＋371.17＋259.04＋352.52

＝11916.74(元)

增值税＝不含税工程造价×税率＝11916.74×11％＝1310.84(元)

全费用＝不含税工程造价＋增值税＝11916.74＋1310.84＝13227.58(元)

表 9-1-9　打预制混凝土方桩　(计量单位:10m³)

工作内容:准备打桩机具,探桩位,行走打桩机,吊装定位,安卸桩垫、桩帽,校正,打桩。

定额编号				G3-1	G3-2	G3-3	G3-4
项目				打预制钢筋混凝土方桩(桩长)			
				≤12m	≤25m	≤45m	>45m
全费用/元				13 227.58	13 937.34	13 395.87	13 169.84
其中	人工费/元			603.02	499.86	428.51	372.86
	材料费/元			9 432.79	9 422.30	9 388.08	9 382.21
	机械费/元			709.92	1 156.60	988.20	939.32
	费用/元			1 171.01	1 477.40	1 263.56	1 170.33
	增值税/元			1 310.84	1 381.18	1 327.52	1 305.12
名称		单位	单价/元	数量			
人工	普工	工日	92.00	1.424	1.181	1.012	0.881
	技工	工日	142.00	3.324	2.755	2.362	2.055
材料	预制钢筋混凝土方桩	m³	898.39	10.100	10.100	10.100	10.100
	垫木	m³	1 855.33	0.030	0.030	0.030	0.030
	金属周转材料	kg	3.92	2.270	2.420	2.580	2.740
	其他材料费	%	—	0.500	0.500	0.500	0.500
	柴油[机械]	kg	5.26	47.300	45.194	38.569	37.332
机械	履带式柴油打桩机 2.5t	台班	597.89	0.760	—	—	—
	履带式柴油打桩机 5t	台班	1 500.82	—	0.630	0.540	—
	履带式柴油打桩机 7t	台班	1 657.30	—	—	—	0.470
	履带式起重机 15t	台班	555.49	0.460	0.380	0.320	—
	履带式起重机 25t	台班	572.81	—	—	—	0.280

3. 计算程序

《湖北省建筑安装工程费用定额》(2018 版)里分别列出了工程量清单计价、定额计价、全费用基价表清单计价时的 3 种计算程序。这里介绍在编制招标控制价时常用的工程量清单计价、全费用基价表清单计价的计算程序。

1)工程量清单计价计算程序

工程量清单计价是指投标人完成由招标人提供的工程量清单所需的全部费用,包括分部分项工程费、措施项目费、其他项目费和规费、税金。

综合单价是指完成一个规定清单项目所需的人工费、材料和工程设备费、施工机具使用费和企业管理费、利润以及一定范围内的风险费用。

措施项目是指为完成工程项目施工,发生于该工程施工准备和施工过程中的技术、生活、安全、环境保护等方面的项目,它们不会构成工程项目的实体。

单价项目是指工程量清单中以单价计价的项目,即根据合同工程图纸(含设计变更)和相关工程现行国家计量规范规定的工程量计算规则进行计量,与已标价工程量清单相应综合单价进行价款计算的项目。

总价项目是指工程量清单中以总价计价的项目,即此类项目在相关工程现行国家计量规范中无工程量计算规则,以总价(或计算基础乘费率)计算的项目。

措施项目清单包括总价措施项目清单和单价措施项目清单。单价措施项目清单计价的综合单价,按消耗量定额,结合工程的施工组织设计或施工方案计算。总价措施项目清单计价按《湖北省建筑安装工程费用定额》(2018 版)中规定的费率和计算方法计算。

采用工程量清单计价招投标的工程,在编制招标控制价时,应按《湖北省建筑安装工程费用定额》(2018 版)规定的费率计算各项费用。暂列金额、专业工程暂估价、总包服务费、结算价和以费用形式表示的索赔与现场签证费均不含增值税。采用工程量清单计价编制招标控制价时的计算程序见表 9-1-10~表 9-1-13。

表 9-1-10 分部分项工程及单价措施项目综合单价计算程序

序号	费用项目	计算方法
1	人工费	Σ(人工费)
2	材料费	Σ(材料费)
3	施工机具使用费	Σ(施工机具使用费)
4	企业管理费	(1+3)×费率
5	利润	(1+3)×费率
6	风险因素	按招标文件或约定
7	综合单价	1+2+3+4+5+6

《湖北省建筑安装工程费用定额》(2018 版)规定,合同履行期间,承包人采购的材料、工程设备市场价格波动超出合同约定的幅度时,应按合同约定调整工程价款。合同没有约定

的，在扣除招标控制价中明确计取的风险系数后，市场价格的变化幅度超出±5%(含±5%)时，变化幅度以内的风险由承包人承担或受益，超过部分由发包人承担或受益。当投标报价与投标时期市场价不同时，参照《建设工程工程量清单计价规范》(GB 50500—2013)的规定执行。

2)全费用基价表清单计价计算程序

工程造价计价活动中，可以根据需要选择全费用清单计价方式。暂列金额、专业工程暂估价、结算价和以费用形式表示的索赔与现场签证费均不含增值税。采用全费用基价表清单计价编制招标控制价时的计算程序见表 9-1-14～表 9-1-16。

表 9-1-11　总价措施项目费计算程序

序号	费用项目		计算方法
1	分部分项工程和单价措施项目费		Σ(分部分项工程和单价措施项目费)
1.1	其中	人工费	Σ(人工费)
1.2		施工机具使用费	Σ(施工机具使用费)
2	总价措施项目费		2.1+2.2
2.1	安全文明施工费		(1.1+1.2)×费率
2.2	其他总价措施项目费		(1.1+1.2)×费率

表 9-1-12　其他项目费计算程序

序号	费用项目		计算方法
1	暂列金额		按招标文件
2	专业工程暂估价/结算价		按招标文件/结算价
3	计日工		3.1+3.2+3.3+3.4+3.5
3.1	其中	人工费	Σ(人工价格×暂定数量)
3.2		材料费	Σ(材料价格×暂定数量)
3.3		施工机具使用费	Σ(机械台班价格×暂定数量)
3.4		企业管理费	(3.1+3.3)×费率
3.5		利润	(3.1+3.3)×费率
4	总包服务费		4.1+4.2
4.1	其中	发包人发包专业工程	Σ(项目价值×费率)
4.2		发包人提供材料	Σ(材料价值×费率)
5	索赔与现场签证费		Σ(价格×数量)/Σ费用
6	其他项目费		1+2+3+4+5

表 9-1-13 单位工程造价计算程序

序号	费用项目		计算方法
1	分部分项工程和单价措施项目费		Σ(分部分项工程和单价措施项目费)
1.1	其中	人工费	Σ(人工费)
1.2		施工机具使用费	Σ(施工机具使用费)
2	总价措施项目费		Σ(总价措施项目费)
3	其他项目费		Σ(其他项目费)
3.1	其中	人工费	Σ(人工费)
3.2		施工机具使用费	Σ(施工机具使用费)
4	规费		(1.1+1.2+3.1+3.2)×费率
5	增值税		(1+2+3+4)×税率
6	含税工程造价		1+2+3+4+5

表 9-1-14 分部分项工程及单价措施项目综合单价计算程序

序号	费用名称	计算方法
1	人工费	Σ(人工费)
2	材料费	Σ(材料费)
3	施工机具使用费	Σ(施工机具使用费)
4	费用	Σ(费用)
5	增值税	Σ(增值税)
6	综合单价	1+2+3+4+5

表 9-1-15 其他项目费计算程序

序号	费用名称		计算方法
1	暂列金额		按招标文件
2	专业工程暂估价		按招标文件
3	计日工		3.1+3.2+3.3+3.4
3.1	其中	人工费	Σ(人工价格×暂定数量)
3.2		材料费	Σ(材料价格×暂定数量)
3.3		施工机具使用费	Σ(机械台班价格×暂定数量)
3.4		费用	(3.1+3.3)×费率
4	总包服务费		4.1+4.2

续表 9-1-15

序号	费用名称		计算方法
4.1	其中	发包人发包专业工程	Σ(项目价值×费率)
4.2		发包人提供的材料	Σ(材料价值×费率)
5	索赔与现场签证费		Σ(价格×数量)/Σ费用
6	增值税		(1+2+3+4+5)×税率
7	其他项目费		1+2+3+4+5+6

表 9-1-16　单位工程造价计算程序

序号	费用名称	计算方法
1	分部分项工程和单价措施项目费	Σ(全费用单价×工程量)
2	其他项目费	Σ(其他项目费)
3	单位工程造价	1+2

第二节　消耗量定额与基价表

一、消耗量定额

中华人民共和国住房和城乡建设部于 2015 年 3 月 4 日发布了《房屋建筑与装饰工程消耗量定额》(TY 01-31-2015)。此定额是以国家和有关部门发布的国家现行设计规范、施工验收规范、技术操作规程、质量评定标准、产品标准和安全操作规程，现行工程量清单计价规范、计算规范和有关定额为依据编制，并参考了有关地区和行业标准、定额，以及典型工程设计、施工和其他资料。此定额是按正常施工条件，国内大多数施工企业采用的施工方法、机械化程度和合理的劳动组织及工期进行编制的。此定额是完成规定计量单位分部分项工程、措施项目所需人工、材料、施工机械台班的消耗量标准，是各地区、部门工程造价管理机构编制建设工程定额确定消耗量、编制国有投资工程投资估算、设计概算、最高投标限价(标底)的依据。

《湖北省建设工程公共专业消耗量定额及全费用基价表》(2018 版)是按照《建设工程工程量清单计价规范》(GB 50500—2013)的有关要求在《房屋建筑与装饰工程消耗量定额》(TY 01-31-2015)、《市政工程消耗量定额》(ZYA 1-31-2015)及《湖北省建设工程公共专业消耗量定额及基价表》(2013 版)的基础上结合湖北省实际情况进行修编的。

表 9-2-1 摘自《房屋建筑与装饰工程消耗量定额》(TY 01-31-2015)。对比表 9-1-9 和表 9-2-1 可以发现，两个表中人工消耗量、机械消耗量相同，表 9-1-9 将白棕绳和草纸的消耗量合并后以其他材料费的形式表现出来，表 9-2-1 将施工机械的燃料动力费并入

到相应的材料费中。《湖北省建设工程公共专业消耗量定额及全费用基价表》(2018 版)中各定额子目的人工、材料、机械消耗量与全国通用的《房屋建筑与装饰工程消耗量定额》(TY 01－31－2015)相同或根据湖北省情况进行了微调、补充,再结合当地的人工单价、材料单价、机械台班单价计算出人工费、材料费、机械费和其他费用,得到每一个定额子目的全费用基价。

表 9－2－1 打预制钢筋混凝土方桩 (计量单位:$10m^3$)

工作内容:准备打桩机具,探桩位,行走打桩机,吊装定位,安卸桩垫、桩帽,校正,打桩。

定额编号				3－1	3－2	3－3	3－4
项目				打预制钢筋混凝土方桩(桩长)			
				≤12m	≤25m	≤45m	>45m
名称			单位	消耗量			
人工	合计工日		工日	4.748	3.936	3.374	2.936
	其中	普工	工日	1.424	1.180	1.012	0.881
		一般技工	工日	2.849	2.362	2.024	1.762
		高级技工	工日	0.475	0.394	0.337	0.294
材料	预制钢筋混凝土方桩		m^3	10.100	10.100	10.100	10.100
	白棕绳		kg	0.900	0.900	0.900	0.900
	草纸		kg	2.500	2.500	2.500	2.500
	垫木		m^3	0.030	0.030	0.030	0.030
	金属周转材料		kg	2.270	2.420	2.580	2.740
机械	履带式柴油打桩机 2.5t		台班	0.760	—	—	—
	履带式柴油打桩机 5t		台班	—	0.630	0.540	—
	履带式柴油打桩机 7t		台班	—	—	—	0.470
	履带式起重机 15t		台班	0.460	0.380	0.320	—
	履带式起重机 25t		台班	—	—	—	0.280

二、基价表

单位估价表,或称地区统一基价表,是全国各省、市、地区主管部门根据全国统一的消耗量定额或企业定额中的每个子目所制定的人工工日、材料耗用(或摊销)量、机械台班量等定额数量,乘以本地区的人工单价、材料取定价和机械台班单价等,而制定出的定额各相应子目的基价、人工费、材料费和机械费等以货币形式表现出来的一种价格表。

以《湖北省建设工程公共专业消耗量定额及全费用基价表》(2018 版)为例,基价表的内容由总说明、目录、章节说明及其相应的工程量计算规则、定额项目表、附录组成。

1. 总说明

基价表的总说明一般包括以下内容。

(1)编制基价表的依据。

(2)基价表的作用和适用范围。

(3)人工、材料、机械消耗量和价格的确定。

(4)使用基价表时有关费用计算的规定。

(5)执行基价表时的有关规定,例如允许换算的原则、已作考虑和未作考虑的因素等。

2. 目录

基价表一般按建筑结构、施工顺序、工程内容及使用材料等分成若干章,每一章又按工程内容、施工方法、使用材料等分成若干节,每一节再按工程性质、材料类别等分成若干定额子目。为了查阅方便和审查选套的定额子目是否正确,每个定额子目都有一个对应的定额编号。《湖北省建设工程公共专业消耗量定额及全费用基价表》(2018 版)采用了两符号编号法进行编号,第一个符号表示分部工程的序号,第二个符号表示分项工程的序号。例如,表 9-1-9 中打预制钢筋混凝土方桩(桩长不大于 12m)这个定额子目的定额编号为 G3-1,G 代表公共专业这册,3 代表第三章桩基础工程,1 代表该定额子目在本章的序号。《湖北省建设工程公共专业消耗量定额及全费用基价表》(2018 版)的目录列出了 5 章及 3 个附录,见表 9-2-2。

表 9-2-2　湖北省建设工程公共专业消耗量定额及全费用基价表目录

序号	章节名称	序号	章节名称
第一章	土石方工程	第五章	常用大型机械安拆及场外运输费用
第二章	地基处理与边坡支护工程	附录一	混凝土、砂浆等配合比
第三章	桩基础工程	附录二	材料价格取定表
第四章	施工排水、降水	附录三	施工机具价格取定表

3. 章节说明及工程量计算规则

每一章前面的说明介绍了本章节的主要内容,使用定额的一些基本规定,定额分项中综合的内容,允许换算和不得换算的界限,增减系数范围以及其他方面的规定等。工程量计算规则明确了该分项工程在计算工程量时应采取的计算方法,尺寸数据的取定规则,应增应减的范围等。它是正确计算工程量的重要条文,必须熟练掌握。

4. 定额项目表

分项工程定额项目表是基价表的主要内容,在表头上方说明分项工程的工作内容,包括的主要工序、操作方法及计量单位等。有些地区的基价表中分项工程定额项目表的下面列有附注,说明当设计项目与定额不符时,如何调整和换算定额。

分项工程定额项目表里列出了定额编号、定额项目名称、定额基价、人工工日消耗量及工日单价、各种材料消耗量及单价、施工机械和施工仪表的消耗量及单价。一个工人工作

8h计做1工日。用量少、对价格影响很小的零星材料合并为其他材料费，以金额“元”或占主要材料的比例表示，计入材料费。一台机械工作一个班(一般按8h计)就称为一个台班。零星机械以其他机械费形式以金额“元”或占主要机械的比例表示。

5. 附录

定额附录一般列于分册的最后，作为使用定额的参考，其主要内容包括混凝土和砂浆配合比表、材料价格取定表、施工机具价格取定表、模板一次使用量表等。

三、桩基础工程消耗量定额及全费用基价表

在《湖北省建设工程公共专业消耗量定额及全费用基价表》(2018版)中，桩基础工程属于第三章，它由说明、工程量计算规则、定额项目表3个部分组成。

1. 说明

(1)本章定额适用于陆地上桩基础工程，所列打桩机械的规格、型号是按常规施工工艺和方法综合取定，施工场地的土质级别也进行了综合取定。

(2)桩基施工前场地平整、压实地表、地下障碍处理等定额均未考虑，发生时另行计算。

(3)探桩位已综合考虑在各类桩基定额内，不另行计算。

(4)单位工程的桩基础工程量少于表9-2-3对应数量时，相应项目人工、机械乘以系数1.25。灌注桩单位工程的桩基础工程量指灌注混凝土量。

表9-2-3 单位工程的桩基础工程量表

项目	单位工程的工程量	项目	单位工程的工程量
预制钢筋混凝土方桩	$200m^3$	钻孔、旋挖成孔灌注桩	$150m^3$
预应力钢筋混凝土管桩	1000m	沉管、冲孔成孔灌注桩	$100m^3$
钢管桩	50t		

(5)打桩。

①单独打设试桩、锚桩，按相应定额的打桩人工及机械乘以系数1.5。

②预制混凝土桩和灌注桩定额以打垂直桩为准，如打斜桩，斜度在1:6以内时，按相应定额的人工及机械乘以系数1.25；如斜度大于1:6，其相应定额的打桩人工及机械乘以系数1.43。

③打桩工程以平地(坡度≤15°)打桩为准，坡度>15°打桩时，按相应项目人工、机械乘以1.15。如在基坑内(基坑深度>1.5m，基坑面积≤$500m^2$)打桩或在地坪上打坑槽内(坑槽深度>1m)桩时，按相应项目人工、机械乘以系数1.11。

④在桩间补桩或在强夯后的地基上打桩时，相应项目人工、机械乘以系数1.15。

⑤打、压预制钢筋混凝土方桩，单节长度超过20m时，按相应定额人工、机械乘以系数1.2。

⑥打、压预制钢筋混凝土桩、预应力钢筋混凝土管桩，定额按购入成品构件考虑，已包含桩位半径在15m范围内的移动、起吊、就位；超过15m时的场内运输，执行《湖北省房屋建筑与装

饰工程消耗量定额及全费用基价表》(2018 版)第二十章“成品构件二次运输”相应项目。

⑦打压预制钢筋混凝土方桩,定额已综合了接桩所需的打桩机台班,但未包括接桩本身费用,发生时执行接桩相应项目。

⑧打压预应力混凝土管桩,定额已包括接桩费用,接桩不再计算。

⑨打压预应力混凝土空心方桩,执行打、压预应力混凝土管桩相应项目。

⑩本章定额内未包括预应力钢筋混凝土管桩钢桩尖制安项目,实际发生时按“第二章　混凝土及钢筋混凝土工程”中的预埋铁件项目执行。

⑪预应力钢筋混凝土管桩桩头灌芯部分按人工挖孔桩灌芯项目执行。

⑫人工挖孔灌注桩成孔定额中已包含护壁混凝土,均按商品混凝土考虑。

⑬金属周转材料中包括钢护筒、桩帽、送桩器、桩帽盖、活瓣桩尖、钢管、料斗等。其中钢护筒是按摊销量计算,按每只 2m 综合考虑,钢护筒无法拔出,执行《湖北省市政工程消耗量定额及全费用基价表》(2018 版)第三册“桥涵工程”相应项目。

(6)灌注桩。

①钻孔、冲孔、旋挖成孔等灌注桩设计要求进入岩石层时执行入岩子目,较硬岩、坚硬岩按入岩计算,各类岩石的划分标准,详见“土石方工程”岩石分类表。入岩定量指标:岩石单轴饱和抗压强度 RC>30MPa。

②旋挖桩、回旋钻孔桩、冲击成孔桩等灌注桩按泥浆护壁作业成孔考虑,如采用干作业成孔工艺时,则扣除定额材料中的黏土、水和机械中的泥浆泵。回旋钻、旋挖钻软岩成孔包括极软岩、软岩。

③定额各种灌注桩的材料用量中,均已包括了充盈系数和材料损耗,见表 9-2-4。施工中,按实际测定的充盈系数与定额取定值不同时予以调整。

表 9-2-4　灌注桩充盈系数和材料损耗率表

项目名称	充盈系数	损耗率/%
旋挖、冲击钻机成孔灌注混凝土桩	1.25	1
回旋、螺旋钻机钻孔灌注混凝土桩	1.20	1
沉管桩机成孔灌注混凝土桩	1.15	1

④桩孔空钻部分回填应根据施工组织设计要求执行相应项目,填土执行本定额“第一章　土石方工程”松填土方项目,填碎石执行本定额“第二章　地基处理与边坡支护工程”换填碎石项目,人工、机械乘以系数 0.7。

⑤螺旋桩、人工挖孔桩等干作业成孔的土石方场外运输,执行本定额“第一章　土石方工程”相应项目。

⑥本章定额内未包括桩钢筋笼、铁件制安项目,实际发生时执行《湖北省房屋建筑与装饰工程消耗量定额及全费用基价表》(2018 版)、《湖北省市政工程消耗量定额及全费用基价表》(2018 版)相应项目。

⑦定额中泥浆制作按普通泥浆考虑,设计不同时,材料可调整。

⑧泥浆护壁成孔灌注桩泥浆运输执行“第一章　泥浆罐车运淤泥流砂”相应项目。

⑨灌注桩后压浆注浆管、声测管埋设，注浆管、声测管如遇材质、规格不同时，可以换算，其余不变。

⑩注浆管埋设定额按桩底注浆考虑，如设计采用侧向注浆，则人工、机械乘以系数1.2。

灌注桩定额中，未包括钻机场外运输、截除余桩、泥浆处理及外运，发生时按相应项目执行。

定额中不包括在钻孔中遇到障碍必须清除的工作，发生时另行计算。

2. 工程量计算规则

(1)打桩。

①预制钢筋混凝土桩。

打、压预制钢筋混凝土桩按设计桩长(包括桩尖)乘以桩截面面积，以体积计算。

②预应力钢筋混凝土管桩。

打、压预应力钢筋混凝土管桩按设计桩长(不包括桩尖)，以长度计算。

预应力钢筋混凝土管桩钢桩尖按设计图示尺寸，以质量计算。

预应力钢筋混凝土管桩，如设计要求加注填充材料时，填充部分另按本章钢管桩填芯相应项目执行。

桩头灌芯按设计尺寸以灌注体积计算。

③钢管桩。

钢管桩按设计要求的桩体质量计算。

钢管桩内切割、精割盖帽按设计要求的数量计算。

钢管桩管内钻孔取土、填芯，按设计桩长(包括桩尖)乘以填芯截面积，以体积计算。

④打桩工程的送桩均按设计桩顶标高至打桩前的自然地坪标高另加0.5m计算相应的送桩工程量。

⑤预制混凝土桩、钢管桩电焊接桩，按设计要求接桩头的数量计算。

⑥预制混凝土桩截桩按设计要求截桩的数量计算。截桩长度不大于1m时，不扣减相应桩的打桩工程量；截桩长度大于1m时，其超过部分按实扣减打桩工程量，但桩体的价格不扣除。

⑦预制混凝土桩凿桩头按设计图示桩截面积乘以凿桩头长度，以体积计算。凿桩头长度设计无规定时，桩头长度按桩体高$40d$(d为桩体主筋直径，主筋直径不同时取大者)计算；灌注混凝土桩凿桩头按设计超灌高度(设计有规定的按设计要求，设计无规定的按0.5m)乘以桩身设计截面积，以体积计算。

⑧桩头钢筋整理，按所整理的桩的数量计算。

(2)灌注桩。

①钻孔桩、旋挖桩成孔工程量按打桩前自然地坪标高至设计桩底标高的成孔长度乘以设计桩径截面积，以体积计算。入岩增加项目工程量按实际入岩深度乘以设计桩径截面积，以体积计算，竣工时按实调整。

②钻孔桩、旋挖桩、冲击桩灌注混凝土工程量按设计桩径截面积乘以设计桩长(包括桩尖)另加加灌长度，以体积计算。加灌长度设计有规定者，按设计规定计算，无规定者，按

0.5m计算。

③沉管成孔工程量按打桩前自然地坪标高至设计标底标高(不包括预制桩尖)的成孔长度乘以钢管外径截面积,以体积计算。

④沉管桩灌注混凝土工程量按钢管外径截面积乘以设计桩长(不包括预制桩尖)另加加灌长度以体积计算。加灌长度设计有规定者,按设计规定计算,无规定者,按0.5m计算。

⑤人工挖孔桩挖孔工程量按进入土层、岩石层的成孔长度乘以设计护壁外围截面积,以体积计算。

⑥人工挖孔桩灌注混凝土按设计图示截面积乘以设计桩长另加加灌长度,以体积计算。加灌长度设计有规定者,按设计规定计算,无规定者,按0.5m计算。

⑦钻(冲)孔灌注桩、人工挖孔桩,设计要求扩底时,其扩底工程量按设计尺寸,以体积计算,并入相应的工程量内。

⑧泥浆池建造和拆除、泥浆运输工程量,按成孔工程量以体积计算。

⑨桩孔回填工程量按打桩前自然地坪标高至桩加灌长度的顶面乘以桩孔截面积,以体积计算。

⑩注浆管、声测管埋设工程量按打桩前的自然地坪标高至设计桩底标高另加0.5m,以长度计算。

桩底(侧)后压浆工程量按设计注入水泥用量,以质量计算。如水泥用量差别大,允许换算。

3. 定额项目表

表9-2-5～表9-2-13摘自《湖北省建设工程公共专业消耗量定额及全费用基价表》(2018版)。表9-2-14摘自《湖北省房屋建筑与装饰工程消耗量定额及全费用基价表(结构·屋面)》(2018版)。表9-2-15摘自《湖北省房屋建筑与装饰工程消耗量定额及全费用基价表(装饰·措施)》(2018版)。

表9-2-5　泥浆罐车运淤泥、流砂　(计量单位:$10m^3$)

工作内容:装泥砂,运泥砂,弃泥砂;清理机下余泥,维护行驶道路。

定额编号		G1-226	G1-227
项目		泥浆运输	
		运距(km以内)	
		5	每增减1
全费用(元)		1 486.76	70.40
其中	人工费/元	368.16	—
	材料费/元	280.07	20.94
	机械费/元	366.07	29.44
	费用/元	325.12	13.04
	增值税/元	147.34	6.98

续表 9-2-5

定额编号				G1-226	G1-227
名称		单位	单价/元	数量	
人工	普工	工日	92.00	0.870	—
	技工	工日	142.00	2.029	—
材料	汽油[机械]	kg	6.03	35.358	3.473
	电[机械]	kW·h	0.75	89.148	—
机械	泥浆罐车 5000L	台班	267.62	1.120	0.110
	泥浆泵 100	台班	174.57	0.380	—

注:本表中"费用"的费率按表 9-1-3～表 9-1-7 中土石方工程计取。

表 9-2-6 打送预制钢筋混凝土方桩 (计量单位:10m³)

工作内容:安卸桩垫,吊安送桩器,送桩,拔放送桩器。

定额编号				G3-5	G3-6	G3-7	G3-8
项目				打送预制钢筋混凝土方桩(桩长)			
				≤12m	≤25m	≤45m	>45m
全费用/元				4 470.18	5 500.95	4 713.63	4 387.62
其中	人工费/元			874.28	724.79	621.26	540.64
	材料费/元			425.64	410.31	360.26	351.62
	机械费/元			1 029.39	1 677.82	1 432.89	1 362.84
	费用/元			1 697.88	2 142.89	1 832.10	1 697.71
	增值税/元			442.99	545.14	467.12	434.81
名称		单位	单价/元	数量			
人工	普工	工日	92.00	2.065	1.712	1.468	1.277
	技工	工日	142.00	4.819	3.995	3.424	2.980
材料	垫木	m³	1 855.33	0.030	0.030	0.030	0.030
	金属周转材料	kg	3.92	2.270	2.420	2.580	2.740
	其他材料费	%	—	0.500	0.500	0.500	0.500
	柴油[机械]	kg	5.26	68.586	65.558	55.924	54.161
机械	履带式柴油打桩机 2.5t	台班	597.89	1.102	—	—	—
	履带式柴油打桩机 5t	台班	1 500.82	—	0.914	0.783	—
	履带式柴油打桩机 7t	台班	1 657.30	—	—	—	0.682
	履带式起重机 15t	台班	555.49	0.667	0.551	0.464	—
	履带式起重机 25t	台班	572.81	—	—	—	0.406

表 9-2-7　预制钢筋混凝土桩接桩　（计量单位：10 根）

工作内容：准备接桩工具，对接桩、放置接桩，筒铁，钢板焊制，焊接，安放，拆卸夹箍等。

定额编号				G3-17	G3-18
项目				预制钢筋混凝土桩接桩	
				包角钢	包钢板
全费用（元）				9 418.92	12 019.16
其中	人工费/元			1 266.05	1 321.93
	材料费/元			1 220.22	3 133.83
	机械费/元			2 574.16	2 745.01
	费用/元			3 425.08	3 627.30
	增值税/元			933.41	1 191.09
名称		单位	单价/元	数量	
人工	普工	工日	92.00	2.991	3.123
	技工	工日	142.00	6.978	7.286
材料	低合金钢焊条 E4303ϕ3.2	kg	6.92	6.500	53.200
	垫铁	kg	3.85	1.050	1.050
	角钢 30×4	kg	3.06	80.000	—
	钢板综合	kg	2.77	—	599.000
	柴油[机械]	kg	5.26	118.514	106.120
	电[机械]	kW·h	0.75	404.016	725.634
机械	履带式柴油打桩机 3.5t	台班	807.63	1.530	1.370
	履带式起重机 15t	台班	555.49	1.530	1.370
	交流弧焊机 40kVA	台班	159.51	3.040	5.460
	电焊条烘干箱 45cm×35cm×45cm	台班	12.10	0.304	0.546

表 9-2-8　灌注桩回旋钻机成孔　（计量单位：$10m^3$）

工作内容：护筒埋设及拆除；造浆；准备钻具，钻机就位；钻孔、出渣、提钻、压浆、清孔等。

定额编号		G3-66	G3-67	G3-68
项目		回旋钻机钻孔		
		砂土、黏土	砂砾	砾石
		$d \leqslant 800$　$H \leqslant 40m$		
全费用/元		4 343.56	10 487.00	16 794.99
其中	人工费/元	861.06	1 459.23	2 376.17
	材料费/元	567.86	1 205.71	1 644.82
	机械费/元	907.14	2 897.26	4 752.01
	费用/元	1 577.06	3 885.55	6 357.62
	增值税/元	430.44	1 039.25	1 664.37

续表 9-2-8

定额编号				G3-66	G3-67	G3-68
名称		单位	单价/元	数量		
人工	普工	工日	92.00	2.034	3.447	5.613
	技工	工日	142.00	4.746	8.043	13.097
材料	钻头	kg	9.84	6.028	8.296	8.296
	铁件	kg	3.85	0.398	0.398	0.398
	电焊条	kg	3.68	0.398	0.796	1.194
	黏土	m^3	29.09	3.320	7.380	7.380
	水	m^3	3.39	26.000	33.800	33.800
	金属周转材料	kg	3.92	8.754	8.754	8.754
	电[机械]	kW·h	0.75	382.018	1 008.042	1 591.566
机械	回旋钻机 1000	台班	522.03	1.552	5.352	8.893
	泥浆泵 100	台班	174.57	0.537	0.537	0.537
	交流弧焊机 32kVA	台班	158.90	0.020	0.060	0.099
	电焊条烘干箱 45cm×35cm×45cm	台班	12.10	0.002	0.006	0.010

表 9-2-9 沉管成孔 (计量单位:$10m^3$)

工作内容:准备打桩机具,移动打桩机,桩位校测,打钢管成孔,拔钢管。

定额编号				G3-134	G3-135	G3-136
项目				沉管桩成孔振动式(桩长)		
				≤12m	≤25m	>25m
全费用/元				3 360.94	2 625.52	2 376.30
其中	人工费/元			842.76	655.32	587.26
	材料费/元			306.96	256.92	242.59
	机械费/元			595.43	459.12	416.08
	费用/元			1 282.72	993.97	894.88
	增值税/元			333.07	260.19	235.49
名称		单位	单价/元	数量		
人工	普工	工日	92.00	1.991	1.548	1.387
	技工	工日	142.00	4.645	3.612	3.237
材料	垫木	m^3	1 855.33	0.030	0.030	0.030
	金属周转材料	kg	3.92	6.600	7.000	7.500
	柴油[机械]	kg	5.26	20.667	15.936	14.442
	电[机械]	kW·h	0.75	155.625	120.000	108.750
机械	振动沉拔桩机 400kN	台班	717.38	0.830	0.640	0.580

表 9-2-10 泥浆池建造、拆除

(计量单位:10m³)

工作内容:泥浆池建造、拆除。

定额编号				G3-141
项目				泥浆池建造和拆除
全费用/元				87.91
其中	人工费/元			31.23
	材料费/元			19.76
	机械费/元			0.19
	费用/元			28.02
	增值税/元			8.71
名称		单位	单价/元	数量
人工	普工	工日	92.00	0.074
	技工	工日	142.00	0.172
材料	混凝土实心砖 240mm×115mm×53mm	千块	295.18	0.050
	干混砌筑砂浆 DM M5	t	248.81	0.020
	电[机械]	kW·h	0.75	0.029
机械	干混砂浆罐式搅拌机 20000L	台班	187.32	0.001

表 9-2-11 机械成孔桩灌注混凝土

(计量单位:10m³)

工作内容:预拌混凝土灌注;安、拆导管及漏斗。

定额编号				G3-151	G3-154	G3-155
项目				回旋钻孔	沉管成孔	螺旋钻孔
全费用/元				5 868.57	5 724.45	5 549.72
其中	人工费/元			322.44	356.49	257.67
	材料费/元			4 676.98	4 482.72	4 512.26
	机械费/元			—	—	—
	费用/元			287.58	317.95	229.82
	增值税/元			581.57	567.29	549.97
名称		单位	单价/元	数量		
人工	普工	工日	92.00	0.762	0.842	0.609
	技工	工日	142.00	1.777	1.965	1.420
材料	预拌水下混凝土 C30	m³	384.66	12.120	11.615	—
	预拌混凝土 C30	m³	371.07	—	—	12.120
	金属周转材料	kg	3.92	3.800	3.800	3.800

表 9-2-12 常用大型机械每安装和拆卸一次费用 （计量单位：台次）

工作内容：施工机械在现场进行安装、拆卸所需的人工、材料、机械费、试运转费。

定额编号				G5-4	G5-5	G5-14
项目				履带式柴油打桩机		工程钻机
				冲击部分质量/t		
				3	5	ϕ1500 以内
全费用/元				6 109.61	7 085.26	5 704.06
其中	人工费/元			1 158.72	1 351.84	965.60
	材料费/元			377.14	428.48	377.14
	机械费/元			1 551.26	1 795.60	1 551.26
	费用/元			2 417.03	2 807.20	2 244.79
	增值税/元			605.46	702.14	565.27
名称		单位	单价/元	数量		
人工	技工	工日	142.00	8.160	9.520	6.800
材料	柴油[机械]	kg	5.26	71.700	81.460	71.700
机械	汽车式起重机 16t	台班	775.63	2.000	—	2.000
	汽车式起重机 25t	台班	897.80	—	2.000	—

表 9-2-13 常用大型机械场外运输费用 （25km 以内）（计量单位：台次）

工作内容：机械整体或分体自停放地点运至施工现场（或由一个运至另一工地）的运输、装卸、辅助材料费用。

定额编号				G5-25	G5-26	G5-34
项目				履带式柴油打桩机		工程钻机
				锤重/t		
				2.5	5	ϕ1500 以内
全费用/元				8 168.28	9 920.20	3 869.88
其中	人工费/元			289.68	289.68	193.12
	材料费/元			1 177.88	1 403.25	594.69
	机械费/元			2 977.37	3 692.49	1 335.34
	费用/元			2 913.88	3 551.70	1 363.23
	增值税/元			809.47	983.08	383.50
名称		单位	单价/元	数量		
人工	技工	工日	142.00	2.040	2.040	1.360
材料	枕木	m^3	1 821.54	0.030	0.030	0.020
	镀锌铁丝 8#	kg	4.28	5.000	5.000	5.000
	草袋	条	1.84	12.000	12.000	10.000
	柴油[机械]	kg	5.26	205.277	248.122	98.566

续表 9-2-13

定额编号				G5-25	G5-26	G5-34
机械	汽车式起重机 16t	台班	775.63	—	—	1.000
	汽车式起重机 25t	台班	897.80	1.400	2.000	—
	载重汽车 8t	台班	319.47	0.680	—	0.680
	载重汽车 15t	台班	503.63	1.500	1.500	0.680
	载重汽车 20t	台班	578.94	—	0.680	—
	平板拖车组 40t	台班	1 099.66	0.680	0.680	—

表 9-2-14 钢筋 (计量单位:t)

工作内容:除锈、制作、运输、安装、焊接(绑扎)等。

定额编号				A2-83	A2-84	A2-85
项目				混凝土灌注桩钢筋笼		钻(冲)孔 混凝土灌注桩
				圆钢 HPB300	带肋钢筋 HRB400	钢筋笼接头吊焊 搭接焊
全费用/元				5 416.19	5 544.68	1 209.41
其中	人工费/元			661.49	641.14	146.97
	材料费/元			3 289.31	3 333.67	162.36
	机械费/元			179.01	237.10	343.12
	费用/元			749.64	783.30	437.11
	增值税/元			536.74	549.47	119.85
名称		单位	单价/元	数量		
人工	普工	工日	92.00	1.277	1.238	0.284
	技工	工日	142.00	3.831	3.713	0.851
材料	圆钢 综合	t	3 090.23	1.020	—	—
	钢筋 综合	t	3 090.23	—	1.025	—
	低合金钢焊条 E43 系列	kg	6.92	4.032	8.064	4.710
	镀锌铁丝 ϕ0.7	kg	4.28	9.597	3.373	—
	水	m^3	3.39	0.038	0.090	—
	电[机械]	kW·h	0.75	45.141	81.770	104.462
	柴油[机械]	kg	5.26	6.523	6.523	9.776

续表 9-2-14

定额编号				A2-83	A2-84	A2-85
机械	钢筋调直机 40	台班	37.59	0.290	—	—
	钢筋切断机 40	台班	18.93	0.130	0.100	—
	直流弧焊机 32kVA	台班	165.43	0.336	0.672	—
	对焊机 75kVA	台班	165.38	—	0.110	—
	轮胎式起重机 16t	台班	570.70	0.180	0.180	—
	钢筋弯曲机 40	台班	16.48	0.420	0.140	—
	电焊条烘干箱 45cm×35cm×45cm	台班	12.10	0.034	0.067	—
	汽车式起重机 12t	台班	678.45	—	—	0.320
	交流弧焊机 40kVA	台班	159.51	—	—	0.790

表 9-2-15 预制构件二次运输 （计量单位：10m³）

工作内容：设置一般支架（垫木条）、装车绑扎、运输、卸车堆放、支垫稳固等。

定额编号				A20-5	A20-6
项目				Ⅲ类预制混凝土构件	
				运距（≤1km）	场内每增减 0.5km
全费用/元				3 201.65	192.62
其中	人工费/元			286.16	17.76
	材料费/元			362.09	17.85
	机械费/元			1 047.04	64.53
	费用/元			1 189.08	73.39
	增值税/元			317.28	19.09
名称		单位	单价/元	数量	
人工	普工	工日	92.00	1.374	0.085
	技工	工日	142.00	1.125	0.070
材料	板枋材	m³	2 479.49	0.021	—
	钢丝绳	kg	6.61	0.250	—
	镀锌铁丝 φ4.0	kg	4.28	2.400	—
	钢支架摊销	kg	3.85	2.130	—
	柴油[机械]	kg	5.26	55.113	3.394
机械	平板拖车组 20t	台班	769.94	0.750	0.046
	汽车式起重机 30t	台班	939.17	0.500	0.031

从表 9－2－5～表 9－2－15 可以看出定额项目表的内容主要有工作内容、定额编号、计量单位、基价(或全费用)、人工费、材料费、机械费、费用、增值税等。

(1)工作内容:在正常施工条件下,省内大多数施工企业按照施工规范和操作规程所采用的施工方法。定额的工作内容中已说明了主要施工工序,次要工序虽未说明,均已包含在消耗量内。例如表 9－2－8 用回旋钻机钻孔完成 $10m^3$ 灌注桩的施工工作内容包括:护筒埋设及拆除;造浆;准备钻具,钻机就位;钻孔、出渣、提钻、压浆、清孔等。完成这些工作所需的人工、材料、机械消耗量均包括在定额内。

(2)定额编号:定额编号表示了某定额子目在基价表中的具体位置,便于查询。例如表 9－2－15中二次运输Ⅲ类预制混凝土构件(运距不大于 1km)这个定额子目的定额编号为 A20－5,A 代表《湖北省房屋建筑与装饰工程消耗量定额及全费用基价表》(2018 版)这册,20 代表第二十章成品构件二次运输,5 代表该定额子目在本章的序号。

(3)计量单位:计量单位一般根据分项工程或结构构件的特征及变化规律来确定。当物体的断面形状一定而长度不定时,宜采用米为计量单位,如楼梯栏杆等。当物体有一定厚度,而长度和宽度变化不定时,宜采用平方米为计量单位,如墙面、楼地面等。当物体的长、宽、高均变化不定时,宜采用立方米为计量单位,如土方、混凝土工程等。有的分项工程虽然长、宽、高都变化不大,但质量和价格差异却很大,这时宜采用吨或千克为计量单位,如钢筋等。在基价表中一般都采用扩大计量单位,如 100m、$100m^2$、$10m^3$ 等。例如表 9－2－8 中 G3－66 这个定额子目里用回转钻机钻孔完成每 $10m^3$ 灌注桩需要消耗电焊条烘干箱 0.002 台班。如果把计量单位改为 m^3,则电焊条烘干箱的消耗量就变成了 0 台班,这个就与实际情况明显不符了。

(4)基价:是指完成一定计量单位的工程项目所需要的综合预算单价。在《湖北省建设工程公共专业消耗量定额及全费用基价表》(2018 版)里采用的是全费用基价。全费用基价＝人工费＋材料费＋机械费＋费用＋增值税。

(5)费用:《湖北省建设工程公共专业消耗量定额及全费用基价表》(2018 版)里费用包括总价措施项目费、企业管理费、利润、规费。各项费用是以人工费与施工机具使用费之和为计费基数,按相应费率计取。

四、建设工程基价表的应用

各地区的基价表是编制招标控制价、施工图预算、工程竣工结算、设计概算及投资估算的依据,是建设工程实行工程量清单计价的基础,是企业投标报价、内部管理和核算的重要参考。各地区基价表中的消耗量是完成规定计量单位的合格产品所需的人工、材料、机械台班的数量标准,是按正常施工条件省内大多数施工企业采用的施工方法、机械化程度和合理的劳动组织及工期进行编制的,反映了社会平均消耗量水平。国家或省级、行业建设主管部门颁发的计价定额(即各地区的基价表)和计价办法(即各地区的费用定额)是编制招标控制价的重要依据之一,据此计算得到的招标控制价不能上调或下浮。使用建设工程基价表时,通常会遇到以下 3 种情况,即直接套用、换算和补充。

1. 基价表的直接套用

在应用基价表时,要认真阅读和掌握基价表的总说明、各分部工程说明以及附注说明等，了解基价表的适用范围、已经考虑和没有考虑的因素。设计要求与定额子目的内容相一致时，可直接套用定额子目的基价及各消耗量，计算该分项工程的费用和各消耗量。例如表9-2-6中打送预制钢筋混凝土方桩按桩长分成了4个定额子目，在套用前要对工作内容、技术特征、施工方法、材料规格等仔细核对，再选择套用相应的定额子目。

2. 基价表的换算

当设计要求与基价表的工作内容、材料规格、施工方法等不完全相同时，则不能直接套用，而应根据基价表里的总说明、分部工程说明等有关规定，对定额子目进行换算。除规定允许调整、换算外，一般不得因具体工程的人工、材料、机械消耗与基价表规定不同而改变消耗量。基价表中的人工工日数量、单价及人工拆分比例，各地不得自行调整。基价表中机械的类别、名称、规格型号为统一划分，除另有说明外，实际采用机械与基价表不同且基价表配置机械能够完成定额子目的工作内容时，不允许换算。以下仅对混凝土的换算方法进行说明。

基价表中混凝土按常用强度等级考虑，设计强度等级不同时可以换算。换算后的基价＝原基价＋(换算后的混凝土单价－基价表中的混凝土单价)×混凝土消耗量。在编制招标控制价时，换算后的混凝土单价按各地造价管理部门定期发布的材料信息价取定。在计算投标报价时，换算后的混凝土单价由各投标人自行确定。

3. 基价表的补充

当分项工程的设计要求与基价表中的条件完全不相符时，或者由于设计采用新结构、新材料及新的施工工艺，在基价表中没有这类项目，属于定额缺项时，可编制补充定额子目。各地建设工程造价管理机构负责收集、补充这些基价表中未列的项目，并报各省建设工程标准定额管理总站备案。

第三节　工程量清单与招标控制价

一、工程量清单

中华人民共和国住房和城乡建设部于2012年12月25日发布第1567、1568、1571、1569、1576、1575、1570、1572、1573、1574号公告，批准《建设工程工程量清单计价规范》(GB 50500—2013)以及《房屋建筑与装饰工程工程量计算规范》(GB 50854—2013)、《仿古建筑工程工程量计算规范》(GB 50855—2013)、《通用安装工程工程量计算规范》(GB 50856—2013)、《市政工程工程量计算规范》(GB 50857—2013)、《园林绿化工程工程量计算规范》(GB 50858—2013)、《矿山工程工程量计算规范》(GB 50859—2013)、《构筑物工程工程量计算规范》(GB 50860—2013)、《城市轨道交通工程工程量计算规范》(GB 50861—2013)、《爆破工程工程量计算规范》(GB 50862—2013)为国家标准，自2013年7月1日起实施。该系列规范是以《建设工程工程量清单计价规范》(GB 50500—2013)为母规范，各专业工程工程量计算规范与其配套使用的工程计价、计量标准体系。

《建设工程工程量清单计价规范》(GB 50500—2013)适用于建设工程发承包及实施阶段的计价活动，其中下列内容为强制性条文，必须严格执行：使用国有资金投资的建设工程发承包，必须采用工程量清单计价。工程量清单应采用综合单价计价。措施项目中的安全文明施工费必须按国家或省级、行业建设主管部门的规定计算，不得作为竞争性费用。规费和税金必须按国家或省级、行业建设主管部门的规定计算，不得作为竞争性费用。建设工程发承包，必须在招标文件、合同中明确计价中的风险内容及其范围，不得采用无限风险、所有风险或类似语句规定计价中的风险内容及范围。招标工程量清单必须作为招标文件的组成部分，其准确性和完整性应由招标人负责。分部分项工程项目清单必须载明项目编码、项目名称、项目特征、计量单位和工程量。分部分项工程项目清单必须根据相关工程现行国家计量规范规定的项目编码、项目名称、项目特征、计量单位和工程量计算规则进行编制。措施项目清单必须根据相关工程现行国家计量规范的规定编制。国有资金投资的建设工程招标，招标人必须编制招标控制价。投标报价不得低于工程成本。投标人必须按招标工程量清单填报价格。项目编码、项目名称、项目特征、计量单位、工程量必须与招标工程量清单一致。工程量必须按照相关工程现行国家计量规范规定的工程量计算规则计算。工程量必须以承包人完成合同工程应予计量的工程量确定。工程完工后，发承包双方必须在合同约定时间内办理工程竣工结算。

根据《中华人民共和国招标投标法》第三条、《建设工程工程量清单计价规范》(GB 50500—2013)第3.1.1条、第5.1.1条可知国有资金投资的建设工程必须采用工程量清单计价方式进行招标，必须编制招标控制价。招标文件里必须包括招标工程量清单。招标工程量清单是招标人依据国家标准、招标文件、设计文件以及施工现场实际情况编制的，随招标文件发布供投标报价的工程量清单，包括其说明和表格。工程量清单是载明建设工程分部分项工程项目、措施项目、其他项目的名称和相应数量以及规费、税金项目等内容的明细清单。《建设工程工程量清单计价规范》(GB 50500—2013)和各专业工程工程量计算规范是编制工程量清单的重要依据。

《房屋建筑与装饰工程工程量计算规范》(GB 50854—2013)适用于工业与民用的房屋建筑与装饰工程发承包及实施阶段计价活动中的工程计量和工程量清单编制，其中下列内容为强制性条文，必须严格执行：房屋建筑与装饰工程计价，必须按本规范规定的工程量计算规则进行工程计量。工程量清单应根据附录规定的项目编码、项目名称、项目特征、计量单位和工程量计算规则进行编制。工程量清单的项目编码，应采用12位阿拉伯数字表示，1～9位应按附录的规定设置，10～12位应根据拟建工程的工程量清单项目名称和项目特征设置，同一招标工程的项目编码不得有重码。工程量清单的项目名称应按附录的项目名称结合拟建工程的实际确定。工程量清单项目特征应按附录中规定的项目特征，结合拟建工程项目的实际予以描述。工程量清单中所列工程量应按附录中规定的工程量计算规则计算。工程量清单的计量单位应按附录中规定的计量单位确定。措施项目中列出了项目编码、项目名称、项目特征、计量单位、工程量计算规则的项目，编制工程量清单时，应按照本规范4.2分部分项工程的规定执行。

《房屋建筑与装饰工程工程量计算规范》(GB 50854—2013)第3.0.3条规定，本规范附录中有两个或两个以上计量单位的，应结合拟建工程项目的实际情况，确定其中一个为计量单位。同一工程项目的计量单位应一致。

《房屋建筑与装饰工程工程量计算规范》(GB 50854—2013)第3.0.4条规定,工程计量时每一项目汇总的有效位数应遵循下列规定:以“t”为单位,应保留小数点后三位数字,第四位小数四舍五入;以“m”“m^2”“m^3”“kg”为单位,应保留小数点后两位数字,第三位小数四舍五入;以“个”“件”“根”“组”“系统”为单位,应取整数。

《房屋建筑与装饰工程工程量计算规范》(GB 50854—2013)第4.1.3条规定,编制工程量清单出现附录中未包括的项目,编制人应做补充,并报省级或行业工程造价管理机构备案,省级或行业工程造价管理机构应汇总报住房和城乡建设部标准定额研究所。补充项目的编码由本规范的代码01与B和3位阿拉伯数字组成,并应从01B001起顺序编制,同一招标工程的项目不得重码。补充的工程量清单需附有补充项目的名称、项目特征、计量单位、工程量计算规则、工作内容。不能计量的措施项目,需附有补充项目的名称、工作内容及包含范围。

桩基础工程在《房屋建筑与装饰工程工程量计算规范》(GB 50854—2013)中位于附录C,其工程量清单项目设置、项目特征描述的内容、计量单位及工程量计算规则详见表9-3-1和表9-3-2。

表9-3-1 打桩(编号:010301)

项目编码	项目名称	项目特征	计量单位	工程量计算规则	工作内容
010301001	预制钢筋混凝土方桩	1. 地层情况 2. 送桩深度、桩长 3. 桩截面 4. 桩倾斜度 5. 沉桩方法 6. 接桩方式 7. 混凝土强度等级	1. m 2. m^3 3. 根	1. 以米计量,按设计图示尺寸以桩长(包括桩尖)计算 2. 以立方米计算,按设计图示截面积乘以桩长(包括桩尖)以实体积计算 3. 以根计量,按设计图示数量计算	1. 工作平台搭拆 2. 桩机竖拆、移位 3. 沉桩 4. 接桩 5. 送桩
010301002	预制钢筋混凝土管桩	1. 地层情况 2. 送桩深度、桩长 3. 桩外径、壁厚 4. 桩倾斜度 5. 沉桩方法 6. 桩尖类型 7. 混凝土强度等级 8. 填充材料种类 9. 防护材料种类			1. 工作平台搭拆 2. 桩机竖拆、移位 3. 沉桩 4. 接桩 5. 送桩 6. 桩尖制作安装 7. 填充材料、刷防护材料

续表 9-3-1

项目编码	项目名称	项目特征	计量单位	工程量计算规则	工作内容
010301003	钢管桩	1. 地层情况 2. 送桩深度、桩长 3. 材质 4. 管径、壁厚 5. 桩倾斜度 6. 沉桩方法 7. 填充材料种类 8. 防护材料种类	1. t 2. 根	1. 以吨计量，按设计图示尺寸以质量计算 2. 以根计量，按设计图示数量计算	1. 工作平台搭拆 2. 桩机竖拆、移位 3. 沉桩 4. 接桩 5. 送桩 6. 切割钢管、精割盖帽 7. 管内取土 8. 填充材料、刷防护材料
010301004	截(凿)桩头	1. 桩类型 2. 桩头截面、高度 3. 混凝土强度等级 4. 有无钢筋	1. m^3 2. 根	1. 以立方米计算，按设计桩截面乘以桩头长度以体积计算 2. 以根计量，按设计图示数量计算	1. 截(切割)桩头 2. 凿平 3. 废料外运

注：
①地层情况按 GB 50854—2013 表 A.1-1 和表 A.2-1 的规定，并根据岩土工程勘察报告按单位工程各地层所占比例(包括范围值)进行描述。对无法准确描述的地层情况，可注明由投标人根据岩土工程勘察报告自行决定报价；
②项目特征中的桩截面、混凝土强度等级、桩类型等可直接用标准图代号或设计桩型进行描述；
③预制钢筋混凝土方桩、预制钢筋混凝土管桩项目以成品桩编制，应包括成品桩购置费，如果用现场预制，应包括现场预制桩的所有费用；
④打试验桩和打斜桩应按相应项目单独列项，并应在项目特征中注明试验桩或斜桩(斜率)；
⑤截(凿)桩头项目适用于 GB 50854—2013 附录 B、附录 C 所列桩的桩头截(凿)；
⑥预制钢筋混凝土管桩桩顶与承台的连接构造按 GB 50854—2013 规范附录 E 相关项目列项。

表 9-3-2　灌注桩(编号:010302)

项目编码	项目名称	项目特征	计量单位	工程量计算规则	工作内容
010302001	泥浆护壁成孔灌注桩	1. 地层情况 2. 空桩长度、桩长 3. 桩径 4. 成孔方法 5. 护筒类型、长度 6. 混凝土种类、强度等级	1. m 2. m^3 3. 根	1. 以米计量，按设计图示尺寸以桩长(包括桩尖)计算 2. 以立方米计量，按不同截面在桩上范围内以体积计算 3. 以根计量，按设计图示数量计算	1. 护筒埋设 2. 成孔、固壁 3. 混凝土制作、运输、灌注、养护 4. 土方、废泥浆外运 5. 打桩场地硬化及泥浆池、泥浆沟

续表 9-3-2

项目编码	项目名称	项目特征	计量单位	工程量计算规则	工作内容
010302002	沉管灌注桩	1. 地层情况 2. 空桩长度、桩长 3. 复打长度 4. 桩径 5. 沉管方法 6. 桩尖类型 7. 混凝土种类、强度等级	1. m 2. m^3 3. 根	1. 以米计量，按设计图示尺寸以桩长(包括桩尖)计算 2. 以立方米计量，按不同截面在桩上范围内以体积计算 3. 以根计量，按设计图示数量计算	1. 打(沉)拔钢管 2. 桩尖制作、安装 3. 混凝土制作、运输、灌注、养护
010302003	干作业成孔灌注桩	1. 地层情况 2. 空桩长度、桩长 3. 桩径 4. 扩孔直径、高度 5. 成孔方法 6. 混凝土种类、强度等级	1. m 2. m^3 3. 根	1. 以米计量，按设计图示尺寸以桩长(包括桩尖)计算 2. 以立方米计量，按不同截面在桩上范围内以体积计算 3. 以根计量，按设计图示数量计算	1. 成孔、扩孔 2. 混凝土制作、运输、灌注、振捣、养护
010302004	挖孔桩土(石)方	1. 地层情况 2. 挖孔深度 3. 弃土(石)运距	m^3	按设计图示尺寸(含护壁)截面积乘以挖孔深度以立方米计算	1. 排地表水 2. 挖土、凿石 3. 基底钎探 4. 运输
010302005	人工挖孔灌注桩	1. 桩芯长度 2. 桩芯直径、扩底直径、扩底高度 3. 护壁厚度、高度 4. 护壁混凝土种类、强度等级 5. 桩芯混凝土种类、强度等级	1. m^3 2. 根	1. 以立方米计量，按桩芯混凝土体积计算 2. 以根计量，按设计图示数量计算	1. 护壁制作 2. 混凝土制作、运输、灌注、振捣、养护
010302006	钻孔压浆桩	1. 地层情况 2. 空钻长度、桩长 3. 钻孔直径 4. 水泥强度等级	1. m 2. 根	1. 以米计量，按设计图示尺寸以桩长计算 2. 以根计量，按设计图示数量计算	钻孔、下注浆管、投放骨料、浆液制作、运输、压浆

续表 9-3-2

项目编码	项目名称	项目特征	计量单位	工程量计算规则	工作内容
010302007	灌注桩后压浆	1. 注浆导管材料、规格 2. 注浆导管长度 3. 单孔注浆量 4. 水泥强度等级	孔	按设计图示以注浆孔数计算	1. 注浆导管制作、安装 2. 浆液制作、运输、压浆

注：

①地层情况按 GB 50854—2013 规范表 A.1-1 和表 A.2-1 的规定，并根据岩土工程勘察报告按单位工程各地层所占比例(包括范围值)进行描述。对无法准确描述的地层情况，可注明由投标人根据岩土工程勘察报告自行决定报价；

②项目特征中的桩长应包括桩尖，空桩长度＝孔深－桩长，孔深为自然地面至设计桩底的深度；

③项目特征中的桩截面(桩径)、混凝土强度等级、桩类型等可直接用标准图代号或设计桩型进行描述；

④泥浆护壁成孔灌注桩是指在泥浆护壁条件下成孔，采用水下灌注混凝土的桩。其成孔方法包括冲击钻成孔、冲抓锥成孔、回旋钻成孔、潜水钻成孔、泥浆护壁的旋挖成孔等；

⑤沉管灌注桩的沉管方法包括锤击沉管法、振动沉管法、振动冲击沉管法、内夯沉管法等；

⑥干作业成孔灌注桩是指不用泥浆护壁和套管护壁的情况下，用钻机成孔后，下钢筋笼，灌注混凝土的桩，适用于地下水水位以上的土层使用。其成孔方法包括螺旋钻成孔、螺旋钻成孔扩底、干作业的旋挖成孔等；

⑦混凝土种类：是指清水混凝土、彩色混凝土、水下混凝土等，如在同一地区既使用预拌(商品)混凝土，又允许现场搅拌混凝土时，也应注明(下同)；

⑧混凝土灌注桩的钢筋笼制作、安装按 GB 50854—2013 规范附录 E 中相关项目编码列项。

二、招标控制价

招标控制价是招标人根据国家或省级、行业建设主管部门颁发的有关计价依据和办法，以及拟定的招标文件和招标工程量清单，结合工程具体情况编制的招标工程的最高投标限价。招标控制价应根据下列依据编制与复核，不应上调或下浮：①建设工程工程量清单计价规范；②国家或省级、行业建设主管部门颁发的计价定额和计价办法；③建设工程设计文件及相关资料；④拟定的招标文件及招标工程量清单；⑤与建设项目相关的标准、规范、技术资料；⑥施工现场情况、工程特点及常规施工方案；⑦工程造价管理机构发布的工程造价信息，当工程造价信息没有发布时，参照市场价；⑧其他的相关资料。

编制桩基础工程招标控制价的具体步骤和方法如下。

1. 收集、熟悉编制桩基础工程招标控制价的基础文件和资料

1)收集编制桩基础工程招标控制价的基础文件和资料

(1)施工图纸、说明书和有关标准图集：施工图纸是确定计算项目、计算工程量的主要依据。计算工程造价时必须具备经建设单位、设计单位和施工单位共同会审的全套施工图纸和设计变更通知单，要有经上述三方签章的图纸会审记录以及有关的标准图集。

(2)施工组织设计或施工方案：施工组织设计是确定单位工程进度计划、施工方法、主要技术措施以及施工现场平面布置等内容的文件。它确定了土方和深基础的施工方法；钢筋混凝土构件、木结构构件、金属构件是现场就地制作还是购买成品，运距多少；构件吊装的施工方法，采用何种大型机械等。

(3)基价表及各地区信息价：各地区现行的基价表是编制招标控制价时确定分项工程造价，计算各项费用，确定人工、材料和机械等实物消耗量的主要依据。各地区造价管理部门定期发布的信息价客观反映了相应时间段内各地建筑材料价格的社会平均综合水平，也是编制招标控制价的依据之一。

(4)建筑安装工程费用定额(即取费标准)：费用定额里规定了建筑安装工程费用项目的组成、各项费用的计算方法和单位工程造价的计算程序。

(5)预算工作手册：计算工程量时要用到一系列的计算公式、数据和其他有关资料，如钢筋及型钢的单位理论质量，各种形体体积的计算公式，各种材料容重等。将这些资料汇编成手册，以备查用，可以加快工程量的计算速度。

(6)招标文件及招标工程量清单：招标文件里的招标内容、项目性质、技术要求等会对招标控制价的高低产生影响。招标工程量清单是招标人依据国家标准、招标文件、设计文件以及施工现场实际情况编制的，随招标文件发布的载明建设工程分部分项工程项目、措施项目、其他项目的名称和相应数量以及规费、税金项目等内容的明细清单。

2)熟练掌握工程量清单计价系列规范及各地基价表

要熟悉《建设工程工程量清单计价规范》(GB 50500—2013)，对工程量清单计价有一个总体的了解。要认真阅读《房屋建筑与装饰工程工程量计算规范》(GB 50854—2013)中各分项工程的工程量计算规则、项目特征、工作内容等。因为工程量清单中分项工程的综合性更强，常包含了各地基价表中的多个定额子目，所以在计算分项工程综合单价时要注意对比各专业工程工程量计算规范与各地基价表中的工作内容。例如，[例 9－3－1]打预制钢筋混凝土方桩在《房屋建筑与装饰工程工程量计算规范》(GB 50854—2013)中对应着项目编码前 9 位为 010301001 的这个分项工程，查表 9－3－1 中打预制钢筋混凝土方桩的 5 条工作内容可发现与表 9－1－9、表 9－2－6、表 9－2－7 的工作内容相匹配，在计算打预制钢筋混凝土方桩的综合单价时就要把这 3 个表中相应的 G3－2、G3－6、G3－17 这 3 个定额子目的费用综合进来。

3)熟悉设计图纸和设计说明书

设计图纸和设计说明书是编制招标控制价的重要资料。图纸和说明书反映了工程的构造、材料品种及其规格、尺寸等内容，为计算各分项工程工程量、选择套用定额子目等提供了重要数据。因此，必须对设计图纸和设计说明书进行认真阅读和审查。

熟悉图纸和说明书的重点，是检查图纸是否齐全，设计要采用的标准图集是否具备，图示尺寸是否有误，建筑图、结构图、细部大样和各图纸之间是否相互对应。如有设计变更通知单，属于全局变更的，应装订在图纸前面，属于局部变更的，则列在有关变更部分的图纸前面。如果设计图纸和设计说明书的规定要求与基价表内容不符，或材料品种、规格不同及定额缺项，则应按基价表的规定把要换算的或补充的分项工程记录下来，以便编制招标控制价时进行换算调整或补充。

4)了解和掌握施工组织设计的有关内容

编制桩基础工程招标控制价时要了解施工组织设计的有关内容，如地貌、土质、水文、施工条件、施工方法、施工进度安排、技术组织措施、施工机械、设备、材料供应情况以及施工现场的总平面布置、自然地坪标高、挖土方式、吊装机械的选用等情况，使编制出的招标控制价符合施工实际。

2. 划分和确定分部分项工程的分项及名称

《房屋建筑与装饰工程工程量计算规范》(GB 50854—2013)是按照工程实体的原则来划分每个分项的，即划分项目对象所消耗的劳动和资源直接凝结于建筑工程产品的部分。前面已经以打预制钢筋混凝土方桩为例进行过讲解，这里不再赘述。对于有一定的施工经验、了解施工的全过程、熟悉清单计价规范和设计图纸的人，可以按照施工的先后顺序列出需要计算的分部分项工程项目的清单。对于初学者，可以按照《房屋建筑与装饰工程工程量计算规范》(GB 50854—2013)中的分部分项顺序列项，即按照章节、子项的顺序由前到后、逐项对照，规范中清单项目内容与图纸设计内容一致的即是需要计算的分部分项工程。这种方法要求预算人员熟悉设计图纸，有较好的工程设计基础知识，同时还应注意工程图纸是按使用要求设计的，千变万化，有些设计还采用了新工艺、新技术和新材料，或有些零星项目在规范里没有列出，这些就需要单列出来，待后面进行补充。

3. 拟定项目特征的描述

分部分项工程和单价措施项目清单与计价表设有项目特征描述专栏。分部分项工程量清单项目特征是确定一个清单项目综合单价的重要依据，编制的工程量清单中必须对其项目特征进行准确和全面的描述。项目特征的描述是对投标人确定综合单价、采用施工材料和施工方法及其相应施工辅助措施工作的指引。但是有的项目特征用文字往往难以准确和全面地描述清楚，为达到规范、简洁、准确、全面描述项目特征的要求，描述项目特征时应按以下原则进行：项目特征描述的内容按《房屋建筑与装饰工程工程量计算规范》(GB 50854—2013)附录规定的内容进行，项目特征的表述应符合拟建工程的实际情况及要求，以满足确定综合单价的需要为前提；对采用标准图集或设计图纸能够全部或部分满足项目特征描述要求的，项目特征描述可直接采用“详见××标准图集或××图号”的方式，对不能满足项目特征描述要求的部分，仍应用文字描述进行补充。

4. 计算分部分项工程和单价措施项目清单分项的工程量

计算分部分项工程和单价措施项目清单中各分项的工程量也是编制招标控制价的一个重要步骤，应按《房屋建筑与装饰工程工程量计算规范》(GB 50854—2013)规定的工程量计算规则进行计算。桩基础工程的清单工程量计算规则参见表 9-3-1 和表 9-3-2。

需要注意的是，按照《建设工程工程量清单计价规范》(GB 50500—2013)及 9 本配套的各专业工程工程量计算规范计算出来的工程量称为清单工程量，按照计算价格、费用时所使用的各地区基价表中的工程量计算规则计算出来的工程量称为计价工程量。有些分部分项工程和单价措施项目的清单工程量与计价工程量不同，但是完成同一个分部分项工程或单价措施项目的费用是相同的，并不会因为工程量计算规则不同而有差异。

5. 编制措施项目清单

措施项目清单必须根据相关工程现行国家计量规范的规定编制，应根据拟建工程的实际情况列项。在《湖北省建筑安装工程费用定额》(2018 版)中列举了安全文明施工费、夜间施工增加费、二次搬运费、冬雨季施工增加费、工程定位复测费 5 项总价措施项目费，已完工程及设备保护费及其他详见各专业工程工程量计算规范的单价措施项目费。

6. 编制其他项目工程量清单

其他项目工程量清单应按照下列内容列项：暂列金额；暂估价，包括材料暂估单价、工程设备暂估单价、专业工程暂估价；计日工；总承包服务费。暂列金额应根据工程特点按有关计价规定估算。暂估价中的材料、工程设备暂估单价应根据工程造价信息或参照市场价格估算，列出明细表；专业工程暂估价应分不同专业，按有关计价规定估算，列出明细表。计日工应列出项目名称、计量单位和暂估数量。总承包服务费应列出服务项目及其内容等。出现前面未列的项目，应根据工程实际情况补充。

7. 编制规费、税金项目清单

规费和税金作为政府和有关权力部门规定的必须缴纳的费用，政府和有关权力部门可根据形势发展的需要对规费和税金项目进行调整。《湖北省建筑安装工程费用定额》(2018 版)中的规费包括社会保险费、住房公积金、工程排污费 3 项，税金包括增值税这 1 项。

8. 计算分部分项工程及单价措施项目综合单价

对于湖北省的工程项目，可以按照表 9-1-10、表 9-1-5、表 9-1-6 的规定计算综合单价。计算综合单价时要注意工程量清单中分项工程的综合性更强，常包含了各地基价表中的多个定额子目，所以在计算综合单价时要注意对比各专业工程工程量计算规范与各地基价表中的工作内容。前面已经以打预制钢筋混凝土方桩为例进行过讲解，这里不再赘述。

9. 计算招标控制价

将分部分项工程和单价措施项目清单中各项目的工程量乘以对应的综合单价，再汇总，得到分部分项工程和单价措施项目费。对于湖北省的工程项目，可以按照表 9-1-11、表 9-1-3、表 9-1-4 的规定计算总价措施项目费，按照表 9-1-12 的规定计算其他项目费，按照表 9-1-13、表 9-1-7、表 9-1-8 的规定计算规费和增值税，最后得到招标控制价。

10. 校核

桩基础工程的招标控制价计算出来后，必须由有关人员对编制的各项内容进行检查核对，以便及时发现差错，提高造价计算的准确性。在核对中，应对所列项目、工程量计算公式、各项数据、套用的清单分项和基价表中的定额子目、取费标准等进行全面核对。

11. 编制说明、填写封面

总说明应按下列内容填写：①工程概况：建设规模、工程特征、计划工期、施工现场实际情况、自然地理条件、环境保护要求等；②工程招标和专业工程发包范围；③编制依据；④工程质量、材料、施工等的特殊要求；⑤其他需要说明的问题。

封面应写明工程名称、招标人、造价咨询人、编制日期。

扉页应写明工程名称、招标控制价(大写及小写)、招标人及其法定代表人或其授权人、造价咨询人及其法定代表人或其授权人、编制人、复核人、编制日期、复核日期。

最后把封面、扉页、总说明、单位工程招标控制价汇总表、分部分项工程和单价措施项目清单与计价表、综合单价分析表、总价措施项目清单与计价表、其他项目清单与计价汇总表、规费、税金项目计价表等资料汇总装订成册,请有关单位和人员审阅、签字、盖章后,桩基础工程的招标控制价才最后完成。

三、桩基础工程招标控制价实例

桩基础工程为分部工程,在《湖北省建设工程公共专业消耗量定额及全费用基价表》(2018 版)中位于第三章,其分项项目划分见表 9-3-3。

在编制桩基础工程招标控制价时,正确确定每一个清单分项所包含的定额子目,不漏算、重复计算、错算工程量等是确保造价准确的重要环节。

表 9-3-3 《湖北省建设工程公共专业消耗量定额及全费用基价表》(2018 版)中桩基础工程分项项目划分表

序号	分类		分项工程		定额子目编号	计量单位
1	打桩	预制钢筋混凝土方桩	打桩	打桩	G3-1～G3-4	$10m^3$
				送桩	G3-5～G3-8	$10m^3$
			静力压桩	压桩	G3-9～G3-12	$10m^3$
				送桩	G3-13～G3-16	$10m^3$
			接桩		G3-17～G3-18	10 根
2		预制钢筋混凝土板桩	打桩		G3-19～G3-22	$10m^3$
3		预应力钢筋混凝土管桩	打桩	打桩	G3-23～G3-26	100m
				送桩	G3-27～G3-30	100m
			静力压桩	压桩	G3-31～G3-34	100m
				送桩	G3-35～G3-38	100m
4		钢管桩	打桩		G3-39～G3-44	10t
			接桩		G3-45～G3-47	10 个
			钢管桩内切割		G3-48～G3-50	10 根
			钢管桩精割盖帽		G3-51～G3-53	10 个
			钢管内取土、填芯		G3-54～G3-57	$10m^3$
5		截(凿)桩头	预制钢筋混凝土桩截桩		G3-58～G3-59	10 根
			灌注桩凿桩头		G3-60～G3-61	$10m^3$
			桩头钢筋整理		G3-62	10 根

续表 9-3-3

序号	分类		分项工程	定额子目编号	计量单位
6	灌注桩	回旋钻机成孔灌注桩	钻孔	G3-63～G3-98	$10m^3$
7		旋挖钻机成孔灌注桩	钻孔	G3-99～G3-110	$10m^3$
8		冲击成孔机成孔灌注桩	成孔	G3-111～G3-126	$10m^3$
9		转盘式钻孔桩机成孔灌注桩	钻孔	G3-127～G3-133	$10m^3$
10		沉管成孔灌注桩	成孔	G3-134～G3-138	$10m^3$
11		螺旋钻机成孔灌注桩	钻孔	G3-139～G3-140	$10m^3$
12		泥浆池建造、拆除	泥浆池建造、拆除	G3-141	$10m^3$
13		人工挖孔灌注桩	成孔	G3-142～G3-149	$10m^3$
			桩芯混凝土	G3-150	$10m^3$
14		机械成孔桩灌注混凝土	桩芯混凝土	G3-151～G3-155	$10m^3$
15		钻孔压浆桩	钻孔压浆桩	G3-156～G3-158	100m
16		灌注桩后压浆	灌注桩后压浆	G3-159～G3-163	100m10t

[例 9-3-1]从设计图纸可知，位于湖北某地的某桩基础工程有 42 根 400mm×400mm 预制钢筋混凝土方桩，设计桩长(包括桩尖)为 18m。每根桩有一个接头(采用焊接接桩)，每根桩需送入土中 1.2m。配备一台锤重 5t 的履带式柴油打桩机和起重量 15t 的履带式起重机。预制桩场内运输距离按 400m 以内计算。本例题中暂不考虑风险因素，暂不考虑其他项目费。请分别采用工程量清单计价、全费用基价表清单计价计算该打桩工程的招标控制价。

[解]

1. 采用工程量清单计价计算该打桩工程的招标控制价

1)进行工程项目划分

根据题目条件该桩基础工程分部分项工程和单价措施项目清单包括《房屋建筑与装饰工程工程量计算规范》(GB 50854—2013)附录 C 中打预制钢筋混凝土方桩(项目编码为 010301001001)、附录 S 中大型机械设备进出场及安拆(项目编码为 011705001001)，还要补充一个预制钢筋混凝土方桩二次运输(项目编码为 01B001)的单价措施项目。

2)按工程量计算规则计算各分项工程量

根据表 9-3-1 中介绍的工程量计算规则进行计算，可以选择以 m、m^3、根为计量单位，本例题里以 m^3 为计量单位。

打预制钢筋混凝土方桩清单工程量＝设计图示截面积×桩长(包括桩尖)×根数

＝(0.4×0.4)×18×42＝120.96(m^3)

查阅《湖北省建设工程公共专业消耗量定额及全费用基价表》(2018 版)第五章，可知锤重 5t 的履带式柴油打桩机需要计算大型机械安拆及场外运输费用。根据《房屋建筑与装饰工程工程量计算规范》(GB 50854—2013)附录 S 措施项目中表 S.5 的规定，大型机械设备进出场及安拆的工程量计量单位为台次，按机械设备的数量计算工程量。

大型机械设备进出场及安拆清单工程量＝机械设备数量＝1 台次

查阅《湖北省房屋建筑与装饰工程消耗量定额及全费用基价表(装饰·措施)》(2018 版)第二十章，可知预制钢筋混凝土方桩二次运输计价工程量的计算规则是按图示尺寸以体积计算，不扣除构件内钢筋、铁件及小于 0.3m^2 以内孔洞所占体积。二次运输不计算构件运输废品率。根据《房屋建筑与装饰工程工程量计算规范》(GB 50854—2013)第 4.1.3 条规定，为简化计算，把该补充项目的清单工程量计算规则取为与湖北省基价表中的计价工程量计算规则相同。

预制钢筋混凝土方桩二次运输清单工程量＝预制钢筋混凝土方桩体积＝120.96(m^3)

填写分部分项工程和单价措施项目清单与计价表，见表 9－3－4。

表 9－3－4　分部分项工程和单价措施项目清单与计价表

工程名称：某桩基础工程　　　　标段：1　　　　第 1 页共 1 页

<table>
<tr><th rowspan="3">序号</th><th rowspan="3">项目编码</th><th rowspan="3">项目名称</th><th rowspan="3">项目特征描述</th><th rowspan="3">计量单位</th><th rowspan="3">工程量</th><th colspan="3">金额/元</th></tr>
<tr><th rowspan="2">综合单价</th><th rowspan="2">合价</th><th>其中</th></tr>
<tr><th>暂估价</th></tr>
<tr><td>1</td><td>010301001001</td><td>打预制钢筋混凝土方桩</td><td>1. 地层情况：略
2. 送桩深度 1.2m、桩长 18m
3. 桩截面 400mm×400mm
4. 桩倾斜度：无
5. 沉桩方法：打桩
6. 接桩方式：焊接
7. 混凝土强度等级：略</td><td>m^3</td><td>120.96</td><td></td><td></td><td></td></tr>
<tr><td>2</td><td>011705001001</td><td>大型机械设备进出场及安拆</td><td>履带式柴油打桩机 5t</td><td>台次</td><td>1</td><td></td><td></td><td></td></tr>
<tr><td>3</td><td>01B001</td><td>预制钢筋混凝土方桩二次运输</td><td>运距 400m</td><td>m^3</td><td>120.96</td><td></td><td></td><td></td></tr>
<tr><td colspan="7">本页小计</td><td></td><td></td></tr>
<tr><td colspan="7">合计</td><td></td><td></td></tr>
</table>

本桩基础工程的工程量清单应包括封面、扉页、总说明、分部分项工程和单价措施项目清单与计价表、总价措施项目清单与计价表、其他项目清单与计价表、规费、税金项目计价表。本例题中只列举了分部分项工程和单价措施项目清单与计价表，其余省略。

3)套基价表，计算该桩基础工程的招标控制价

根据表 9－3－1 可知工程量清单中打预制钢筋混凝土方桩的工作内容涵盖了《湖北省建设工程公共专业消耗量定额及全费用基价表》(2018 版)中的 G3－2 打预制钢筋混凝土方

桩、G3－6 打送预制钢筋混凝土方桩、G3－17 预制钢筋混凝土桩接桩包角钢等定额子目，大型机械设备进出场及安拆的工作内容涵盖了《湖北省建设工程公共专业消耗量定额及全费用基价表》(2018 版)中 G5－5 履带式柴油打桩机安拆、G5－26 履带式柴油打桩机场外运输等定额子目，预制钢筋混凝土方桩二次运输对应着《湖北省房屋建筑与装饰工程消耗量定额及全费用基价表(装饰・措施)》中 A20－5 这个定额子目。

(1)计算打预制钢筋混凝土方桩综合单价。

《湖北省建设工程公共专业消耗量定额及全费用基价表》(2018 版)中的工程量计算规则与《房屋建筑与装饰工程工程量计算规范》(GB 50854—2013)不完全相同。表 9－3－4 中打预制钢筋混凝土方桩 120.96m^3 就是清单工程量。下面按照本章第二节中介绍的《湖北省建设工程公共专业消耗量定额及全费用基价表》(2018 版)中的工程量计算规则计算计价工程量。

打预制钢筋混凝土方桩计价工程量＝设计桩长(包括桩尖)×桩截面面积×打桩根数

＝18×(0.4×0.4)×42＝120.96(m^3)

送预制钢筋混凝土方桩计价工程量＝(桩送入深度＋0.5m)×桩截面面积×送桩根数

＝(1.2＋0.5)×(0.4×0.4)×42＝11.424(m^3)

接桩计价工程量＝要求接桩头的数量＝42(根)

由于打预制钢筋混凝土方桩计价工程量只有 120.96m^3，小于表 9－2－3 中的 200m^3，属于小型工程，相应项目人工、机械使用量要乘以系数 1.25。

根据湖北省住房和城乡建设厅 2020 年 7 月 15 日发布的《关于调整我省现行建设工程计价依据定额人工单价的通知》(鄂建办〔2020〕42 号)，将现行 2018 版各专业定额人工单价调整为:普工 99 元/工日、技工 152 元/工日、高级技工 227 元/工日。施工机械台班费用定额中的人工单价按技工标准调整。

查询《湖北省施工机具使用费定额》(2018 版)得到各种机械每台班人工消耗量，对人工单价按 152 元/工日进行调整后得到[例 9－3－1]～[例 9－3－3]中调整后的机械台班单价，见表 9－3－5。

表 9－3－5 调整后的机械台班单价

序号	机械名称	人工消耗量/(工日/台班)①	调整前台班单价/(元/台班)②	调整后台班单价/(元/台班)③＝②＋(152－142)×①
1	履带式柴油打桩机 3.5t	2	807.63	827.63
2	履带式柴油打桩机 5t	2	1 500.82	1 520.82
3	振动沉拔桩机 400kN	2	717.38	737.38
4	回旋钻机 1000	2	522.03	542.03
5	履带式起重机 15t	2	555.49	575.49
6	轮胎式起重机 16t	2	570.70	590.70
7	汽车式起重机 12t	2	678.45	698.45

续表 9-3-5

序号	机械名称	人工消耗量/(工日/台班)①	调整前台班单价/(元/台班)②	调整后台班单价/(元/台班)③=②+(152-142)×①
8	汽车式起重机 16t	2	775.63	795.63
9	汽车式起重机 25t	2	897.80	917.80
10	汽车式起重机 30t	2	939.17	959.17
11	载重汽车 8t	1	319.47	329.47
12	载重汽车 15t	1	503.63	513.63
13	载重汽车 20t	1	578.94	588.94
14	平板拖车组 20t	2	769.94	789.94
15	平板拖车组 40t	2	1 099.66	1 119.66
16	泥浆罐车 5000L	1	267.62	277.62
17	干混砂浆罐式搅拌机 20000L	1	187.32	197.32
18	泥浆泵 100	1	174.57	184.57
19	交流弧焊机 32kVA	1	158.9	168.9
20	交流弧焊机 40kVA	1	159.51	169.51
21	直流弧焊机 32kVA	1	165.43	175.43
22	点焊机 75kVA	1	167.44	177.44
23	对焊机 75kVA	1	165.38	175.38

根据《市标准定额管理站关于发布 2020 年 11 月武汉市建设工程价格信息的通知》(武建标定〔2020〕18 号),每月发布的建筑材料综合信息价格是通过市场调查、采集、测算和分析后综合确定,客观地反映当月相应时间段内武汉市建筑材料价格的社会平均综合水平,可作为编制工程投资估算、设计概算、工程预算、招标控制价的依据。建筑企业投标报价、材料采购、工程结算时仅供参考,应根据市场实际情况合理确定价格。经查询 2020 年 11 月武汉市建设工程常用建筑材料综合信息价,对本例题中的柴油、角钢、电的除税价按 4.43 元/千克、3 833.26 元/吨、0.57 元/度进行调整。

根据湖北省住房和城乡建设厅 2019 年 3 月 29 日发布的《关于调整湖北省建设工程计价依据的通知》(鄂建办〔2019〕93 号),增值税税率调整为 9%。

故此,对《湖北省建设工程公共专业消耗量定额及全费用基价表》(2018 版)中相应定额子目的人工费、材料费、机械费、管理费、利润进行调整,计算过程见表 9-3-6,得到调整后的单价,再将调整后的单价乘以对应的计价工程量,汇总得到打预制钢筋混凝土方桩的费用,最后计算综合单价。

表 9-3-6 [例 9-3-1]调整后的单价

费用名称	定额编号		
	G3-2	G3-6	G3-17
人工费/元	99×(1.181×1.25)+152×(2.755×1.25)=669.60	99×(1.712×1.25)+152×(3.995×1.25)=970.91	99×(2.991×1.25)+152×(6.978×1.25)=1695.96
材料费/元	9422.3+(4.43−5.26)×45.194=9384.79	410.31+(4.43−5.26)×65.558=355.90	1220.22+(3.83−3.06)×80+(4.43−5.26)×118.514+(0.57−0.75)×404.016=1110.73
机械费/元	(1520.82×0.63+575.49×0.38)×1.25=1471	(1520.82×0.914+575.49×0.551)×1.25=2133.91	(827.63×1.53+575.49×1.53+169.51×3.04+12.1×0.304)×1.25=3332.20
管理费和利润/元	(669.6+1471)×(28.27%+19.73%)=1027.49	(970.91+2133.91)×(28.27%+19.73%)=1490.31	(1695.96+3332.20)×(28.27%+19.73%)=2413.52
合计	12 552.88 元/10m³	4 951.03 元/10m³	8 552.41 元/10 根

打预制钢筋混凝土方桩费用=12552.88÷10×120.96+4951.03÷10×11.424+8552.41÷10×42
=193415.82(元)

打预制钢筋混凝土方桩的综合单价=按各地区基价表计算得到的费用÷清单工程量
=193415.82÷120.96=1599.01(元/m³)

(2)计算大型机械设备进出场及安拆的综合单价。

先计算调整后的单价,计算过程见表 9-3-7,再计算每个定额子目的计价工程量,得到大型机械设备进出场及安拆的费用,最后计算综合单价。

表 9-3-7 大型机械设备进出场及安拆调整后的单价

费用名称	定额编号	
	G5-5	G5-26
人工费/元	152×9.52=1447.04	152×2.04=310.08
材料费/元	4.43×81.46=360.87	1403.25+(4.43−5.26)×248.122=1197.31
机械费/元	917.8×2=1835.60	917.8×2+513.63×1.5+588.94×0.68+1119.66×0.68=3767.89
管理费和利润/元	(1447.04+1835.60)×(28.27%+19.73%)=1575.67	(310.08+3767.89)×(28.27%+19.73%)=1957.43
合计	5 219.18 元/台次	7 232.71 元/台次

履带式柴油打桩机安拆计价工程量＝机械设备数量＝1(台次)

履带式柴油打桩机场外运输计价工程量＝机械设备数量＝1(台次)

大型机械设备进出场及安拆的费用＝(5219.18＋7232.71)×1＝12451.89(元)

大型机械设备进出场及安拆的综合单价＝12451.89÷1＝12451.89(元/台次)

(3)计算预制钢筋混凝土方桩二次运输的综合单价。

根据《湖北省房屋建筑与装饰工程消耗量定额及全费用基价表(装饰·措施)》(2018版)中第二十章成品构件二次运输中的预制混凝土构件分类表，本题中的预制钢筋混凝土方桩属于Ⅲ类构件，套用定额编号A20－5的定额子目，属于单价措施项目。

先根据表9－2－15计算调整后的单价，再计算计价工程量，得到预制钢筋混凝土方桩二次运输的费用，最后计算综合单价。

搬运Ⅲ类预制混凝土构件调整后的人工费＝99×1.374＋152×1.125
＝307.03(元/10m³)

搬运Ⅲ类预制混凝土构件调整后的材料费＝362.09＋(4.43－5.26)×55.113
＝316.35(元/10m³)

搬运Ⅲ类预制混凝土构件调整后的机械费＝789.94×0.75＋959.17×0.5
＝1072.04(元/10m³)

搬运Ⅲ类预制混凝土构件调整后的管理费和利润＝(307.03＋1072.04)×(28.27％＋19.73％)＝661.95(元/10m³)

搬运Ⅲ类预制混凝土构件调整后的单价＝307.03＋316.35＋1072.04＋661.95
＝2357.37(元/10m³)

预制钢筋混凝土方桩二次运输的计价工程量＝预制钢筋混凝土方桩体积
＝120.96(m³)

预制钢筋混凝土方桩二次运输的费用＝2357.37÷10×120.96＝28514.75(元)

预制钢筋混凝土方桩二次运输的综合单价＝28514.75÷120.96＝235.74(元/m³)

(4)计算分部分项工程和单价措施项目费。

将上述数据汇总得到表9－3－8分部分项工程和单价措施项目费。

(5)计算总价措施项目费。

总价措施项目费＝(21802.61＋52796.03)×(13.64％＋0.7％)＝10697.44(元)

(6)计算含税工程造价。

本例题中暂不考虑其他项目费。

规费＝(21802.61＋52796.03)×26.85％＝20029.73(元)

增值税＝(234383.25＋10697.44＋20029.73)×9％＝23859.94(元)

含税工程造价＝234383.25＋10697.44＋20029.73＋23859.94＝288970.36(元)

故，该打预制钢筋混凝土方桩的招标控制价为288970.36(元)。

2.采用全费用基价表清单计价计算该打桩工程的招标控制价

针对[例9－3－1]，再按全费用基价表清单计价方法计算招标控制价，见表9－3－9～表9－3－11。

表 9-3-8 分部分项工程和单价措施项目费

序号	项目编码	项目名称	计量单位	工程量	金额/元					
					综合单价	其中		合价	其中	
						人工费	机械费		人工费	机械费
1	010301001001	打预制钢筋混凝土方桩	m^3	120.96	1 599.01	135.02	282.95	193 416.25	16 332.02	34 225.63
2	011705001001	大型机械设备进出场及安拆	台次	1	12 451.89	1 757.12	5 603.49	12 451.89	1 757.12	5 603.49
3	01B001	预制钢筋混凝土方桩二次运输	m^3	120.96	235.74	30.70	107.20	28 515.11	3 713.47	12 966.91
合计								234 383.25	21 802.61	52 796.03

表 9-3-9 调整后的全费用基价

各项费用	定额编号					
	G3-2	G3-6	G3-17	A20-5	G5-5	G5-26
人工费	669.60	970.91	1 695.96	307.03	1 447.04	310.08
材料费	9 384.79	355.90	1 110.73	316.35	360.87	1 197.31
机械费	1 471.00	2 133.91	3 332.20	1 072.04	1 835.60	3 767.89
费用	1 909.20	2 769.19	4 484.62	1 229.99	2 927.79	3 637.14
增值税	1 209.11	560.69	956.12	263.29	591.42	802.12
全费用基价	14 643.70 元/10m^3	6 790.60 元/10m^3	11 579.63 元/10 根	3 188.70 元/10m^3	7 162.72 元/台次	9 714.54 元/台次

表 9-3-10 分部分项工程及单价措施项目费

序号	定额编号	项目名称	计量单位	数量	全费用基价/元	合价/元
1	G3-2	打预制钢筋混凝土方桩(桩长≤25m)	10m^3	12.096	14 643.70	177 130.20
2	G3-6	打送预制钢筋混凝土方桩(桩长≤25m)	10m^3	1.142	6 790.60	7 754.87
3	G3-17	预制钢筋混凝土桩接桩包角钢	10 根	4.2	11 579.63	48 634.45
4	A20-5	Ⅲ类预制混凝土构件运距≤1km	10m^3	12.096	3 188.70	38 570.52
5	G5-5	履带式柴油打桩机安拆冲击部分质量 5t	台次	1	7 162.72	7 162.72
6	G5-26	履带式柴油打桩机场外运输锤重 5t	台次	1	9 714.54	9 714.54
合计						288 967.30

表 9-3-11 打预制钢筋混凝土方桩工程造价

序号	费用名称	金额/元
1	分部分项工程及单价措施项目费	288 967.30
2	其他项目费	0
3	工程造价	288 967.30

故,该打预制钢筋混凝土方桩的招标控制价为 288 967.30 元,因为四舍五入的原因与采用工程量清单计价得到的 288 970.36 元略有差异。

[例 9-3-2]位于湖北某地的某桩基础工程有 100 根直径为 0.4m 的灌注桩,设计桩长(包括桩尖 0.5m)为 20m。钢筋笼采用 ϕ6mm 的螺旋箍筋,螺距为 0.18m,主筋为 6ϕ14mm,钢筋保护层为 25mm,桩身通长配筋,每隔 2m 配一根 ϕ8mm 圆形箍筋,圆形箍筋搭接长度为 $20d$(d 为钢筋直径),主筋搭接长度为 $20d$,主筋上部伸入承台 $30d$。采用振动沉管桩机施工,套管为活瓣式尖头。本例题中暂不考虑风险因素,暂按普通混凝土的信息价对水下混凝土的单价进行调整。请分别采用工程量清单计价、全费用基价表清单计价计算该灌注桩工程的招标控制价。

[解]

1. 采用工程量清单计价计算该灌注桩工程的招标控制价

1)进行工程项目划分

根据题目条件该桩基础工程属于《房屋建筑与装饰工程工程量计算规范》(GB 50854—2013)附录 C 中沉管灌注桩(项目编码 010302002001)和附录 E 中钢筋笼(项目编码 010515004001)。

2)按工程量计算规则计算各分项工程量

根据表 9-3-2 中介绍的工程量计算规则进行计算,可以选择以 m、m^3、根为计量单位,本例题里以 m^3 为计量单位。

振动沉管桩成孔清单工程量=设计图示截面积×桩长(包括桩尖)×根数

$$=(3.14\times0.2^2)\times20\times100=251.2(m^3)$$

钢筋笼的形式主要有两种:一种是圆形箍筋扎直立主筋;另一种是螺旋箍筋扎直立主筋(当钢筋笼总长超过 4m 时,每隔 2m 再加一道圆形箍筋)。在《房屋建筑与装饰工程工程量计算规范》(GB 50854—2013)附录 E 中,钢筋笼工程量按设计图示钢筋(网)长度(面积)乘单位理论质量计算。在《湖北省房屋建筑与装饰工程消耗量定额及全费用基价表(结构·屋面)》(2018 版)中规定如下:除定额规定单独列项计算以外,各类钢筋、铁件的制作成型、绑扎、安装、接头、固定所用人工、材料、机械消耗均已综合在相应项目内;设计另有规定者,按设计规定计算。现浇、预制构件钢筋,按设计图示钢筋长度(钢筋中心线)乘以单位理论质量计算。钢筋搭接长度应按设计图示及规范要求计算;设计图示及规范要求未标明搭接长度的,不另计算搭接长度。钢筋的搭接(接头)数量应按设计图示及规范要求计算;设计图示及规范要求未标明的,ϕ10 以内的长钢筋按每 12m 计算一个钢筋搭接(接头);ϕ10 以上的长钢筋按每 9m 计算一个搭接(接头)。

钢筋笼工程量=主筋质量+箍筋质量

式中:主筋质量=直立筋长(加弯钩及搭接长度)×根数×钢筋单位理论质量

钢筋单位理论质量=0.00617×钢筋直径(mm)×钢筋直径(mm)kg/m

钢筋单位理论质量见表 9-3-12。

表 9-3-12 钢筋单位理论质量表

直径/mm	ϕ4	ϕ6	ϕ8	ϕ10	ϕ12	ϕ14	ϕ16
每米质量/(kg·m^{-1})	0.099	0.222	0.395	0.617	0.888	1.209	1.580
直径/mm	ϕ18	ϕ20	ϕ22	ϕ25	ϕ28	ϕ30	ϕ32
每米质量/(kg·m^{-1})	1.999	2.468	2.986	3.856	4.837	5.553	6.318

圆形箍筋质量=(圆形箍筋周长+搭接长)×根数×钢筋单位理论质量

螺旋箍筋质量=螺旋箍筋长×钢筋单位理论质量

$$=\frac{螺旋箍筋总高}{螺距}\times\sqrt{螺距^2+(\pi\,螺旋直径)^2}\times钢筋单位理论质量$$

$$=螺旋箍筋总高\times\sqrt{1^2+\left(\frac{\pi\,螺旋直径}{螺距}\right)^2}\times钢筋单位理论质量$$

本题钢筋笼主筋之间采用单面焊缝,按每 9m 计算一个搭接,有两个搭接接头,则:

单根主筋长(计价工程量)=20+(20×2+30)×0.014=20.98(m)

单根主筋长(清单工程量)=20.98(m)

主筋质量(计价工程量)=20.98×6×100×1.209=15219kg=15.219(t)

主筋质量(清单工程量)=15.219(t)

查表 9-3-12,ϕ6mm 螺旋箍筋单位理论质量 0.222kg/m。《混凝土结构设计规范》(GB 50010—2010)第 2.1.18 条规定:混凝土保护层指结构构件中钢筋外边缘至构件表面范围用于保护钢筋的混凝土,简称保护层。于是:

$$螺旋箍筋质量(计价工程量)=20\times\sqrt{1^2+\left[\frac{3.14\times(0.4-0.025\times2-0.006)}{0.18}\right]^2}\times 0.222\times100=2701.136(kg)=2.701(t)$$

螺旋箍筋质量(清单工程量)=2.701(t)

查表 9-3-12,ϕ8mm 圆形箍筋单位理论质量 0.395kg/m,每根桩有 20m/2m+1=11 根圆形箍筋,于是:

每个圆形箍筋长度=3.14×(0.4-0.025×2-0.006×2-0.014×2-0.008)+20×0.008=1.108(m)

圆形箍筋质量(计价工程量)=1.108×11×100×0.395=481.426(kg)=0.481(t)

圆形箍筋质量(清单工程量)=0.481(t)

所以，钢筋笼质量(清单工程量)=钢筋笼质量(计价工程量)

=15.219+2.701+0.481=18.401(t)

从第一节可知施工机械使用费中包含安拆费及场外运费。对于工地间移动较为频繁的小型机械及部分机械的安拆费及场外运费，已包含在机械台班单价中。在《湖北省建设工程公共专业消耗量定额及全费用基价表》(2018 版)第五章常用大型机械安拆及场外运输费用中没有振动沉拔桩机的定额子目，表明该机械的安拆费及场外运费已经包含在机械台班单价中。

填写分部分项工程和单价措施项目清单与计价表(表 9-3-13)。

表 9-3-13 分部分项工程和单价措施项目清单与计价表

工程名称:某桩基础工程　　　　标段:1　　　　第 1 页共 1 页

序号	项目编码	项目名称	项目特征描述	计量单位	工程量	金额/元		
						综合单价	合价	其中 暂估价
1	010302002001	沉管灌注桩	1.地层情况:略 2.空桩长度 0.8m、桩长 20m 3.复打长度:无 4.桩径:400mm 5.沉管方法:振动沉管 6.桩尖类型:略 7.混凝土种类、强度等级:预拌水下混凝土 C30	m^3	251.2			
2	010515004001	钢筋笼	略	t	18.401			
本页小计								
合计								

3)套基价表，计算该桩基础工程的招标控制价

根据表 9-3-2 可知工程量清单中沉管灌注桩的工作内容涵盖了《湖北省建设工程公共专业消耗量定额及全费用基价表》(2018 版)中的 G3-135 沉管桩成孔、G3-154 沉管成孔桩灌注混凝土等定额子目。工程量清单中钢筋笼的工作内容有钢筋笼制作、运输、安装和焊接(绑扎)，涵盖了《湖北省房屋建筑与装饰工程消耗量定额及全费用基价表(结构·屋面)》(2018 版)中的 A2-83 混凝土灌注桩钢筋笼圆钢、A2-84 混凝土灌注桩钢筋笼带肋钢筋等定额子目。

根据湖北省住房和城乡建设厅 2020 年 7 月 15 日发布的《关于调整我省现行建设工程计价依据定额人工单价的通知》(鄂建办〔2020〕42 号)，将现行 2018 版各专业定额人工单价调整为:普工 99 元/工日、技工 152 元/工日、高级技工 227 元/工日。施工机械台班费用定

额中的人工单价按技工标准调整。

根据《市标准定额管理站关于发布2020年11月武汉市建设工程价格信息的通知》(武建标定〔2020〕18号),对本例题中的柴油、电、C30混凝土、圆钢、带肋钢筋的除税价按4.43元/千克、0.57元/度、473.39元/m^3、4 108.74元/吨、3 883.07元/吨进行调整。

根据湖北省住房和城乡建设厅2019年3月29日发布的《关于调整湖北省建设工程计价依据的通知》(鄂建办〔2019〕93号),增值税税率调整为9%。

故此,对《湖北省建设工程公共专业消耗量定额及全费用基价表》(2018版)和《湖北省房屋建筑与装饰工程消耗量定额及全费用基价表(结构·屋面)》(2018版)中相应定额子目的人工费、材料费、机械费、管理费、利润进行调整。

(1)计算沉管灌注桩综合单价。

先计算调整后的单价,计算过程见表9-3-14,再计算每个定额子目的计价工程量,得到沉管灌注桩的费用,最后计算综合单价。

表9-3-14 调整后的单价(1)

费用名称	定额编号	
	G3-135	G3-154
人工费/元	99×1.548+152×3.612=702.28	99×0.842+152×1.965=382.04
材料费/元	1855.33×0.03+3.92×7+4.43×15.936+0.57×120=222.10	473.39×11.615+3.92×3.8=5513.32
机械费/元	737.38×0.64=471.92	—
管理费和利润/元	(702.28+471.92)×(28.27%+19.73%)=563.62	382.04×(28.27%+19.73%)=183.38
合计	1 959.92元/10m^3	6 078.74元/10m^3

下面按照第二节中介绍的湖北省基价表中的工程量计算规则计算计价工程量。

沉管桩成孔计价工程量=钢管外径截面积×自然地坪标高至设计桩底标高(不包括预制桩尖)的成孔长度×根数=$(3.14\times0.2^2)\times(19.5+0.8)\times100=254.97(m^3)$

沉管桩灌注混凝土计价工程量=钢管外径截面积×[设计桩长(不包括预制桩尖)+加灌长度]×根数=$(3.14\times0.2^2)\times(19.5+0.5)\times100=251.2(m^3)$

沉管灌注桩费用=1959.92÷10×254.97+6078.74÷10×251.2=202670.03(元)

沉管灌注桩的综合单价=按各地区基价表计算得到的费用÷清单工程量

=202670.03÷251.2=806.81(元/m^3)

(2)计算钢筋笼的综合单价。

先计算调整后的单价,计算过程见表9-3-15,再计算每个定额子目的计价工程量,得到钢筋笼的费用,最后计算综合单价。

表 9-3-15　调整后的单价(2)

费用名称	定额编号	
	A2-83	A2-84
人工费/元	99×1.277+152×3.831=708.74	99×1.238+152×3.713=686.94
材料费/元	4108.74×1.02+6.92×4.032+4.28×9.597+3.39×0.038+0.57×45.141+4.43×6.523=4314.65	3883.07×1.025+6.92×8.064+4.28×3.373+3.39×0.09+0.57×81.77+4.43×6.523=4126.20
机械费/元	37.59×0.29+18.93×0.13+175.43×0.336+590.7×0.18+16.48×0.42+12.1×0.034=185.97	18.93×0.1+175.43×0.672+175.38×0.11+590.7×0.18+16.48×0.14+12.1×0.067=248.52
管理费和利润/元	(708.74+185.97)×(28.27%+19.73%)=429.46	(686.94+248.52)×(28.27%+19.73%)=449.02
合计	5 638.82 元/t	5 510.68 元/t

由前面计算可知，圆钢的计价工程量为 3.182t，带肋钢筋的计价工程量为 15.219t。

钢筋笼的费用＝5638.82×3.182＋5510.68×15.219＝101809.76(元)

钢筋笼的综合单价＝101809.76÷18.401＝5532.84(元/t)

(3)计算分部分项工程和单价措施项目费。

将上述数据汇总得到表 9-3-16 分部分项工程和单价措施项目费。

表 9-3-16　分部分项工程和单价措施项目费

序号	项目编码	项目名称	计量单位	工程量	金额/元					
					综合单价	其中		合价	其中	
						人工费	机械费		人工费	机械费
1	010302002001	沉管灌注桩	m^3	251.20	806.81	109.49	47.90	202 670.67	27 503.89	12 032.48
2	010515004001	钢筋笼	t	18.401	5 532.84	690.71	237.70	101 809.79	12 709.75	4 373.92
合计								304 480.46	40 213.64	16 406.40

(4)计算总价措施项目费。

总价措施项目费＝(40213.64＋16406.40)×(13.64%＋0.7%)＝8119.31(元)

(5)计算含税工程造价。

本例题中暂不考虑其他项目费。

规费＝(40213.64＋16406.40)×26.85%＝15202.48(元)

增值税＝(304480.46＋8119.31＋15202.48)×9%＝29502.20(元)

含税工程造价＝304480.46＋8119.31＋15202.48＋29502.20＝357304.45(元)

故，该沉管灌注桩的招标控制价为 357304.45 元。

2. 采用全费用基价表清单计价计算该灌注桩工程的招标控制价

针对[例 9-3-2],按全费用基价表清单计价方法计算招标控制价,见表 9-3-17～表 9-3-19。

表 9-3-17 调整后的全费用基价

各项费用	定额编号			
	G3-135	G3-154	A2-83	A2-84
人工费	702.28	382.04	708.74	686.94
材料费	222.10	5 513.32	4 314.65	4 126.20
机械费	471.92	—	185.97	248.52
费用	1 047.27	340.74	797.99	834.34
增值税	219.92	561.25	540.66	530.64
全费用基价	2 663.49 元/10m³	6 797.35 元/10m³	6 548.01 元/t	6 426.64 元/t

表 9-3-18 分部分项工程及单价措施项目费

序号	定额编号	项目名称	计量单位	数量	全费用基价/元	合价/元
1	G3-135	沉管桩成孔振动式(桩长不大于 25m)	10m³	25.497	2 663.49	67 911.00
2	G3-154	沉管成孔混凝土	10m³	25.120	6 797.35	170 749.43
3	A2-83	混凝土灌注桩钢筋笼　圆钢 HPB300	t	3.182	6 548.01	20 835.77
4	A2-84	混凝土灌注桩钢筋笼　带肋钢筋 HRB400	t	15.219	6 426.64	97 807.03
合计						357 303.23

表 9-3-19 沉管灌注桩工程造价

序号	费用名称	金额/元
1	分部分项工程及单价措施项目费	357 303.23
2	其他项目费	0
3	工程造价	357 303.23

故,该沉管灌注桩的招标控制价为 357 303.23 元,因为四舍五入的原因与采用工程量清单计价得到的 357 304.45 元略有差异。

[例 9-3-3]位于湖北某地的某桩基础工程有如图 9-3-1 所示的回旋钻孔灌注桩 100 条,桩的设计直径为 ϕ800mm,设计长度为 36.1m。主筋之间单面焊接,搭接长度为其直径的 10 倍,圆形箍筋焊接长度为其直径的 10 倍。混凝土强度等级为 C30,钢筋保护层厚 50mm,有 3 台套设备。本例题中暂不考虑风险因素,暂不考虑土方、废泥浆外运,暂按普通

混凝土的信息价对水下混凝土的单价进行调整。请分别采用工程量清单计价、全费用基价表清单计价计算该回旋钻孔灌注桩工程的招标控制价。

[解]

1. 采用工程量清单计价计算该回旋钻孔灌注桩工程的招标控制价

1)进行工程项目划分

根据题目条件该桩基础工程属于《房屋建筑与装饰工程工程量计算规范》(GB 50854—2013)附录C中泥浆护壁成孔灌注桩(项目编码010302001001)、附录E中钢筋笼(项目编码010515004001)、附录S中大型机械设备进出场及安拆(项目编码为011705001001)。因为《湖北省建筑安装工程费用定额》(2018版)里土石方工程的费率与房屋建筑工程不同,所以把泥浆运输从泥浆护壁成孔灌注桩中单列出来,项目名称为泥浆运输(项目编码01B001)。

2)按工程量计算规则计算各分项工程量

根据表9-3-2中介绍的工程量计算规则进行计算,可以选择以m、m^3、根为计量单位,本例题里以m^3为计量单位。

回旋钻孔灌注桩成孔清单工程量=设计图示截面积×桩长(包括桩尖)×根数

$$=(3.14\times0.4^2)\times36.1\times100=1813.66(m^3)$$

根据图9-3-1可知,主筋为8ϕ18,采用单面焊缝,按每9m计算一个搭接,有两个搭接接头,则:

主筋质量(计价工程量)=直立筋长(加弯钩及搭接长度)×根数×钢筋单位理论质量

$$=(26+0.7+2\times10\times0.018)\times8\times100\times1.999$$

$$=43274(kg)=43.274(t)$$

主筋质量(清单工程量)=43.274(t)

根据图9-3-1可知,圆形箍筋为ϕ12@2000,每根桩有26m/2m+1=14根圆形箍筋,钢筋单位理论质量0.888kg/m,焊接长度为10倍钢筋直径,则:

圆形箍筋质量(计价工程量)=[3.14×(0.8−0.05×2−0.008×2−0.018×2−0.012)+10×0.012]×14×100×0.888=2632(kg)=2.632(t)

圆形箍筋质量(清单工程量)=2.632(t)

根据图9-3-1可知,螺旋形箍筋为ϕ8@200,钢筋单位理论质量0.395kg/m,则:

$$螺旋形箍筋质量(计价工程量)=螺旋箍筋总高\times\sqrt{1^2+(\frac{\pi 螺旋直径}{螺距})^2}\times 钢筋单位理论质量\times根数$$

$$=26\times\sqrt{1^2+\left[\frac{3.14\times(0.8-0.05\times2-0.008)}{0.2}\right]^2}\times0.395\times100$$

$$=11205(kg)=11.205(t)$$

螺旋形箍筋质量(清单工程量)=11.205(t)

所以,钢筋笼质量(清单工程量)=钢筋笼质量(计价工程量)=43.274+2.632+11.205

$$=57.111(t)$$

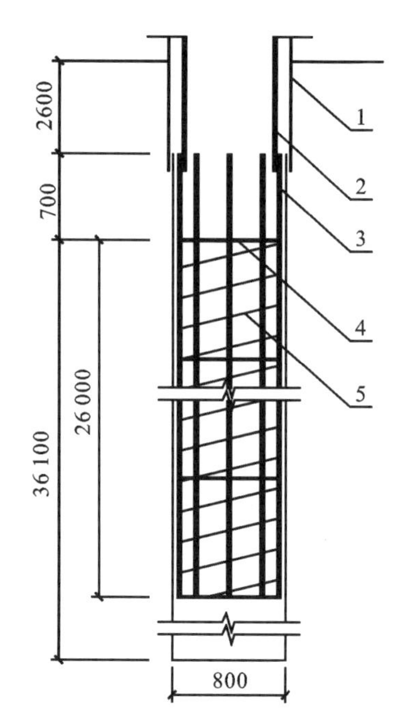

1. 护筒；2. 吊筋；3. 主筋 8ϕ18；4. 圆形箍筋 ϕ12@2000；5. 螺旋箍筋 ϕ8@200。

图 9-3-1 回旋钻孔灌注桩

查阅《湖北省建设工程公共专业消耗量定额及全费用基价表》(2018 版)第三章，可知泥浆运输工程量按成孔工程量以体积计算，根据《房屋建筑与装饰工程工程量计算规范》(GB 50854—2013)第 4.1.3 条规定，为简化计算，把该补充项目的清单工程量计算规则取为与《湖北省建设工程公共专业消耗量定额及全费用基价表》(2018 版)中的计价工程量计算规则相同。泥浆运输清单工程量＝泥浆运输计价工程量＝灌注桩成孔计价工程量＝1979.46(m^3)，具体计算见后面。

填写分部分项工程和单价措施项目清单与计价表，见表 9-3-20。

3)套基价表，计算该桩基础工程的招标控制价

根据表 9-3-2 可知工程量清单中泥浆护壁成孔灌注桩的工作内容涵盖了《湖北省建设工程公共专业消耗量定额及全费用基价表》(2018 版)中的 G3-67 回旋钻机钻孔、G3-151 回旋钻孔桩灌注混凝土、G3-141 泥浆池建造和拆除、G1-226 泥浆运输等定额子目。工程量清单中钢筋笼的工作内容涵盖了《湖北省房屋建筑与装饰工程消耗量定额及全费用基价表(结构·屋面)》(2018 版)中的 A2-83 混凝土灌注桩钢筋笼圆钢、A2-84 混凝土灌注桩钢筋笼带肋钢筋、A2-85 钻(冲)孔混凝土灌注桩钢筋笼接头吊焊等定额子目。工程量清单中大型机械设备进出场及安拆的工作内容涵盖了《湖北省建设工程公共专业消耗量定额及全费用基价表》(2018 版)中的 G5-14 安装和拆卸工程钻机、G5-34 工程钻机场外运输等定额子目。

表 9-3-20　分部分项工程和单价措施项目清单与计价表

工程名称:某桩基础工程　　　　　　　　　　标段:1　　　　　　　　　　第 1 页共 1 页

<table>
<tr><th rowspan="3">序号</th><th rowspan="3">项目编码</th><th rowspan="3">项目名称</th><th rowspan="3">项目特征描述</th><th rowspan="3">计量单位</th><th rowspan="3">工程量</th><th colspan="3">金额/元</th></tr>
<tr><th rowspan="2">综合单价</th><th rowspan="2">合价</th><th>其中</th></tr>
<tr><th>暂估价</th></tr>
<tr><td>1</td><td>010302001001</td><td>泥浆护壁成孔灌注桩</td><td>1. 地层情况:略
2. 空桩长度 3.3m、桩长 36.1m
3. 桩径:800mm
4. 成孔方法:回旋钻孔
5. 护筒类型、长度:略
6. 混凝土种类、强度等级:预拌水下混凝土 C30</td><td>m^3</td><td>1 813.66</td><td></td><td></td><td></td></tr>
<tr><td>2</td><td>010515004001</td><td>钢筋笼</td><td>略</td><td>t</td><td>57.111</td><td></td><td></td><td></td></tr>
<tr><td>3</td><td>011705001001</td><td>大型机械设备进出场及安拆</td><td>工程钻机</td><td>台次</td><td>3</td><td></td><td></td><td></td></tr>
<tr><td>4</td><td>01B001</td><td>泥浆运输</td><td>泥浆运输</td><td>m^3</td><td>1 979.46</td><td></td><td></td><td></td></tr>
<tr><td colspan="7">本页小计</td><td></td><td></td></tr>
<tr><td colspan="7">合计</td><td></td><td></td></tr>
</table>

根据湖北省住房和城乡建设厅 2020 年 7 月 15 日发布的《关于调整我省现行建设工程计价依据定额人工单价的通知》(鄂建办〔2020〕42 号),将现行 2018 版各专业定额人工单价调整为:普工 99 元/工日、技工 152 元/工日、高级技工 227 元/工日。施工机械台班费用定额中的人工单价按技工标准调整。

根据《市标准定额管理站关于发布 2020 年 11 月武汉市建设工程价格信息的通知》(武建标定〔2020〕18 号),对本例题中的柴油、汽油、电、C30 混凝土、圆钢、带肋钢筋、干混砌筑砂浆、混凝土实心砖的除税价按 4.43 元/kg、4.92 元/kg、0.57 元/度、473.39 元/m^3、4 108.74 元/t、3 747.68 元/t、313.94 元/t、360 元/千块进行调整。

根据湖北省住房和城乡建设厅 2019 年 3 月 29 日发布的《关于调整湖北省建设工程计价依据的通知》(鄂建办〔2019〕93 号),增值税税率调整为 9%。

故此,对《湖北省建设工程公共专业消耗量定额及全费用基价表》(2018 版)和《湖北省房屋建筑与装饰工程消耗量定额及全费用基价表(结构·屋面)》(2018 版)中相应定额子目的人工费、材料费、机械费、管理费、利润进行调整。

(1)计算泥浆护壁成孔灌注桩综合单价。

先计算调整后的单价,计算过程见表 9-3-21 和表 9-3-22,再计算每个定额子目的计价工程量,得到泥浆护壁成孔灌注桩的费用,最后计算综合单价。

表 9-3-21 调整后的单价(1)

费用名称	定额编号	
	G3-67	G3-151
人工费/元	99×3.447+152×8.043=1563.79	99×0.762+152×1.777=345.54
材料费/元	1205.71+(0.57-0.75)×1008.042=1024.26	473.39×12.12+3.92×3.8=5752.38
机械费/元	542.03×5.352+184.57×0.537+168.9×0.06+12.1×0.006=3010.27	—
管理费和利润/元	(1563.79+3010.27)×(28.27%+19.73%)=2195.55	345.54×(28.27%+19.73%)=165.86
合计	7 793.87 元/$10m^3$	6 263.78 元/$10m^3$

表 9-3-22 调整后的单价(2)

费用名称	定额编号	
	G3-141	G1-226
人工费/元	99×0.074+152×0.172=33.47	99×0.87+152×2.029=394.54
材料费/元	360×0.05+313.94×0.02+0.57×0.029=24.30	4.92×35.358+0.57×89.148=224.78
机械费/元	197.32×0.001=0.20	277.62×1.12+184.57×0.38=381.07
管理费和利润/元	(33.47+0.20)×(28.27%+19.73%)=16.16	(394.54+381.07)×(15.42%+9.42%)=192.66
合计	74.13 元/$10m^3$	1 193.05 元/$10m^3$

下面按照第二节介绍的湖北省基价表中的工程量计算规则计算计价工程量。

回旋钻孔桩成孔计价工程量=设计桩径截面积×自然地坪标高至设计桩底标高的成孔长度×根数

=$(3.14\times0.4^2)\times(36.1+0.7+2.6)\times100=1979.46(m^3)$

回旋钻孔桩灌注混凝土计价工程量=设计桩径截面积×(设计桩长+加灌长度)×根数

=$(3.14\times0.4^2)\times(36.1+0.5)\times100$

=$1838.78(m^3)$

泥浆池计价工程量=回旋钻孔桩成孔计价工程量=$1979.46(m^3)$

泥浆护壁成孔灌注桩费用=7793.87÷10×1979.46+6263.78÷10×1838.78+74.13÷10×1979.46

=2709210.47(元)

泥浆护壁成孔灌注桩的综合单价=按各地区基价表计算得到的费用÷清单工程量

=2709210.47÷1813.66=1493.78(元/m^3)

(2)计算钢筋笼的综合单价。

先计算调整后的单价,计算过程见表 9-3-23,再计算每个定额子目的计价工程量,得到钢筋笼的费用,最后计算综合单价。

表 9-3-23 调整后的单价(1)

费用名称	定额编号		
	A2-83	A2-84	A2-85
人工费/元	708.74	686.94	99×0.284+152×0.851=157.47
材料费/元	4108.74×1.02+6.92×4.032+4.28×9.597+3.39×0.038+0.57×45.141+4.43×6.523=4314.65	3747.68×1.025+6.92×8.064+4.28×3.373+3.39×0.09+0.57×81.77+4.43×6.523=3987.42	6.92×4.71+0.57×104.462+4.43×9.776=135.44
机械费/元	185.97	248.52	698.45×0.32+169.51×0.79=357.42
管理费和利润/元	429.46	449.02	(157.47+357.42)×(28.27%+19.73%)=247.15
合计	5 638.82 元/t	5 371.90 元/t	897.48 元/t

钢筋笼吊焊工程量(计价工程量)=钢筋笼质量(计价工程量)=57.111(t)

钢筋笼的费用=5638.82×13.837+5371.90×43.274+897.48×57.111=361743.93(元)

钢筋笼的综合单价=361743.93÷57.111=6334.05(元/t)

(3)计算机械设备进出场及安拆的综合单价。

先计算调整后的单价,计算过程见表 9-3-24,再计算每个定额子目的计价工程量,得到机械设备进出场及安拆的费用,最后计算综合单价。

表 9-3-24 调整后的单价(2)

费用名称	定额编号	
	G5-14	G5-34
人工费/元	152×6.8=1033.60	152×1.36=206.72
材料费/元	4.43×71.7=317.63	594.69+(4.43-5.26)×98.566=512.88
机械费/元	795.63×2=1591.26	795.63×1+329.47×0.68+513.63×0.68=1368.94
管理费和利润/元	(1033.60+1591.26)×(28.27%+19.73%)=1259.93	(206.72+1368.94)×(28.27%+19.73%)=756.32
合计	4 202.42 元/台次	2 844.86 元/台次

大型机械设备进出场及安拆的费用＝(4202.42＋2844.86)×3＝21141.84(元)

大型机械设备进出场及安拆的综合单价＝21141.84÷3＝7047.28(元/台次)

(4)计算泥浆运输的综合单价。

因为泥浆运输的清单工程量与计价工程量都是1979.46m³，所以泥浆运输的综合单价＝1193.05÷10＝119.31(元/m³)

(5)计算分部分项工程和单价措施项目费。

将上述数据汇总得到表9-3-25分部分项工程和单价措施项目费(房屋建筑工程)和表9-3-26分部分项工程和单价措施项目费(土石方工程)。

表9-3-25 分部分项工程和单价措施项目费(房屋建筑工程)

序号	项目编码	项目名称	计量单位	工程量	金额/元					
					综合单价	其中		合价	其中	
						人工费	机械费		人工费	机械费
1	010302001001	泥浆护壁成孔灌注桩	m³	1 813.66	1 493.78	209.36	328.57	2 709 209.04	379 707.86	595 914.27
2	010515004001	钢筋笼	t	57.111	6 334.05	849.69	590.79	361 743.93	48 526.65	33 740.61
3	011705001001	大型机械设备进出场及安拆	台次	3	7 047.28	1 240.32	2 960.20	21 141.84	3 720.96	8 880.60
合计								3 092 094.81	431 955.47	638 535.48

表9-3-26 分部分项工程和单价措施项目费(土石方工程)

序号	项目编码	项目名称	计量单位	工程量	金额/元					
					综合单价	其中		合价	其中	
						人工费	机械费		人工费	机械费
1	01B001	泥浆运输	m³	1 979.46	119.31	39.45	38.11	236 169.37	78 089.70	75 437.22
合计								236 169.37	78 089.70	75 437.22

(6)计算总价措施项目费。

总价措施项目费(房屋建筑工程)＝(431955.47＋638535.48)×(13.64%＋0.7%)
＝153508.40(元)

总价措施项目费(土石方工程)＝(78089.70＋75437.22)×(6.58%＋1.29%)
＝12082.57(元)

(7)计算含税工程造价。

本例题中暂不考虑其他项目费。

规费＝(431955.47＋638535.48)×26.85%＋(78089.70＋75437.22)×11.57%

=305189.88(元)

增值税=(3092094.81+236169.37+153508.40+12082.57+305189.88)×9%

=3799045.03×9%=341914.05(元)

含税工程造价=3799045.03+341914.05=4140959.08(元)

故,该钻孔灌注桩的招标控制价为 4 140 959.08 元。

2. 采用全费用基价表清单计价计算该灌注桩工程的招标控制价

针对[例 9-3-3]按全费用基价表清单计价方法计算招标控制价,见表 9-3-27～表 9-3-30。

表 9-3-27　调整后的全费用基价(1)

各项费用	定额编号			
	G3-67	G3-151	G3-141	G1-226
人工费	1 563.79	345.54	33.47	394.54
材料费	1 024.26	5 752.38	24.30	224.78
机械费	3 010.27	—	0.20	381.07
费用	4 079.6	308.19	30.03	343.44
增值税	8 71.01	576.55	7.92	120.94
全费用基价	10 548.93 元/$10m^3$	6 982.66 元/$10m^3$	95.92 元/$10m^3$	1 464.77 元/$10m^3$

表 9-3-28　调整后的全费用基价(2)

各项费用	定额编号				
	A2-83	A2-84	A2-85	G5-14	G5-34
人工费	708.74	686.94	157.47	1 033.60	206.72
材料费	4 314.65	3 987.42	135.44	317.63	512.88
机械费	185.97	248.52	357.42	1 591.26	1 368.94
费用	797.99	834.34	459.23	2 341.11	1 405.33
增值税	540.66	518.15	99.86	475.52	314.45
全费用基价	6 548.01 元/t	6 275.37 元/t	1 209.42 元/t	5 759.12 元/台次	3 808.32 元/台次

表 9-3-29　分部分项工程及单价措施项目费

序号	定额编号	项目名称	计量单位	数量	全费用基价/元	合价/元
1	G3-67	回旋钻机钻孔	$10m^3$	197.95	10 548.93	2 088 160.69
2	G3-151	回旋钻孔桩灌注混凝土	$10m^3$	183.88	6 982.66	1 283 971.52
3	G3-141	泥浆池建造和拆除	$10m^3$	197.95	95.92	18 987.36

续表 9-3-29

序号	定额编号	项目名称	计量单位	数量	全费用基价/元	合价/元
4	G1-226	泥浆运输	$10m^3$	197.95	1 464.77	289 951.22
5	A2-83	混凝土灌注桩钢筋笼圆钢 HPB300	t	13.837	6 548.01	90 604.81
6	A2-84	混凝土灌注桩钢筋笼带肋钢筋 HRB400	t	43.274	6 275.37	271 560.36
7	A2-85	钻孔混凝土灌注桩钢筋笼接头吊焊	t	57.111	1 209.42	69 071.19
8	G5-14	安装和拆卸工程钻机	台次	3	5 759.12	17 277.36
9	G5-34	工程钻机场外运输	台次	3	3 808.32	11 424.96
合计						4 141 009.47

表 9-3-30 钻孔灌注桩工程造价

序号	费用名称	金额/元
1	分部分项工程及单价措施项目费	4 141 009.47
2	其他项目费	0
3	工程造价	4 141 009.47

故，该钻孔灌注桩的招标控制价为 4 141 009.47 元，因为四舍五入的原因与采用工程量清单计价得到的 4 140 959.08 元略有差异。

主要参考文献

陈登伟,2005.群桩工作性状的有限元分析方法[D].合肥:合肥工业大学.

陈凡,徐天平,陈久照,等,2014.基桩质量检测技术[M].2版.北京:中国建筑工业出版社.

陈福全,汪金卫,李大勇,等,2011.高频液压振动锤打桩的应用概况与研究进展[J].岩土工程学报,33(S2):224-231.

陈忠含,黄书秩,程丽萍,2002.深基坑工程[M].2版.北京:机械工业出版社.

答治华,李刚,刘建华,等,2009.铁路桥梁钻孔灌注桩施工泥浆处理设备的研制[J].铁道建筑(10):30-32.

段新胜,顾湘,1998.桩基础工程[M].3版.武汉:中国地质大学出版社.

高大钊,赵春风,徐斌,2002.桩基础的设计方法与施工技术[M].2版.北京:机械工业出版社.

高峰,胡晓泉,黄粤,1997.桩基础工程动测技术与方法[M].武汉:中国地质大学出版社.

高海彦,高金银,王宝德,等,2015.泥浆处理技术在中信城市广场项目中的应用[J].施工技术,44(18):94-97.

龚晓南,2000.地基处理手册[M].2版.北京:中国建筑工业出版社.

郭传新,2011.中国桩工机械现状及发展趋势[J].建筑机械化,32(8):16-21.

国家市场监督管理总局,国家标准化管理委员会,2021.水泥胶砂强度检验方法(ISO法):GB/T 17671—2021[S].北京:中国标准出版社.

国家铁路局,2017.铁路桥涵地基和基础设计规范:TB 10093—2017[S].北京:中国铁道出版社.

胡铭,董鑫业,2015.旋挖钻机钻具产品类型[J].凿岩机械气动工具(3):1-6.

湖北省建设工程标准定额管理总站,2018.湖北省房屋建筑与装饰工程消耗量定额及全费用基价表(结构·屋面)[M].武汉:长江出版社.

湖北省建设工程标准定额管理总站,2018.湖北省建设工程公共专业消耗量定额及全费用基价表[M].武汉:长江出版社.

湖北省建设工程标准定额管理总站,2018.湖北省建筑安装工程费用定额[M].武汉:长江出版社.

湖北省建设工程标准定额管理总站,2018.湖北省施工机具使用费定额[M].武汉:长江出版社.

黄长礼,刘古岷,2001.混凝土机械[M].北京:机械工业出版社.

李凤明,倪西民,2007.SMW工法的设计与应用[J].市政技术(1):21-28.

李洪涛,孟金强,2015.水上钻孔桩作业平台选型与结构设计[J].中国铁路(4):96-98.

刘古岷，王渝，胡国庆，等，2001.桩工机械[M].北京：机械工业出版社.

刘继良，肖黎，刘晨希，2014.正循环钻机在超长桩中的应用[J].公路，59(4)：118-121.

刘加荣，2010.复杂地层桩孔钻进工艺及机具研究[D].北京：中国地质大学.

刘金波，2008.建筑桩基技术规范的理解与应用[M].北京：中国建筑工业出版社.

刘三意，2008.多功能旋挖钻进技术研究[D].北京：中国地质大学.

秦爱国，高强，2013.我国桩工机械产品发展趋势分析[J].工程机械，44(12)：54-60.

陕西省住房和城乡建设厅，2015.陕西省工程建设标准　沉管夯扩桩技术规程：DBJ 61/T 102—2015[S].西安：陕西省建筑标准设计办公室.

沈保汉，2011.桩基础施工新技术专题讲座(十一)正循环钻成孔灌注桩[J].工程机械与维修(3)：144-148.

史佩栋，1999.实用桩基础工程手册[M].北京：中国建筑工业出版社.

王世怀，2010.多功能旋挖钻机变幅机构静力学特性及其优化[D].长沙：中南大学.

韦兴标，罗勇，潘圣香，等，2007.锤击沉管灌注桩施工及常见缺陷的处理[J].探矿工程(8)：51-54.

徐攸在，2002.桩的动测新技术[M].2版.北京：机械工业出版社.

张兴辉，2005.旋挖钻机伸缩钻杆强度稳定性的有限元分析[D].北京：中国地质大学.

张忠亭，丁小学，2007.钻孔灌注桩设计与施工[M].北京：中国建筑工业出版社.

中国建筑标准设计研究院，2010.国家建筑标准设计图集 预应力混凝土管桩：10G409[S].北京：中国计划出版社.

中国建筑标准设计研究院，2020.国家建筑标准设计图集 预制混凝土方桩：20G361[S].北京：中国计划出版社.

中华人民共和国国家质量监督检验检疫总局，中国国家标准化管理委员会，2011.水泥标准稠度用水量、凝结时间、安定性检验方法：GB/T 1346—2011[S].北京：中国标准出版社.

中华人民共和国国家质量监督检验检疫总局，中国国家标准化管理委员会，2018.混凝土泵：GB/T 13333—2018[S].北京：中国标准出版社.

中华人民共和国国家质量监督检验检疫总局，中国国家标准化管理委员会，2018.通用硅酸盐水泥：GB 175—2007[S].北京：中国标准出版社.

中华人民共和国建设部，1999.导杆式柴油打桩锤：JG/T 5109—1999[S].北京：中国标准出版社.

中华人民共和国住房和城乡建设部，2011.混凝土用水标准：JGJ 63—2006[S].北京：中国建筑工业出版社.

中华人民共和国住房和城乡建设部部，中华人民共和国国家质量监督检验检疫总局，2009.岩土工程勘察规范(2009年版)：GB 50021—2001[S].北京：中国建筑工业出版社.

中华人民共和国交通运输部，2020.公路桥涵地基与基础设计规范：JTG 3363—2019[S].北京：人民交通出版社股份有限公司.

中华人民共和国交通运输部，2020.公路桥涵施工技术规范：JTG/T 3650—2020[S].北京：人民交通出版社股份有限公司.

中华人民共和国住房和城乡建设部，2007.普通混凝土用砂、石质量及检验方法标准：

JGJ 52—2006[S]. 北京:中国建筑工业出版社.

中华人民共和国住房和城乡建设部,2008. 建筑桩基技术规范:JGJ 94—2008[S]. 北京:中国建筑工业出版社.

中华人民共和国住房和城乡建设部,2011. 普通混凝土配合比设计规程:JGJ 55—2011[S]. 北京:中国建筑工业出版社.

中华人民共和国住房和城乡建设部,2012. 建筑工程地质勘探与取样技术规程:JGJ/T 87—2012[S]. 北京:中国建筑工业出版社.

中华人民共和国住房和城乡建设部,2012. 建筑基坑支护技术规程:JGJ 120—2012[S]. 北京:中国建筑工业出版社.

中华人民共和国住房和城乡建设部,2014. 建筑基桩检测技术规范:JGJ 106—2014[S]. 北京:中国建筑工业出版社.

中华人民共和国住房和城乡建设部,2014. 劲性复合桩技术规程:JGJ/T 327—2014[S]. 北京:中国建筑工业出版社.

中华人民共和国住房和城乡建设部,2016. 钻芯法检测混凝土强度技术规程:JGJ/T 384—2016[S]. 北京:中国建筑工业出版社.

中华人民共和国住房和城乡建设部,2017. 预应力混凝土异形预制桩技术规程:JGJ/T 405—2017[S]. 北京:中国建筑工业出版社.

中华人民共和国住房和城乡建设部,2018. 钢板桩:JG/T 196—2018[S]. 北京:中国标准出版社.

中华人民共和国住房和城乡建设部,2018. 高层建筑岩土工程勘察标准:JGJ/T 72—2017[S]. 北京:中国建筑工业出版社.

中华人民共和国住房和城乡建设部,2018. 预应力混凝土管桩技术标准:JGJ/T 406—2017[S]. 北京:中国建筑工业出版社.

中华人民共和国住房和城乡建设部,2019. 长螺旋钻孔压灌桩技术标准:JGJ/T 419—2018[S]. 北京:中国建筑工业出版社.

中华人民共和国住房和城乡建设部,2019. 建筑地基处理技术规范:JGJ 79—2012[S]. 北京:中国建筑工业出版社.

中华人民共和国住房和城乡建设部,2019. 预应力混凝土空心方桩:JG/T 197—2018[S]. 北京:中国标准出版社.

中华人民共和国住房和城乡建设部,国家市场监督管理总局,2019. 混凝土物理力学性能试验方法标准:GB/T 50081—2019[S]. 北京:中国建筑工业出版社.

中华人民共和国住房和城乡建设部,国家市场监督管理总局,2019. 湿陷性黄土地区建筑标准:GB 50025—2018[S]. 北京:中国建筑工业出版社.

中华人民共和国住房和城乡建设部,国家市场监督管理总局,2019. 土工试验方法标准:GB/T 50123—2019[S]. 北京:中国计划出版社.

中华人民共和国住房和城乡建设部,中华人民共和国财政部. 关于印发《建筑安装工程费用项目组成》的通知(建标〔2013〕44 号)[EB/OL]. (2013-03-21)[2020-12-01]. http://www.mohurd.gov.cn/wjfb/201304/t20130401_213303.html.

中华人民共和国住房和城乡建设部,中华人民共和国国家质量监督检验检疫总局,2008.建筑工程抗震设防分类标准:GB 50223—2008[S].北京:中国建筑工业出版社.

中华人民共和国住房和城乡建设部,中华人民共和国国家质量监督检验检疫总局,2010.混凝土强度检验评定标准:GB/T 50107—2010[S].北京:中国建筑工业出版社.

中华人民共和国住房和城乡建设部,中华人民共和国国家质量监督检验检疫总局,2012.建筑地基基础设计规范:GB 50007—2011[S].北京:中国建筑工业出版社.

中华人民共和国住房和城乡建设部,中华人民共和国国家质量监督检验检疫总局,2012.建筑结构荷载规范:GB 50009—2012[S].北京:中国建筑工业出版社.

中华人民共和国住房和城乡建设部,中华人民共和国国家质量监督检验检疫总局,2013.房屋建筑与装饰工程工程量计算规范:GB 50854—2013[S].北京:中国计划出版社.

中华人民共和国住房和城乡建设部,中华人民共和国国家质量监督检验检疫总局,2013.工程岩体试验方法标准:GB/T 50266—2013[S].北京:中国计划出版社.

中华人民共和国住房和城乡建设部,中华人民共和国国家质量监督检验检疫总局,2013.建设工程工程量清单计价规范:GB 50500—2013[S].北京:中国计划出版社.

中华人民共和国住房和城乡建设部,中华人民共和国国家质量监督检验检疫总局,2013.膨胀土地区建筑技术规范:GB 50112—2013[S].北京:中国建筑工业出版社.

中华人民共和国住房和城乡建设部,中华人民共和国国家质量监督检验检疫总局,2014.建筑边坡工程技术规范:GB 50330—2013[S].北京:中国建筑工业出版社.

中华人民共和国住房和城乡建设部,中华人民共和国国家质量监督检验检疫总局,2015.混凝土结构工程施工质量验收规范:GB 50204—2015[S].北京:中国建筑工业出版社.

中华人民共和国住房和城乡建设部,中华人民共和国国家质量监督检验检疫总局,2016.混凝土结构设计规范(2015年版):GB 50010—2010[S].北京:中国建筑工业出版社.

中华人民共和国住房和城乡建设部,中华人民共和国国家质量监督检验检疫总局,2016.建筑抗震设计规范(2016年版):GB 50011—2010[S].北京:中国建筑工业出版社.

中华人民共和国住房和城乡建设部,中华人民共和国国家质量监督检验检疫总局,2018.钢结构设计标准:GB 50017—2017[S].北京:中国建筑工业出版社.

中华人民共和国住房和城乡建设部,中华人民共和国国家质量监督检验检疫总局,2018.工程岩体分级标准:GB/T 50218—2014[S].北京:中国计划出版社.

中华人民共和国住房和城乡建设部,中华人民共和国国家质量监督检验检疫总局,2018.建筑地基基础工程施工质量验收标准:GB 50202—2018[S].北京:中国计划出版社.

中华人民共和国住房和城乡建设部,中华人民共和国国家质量监督检验检疫总局,2019.粉煤灰混凝土应用技术规范:GB/T 50146—2014[S].北京:中国计划出版社.

中华人民共和国住房和城乡建设部,中华人民共和国国家质量监督检验检疫总局,2019.建筑边坡工程鉴定与加固技术规范:GB 50843—2013[S].北京:中国建筑工业出版社.

中华人民共和国住房和城乡建设部,中华人民共和国国家质量监督检验检疫总局,2020.水利水电工程地质勘察规范:GB 50487—2008[S].北京:中国计划出版社.

住房和城乡建设部标准定额研究所,2015.房屋建筑与装饰工程消耗量定额:TY 01-31-2015[S].北京:中国计划出版社.